U0156622

"十四五"时期国家重点出版物出版专项规划·重大出版工程规划项目

 变革性光科学与技术丛书

How to Build a–Lab–on/in–Fiber

怎样在光纤上构建实验室

苑立波 等 著

清华大学出版社
北京

内 容 简 介

本书围绕着"光纤上的实验室"(Lab-on/in-Fiber)这一主题,邀请全国在该研究方向上若干具有代表性的研究组,围绕各小组多年来所取得的主要成就及重要的研究进展,共撰写了 12 个章节。本书集中讨论如何在光纤上构建各种实验室的技术基础,给出在光纤上构建多种微实验室的若干实际例子,以此来说明在光纤上创建实验室的目的、方法与技术途径。

本书可作为光纤技术、光学、光电子学、测试计量技术、仪器科学,以及物理、化学、生物医学等交叉学科的科研人员、学者、研究生和高年级本科生的参考书,也可作为前沿交叉课程的教材,直接用于课堂教学。本书还配备了 PPT 课件和系列讲座视频供读者参考使用。

图书在版编目(CIP)数据

怎样在光纤上构建实验室/苑立波等著.—北京:清华大学出版社,2023.2
(变革性光科学与技术丛书)
ISBN 978-7-302-62081-5

Ⅰ.①怎… Ⅱ.①苑… Ⅲ.①光纤传输技术-研究 Ⅳ.①TN818

中国版本图书馆 CIP 数据核字(2022)第 195093 号

责任编辑:鲁永芳
封面设计:意匠文化·丁奔亮
责任校对:欧　洋
责任印制:曹婉颖

出版发行:清华大学出版社
　　　　网　　址:http://www.tup.com.cn,http://www.wqbook.com
　　　　地　　址:北京清华大学学研大厦 A 座　　邮　编:100084
　　　　社 总 机:010-83470000　　邮　购:010-62786544
　　　　投稿与读者服务:010-62776969,c-service@tup.tsinghua.edu.cn
　　　　质量反馈:010-62772015,zhiliang@tup.tsinghua.edu.cn
印 装 者:小森印刷(北京)有限公司
经　　销:全国新华书店
开　　本:170mm×240mm　　印　张:38.5　　字　数:732 千字
版　　次:2023 年 2 月第 1 版　　印　次:2023 年 2 月第 1 次印刷
定　　价:289.00 元

产品编号:098026-01

作者（按章节顺序排序）：

苑立波

张新平

苑婷婷

徐　飞

刘艳格

龚　元

彭　伟

郭　团

王鹏飞

王义平

王东宁

丛书编委会

主　编

罗先刚　中国工程院院士,中国科学院光电技术研究所

编　委

周炳琨　中国科学院院士,清华大学

许祖彦　中国工程院院士,中国科学院理化技术研究所

杨国桢　中国科学院院士,中国科学院物理研究所

吕跃广　中国工程院院士,中国北方电子设备研究所

顾　敏　澳大利亚科学院院士、澳大利亚技术科学与工程院院士、
　　　　中国工程院外籍院士,皇家墨尔本理工大学

洪明辉　新加坡工程院院士,新加坡国立大学

谭小地　教授,北京理工大学、福建师范大学

段宣明　研究员,中国科学院重庆绿色智能技术研究院

蒲明博　研究员,中国科学院光电技术研究所

作者简介

苑立波

桂林电子科技大学教授,博士生导师,从事光纤技术及应用研究。光子学研究中心主任。中国光学学会理事,中国光学工程学会理事,国际光纤传感器学术会议(OFS-25)技术程序委员会共主席,中国光学学会纤维与集成光学专业委员会副主任委员,中国光学学会光电技术专业委员会副主任委员,中国光学工程学会光纤传感技术专家工作委员会暨中国光纤传感技术及产业创新联盟常务副主席,第八届教育部科学技术委员会委员。

主持了国家重点研发计划项目、国家重大科研仪器项目、国家重大科学仪器设备开发专项、国家"973"计划前期研究专项、国防"863"计划项目、科技部国际合作重大项目、国家自然科学基金重大项目(课题)、重点项目等30多个项目。获得黑龙江省科学技术奖(自然科学类)、技术发明一等奖各一项。先后在国际学术期刊发表SCI论文400余篇。出版学术专著4部。获得国家发明技术授权专利200余件,国际授权专利40余件。

张新平

北京工业大学教授,博士生导师,从事超快与纳米光子学研究。北京工业大学微纳信息光子技术研究所所长。获德国马尔堡大学自然科学博士学位,先后在德国波恩大学应用物理研究所、英国剑桥大学卡文迪什实验室等机构从事研究工作。主要研究方向包括超快与纳米光子学、有机光电子学等。在 *Science Advances*、*Advanced Materials*、*Nano Letters* 等国际期刊上发表学术论文200余篇,获教育部自然科学奖二等奖、核工业总公司科技进步三等奖、全国优秀博士学位论文指导教师等荣誉。

苑婷婷

博士,深圳技术大学助理教授,深圳技术大学先进传感器产业化中心成员。先后在意大利国家应用物理研究所(CNR-Institute of Applied Physics "Nello Carrara")做访问学者,在深圳大学深圳市物联网光子器件与传感系统重点实验室光学工程博士后流动站从事博士后工作。在 *Optical Letters*、*Optics Express*、*Journal of Lightwave Technology* 等国际期刊和学术会议发表论文 27 篇;参加国际光纤传感技术学术会议 8 次;获国家发明技术授权专利 10 件;主持完成了国家自然科学基金青年科学基金项目和中国博士后科学基金面上项目。研究方向包括特种光纤设计及光纤传感器相关器件研究,特种微流体光纤器件制备加工。

徐飞

南京大学现代工程与应用科学学院教授。2004—2008 年就读于英国南安普顿大学光电子研究中心,获工学博士学位。2008 年年底起受聘于南京大学。先后主持国家"973"计划和重点研发计划课题、国家自然科学基金重点项目、面上项目、国防项目等。主要从事光电器件、光纤激光和光学测量等相关领域的研究。迄今已发表相关英文专著章节 8 篇,邀请综述 10 篇。获国内外授权发明专利 30 多项,发表 SCI 论文 120 多篇。

刘艳格

女,南开大学教授,博士生导师。天津市"131"创新型人才团队带头人,国家优秀青年科学基金获得者,入选教育部新世纪优秀人才支持计划、天津市中青年科技创新领军人才推进计划和南开大学百名青年学科带头人培养计划。近年来主要在微结构光纤及其应用、光纤通信及光纤传感科学与技术等方面取得学术成绩。主持国家"973"计划及重点研发计划课题、国家自然科学基金重点项目及面上项目等 8 项,省部级项目等 7 项。发表 SCI 论文 170 余篇,累计他引 3000 余次。科研成果获省部级一、二等奖励 4 次,获中国产学研创新奖(个人)、天津青年科技奖等。现为中国电子学会理事、天津市光学学会理事,曾担任中国电子学会青年科学家俱乐部第一届理事、副主席。

龚元

电子科技大学信息与通信工程学院教授,博士生导师。2008 年获中国科学院光电技术研究所工学博士学位,2015—2016 年为美国密歇根大学安娜堡分校访问学者。获四川省科技进步奖一等奖、中国科学院院长奖。出版英文专著 *Fiber-Optic Fabry-Perot Sensors*(美国 CRC 出版),参编 Springer Nature 著作 *Handbook of Optical Fibers*。在 *Biosensors and Bioelectronics*、*Lab on a Chip* 等知名期刊发表 SCI 论文 70 余篇。发明的光腔检测技术写入国际标准化组织(ISO)光学元件检测标准(ISO 13142:2015),起草光纤传感国家计量校准规范 3 项。获授权美国专利 1 项、国家发明技术授权专利 20 余项。参与创办 SCI 期刊 *Photonic*

Sensors,担任 SCI 期刊 *Biosensors* 和 *Optics and Laser Technology* 客座编委。

彭伟

　　大连理工大学教授,博士生导师,"兴辽英才计划"创新领军人才,辽宁省特聘教授,入选教育部新世纪优秀人才支持计划。1999 年在大连理工大学获博士学位,在美国弗吉尼亚理工学院暨州立大学从事博士后研究工作。先后就职于美国亚利桑那州立大学、美国物理光学公司。主要从事表面等离激元共振、光纤传感技术和微纳光子学等前沿领域的研究。主持国家自然科学基金重大仪器专项、重点项目、面上项目及省部级科研项目等 10 余项。近 5 年在 *Advanced Optical Materials*、*Biosensors and Bioelectronics*、*ACS Sensors*、*Analytical Chemistry*、*Sensors and Actuators B：Chemical*、*Scientific Reports*、*Optical Letters*、*Optics Express* 等知名期刊发表 SCI 论文 200 余篇,申请专利 30 余项,获授权专利 10 余项。国际电气与电子工程师学会(IEEE)、美国光学学会(OSA)、国际光学工程学会(SPIE)、中国光学学会会员,*Scientific Reports* 编委。

郭团

　　暨南大学教授,博士生导师,国际 IEEE 仪器与测量学会光子技术委员会主席。2007 年在南开大学获得博士学位,在加拿大卡尔顿大学和中国香港理工大学从事博士后研究,2010 年加入暨南大学光子技术研究院,能源与生物光传感课题组负责人。主要从事光纤传感、生物光子学、能源光子学等领域研究。主持国家自然科学基金重点项目及省部级科研项目 10 余项。在 *Nature Communications*、*Light：Science & Applications*、*Advanced in Optics and Photonics* 等期刊发表 SCI 论文 120 余篇,撰写 *IEEE JLT Tutorial Review* 和 *Invited Review* 等特邀论文 10 余篇,参编 Springer Nature 著作 *Handbook of Optical Fibers*。获授权国家发明专利 20 余项。担任期刊 *IEEE Journal of Lightwave Technology* 和《中国科学:信息科学》编委,荣获 2018 年度国际 IEEE 仪器与测量学会科技奖和 2022 年度国际 IEEE 仪器与测量学会最佳应用奖。

王鹏飞

　　哈尔滨工程大学特聘教授,博士生导师,"海外高层次人才引进计划"青年项目(优先批次)入选者。2008 年于爱尔兰都柏林理工学院光子研究中心获得博士学位,2015 年入职哈尔滨工程大学。都柏林科技大学终身荣誉教授,美国光学学会高级会员,爱思唯尔 2019 年度中国高被引学者。主要从事光纤传感、紫外及可见光波段激光器、中红外波段光纤激光器、特种玻璃材料和集成光学器件等领域研究。主持国家自然科学基金重大项目、科技部国际合作重点专项、国家自然科学基金面上项目、黑龙江省自然科学基金重点项目多项。在 *Nature Communications*、*Photonics Research*、*Optic Letters*、*Journal of Lightwave Technology* 等知名期刊和重要学术会议上发表学术论文 300 余篇,其中被 SCI 收录 200 余篇,文章累计被引用 3600 余次,H 指数:30。

王义平

深圳大学特聘教授,博士生导师,光电子器件与系统教育部重点实验室主任。2003 年获重庆大学光学工程博士学位;德国耶拿光子技术研究院(洪堡学者)和英国南安普顿大学(玛丽·居里学者)从事光纤传感技术研究。主要研究方向:微纳光子器件制备技术,极端环境光纤传感技术,生命健康光纤传感技术。获全国优秀博士学位论文奖、教育部自然科学奖一等奖、欧盟玛丽·居里国际引进人才基金奖、德国洪堡研究基金奖、深圳市自然科学奖一等奖。主持国家自然科学基金重点项目、广东省重大科技专项等 28 项课题;获授权专利 56 项;发表学术论文 450 篇(SCI 收录 310 篇、SCI 引用 4800 余次、H 指数:40),其中 32 篇论文入选 ESI 高被引论文、期刊封面文章。*Applied Optics* 主题编辑,*Photonic Sensors* 编委,国际电气与电子工程师学会高级会员,美国光学学会高级会员,中国纤维光学与集成光学专业委员会委员。

王东宁

中国计量大学教授。1982 年毕业于北京邮电大学,1989 年获英国北爱尔兰阿尔斯特大学工商管理硕士学位,1995 年获英国伦敦城市大学光学工程博士学位。1996 年在香港中文大学电子工程系任博士后研究员,1997 年在中国移动香港公司任高级工程师。1998 年开始任教于香港理工大学电机工程系,2015 年加入中国计量大学光学与电子科技学院。国际电气与电子工程师学会高级会员,美国光学学会高级会员。主持中国香港研究资助局优配研究金 6 项,国家自然科学基金澳门联合基金项目 1 项,国家自然科学基金面上项目 2 项;发表 SCI 论文 210 余篇;获授权美国专利 7 项,中国发明专利 3 项。主要从事飞秒激光微加工、光纤传感、光纤激光等方面的研究。

丛书序

　　光是生命能量的重要来源,也是现代信息社会的基础。早在几千年前人类便已开始了对光的研究,然而,真正的光学技术直到 400 年前才诞生,斯涅耳、牛顿、费马、惠更斯、菲涅耳、麦克斯韦、爱因斯坦等学者相继从不同角度研究了光的本性。从基础理论的角度看,光学经历了几何光学、波动光学、电磁光学、量子光学等阶段,每一阶段的变革都极大地促进了科学和技术的发展。例如,波动光学的出现使得调制光的手段不再限于折射和反射,利用光栅、菲涅耳波带片等简单的衍射型微结构即可实现分光、聚焦等功能;电磁光学的出现,促进了微波和光波技术的融合,催生了微波光子学等新的学科;量子光学则为新型光源和探测器的出现奠定了基础。

　　伴随着理论突破,20 世纪见证了诸多变革性光学技术的诞生和发展,它们在一定程度上使得过去 100 年成为人类历史长河中发展最为迅速、变革最为剧烈的一个阶段。典型的变革性光学技术包括激光技术、光纤通信技术、CCD 成像技术、LED 照明技术、全息显示技术等。激光作为美国 20 世纪的四大发明之一(另外三项为原子能、计算机和半导体),是光学技术上的重大里程碑。由于其极高的亮度、相干性和单色性,激光在光通信、先进制造、生物医疗、精密测量、激光武器乃至激光核聚变等技术中均发挥了至关重要的作用。

　　光通信技术是近年来另一项快速发展的光学技术,与微波无线通信一起极大地改变了世界的格局,使"地球村"成为现实。光学通信的变革起源于 20 世纪 60 年代,高琨提出用光代替电流,用玻璃纤维代替金属导线实现信号传输的设想。1970 年,美国康宁公司研制出损耗为 20 dB/km 的光纤,使光纤中的远距离光传输成为可能,高琨也因此获得了 2009 年的诺贝尔物理学奖。

　　除了激光和光纤之外,光学技术还改变了沿用数百年的照明、成像等技术。以最常见的照明技术为例,自 1879 年爱迪生发明白炽灯以来,钨丝的热辐射一直是最常见的照明光源。然而,受制于其极低的能量转化效率,替代性的照明技术一直是人们不断追求的目标。从水银灯的发明到荧光灯的广泛使用,再到获得 2014 年诺贝尔物理学奖的蓝光 LED,新型节能光源已经使得地球上的夜晚不再黑暗。另外,CCD 的出现为便携式相机的推广打通了最后一个障碍,使得信息社会更加丰富多彩。

20 世纪末以来,光学技术虽然仍在快速发展,但其速度已经大幅减慢,以至于很多学者认为光学技术已经发展到瓶颈期。以大口径望远镜为例,虽然早在1993 年美国就建造出 10 m 口径的"凯克望远镜",但迄今为止望远镜的口径仍然没有得到大幅增加。美国的 30 m 望远镜仍在规划之中,而欧洲的 OWL 百米望远镜则由于经费不足而取消。在光学光刻方面,受到衍射极限的限制,光刻分辨率取决于波长和数值孔径,导致传统 i 线(波长为 365 nm)光刻机单次曝光分辨率在 200 nm以上,而每台高精度的 193 光刻机成本达到数亿元人民币,且单次曝光分辨率也仅为 38 nm。

在上述所有光学技术中,光波调制的物理基础都在于光与物质(包括增益介质、透镜、反射镜、光刻胶等)的相互作用。随着光学技术从宏观走向微观,近年来的研究表明:在小于波长的尺度上(即亚波长尺度),规则排列的微结构可作为人造"原子"和"分子",分别对入射光波的电场和磁场产生响应。在这些微观结构中,光与物质的相互作用变得比传统理论中预言的更强,从而突破了诸多理论上的瓶颈难题,包括折反射定律、衍射极限、吸收厚度-带宽极限等,在大口径望远镜、超分辨成像、太阳能、隐身和反隐身等技术中具有重要应用前景。譬如,基于梯度渐变的表面微结构,人们研制了多种平面的光学透镜,能够将几乎全部入射光波聚集到焦点,且焦斑的尺寸可突破经典的瑞利衍射极限,这一技术为新型大口径、多功能成像透镜的研制奠定了基础。

此外,具有潜在变革性的光学技术还包括量子保密通信、太赫兹技术、涡旋光束、纳米激光器、单光子和单像元成像技术、超快成像、多维度光学存储、柔性光学、三维彩色显示技术等。它们从时间、空间、量子态等不同维度对光波进行操控,形成了覆盖光源、传输模式、探测器的全链条创新技术格局。

值此技术变革的肇始期,清华大学出版社组织出版"变革性光科学与技术丛书",是本领域的一大幸事。本丛书的作者均为长期活跃在科研第一线,对相关科学和技术的历史、现状和发展趋势具有深刻理解的国内外知名学者。相信通过本丛书的出版,将会更为系统地梳理本领域的技术发展脉络,促进相关技术的更快速发展,为高校教师、学生以及科学爱好者提供沟通和交流平台。

是为序。

罗先刚

2018 年 7 月

前　言

　　光纤传感技术经过 50 多年的学术研究与技术发展,近几年来形成了加速发展的趋势。这是由于一方面,光纤传感技术已经在若干个实际应用场景中获得了大量的应用;另一方面,微纳技术、材料技术和生物技术的发展和交叉应用也为光纤传感技术提供了许多交叉感测的新方法和新途径。我国多年来经济的快速发展,不仅为光纤传感技术的实际应用提供了广阔的市场,同时也助推了这一领域基础研究的繁荣与进步。

　　基于微结构的光纤器件与传感器是近几年来光纤传感技术发展较快的方向之一。在光纤上构建实验室的想法的由来也得益于微结构光纤的发展,因为在光纤上具有天然的光波导通道,因此人们设想是否可以将各种材料和物质,例如无机材料、有机材料、生物材料、非线性光学材料等引入光纤中或引入光纤端面或侧面,在光纤上使光与物质发生相互作用,同时借助于光纤上的光学通道获得光学测量结果。这一想法很快得到快速发展,因为在光纤的微纳尺度范围内可以很容易实现光与物质的强相互作用,非常适合于开展微尺度的光物理学、光化学、光与生物物质以及光与微生命相互作用与影响的实验,因此光纤上的实验室为多学科交叉研究提供了一个极具吸引力的微实验平台。

　　为了拉近光纤技术前沿基础研究与研究生课堂教学的距离,更好地促进在光纤上构建各种微实验平台的思想传播与发展,本书围绕着"光纤上的实验室"(Lab-on/in-Fiber)这一主题,邀请全国在该研究方向上若干具有代表性的研究组,围绕各小组多年来所取得的主要成就及重要的研究进展,共撰写了 12 个章节。集中讨论如何实现在光纤上构建各种实验室的技术基础,给出在光纤上构建多种微实验室的若干实际例子,以此来说明在光纤上创建实验室的目的、方法与技术途径。

　　这既是一本内容较为集中的专著,可供光纤技术前沿工作者参考;同时,我们也尝试着将其打造成一门前沿交叉课程,以本书作为教材,并由各章节的作者们制作了演讲用的 PPT 和系列讲座视频,这些材料可直接用于课堂教学,以期迅速拉近"前沿研究"与"课堂"的距离。课程将围绕着"怎样在光纤上构建实验室"这一主题,给出系列前沿技术及其进展情况的详细讲解。

　　这是一个常作常新的研究领域,在光纤上构建实验室,能够开展各种实验和探索,为新结构与新功能光纤及其器件的应用展开一个新的维度。这其实是起点,不是终点。只有通过实验最终获得各种有益的应用系统时,才能够实现其真正的价值。正如布莱恩·阿瑟在其著作《技术的本质》中所说的那样,当某个领域技术的元素多到一定数量时,就构成了组合进化机制,其发展将以指数规律不断演进。而在光纤上构建各种实验室的技术不仅为特种光纤及其器件技术本身的发展提供了一个自由开拓创新的空间,也为光纤技术与其他学科的交叉创新提供了一个新框架。为此,我们愿意借助于本书,为本领域的师生拓宽学术思想、启迪探索思路而抛砖引玉。

本书在撰写过程中得到许多学生在段落撰写以及绘图方面的协助,在此深表感谢!

特别感谢清华大学廖延彪教授对我们研究工作的认可,并推荐本书列入清华大学出版社策划的"变革性光科学与技术丛书"!

感谢编辑鲁永芳博士的细心与耐心,使得我们在繁重的科研任务之余,怀着不断延期拖沓的内疚心情,在她的不断鼓励下,得以完成本书。

本书得到国家重点研发计划项目(2019YFB2203903)、国家自然科学基金项目(61827819,61735009)、广西壮族自治区八桂学者资助专项、广西科技重大专项(AA18242043)的资助,特此致谢。

受作者学术视野和水平所限,书中不妥之处乃至错误之处在所难免,望读者不吝赐教。

本书配有课件、视频等资源,请扫二维码观看。

作　者

2022 年 4 月

目 录

第 1 章

光纤集成光学实验室*

光纤集成光学就是利用石英光纤作为基体材料，将各种光路或光学元件微缩集成到一根光纤中，构建一个功能光学器件或元件，或通过若干个功能光学器件的集成，在光纤上实现微光学系统的集成。光纤集成光学有望成为光子学集成的一个新的分支。这种集成技术可以方便地在一根光纤中控制和操纵光波，为集成光学的研究提供了一个灵活方便的平台，为微光子器件和系统集成提供了一种有效的方法和手段。本章通过一系列集成实例，总结了在光纤内实现光学器件集成和微光学系统集成的主要思想和关键技术，为该方向的进一步发展提供了若干前期的基础。

1.1 光学集成技术的发展

集成技术在微纳光学和光子学领域发挥着越来越重要的作用。集成光学始于1969 年贝尔实验室的 S. E. 米勒博士，为了将宏观上光学实验平台搭建的光路与光信号处理系统应用于实际的场景中，必须能够将其微缩集成在一块平板基片上，为此他提出了集成光学的概念[1]。于是人们开展了以介电材料为基片的集成光学系统的研究。1972 年，Somekh 和 Yarive 进一步提出了在同一半导体衬底上同时集成光学器件和电子器件的想法[2]。从那时起，研究人员就开始利用各种材料、不同的制造方法来制造集成光学器件和光电混合集成器件。

近年来，平面光子集成芯片技术正在成为各国发展光子产业的重要关键技术。

* 苑立波，桂林电子科技大学，光电工程学院，光子学研究中心，桂林 541004，E-mail：lbyuan@vip.sina.com。

平板基底器件一直在光通信系统中扮演着最主要的角色,特别是近年来迅速发展起来的硅基光子集成技术,由于与互补金属氧化物半导体(CMOS)技术兼容,日益成为光电子集成发展的主流方向之一。但就某些特定的功能而言,光纤波导器件具有平板基底器件难以比拟的优势,在某些应用场合甚至具有不可替代的作用——采用微结构光纤的光纤波导器件将更是如此。因此,在新一代光通信系统和网络中,光纤集成光子器件必将占有一席之地,成为新一代光信息技术发展的重要方向。另外,随着智慧城市、5G 技术的发展,物联网、云计算的应用,特别是未来 6G 技术和元宇宙的发展新趋势,信息的获得与传输需求剧增,特别是数据中心的信息交换与短距离的信息传输呈现出指数式的增长。如何满足这些多样化的传输与感测的需求,对新一代光纤光子集成器件的发展提出了新的挑战。据此,本章概述了以折射率导引型特种微结构波导光纤为基础,在光纤上进行光子器件集成的方法。其核心概念就是以光纤作为圆形衬底材料,构造三维立体光子器件集成体系,将较复杂的光路和各种光学元器件微缩到一根光纤内部。目标是将传统的光学元器件和系统微型化,并按照新的物理观点将这些元器件或系统"集成"在一根光纤中,以形成具有多种功能的光纤集成光子器件。

纤维集成光学技术为微光子器件、微光子系统的集成提供了有别于硅基单片光子集成、混合光电集成的一种新型光子集成方式和解决途径。纤维集成光学带来微型化、高精度、高稳定、多功能、可批量化制造等优点,为满足社会与工业信息化、国防和武器装备智能化等需求提供了一种有效的技术支撑。本章通过一系列集成实例,总结了在光纤内实现集成光学的主要思想和关键技术。

1.2　光纤集成光学概念

所谓光纤内的集成光学就是利用石英光纤作为基体材料,将各种光路或光学元件集成到一根光纤中,构建一个功能光学器件或元件,实现微光学系统的集成,将各种功能整合到一根光纤中的一种技术尝试。光纤内集成光学有望成为光子学集成的一个新的分支。这种集成技术可以方便地在一根光纤中控制和操纵光波,为集成光学的研究提供了一个灵活方便的平台,为微光子器件和系统集成提供了一种有效的方法和手段。

1.2.1　光纤中进行光学集成的基本思路

我们知道集成光学概念的发展是在光电子学和微电子学基础上,采用集成方法,研究和发展起来的光学器件集成系统。1978 年,Hill 等提出了光纤光栅的概念,首次将反射镜或滤波器写入光纤[3],开拓了将光学无源器件集成到光纤中的先河；借助光纤光栅，人们发展了集成在光纤内的法布里-珀罗干涉仪（FPI）。另外，为了提高光通信传输信道密度，1979 年 Inao 等提出了在同一根光纤中放入多个光信息通道的多芯光纤的概念[4]。多芯光纤技术在早期光通信实际应用过程中遇到了两个主要的问题与难点：一是多芯光纤互连与接续十分困难；二是多芯光纤各个纤芯之间的长程串扰严重。随着波分复用（WDM）和密集波分复用（DWDM）技术的发展与日趋成熟，多芯光纤解决密集信道通信的方案越来越失去其优势。尽管如此，在多芯光纤应用方面仍有一些工作报道，如 Naoto Kishi 等开展了多芯耦合的理论研究[5]；为了提高光纤激光器的输出光功率，Peter K. Cheo 等开展了多芯光纤阵列激光器的研究[6]等。近年来，随着信道容量扩展的需求，在一根光纤中的空分复用的多芯光纤技术又被重提，发展了多芯光纤芯间隔离技术[7-8]和多芯光纤分路连接技术[9-10]，新的光纤制造技术的发展为多芯光纤通信注入了新的活力，已经成为未来解决光通信扩容的主要途径之一。

　　1987 年，Yablonovitch 和 John 大约同时、独立地提出了光子晶体（photonic crystal，PC）的概念。光子晶体概念的提出向人们展示了一种全新的控制光子的机制，它完全不同于以往利用全反射来引导光传输[11-12]。利用光子晶体实现的集成光学系统可能实现小型化，提高集成度，为集成光学的发展和应用带来了新的生机和活力，展现了一个美好的未来。1996 年，Russell 及其研究小组展示了第一根光子晶体光纤[13]。2003 年，以浙江大学童利民教授为首的中美科学家联合开发出制备纳米线的新方法[14]。纳米线提供了尺度远远小于光波长的导光结构，其与有关纳米尺度的微腔和激光器的技术配合，可望用于制作各种纳米光集成器件[15-16]。在上述这些概念和微纳尺度器件发展与融合的过程中，我们开展了将各种光路与光学器件微缩集成在一根光纤中的尝试，与此同时，也不断地拓展和深化了纤维集成光学这一新的分支的研究内容[17-24]。

　　事实上，为了尝试并探索是否能够以光纤为基体衬底材料，将若干光学器件与光路微缩集成在同一根光纤中，需要尝试的就是把直径为 125 μm 的石英材料作为基础材料，将具有不同功能、不同集成度的光学器件微缩安排在同一根石英纤维的内部，这就是纤维集成光学器件与系统的构想。目的是尝试采用石英光纤预制棒的灵活多变的组合技术和石英光纤的拉制办法，形成一种将较为复杂的光路与器件在光纤内集成的新方法，以实现光学信息处理系统的集成化和微型化。通过这一新颖的集成技术，可以将多种单一功能的光器件微缩集成在一根光纤中，也可以进一步将单元功能器件再次集成，构成功能复杂的微系统。通过与外部的标准光纤连接，构成新一代特种微型纤维集成器件。它可使微型化和集成化光学元件进入一个紧密功能的系统中，使新一代微型纤维集成光学器件的性能大大提高。

　　与远程光纤通信不同，纤维集成光学器件多数情况下关注的不是远传，而是集成在光纤中短距离波导自身及其与周围的波导之间的相互作用，同时也关注光纤内部波导与光纤外部周围物质之间的相互作用。这些相互作用常常来自光纤端或者光纤侧面光场与其他物质的相互作用。在某些特殊情况下，纤维集成光学也关心长程传输特性及其与周围环境之间的相互作用，例如基于多芯光纤的空分复用光通信、远程多光路分布式干涉测量等应用就属于这样的特殊情况。

近几年来，围绕单根纤维集成光学技术的思路，对该技术进行了初步探索。设计并实验拉制了多种特殊的微结构波导芯光纤，以微结构波导芯光纤为基体核心单元，开展了光纤内光路构造的研究工作。报道了将迈克耳孙干涉仪嵌入单根光纤内部等研究工作[17-18]。为了使光纤集成元件与现行标准光纤系统相兼容，采用独特的焊接后在焊点处进行熔融拉锥技术，实现了多芯光纤及其器件与标准单模光纤的连接与耦合[19]，可方便地将基于多芯光纤的光学器件和光路接入标准单芯光纤链路中[20]。近几年来，围绕微结构波导光纤的系列前期探索性工作的结果[21-24]，又进一步开展了系列研究的深化工作，如多芯光纤光栅集成与写入方法的有关研究[25-26]，基于双芯光纤的集成式电光调制器的研究[27]等。

纤维集成光学的核心思想是将光路和各种光学元器件微缩集成到一根光纤中。本章主要介绍将基础光路和若干光学元件微缩集成于单根光纤的过程中所涉及的相关基础理论与关键技术，包括多通道微结构光纤、纤维集成光纤器件及其若干纤维集成微系统的应用实例。

发展纤维集成光学及其关键技术的目的是获得具有不同功能、不同集成度的纤维集成光路，以实现光子信息传输、光子信息传感以及光子信息处理系统的集成化和微型化。在光纤技术的发展进程中，1978 年，Hill 博士提出的光纤光栅是纤维光学发展的重要里程碑，成为纤维集成光学的奠基性工作。目前，在光纤中进行各种器件集成的技术及其各种应用已成为全球性的研究热点，每年有数以万计的学术论文发表。该技术已经获得广泛的应用。我们需要不断思考的是，是否能将更复杂的光路和器件集成到光纤中？如何将一维光纤向二维和三维光路与器件集成的方向发展？这些器件和光路怎样才能与目前成熟的光纤技术相兼容？这样的纤维集成光学技术能解决当前哪些重要的问题？

本章给出纤维集成光学的基本概念及其主要支撑性关键技术。试图对上述问题给出部分基本的解答，为光纤中的集成光学提供一个初步的研究基础。

纤维集成光学的优点与集成光学一样，包括以下几点。

（1）集成化带来的稳固定位。如上所述，纤维集成光路是在同一根光纤中制作若干个器件，因而不存在光学器件所具有的组装问题，也无需调整光轴和磨合它们之间的相对位置，往往就可以保持稳定的组合，所以它对振动和温度等环境因素的适应性也比较强。这可以说是纤维集成光路或器件的最大优点。

（2）**易于调制波导光**。对于纤维集成光路中的光波导,可以利用电光效应、声光效应、热光效应、磁光效应、光-光效应等原理很好地实现了光的调制。

（3）**工作电压低以及相互作用长度的缩短**。由于光链路多数都是单模光波导,控制电极之间的距离可以做得非常小,因此纤维集成光路在实现低电压控制的同时,相互间的作用强度反而变得更大。同时,电极间距的缩小,也更利于光信息处理系统的小型化。

（4）**动作迅速**。随着电极尺寸的减小,分布电容也会大为减小,由此可以实现开关的高速化、调制的高速化。

（5）**功率密度高**。沿单模波导传输的光被封闭在狭小的空间内,所以其光功率密度可以远大于光束的功率密度。这样就容易实现光纤芯材料的非线性光学效应,也容易制成利用这种效应的器件。当然,应当注意到纤维集成光路在具有该优点的同时,也带来了容易受到光损伤的缺点。

（6）**体积小、质量轻**。器件为外径为 125 μm 的光纤,所以体积小、质量轻。

（7）**价格低**。实际上,随着集成化技术的进步,当发展到能够进行批量生产时,再加上材料的用量少,其成本将会大幅降低。

1.2.2　光纤中的光路、器件、系统集成

传统意义光纤的光信息传输功能已发挥到了极致。然而按照新的物理观点,光纤技术在光波的控制,光波信息交换、信息处理、信息提取等方面的内涵还远没有得到更深入的认识与挖掘,还有待于人们从不同的角度开展多方面的深入系统的研究。

纤维集成光学就是为了实现这样一个目标,致力于开展下列基础研究。

（1）**新功能光纤的设计与制造**。针对不同的领域,例如生物、化学工业过程监测的需求,环境、农业监测的需求,石油测井的需求,日益逼近香浓极限的信道通信容量的扩容需求等,围绕这些不断增长的新需求,拓展能够满足这些需求的新功能光纤。

（2）**基于新功能光纤的单元功能光器件在纤维中的集成技术**。随着新功能光纤的研制,为了使新发展的光纤得到应用,将结合各种微加工技术,在新功能光纤上开发相关的光器件,来满足实现各种新功能的需求。

（3）**将多个功能进一步集成,为实现某一具体的任务而形成纤维集成微系统的技术与方法**。旨在能够完成光纤中光波的控制,信息交换、信息处理,以及对周围相互作用的环境进行信息提取等任务。

1.3　功能集成光纤

我们知道,特种微结构波导芯光纤是纤维集成光学器件得以实现的基础性衬底材料,是构造纤维集成光学器件的关键,是实现纤维集成光学器件的前提。因此,我们要解决的基本问题是从光波的控制、光波信息交换、信息处理、信息提取的需求出发,以各种纤维集成光学器件的功能实现为目标,研究并重构所需要的新型微结构波导芯的数量、形状结构,如发展集成式干涉仪所需要的双芯保偏光纤;发展集成式并行多光纤光栅所需要的离散分布式折射率多芯光纤;探索多波长并行集成式光纤激光器的多芯稀土掺杂光纤;实现与微流物质相互作用并对各种微流物质进行感测的微孔通道与光波导通道进行混合集成的光纤等。为纤维集成光学器件的研究提供基础材料保证。

1.3.1　多波导集成光纤

折射率导引型微结构波导光纤是纤维光学一个极具生命力的研究领域,由于它与传统的光纤相比,其结构有很大不同,因此表现出许多奇异的特性。这些特性,除了可以用于新一代光信息处理与光通信器件,还可以用于微操作光镊、高精度微光学计量、光与物质相互作用特殊环境构建、各种微量生物化学成分的传感与测量等研究领域,应用前景广阔。

多芯光纤(multi-core fiber,MCF)是折射率导引型微结构波导光纤的典型代表,一般相对于单芯光纤而言,它的结构是在公共的包层内含有多根(两芯以上)独立纤芯的光波导,光纤中每个芯都是一条独立的光通道,因此多芯光纤被看作一种多光学通道或多光路集成的光纤,如图1.1所示。

与长距离光纤通信不同,光纤内集成光器件主要关注的是波导本身与周围波导之间的相互作用。同时,还特别关注光纤内部波导与光纤外材料之间的相互作用。这些相互作用通常是由光纤端部或光纤的倏逝光场与周围物质的相互作用引起的。为此,围绕着如何能够方便地在一根光纤内部实现多光路集成、耦合是多波导集成开发功能性光学器件或元器件集成技术的主要目标。为此,除了如图1.1所示典型的多芯光纤,还设计研制了各种结构的多波导光纤,如图1.2所示。图中给出了用于构建纤维集成光器件与微系统的若干种多芯光纤,由于不需要进行远传,因此每个纤芯并没有低折射率隔离层,其目的是在集成光路与器件开发方面能够更加方便地实现光波控制、光波信号交换、光纤信息处理,以及光纤与周围环境相互作用的信息提取等任务。

针对光通信容量与速度不断增长的需求,由于未来扩增容量的瓶颈已经即将

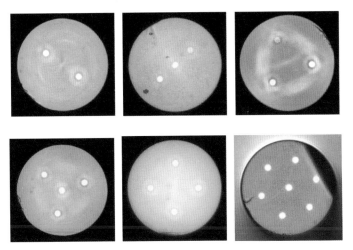

图 1.1　几种典型的多光路集成在一个包层内的多芯光纤：双芯、三芯、四芯和七芯光纤

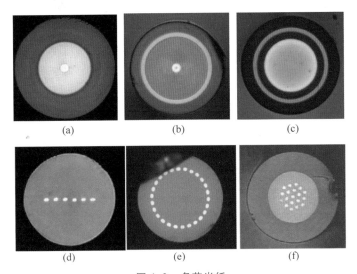

(a)　　　　　　　　(b)　　　　　　　　(c)

(d)　　　　　　　　(e)　　　　　　　　(f)

图 1.2　多芯光纤

（a）双包层光纤；（b）同轴双波导光纤；（c）大芯径同轴双波导光纤；（d）六芯阵列芯光纤；（e）环形多芯光纤；（f）十九芯多芯双包层光纤

成为现实,多芯光纤又重新引起人们的关注[28-34]。近来,通过采用时分复用、波分复用、偏振极化复用以及多级调制系统,单芯光纤传输系统的信道容量已经上升至100 Tbit/s[34-37],其传输容量已经接近香浓极限,按照通信增长趋势每 5 年增 10 倍的预估,在不久的将来,系统通信容量扩增将会达到举步维艰的境况[38-39]。在这种情况下,作为空分复用的多芯光纤成为进一步增大光纤通信容量的最后一块处女地而引人注目[39-40]。近年来,随着信道容量扩展的需要,采用多芯光纤技术

实现在一根光纤中进行空间的多路复用问题再次被提出。为了降低芯间耦合,实现远距离多芯光信号传输,开发了多芯光纤芯间隔离技术[7,41-45],如图 1.3 所示。同时也发展了多芯光纤扇入扇出连接技术[46-49],这些新型光纤与器件制造技术的发展为多芯光纤通信注入了新的活力。

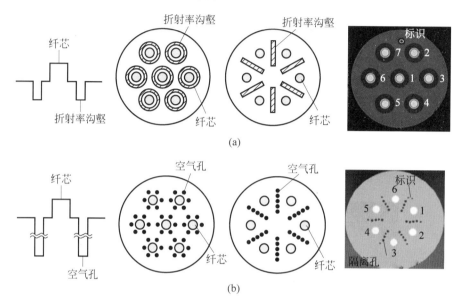

图 1.3 抑制多芯光纤芯间串扰的沟槽折射率层和围孔辅助隔离阻挡法

(a) 折射率剖面的沟槽串扰阻挡法;(b) 围孔串扰辅助隔离阻挡法

抑制芯间串扰的有效方法主要有以下两种:一种是采用沟槽折射率剖面的方法[7,41-42];另一种是借助于密集的空气小孔对纤芯进行围裹,也可以达到降低串扰的目的[43]。此外,采用折射率不同的异质纤芯使形成纤芯中传输常数的差异[44-45],也能有效地抑制芯间串扰。

空分复用的概念并不是最近提出的[50-53],多芯光纤用于高密度光通信的方案早在 20 世纪 70 年代末就由 S. Inao 等提出了[4],这种多芯光纤是由同一个包层中内含多个纤芯的光纤预制棒拉制而成的,其包层外形是圆柱体。在光纤通信的早期,所提出的多芯光纤在实现远程光通信时遇到了两个主要的困难,一是横向芯间串扰问题,二是光纤之间连接问题。为此,在光纤通信的早期,为了解决芯间串扰和圆形多芯光纤对准和焊接方面的困难,人们也提出了一些解决办法,如开发了所谓的束状光纤[51-55],这种束状光纤被用于用户专用线[52-55]。由于无源光网络(PON)[56]可为用户提供成本低廉、节省空间的光网络,束状光纤仅有少量应用,而这种作为提高信道密度的空分复用圆形多芯光纤没有被商业化。随着波分复用(WDM)和密集波分复用(DWDM)技术的发展和成熟,用于密集信道通信的多芯光纤解决方案在当时已经失去了优势。现如今,各种密集波分复用技术都已经被充分挖掘,作为空分复用的多芯光纤在这种情况下又被重新提到日程,目前已经提出了几种不同类型的空分复用多芯光纤,如图 1.4 所示,并集中地进行了研究。这些研究不仅针对大容量、长距离的应用[57-59],而且也关注大容量、短距离业务[28,60-61]和大数据无源光网络系统[62]。数据通信量的爆炸式增长给数据流量主要承载系统——光网络系统带来了严峻的挑战。衡量光网络系统承载能力的关键在于光纤传输容量。尽管多芯光纤为光通信扩容提供了一定的增长空间,但是仍面临很多困难。例如,扇入扇出器件引入的插入损耗问题,高密度多芯光纤的芯间串扰和折射率设计问题,多芯光纤间的耦合连接与熔接等问题都有待于人们不断探索和研究。

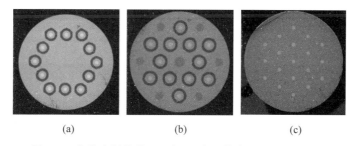

图 1.4　多芯光纤横截面示意图(十二芯光纤、十九芯光纤)

1.3.2　微流物质通道与光通道混合集成的光纤

除了多波导的光路集成光纤,将微流物质通道与光通道进行混合集成的光纤能够把微流物质,例如气体或液体,或者是对光波电场进行调控的电极材料引入光纤中。这样不仅增强了光与引入物质相互作用的能力,为光纤中波导传输的光场与外界各种物质在微纳尺度之间的长程相互作用提供了理想的场所,更是为在光纤上进行新功能器件的集成打开了方便之门,有助于在光纤上开展有源调控器件和微流感测器件的混合集成。

这种将微流控通道和光波导集成到一根光纤中的特种光纤,对于规模化制造光纤微流感测器件具有很大的发展潜力。具有微米级孔的微结构光纤可以容纳体积为微升或纳升的气体或液体。因此,它们是理想的痕量示踪检测载体。这种一维孔洞结构为样品与波导之间的接触提供了一个长的单元,突破了传统光纤的局限性,在分析领域具有不可替代的优势。这里,我们给出了一系列的光纤,如图 1.5 所示。为了便于倏逝场与微流物质相互作用,在石英毛细管内壁上悬挂一个折射率较高的纤芯,称为悬挂芯光纤,如图 1.5(a)所示,这样引入中间空气孔的微流物质就能够直接与光波导中的倏逝光场进行相互作用。而环形芯毛细管光纤则可以想象成将多模光纤纤芯中间挖出一个中心孔,留下一圈高折射率波导所构成的光纤结构,如图 1.5(b)所示,等效于在环形光波导中间引入微流物质,使其能够加强与光波进行相互作用。如图 1.5(c)所示的双孔单模光纤则是通过将普通的单模光纤预制棒采用超声钻孔的方法,在预制棒两侧打两个孔后拉制而成。这两个空气孔既可以将微流物质引入其中,实现微流感测;也可以在两个空气孔中嵌入金属电极,在光纤上实现电光调制器的功能。

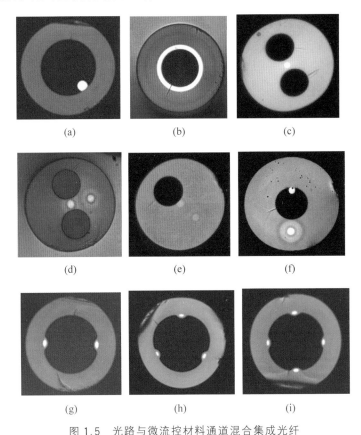

图 1.5　光路与微流控材料通道混合集成光纤

(a)～(c)单个波导与微流物质通道的集成;(d)～(i)多个波导纤芯与微流物质通道的集成

为了实现在光纤中既引入微流物质,同时又能构造双路干涉仪结构,我们发展了多种带有微孔结构的双芯光纤,如图 1.5(d)～(g)所示。如图 1.5(d)所示由中心纤芯和一个偏心纤芯构成的双芯光纤,在中间纤芯两侧对称地分布两个直径约 40 μm 的空气孔[63]。这种光纤既可以用于微流感测集成器件,也可用于构建干涉式电光调制器,其中的两个空气孔可用于嵌入两个电极,而双芯则便于构造迈克耳孙(Michelson)干涉仪或马赫-曾德尔(Mach-Zehnder)干涉仪。类似地,如图 1.5(e)

所示的则是由中心纤芯和一个偏心纤芯构成的双芯光纤,在与偏心纤芯对称的位置分布一个空气孔,这种光纤适合于构建光纤微流传感器件[64],偏心微孔用于倏逝光场与微流物质之间的相互作用,而参考光束沿着纤芯传播,远离中心纤芯。这种光纤可用于构建光纤内集成的光微流器件,用于折射率检测、化学发光和荧光检测以及电泳分离和检测。有时为了进一步增强倏逝光与微流物质之间的相互作用,设计制造了裸露纤芯悬挂于毛细管内壁的双芯光纤,如图 1.5(f)所示。除了在毛细管内壁上有一悬挂纤芯,为了构建干涉仪,还在毛细管内壁中间加入第二个纤芯。这为实现干涉法监测毛细管中光化学反应提供了一个构建理想微化学反应器的特殊光纤[65]。图 1.5(g)~(i)给出了几种带有中间空气孔的多芯光纤,其特点是中间具有一个较大的空气孔,围绕空气孔内壁嵌有多个椭圆形高折射率波导纤芯,这种多芯光纤在内壁光纤光栅用于微流监测[66]、内嵌增益介质回音壁模式(WGM)谐振型微球激光器[67]等方面都得到了应用。

1.3.3　偏芯光纤与孔助光纤

通过将纤芯从光纤的中心向光纤的表面移动的方法也能实现增强外界物质与纤芯倏逝场相互作用的效果,这种光纤称为偏芯光纤(eccentric core optical fiber)。制造偏芯光纤时,用于制作偏芯光纤的预制棒可以通过超声钻孔技术或者侧边开槽技术进行制备。以超声钻孔为例,其制作过程为:首先,在一个石英玻璃预制棒上,采用超声钻床钻出一个偏心的孔;然后用一种较高折射率的芯棒进行填充;最后利用熔融拉丝技术拉制所需要的偏芯光纤。利用超声钻孔技术制备的偏芯光纤的样品如图 1.6(a)所示。光纤纤芯和包层的折射率差 $\Delta n = n_1 - n_2 = 0.005$。该光纤的纤芯半径 $a = 5.75\ \mu m$,纤芯的边缘距包层的最短距离 $d = 4.6\ \mu m$。

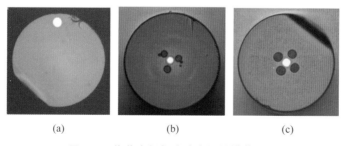

（a）　　　　　　　　　（b）　　　　　　　　　（c）

图 1.6　偏芯光纤与孔助光纤的横截面图

偏芯光纤是一种结构不对称的特种光纤。由于偏芯光纤的特殊结构,其光场分布和模式特征与轴对称结构光纤相比在纤芯中传输的光功率会以倏逝场的形式延伸到包层的外空间进行传输[68]。利用倏逝场与外部空间物质的相互作用关系既可以用于偏振器件的制作[69],也可以实现倏逝场传感的目的[70-71]。由于所有的碳氢化合物都包含有碳氢价键(C—H),例如汽油等各种燃油,而碳氢价键的转动与振动谐振具有较强的红外吸收谱线。当选用对应波长的光源时($\lambda \approx 1.2 \sim 1.4\ \mu m$),偏芯光纤可用于分布式油料传感测量[72-73]。例如,汽油在 $1.16 \sim 1.22\ \mu m$ 和 $1.36 \sim 1.42\ \mu m$ 这两个波段都有强烈的吸收峰,吸收系数大于 $1\ cm^{-1}$。值得指出的是,其传感吸收损耗仅与碳氢价键吸收系数有关,不依赖于汽油的折射率,仅要求待测燃油液体的折射率低于光纤包层的折射率,偏芯光纤中传输的光波所产生的倏逝场就能很好地用于分布式传感测量。对于偏芯光纤而言,光纤的纤芯偏离中心的距离和光纤包层的厚度是两个重要的参数,这两个参数的选取直接影响了偏芯光纤的特性及其应用领域[74-75]。

孔助光纤(hole-assisted lightguide fiber)通过改变紧邻纤芯的包层中空气孔的参数,例如通过调节包层中空气孔数目、大小和位置等参数,实现对光纤的色散、损耗、双折射等特性的调节和改变。早期的孔助光纤是用于解决光纤入户过程中的弯曲损耗,例如围绕纤芯布置六个小孔的孔助光纤实现了波长在 1550 nm 处的 0.41 dB/km 的低损耗水平[76]。随着氟掺杂低折射率隔离层工艺的出现,目前抗弯曲低损耗光纤已经不再采用这种传统的孔助工艺方法。然而孔助光纤由于其在微结构方面打破了单模光纤纤芯在结构上的对称性,因此可用于制备各种新型的光纤器件。图 1.6(b)和(c)分别给出了近邻纤芯具有三孔和四孔的两种孔助光纤。

借助于孔助光纤在纤芯结构上的非对称性,可以进一步构造长周期光纤光栅器件,有多种方法能够达到这一目的。例如,采用 CO_2 激光脉冲对这种三孔光纤进行周期性热熔的方法,实现了在热熔区的小孔周期性塌缩,因此沿着光纤就获得了纤芯周围平均环境折射率的周期性变化的调制,通过这种方法已经制备了一种长周期光纤光栅[77],可用于温度、弯曲、应变、扭转等传感。另一个例子是采用电弧放电热熔扭转的方式,对这种三孔光纤施加周期性的扭转,也同样获得了对纤芯传输光场的周期性调控[78],从而实现了长周期光纤光栅器件的制备。无论是哪种制备方法,都是借助于对光纤结构周期性的破坏来实现对光场的调控,从而获得在不同结构光纤的特殊器件的集成。

1.3.4　手性光纤与螺旋光纤

手性(chirality)也称作手征性,来源于希腊语的 $\chi\epsilon\iota\rho$(意为"手"),是物体通过平移、旋转等任意空间操作都不能与其镜像重合的一种性质,就像左手和右手互为镜像而无法叠合一样。这种具有手性性质的光纤就称为手性光纤。根据手性体的尺寸和所研究的电磁波波长的大小关系,手性光纤可分为介质手性光纤和结构手性光纤。所谓介质手性光纤(光波导)就是所研究的手性体(如手性分子)的尺寸远小于所研究的电磁波波长的情况。而当研究的手性体尺寸与所研究的电磁波波长可比拟时,就是结构手性光纤,这种光纤一般是因光纤的宏观结构而产生手性特征。

结构手性光纤的一种实施方案是在玻璃光纤中实现周期性结构,从而使光纤具有偏振和波长选择性。这种特殊的结构扩展了光纤的功能,在多种滤波器、偏转器、传感器和激光器上都有极大的应用前景。Kopp 等首次通过旋转具有高折射率的矩形芯光纤制备出双螺旋手性光纤[79],这种光纤具有很高的光栅对比度,其值在 0.03 左右,如图 1.7(a)所示。为了确保手性光纤与现有光纤系统是完美匹配的,可通过旋转常规偏芯光纤(离轴量很小)形成单螺旋手性光纤(图 1.7(b))。为了在双螺旋结构中做到这一点,采用了差分刻蚀技术,将一段常规双折射保偏光纤进行刻蚀,该光纤纤芯由两个对称部分重叠的圆柱形纤芯构成,最后旋转形成如图 1.7(c)所示的双螺旋结构,该光纤具有 0.01 的光栅对比度。为了实现单螺旋光纤与常规标准光纤的匹配,在偏芯主光纤的外侧固定一个直径很小的辅助光纤,旋转该组合光纤即可实现如图 1.7(d)所示的单螺旋结构。通过这些方法,就可以在任意光纤中实现单螺旋和偏振不敏感手性光纤。此外,在 1000℃ 的恒温下旋转纯硅微结构光纤,可形成如图 1.7(e)所示的结构最为稳定的手性光纤,这种手性光纤的光学特性由它的结构决定,而与组分材料无关,因此可作为波长标度。

手性光纤的独特性质使其具有许多常规光纤不能实现的功能,在传感器、光纤偏振器、激光器和滤波器等方面的应用潜力巨大[80-82]。由于双螺旋结构的手性光纤对偏振敏感,因此可在非谐振散射带内用作宽带光纤线性偏振器[82],这种偏振器具有较高的消光比和低插入损耗,并且具有 800~2000 nm 的工作波长。由于该器件微小的直径以及柔性的形状因子,从而使之可以放置于小半径光纤盘中或者制作柔韧的光纤探针来进行医学应用。石英手性光纤还具有较高的稳定性,因而手性光纤光栅可以在恶劣的环境中实现传感应用。例如,在化工提炼、蒸汽和燃气轮机以及航空发动机等场合实现对温度和压力的监测与控制。此外,手性光纤还可以开发成辐射剂量传感器,该传感器由具有不同辐射敏感性的多种化学成分的手性光栅构成[83]。手性光纤也可用于生物的光学遗传神经激励和检测实验。事实上,全光纤手性器件为偏振和波长选择展示了更广阔的应用可能。

除了上述手性光纤,还有其他种类的手性光纤。例如,为了实现大功率单模光纤激光器,要解决两个问题:首先需要降低光功率密度,这需要扩大纤芯面积,通过降低折射率差来提供单模光纤的大模场尺寸,如图 1.8(a)所示,其中间纤芯直径为 35 μm,数值孔径为 0.065[84];其次,需要将高阶模从中间纤芯中剥离出来,以保证单模光场的纯度。吸纳高阶模式光功率的任务就由绕着中间纤芯的螺旋边芯来完成,该纤芯直径为 12 μm,数值孔径为 0.09,绕中间芯的螺旋周期为 6.2 mm,

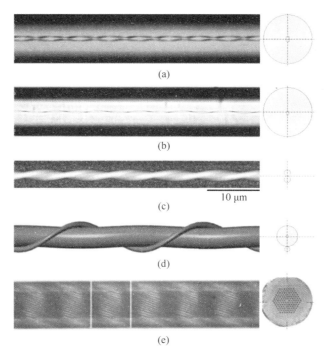

图 1.7　手性光纤

（a）旋转同轴矩形芯光纤制备的双螺旋手性结构；（b）旋转偏芯光纤制备单螺旋手性结构；（c）以空气作为包层的双螺旋光纤的电镜扫描图；（d）把传统光纤绕支架旋转形成的单螺旋手性结构；（e）旋转微结构光纤形成的手性光栅

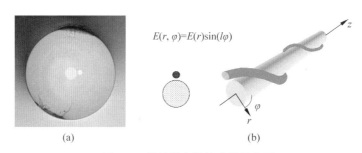

$$E(r, \varphi) = E(r)\sin(l\varphi)$$

图 1.8　手性耦合结构光纤示意图

（a）横断面照片；（b）螺旋耦合结构示意图

两纤芯之间的间距为 $2.5~\mu m$，如图 1.8(b)所示。这种光纤被称作手性耦合芯光纤（chirally-coupled core fiber）[85-86]，为了进一步改进其大功率单模光纤的运转效率，吸纳高阶模式的螺旋边芯可以增加为 2 个甚至 8 个，中间的纤芯直径可扩充到 $60~\mu m$，为制造大功率/高能量集成光纤激光器提供了一种有效的技术实现途径[87]。

　　螺旋芯光纤是一类特殊而重要的周期性微结构光纤[88]。具有较大螺距和偏置值的螺旋光纤早期就在各种传感器中得到了应用[89]。值得一提的是，大偏置螺旋光纤，也被称为卷曲光纤，已被用于演示光学系统中的拓扑相位效应。历史上，最早就是在这种光纤上发现光学贝里（Berry）相的存在的[90]。

　　本节介绍的螺旋芯光纤则对应于偏心的单芯螺旋光纤或多芯螺旋光纤，如图 1.9 所示。这种结构的光纤可以通过偏心或多芯光纤预制棒在光纤拉丝的过程中高速旋转预制棒而得到。若是仅作为光纤器件，通常是对已经拉制好的偏芯光纤或多芯光纤，再经过二次加热扭转制备而成。这种螺旋芯光纤可用于研究沿着螺旋波导传输的光场的自旋轨道耦合效应[91]，也可用于研制螺旋芯表面等离子谐振（SPR）光纤传感器[92]。基于偏心螺旋光纤，我们提出并研制了一种结构紧凑、共振波长和灵敏度可控的柔性侧抛螺旋芯光纤 SPR 传感器[93]。用包层回廊模式（WGM）解释了该螺旋芯光纤的辐射光场对 SPR 的激发。结果表明，WGM 对扭转螺距的变化非常敏感，因此可以通过改变螺旋芯光纤的扭转螺距来有效地调节 SPR 传感器的谐振波长，并控制其传感灵敏度。实验结果表明，这种调整方法能够获得较高的灵敏度，特别是对短螺距的调整。这种 SPR 传感器与传统基于弯曲光纤的 SPR 传感器的高弯曲损耗不同，光场在螺旋芯光纤 SPR 传感器的直纤包层

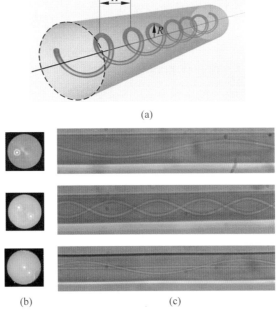

(a)

(b)　　　　　　　　　　(c)

图 1.9　几种典型的螺旋光纤示意图

（a）偏心螺旋光纤三维结构示意图；（b）横断面照片；（c）螺旋结构光纤侧向照片

中可以稳定传播。因此,通过制造多个不同螺距,可以在同一根螺旋芯光纤中获得多个具有不同共振波长和灵敏度的传感器阵列[94]。这些特性使传感器阵列能够在一根具有不同螺距的单芯或多芯光纤中制造出用于多参数测量的传感器阵列,并可能在化学/生物传感中得到广泛的应用。

1.3.5 光子晶体光纤与反谐振空芯光纤

光子晶体光纤(photonic crystal fiber,PCF),又称为微结构光纤(microstructrue optical fiber,MOF),通常以纯石英材料为基底,是在光纤横截面上具有二维周期性折射率分布(空气孔或高折射率柱)而沿光纤长度方向不变的一种光纤。这种光纤的设计理念源于光子晶体。光子晶体这一概念最早由美国贝尔实验室的 John[95] 和普林斯顿大学的 Yablonovitch[96] 在 1987 年分别研究该结构如何实现光子局域性和物体自发辐射时而独立提出的。在光子晶体的周期结构中引入缺陷,能够出现局域化的电磁场态或局域化的传导态,就可以像在掺杂半导体中控制电子那样控制光子。1991 年,当时在南安普顿大学任职的 Russell 首次将光子晶体的概念引入光纤系统中[97],提出了具有二维光子带隙结构的微结构光纤,这种光纤由于在包层区域引入了波长尺度的周期性空气孔结构,因此当时也被称为多孔光纤(holey fiber)[98]。

1996 年,英国普林斯顿大学的 J. Knight 等拉制了第一根折射率引导二维光子晶体光纤[99]。该光纤在纯石英的包层中排布有三角形栅格的周期性空气孔,光在缺失一空气孔的纤芯中传输。虽然在该光纤并未观察到光子带隙现象,但是存在"无截止单模"的特性[100],即在该光纤中可实现任意波长光波的单模传输。1998 年,Knight、Birks 和 Russell 等在加入英国巴斯(Bath)大学后首次拉制出真正的光子带隙光子晶体光纤[13](photonic band gap fiber,PBGF)。该光纤的包层具有蜂窝状排布的空气孔,纤芯通过引入一个额外的空气缺陷而形成。接着,该研究小组于 1999 年拉制出第一根空气纤芯光子带隙光纤[101],其包层存在三角形栅格分布的空气孔,中央通过缺失 7 个空气孔来形成一个大孔空气缺陷。由于空气孔包层的限制,光波能在中央空气大孔中形成单模传输。2002 年,美国 MIT 研究中心的 Yoel Fink 研究小组研制出一种用于 CO_2 激光传输的一维光子带隙的空芯布拉格(Bragg)光纤[102],其传输损耗可以在 1.0 dB/m 以下。2003 年,Thomas 和 Anders 首次拉制出填充液晶光子带隙光纤[103]。在该光纤包层的空气孔中填充有液晶,由于液晶的高非线性,使得该光纤适用于全光信号处理器件。此外,由于该液晶对生物组织(如 DNA 和细胞膜)有着极高的敏感性,因此,该光纤还可以用作生物传感器,由此拓展了光子带隙光纤的应用领域。2004 年,巴斯大学的 Luan 等首次提出了全固态光子带隙光纤[104]。他们采用两种折射率不同的玻璃材料

LLF1 和 SF6(折射率分别为 1.54 和 1.79)来制备这种光纤,由于材料折射率的限制,使得这种光纤的损耗较大。

光子晶体光纤由于其排列的微孔结构,使其适用于生物化学传感、应变和温度测量以及众多的光学集成器件。固体芯光子晶体光纤可以在周围的微孔中填充液体或聚合物,作为倏逝波感应的化学物质或生物分子,如图 1.10(a)、(b)所示。光的相互作用与孔的填充物质包覆可以探索测量气体的浓度或检测生物分子。而光子带隙光纤是另一种以空穴取代中心实心的光子晶体光纤。由于光子带隙效应,光被限制在空芯中。当中间的空芯孔被其他透明材料填充时,光通道也可以同时作为调制光场的相互作用物质通道,如图 1.10(c)、(d)所示。通过向孔中注入不同的材料,由于芯层和包层的折射率不同,横向模态会发生变化。这些特性使得 PCF 可以方便地与光电器件、生化传感器甚至分子探测器相结合。

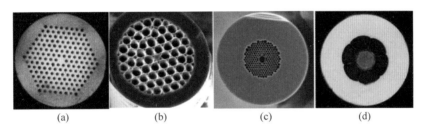

图 1.10　几种典型的光子晶体光纤

传统实芯光纤无法克服材料本身固有的非线性、色散、瑞利散射、光照损伤等缺陷,微结构空芯光纤有望解决这些本征性问题,可以为高功率激光、非线性光学、生物光子学、量子光学、光纤传感、光通信等应用提供一个理想而方便的媒介。近年来快速发展的反谐振空芯光纤就具有这种宽带导光和高激光损伤阈值的优点,图 1.11 给出近期快速发展起来的几种典型的反谐振空芯光纤结构,如图 1.11(a)[105]、(b)[106]、(c)[107]、(d)[108]所示。

反谐振空芯光纤可以理解为光子带隙空芯光纤和布拉格空芯光纤的混合体[109-111]。它以熔石英为基础材料,这不仅简化了光纤的制作技术要求,有利于形状的精确控制,而且由于高纯度石英材料更有利于降低吸收和瑞利散射损耗,可以发挥包层区域由单一类型玻璃界面组成的优点,对光束的向外泄漏具有更加强烈的阻拦

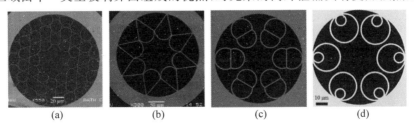

图 1.11　几种典型的反谐振空芯光纤结构

效果。此外,这种反谐振空芯光纤仅通过改变几何尺寸,就可以实现从紫外到中红外光的低损耗传输[112],如图1.12所示。

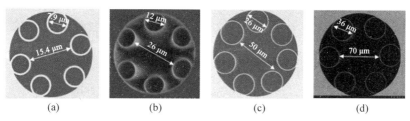

(a)   (b)   (c)   (d)

图1.12   通过调整几何尺寸实现从紫外到中红外光传输的反谐振空芯光纤
(a)紫外;(b)可见光;(c)近红外;(d)中红外

近几年来,反谐振空芯光纤研究迅速发展成为空芯光纤领域的热点。这类空芯光纤不仅在传输损耗和单模纯净度方面达到了光子带隙空芯光纤的水平,还拥有后者无法企及的宽带导光和超高激光损伤阈值的优势。它具有成为各种光与物质相互作用应用的优良载体的潜力,在超短超强激光脉冲传输[113]、单周期脉冲产生[114-115]、低延迟光通信[116]、紫外光源[117]、中红外气体激光[118]、生物化学传感[119]、量子光学[120]和近红外到太赫兹波段波导[121]等领域日益得到应用。

总之,发展上述各种新型光纤,目的就是在这些新功能光纤的基础上,能够更好地促进和发展光与物质相互作用的多功能、微型化、集成化新器件,同时对进一步丰富和实现高精度检测的新方法、拓展光纤传感新原理具有重要作用。这类光与物质相互作用增强型微结构光纤也为功能器件集成技术的研究和功能集成光纤器件的开拓提供了光纤基础材料。

1.4   光纤上的集成光器件

在单根光纤上进行各种基础光器件的制备与集成是在光纤上构建微光学系统的第一步,本节首先简要介绍若干制造技术与方法,然后分别介绍无源器件和有源器件的集成。

1.4.1   光纤上的微加工技术

光纤微加工与处理技术是在光纤上制造并集成光学器件的主要方法和手段。通过对前述各种特殊结构和功能的光纤进行二次加工,才能在光纤内制造出所需要的各种功能器件。图1.13给出了几种典型的通过对光纤进行微加工来改变光纤形状与结构的方法与技术,通过这些改变实现对光纤内光场的调控。

采用光纤焊接机,通过光纤的焊接与熔融拉锥来获得不同的结构是实现光上构造各种微结构器件的常用方法。例如,采用普通光纤和一段同样直径的石英毛细管进行焊接时可以得到如图 1.13(a1)所示的结构;调整合适的放电电流,借助于光纤焊接机也可以实现双锥和单侧陡变锥体,如图 1.13(a2)和(a3)所示。机械抛磨是实现光纤端和光纤侧面微加工的另一种常用方法,图 1.13(b)给出的多棱锥、楔形和圆锥体光纤端就是采用纤端研磨方法制备出来的[122-124]。经过机械研磨的光纤端或侧面,常常存在微观上的划痕,这时可采用局部高温加热的办法(俗称火抛光),通过热熔后石英玻璃材料表面的张力消除研磨表面的微观粗糙不平的部分,起到使表面进一步光滑的作用。

CO_2 激光加工技术是实现光纤热熔的重要方法之一,可以用于制备各种光纤透镜,在纤端烧制微球,如图 1.13(c1)所示,也可以通过加热施加内部压力的石英微管的局部,在内部压力作用下使软化部分得以膨胀后形成微腔或微泡,如图 1.13(c2)所示。若是希望在光纤侧面雕刻如图 1.13(c3)所示的微槽,则需要采用飞秒激光器或深紫外(如 157 nm)激光微加工系统完成这样的制备工作。

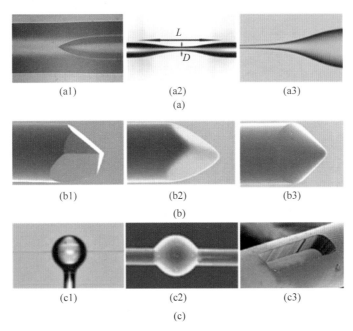

图 1.13　采用不同微加工技术获得的各种光纤

(a) 熔融拼接和拉锥实现的锥形光纤器件;(b) 采用光纤端部研磨实现的形状加工;(c) 采用 CO_2 激光熔球、空芯光纤热膨胀腔泡、飞秒激光或 157 nm 激光在光纤表面加工的凹槽

在光纤器件微加工技术中,通过热熔扭转光纤也能够实现一些特殊的功能,如图 1.14 所示。特别是与一些具有不对称结构的特种功能光纤相结合,能够制备出光纤涡旋光生成器件、光纤滤波器、长周期光纤光栅等器件[125]。

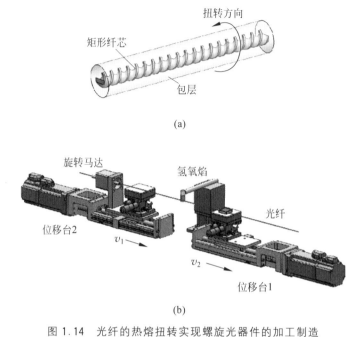

(a)

(b)

图 1.14 光纤的热熔扭转实现螺旋光器件的加工制造

(a) 螺旋光纤器件三维结构示意图；(b) 实现螺旋光纤器件的加工装置

化学刻蚀也是对光纤进行微加工的常用方法,可以将光纤的某一截面改造或重塑为复杂的三维微结构光器件。这种微加工工艺是基于刻蚀速率控制完成的,要想实现这种微加工技术,需要在标准的光纤制造过程中,将 P_2O_5 引入硅玻璃中。当这种掺杂光纤暴露于氢氟酸时,掺有 P_2O_5 的光纤截面内区域的刻蚀速度约是纯二氧化硅的 100 倍[126]。因此,就可以通过设计和制备特殊掺杂的光纤,在标准单模光纤的尖端或将掺杂光纤与标准光纤之间进行拼接组合,然后刻蚀成最终结构,就可以有效地制造出各种新的光子器件了,如图 1.15 所示。

图 1.15(a)给出的纤端微盘形谐振腔器件就是采用两段无芯光纤中间焊接一小段掺有 P_2O_5 的特殊结构光纤,对应微盘部分则是第二段长约 16 μm 的无芯光纤,整个结构浸入浓度为 40% 的氢氟酸溶液,12 min 就完成了刻蚀。通过调节第二段无芯光纤的长度,还可以调节微谐振器盘的厚度[126]。图 1.15(b)给出的是用于接入现场测试的纤芯微丝支撑结构器件,用于探测的微丝直径及其折射率剖面的选择是基于满足波导倏逝光场与周围待测环境物质之间相互作用需求的。该结构是采用两段标准单模光纤与中间一段特殊设计的掺杂光纤焊接而成,为了对中间的微丝提供机械结构强度上的支撑,这段特殊结构的掺杂光纤进行了结构优化设计,以确保能够刻蚀出如图 1.15(b)所示的最终结构[127]。裸露的微丝纤芯和两

侧支撑构件之间的空隙防止了待测场在核心区和两侧支撑构件之间的影响。整个结构是熔融拼接的,由二氧化硅制成。因此,它在机械上、化学上和热力学上都是稳定的。

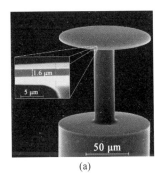 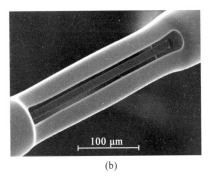

(a)　　　　　　　　　　　　(b)

图 1.15　采用化学刻蚀的方法对光纤进行各种形状的微加工

(a) 纤端微盘形谐振腔器件；(b) 场探测用纤芯微丝支撑结构器件

利用 P_2O_5 掺杂实现的基于选择性刻蚀的光纤微加工工艺表明,P_2O_5 掺杂可在光纤中形成较大的高选择性腐蚀区域。这为制造复杂的全光纤微光学器件提供了可能性。一般来说,基于选择性刻蚀的微器件的创建需要设计和制造一种特殊的 P_2O_5 掺杂光纤。而 P_2O_5 掺杂获得的高刻蚀选择性可以通过多种方式用于创建光纤微结构,通常是在引入光纤的端部或中间拼接一小段特种掺杂光纤,然后刻蚀形成目标微器件。通过特殊掺杂的设计和制造,可以实现结构的形状控制。

1.4.2　无源器件集成

光纤无源器件是光纤通信系统中的重要组成器件。这类器件通过消耗一定能量的光信号实现光信号的连接、光波分束/合束、波分复用/解复用、光路转换、能量衰减、反向隔离等功能。光纤无源器件在光纤通信和光纤传感系统中的地位越来越高,反过来,器件的发展对系统的影响也越来越大。

1. 分光/合光器(耦合器)

在单根光纤中构建多芯光纤耦合器有两种方法:一种是通过融合拼接单模光纤与多芯光纤,然后在焊点处加热至软化并拉伸形成一个双锥区,在双锥区实现光波的分光或合光[128-130],或者是在具有中间纤芯的多芯光纤的某处进行加热并进行熔融拉锥,也可以实现多芯光纤各个纤芯之间的分光与合光；另一种是采用热扩散技术,通过对多芯光纤的某处进行高温加热,致使纤芯的高掺杂通过热扩散,使每个纤芯的折射率分布发生扩展而彼此靠近或部分交叠,从而实现每个芯内光波之间的耦合[131]。

作为一个案例,我们考虑并研究一种单芯光纤到双芯光纤的耦合方法,两段光纤的焊接与拉锥情况如图 1.16(a)所示。由图 1.16(b)可见,当光波由单模光纤传输到锥体处时,由于纤芯逐渐变细难于束缚住光波而使模场逐渐移出纤芯进入锥体包层中,这时锥体包层逐渐成为波导,而锥体光纤外的空气部分则成为这部分光纤的包层(空气包层的折射率约等于1),通过双锥区的锥腰后,光波被分别由光纤的包层波导区逐渐耦合进入各纤芯的高折射率波导区,从而实现光波的分波,反之亦然。类似地,通过这种熔接拉锥的方法,不仅可以使光波由单个纤芯耦合到多芯光纤的每个纤芯中实现分波,也可以实现多芯光波到单模纤芯的合波[19,128]。

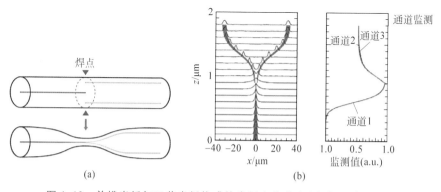

图 1.16 单模光纤与双芯光纤构成的光纤内的分光/合光器(耦合器)

类似地,这种方法可以用于多种光纤器件和传感器,如多芯光纤激光器、布拉格光栅弯曲传感器、光纤内集成干涉仪等的制作。这项技术也可以用于将单根光纤集成器件或组件插入标准单模光纤系统中。文献[129]给出了一个简要的耦合理论模型来描述单芯单模光纤和双芯单模光纤之间的耦合过程,解释了耦合光波的行为特性,并进一步进行了实验验证。为更详细地研究微结构光纤的耦合特点和多芯光纤的未来应用提供了参考。比如说,这种方法也适用于标准单模光纤和具有环形芯的中空毛细管光纤的耦合,类似地,在焊点处进行焊接并实施熔融拉锥,经过一个锥体的熔融渐缩的过程,就实现了从单模光纤到毛细管光纤的光波耦合[130]。通过这种不同结构纤芯之间的光波耦合,可以方便地将基于毛细管光纤的器件接入标准单模光纤系统,用于化学或生物感测领域。

在一根多芯光纤内制作耦合器的另一种方式是借助于高温热扩散(TDE)的方法进行制备。由于多芯光纤中的每个纤芯都是通过锗掺杂而形成的高折射率分布区,因而当温度较高时(如高于 1200℃),高掺杂浓度区就会加速向周边低掺杂浓度区进行热扩散,从而导致纤芯区的扩展而发生"纤芯区的局部膨胀",进而导致不同纤芯之间的间隙缩小或发生部分交叠,从而实现两个波导之间光波电场的能量交换而实现耦合。图 1.17 给出了一个采用高温热扩散技术制造双芯光纤耦合器的实例[131],实验中所采用的光纤是一种双芯光纤,其中一根纤芯位于光纤的中心,而另一根纤芯位于离中心芯约 27 μm 的位置处(称为偏心芯)。两芯和包层的直径分别为 8 μm、8 μm 和 125 μm。该光纤的纤芯是掺锗的,其数值孔径(NA)与普通单模光纤相同。实验中采用氢氧焰光纤拉锥机(凯普乐有限公司 AFBT-8000MX-H)加热双芯光纤。火焰可以在 15 mm 范围内来回扫描。在对双芯光纤加热过程中,锗掺杂会扩散到包层,导致芯层折射率降低,模场直径增大。在包层直径不变的情况下,芯层的模场有较大的扩展。在高温加热区,两根纤芯的热扩散速度相近,因而都以大致相同的扩散速度进行扩散,形成了两波导耦合区。而在两边温度过渡区,由于热扩散速度与温度相关,因而扩散速率逐渐降低,扩散后的波导耦合区就形成了如图 1.17(a)所示的形状。这个过程持续 200 min 的结果如图 1.17(b)所示,其中嵌入的光纤横截面图展示了这种光纤分别经过 30 min、60 min、80 min 时与未进行加热的情况对比图。可以看到,两根纤芯波导经过高温热扩散的不同阶段的扩散情况。

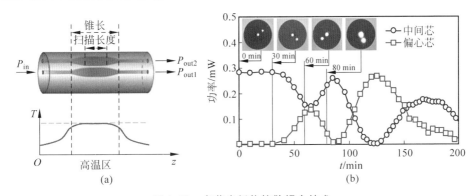

图 1.17　多芯光纤热扩散耦合技术

为了在线监控芯间耦合情况,将中间纤芯注入光功率,通过监测双芯光纤两根纤芯输出的光功率,可以看到两纤芯之间的光功率耦合过程与常见的两单模光纤熔融拉锥型耦合器相近,分别在约 70 min、110 min、150 min 时两纤芯输出功率达到均分点,如图 1.17(b)所示。由于在这种热扩散过程中保持两纤芯耦合区的光纤外部形状基本不变,因此这种类型的耦合器具有较高的机械强度,且对环境温度变化、耦合区拉伸应变以及周围折射率变化都不敏感,因而与传统的拉锥型光纤耦合器相比[132],具有较好的稳定性。

2. 扩束准直器

传统光纤准直器的主要用途是对在光纤中传输的高斯光束进行准直,增加其耦合时的轴向间距,从而可以在准直光束中插入一些光学功能组件,从而实现各种功能的器件。光纤准直器将光纤端面出射的发散光束变换为平行光束,或者反过来将平行光束会聚并高效率耦合进入光纤。它是制作多种光学器件的基础组件，因此广泛地应用于光束耦合、光纤连接、光束准直、光隔离器、光开关、延迟器、光衰减器、环行器和密集波分复用器等。

不同芯径的两种单模光纤如何实现低损耗连接是光纤集成光学组件设计中的一个普遍问题。为了使两种光纤相互匹配，可以采用材料相同的梯度折射率多模光纤(GI-MMF)替代传统透镜熔接到光纤端，作为光纤准直器[133]。GI-MMF 纤芯折射率以抛物线形式变化，中心轴线折射率最高，能够将同一点发出的一束光线周期性地会聚到一点，称为自聚焦光纤。由于都是由相同的石英材料制成，一定长度的 GI-MMF 功能与透镜相当，因此 GI-MMF 透镜与光纤的熔接具有很好的高光功率耐久性。在基于渐变折射率光纤(GIF)的光纤准直器中，用作透镜的 GI-MMF 和待熔接光纤需要同轴对准。

GI-MMF 的折射率分布可由下式给出：

$$n^2(\rho) = n_0^2 \left[1 - 2\Delta \left(\frac{\rho}{R} \right)^{\alpha} \right] \tag{1.1}$$

其中，R 为芯半径，n_0 为纤芯中心的折射率，Δ 为阶跃折射率差，$\alpha \approx 2$ 表示芯内的折射率分布接近抛物线($\rho \leqslant R$)，在包层区域($\rho > R$)则 $\alpha = 0$。

纤维集成光纤准直器通常是指在光纤端熔接一段 GI-MMF，因为光束准直的要求，GI-MMF 长度为 0.25 节距长度的奇数倍，如图 1.18(a)所示。这种方案操作非常简便，直接通过商用熔接机即可将两种光纤熔接，然后用切割刀在显微镜下进行定长度切割即可[133]。除了熔接质量和切割端面质量，这种光纤准直器的性能主要由 GI-MMF 的纤芯大小、光纤长度和梯度常数决定，如图 1.18(b)所示。事实上，由于光纤熔接和切割的要求，GI-MMF 的尺寸一般选择等于或略大于待准直光纤。受限于光纤的制备工艺，GI-MMF 的梯度常数不能做到很高，一般而言，较大的梯度常数得到较小的光束扩展直径和准直光束发散角，即准直性能更好。纤

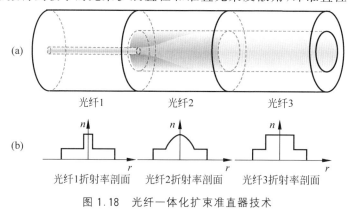

图 1.18　光纤一体化扩束准直器技术

维集成光纤准直器在用于不同芯径单模光纤连接时具有低插入损耗、低回波损耗、结构紧凑、性能稳定、耐高温和制备简便等优点。但是若用于空间准直扩束时,相对于传统透镜式的光纤准直器,其光束准直性能(包括光束发散角和工作距离等)稍低,其好处是空间尺寸小,准直器集成在光纤端,结构紧凑、性能稳定。

3. 模场适配器

模场匹配技术在光纤激光系统设计和光纤微光学系统中起着重要的作用。一些光源器件(如半导体激光器、激光二极管等)和波导器件的输出模场与连接光纤的模场有较大的差异。而更一般情况是不同纤芯直径、数值孔径或纤芯形状的两种光纤的模场不同,模场失配会导致连接损耗大到人们不能接受的程度。因此,发展一种适用范围广、操作简便和高度集成的模场适配方法,可以减小光纤与器件、光纤与波导以及不同光纤之间的连接损耗。

近年来,如多芯光纤、微结构光纤、色散补偿光纤、稀土掺杂光纤和特种形状纤芯光纤等新型光纤的应用日趋广泛。这些特殊模场光纤的模场与标准单模光纤的差别很大,因此与现有光纤光学系统兼容性较差。再者,在构建多功能、高集成度的复杂光纤链路网络时,如何实现这些特殊模场光纤之间以及特殊模场光纤与标准单模光纤之间的模场匹配问题,也越来越受到人们的关注。因此,需要在各种特殊模场光纤和标准单模光纤之间引入合适的模场适配器,以减少插入损耗,以及最大程度上降低光束质量的退化。此外,随着商用单模光纤的种类不断增加以及单模光纤器件的日益普及,人们也迫切需要在具有不同模场的各种单模光纤之间实现高效地互连耦合。

本节主要讨论不同模场光纤之间的模场适配器方法,注重于全光纤的纤维集成模场适配器。采用纤维集成的低损耗(0.5 dB 以下)模场适配器大致有以下四种解决方案。其一,对光纤进行绝热拉锥,光纤传输模场在锥形区域随着光纤尺寸变化而逐渐转变和接近另一光纤的模场[134],如图 1.19(a)所示。拉锥后的光纤直径变小,即使能够通过再涂覆等手段进行保护,但是光纤长度方向上的结构性缺陷使得整个光纤组件比较脆弱。而且如果锥度过大,二次熔接也比较困难。其二,与光纤拉锥手段相反,在光纤熔接的温度反向缓慢地推挤光纤,使加热局部光纤尺寸膨胀变大,在膨胀区实现模场适配,这种技术称为热挤加粗技术[135-136],如图 1.19(b)所示。热挤加粗的特点是膨胀区较窄,控制难度较大,对模场的调控力度也较弱。因此该方法应用较少,且不适合二次熔接,一般是在两种光纤熔接后,偏离熔接点位置向模场直径较小的一侧实施热挤加粗。相比于光纤拉锥技术,其优点是不太影响光纤的结构强度。其三,将一段 GI-MMF 熔接到两待适配光纤之间作为桥接光纤,以扩展(或压缩)光纤模场直径(MFD)[133,137],如图 1.19(c)所示。该方法基于 GI-MMF 中的多模干涉,具有成本低、频谱宽、制作方便等优点。两个具有不同模场直径的单芯光纤之间的耦合损耗可以从几分贝降低到 0.5 dB 以下,比如 Jollivet 等[137] 用一段 GI-MMF 将大模场光子晶体光纤与标准单模光纤(SMF)之间的耦合损耗在超过 100 nm 带宽上降低了 20 dB。其四,通过光纤热扩散技术将 MFD 较小的光纤局部加热,扩展其 MFD 直至与 MFD 较大的光纤相匹配。光纤内部掺杂物质(比如锗、氟等)的热扩散依据局部位置温度高低而逐渐形成折射率锥形过渡区,如图 1.19(d) 所示,其中传输模式的 MFD 改变,但归一化频率保持不变。当施加的梯度温度场足够缓变时,过渡区内传输模场转变过程是绝热的。

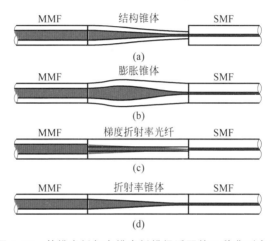

图 1.19　单模光纤与多模光纤模场适配的几种典型方案
(a) 光纤拉锥;(b) 光纤热挤加粗;(c) 梯度折射率桥接光纤;(d) 光纤热扩散模场适配

此外,Faucher 等[138] 采用拉锥法和热扩散法相结合的方式实现了模场的大范围变换,多种策略的混合使用可以使模场适配器的设计更加灵活。例如,拉锥结合热扩散的方法可以将两种 MFD 差别很大的光纤之间的传输损耗从 8.5 dB 降低到 0.4 dB,效果显著。

上述几种方法主要是指模场直径的膨胀或收缩,针对的是类单芯模场,然而差别很大的光纤模场(比如环形模场、多芯模场等)之间的适配问题仍然没有得到很好的解决。光纤器件尤其是全光纤器件的制作中,常常遇到一个普遍的问题:各种特殊模场光纤与标准单模光纤之间如何实现模场适配(通常是基模场适配)。光纤热扩散技术具有易于实现、对准和连接等优点,并且能够构建复杂的、平缓变化的三维折射率过渡区,因此有利于适用性更好的光纤模场适配器的制备。本节给出一种多功能模场适配器的"三明治"方案,即在特殊模场光纤和单模光纤之间引入双包层光纤,结合光纤热扩散技术在光纤轴向上构建平缓过渡的三维折射率结构[139],如图 1.20(a) 所示。

以特殊模场光纤-双包层光纤熔接点为中心的梯度高温场中,掺杂物质将不断

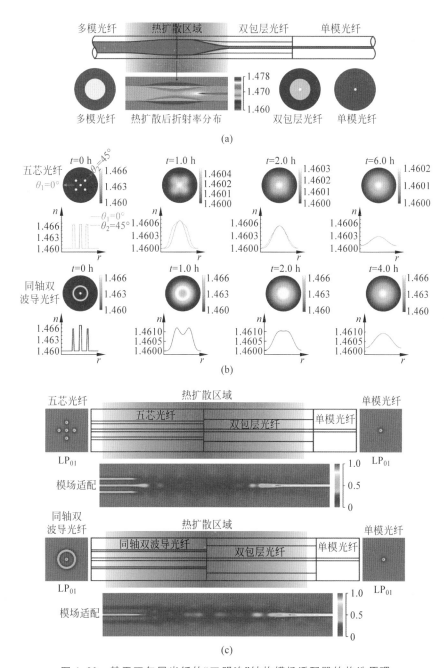

图 1.20　基于双包层光纤的"三明治"结构模场适配器的构造原理

（a）基于热扩散双包层桥接光纤的"三明治"模场适配器原理示意图；（b）五芯光纤和同轴双波导光纤的折射率分布热扩散演变；（c）五芯光纤、同轴双波导光纤和标准单模光纤之间的模式转换适配情况

从高浓度区扩散到低浓度区,并且温度越高位置(越靠近温场中心)扩散程度越大,最终在光纤的长度方向上(或光纤轴向上)形成一个平缓过渡的折射率锥形区。传输光经过该区域时,特殊模场光纤的基模场将逐渐绝热地转换为双包层光纤的基模场。由于精心设计的双包层光纤和单模光纤具有相同的基模场分布,并且特殊模场光纤与双包层光纤之间过渡区实现了折射率完全匹配,因此特殊模场光纤的基模场可以接近100%地耦合转换为单模光纤的基模场。进一步改进桥接双包层光纤,该方案甚至适用于各种实芯石英光纤之间的基模场适配。

从实现功能来讲,基于桥接双包层光纤热扩散技术的模场适配器可以作为高斯光束扩展器/压缩器,在多模光纤(MMF)和单模光纤(SMF)之间实现超高效率基模耦合;也可以作为模场转换器,将 SMF 的高斯模场转换为环形芯光纤(ACF)的环形模场;或者作为一种多芯光纤扇入扇出适配器,在 SMF 和多芯光纤(MCF)之间将一个高斯模场转换为多个高斯模场[139]。

4. 多芯光纤分束器(扇入扇出器)

多芯光纤除了作为空分复用光纤光缆用在光纤通信领域,还可以用于大功率光纤激光器、光纤放大器、波分复用器、光纤滤波器、光开关和光纤传感器等纤维集成光器件中。由于具备多个光信号传输通道,多芯光纤传感器天然地具备多参量传感和温度补偿功能。已经有众多文献报道了用于测量弯曲、应变、扭转、液体流速、加速度、位移、温度和折射率等参量的多芯光纤传感器。

集成光学与纤维光学结合为多芯光纤技术的进一步深入发展和研究注入了新活力[140]:借助于集成在同一光纤内的多条波导,构造了纤维集成光纤干涉仪,实现了单根光纤内的多路分光与合光,研究了集成在一根光纤中的光调制器,发展了不同结构的纤维集成光器件,实现了将各种光路与光器件微缩集成在一根光纤中。

多芯光纤在应用过程中面临的一个主要挑战是实现各个纤芯的输入和输出都非常困难,这是因为纤芯尺寸小并且相距很近。因此,多芯光纤分束器(也称扇入扇出器)是实现多芯光纤空分复用以达到传输扩容目标的关键问题之一,也是纤维集成光器件与纤维集成微系统中需要解决的一个重要的功能器件[140]。图 1.21 给出几种典型的多芯光纤通道分束器连接方案。

采用传统空间光学透镜进行多芯通道分离的优点是每个光学通道都可以单独调整,调节方便灵活、耦合损耗小,缺点是这种多芯光纤分束器的体积较大,调节对准过程复杂,使用不便,如图 1.21(a)所示。近年来出现的超快激光波导刻写技术,可以在石英基片或晶体上制备出高质量三维波导结构,不仅能够实现 MCF 各芯通道之间的光束分离,而且能够将纤芯的二维空间分布转变为一维阵列分布,从而简化对准和连接[46]。图 1.21(b)给出这种多芯光纤分束器的示意图,这种方案非常灵活,潜力巨大,但是目前也面临所制备的波导损耗较大的问题。一种被称为"消逝芯"的三层折射率结构的锥形波导可用于实现 MCF 与标准 SMF 之间的分束和连接[47-49]，通过纤芯模和包层模之间的绝热转变，这种方案能够有效地实现多芯光纤分束器的功能，如图 1.21(c) 所示。MCF、消逝芯波导和 SMF 之间直接通过熔接的方式相连。这种分束器方案结构紧凑，无需透镜调节，容易实现器件的小型化，尤其适用于具有工业标准的空分复用多芯通信光纤的分束器标准化、规模化生产。

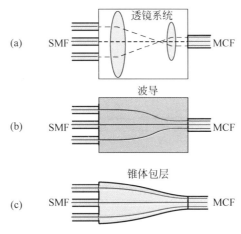

图 1.21　几种主要的多芯光纤通道分束器连接技术

(a) 空间透镜组合型多芯光纤分束器；(b) 三维波导型多芯光纤分束器；(c) 消逝芯拉锥型多芯光纤分束器

　　该方案提供了一种低损耗和低串扰的多芯光纤分路器件的制造方法。以四芯光纤扇入扇出器件结构为例加以说明，该器件由嵌入在光纤衬底中的四根双包层光纤制成，如图 1.22(a) 所示，双包层光纤有一个中心的纤芯、一个内包层、一个外包层，折射率分别为 n_1、n_2 和 n_3，如图 1.22(b) 和 (c) 所示。将四根双包层光纤插入四芯光纤纤芯对应的四孔石英套管并进一步进行绝热拉锥，随着锥体变细，双包层光纤的内包层收缩为单模纤芯，其中心的纤芯变得更细逐渐失去波导的功能而"消失"，并在锥腰处就形成与四芯光纤结构一致的光纤结构，如图 1.22(d) 所示。这时，在锥腰处切割，并与四芯光纤的每根纤芯对准焊接，就构成了四芯光纤扇入扇出器。

　　此外，采用套管密集堆栈填充的方法，也能够制造灵活多样的多芯光纤分束器。首先按照几何结构，将单模光纤的包层刻蚀到合适的尺寸。然后将上述多根包层直径刻蚀缩小的单芯光纤按 MCF 纤芯排布图样堆积在合适的外套石英毛细管中。最后将堆栈填充的样品进行适当地熔缩拉锥，以达到 MCF 的尺寸，方便与对应的 MCF 进行熔接。这样就制备出多种堆栈组合式多芯光纤分束器。

　　更详细的分析可参见 2.3.1 节渐变波导模场转换和 2.3.2 节纵向模场渐变锥

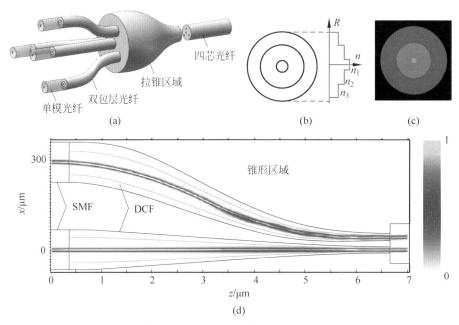

图 1.22　多芯光纤扇入扇出组件的结构及工作原理示意图

体调控的内容。

5. 多芯光纤端反射器

对于普通的单模光纤而言,在光纤端制备光反射器,将沿着光纤传输到纤端的光再反射回去,通常可采用在光纤端镀制反射金属膜的办法来实现。而当功率较大时,例如对于大功率光纤激光器而言,考虑到高光功率密度对材料损伤阈值的限制,则需要在纤端制备特殊的大直径光纤端帽。对于多芯光纤来说,如果将纤端出射光按照原路径返回,则可简单地通过在纤端镀制金属反射膜来实现。本节讨论的重点则是对于具有对称分布的多芯光纤端,如何制备纤端芯间反射器。这种特殊的芯间反射器可实现纤芯之间的低损耗互连、不同信道之间的信号交换,也可用于各种传感场合。

对称多芯光纤具有 180° 旋转对称分布的多个纤芯,如图 1.23 所示的是几种典型的对称多芯光纤,分别为对称双芯光纤、一字分布的三芯光纤、方形分布的四芯光纤、对称的七芯光纤。

尽管上述对称多芯光纤中的三芯光纤和七芯光纤具有 180° 旋转对称性,但是由于这两种光纤都具有中间的纤芯,因而下述多芯光纤端的芯间反射器仅适用于除去中间芯的对称分布多芯光纤的情况。下面简要介绍两种在具有对称分布的多芯光纤端制备芯间反射器的方法。

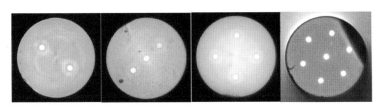

图 1.23　几种典型的对称多芯光纤：双芯、三芯、四芯和七芯光纤

1）纤端 45°锥体圆台反射镜制备方法[141]

以七芯光纤为例,首先对多芯光纤进行切割,得到平面光纤端面,如图 1.24(a)所示。为了将多芯光纤研磨成具有 45°反射角的锥体圆台,需要将切割后的多芯光纤安装在可同轴旋转的夹具上,光纤磨床工作原理如图 1.24(c)所示。进一步将多芯光纤端与磨床盘的夹角调整为 45°,启动机器,使磨床转动,同时多芯光纤随夹具同轴旋转,即可研磨出具有 45°锥角的锥体圆台,为保证反射面的光滑,需要更换不同粒度的细砂纸对锥体圆台的反射表面进行抛光(图 1.24(a))。多芯光纤中每组对称纤芯中传输的光束会在锥体圆台表面反射两次,并传输到对角芯中,因而在锥体圆台界面对称芯需要满足全反射条件。当外界环境为空气时,光束的全反射角约为 43.6°,这个角度与 45°非常接近。为了适应不同折射率的环境,如环境为水的情况,可以在 45°纤端锥体表面镀制一层金属薄膜,达到使光束完全反射的效果。图 1.24(d)为七芯光纤端 45°锥体圆台的显微图。测得的圆锥底角分别为 44.93°和 45.00°,表明该锥体圆台具有较好的同心度。

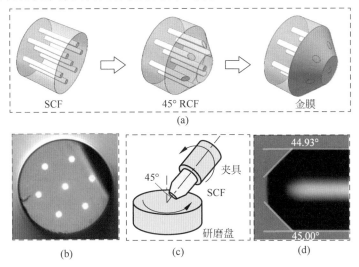

图 1.24　多芯光纤端 45°对角芯反射器的制备

(a)加工步骤;(b)七芯光纤端面显微图;(c)45°纤端研磨装置原理图;(d)45°多芯纤端显微图

由于不可避免的机械加工误差和光束在离开纤芯波导时传输光束扩散等因素,上述多芯光纤对角芯反射器总是存在一定的损耗。为此,给出了一种基于多芯光纤的弧形锥体纤端全反射器改进方案。在改进方案中,采取了两项措施:一是在多芯光纤端首先焊接一段无芯光纤;二是将这段无芯光纤端抛磨成具有抛物面形状的弧形反射锥体圆台,从而使多芯光纤的周边对角纤芯内的光波能够被弧形锥体圆台低损耗反射到对称纤芯内反向传输,实现多芯光纤芯间低损耗连接。最后,再将弧形锥体圆台的抛物面上镀上一层金属反射膜。如图 1.25 所示,弧形锥体圆台结构的旋转对称抛物面母线满足抛物线方程:

$$z = -\frac{1}{2d}r^2 + \frac{d}{2} \tag{1.2}$$

其中,r 为光纤的径向,z 为光纤的轴向,d 为多芯光纤周边纤芯距离中心的距离,周边纤芯的中心与弧形的交点坐标为 $A(d,0)$。

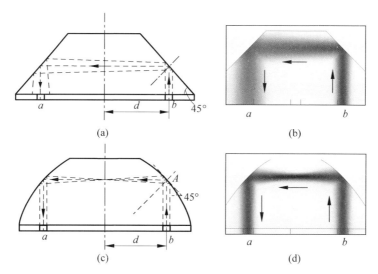

图 1.25　多芯光纤端对角芯反射器的优化方法

(a) 具有 45° 的无芯锥体纤端光路传输扩散情况;(b) 采用 BPM 软件对对应的光束传输仿真情况;(c) 对锥体圆台进行弧形优化后的光路传输情况;(d) 对应的弧形优化后 BPM 仿真结果

经过这样改进的多芯光纤端面对角芯反射器具有以下优点:

(1) 能够实现具有对称分布的多芯光纤对角纤芯的光路的串联,结构简单紧凑;

(2) 优化的弧形锥体圆台能实现光束的聚焦全反射,克服了光束扩散带来的能量损失,使两纤芯间的光路反射连接损耗降低到最小。

2) 纤端微准直透镜辅助的反射镜制备方法[142]

自聚焦透镜准直器可以将单模光纤的小光束直径转化为较大直径的准直光

束,从而可以将光纤中的聚焦光束转化为准直光束。图 1.26(a)给出具有长度为 1/2 节距的自聚焦透镜分别在轴心和离轴情况下光场传输的会聚情况。为了说明这种自聚焦透镜可用于多芯纤端作为芯间反射器的辅助组件,图 1.26(b)给出了长度为 1/4 节距,且在端面镀有反射膜的情况下,这段自聚焦透镜分别在轴心和离轴情况下光场的传输并被反射面反射传回的情况。基于该原理,为了使器件结构紧凑,在具有 180° 旋转对称分布的多芯光纤端制备芯间反射器时,可采用直径与多芯光纤相同的自聚焦透镜光纤(大芯径渐变折射率多模光纤),以实现集成的离轴式自聚焦透镜辅助对角芯纤端反射器。

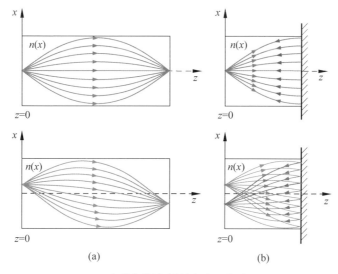

图 1.26　大芯径渐变折射率自聚焦光纤透镜

(a) 1/2 节距渐变折射率自聚焦透镜在轴心与离轴光场会聚情况;(b) 具有反射端的 1/4 节距渐变折射率自聚焦透镜在轴心与离轴光场会聚情况

　　下面以对称的双芯或正方形分布的四芯光纤为例,给出采用自聚焦光纤透镜作为辅助组件的多芯光纤端对角反射器的制备方法。采用一种芯径/包层直径比为 105 μm/125 μm 的大芯径渐变折射率光纤,这种光纤的最大数值孔径 NA = 0.22,其渐变折射率分布如图 1.27(a)和(b)所示。由于渐变折射率自聚焦透镜光纤与多芯光纤的外径相同,因而通过光纤焊接机直接进行焊接后,在显微镜下进行精准地定长切割,再将端面镀制成金属反射膜,就制备出了多芯纤端反射器。

　　渐变折射率透镜光纤的精确长度是获得最佳光束传输特性所必需的,光学特性对长度的依赖性很敏感,其长度容差约为 2 μm。焊接过程中两光纤也可能产生一个微小的横向错位,又因为模场直径的扩大,这种轴向失配损耗可以忽略不计。

　　这种采用简单的多芯光纤焊接自聚焦透镜光纤的组件,由于是离轴工作,也能

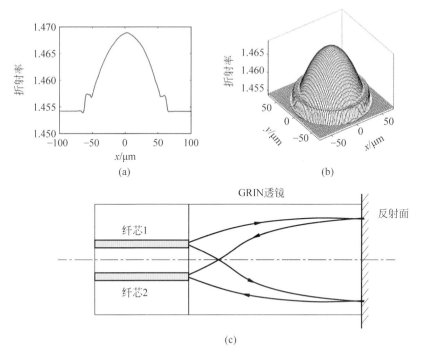

图 1.27 采用大芯径渐变折射率自聚焦光纤透镜辅助制备多芯光纤端对角芯反射器示意图
(a) 芯径/包层直径比为：$105\mu m/125\mu m$，NA＝0.22 的渐变折射率自聚焦光纤反射率剖面曲线；(b) 三维折射率分布图；(c) 在双芯光纤或四芯光纤端焊接 1/4 节距渐变折射率自聚焦透镜光纤，并在端面镀制反射膜的多芯光纤反射器结构

有效地准直多芯光纤的出射光场，出射端面光斑尺寸明显增大。尽管这种离轴方式会导致一定的损耗，但是这种实现光互连的方法相对简便。尤其是对光纤端尺寸的紧凑性要求较高的情况下，采用这种光学器件更能显示出其优势。此外，这种单模光纤焊接渐变折射率透镜光纤准直器的方法，也可用于光衰减器、开关和多路复用器等多种场合。

6．滤波器

光纤光栅滤波器是光纤中最早实现集成的光器件，对于光器件在光纤上的集成起到了里程碑的作用。对于通常的光纤光栅技术在此不做赘述，本节仅关注多芯光纤布拉格(Bragg)光栅滤波器和中空熔嵌椭圆芯光纤光栅滤波器的制备及特性。

（1）多芯光纤布拉格光栅滤波器

采用光场均匀化扩展技术[25-26]，可借助于传统的光栅刻写系统用于多芯光纤并行写入相同反射波长的布拉格光栅。在通信方面，多芯光纤光栅是一种有效的空分复用与波分复用相结合的技术手段[143]，因此利用多芯光纤光栅可以同时实现多种复用技术，极大地扩充了光通信传输容量。在生命科学领域，拉曼光谱被用来查找病理组织。使用光纤接收探测光并利用光栅对弹性散射光进行抑制是一种常用的手段,但传统的单模光纤纤芯直径小,收光效率低,阻碍了光纤探针的发展,而多芯光纤光栅的研制有效地解决了这一问题,使光纤拉曼探针可以得到更为广泛的应用[144]。利用光纤光栅的滤波特性,可以有效地抑制羟基带来的影响[145],促进了光子灯笼的发展,并且在光子灯笼的制备中使用多芯光纤光栅,除了增加光子灯笼端口数,同时还保证了整体结构的紧凑性,在天文光子学中有着重要的意义[146]。多芯光纤光栅在传感领域也取得了较大的进展。多芯光纤光栅可以在实现三维弯曲测量的同时消除温度带来的影响,实现多参量的测量,因此利用这一特性在多芯光纤上制备光栅阵列可以实现分布式三维形状传感[147-148]。

与传统的光纤光栅刻写系统类似,多芯光纤光栅的制备系统如图 1.28(a)和(b)所示。采用一根四芯光纤,借助于一个四芯光纤扇入扇出器,利用 10 块相位掩模版刻写的 10 组布拉格波长的光纤光栅阵列反射光谱图如图 1.28(c)所示,该反射谱是将四芯光纤每个纤芯的 10 个布拉格光栅反射光谱展示在相同坐标中。可以看出,四个纤芯中任意一组相同反射波长的光栅有一些微小差别。

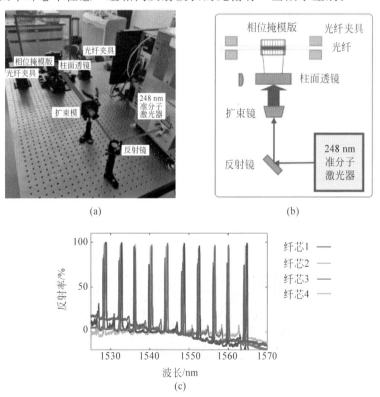

图 1.28　多芯光纤 FBG 制备实验室系统

(a) 激光器及其光路实验系统;(b) 光路示意图;(c) 在四芯光纤上制备的一组光栅阵列反射光谱

通常,当将光纤光栅写入单模光纤时,通过相位掩模的紫外光会入射到芯上,产生周期性的折射率变化。采用紫外激光和相位掩模版制备系统来刻写光纤光栅的过程中,最重要的环节是调整光束质量,目的是使掩模版出射的周期性±1级衍射光场聚焦,且均匀地对准待刻写光栅的纤芯进行曝光。然而,对于多芯光纤而言,为了将光栅均匀写入多芯光纤中的每一个纤芯,就要求每个纤芯的折射率改变必须相同;否则,每个纤芯形成的光栅将有不同的反射/透射谱。因此,对于多芯光纤光栅的制备来说,均匀地曝光使每个纤芯的折射率改变都近似相同,对于确保光纤光栅的一致性至关重要。

事实上,妨碍紫外激光对光纤侧面照射实现光纤内均匀曝光的最重要的原因是由圆形光纤包层引起的透镜效应。光纤包层的作用就像一个圆柱形透镜,当入射光束通过空气-包层界面时,将使照射到光纤侧面的光束传输方向发生偏折,从而使光束宽度变窄,这种聚焦效应也导致照射到光纤截面上的紫外光功率的分布发生变化。同时,由于多芯光纤的纤芯的排布方式为在整个光纤截面上分布多个纤芯,因此当紫外光照射时,前面的纤芯会对后面的纤芯产生遮挡,这种现象称为"阴影效应"。为此,E. Lindley 等[149]提出了一种相位补偿的办法,他们采用将石英毛细管的一侧抛磨成平面,然后将待刻写光栅的多芯光纤插入毛细管中,使由相位掩模版辐射出来的紫外激光束辐照在毛细管的平面一侧,从而消除光纤本身的柱状透镜效应。一方面,由于毛细管与光纤之间需要有一定的间隙才能保证光纤能够插入毛细管中,因而这种方法仅能消除一部分透镜效应;另一方面,每次都需要将光纤插入毛细管中,这对于多芯光纤光栅阵列的制备十分不便。为此,我们给出了两种改进的紫外激光均匀曝光方法[25-26],可方便地用于各种多芯光纤光栅的刻写。

（2）中空熔嵌椭圆芯光纤光栅滤波器

中空熔嵌椭圆芯光纤由中心空气孔、椭圆芯和环形包层组成,如图 1.29 所示[150-151]。该光纤的基模截止频率不为零。椭圆纤芯的双折射特性对中心气孔的大小不敏感,对纤芯与气孔之间的包层厚度超敏感。双折射率高的主要原因是芯层与气孔之间的薄包层和芯层椭圆度小。通过选择合适的纤芯椭圆度,可以获得

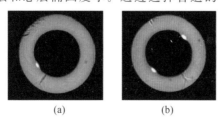

(a)　　　　　　　　　(b)

图 1.29　中空熔嵌椭圆芯光纤横断面示意图

(a) 中空熔嵌单椭圆芯光纤；(b) 中空熔嵌双椭圆芯光纤

超低双折射光纤。这种光纤由于其一侧具有特殊的薄包层结构,具有很强的倏逝场,因此在气体和生化传感器等领域具有重要的应用前景。

利用 KrF 准分子激光器(248 nm)和相位掩模版进行曝光,分别在中空熔嵌单椭圆芯和双椭圆芯光纤上刻写中心波长在 942 nm 附近的 FBG,其透射光谱和曝光方向如图 1.30 所示[152]。对这两种光纤光栅样品进行温度和轴向应变的响应性能进行测试,结果表明,两样品的温度和轴向应变响应特性相似,都比传统的单模光纤 FBG 要小。因此,可以作为实现双通道滤波器的候选器件,因为两芯之间的信号串扰可以通过中心气孔得到很大程度地消除。此外,由于光纤的不对称性,中空熔嵌双椭圆芯光纤 FBG 的弯曲特性对弯曲方向有很强的依赖性。因而可以利用这种双芯光纤 FBG 研制温度自动补偿型峰移差分式光纤光栅矢量弯曲传感器。

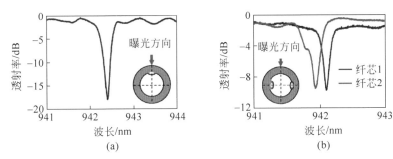

图 1.30　在两种中空熔嵌椭圆芯光纤刻写的 FBG 透射光谱示意图
(a) 中空单椭圆芯光纤 FBG;(b) 中空双椭圆芯光纤 FBG

类似地,借助于高频 CO_2 激光器,也可以在这种中空熔嵌型椭圆双芯光纤上刻写长周期光纤光栅[66],图 1.31 给出了中心波长在 860 nm 附近的长周期光纤光栅滤波器的特性曲线。该器件可以应用于双通道滤波器。由于气孔将两纤芯分开,因而两纤芯之间没有信号串扰,在光纤通信系统中具有重要的应用价值。此外,通过对这种特殊的双芯光纤长周期光栅对的弯曲,也可以构建可调谐差分滤波器。

7. 宽带起偏器

传统光学偏振器的工作模式可分为三种:采用各向异性吸收介质的片状偏振器、采用折射方式的棱镜偏振器和采用反射方式的布儒斯特角偏振器。这些偏振元件体积大且不易与光纤光路集成。而基于倏逝场和双折射晶体或金属之间的偏振选择性耦合的同轴光纤偏振器成为在光纤上进行集成的方案,因为它与大多数光纤系统兼容。早期的光纤起偏器借助于双折射晶体[153]、金属膜[154]对光纤的倏逝场进行偏振选择性耦合与吸收,采用 D 形光纤就实现了光纤的在线起偏。2011

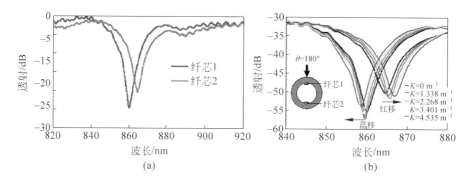

图 1.31 在中空熔嵌双椭圆芯光纤刻写的长周期光栅透射光谱示意图

(a) 中空熔嵌双椭圆芯光纤长周期光栅两个纤芯的透射光谱;(b) 该中空熔嵌双椭圆芯光纤弯曲时上、下两个长周期光栅透射光谱各自分别相向移动,向短波(蓝移)和长波(红移)

年,由于发现石墨烯材料的狄拉克电子的线性色散特性在通信波段表现出很强的 s 偏振效应,可以支持横向电模表面波传播,因而可用来制作并发展新型宽带光纤起偏器[155],消光比达到 27 dB,如图 1.32 所示。L_G 为传播距离(覆盖石墨烯薄膜的长度),该耦合器能够将电磁波耦合到二维石墨烯平面中。在这种结构中,光的色散和双折射(有效折射率差)以及波长和偏振的选择性起着重要作用。与金属薄膜中的表面等离子体激元(SPP)相似,由泄漏模式或表面散射产生的辐射是石墨烯在耦合和引导方面对基模的强扰动的关键特征。

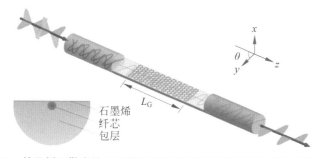

图 1.32 基于侧面抛光的 D 形光纤的石墨烯被覆型光纤上的起偏器示意图

通过采用双层石墨烯聚甲基丙烯酸甲酯(PMMA)的堆叠,可以改进上述这种起偏器的性能[156],如图 1.33 所示。改进的堆叠结构可以实现高消光比和紧凑尺寸的 TE 光偏振器件,由于与高折射率的石墨烯/PMMA 包层相关的模式倏逝场的增强效应,光纤芯中传播的光可以有效地耦合到石墨烯片中。光与石墨烯之间的强相互作用在正交极化模式之间产生了很大的衰减差,由于器件的紧凑性,从而提高了消光比,降低了插入损耗。当器件长度仅为 2.5 mm 时,在 1590 nm 波长处,器件的消光比可达 36 dB,插入损耗可低至 5 dB。通过提高抛光表面的粗糙度,可以进一步降低插入损耗。在 1560～1630 nm 波长范围内,消光比始终优于 25 dB。实验表明,双层石墨烯/PMMA 叠片比单石墨烯/PMMA 叠片结构具有显著的优势,在 4 mm 长度范围内,偏振器的最大消光比为 44 dB。实验结果表明,这种高消光比偏光器是一种很有前景的新型光纤石墨烯器件。

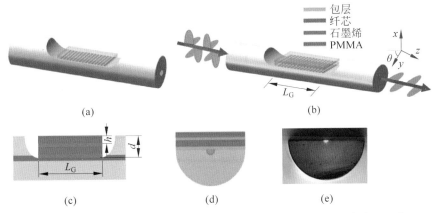

图 1.33　改进 D 形光纤双层石墨烯/PMMA 堆叠被覆型光纤上的起偏器示意图

(a) 侧抛 D 形光纤;(b) 起偏器工作原理;(c) 和(d) 双层堆叠结构;(e) D 形光纤横截面

　　另一种制备光纤在线起偏器更简洁的方式是在表面芯光纤(surface core fiber,SCF)上直接被覆石墨烯涂层,从而构建表面芯光纤偏振器的方法,该方法可制备低插入损耗、高强度光纤起偏器,起偏器的消光比约为 8.3 dB/mm[157]。通过在石墨烯片上涂覆 PMMA 薄膜,可以实现一种紧凑的光纤偏振器。通过根据栅极电压调整石墨烯的化学势,可以实现 TE 或 TM 偏振极化器。而在金属包覆光纤偏振器中实现这一功能是非常困难的,因为它的模式选择受体积特性和缓冲层厚度影响。例如,镀金 SCF 只能实现 TE 偏光器,而且必须严格控制金膜厚度以满足相位匹配条件。当石墨烯片长度为 3 mm 时,TE 波和 TM 波的消光比分别为 25.1 dB 和 26.0 dB。这种石墨烯包覆的光纤偏振器比基于侧抛光纤的石墨烯偏振器具有更高的机械强度和耐久性,因为单轴光纤可以通过在芯表面进行化学修饰和物理变化直接制成,而不会破坏光纤结构。因此,这种偏光器具有制作简单、成本低的优点,为光纤上进行光偏振器件的集成提供了一种潜在的方法,如图 1.34 所示。

1.4.3　有源器件集成

1. 光纤内多激光器集成

多芯光纤器件的规模化制造和光纤内规模化器件的集成是光纤光子集成技术

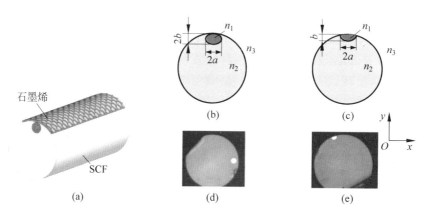

图 1.34　表面芯光纤起偏器

(a) 基于表面芯光纤和石墨烯被覆光纤上的起偏器示意图；(b) 表面椭圆芯光纤截面示意图；(c) 表面半椭圆芯横截面示意图；(d) 表面芯光纤横断面图；(e) 表面半椭圆芯光纤横断面图

研究的重要驱动力,它为下一代密集空分复用光纤组件的集成提供了降低成本和尺寸的可能性。为此,本节将介绍两种光纤内多激光器集成的实例。

1）多芯光纤分布式反馈激光器阵列

采用高精度的多芯光纤 FBG 制造方法,能够在多芯光纤的所有芯中制造并行激光器阵列,这不仅使激光器的制造效率得到极大提高,也为密集空分复用光通信和光传感系统中并行阵列激光器光源器件的发展提供新的途径。

为此,文献[158]给出了在七芯光纤并行制造分布式反馈(DFB)激光器的报道。在这项工作中,六边形排列的七芯光纤的所有七个纤芯都并行刻写了光纤光栅,其中制造的并行光纤 DFB 激光器中,所有七个纤芯中的六个具有足够的输出光功率,第七个纤芯激光器输出功率低于其他纤芯的 100 倍。这是由于在光栅刻写过程中曝光条件不够理想造成的。所采用的光纤是芯间距为 40 μm 的六边形阵列掺铒多芯光纤,利用单次紫外曝光制作了 8 cm 长、工作在 1545 nm 附近的 DFB 光栅腔。每一个激光器都以双偏振、单纵模式工作,线宽低于 300 kHz。

图 1.35(a)给出所用的掺铒多芯光纤(MC-EDF)的横截面图。该多芯光纤的纤芯直径为 3.2 μm,NA 为 0.23,在 1530 nm 处的衰减系数约为 6 dB/m。纤芯以 40 μm 间距排列成六角形阵列,光纤外径为 146 μm。各纤芯的透射谱如图 1.35(c)所示。由于光纤前表面的柱面透镜效应,致使各光栅刻写不一致,其最大的谱宽出现在纤芯 2 和纤芯 3 中。纤芯 0、纤芯 1、纤芯 4 和纤芯 5 的光谱显示了两个极化分裂引起的共振。实现光纤分布式反馈激光器需要准确地控制光栅刻写精度,以期在厘米长度纤芯折射率调制过程中,实现激光谐振腔满足 π 相移的条件。实验中使用了 244 nm 的紫外激光写入系统,光纤光栅被一次曝光同时写入所有的纤芯。光栅折射率调制轮廓均匀,长度为 8 cm。在距离光栅物理中心 0.64 cm 的位

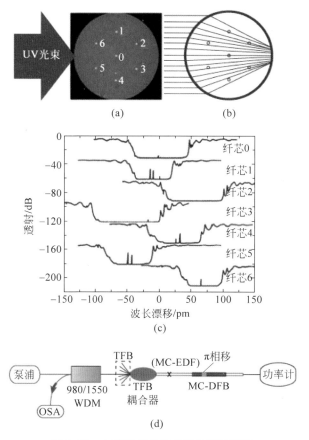

图 1.35　七芯光纤多激光器及实验装置

(a) 多芯光纤图像,显示纤芯数和紫外刻写光束的方向;(b) 紫外刻写光束的射线轨迹;(c) 用扫描激光测量每个芯内刻入的 DFB 腔体的透射光谱,零波长偏移相当于 1545.762 nm;(d) 测量多芯光纤 DFB 的实验装置

置放置离散相移,以产生高效的单向激光,光栅在刻制后进行了热退火处理。

2）中空熔嵌椭圆形多芯光纤的微球谐振腔多激光器集成

采用中空的熔嵌椭圆形多芯光纤也可以在单根光纤内实现多激光器的集成。图 1.36 给出王鹏飞教授课题组提出的在中空熔嵌椭圆形多芯光纤,嵌入具有增益介质的微球谐振腔多芯光纤激光器集成的工作原理示意图。

这种具有特殊结构的中空多芯光纤中,当输入光入射进入光纤后,由于中空多芯光纤的光纤芯是悬挂在光纤内壁上的,其外界石英包层只有几微米,所以其倏逝场比较大。微球谐振器与嵌在光纤内壁上的光纤芯进行相位匹配、能量耦合,将种子光源的倏逝场的能量耦合到稀土材料微球表面,形成回音壁模式谐振,光波在光纤内置的稀土玻璃微球内表面上不断进行全反射,从而被约束在球体内沿微球表

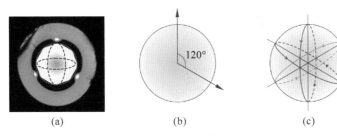

(a)　　　　　　　　　(b)　　　　　　　　　(c)

图 1.36　微球谐振腔多芯光纤激光器

(a)中空多芯光纤微球谐振腔光器件的横截面示意图(纤芯数为三芯);(b)光纤内部悬挂纤芯之间的内夹角;(c)微球上回音壁模式的传播方式

面的大圆绕行并进行信号增益、放大,最终通过光纤内壁上的纤芯将谐振波耦合出来,实现增益放大的谐振光输出。

这种特殊的基于中空光纤的微球谐振腔有源器件继承和改善了传统微谐振腔光学器件的四个特性,即极高的光学品质因子(Q 因子)所导致的四个光学特性:高能量密度,超窄的谐振波长线宽,极小的模式体积和超长的光腔衰荡周期。加上该器件可以实现两个或两个以上光纤芯同单个微球谐振腔器件的空间三维耦合,从而可以实现在一个微球腔上面多条路径的回音壁模式传播,这为在一个微球谐振腔上制备多个波长复用的微腔激光器提供了可能。

为了实现上述微球谐振腔空心多芯光纤激光器,王鹏飞等报道了这种基于光纤微球谐振腔的新型微球谐振腔集成器件[159]。它是通过将二氧化硅微球置入熔嵌式双芯空心光纤而制成的。利用光纤锥形法,可以将硅微球放置并固定在熔嵌式双芯空心光纤的过渡段。锥形输入单模光纤的透射光通过两个熔嵌的光纤芯耦合到二氧化硅微球中,从而有效地激发了回音壁模式(WGM)。在 1100~1300 nm 的波长范围内,Q 因子达到 5.54×10^{3}。实验讨论了光纤 WGM 微球谐振器的偏振和温度依赖性。与传统的锥形光纤耦合 WGM 微球谐振器相比,这种集成光子器件的机械稳定性大大提高。其优点包括易于制造,结构紧凑,成本低。这种新型光纤 WGM 谐振器集成器件在光学传感和微腔激光领域具有广泛的应用前景。

2. 光纤集成调制器

(1)基于中空的熔嵌型双芯光纤的电光强度调制器

热极化可以在熔融二氧化硅中产生较大的二阶非线性,因此利用二氧化硅光纤的极化特性,可用于制作用于通信或传感系统中的电光强度调制器件。采用中空熔嵌椭圆双芯光纤,并对其纤芯进行极化,可以构成光纤内集成电光强度调制器,特别是本征相位调制器,也可以进一步构建马赫-曾德尔或其他类型的干涉式调制器,实现电光强度调制。

图 1.37 给出一种基于中空的熔嵌双芯光纤的电光强度调制器工作原理示意

图[27]。光纤的外径为 125 μm。用于插入内电极的空心光纤的内径约为 62 μm,椭圆形光纤芯的形状为长轴 8 μm、短轴 4 μm。两个椭圆芯对称地熔嵌在包层的内壁上。为了保证双芯光纤是波长为 1310 nm 的单模光纤,我们在双芯光纤和空心光纤之间设计了一层约 3 μm 的薄包层。电极的制作方法如下:将直径为 45 μm、长度为 11 cm 的钨丝插入双芯光纤的中间空气孔中,作为极化阳极。通过在其中一个纤芯附近的光纤外表面溅射 2 μm 厚的金膜来获得极化阴极。金膜长度为 9 cm,离纤端约 2 cm,以避免两电极间的空气击穿。图 1.37(a) 和(b)分别为放大后的双芯光纤横截面以及嵌入极化电极的光纤照片。

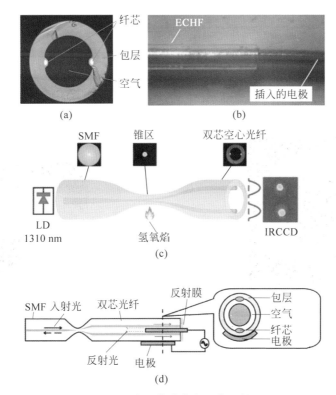

图 1.37　光纤集成电光强度调制器

(a) 中空熔嵌椭圆双芯光纤横截面;(b) 插入极化电极的中空双芯光纤侧面图;(c) 与单芯光纤焊接后的迈克耳孙干涉仪;(d) 电光强度调制器的结构示意图

图 1.37(c)给出将单模光纤与双芯空心光纤熔合拼接,两纤芯端面被镀制成反射膜,从而构成迈克耳孙干涉仪。插入中空的光纤中的阳极钨丝,与包层表面沉积一层厚厚的金膜阴极一起,使得处于这两个电极之间的纤芯得以在 280℃温度下、直流 3000 V 电压下极化 15 min,如图 1.37(d)所示。实验结果表明,所制作的光纤集成电光强度调制器在 149～1000 Hz 的频率范围内具有良好的强度调制能力。

半波电压和有效二阶非线性系数分别为 135 V 和 1.23 pm/V。

（2）基于中空悬挂芯光纤的磁光调制器

采用中空悬挂芯光纤,杨兴华教授课题组给出了一种光纤集成光强调制器[160],如图 1.38(a)所示。该光纤集成光强调制器通过将含有超顺磁 Fe_3O_4 纳米粒子的磁流体(图 1.38(b)和(c))灌注到光纤中间的空气孔中,并将其封装在中空光纤中,作为悬挂纤芯的包覆层,然后将中空光纤两端进行热熔塌缩并与多模光纤焊接。与光纤外部可控磁场组合后,就构成了如图 1.38(d)所示的光纤磁光调制器。该调制器在不同磁场强度下,仅用 2.0×10^{-2} μL 的磁流体就能显著影响系统中的光衰减。磁场强度为 489 Oe 时,饱和调制深度为 43%,系统响应时间小于 120 ms。这项工作作为利用具有悬挂芯的中空光纤和超顺磁磁流体的特殊结构开发全光纤调制器,包括其他集成电光器件(如光开关、光纤滤波器和磁传感器)提供了新的可能。

实验中将由 HeNe 激光器发出的波长为 632.8 nm 的光耦合到多模光纤中。在将空心光纤与多模光纤熔合并逐渐变细之前,在空心光纤中灌注微量的磁流体

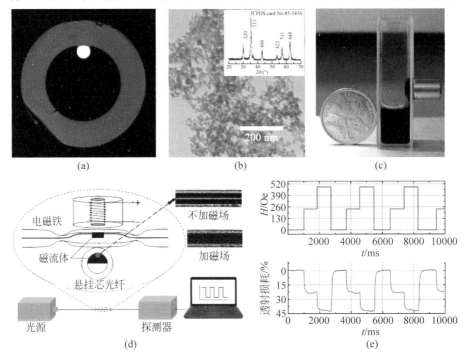

图 1.38　基于中空悬挂芯光纤的光强调制器

（a）中空悬挂芯光纤的横截面图；（b）磁性流体中超顺磁性 Fe_3O_4 纳米粒子的透射电子显微镜图像(插图：X 射线衍射图)；（c）制备的磁流体与钕铁硼磁体之间具有较强的磁力；（d）光纤调制器实验装置；（e）在不同磁场强度下的调制特性,上图是磁场强度的变化,下图是光强通过光路系统的变化

（浓度为 29.2%，体积为 2.0×10^{-2} μL）。液柱长度为 5 mm。磁流体柱位于中空纤维的中间，避免了熔融和拉锥过程中耦合点的汽化。输出光的强度用光纤光谱仪检测。磁场是通过一个磁芯直径为 10 mm 的电磁铁产生的。电磁铁与空心光纤中磁流体部分之间的距离为 3 mm。考虑到光纤在磁场中的位置对称性，将悬浮磁芯调整为朝向电磁铁的方向。外加磁场的强度由电磁铁的电压来调节，并用磁强计监测磁场的强度。实验结果表明，该器件可以应用于光逻辑信号处理、光计算中光逻辑门的操作以及通信等领域。

（3）基于非晶态硅芯光纤的光光调制器

采用非晶态硅芯光纤可以制备光控光的调制器[161]，如图 1.39 所示。该调制器利用 532 nm 泵浦脉冲产生的自由载流子吸收作为控制信号，通过对硅芯的泵浦，实现了对通信波段 1.55 μm 信号光的全光调制。

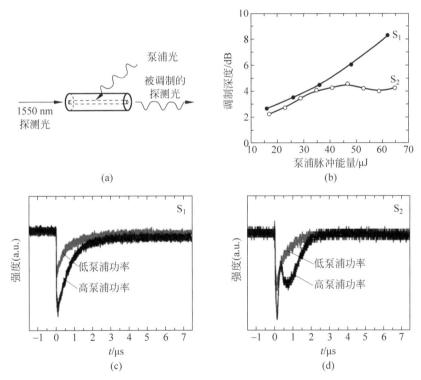

图 1.39　基于非晶态硅芯光纤的光光调制器

（a）Si 填充微结构光纤全光调制实验原理图；（b）对于两段微结构光纤样品 S_1 和 S_2 中的泵浦脉冲能量调制深度定义为 $M(\mathrm{dB}) = 10\log[1/(1-M\%)]$，$M\%$ 定义为调制后传输强度的变化百分比；（c）和（d）对于两段样品 S_1 和 S_2 光纤，分别记录了低泵浦功率（16 μJ）和高泵浦功率（62 μJ）两种不同能量下的 532 nm 泵浦脉冲光照下，在 1.55 μm 探测信号的时间分辨传输

非晶态硅纤芯的制备是采用高压微流控沉积技术在光纤中沉积非晶态硅实现的,通过高压可以将晶体硅和锗的线和管沉积到微结构光纤的微纳尺度的孔阵列中,非晶硅在硅烷前驱体分压高达 3.8 MPa 的条件下沉积在光纤中,这种前驱体压力是克服质量传输约束所必需的,而且远高于通常用于硅材料沉积的压力。通过微流控高压工艺将微结构光纤与极长径比非晶硅丝相结合制备杂化纤芯结构,非晶硅在低温下沉积,然后在较高的温度下退火结晶,所制备的非晶态硅纤芯直径为 6 μm。采用显微拉曼光谱和光学损耗测量,系统地表征了非晶态硅填充微结构光纤的结构和光学性能。利用 532 nm 泵浦脉冲产生的自由载流子吸收,借助于自由载流子等离子体色散效应,实现了 1.55 μm 光通过硅芯的全光调制。调制深度可达 8.26 dB,调制频率可达 1.4 MHz。

3. 光纤集成光电探测器

全光纤光通信网络的前景很吸引人,在这种网络中,光可以在光纤内部产生、调制和检测,而不需要离散的光电子设备。然而,要想成为现实,这种方法需要将光电材料及其功能集成到光纤中,以创建一种用于执行各种任务的新型半导体-光纤混合器件。

近年来,半导体光电材料与光纤的结合已经成为仅能实现无源功能的二氧化硅光纤的有力补充。由于制造技术和后处理技术的进步,半导体光电子光纤技术得到了迅速发展。将半导体材料的光学和电子功能集成到光纤中的思想,为新功能光纤和器件的开辟都提供了更多的可能。半导体光电材料光纤可定义为一种基于光纤的集成平台,能够在光纤光路中(如在芯层或包层)嵌入一个或多个半导体元件。这种方式允许人们利用半导体的光电特性,包括许多重要的Ⅳ族元素和Ⅲ-Ⅴ/Ⅱ-Ⅵ族化合物。此外,这些材料扩展了传输的窗口,它们的高折射率和光学非线性允许非常高效的光纤化全光信号处理。该技术具有构建高效光纤系统的潜力,在一根光纤中实现光的产生、调制和检测,同时为通信和传感打开了新的传输窗口[162]。

光纤与光电子材料的集成是一项有意义的工作。在微结构光纤中加入半导体结可以有效地改善光纤内器件或全光纤器件的性能,使光纤本身能够实现光信号的探测。John V. Badding 小组在 2012 年报道了通过精确掺杂半导体材料和高质量整流半导体结集成到微结构光纤中,实现了高速全光纤功能通信波长的光检测[163]。该半导体-光纤混合器件的带宽高达 3 GHz,可与标准单模光纤无缝耦合连接,具有亚纳秒的响应速度,如图 1.40 所示。

高压化学气相沉积(HPCVD)技术可以实现光纤兼容的光电器件制造,如图 1.41 所示。集成过程需要化学前驱体混合物通过高压、前驱体分解、薄膜沉积和掺杂等方式才能穿过微孔形成流动。通过改变压力和控制掺杂剂的浓度,可以

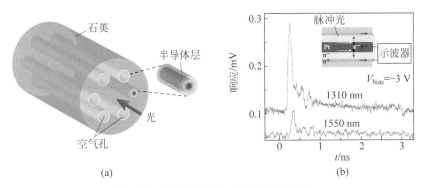

(a)　　　　　　　　　　　　　　　　(b)

图 1.40　具有半导体结的光电探测光纤

（a）半导体结由几层硅和锗构成，位于靠近纤芯的微孔中；（b）对波长分别为 1310 nm 和 1550 nm 的光具有约 10ps 的光信号响应，表明该光电探测器具有亚纳秒的高速响应速度

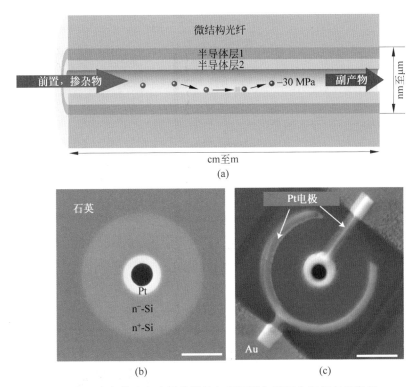

(a)

(b)　　　　　　　　　　　　　　(c)

图 1.41　空心微孔内半导体结的气相沉积与端面电极制备示意图

（a）在微结构光纤孔中进行高压化学气相沉积的过程示意图；（b）由掺磷的 n^+-Si、n^--Si 和 Pt 层顺序沉积而成的 Pt/n-Si 肖特基结；（c）使用 FIB 系统在 Pt/n-Si 二极管上制作电极，Pt 电极与 Pt 层和 n^+-Si 层接触

得到不同的层厚。该空穴结构易于在空穴内构筑半导体光电子结。由于半导体层与纤芯平行,因此可有效且直接地将纤芯发出的光耦合到半导体层中。在光纤的横向上,光纤的模式相互作用,功率相互耦合形成节点。因此,光纤集成光电器件可以实现晶体管、发光二极管和光电探测器等多种功能。

在光纤端进行光电探测器结电极的制作流程如图 1.42 所示,首先抛光纤端及其半导体结的部分,然后溅射 300 nm 厚的 SiO_2 层,进一步蒸发 100 nm 厚的 Cr 和 Au。利用聚焦离子束(FIB)系统打开接触窗,沉积 Pt,然后通过离子研磨使得两电极彼此隔离。

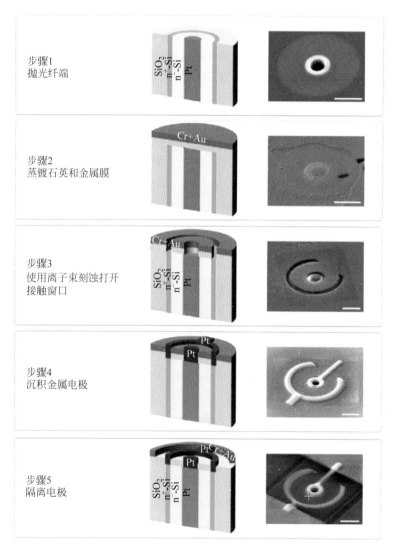

图 1.42　微结构光纤上 Pt/n-Si 结电极制作流程图

1.5　光纤上的集成光学微系统

将多个功能光学器件集成到同一根光纤中,可形成功能相对齐全的微结构光纤内集成的光学微系统。因此,发展光纤内集成器件由单一功能单元向多功能光纤内集成微系统的应用具有重要意义。这里我们没有严格定义和区分哪些属于器件集成,哪些属于微系统集成。所说的集成光学微系统仅是从由若干个功能联合实现某一目标这个角度而言的。

为了说明光纤内集成光学技术的潜在应用,本节给出一些应用案例加以说明。包括:①基于双芯光纤干涉仪的集成微加速度计;②将微流体与微流光纤器件集成到一根光纤中构成一个微化学反应分析系统;③采用空心光子晶体光纤构成的光热调制高灵敏度气体传感器;④利用双芯光纤和光纤端微加工技术,实现基于光纤端的微粒子操纵系统;⑤借助于多芯光纤实现的单光纤三维形状感测系统。

1.5.1　基于双芯光纤干涉仪的集成微加速度计系统

要实现系统的整体功能,必然要通过多个功能的组合才能完成,因而多个功能器件的系统集成就成为必然。图 1.43 给出一个纤维集成微系统的典型示例[17],这是一个集成在一根双芯光纤中的迈克耳孙干涉仪,由外部 DFB 激光光源、3 dB 光纤耦合器、光探测器、单模单芯光纤、集成在一根光纤中的 1×2 光纤分光器(锥形耦合区)/合光器、单模双芯光纤(双光路集成)和集成双芯光纤端的反射器组成。光源和光探测器均采用分立式元件,并与 3 dB 光纤耦合器相连接;3 dB 光纤耦合器的另一端连接单芯光纤,单芯光纤通过光纤锥体耦合区与双芯光纤相连接;双芯光纤的末端被镀上高反射率膜作为反射器,目的是将两路光按原路反射回去,并在单芯光纤中形成干涉。干涉信号经由 3 dB 光纤耦合器被探测器所探测。对于这样一个纤维集成干涉仪,当双芯光纤受到外力作用产生弯曲时,一纤芯由于拉伸而伸长,另外一纤芯由于压缩而缩短,在小弯曲形变条件下,干涉仪输出相位将与干涉仪末端位移量(或者干涉仪末端施力的大小或干涉仪臂的弯曲程度)近似成正比,因而可以通过干涉仪相位的变化测量外界施加的力(或干涉仪弯曲程度、干涉仪末端位移)进行测量。

将上述基于双芯光纤迈克耳孙干涉仪的原理应用在微加速度计测量系统中,于是在这个微系统中,双芯光纤这个传感元件既是弹性惯性质量系统,又是光学干涉仪,如图 1.43(a)所示。双芯光纤作为一个简支梁,对加速度引起的光纤弯曲十分敏感。加速度与施加在石英纤维上的惯性力成正比。图 1.43(b)给出该系统运

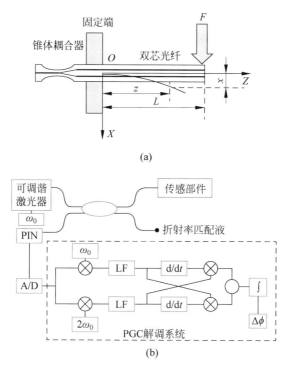

(a)

(b)

图 1.43　集成在一根双芯光纤上的迈克耳孙干涉仪及其解调系统示意图
(a) 双芯光纤迈克耳孙干涉仪；(b) 加速度信号解调系统

动加速度的相位生成载波(PGC)解调算法示意图[164]。该加速度计的优点是体积小、结构灵活,尤其具有自动补偿环境温度变化的能力,因为环境温度对两个纤芯的光程变化影响是相同的。

为了对双芯光纤的弯曲特性进行描述,作为弹性悬臂梁的光纤惯量矩可表示为 $J = m_f \dfrac{L^2}{3}$,其中长度为 L 的光纤悬臂梁的质量可进一步表示为 $m_f = \rho \pi r_0^2 L$,则梁的惯量矩可写为

$$J = \frac{1}{3}\rho \pi r_0^2 L^3 \tag{1.3}$$

其中,ρ 为光纤的质量密度,r_0 为光纤的半径。

对于该光纤弹性悬臂梁,沿弯曲光纤中性轴的挠度可以写为

$$x = \frac{F}{6EJ}z^2(z - 3L) \tag{1.4}$$

于是,光纤悬臂梁端的最大挠度为

$$X = -\frac{F}{3EJ}L^3 \tag{1.5}$$

由胡克定律,有

$$F = -kx \tag{1.6}$$

其中,x 为长度处于 z 处的悬臂梁的挠度,而弹性系统的弹性系数可表示为

$$k = \frac{3EJ}{L^3} = E(\rho \pi r_0^2) \tag{1.7}$$

其中,E 为石英的杨氏模量。

为了得到由纤端集中力引起的双芯光纤悬臂梁挠度与两纤芯的光学相位差之间的关系,由图 1.43(a) 可知,双芯光纤中性轴上方纤芯处于拉伸状态,而下方纤芯处于压缩状态,因而两纤芯的相位差可表示为

$$\delta\varphi = 2k_0 nl \left(\frac{\delta n}{n} + \frac{\delta l}{l} \right) \tag{1.8}$$

其中,$k_0 = 2\pi/\lambda$ 是波数,λ 为波长,n 为纤芯折射率,l 代表双芯光纤 z 处的有效弧长度,δn 与 δl 分别代表纤芯折射率和长度的变化。而 $\delta l/l$ 对应于光纤沿着 z 方向的主应变,由下式给出:

$$\frac{\delta l}{l} = \frac{d}{R} \tag{1.9}$$

其中,d 为双芯光纤两纤芯之间的距离,R 为悬臂梁弯曲的曲率半径,可表示为

$$R = \frac{\left[1 + \left(\frac{F}{2EJ} \right)^2 (z^2 - 2Lz) \right]^{3/2}}{2(F/2EJ)(L-z)} \tag{1.10}$$

是 F 与 z 的函数。对于非常小的 x 的情况,例如 $\frac{x}{L} \leqslant 1\%$,近似有

$$\frac{L}{R} \approx \frac{2x}{L} = -\frac{2F}{kL} \tag{1.11}$$

对于石英光纤而言,折射率的变化可表示为

$$\frac{\delta n}{n} \approx -c_2 \frac{n^2 d}{2R} \tag{1.12}$$

其中,$c_2 = 0.204$。将式(1.9)、式(1.11)和式(1.12)代入式(1.8),得

$$\delta\varphi = \frac{4k_0 nd}{L} \left(1 - c_2 \frac{n^2}{2} \right) x \tag{1.13}$$

上式可进一步表示为

$$\delta\varphi = \mathcal{S} \left(\frac{x}{L} \right) \tag{1.14}$$

其中,系数 $\mathcal{S} = 4k_0 nd [1 - c_2(n^2/2)]$。

在光纤加速度计中,双芯光纤的直径为 125 μm,芯间距为 62 μm,有效长度 L 为 5 cm,光纤上没有加载额外质量。图 1.44(a) 显示了振动频率为 80 Hz 时加速

度计检测到的光学相移随加速度的变化情况。实验结果表明,光学相移与加速度之间具有良好的线性响应关系。光纤加速度计的灵敏度可由图 1.44(a)中趋势线的斜率求得,为 0.09 rad/g。图 1.44(b)为振动频率处于 200 Hz 时该集成式光纤加速度计的信噪比。背景噪声为 -99.37 dB,信号幅值为 -24.09 dB。因此,加速度计的信噪比为 75.28 dB。

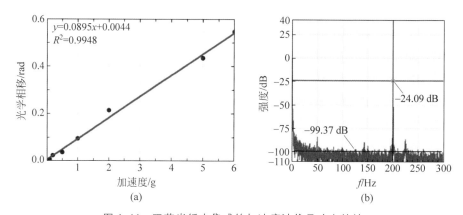

图 1.44 双芯光纤内集成的加速度计信号响应特性

(a) 加速度与解调出的光学相位对应的线性关系;(b) 该加速度计系统的信噪比

实验中还测量了该双芯光纤集成式加速度计简支梁的谐振频率,从而得到了其工作带宽。幅频响应特性如图 1.45(a)所示。从图中可以看出,该光纤加速度计的谐振频率为 680 Hz,500 Hz 以下的幅频响应都是平坦的,这就是该光纤加速度计的可用带宽。图 1.45(b)为这种集成在单根双芯光纤的加速度计封装后的外观图。

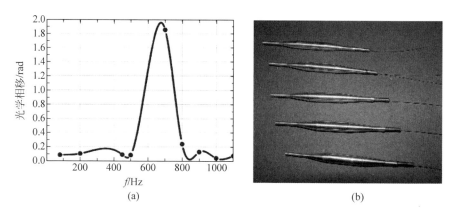

图 1.45 双芯光纤内集成的加速度计幅频响应特性及封装后的壳体外观示意图

(a) 加速度计幅频响应特性;(b) 加速度计封装壳体外观图

1.5.2　基于微流光纤的微化学反应分析系统

尽管光纤直径很细仅有 125 μm,但仍然可在光纤上直接将微流器件与光器件进行集成,由于微流光纤具有微流控、大比表面积和一体化光路等独特优势,因此可以应用于化学和环境分析、生物合成、药物传递等领域。光微流技术的这些固有特性为光流控器件提供了材料与光之间相互作用的机会,并通过不同种类的波导收集光信号。杨兴华教授的研究小组借助于空心悬挂芯光纤,构建了光纤内微化学反应分析与感测的微集成系统[165-166],在光纤中实现了微流控与光化学反应,利用光纤的大比表面积实现了光波导与样品之间的光耦合。

用于构建微化学反应器的光纤结构类似于中空的石英毛细管,在其内壁悬挂一个圆形纤芯,因其折射率高于石英毛细管,因而能够作为波导传输光信号,如图 1.46(a)所示。在这种特殊的光纤上要实现两个功能:一是实现微流控功能;二是实现光波导功能。为了在这种特殊结构——中空悬挂芯光纤中将不同的化学微流溶液导入导出,就要构建多通道微流控器件,为此在光纤的侧面加工两个微孔,再加上光纤左侧的毛细孔,就形成了具有三个微流通道的结构。可以将两种不同的微流液体加入,在反应区发生化学反应,然后通过第三个微通道导出反应后的液体。而光波导的功能是通过在侧边微流孔附近采用光纤焊接机进行高温加热,使在该点处的石英毛细管光纤熔融塌缩,起到既能封堵微流液体,还能保持光波导传光的目的,如图 1.46(c)所示。结果表明,化学发光(CL)试剂和样品可以在光纤中混合并形成稳定的微流。同时,反应发出的辐射光通过长距离的倏逝场有效地耦合到悬挂纤芯波导,沿着悬挂芯波导穿过熔缩点,然后从光纤的远端进行检测。

该光纤表面微流体的出、入口非常适合在线取样。实验中选择一种化合物——抗坏血酸(AA)或维生素 C(Vc),来演示这个装置的工作原理。Vc 是一种强效抗氧化剂,存在于食品和饮料中,常被用作评价食品变质、产品质量和新鲜度的化学标记。此外,Vc 可以帮助促进健康的细胞发育、铁吸收和正常的组织生长,在人体代谢和中枢神经以及肾脏系统的正常运作中发挥着重要作用。该系统中,化学发光试剂在光纤中发生反应,发射的光通过倏逝波场耦合到光纤的悬挂芯中,然后通过光纤末端的光电倍增管来监测化学发光的强度,以此来确定 Vc 的浓度,如图 1.47 所示。

通过将样品注入纤维中,液体可以形成稳定的微流,并在该区域发生反应。使用 Vc 作为还原剂,H_2O_2 作为氧化剂,鲁米诺作为发光试剂。在 $K_3Fe(CN)_6$ 的催化作用下,鲁米诺参与了化学发光反应。同时,通过倏逝场耦合,可从光纤远端检测化学发光反应的发射。在光纤中化学反应光发射的强度是由输入的 AA、Vc、H_2O_2、鲁米诺和 $K_3Fe(CN)_6$ 的浓度决定的。通过分析纤芯的发射强度,得到纤

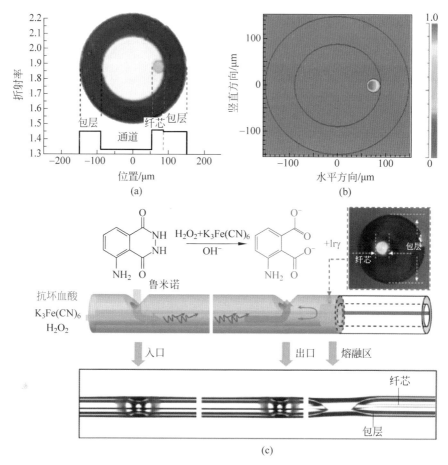

图 1.46　用于化学发光反应监测的光流微系统

(a) 中空石英毛细管内壁具有悬挂芯的光纤结构及其折射率分布；(b) 采用光束传播法（BPM）的光纤仿真结果，芯层的折射率高于圆形包层的折射率，从而使光可以被引导到芯层中；(c) 光纤微流控器件的结构与工作原理：将有悬挂芯的光纤侧面相继用 CO_2 激光器打两个微孔，作为微流体的导入与导出；在微流导出孔附近进行热熔塌缩成一个封堵流体的部分

芯对 Vc 的线性感测范围为 $0.1\sim3.0$ mmol/L。动态响应表明，当总流量为 150 μL/min（两台喷射泵的流量均为 75 μL/min）时，可在 2 s 内确定辐射强度。

　　对上述结构稍加调整，就可以很方便地构建一个集成式的微流控表面增强拉曼光谱（SERS）感测微系统，如图 1.48 所示[166-167]。将如图 1.48 所示的系统与如图 1.47 所示的系统加以对照，可以看出有两点变化：一是通过化学键将 SERS 基底修饰生长在悬挂芯光纤表面；二是将图 1.47 中的光探测端通过光纤环形器构成激发光与探测光的共用光路，与一个拉曼光谱仪相连接。

　　下面作为应用案例，给出一个光纤光流在线尿毒症监测微系统，该系统的结构

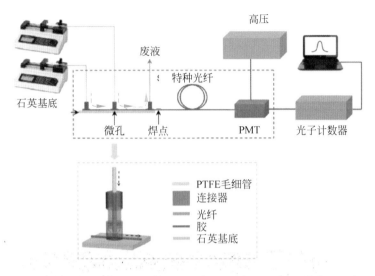

图 1.47 在中空悬挂芯光纤上集成的化学发光微反应系统工作原理示意图

如图 1.48 所示。作为一种天然的微流体器件,中空悬挂芯光纤具有特殊的内部结构。实验中,将银纳米粒子(Ag NPs)嵌入聚二烯丙基二甲基氯化铵修饰的氧化石墨烯片上,通过化学键将 SERS 基底修饰生长在悬挂芯表面,通过检测未标记的尿素和肌酸酐来初步检测尿毒症。

为了实现光纤内光流拉曼感测,首先需要在中空光纤内将纳米金属粒子进行适当调整,减小银纳米粒子之间的距离以增加产生拉曼信号的增强点。因此,它可以有效地检测光纤内部未标记的微量尿毒症毒素分析物(尿素、肌酸酐)的拉曼信号。为了研究这种光流控在线拉曼传感器对尿素水溶液的检测极限,将尿素溶液分别在 $10^{-4} \sim 10^{-2}$ mol/L 的浓度范围内输入中空悬挂芯光纤。在真空泵(6×10^{-2} Pa)的作用下,样品从中空悬挂芯光纤的开放端进入,然后从中空悬挂芯光纤表面的微孔流出。在这里,微孔是通过 CO_2 激光加工实现的,孔与光纤开放端之间的距离约为 15 cm。同时,便携式拉曼光谱仪与 785 nm 半导体激光器与中空悬挂芯光纤的另一端通过光纤环形器相互连接,样品溶液通过中空光纤的毛细管微结构通道导入,在倏逝场的作用下获得拉曼信号并通过各向散射耦合到悬挂芯中。因为微弱的拉曼散射光经过增强,于是后向散射拉曼光信号就通过悬挂芯传回到拉曼光谱仪中。为避免环境光的干扰,整个实验过程都是在黑暗的环境中进行的。

在不同浓度下得到的拉曼光谱如图 1.49(a)所示。从图中可以看出,光谱强度随溶液浓度的降低而减小。图 1.49(b)显示了 990 cm^{-1} 处尿素水溶液特征峰强度与浓度的线性关系。由图 1.49(b)可以看出,溶液浓度和强度与 R^2(为 0.9728)

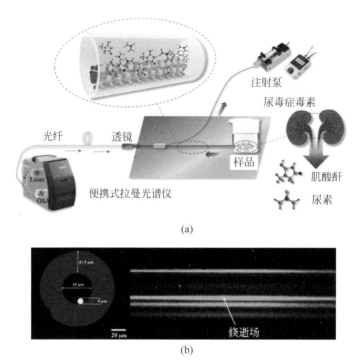

(a)

(b)

图 1.48 光纤光流控 SERS 感测系统及中空悬挂芯光纤内纤芯倏逝场示意图

(a) 光纤内集成的微流反应感测系统；(b) 悬挂芯光纤及其纤芯表面倏逝场

呈良好的线性关系。同时可以用线性方程表示为 $y = 1097\log C + 6123$，其中 y 为光强，C 为尿素水溶液的浓度。

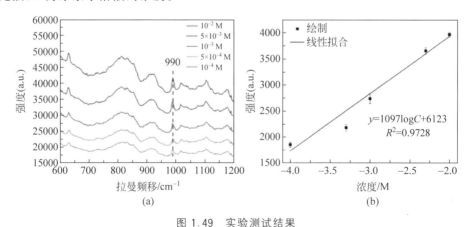

图 1.49 实验测试结果

(a) $10^{-4} \sim 10^{-2}$ mol/L 浓度范围尿素水溶液的拉曼光谱；(b) $10^{-4} \sim 10^{-2}$ mol/L 浓度范围尿素水溶液中尿素浓度的线性分析

该光纤集成微系统的实验结果表明,在模拟生物物理条件下,特别是在临床常规浓度范围($2.5 \times 10^{-3} \sim 6.5 \times 10^{-3}$ mol/L),尿素的可检测极限(LOD)为 10^{-4} mol/L,与尿素的浓度呈现出较好的线性关系。此外,肌酸酐的在线拉曼检测水溶液的检测极限为 10^{-6} mol/L,也具有良好的线性。这为尿毒症的初步检测提供了一种微型感测系统,为在临床生物医学领域的应用提供了新的可能。

1.5.3　基于空心光子晶体光纤的气体光热调制传感系统

微量化学物质的敏感和选择性检测,对于环境、安全和工业过程监测以及国家安全应用具有重要意义。采用激光吸收光谱(LAS)法对微量化学物质进行检测是一种十分有效的方法,它依靠分子的“指纹”——特征吸收线来识别和检测痕量化学物质,具有很高的选择性和灵敏度。将光纤技术与其结合极大地扩展了 LAS 的能力,可在远程询问、空间有限和恶劣环境、多路多点探测和传感器网络等多种场合得到应用。

然而,基于光纤的 LAS 传感器在性能上存在局限性。传统的光纤在 $0.5 \sim 1.8~\mu\text{m}$ 波段具有低损耗传输窗口,这正好处于分子的泛频吸收线范围,相对较弱,这大大降低了检测灵敏度,成为进一步提高检测灵敏度的一个瓶颈问题。为此,2015 年,香港理工大学靳伟教授课题组报道了一种基于全光纤光热效应的干涉测量系统[168-169],该系统使用空心光子晶体光纤,在近红外(NIR)波段下工作,展示了具有前所未有的动态范围和灵敏度非常高的痕量气体探测潜力。实验中,不是直接测量光谱衰减,而是在光子晶体光纤中采用光热效应,并通过光纤干涉测量法探测气体吸收引起的相位变化,这种方法表现出了超灵敏气体检测的能力。

空心光子晶体光纤中光热光谱学的基本原理可以借助于图 1.50 加以解释。当波长/强度调制泵浦光束 λ_{pump} 耦合到充满流体的空心光子晶体光纤中时,它与光谱吸收流体相互作用,分子的光吸收将导致局部加热,流体分子被激发到更高的能量状态,然后通过分子碰撞回到它们的初始状态。这一过程伴随着周期性的热量产生,从而调节局部温度、密度和压力,进而调节流体的折射率。温度和压力的调制也影响了空心光子晶体光纤中的横向和纵向尺寸。当探测光束 λ_{probe} 沿同一空心光子晶体光纤传输时,这一光热变化会对探测基模光场的累积相位进行调制。空心光子晶体光纤中流体样品和基模光场同时限制在中空的纤芯内,样品与光场的重叠接近 100%。在空心光子晶体光纤中聚焦的光密度更高,相互作用时间更长,光与样品之间相互作用的整体效率显著高于自由空间光热系统。干涉测量光相位在传播距离上的变化,对于检测气液相材料中的较弱吸光度已经被证明可以获得非常高的灵敏度。同时,在近红外波长下运行的超高性能的痕量化学检测系统能够与光通信波段成熟的光纤技术完全兼容。

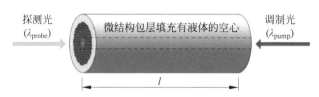

图 1.50 空心光子晶体光纤中光热诱导的相位调制工作原理示意图：调制泵浦光束(λ_{pump})和恒定探测光束(λ_{probe})在充满流体的空心光子晶体光纤中反向传播。泵浦光和探测光也可以被安排在空心光子晶体光纤内进行同向传播。通过周期性的泵浦光热作用实现空心光子晶体光纤中的探测光产生相位的调制

无论是具有带隙结构的空心光子晶体光纤还是中空的反谐振光纤,物理空间上在光纤的中心都具有流体和传输光场相互重合的共同通道,这一独特的光纤结构特别适用于液体或气体传感。中空光纤检测气体的实验装置如图 1.51 所示。该结构是一个光纤马赫-曾德尔干涉仪(MZI),其传感臂和参考臂分别由中空光纤和单模光纤(SMF)组成。中空光纤作为充满痕量气体的气体池,两端熔合到单模光纤上。当泵浦光进入充满气体的空心光子晶体光纤时,它与气体分子相互作用导致局部的加热,因此使得填充气体的局部性质(如密度、压力和温度)被调制,同时还对空心光子晶体光纤的横向和纵向尺寸产生扰动。与此同时,对探测光的积

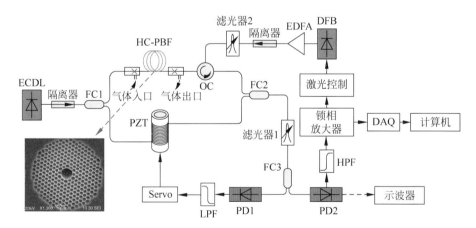

图 1.51 高精度空心光子带隙光纤光热气体传感系统:10 m 长空心光子带隙光纤气体检测实验装置。FC1 和 FC2 的分光比分别为 80/20 和 50/50,大致平衡了干涉仪两臂的功率。两臂的光路长度也是接近平衡的,以降低激光相位导致的强度噪声。滤光器 1 用来过滤掉剩余的泵浦光,滤光器 2 用来减少 EDFA 的 ASE 噪声的影响,FC3 的分光比为 90/10,PD1 的输出通过低通滤波器(LPF),用于干涉仪稳定,PD2 的输出包含光热诱导的相位调制信号。DFB 的驱动电流由锁相器的内部信号发生器锁定在50 kHz 的调制频率

累相位进行了调制。于是,在光纤马赫-曾德尔干涉仪的输出处,泵浦光被过滤,探测光被检测到,此时气体分子的浓度与相位调制成正比。实验中,对乙炔浓度探测的结果如图 1.52 所示。

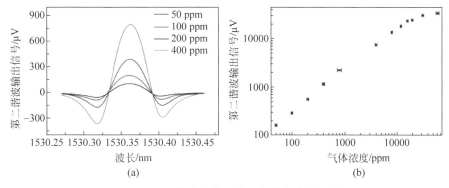

图 1.52　二次谐波信号作为气体浓度的函数

(a) 当泵浦激光在乙炔浓度为 50 ppm,100 ppm,200 ppm,400 ppm(1 ppm=10^{-6})时,在 1530.371 nm 的乙炔 P(9) 线调谐时的二次谐波锁相输出信号;(b) 二次谐波信号(峰值到峰值)与气体浓度的关系。横轴上的误差条是基于用来制备不同气体浓度的两个质量流量控制器的精度。垂直轴上的误差条显示了五个测量值的标准差,为了清晰起见,误差条的大小被放大了 10 倍。空心核的泵浦功率估计为 25 mW,PD2 上的平均探测功率水平为 200 μW。锁相放大器的时间常数为 1 s,滤波斜率为 18 dB/oct,对应的检测带宽为 0.094 Hz。用于传感测量的空心光子晶体光纤的长度为 0.62 m。

　　光热干涉法是一种用于气液相材料中微量化学检测的超灵敏光谱手段。以往的光热干涉测量系统采用自由空间光学,在光物质相互作用的效率、尺寸和光学对准以及集成到光纤光路方面都存在局限性。在此,我们利用了一种充满气体的空心光子带隙光纤的光热引起的相位变化,展示了一种全纤维乙炔气体传感器,其噪声等效浓度为 2 ppb(1 ppb=10^{-9})(吸收系数为 2.3×10^{-9} cm^{-1}),动态范围达到了前所未有的近 6 个数量级。这种利用低成本的近红外半导体激光器和基于空心光纤所实现的光热干涉测量技术,具有紧凑的尺寸、超灵敏度和选择性、对恶劣环境的适用性,以及远程和多路多点分布式探测与传感的优点。

1.5.4　基于双芯光纤的光镊系统

　　自从光镊的发明者 Ashkin 等在 1986 年发明了这种光的力学操控新工具以来[170],该技术在微小粒子的捕获和搬运、皮牛量级力的测量、微机械与微器件的组装等领域得到了广泛的应用[171]。光镊是利用光强度分布的梯度力和散射力俘获和操纵微小粒子的器具。特别是在微生命科学领域,光镊技术以其非接触式、无损探测的本质特性显示了其无与伦比的优势,对于推动生命科学的发展和微生命体的操纵发挥了巨大的作用。光镊俘获的粒子尺度可以从几纳米到几十微米,而这刚好是单个细胞所处的尺度范围,因此其能够对单个活体细胞个体进行有效俘获及操作。

为了促进光镊技术与光纤技术的结合,2006 年发展了具有在真实三维空间操控的单光纤光镊[172],2008 年进一步拓展了光镊的功能,采用多芯光纤的多光束操控技术[173],研制出具有多光镊组合功能的光纤"微光手"[174-175],这为光镊的进一步发展提供了新的可能。本节将以双芯光纤光镊为例,给出将实现光功率调节功能的 MZI 和实现纤端光微粒俘获与操控功能的光镊集成在一根双芯光纤上的光学微系统的方法。

图 1.53 给出了一种采用双芯光纤,通过对该光纤进行两次熔融拉锥后,并在纤端拉制一个陡锥体,最终在陡锥体尖端实现双芯光纤微粒子的捕获与操控,从而实现在一根双芯光纤上完整地集成一个灵活的组合式光镊微操纵系统。在该双芯光纤光镊系统中,首先通过将单模光纤与一段双芯光纤进行焊接,并在焊点处进行熔融拉锥,使得来自光源的激光光束通过单模光纤后被分成两束。接下来,在双芯光纤的某点处进行二次熔融拉锥,从而构成一个集成在光纤中的 MZI。最后,在双芯光纤端拉出一个陡锥,使得两光束由锥形光纤引导,在光纤尖端的末端,因突变的锥尖而形成较大的汇聚角,进而形成快速发散的光场。利用这种双光束组合技术,在锥体尖端获得了一个足够强的梯度力阱,不仅可用于微观粒子的三维捕获,而且由于采用了光纤集成 MZI 来控制双芯光纤光镊中两光束的光功率比例,因而实现了对捕获的椭圆形粒子的方位指向的调控。使这种新型双芯光纤光镊的灵活性得到了极大扩展。

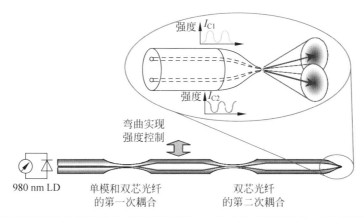

图 1.53　用于粒子捕获和操纵的集成微光学系统:双芯光纤光镊的结构、实验装置和工作原理示意图

与抛光和化学刻蚀制造技术不同,双芯光纤光镊的陡锥是通过加热和拉伸双芯光纤形成一个突然的锥度轮廓来制造而成的。在锥形光纤的尖端,由于熔融石

英玻璃的表面张力,自动形成一个小的半球形高数值孔径微透镜。图 1.54 为作者团队实验中使用的双芯光纤和锥形光纤尖端的剖面图(图 1.54(a))和基于光束传输法,对锥形光纤尖端的光场分布进行的模拟结果。

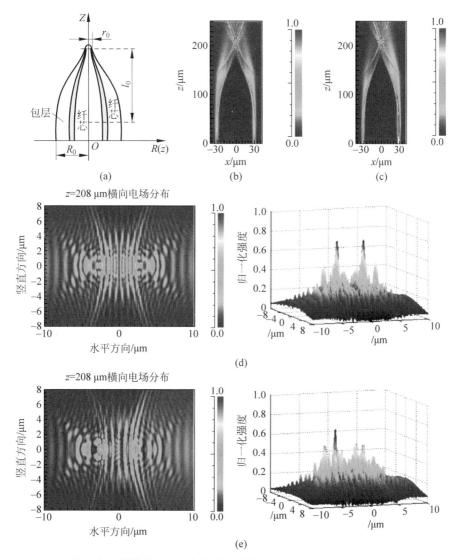

图 1.54 利用光束传播法得到了突变的双芯光纤锥度轮廓和两束辐射光束模拟结果

(a) 锥形双芯光纤剖面;两纤芯输入光束强度比分别为 1∶1 和 1∶3 时,两光束传输的情况((b)和(c)),以及分别在距离双芯光纤锥体纤芯尖端 4 μm 处的远场辐射强度分布((e)和(d))

由图 1.54(b)和(c)可见,在突然变径区,来自两个纤芯的两光束以锥形的角度被引导,由于纤芯在光纤尖端附近的直径突然减小,导模逐渐转变为辐射模,于是两束辐射光通过锥形双芯光纤尖端,在远离光纤尖端处形成快速发散的光束。利用这种双光束组合技术,获得了一个足够强的梯度力势阱,可实现在双芯平面上定向的三维微粒子捕获。

通过 MZI 的调控,当取两纤芯间传输的光束功率比为 1:1 时,基于光束传播法(beam propagation method,BPM)的仿真结果表明,在尖端突出处会出现两个均衡对称的强聚焦光学势阱,如图 1.54(b) 和 (d) 所示。而当光束功率比为 1:3 时,两个对称的强聚焦光学势阱会转变成一强一弱的情形,如图 1.54(c) 和 (e) 所示,这样就能够通过干涉仪相位的调控,来控制纤端光学梯度力势阱的结构,从而达到控制纤端捕获粒子姿态的目的。

双芯光纤光镊纤端以及纤端捕获了酵母菌细胞的显微图分别如图 1.55(a) 和 (b) 所示,系统采用波长为 980 nm 的激光二极管(LD)作为光源,通过调节 LD 的驱动电流,可以在 0~110 mW 调谐激光器的功率。为了测试双芯光纤突变锥尖的捕获性能,我们将双芯光纤光镊放入水中,并以酵母细胞作为捕获粒子进行了标定实验。通过调节激光器的驱动电流可以控制输出光功率,利用液体中物体运动受到阻尼力的斯托克斯定律

$$f = -6\pi\eta r v \tag{1.15}$$

可以近似标定出光纤尖端的输出光功率与两芯平面横向捕获力之间的关系,由图 1.55(c) 给出。这里,v 为捕获粒子的运动速度,r 为所捕获粒子的半径。实验中,所捕获的酵母菌细胞的直径为 5.5~6.5 μm,处于温度为 293 K 的液体水溶液中,而处于室温水溶液的动力学阻尼系数可取 $\eta = 1.002 \times 10^{-3}$ NS/M^2。标定曲线如图 1.55(c) 所示。

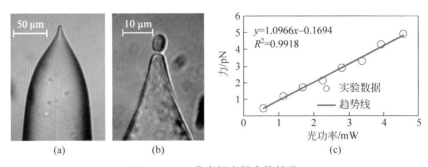

图 1.55 双芯光纤光镊实验结果

(a) 双芯锥形光纤光镊的显微图;(b) 纤端捕获了酵母菌细胞的显微图;(c) 光功率与俘获力的线性关系

上述基于双芯光纤集成的光纤光镊微系统,可用较低的光功率(<5 mW)来捕获活体细胞粒子,这对于活体细胞的操控有利于保持细胞的活性。此外,这种双芯光纤陡锥形光镊具有尖端尺寸小,稳定性强,相对容易制造的优点,并且易于将双

芯光纤光镊的性能和二维操控功能拓展到三维光阱的构建,实现更加灵活的操控,例如发展三芯光纤、四芯光纤和七芯光纤微光手[174-175]。而且,它易于控制,通过定向诱捕,更像真正的镊子(小钳子),成为活体微生命细胞和微型机械装配的常规操作工具。

1.5.5　基于四芯光纤的 FBG 三维形状感测系统

近年来,基于光纤的形状传感方法受到了学术界和工业界的广泛关注,并得到了国内外多个研究机构的深入研究,使得动态物体在没有视觉和接触情况下的实时远程三维形状重建成为可能。光纤形状传感是一种分布式感测技术,它利用光纤局部应变产生的后向散射信号来探测光纤的弯曲和扭转等信息,然后对这些信息进行处理以重构光纤的空间形变,能够实时持续跟踪动态物体(未知运动)的形状和位置[176]。该技术提供了一种有效的替代现有形状传感的方法,其优点是安装方便、本质安全、尺寸小巧紧凑、具有柔软的灵活性、抗恶劣环境和腐蚀、不需要接近,仅靠感测数值及重构模型即可重建形状。这些优势使得其在医疗、能源、国防、航空航天、结构安全监测以及其他智能结构等领域具有广泛的应用价值。

基于多芯光纤实现三维形状传感的方法有多种[177],本节仅以分布式四芯光纤三维形状传感系统为例,来展示如何通过在一根多芯光纤上的多个光纤光栅器件的集成,再通过多组 FBG 阵列的集成,借助于四根纤芯在同一根光纤中的空间分布关系,形成一个规模化的光器件微集成系统,从而给出位于不同空间位置的FBG 的形变差异来实现该多芯光纤三维形状重构。

对于采用多芯光纤光栅如何重构空间三维形状的问题,2012 年美国航天管理局兰利研究中心 Moore 等[178]提出了一种分析分布式光纤弯曲传感测量数据的新方法。他把弯曲传感光纤看成基尔霍夫(Kirchhoff)弹性杆,因此基于基尔霍夫弹性杆理论,就可以把传感光纤的空间弯曲特征用弗朗内-塞雷(Frenet-Serret)方程表示出来,该方程采用一系列微分方程来描述空间三维弯曲。通过求解该方程就可得到光纤应变的具体位移和方向。

众所周知,光纤光栅是通过改变光纤芯区折射率,产生小的周期性调制而形成的。由于周期性的折射率扰动仅会对很窄的一小段光谱产生影响,因此宽带光波在光栅中传播时,入射光能在相应的频率上被反射回来,其余的透射光则不受影响,这样光纤光栅就起到了光波选择反射镜的作用。反射中心波长 λ_B 由下式确定:

$$\lambda_B = 2n_{eff}\Lambda \tag{1.16}$$

其中,Λ 为光栅周期,n_{eff} 为光栅区的有效折射率。

根据光弹理论,轴向应变和温度引起的波长变化为

$$\Delta\lambda_B = 2n_{eff}\Lambda \left\{ 1 - \frac{n_{eff}^2}{2}\left[P_{12} - \nu(P_{11} + P_{12}) \right] \right\}\varepsilon + 2n_{eff}\Lambda \left[\left(\alpha + \frac{dn_{eff}}{dt}/n_{eff} \right)\Delta T \right]$$

$$(1.17)$$

其中,ε 为外加应变,P_{ij} 为光弹性张量的普克尔压电系数,ν 为泊松比,α 为光纤材料的热膨胀系数,ΔT 为温度变化。

光纤光栅中心波长受外界信号调制产生偏移,解调出波长变化 $\Delta\lambda_B$ 便可得到被测量。在不考虑温度变化时,式(1.17)可简化为

$$\frac{\Delta\lambda_B}{\lambda_B} = (1 - P)\varepsilon$$

$$(1.18)$$

其中,$P = n_{eff}\left[p_{12} - \nu(P_{11} + P_{12}) \right]/2$ 为光纤的有效弹光系数。

在纯弯曲条件下,对于圆截面弹性梁,轴向应变和曲率之间存在以下关系:

$$\varepsilon = \frac{D}{\rho} = D \cdot C$$

$$(1.19)$$

其中,ε 为光纤光栅传感器感测位置承受轴向表面线应变,ρ 为传感器感测位置的曲率半径,C 为对应的曲率,D 为传感器到中性面的距离。在给定 D、C 的情况下,能够求出光纤光栅的应变。从式(1.18)和式(1.19)可看出,应变与光纤光栅的中心波长偏移 $\Delta\lambda_B$ 成正比,所以曲率 C 与 $\Delta\lambda_B$ 成正比。这样,通过监视光纤光栅传感器中心波长偏移 $\Delta\lambda_B$ 的大小就可以得到光纤曲率 C 的变化情况。

如图1.56(a)和(b)所示的四芯光纤布拉格光栅(FBG)弯曲传感器,该传感器主要通过在四芯光纤上刻写布拉格光栅阵列而成(图1.56(b)),该光栅阵列一般可以采用相位掩模法制备。由图1.56(a)可看出,四芯光纤主要由一个位于包层中

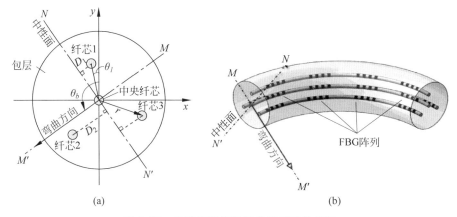

(a)   (b)

图 1.56   多芯光纤光栅弯曲传感工作原理

(a) 横截面示意图(面 $N-N'$ 为光纤弯曲的中性面,θ_1 为纤芯1相对于 y 轴的方位角,纤芯距包层中心的距离都为 r,θ_b 为光纤弯曲方向与 y 轴的夹角);(b) 光纤弯曲示意图

心的中央纤芯和三个以正三角形形式排列的纤芯组成。当光纤沿着 N—N' 轴作曲率半径为 ρ 的弯曲时,由图 1.56(a)中的几何关系可以得到纤芯 i 到中性面的距离:

$$D_i = r_i \sin(\theta_b - 2\pi/3 - \theta_i) \tag{1.20}$$

把式(1.20)代入式(1.19)及式(1.18),就可分别得到纤芯 i 上的光栅中心波长偏移与曲率半径的关系:

$$\frac{\Delta\lambda_i}{\lambda_i} = (1-P)\frac{r_i \sin(\theta_b - 2\pi/3 - \theta_i)}{\rho} \tag{1.21}$$

在实际光栅弯曲传感系统中,光栅中心波长偏移 $\Delta\lambda_i/\lambda_i$ 可以通过实验数据得到,这样,式(1.21)中仅有三个未知量 ρ、θ_b 和 θ_i(这里根据四芯光纤纤芯排布,θ_1、θ_2 和 θ_3 存在固定的位置关系),所以通过联立三个纤芯对应的光栅中心波长偏移方程(式(1.21))就可求解出这三个未知量。根据光纤局部的弯曲半径和弯曲方向就可以得到光纤局部形态变化数据,借助于这些形态变化数据就可以重构光纤整体的三维形变。因此如果沿着光纤布置若干个 FBG 传感阵列(图 1.56(b)),就可以重构整个光纤的三维形态变化,其重构原理如图 1.57 所示。值得注意的是,由于四个纤芯的 FBG 对温度和沿着光纤纵向的应变响应趋势是一致的,所以在实际应用中,通过三个偏芯与中央纤芯传感信号"相减"就可以消除温度和光纤纵向应变的影响,提高光纤形态传感精度。

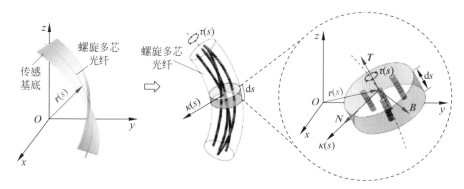

图 1.57　光纤传感三维形状重构原理示意图:基于阵列多芯光纤光栅,把传感光纤的空间弯曲特征用弗朗内-塞雷方程表示出来,通过求解该方程得到光纤应变的具体位移和方向

在多芯光纤的每个测量剖面中,通过同时测量不同纤芯的应变确定该位置的三维曲率。随后将各位置的曲率使用插值或曲线拟合的方法得到整根光纤的曲率函数,最后通过重构算法实现三维形状还原。图 1.58 给出可全部国产化的四芯光纤三维形状传感系统的几个关键部件。

如果想要对一个动态的物体进行跟踪,在缺乏视觉接触的情况下,形状感知就

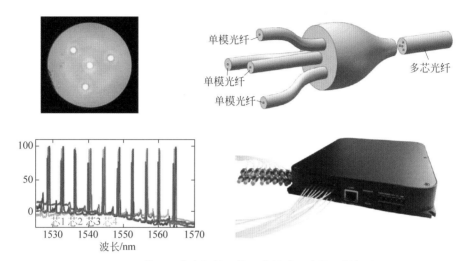

图 1.58　基于四芯光纤的三维形状传感系统的关键部件

显得特别关键。光纤形状传感器为传统的形状感知提供了一种非常有效的替代方法,它允许对形状进行连续、动态、直接地跟踪,而不需要视觉接触。光纤传感器具有结构紧凑、体积小、灵活性强、嵌入能力强等特点,可以很好地附着在被监测的物体上,同时保证了安装的方便性和形状跟踪的有效性。

　　在实际应用中,如输油管线、桥梁结构等大尺度三维形状传感场景,适合于采用多根单芯光纤与待测结构物进行组合,并使用布里渊光时域反射技术进行监测其形状变化;而中等尺度或小尺度应用场景(如机器人、柔性医用器械等)则适合于采用多芯光纤阵列 FBG 解调技术或者分布式 OFDR 的曲率积分及形状重构的方法,来实现较高精度的三维形状感测。

1.6　结语

　　平面光子集成芯片技术正在成为各国发展光子产业的重要关键技术。如何突破平面光子集成关键技术的壁垒,是困扰集成光学发展的一个瓶颈问题。多功能化、小型化、集成化器件已成为未来发展的重要趋势。尽管平板基底器件一直在光通信系统中扮演着最主要的角色,但就某些特定的功能而言,光纤波导器件具有平板基底器件难以比拟的优势,在某些应用场合甚至具有不可替代的作用——采用微结构光纤的光纤波导器件将更是如此。因此在新一代光通信系统和网络中,光纤集成光子器件必将占有一席之地,"光纤集成光子器件"将是新一代信息技术发展的重要方向。随着智慧城市、数据中心、云计算的高速发展,信息的获得与传输需求剧增,如何满足这些多样化的传感需求,也为新一代光纤光子集成器件的发展提出了新的挑战。

因此,本章所倡导的在特种微结构光纤内进行光子集成的方法,是探索如何开拓三维光子集成技术的一种尝试。其核心是以光纤为基体,构造三维空间光器件集成体系,将较复杂的光路和各种光学元器件微缩集成到一根光纤内部。光纤集成光学的目的是实现基于光纤的光学器件的小型化,使光学信息传输、传感、交换和处理器件更加紧凑。

期望这一新兴的技术能在光通信领域、光感测领域、人工智能、生物医学等领域的应用中发挥其应有的作用。借助于特种光纤和先进的微加工技术,按照新的物理观点将各种功能器件重新进行安排,通过将这些元器件或系统"集成"在一根光纤中,以形成具有多种功能的光纤集成光子学器件,开辟一种有别于硅基单片光子集成、混合光电集成的新型光子集成方式和解决途径。

参 考 文 献

[1] MILLER S E. Integrated optics: An introduction[J]. The Bell System Technical Journal, 1969,48(7): 2059-2069.

[2] SOMEKH S, YARIVE A. Fiber optic communications[C]. International Telemetering Conference Proceedings. Los Angeles: International Foundation for Telemetering, 1972: 407-418.

[3] HILL K O,FUJII Y,JOHNSON D C,et al. Photosensitivity in optical fiber waveguides: Application to reflection filter fabrication[J]. Applied Physics Letters, 1978, 32 (10): 647-649.

[4] INAO S. High density multi-core-fiber cable[C]. Cherry Hill: Proceedings of the 28th International Wire & Cable Symposium,1979: 370-384.

[5] KISHI N, YAMASHITA E. A simple coupled-mode analysis method for multiple-core optical fiber and coupled dielectric waveguide structures[J]. IEEE Transactions on Microwave Theory and Techniques,1988,36(12): 1861-1868.

[6] CHEO P K,KING G G,HUO Y. Recent advances in high-power and high-energy multicore fiber lasers[J]. Fiber Lasers: Technology,Systems,and Applications,2004,5335: 106-115.

[7] HAYASHI T,TARU T,SHIMAKAWA O,et al. Design and fabrication of ultra-low crosstalk and low-loss multi-core fiber[J]. Optics Express,2011,19(17): 16576-16592.

[8] MATSUO S,TAKENAGA K,ARAKAWA Y,et al. Large-effective-area ten-core fiber with cladding diameter of about 200 μm[J]. Optics Letters,2011,36(23): 4626-4628.

[9] TOTTORI Y,KOBAYASHI T,WATANABE M. Low loss optical connection module for 7-core multi-core fiber and seven single mode fibers[C]. Seattle: 2012 IEEE Photonics Society Summer Topical Meeting Series,2012: 232-233.

［10］ KLAUS W,SAKAGUCHI J,PUTTNAM B J,et al. Free-space coupling optics for multicore fibers[J]. IEEE Photonics Technology Letters,2012,24(21)：1902-1905.

［11］ INOUE K,OHTAKA K. Photonic crystals：physics,fabrication and applications［M］. Berlin：Springer-Verlag,2004.

［12］ BUSH K,LOELKES S,WEHRSPOHN R,et al. Photonic crystals：advances in design,fabrication,and characterization［M］. New York：Wiley-VCH,2004.

［13］ KNIGHT J C,BROENG J,BIRKS T A,et al. Photonic band gap guidance in optical fibers［J］. Science,1998,282(5393)：1476-1478.

［14］ TONG L M,GATTASS R R,ASHCOM J B,et al. Subwavelength-diameter silica wires for low-loss optical wave guiding[J]. Nature,2003,426(6968)：816-819.

［15］ LAW M,SIRBULY D J,JOHNSON J C,et al. Nanoribbon waveguides for subwavelength photonics integration[J]. Science,2004,305(5688)：1269-1273.

［16］ BARNES W L,DEREUX A,EBBESEN T W. Surface plasmon subwavelength optics[J]. Nature,2003,424(6950)：824-830.

［17］ YUAN L B,YANG J,LIU Z,et al. In-fiber integrated Michelson interferometer［J］. Optics Letters,2006,31(18)：2692-2694.

［18］ 苑立波,杨军,刘志海.集成为单根光纤的迈克尔逊干涉仪：200610010422. 2［P/OL］. 2007-02-07.［2022-08-12］.

［19］ YUAN L,LIU Z,YANG J. Coupling characteristics between single-core fiber and multicore fiber[J]. Optics Letters,2006,31(22)：3237-3239.

［20］ 苑立波,刘志海,杨军.单芯光纤与多芯光纤耦合器及其融接拉锥耦合方法：200610151033. 1［P/OL］. 2007-05-23.［2022-08-12］.

［21］ 苑立波,刘志海,杨军.纤维集成式马赫曾德干涉仪及其制造方法：200710072625.9［P/OL］. 2008-01-16.［2022-08-12］.

［22］ 苑立波,杨军,朱晓亮.毛细管光纤与标准光纤的连接方法：200810136913.0［P/OL］. 2009-01-07.［2022-08-12］.

［23］ YUAN L B,YANG J,GUAN C,et al. Three-core fiber-based shape-sensing application［J］. Optics Letters,2008,33(6)：578-580.

［24］ YUAN L B,DAI Q,TIAN F,et al. Linear-core-array microstructured fiber[J]. Optics Letters,2009,34(10)：1531-1533.

［25］ 汪杰君,胡挺,苑立波.基于 120 度夹角反射曝光叠加的异形芯光纤光栅制备技术：202010233353.1［P/OL］. 2020-08-18.［2022-08-12］.

［26］ 汪杰君,胡挺,苑立波.基于半圆相位补偿板的异形芯光纤光栅制备技术：202010233211. 5［P/OL］. 2020-08-18.［2022-08-12］.

［27］ LIU Z,BO F,WANG L,et al. Integrated fiber Michelson interferometer based on poled hollow twin-core fiber[J]. Optics Letters,2011,36(13)：2435-2437.

［28］ TAYLOR D,BENNETT C,SHEPHERD T,et al. Demonstration of multi-core photonic crystal fibre in an optical interconnect[J]. Electronics Letters,2006,42(6)：331-332.

［29］ IMAMURA K,MUKASA K,MIMURA Y,et al. Multi-core holey fibers for ultra large capacity wide-band transmission[J]. IEICE Technical Report,2009,109(178)：57-62.

［30］ IMAMURA K,MUKASA K,MIMURA Y,et al. Multi-core holey fibers for the long-distance(＞100 km) ultra large capacity transmission[C]. Optica Publishing Group. San Diego：Optical Fiber Communication Conference 2009,2009：OTuC3.

［31］ RICHARDSON D J,FINI J M,NELSON L E. Space-division multiplexing in optical fibres [J]. Nature Photonics,2013,7(5)：354-362.

［32］ SAITOH K, MATSUO S. Multicore fibers for large capacity transmission [J]. Nanophotonics,2013,2(5/6)：441-454.

［33］ MATSUO S,SASAKI Y,ISHIDA I,et al. Recent progress on multi-core fiber and few-mode fiber[C]. Optical Society of America. Anaheim：Optical Fiber Communication Conference 2013,2013：OM3I-3.

［34］ HAYASHI T,KAMINOW I,LI T,et al. Multi-core optical fibers[M]//Optical Fiber Telecommunications Volume VIA：Components and Subsystems. Burlington：Academic Press,2013：321-352.

［35］ SANO A,KOBAYASHI T,YAMANAKA S,et al. 102.3-Tb/s(224×548-Gb/s) C-and Extended L-band All-Raman Transmission over 240 km Using PDM-64QAM Single Carrier FDM with Digital Pilot Tone[C]. Optica Publishing Group. Los Angeles：Optical Fiber Communication Conference 2012,2012：PDP5C-3.

［36］ ZHANG S,HUANG M F,YAMAN F,et al. 40×117.6 Gb/s PDM-16QAM OFDM transmission over 10,181 km with soft-decision LDPC coding and nonlinearity compensation [C]. IEEE. Los Angeles：OFC/NFOEC,2012：1-3.

［37］ CAI J X,CAI Y,DAVIDSON C R,et al. 20 Tbit/s capacity transmission over 6,860 km [C]. Optica Publishing Group. Los Angeles：Optical Fiber Communication Conference 2011,2011：PDPB4.

［38］ ESSIAMBRE R J,KRAMER G,WINZER P J,et al. Capacity limits of optical fiber networks[J]. Journal of Lightwave Technology,2010,28(4)：662-701.

［39］ ESSIAMBRE R J,TKACH R W. Capacity trends and limits of optical communication networks[J]. Proceedings of the IEEE,2012,100(5)：1035-1055.

［40］ MORIOKA T. New generation optical infrastructure technologies："EXAT initiative" towards 2020 and beyond[C]. IEEE. Hong Kong：2009 14th OptoElectronics and Communications Conference,2009：1-2.

［41］ TAKENAGA K,ARAKAWA Y,TANIGAWA S,et al. Reduction of crosstalk by trench-assisted multi-core fiber[C]. IEEE. Los Angeles：2011 Optical Fiber Communication Conference and Exposition and the National Fiber Optic Engineers Conference,2011：1-3.

［42］ HAYASHI T,TARU T,SHIMAKAWA O,et al. Characterization of crosstalk in ultra-low-crosstalk multi-core fiber [J]. Journal of Lightwave Technology, 2011, 30 (4)：583-589.

［43］ YAO B,OHSONO K,SHIINA N,et al. Reduction of crosstalk by hole-walled multi-core fibers[C]. Optica Publishing Group. Los Angeles：Optical Fiber Communication Conference 2012,2012：OM2D-5.

［44］ TAKENAGA K,TANIGAWA S,GUAN N,et al. Reduction of crosstalk by quasi-homogeneous solid multi-core fiber[C]. Optical Society of America. San Diego：Optical Fiber Communication Conference 2010,2010：OWK7.

[45] TAKENAGA K,ARAKAWA Y,TANIGAWA S,et al. An investigation on crosstalk in multi-core fibers by introducing random fluctuation along longitudinal direction[J]. IEEE Transactions on Communications,2011,94(2)：409-416.

[46] THOMSON R R,BOOKEY H T,PSAILA N D,et al. Ultrafast-laser inscription of a three dimensional fan-out device for multicore fiber coupling applications[J]. Optics Express,2007,15(18)：11691-11697.

[47] NEUGROSCHL D,KOPP V I,SINGER J,et al. "Vanishing-core" tapered coupler for interconnect applications[C]. SPIE. San Jose：Photonics Packaging, Integration, and Interconnects IX：Vol. 7221,2009：126-133.

[48] KOPP V I,PARK J,WLODAWSKI M,et al. Pitch reducing optical fiber array and multicore fiber for space-division multiplexing[C]. IEEE. Waikoloa：2013 IEEE Photonics Society Summer Topical Meeting Series,2013：99-100.

[49] KOPP V I,PARK J, WLODAWSKI M, et al. Chiral fibers： microformed optical waveguides for polarization control, sensing, coupling, amplification, and switching[J]. Journal of Lightwave Technology,2013,32(4)：605-613.

[50] BERDAGUÉ S,FACQ P. Mode division multiplexing in optical fibers[J]. Applied Optics, 1982,21(11)：1950-1955.

[51] KASHIMA N,MAEKAWA E,NIHEI F. New type of multicore fiber[C]. Optical Society of America. Phoenix：Optical Fiber Communication Conference 1982,1982：ThAA5.

[52] SUMIDA S,MAEKAWA E,MURATA H. Design of bunched optical-fiber parameters for 1. 3-μm wavelength subscriber line use[J]. Journal of Lightwave Technology,1986,4(8)：1010-1015.

[53] NIHEI F,YAMAMOTO Y,KOJIMA N. Optical subscriber cable technologies in Japan [J]. Journal of Lightwave Technology,1987,5(6)：809-821.

[54] SUMIDA S,MAEKAWA E,MURATA H. Fundamental studies on flat bunched optical fibers[J]. Journal of Lightwave Technology,1985,3(1)：159-164.

[55] LE NOANE G. Ultra high density cables using a new concept of bunched multicore monomode fibers：A key for the future FTTH networks[C]. Atlanta：Proceedings of the 43rd International Wire & Cable Symposium,1994：203-210.

[56] STERN J,BALLANCE J,FAULKNER D,et al. Passive optical local networks for telephony applications and beyond[J]. Electronics Letters,1987,24(23)：1255-1256.

[57] SAKAGUCHI J,PUTTNAM B J,KLAUS W,et al. 19-core fiber transmission of 19×100× 172-Gb/s SDM-WDM-PDM-QPSK signals at 305Tb/s[C]. Angele：IEEE Optical Fiber Communication Conference,2012：PDP5C. 1.

[58] RYF R,ESSIAMBRE R J,GNAUCK A,et al. Space-division multiplexed transmission over 4200-km 3-core microstructured fiber[C]. Optica Publishing Group. Los Angeles：National Fiber Optic Engineers Conference 2012,2012：PDP5C-2.

[59] LIU X,CHANDRASEKHAR S,CHEN X,et al. 1. 12-Tb/s 32-QAM-OFDM superchannel

with 8. 6-b/s/Hz intrachannel spectral efficiency and space-division multiplexing with 60-b/s/Hz aggregate spectral efficiency [C]. Optica Publishing Group. Geneva: 37th European Conference and Exposition on Optical Communications,2011: Th. 13. B. 1.

[60] LEE B,KUCHTA D,DOANY F,et al. 120-Gb/s 100-m transmission in a single multicore multimode fiber containing six cores interfaced with a matching VCSEL array[C]. IEEE. Playa del Carmen: IEEE Photonics Society Summer Topicals 2010,2010: 223-224.

[61] ZHU B,TAUNAY T F,YAN M F, et al. 7 × 10-Gb/s multicore multimode fiber transmissions for parallel optical data links[C]. IEEE. Turin: 36th European Conference and Exhibition on Optical Communication,2010: 1-3.

[62] ZHU B,TAUNAY T,YAN M,et al. Seven-core multicore fiber transmissions for passive optical network[J]. Optics Express,2010,18(11): 11117-11122.

[63] YUAN T T,ZHANG X T, XIA Q, et al. A twin-core and dual-hole fiber design and fabrication[J]. Journal of Lightwave Technology,2021,39(12): 4028-4033.

[64] YUAN T T,ZHANG X T, XIA Q, et al. Design and fabrication of a functional fiber for micro flow sensing[J]. Journal of Lightwave Technology,2020,39(1): 290-294.

[65] YUAN T T,YANG X H, LIU Z H, et al. Optofluidic in-fiber interferometer based on hollow optical fiber with two cores[J]. Optics Express,2017,25(15): 18205-18215.

[66] YUAN T T,ZHONG X,GUAN C Y,et al. Long period fiber grating in two-core hollow eccentric fiber[J]. Optics Express,2015,23(26): 33378-33385.

[67] ZHANG M,WANG R,TIAN K, et al. Optical detection of ammonia in water using integrated up-conversion fluorescence in a fiberized microsphere[J]. Journal of Lightwave Technology,2021,39(22): 7303-7306.

[68] LIU J X,YUAN L B. Evanescent field characteristics of eccentric core optical fiber for distributed sensing [J]. Journal of the Optical Society of America A,2014,31(3): 475-479.

[69] LIU J X,YUAN L B. Polarization dependency of the metal-coated eccentric fiber[J]. JOSA A,2015,32(1): 75-79.

[70] MIYASHITA T,EDAHIRO T,TAKAHASHI S,et al. Eccentric-core glass optical waveguide[J]. Journal of Applied Physics,1974,45(2): 808-809.

[71] YOSHIKAWA H,WATANABE M,OHNO Y. Distributed oil sensor using eccentrically cladded fiber[C]. Optica Publishing Group. Tokyo: Optical Fiber Sensors 1986,1986: 52.

[72] VALI V,CHANG D B,SHIH I F,et al. Fiber optic evanescent wave fuel gauge and leak detector using eccentric core fibers: US5291032A[P/OL]. 1994-03-01. [2022-08-12].

[73] NAKAMURA K,UCHINO N,MATSUDA Y,et al. Distributed oil sensors by eccentric core fibers[J]. IEICE Transactions on Communications,1997,80(4): 528-534.

[74] GUAN C,YUAN L,TIAN F,et al. Characteristics of near-surface-core optical fibers[J]. Journal of Lightwave Technology,2011,29(19): 3004-3008.

[75] GUAN C,YUAN L,TIAN F,et al. Mode field analysis of eccentric optical fibers by conformal mapping[C]. SPIE. Ottawa: 21st International Conference on Optical Fiber Sensors,2011: 77535W-77535W - 4.

［76］ HASEGAWA T,SASAOKA E,ONISHI M,et al. Hole-assisted lightguide fiber for large anomalous dispersion and low optical loss［J］. Optics Express,2001,9(13)：681-686.

［77］ XI T,WANG D,MA C,et al. Sensing characteristics of collapsed long period fiber gratings in tri-hole fiber［J］. Journal of Lightwave Technology,2021,39(18)：6008-6012.

［78］ MA C,WANG D,WANG J,et al. A compact sensor capability of temperature,strain, torsion and curvature［J］. Journal of Lightwave Technology,2022,40(14)：4896-4902.

［79］ KOPP V I,GENACK A Z. Adding twist［J］. Nature Photonics,2011,5(8)：470-472.

［80］ KOPP V I,GENACK A Z. Double-helix chiral fibers［J］. Optics Letters,2003,28(20)：1876-1878.

［81］ KOPP V I,CHURIKOV V M,ZHANG G,et al. Single-and double-helix chiral fiber sensors［J］. JOSA B,2007,24(10)：A48-A52.

［82］ KOPP V I,CHURIKOV V M,GENACK A Z. Synchronization of optical polarization conversion and scattering in chiral fibers［J］. Optics Letters,2006,31(5)：571-573.

［83］ KOPP V I,SINGER J,NEUGROSCHL D,et al. Chiral fiber sensors for harsh environments［C］. SPIE. Orlando：Fiber Optic Sensors and Applications Ⅷ,2011：16-23.

［84］ LIU C H,CHANG G,LITCHINITSER N,et al. Effectively single-mode chirally-coupled core fiber［C］. Optica Publishing Group,Advanced Solid-State Photonics,2007：ME2.

［85］ MA X,LIU C H,CHANG G,et al. Angular-momentum coupled optical waves in chirally-coupled-core fibers［J］. Optics Express,2011,19(27)：26515-26528.

［86］ MA X,HU I N,GALVANAUSKAS A. Propagation-length independent SRS threshold in chirally-coupled-core fibers［J］. Optics Express,2011,19(23)：22575-22581.

［87］ MA X,ZHU C,HU I N,et al. Single-mode chirally-coupled-core fibers with larger than 50μm diameter cores［J］. Optics Express,2014,22(8)：9206-9219.

［88］ MARCUSE D. Radiation loss of a helically deformed optical fiber［J］. JOSA,1976, 66(10)：1025-1031.

［89］ BERTHOLD J W. Historical review of microbend fiber-optic sensors［J］. Journal of Lightwave Technology,1995,13(7)：1193-1199.

［90］ TOMITA A,CHIAO R Y. Observation of Berry's topological phase by use of an optical fiber［J］. Physical Review Letters,1986,57(8)：937-940.

［91］ ALEXEYEV C N,LAPIN B P,YAVORSKY M A. The effect of spin-orbit coupling on the structure of the stopband in helical-core optical fibres［J］. Journal of Optics A：Pure and Applied Optics,2008,10(8)：085006.

［92］ 苑立波,何学兰,张晓彤. 一种纤维集成多螺旋芯光纤 SPR 传感阵列芯片：201610136679.6［P/OL］. 2016-09-21.［2022-08-12］.

［93］ WANG X,DENG H,YUAN L. Highly sensitive flexible surface plasmon resonance sensor based on side-polishing helical-core fiber：theoretical analysis and experimental demonstration ［J］. Advanced Photonics Research,2021,2(2)：2000054.

［94］ WANG X,DENG H,YUAN L. High sensitivity cascaded helical-core fiber SPR sensors ［J］. Chinese Optics Letters,2021,19(9)：091201.

［95］ JOHN S. Strong localization of photons in certain disordered dielectric superlattices［J］.

Physical Review Letters,1987,58(23):2486.

[96]　YABLONOVITCH E. Inhibited spontaneous emission in solid-state physics and electronics[J]. Physical Review Letters,1987,58(20):2059.

[97]　RUSSELL P. Photonic crystal fibers[J]. Science,2003,299(5605):358-362.

[98]　RUSSELL P. Photonic crystal fibers: a historical account[J]. IEEE Leos Newsletter, 2007,21(5):11-15.

[99]　KNIGHT J,BIRKS T,RUSSELL P S J,et al. All-silica single-mode optical fiber with photonic crystal cladding[J]. Optics Letters,1996,21(19):1547-1549.

[100]　BIRKS T A,KNIGHT J C,RUSSELL P S J. Endlessly single-mode photonic crystal fiber[J]. Optics Letters,1997,22(13):961-963.

[101]　CREGAN R,MANGAN B,KNIGHT J,et al. Single-mode photonic band gap guidance of light in air[J]. Science,1999,285(5433):1537-1539.

[102]　TEMELKURAN B,HART S D,BENOIT G,et al. Wavelength-scalable hollow optical fibres with large photonic bandgaps for CO_2 laser transmission [J]. Nature,2002, 420(6916):650-653.

[103]　LARSEN T T,BJARKLEV A,HERMANN D S,et al. Optical devices based on liquid crystal photonic bandgap fibres[J]. Optics Express,2003,11(20):2589-2596.

[104]　LUAN F,GEORGE A K,HEDLEY T,et al. All-solid photonic bandgap fiber[J]. Optics Letters,2004,29(20):2369-2371.

[105]　WANG Y,PENG X,ALHARBI M,et al. Design and fabrication of hollow-core photonic crystal fibers for high-power ultrashort pulse transportation and pulse compression[J]. Optics Letters,2012,37(15):3111-3113.

[106]　YU F,WADSWORTH W J,KNIGHT J C. Low loss silica hollow core fibers for 3-4 μm spectral region[J]. Optics Express,2012,20(10):11153-11158.

[107]　GAO S F,WANG Y,DING W,et al. Hollow-core conjoined-tube negative-curvature fibre with ultralow loss[J]. Nature Communications,2018,9(1):1-6.

[108]　BRADLEY T D,HAYES J R,CHEN Y, et al. Record low-loss 1.3 dB/km data transmitting antiresonant hollow core fibre[C]. IEEE. Rome:2018 European Conference on Optical Communication,2018:1-3.

[109]　DING W,WANG Y. Analytic model for light guidance in single-wall hollow-core anti-resonant fibers[J]. Optics Express,2014,22(22):27242-27256.

[110]　DING W,WANG Y. Semi-analytical model for hollow-core anti-resonant fibers [J]. Frontiers in Physics,2015,3:16.

[111]　WANG Y,DING W. Confinement loss in hollow-core negative curvature fiber:A multi-layered model[J]. Optics Express,2017,25(26):33122-33133.

[112]　丁伟,汪滢莹,高寿飞,等.高性能反谐振空芯光纤导光机理与实验制作研究进展[J].物理学报,2018,67(12):50-67.

[113]　DEBORD B,ALHARBI M,VINCETTI L,et al. Multi-meter fiber-delivery and pulse self-compression of milli-Joule femtosecond laser and fiber-aided laser-micromachining [J]. Optics Express,2014,22(9):10735-10746.

[114] ELU U,BAUDISCH M,PIRES H,et al. High average power and single-cycle pulses from a mid-IR optical parametric chirped pulse amplifier[J]. Optica,2017,4(9): 1024-1029.

[115] BALCIUNAS T,FOURCADE-DUTIN C,FAN G,et al. A strong-field driver in the single-cycle regime based on self-compression in a kagome fibre[J]. Nature Communications, 2015,6(1): 1-7.

[116] POLETTI F E A,WHEELER N,PETROVICH M,et al. Towards high-capacity fibre-optic communications at the speed of light in vacuum[J]. Nature Photonics,2013,7(4): 279-284.

[117] KÖTTIG F,TANI F,BIERSACH C M,et al. Generation of microjoule pulses in the deep ultraviolet at megahertz repetition rates[J]. Optica,2017,4(10): 1272-1276.

[118] HASSAN M R A,YU F,WADSWORTH W J,et al. Cavity-based mid-IR fiber gas laser pumped by a diode laser[J]. Optica,2016,3(3): 218-221.

[119] LIU X L,DING W,WANG Y Y,et al. Characterization of a liquid-filled nodeless anti-resonant fiber for biochemical sensing[J]. Optics Letters,2017,42(4): 863-866.

[120] SPRAGUE M,MICHELBERGER P,CHAMPION T,et al. Broadband single-photon-level memory in a hollow-core photonic crystal fibre[J]. Nature Photonics,2014,8(4): 287-291.

[121] YANG J,ZHAO J,GONG C,et al. 3D printed low-loss THz waveguide based on Kagome photonic crystal structure[J]. Optics Express,2016,24(20): 22454-22460.

[122] LIU Z,WEI Y,ZHANG Y,et al. Distributed fiber surface plasmon resonance sensor based on the incident angle adjusting method[J]. Optics Letters, 2015, 40(19): 4452-4455.

[123] LIU Z,WEI Y,ZHANG Y,et al. Twin-core fiber SPR sensor[J]. Optics Letters,2015, 40(12): 2826-2829.

[124] LIU Z, ZHU Z, LIU L, et al. Dual-truncated-cone structure for quasi-distributed multichannel fiber surface plasmon resonance sensor[J]. Optics Letters,2016,41(18): 4320-4323.

[125] MA C,WANG J,YUAN L. Review of helical long-period fiber gratings[J]. Photonics, 2021,8(6): 193.

[126] PEVEC S,CIBULA E,LENARDIC B,et al. Micromachining of optical fibers using selective etching based on phosphorus pentoxide doping[J]. IEEE Photonics Journal, 2011,3(4): 627-632.

[127] PEVEC S,DONLAGIC D. Miniature micro-wire based optical fiber-field access device [J]. Optics Express,2012,20(25): 27874-27887.

[128] YUAN L,LIU Z,YANG J,et al. Bitapered fiber coupling characteristics between single-mode single-core fiber and single-mode multicore fiber[J]. Applied Optics,2008,47(18): 3307-3312.

[129] ZHU X,YUAN L,LIU Z,et al. Coupling theoretical model between single-core fiber and twin-core fiber[J]. Journal of Lightwave Technology,2009,27(23): 5235-5239.

[130]　ZHU X, YUAN L, YANG J, et al. Coupling model of standard single-mode and capillary fiber[J]. Applied Optics, 2009, 48(29): 5624-5628.

[131]　ZHAO Y, ZHOU A, OUYANG X, et al. A stable twin-core-fiber-based integrated coupler fabricated by thermally diffused core technique [J]. Journal of Lightwave Technology, 2017, 35(24): 5473-5478.

[132]　MAFI A, HOFMANN P, SALVIN C J, et al. Low-loss coupling between two single-mode optical fibers with different mode-field diameters using a graded-index multimode optical fiber[J]. Optics Letters, 2011, 36(18): 3596-3598.

[133]　ZHANG Y, LI Y, WEI T, et al. Fringe visibility enhanced extrinsic Fabry-Perot interferometer using a graded index fiber collimator[J]. IEEE Photonics Journal, 2010, 2(3): 469-481.

[134]　ISHIKURA A, KATO Y, MIYAUCHI M. Taper splice method for single-mode fibers [J]. Applied Optics, 1986, 25(19): 3460-3465.

[135]　O'BRIEN E, HUSSEY C. Low-loss fattened fusion splices between different fibres[J]. Electronics Letters, 1999, 35(2): 168-169.

[136]　MARTÍNEZ-RIOS A, TORRES-GÓMEZ I, MONZON-HERNANDEZ D, et al. Reduction of splice loss between dissimilar fibers by tapering and fattening[J]. Revista Mexicana de Física, 2010, 56(1): 80-84.

[137]　JOLLIVET C, GUER J, HOFMANN P, et al. All-fiber mode-field adapter for low coupling loss between step-index and large-mode area fibers [C]. Optical Society of America. Paris: Applications of Lasers for Sensing and Free Space Communications 2013, 2013: JTh2A-02.

[138]　FAUCHER M, LIZE Y K. Mode field adaptation for high power fiber lasers[C]. IEEE. Baltimore: 2007 Conference on Lasers and Electro-Optics, 2007: 1-2.

[139]　CHEN G, DENG H, YANG S, et al. An in-fiber integrated multifunctional mode converter[J]. Optical Fiber Technology, 2019, 52: 101961.

[140]　苑立波. 多芯光纤特性及其传感应用[J]. 激光与光电子学进展, 2019, 56(17): 171-195.

[141]　YANG S, WANG H, YUAN T, et al. Highly sensitive bending sensor based on multicore optical fiber with diagonal cores reflector at the fiber tip [J]. Journal of Lightwave Technology, 2022, 40(17): 6030-6036.

[142]　CHANCLOU P, KACZMAREK C, MOUZER G, et al. Design and demonstration of a multicore single-mode fiber coupled lens device[J]. Optics Communications, 2004, 233(4/5/6): 333-339.

[143]　GASULLA I, BARRERA D, HERVÁS J, et al. Spatial division multiplexed microwave signal processing by selective grating inscription in homogeneous multicore fibers[J]. Scientific Reports, 2017, 7(1): 1-10.

[144]　BECKER M, LORENZ A, ELSMANN T, et al. Single-mode multicore fibers with integrated Bragg filters[J]. Journal of Lightwave Technology, 2016, 34(19): 4572-4578.

[145]　CONTENT R, BLAND-HAWTHORN J, ELLIS S, et al. PRAXIS: low thermal emission high efficiency OH suppressed fibre spectrograph [C]. SPIE. Montréal: Advances in

Optical and Mechanical Technologies for Telescopes and Instrumentation 2014，2014，9151：1664-1678.

[146] LEON-SAVAL S G，BETTERS C H，SALAZAR-GIL J R，et al. Divide and conquer：an efficient solution to highly multimoded photonic lanterns from multicore fibres[J]. Optics Express，2017，25(15)：17530-17540.

[147] BRONNIKOV K，WOLF A，YAKUSHIN S，et al. Durable shape sensor based on FBG array inscribed in polyimide-coated multicore optical fiber[J]. Optics Express，2019，27(26)：38421-38434.

[148] KHAN F，DENASI A，BARRERA D，et al. Multi-core optical fibers with Bragg gratings as shape sensor for flexible medical instruments[J]. IEEE Sensors Journal，2019，19(14)：5878-5884.

[149] LINDLEY E，MIN S S，LEON-SAVAL S，et al. Demonstration of uniform multicore fiber Bragg gratings[J]. Optics Express，2014，22(25)：31575-31581.

[150] GUAN C，TIAN F，DAI Q，et al. Characteristics of embedded-core hollow optical fiber [J]. Optics Express，2011，19(21)：20069-20078.

[151] GUAN C，TIAN X，SHI J，et al. Experimental and theoretical investigations of bending loss and birefringence in embedded-core hollow fiber [J]. Journal of Lightwave Technology，2012，30(19)：3142-3146.

[152] MAO G，YUAN T，GUAN C，et al. Fiber Bragg grating sensors in hollow single-and two-core eccentric fibers[J]. Optics Express，2017，25(1)：144-150.

[153] BERGH R A，LEFEVRE H C，SHAW H J. Single-mode fiber-optic polarizer[J]. Optics Letters，1980，5(11)：479-481.

[154] HOSAKA T，OKAMOTO K，EDAHIRO T. Fabrication of single-mode fiber-type polarizer[J]. Optics Letters，1983，8(2)：124-126.

[155] BAO Q，ZHANG H，WANG B，et al. Broadband graphene polarizer [J]. Nature Photonics，2011，5(7)：411-415.

[156] CHU R，GUAN C，YANG J，et al. High extinction ratio D-shaped fiber polarizers coated by a double graphene/PMMA stack[J]. Optics Express，2017，25(12)：13278-13285.

[157] GUAN C，LI S，SHEN Y，et al. Graphene-coated surface core fiber polarizer[J]. Journal of Lightwave Technology，2015，33(2)：349-353.

[158] WESTBROOK P，ABEDIN K，TAUNAY T，et al. Multicore fiber distributed feedback lasers[J]. Optics Letters，2012，37(19)：4014-4016.

[159] ZHANG M，YANG W，TIAN K，et al. In-fiber whispering-gallery mode microsphere resonator-based integrated device[J]. Optics Letters，2018，43(16)：3961-3964.

[160] YANG X H，LIU Y，TIAN F，et al. Optical fiber modulator derivates from hollow optical fiber with suspended core[J]. Optics Letters，2012，37(11)：2115-2117.

[161] WON D J，RAMIREZ M O，KANG H，et al. All-optical modulation of laser light in amorphous silicon-filled microstructured optical fibers[J]. Applied Physics Letters，2007，91(16)：161112.

[162] TSUI H C L，HEALY N. Recent progress of semiconductor optoelectronic fibers[J].

Frontiers of Optoelectronics,2021,14(4): 383-398.

[163] HE R,SAZIO P J, PEACOCK A C, et al. Integration of gigahertz-bandwidth semiconductor devices inside microstructured optical fibres[J]. Nature Photonics,2012, 6(3): 174-179.

[164] PENG F,YANG J,LI X,et al. In-fiber integrated accelerometer[J]. Optics Letters, 2011,36(11): 2056-2058.

[165] YANG X,YUAN T,TENG P,et al. An in-fiber integrated optofluidic device based on an optical fiber with an inner core[J]. Lab on a Chip,2014,14(12): 2090-2095.

[166] GAO D,YANG X,TENG P,et al. In-fiber optofluidic online SERS detection of trace uremia toxin[J]. Optics Letters,2021,46(5): 1101-1104.

[167] GAO D, YANG X, TENG P, et al. Optofluidic in-fiber integrated surface-enhanced Raman spectroscopy detection based on a hollow optical fiber with a suspended core[J]. Optics Letters,2019,44(21): 5173-5176.

[168] JIN W,CAO Y,YANG F,et al. Ultra-sensitive all-fibre photothermal spectroscopy with large dynamic range[J]. Nature Communications,2015,6(1): 1-8.

[169] LIN Y, JIN W, YANG F, et al. Performance optimization of hollow-core fiber photothermal gas sensors[J]. Optics Letters,2017,42(22): 4712-4715.

[170] ASHKIN A,DZIEDZIC J M,YAMANE T. Optical trapping and manipulation of single cells using infrared laser beams[J]. Nature,1987,330(6150): 769-771.

[171] GRIER D G. A revolution in optical manipulation[J]. Nature,2003,424(6950): 810-816.

[172] LIU Z,GUO C,YANG J,et al. Tapered fiber optical tweezers for microscopic particle trapping: fabrication and application[J]. Optics Express,2006,14(25): 12510-12516.

[173] YUAN L,LIU Z,YANG J,et al. Twin-core fiber optical tweezers[J]. Optics Express, 2008,16(7): 4559-4566.

[174] ZHANG Y,LIU Z, YANG J, et al. Four-core optical fiber micro-hand[J]. Journal of Lightwave Technology,2012,30(10): 1487-1491.

[175] 苑立波,杨世泰.可编程多芯光纤微光手: 201711184344.2[P/OL]. 2019-05-31. [2022-08-12].

[176] 夏启,王洪业,杨世泰,等.多芯光纤形状传感研究进展[J].激光与光电子学进展,2021, 58(13): 173-187.

[177] 苑立波,童维军,江山,等.我国光纤传感技术发展路线图[J].光学学报,2022,42(1): 9-42.

[178] MOORE J P,ROGGE M D. Shape sensing using multi-core fiber optic cable and parametric curve solutions[J]. Optics Express,2012,20(3): 2967-2973.

第 2 章

光纤离散光学实验室*

离散光学系统是指由有限个不同的光路与分立的光学元件构成的光学系统。因此，集成在光纤上的离散光学系统就是研究如何在一根光纤中构建这些彼此分立的光学器件，如何通过各个光学单元之间的空间结构的变化实现彼此的关联，通过什么方法改变和调控这些离散光学器件及其光场相互作用的关系。对于这些问题的回答，就成为在一根光纤中实现离散光学系统的纤维集成光场操控的关键。本章通过若干个离散波导纤维集成光场操控的实例：①阐释了基于离散波导光纤中彼此耦合的光场场型变换方法；②说明了通过对波导耦合的调控可实现不同光场之间适配的技术途径；③展示了多光路干涉的相干相位彼此之间的调谐效应。

2.1 离散光学

2.1.1 何为离散光学

在光纤中将光路与器件集成，就是将较简单的光路和各种光学元器件微缩集成到一根光纤中，形成各种新型、微型、特种器件、组件和系统。

这种集成技术，一方面为微光学器件提供了一种新型光路集成方式和解决途径，可获得具有不同功能、集成度的纤维集成微缩光纤器件，从而实现光子学信息处理系统的集成化和微型化；另一方面，集成在一根直径仅为 125 μm 的光纤中的

---

* 苑立波，桂林电子科技大学，光电工程学院，光子学研究中心，桂林 541004，E-mail：lbyuan@vip. sina.com。

紧邻器件之间也构成了一个相互影响的光学系统。

离散光学就是研究分立的光路和器件及其相互关系与相互影响的光学分支。离散光学系统是指由有限个不同的光路与分立的光学元件构成的光学系统。因此,纤维集成离散光学系统就是研究如何在一根光纤中构建这些彼此分立的光学器件;如何通过各个光学单元之间的空间结构的变化实现彼此的影响;通过什么方法改变和调控这些离散光学器件及其光场相互作用的关系;从这些相互影响的结果中能够获得哪些可资利用的功能与效应。

2.1.2　离散光学系统中的关联

光纤集成光学系统为离散光学的研究提供了理想的实验室。在离散光学系统中,可以通过多种光场之间的关联来实现对系统中光波电场的调控。例如,集成在一根光纤中的波导阵列可以通过各个离散波导的模式耦合机制实现模场的调控,从而获得所需的光场特性。在所设计的光纤波导阵列中,通过相邻纤芯之间的耦合,输入光可以扩大空间分布[1-3],就像连续介质中的衍射一样。为此,我们给出了几种特殊设计的多芯排列光纤,如多芯线性阵列、多芯环形阵列、中心孔周围的多环形波导,如图 2.1 所示。

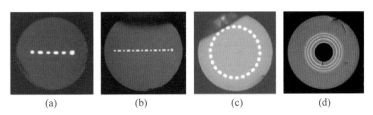

图 2.1　离散波导阵列多芯光纤横断面照片

(a) 线性阵列分布六芯光纤;(b) 线性分布双周期十四芯光纤;(c) 环形阵列分布二十六芯光纤;(d) 中空同心环形阵列波导光纤

如何实现各个离散模场之间的转换也是光纤离散光学所关注的内容之一。典型的问题是光纤波导中的模场几何尺寸扩展和压缩,少模光纤中模场分离等问题。本章将借助于本地局域模式的渐变转换方法来分析这类问题。

离散光学中的另一个问题是如何通过光纤内纵向微透镜的组合实现光纤内模场的变换,如何实现单根光纤内横向多个阵列微透镜组与光纤同轴波导之间的转换。为此,在石英光纤中通过锗掺杂实现高折射率波导借助于光纤在高温下,其高掺杂浓度区将会向低掺杂浓度区扩散的物理机理,调整光纤内部的折射率分布,完成微透镜之间模场的调控与转换。这种方法不仅能够实现光纤中微透镜模场匹配,也可以用于改进波导之间的模场耦合。

此外，一根光纤内的多干涉仪或多光束干涉的各个干涉仪相位的调控，包括多干涉仪之间的串行级联和多干涉仪之间的并行级联也是光纤离散光学要开展研究的内容。多干涉仪之间的关联主要是通过各个干涉仪之间的相位变化关系给出精确的量化关联，以实现特殊的功能，例如相控阵技术的应用或者实现高精度测量的游标效应。

本章的主要内容，就是通过搞清楚上述各种光波电场关联的内在机制，从而获得其相互作用规律，进而找到能够操控其变换的方法，为实现通过单根光纤的分立器件集成的方法获得新的系统功能提供有效的手段。

2.1.3　光纤离散光学的调控方法

所谓的调控，是指通过波导模场之间彼此的关联与相互关系加以变化和调整。具体而言，就是指在波导模场之间的强度耦合转化，或者相位变化过程中加入可控的变化。而在离散光学系统中，正是由于在紧凑的空间中，各个分立的波导之间的相互影响和关联较强，例如波导之间耦合系数数值较大，才会使彼此之间的相互影响效应较为显著。离散光学关注的内容，恰好是如何通过对这种关联的深入系统的认识，借助于其规律与特性，实现特种功能并达成需求的目标。

本节先简要介绍离散光器件之间的若干调控方法，包括多个分立波导之间的超模耦合、渐变波导模场转换、热扩散波导折射率改变以及干涉仪级联组合相位相关等调控方式。然后，再通过反向设计的方法，设计相应的结构，通过调控技术达到所需的目标。为此，我们将进一步通过 2.2～2.5 节的几个具体案例，详细展示如何借助于上述方法，给出合适的相关参数，实现设定的目标。

在 2.2 节中，我们将详细介绍如何通过波导的结构设计，实现在单根光纤中获得周期性的艾里光场，并且通过这种光纤某个横断面输出的纤端光场的传输与演化，展示了所构造的光场与艾里光场的相似性。并进一步通过波导的结构变化，展示了环形艾里光场的特性。

在 2.3 节中，给出基于局域模耦合理论模型，如何实现圆形模场与矩形模场之间的转换的机理讨论，这种器件可用于提高矩形半导体芯片激光模场到圆形纤芯模场之间的耦合效率。采用多根单模光纤和低折射率包层套管组合的混合结构，通过锥形波导渐变，可实现少模的各个模式分离，从而达到少模光纤的模分复用目的。

在 2.4 节中，给出基于高浓度掺杂的热扩散物理机理，通过热扩散方程展示了如何在单根光纤中实现波导之间模式变换或转换。通过不同折射率光纤的级联与渐变热扩散折射率调整技术，可构造出单根光纤中的组合透镜，实现光纤中不同模场之间的转换。

在 2.5 节中,通过多芯光纤及其级联,展示单根光纤中的多干涉仪级联技术,通过并行级联或串行级联,可进一步实现对级联的多干涉仪之间相位的调整与操控,进而实现干涉仪之间的相位调控的游标效应。

2.2　离散波导光场调控

2.2.1　波导之间的超模耦合

在同一个包层中置入多个波导,是单根光纤中进行多光路集成的典型器件,通过对不同的折射率剖面进行结构设计,这种器件可用于解决光通信容量问题,用于构建长距离通信的空分复用多芯光纤[4-6];也可以通过增加掺杂面积从而提高激光功率的潜力,构建锁相 MCF 激光阵列[7-8]。对于这类分离波导集成器件的分析,可借鉴较为严格的耦合模理论[9-11],本节以典型的线性分布多波导为例,借助简化的耦合波模型,给出各个分立的离散波导之间的超模耦合分析方法,用于建立这类离散波导系统之间简明的关联。

图 2.2 给出一个线性分布离散多波导的多芯光纤结构示意图,这种光纤是通过采用堆栈的方式,先将两个 D 形石英半柱体插入石英外套管,在两个 D 形石英构件中间再嵌入 N 个芯棒,排列成一排,从而形成多个离散形波导光纤预制棒,再进一步拉制成如图 2.2 所示的线性阵列光纤[1,12]。纤芯和包层的折射率分别为 n_1 和 n_0。所有纤芯的传播常数是相同的。忽略非相邻纤芯间的耦合效应,由于一阶近似中近似认为非相邻纤芯间的耦合效应很弱,因此相邻纤芯间的耦合系数可以认为是近似相同的。根据超模耦合理论,通过忽略非相邻芯间的耦合效应,不同纤芯之间的耦合关系可由下述简化的耦合方程加以描述:

(a)　　　　　　　　　　　(b)

图 2.2　多个离散波导按线性分布在一个包层中的光纤

(a) 线性阵列多芯光纤的横截面结构;(b) 线性阵列多芯光纤的折射率剖面示意图

$$\frac{d}{dz}\begin{bmatrix} a_1(z) \\ a_2(z) \\ a_3(z) \\ \vdots \\ a_N(z) \end{bmatrix} = -j\beta_m \begin{bmatrix} a_1(z) \\ a_2(z) \\ a_3(z) \\ \vdots \\ a_N(z) \end{bmatrix} = -j \begin{bmatrix} \beta_0 & \kappa & & & 0 \\ \kappa & \beta_0 & \kappa & & \\ & \ddots & \ddots & \ddots & \\ & & \kappa & \beta_0 & \kappa \\ 0 & & & \kappa & \beta_0 \end{bmatrix} \begin{bmatrix} a_1(z) \\ a_2(z) \\ a_3(z) \\ \vdots \\ a_N(z) \end{bmatrix} \tag{2.1}$$

其中,$\beta_m(m=1,2,\cdots,N)$ 为多芯光纤支持的超模的传播常数,$a_i(z)(i=1,2,\cdots,N)$ 为传输至 z 处第 i 个纤芯内的模场振幅。在多芯光纤中,每个纤芯仅支持单模,因此该多芯阵列的超模数与其芯数相同。在阵列中传播所有的超模都是可能的。于是式(2.1)求解的为一个特征值问题,得到传播常数 β_m 和相应的特征向量 $a_i(z)$。在多芯光纤系统中,具有传播常数的超模的振幅分布可以写成

$$a^m(x,y,z) = \left[\sum_i a_i^m a_i(x,y)\right] e^{-j\beta_m z} \tag{2.2}$$

其中,a_i^m 为第 i 个矩阵元的特征向量。该多芯光纤输出的模场可以描述为这些超模的线性组合。而单模光纤中的横向场可以表示为

$$a(x,y) = \sqrt{\frac{2}{\pi}} \frac{1}{\omega_0} e^{\left(-\frac{x^2+y^2}{\omega_0^2}\right)} \tag{2.3}$$

其中,ω_0 为模场直径,利用传播常数 β_0 的不变性可以得到在弱导近似下,两个相邻纤芯之间的耦合系数为[13]

$$\kappa = \frac{\lambda}{2\pi n_1} \frac{U^2}{r_0^2 V^2} \frac{K_0\left(W\frac{d}{r_0}\right)}{K_1^2(W)} \tag{2.4}$$

其中,$V=ak_0\left(n_1^2-n_2^2\right)^{1/2}$,$U=ak_0\left[n_1^2-(\beta/K_0)_2^2\right]^{1/2}$ 和 $W=ak_0\left[(\beta/k_0)^2-n_2^2\right]^{1/2}$ 为光纤参数,而 $k_0=2\pi/\lambda$ 为波数,K_0 和 K_1 分别为 0 阶和 1 阶的第二类修正贝塞尔函数。

2.2.2　基于离散波导特殊光场的远传:艾里光纤

借助于阵列波导之间的耦合,不仅可以在一根光纤中构建特种光场,而且还可实现特种光场在单根光纤中的远传,并在纤端保持特殊光场的主要特性。为此,本节以艾里光束为例,通过在光纤中的有限个分立的离散波导来构建光纤中可进行周期性远传的艾里光场,从而展示如何通过纤维集成的方法开展离散光学周期性特种光场(例如艾里光场、贝塞尔光场等特殊场型的光场)在光纤中实现远传的实

验研究。

1. 艾里光束与艾里光纤

无衍射光束,顾名思义是一种在传输过程中光波包络保持不变,没有衍射展宽过程的光束。此类光束因为在传输方向上任意垂直切面的光强分布始终保持相同无畸变,且能量强度高度局域化,所以自 Durnin 等推导发现以来[14-16],引起了研究者的广泛关注。1979 年,Berry 等从薛定谔方程出发,成功求解出具有艾里函数形式的波包络解析解,从理论上证明了艾里光束的无衍射特性[17-18]。

2007 年,Siviloglou 和 Christodoulides 首次从理论和实验上得到了有限能量的艾里光束[19-20]。自此,关于艾里光束的研究开始加速,且不断展现其非凡特质,拓展了其应用空间。比如研究者们使用这种光场开展下列研究:进行光捕获[21-24]、近场成像[25]、利用自由加速特性形成的自聚焦光斑进行微加工[26-28]、在大气中形成等离子通道[29]、激发曲线型表面等离子激元[30-32]等。在实验中,有限能量艾里光束一般采用高斯光束通过立方相位的调制,再经过傅里叶透镜来实现。基于此,人们给出多种生成艾里光束的方法,比如使用空间光调制器[20,33]、相位模板[27]、非线性光子晶体[34]、表面金属光栅结构[35]等。我们则采用阵列光波导的光耦合来实现对输入高斯光场的强度和相位调控,从而生成艾里光束[36-37],此方法展示了一种新型的艾里光束产生技术,且由于光纤体积小巧、可集成高等特性,极具潜在应用价值。

本节从艾里光束的原理出发,介绍多种新型阵列芯艾里光纤的结构,讨论如何借助于同一光纤包层中设置有限个离散光纤芯来构造艾里光场。我们基于阵列离散波导的耦合机制,实现了光场的周期性转换与重构,详细阐述高斯光场与艾里光场之间相互转换的能量特性和相位特性,并解释基于艾里光纤的出射光场横向加速的彩虹效应,最后对艾里光纤潜在应用进行了简略评述。

首先,以一维传输场为例,电磁波傍轴衍射方程可表示为

$$\mathrm{i}\frac{\partial \phi}{\partial \xi}+\frac{1}{2}\frac{\partial^2 \phi}{\partial s^2}=0 \tag{2.5}$$

ϕ 函数为式(2.5)中所示的待求波包络解。一般我们定义沿着 z 轴传输的某一频率光束,其光场函数定义为 $U(x,z,\omega)=\phi(x,z)\mathrm{e}^{\mathrm{i}(kz-\omega t)}$。艾里光束波包络作为式(2.5)的一组解析解,传输至任意位置的场分布可表示为

$$\phi(s,\xi)=\mathrm{Airy}\left(s-\frac{\xi^2}{4}\right)\exp\left[\mathrm{i}\left(\frac{s\xi}{2}-\frac{\xi^3}{12}\right)\right] \tag{2.6}$$

其中,$\xi=z/(kx_0^2)$ 为 z 轴方向的归一化传输距离,$s=x/x_0$ 为 x 轴方向的无量纲横向坐标,x_0 为归一化缩放因子,$k=\omega/c=2\pi n/\lambda_0$ 为波数,而 c、ω、λ_0 分别为光速、光频率以及真空波长,n 为传输介质折射率。式中的 Airy 即艾里函数。而理

想艾里光束波包络能量趋于无限。这在自然界中不可能存在,所以实验所得艾里光束实际是有限能量截止的,即入射场包络函数添加了窗口截止函数:

$$\phi(s, \xi=0) = \text{Airy}(s)\exp(as) \tag{2.7}$$

其中,a 即窗口截止因子,且必为正数。联立式(2.5)和式(2.7)可解得有限能量一维艾里光束传输至任意位置的场分布表达式为

$$\phi(s, \xi) = \text{Airy}\left[s - \left(\frac{\xi}{2}\right)^2 + \mathrm{i}a\xi\right]\exp\left[as - \left(\frac{a\xi^2}{2}\right) - \mathrm{i}\left(\frac{\xi^3}{12} - \frac{a^2\xi + s\xi}{2}\right)\right]$$

$$\tag{2.8}$$

当窗口截止因子 $a=0.11$、$x_0=5\ \mu m$、$\lambda_0=980\ nm$ 时,如 2.3(a)所示,式(2.8)所示的有限能量艾里光束入射场的能量按艾里函数分布但主要集中在主瓣和靠近主瓣的有限几个旁瓣,远离主瓣时逐渐指数振荡减小到 0,而相位分布呈方波形排列在区间$(\pi, 2\pi)$变化。而传输场如图 2.3(b)所示,在自由空间传输过程中会发生横向偏转。由式(2.8)可知传输轨迹遵循抛物线 $s=\xi^2/4$,对此表达式求取二次微分 $\mathrm{d}^2 x/\mathrm{d}z^2 = 1/(2k^2 x_0^3)$,计算值为一常数且与加速度所表达意义类似,因此横向偏转特性也被称为自由加速特性。

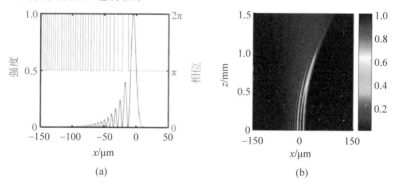

图 2.3　一维有限能量艾里光束

(a) 入射场光强分布及其相位分布;(b) 传输场光强分布

与理想一维艾里光束相比,有限能量一维艾里光束在传输过程中会发生衍射展宽,因此在远场主瓣和旁瓣不再容易区分。但在一定传输距离内,横截面传输光场图样仍可保持基本不变,如图 2.3(b)所示。600 μm 传输距离内,主瓣和旁瓣仍然泾渭分明,近似无衍射传输。

根据入射场的维数不同,可以将有限能量艾里光束推广到多维情况。如图 2.4 所示为二维艾里光束入射场幅度分布及其在自由空间的传输情况。总体表现为拥有一个中央主瓣和多个内部旁瓣的非对称光束,由于艾里光束入射场能量的非对称分布及其相位影响,光束会朝着 225° 对角线方向弯曲传输,与图 2.3 同参数情况下,600 μm 内仍可近似看成无衍射传输。

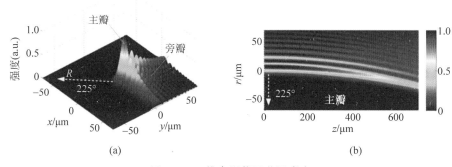

图 2.4　二维有限能量艾里光束

（a）入射场振幅分布；（b）传输场光强分布

如图 2.5 所示为同参数情况下,去掉内部旁瓣只保留 L 形主边带情况下的二维有限能量艾里光束在自由空间的传输情况。从传输过程可看出,主瓣位置仍然在对角线上移动,但 L 形主边带内部会出现与二维艾里光束类似的内部旁瓣。这是因为二维艾里光束的 L 形边带占有绝大多数光束能量,因此几乎保留了光束所有信息,并且在传输过程中能量会发生转移并趋于还原成原有光束的形态。这种特性正是艾里光纤第三大特性——自愈性。

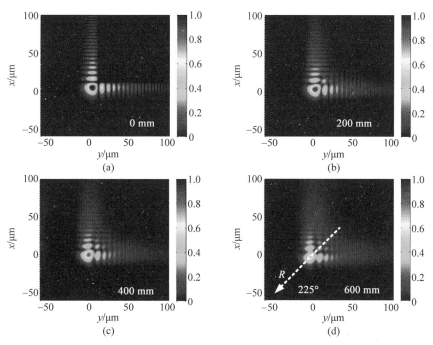

图 2.5　二维有限能量艾里光束自愈性示意

（a）～（d）L 形主边带光场传输

（1）二维艾里光纤[3]

由于自愈性的存在,形态非完备的 L 形主边带光场可以近似理想的有限能量艾里光束,从这个特点出发,利用阵列芯光纤的纤芯光场来替代 L 形边带的主旁瓣从而形成类艾里光束就成为可能。需要注意的是,由于远离中央主瓣的旁瓣能量逐渐减少至零,越远的旁瓣对光束性质的影响越小,且几乎可忽略不计,因此用数量有限的纤芯替代主旁瓣是可行的,在这里我们使用九芯光纤来进行设计近似。如图 2.6(b) 所示,纤芯由两组相互垂直(x 向和 y 向)的纤芯阵列组成,且每组纤芯的大小、空间排布都如图 2.6(c) 所示,满足或近似满足艾里函数。向中央纤芯输入光纤基模 LP_{01} 或高斯光束后,如图 2.6(d) 所示,由于纤芯阵列折射率保持非均匀排布,光能量会从低折射率部耦合到高折射率部,从而让每个纤芯传输一部分能量进而形成 L 形边带光场。

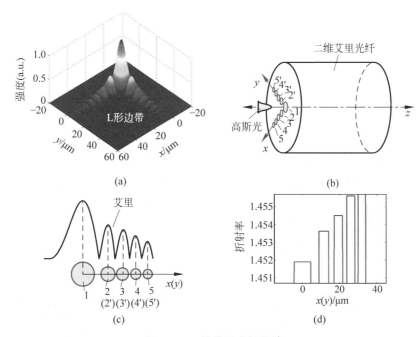

图 2.6　二维艾里光纤设计

(a) 二维有限能量艾里光束 L 形主边带光场；(b) 二维艾里光纤示意图；(c) 沿坐标轴排布的纤芯阵列；
(d) 沿坐标轴的纤芯阵列折射率分布

如图 2.7(a) 所示即波长 980 nm 情况下,在 9.7 mm 长的二维艾里光纤横截端面处的光场分布。其出射光场几何分布近似如图 2.6(a) 所示的二维有限能量艾里光束 L 形主边带光场,纤芯能量幅度同样近似艾里函数主旁瓣幅度大小。而出射光场在传输过程中,主瓣在 R 对角线方向进行自由加速偏转,且逐渐自愈形成多个容易区分的内部旁瓣,充分体现了艾里光束的三大特性,也证明了使用阵列芯光纤生成的类艾里光束的可行性。

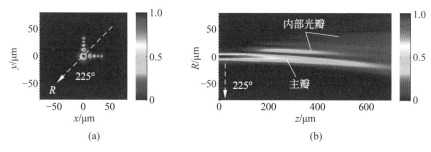

图 2.7　二维艾里光纤光场特性示意图

(a) 波长为 980 nm 时艾里光纤 9.7 mm 横截端面处出射光场;(b) 出射光场在自由空间的传输示意

(2) 环形艾里光纤[38]

如同高斯光束一般,由于艾里光束波包具有解析表达式,因此其具备高度的可扩展性。为了不同领域的应用,迄今许多研究者将研究重点放在了对艾里光束的进一步整形之上,这也直接导致了多种新型艾里光束的出现。

对一维艾里光束入射场进行旋转,推广到柱坐标可容易地获得一种圆对称性艾里光束,此光束在传输过程中光场会向中央抛物加速形成一高光强聚焦点,因此也被称为自聚焦光束或者环形艾里光束[38-39],其表达式可表示为

$$\varphi(r,z) = [g(r_0 - r, z) - g(r_0 + r, z)]/r \tag{2.9}$$

其中,

$$g(r,z) = \mathrm{Airy}\left(s - \frac{\xi^2}{4} + \mathrm{i}a\xi\right) \exp\left[as - \frac{a\xi^2}{2} + \mathrm{i}\left(-\frac{\xi^3}{12} + (a^2 + s)\frac{\xi}{2}\right)\right] \tag{2.10}$$

其中,$\xi = z/(ks_0^2)$ 为 z 轴方向的归一化传输距离,$s = r/s_0$ 为无量纲径向坐标,s_0 为归一化缩放因子,其余参数与一维艾里光束一致。如图 2.8(a) 所示,当 $\lambda = 980$ nm,$r_0 = 17.5$ μm,$s_0 = 5$ μm,$a = 0.12$ 情况下,式(2.9)表示的有限能量环形艾里光束,主环半径大约为 $r_0 + s_0$。结合式(2.10),可以看出环形艾里光束的几个内环占据了光束绝大部分能量,因此如图 2.8(b) 所示的尺寸截止光束拥有理想光束的绝大多数特性,且易于使用环形阵列芯光纤生成。

如图 2.9(a) 所示即对应的环形艾里光纤,光纤由大小和空间位置都按艾里函数排布的同心环形阵列纤芯和整体包层构成,其径向折射率分布内小外大(图 2.9(b)),能量最初由内环向外环纤芯耦合。由于中央主瓣为一环形,因此在生成环形艾里光束时需要先注入一环形光,最后在某确定长度的光纤尾部横截面生成准环形艾里光束(图 2.9(c))。而环形光入射场的生成可由单模光纤-环形芯光纤拉锥耦合

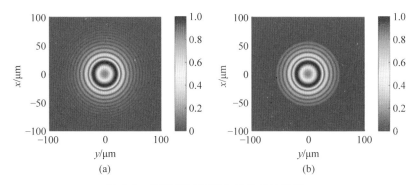

图 2.8　有限能量环形艾里光束示意图

（a）横截面幅度分布；（b）对应的尺寸截止光束

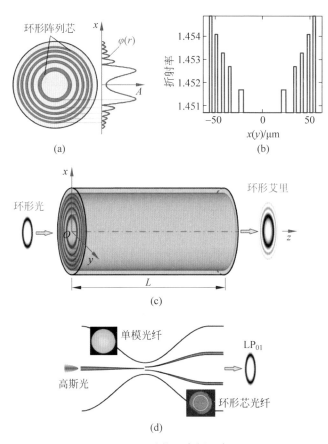

图 2.9　环形艾里光纤示意图

（a）阵列芯光纤横截面；（b）径向折射率分布；（c）环形艾里光纤光束生成原理；（d）生成环形光的光纤结构示意

生成(图 2.9(d)),由此整个环形艾里光束生成系统全部基于全光纤器件,结构小巧易集成。

如图 2.10(a)所示为 4.4 mm 长的环形艾里光纤尾端沿 x 轴径向的幅度与相位分布,幅度符合双一维艾里函数对称分布,而相位具有类似方波的表现形式,证明了将入射环形光调制成准环形艾里光的可行性。如图 2.10(b)所示为对应准艾里光束主旁瓣在自由空间中自由加速,并最终在 700 μm 处形成自聚焦点的传输过程,该焦点相对入射场具有明显的强聚焦特性。而焦点处及靠后的横截面光场分布与贝塞尔光场相近,使得整个光场的"无衍射"传输得以延续。

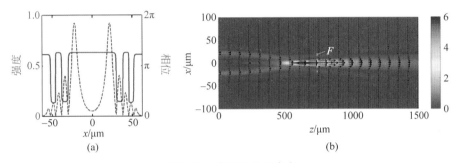

图 2.10　准环形艾里光束

(a) 4.4 mm 长的环形艾里光纤尾端幅度与相位径向分布;(b) 对应准环形艾里光束在自由空间中的传输示意

(3) 对称艾里光纤

一些研究者还讨论了艾里光束在直角坐标系下的对称性,主要通过空间光调制器等手段改变光束立方相位的相位奇偶分布对称性来创造出新型的对称艾里光束[40-41]。光纤情况虽有不同,但同样能形成独特的对称型艾里光束,此光纤纤芯有着一维或者二维轴对称分布形态(x,y 轴),称为对称艾里光纤。

首先根据式(2.8)构造出一个新的一维对称艾里光束,其入射场表达式可表示为式(2.11),其中 $U(x)$ 为阶跃函数:

$$\phi'(x) = \text{Airy}(s)\exp(as)U(-x) + \text{Airy}(-s)\exp(-as)U(x) \quad (2.11)$$

其中的 $s = -(x-x_1)/x_0$ 代表归一化的无量纲横向坐标。当 $a = 0.095$,$x_0 = 5.2$ μm,$n_m = 1$,$\lambda_0 = 980$ nm 时,式(2.11)所代表的新型理想一维对称艾里光束入射场如图 2.11(a)所示。其意义就是将两个横向自由加速方向相反的一维艾里光束入射场 ϕ 的主瓣位移至原点位置后,将各自主瓣裁剪掉一部分,只保留全部的旁瓣和部分主瓣,再将这两部分入射场拼接在一起形成所期望的新型理想一维有限能量对称艾里光束入射场 ϕ'。

如图 2.11(b)所示为在该新型入射场下的理想一维对称艾里光束 xz 平面传输动态示意图。可以发现入射场的中央主瓣在传输过程中先形成一个自聚焦点后,光强迅速坍塌,再分离成两个离轴的、沿抛物线传输的主瓣。此新型一维对称

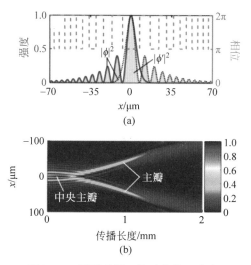

(a)

(b)

图 2.11 新型理想一维对称艾里光束

（a）理想一维对称艾里光束入射场光强和相位分布示意图；（b）理想一维对称艾里光束 xz 平面的传输动态示意图

艾里光束的传输动态分布与两束反向加速的一维艾里光束直接进行相干叠加的光场分布，以及通过改变频谱立方相位的相位分布奇偶性所得的传输光场分布这两种情况类似[40]。但入射场型并不相同，因此这是一种新型的对称艾里光束。如图 2.12 所示为一维和二维对称阵列芯艾里光纤的横截面图，光纤设计仍然遵循前文所述规则，与环形艾里光纤不同的是，此类艾里光纤直接用高斯光或单模光纤基模 LP_{01} 光场直接进行激发。

如图 2.13(a)所示为 10.65 mm 长的一维对称阵列芯艾里光纤所出射的准对

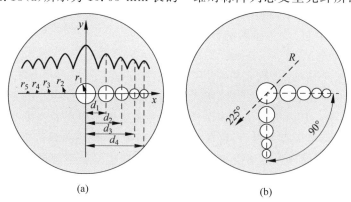

(a)   (b)

图 2.12 对称阵列芯艾里光纤

（a）一维对称阵列芯艾里光纤横截面图；（b）二维对称阵列芯艾里光纤横截面图

称艾里光束的传输动态。与如图 2.13(b)所示的理想一维对称艾里光束进行对比,传输过程中中央主瓣光强同样逐渐减小,由如图 2.13(b)所示的光纤初始出射面光强分布逐渐衍变成两个离轴的、沿抛物线传输的主瓣(图 2.13(c))。不同点在于并没有形成一自聚焦点,原因在于实际的光纤光束都是二维光束,除了 x 轴的其他维度存在衍射展宽,聚焦光强的能量偏弱。如图 2.13(d)、(e)所示为二维对称阵列芯艾里光纤所出射的准对称艾里光束传输切片。与一维情况相比,主瓣会沿抛物线传输分裂成坐标轴的 4 个对角线主瓣。中央主瓣的分裂可认为此类光束仍具有自由加速特性。

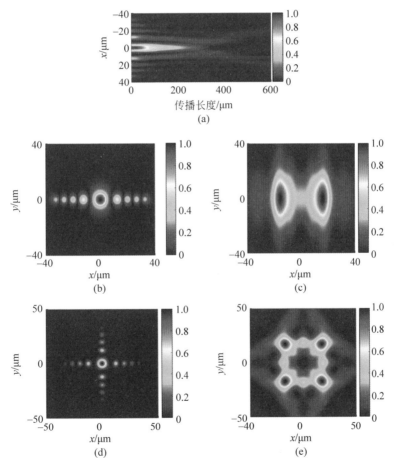

图 2.13　10.65 mm 长对称阵列芯艾里光纤所出射的准对称艾里光束的传输动态

(a)准一维对称艾里光束在 xz 平面的光强传输分布示意;(b)、(c)分别为准一维对称艾里光束传输 0 μm、550 μm 时的 xy 横截面光强分布;(d)、(e)分别为准二维对称艾里光束传输 0 μm、550 μm 时的 xy 横截面光强分布。每一横截面光强都进行了归一化处理以增强可视效果

2. 阵列波导耦合艾里光束调控方法

首先,我们采用超模理论来分析光波在艾里光纤中的传输[3,37,42]。在二维阵列芯艾里光纤(图 2.6(b))中,光波在波导之间的耦合可表示为下面的耦合方程:

$$\frac{\mathrm{d}\tilde{a}_p}{\mathrm{d}z} = -\mathrm{j}\beta_p\tilde{a}_p - \mathrm{j}\sum_{q=1}^{9}\kappa_{pq}\tilde{a}_q \tag{2.12}$$

其中,$\tilde{a}_p = a_p\exp(-\mathrm{i}\beta_p z)$表示在纤芯 p 中传输模式$(\boldsymbol{E}_p,\boldsymbol{H}_p)$的复振幅,$\beta_p$ 为该模式的传输常数。$\kappa_{pq}(q\neq p)$是纤芯 p 和纤芯 q 之间的互耦合系数,$\kappa_{pp}(q=p)$为在纤芯 p 中的自耦合系数。这两种耦合系数可以分别表示为

$$\kappa_{pq} = \frac{\omega\varepsilon_0}{4\sqrt{P_pP_q}}\int_S[n_p^2(x,y)-n_0^2]\boldsymbol{E}_p\cdot\boldsymbol{E}_q^*\mathrm{d}S \tag{2.13}$$

$$\kappa_{pp} = \frac{\omega\varepsilon_0}{4P_p}\int_S[\tilde{n}^2(x,y)-n_p^2(x,y)]\boldsymbol{E}_p\cdot\boldsymbol{E}_p^*\mathrm{d}S \tag{2.14}$$

其中,$\tilde{n}(x,y)$表示整个阵列纤芯的折射率,$n_p(x,y)$和 n_0 分别为纤芯 p 和包层的折射率。而在纤芯 p 中传输的模式$(\boldsymbol{E}_p,\boldsymbol{H}_p)$的功率 P_p 为($\boldsymbol{u}_z$ 表示 z 轴向的单位方向矢量)

$$P_p = \frac{1}{2}\int_S(\boldsymbol{E}_p\times\boldsymbol{H}_p^*)\cdot\boldsymbol{u}_z\mathrm{d}S \tag{2.15}$$

把式(2.12)转化为矩阵形式得

$$\frac{\mathrm{d}}{\mathrm{d}z}\widetilde{A}(z) = -\mathrm{j}m\widetilde{A}(z) \tag{2.16}$$

其中,$\widetilde{A}(z)=[\tilde{a}_1,\tilde{a}_2,\cdots,\tilde{a}_9]^{\mathrm{T}}$为纤芯模式的复振幅矩阵。耦合系数矩阵 $\boldsymbol{M}$ 对应的特征根(超模的传输常数)和解向量分别记为 β_i' 和 $\boldsymbol{V}_i$。由此可以得到在整个纤芯阵列传输的超模横向电场:

$$\boldsymbol{E}_i' = \left[\frac{\boldsymbol{e}_1}{\sqrt{P_1}}\quad\frac{\boldsymbol{e}_2}{\sqrt{P_2}}\quad\cdots\quad\frac{\boldsymbol{e}_9}{\sqrt{P_9}}\right]\cdot\boldsymbol{V}_i \tag{2.17}$$

当向纤芯 1(中央主芯)输入高斯光时,激发出纤芯基模 LP$_{01}$。由式(2.16)可求得各个超模的复振幅 $\tilde{a}_i'$:

$$[\tilde{a}_1'\quad\tilde{a}_2'\quad\cdots\quad\tilde{a}_9']^{\mathrm{T}} = [\boldsymbol{V}_1\quad\boldsymbol{V}_2\quad\cdots\quad\boldsymbol{V}_9]^{-1}\cdot A_0^{\mathrm{T}} \tag{2.18}$$

其中,$\boldsymbol{A}_0=[1,0,\cdots,0]$为 1×9 的初始条件矩阵。由式(2.17)和式(2.18)可得到在整个纤芯阵列传输的总电场:

$$\boldsymbol{E}_t = \sum_{i=1}^{9}\tilde{a}_i'\cdot\boldsymbol{E}_i'\cdot\exp(-\mathrm{j}\beta_i'z) \tag{2.19}$$

通过式(2.19)可计算出在艾里光纤二维阵列纤芯中光波的传输光场和各个纤

芯的功率耦合曲线,如图 2.14(a)和(b)所示。从图中可以发现,当艾里光纤中央主芯输入高斯光场时,光能量会逐渐耦合到外侧纤芯中,并且耦合到更外侧纤芯中的能量依次减少。这种阵列纤芯的耦合也呈现周期性,如图 2.14(b)所示。其耦合周期 T_0 为 3.74 mm。图 2.14(c)给出了在一个耦合周期内,光纤在不同长度 $z = (3.5 + m/6)T_0$ 下的输出光场分布。其中 m 为 -3 到 3 的整数,它们分别对应的光纤长度记作 z_A 到 z_K。在前半周期内,即光纤长度从 z_A 到 z_F 时,光能量从中央主芯 1 耦合到侧芯(纤芯 2 到 5 或纤芯 2′ 到 5′)中,并且在 z_F 处得到最接近于理想的艾里光场,这样通过阵列波导的光场振幅和相位的调控就实现了高斯光场与艾里光场的转化;同样,在后半周期内,即光纤长度从 z_F 到 z_K 时,光能量又从侧芯耦合到主芯,并在 z_K 处得到高斯光场,这样艾里光场又转化为高斯光场。因此,当采用高斯光场激发艾里光纤时,我们就可以分别用 $(2m-1)T_0/2$ 和 mT_0 长的艾里光纤实现艾里光场和高斯光场的转化。

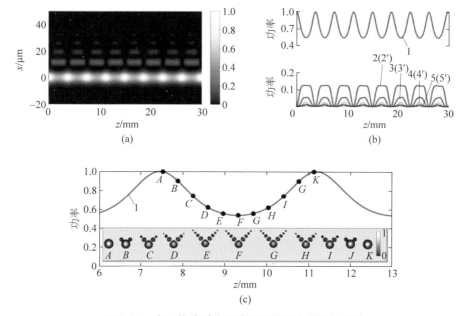

图 2.14　在二维阵列波导芯艾里光纤中光波的传输

(a) 在 xz 平面上的光场强度分布;(b) 阵列纤芯各个纤芯传输光能量耦合曲线;(c) 在纤芯 1 光功率耦合曲线上标记的点 A 到点 K 所对应的光纤横截面光场分布

3. 高斯光场与艾里光场的转换机制

如上所述,艾里光纤可以实现周期性的高斯光场与艾里光场的转换,那么这种转换的具体机制是怎样的呢?下面我们将采用在艾里光纤阵列波导中传输的超模耦合来分析这一转换机制。

由式(2.17)和式(2.18)可以分别计算出在艾里光纤中传输的九个超模光场的振幅分布(图2.15(a1)~(a9))以及对应的模式传输常数(参见在图中用"○"表示的曲线)。从图中可看出,由于艾里光纤阵列波导独特的折射率分布特性(图2.6(d)),使得低阶超模能量主要分布在折射率较高的外侧纤芯中,而高阶超模能量则主要分布在折射率较低的中央纤芯及其邻近纤芯中。然而,由于采用了中央主芯的高斯光场激发,因此并不是所有九个超模都被激发,只有振幅分布关于x_1轴(45°)方向对称分布的超模被激发,它们主要对应于模式数为3、5、7和9的超模(图2.15(b)中用"□"表示的曲线)。其中,模式9占所有激发超模总能量的80%以上。从式(2.19)可看出,当输入激励光场为高斯光场时,在艾里光纤输入端($z=0$)上超模光场的总光场$\sum_{i=1}^{9}\tilde{a}'_i \cdot \boldsymbol{E}'_i$即高斯光场;而当艾里光纤长度为$z=mT_0$时,经过计算发现,超模传输的光程都为$2\pi$的整数倍,也就是$\exp(-\mathrm{j}\beta'_i Z)=1$,因此此时的横向总光场仍为高斯光场$\sum_{i=1}^{9}\tilde{a}'_i \cdot \boldsymbol{E}'_i$。

当艾里光纤长度为$z=(2m-1)T_0/2$时,我们发现四个主要激发超模的相位差恰好为π,如图2.15(c)所示。这样就通过艾里光纤的波导耦合同时实现了对输入高斯光场的艾里强度和艾里相位的调制,输出类艾里光场,如图2.16(a)和(b)所示。同理想艾里光场类似,该输出光场不但满足艾里强度分布,并且其相邻光瓣之间的相位差为π,和激发超模的相位差相符(图2.15(c)和图2.16(b))。

2.2.3　光场横向加速的彩虹效应[43]

在对一维和二维阵列芯艾里光纤出射光场的分析过程中,都提到整个光场发生横向偏移,这表明阵列芯艾里光纤出射场具有自由加速的能力。对于理想的艾里光束,它的自由加速能力受到光束自身参数的影响,特别是光束的初始入射角度[44]。其作用可通过在表达式中引入参数v来实现,我们从二维有限能量艾里光束出发,引入一初始相位,则初始入射场表达式(2.7)可变为

$$\phi(x,y,z=0)=\prod_{m=x,y}\mathrm{Airy}(s_m)\exp(a_m s_m)\exp(\mathrm{i}v_m s_m) \tag{2.20}$$

将式(2.20)代入傍轴衍射方程可得艾里光束新表达式:

$$\phi(x,y,z)=\prod_{m=x,y}u_m(s_m,\xi_m) \tag{2.21}$$

其中,

$$u(s_m,\xi_m)=\mathrm{Airy}\left(s_m-\frac{\xi_m^2}{4}-v_m\xi_m+\mathrm{i}a_m\xi_m\right)\exp\left\{a_m s_m-\frac{a_m\xi_m^2}{2}-\right.$$
$$\left. a_m v_m\xi_m+\mathrm{i}\left[-\frac{\xi_m^3}{12}+(a_m^2-v_m^2+s_m)\frac{\xi_m}{2}+v_m s_m-\frac{v_m\xi_m^2}{2}\right]\right\}$$

$$\tag{2.22}$$

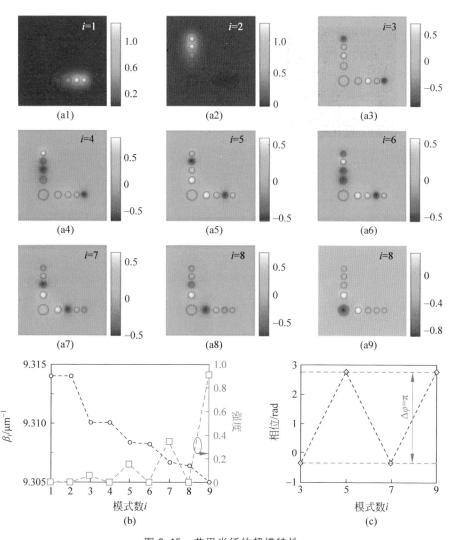

图 2.15　艾里光纤的超模特性

（a1）～（a9）分别对应九个超模的振幅分布；（b）超模的振幅 a'_i 和传输常数 β'_i 曲线；

（c）在 $z=(2m-1)T_0/2$ 处四个激发超模对应的相位分布

其中，m 表示维度，则初始入射角 θ 可表示为

$$\theta_m = \frac{v_m}{km_0} \tag{2.23}$$

　　在实验中，有限能量艾里光束一般通过对高斯光束的立方相位调制和傅里叶透镜变换实现，并且可以通过沿着垂直于光轴方向平移傅里叶透镜来增加额外的初始相位，从而改变艾里光束的自由加速传输路径[44]。由式（2.20）可知，艾里光

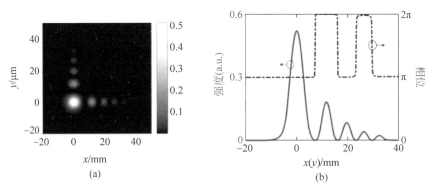

图 2.16　艾里光纤输出光场特性

(a) 在 $z_F=13.09$ mm($3.5T_0$)处艾里光纤输出横截面光场强度分布；(b) 在 x 轴或 y 轴上的强度(实线)
和相位(虚线)分布曲线

束的初始附加相位可表示为

$$\Delta\varphi = v_m \cdot s_m = v_m \cdot (-m/m_0) = K_m \cdot m \tag{2.24}$$

而 $K_m = -v_m/m_0$ 则表示附加相位 $\Delta\varphi$ 关于 x 或者 y 的斜率。这样式(2.23)可变
形为

$$\theta_m = -K_m/k \tag{2.25}$$

利用式(2.25)，可通过艾里光束的初始附加相位的斜率 K_m 计算出光束的初始入
射角 θ。例如，按照图 2.2 同参数 l_0、a_m 和 m_0 情况下，当有限能量艾里光束的入射
角分别为 0 和 5mrad 时，它们的相位分布曲线分布如图 2.17(a)中的实线和短划线所
示。它们的相位之差即由入射角引起的额外附加相位 $\Delta\varphi$，见图 2.17(a)中的点线。
由式(2.25)可知，利用附加相位 $\Delta\varphi$ 的直线斜率就可求得此时的光束入射角：

$$\theta = -\frac{K_m}{2\pi/\lambda} = -\frac{-0.0321}{2\pi/0.98} \text{ rad} = 5 \text{ mrad} \tag{2.26}$$

式(2.26)的计算结果与实际相符。因此通过这种方法，只要知道艾里光纤出
射场的相位分布情况，就可以计算出光束的初始入射角，从而对出射光束的自由加
速能力进行评估。从图 2.17(b)中可看出，三束波长分别为 970 nm、980 nm 和
990 nm，而初始入射角都为 0 的二维有限能量艾里光束在传输过程中，光束主瓣的
偏移量曲线几乎无法分开。然而如果把 980 nm 波长的艾里光束的初始入射角变
为 5 mrad，其主瓣的偏移量曲线则明显和其他曲线分开。这说明初始入射角对理
想二维有限能量艾里光束的自由加速影响巨大；初始入射角度越大，光束的偏移
越明显，自由加速的能力越强。但光束波长的微小变化则对自由加速能力影响甚
微。在阵列芯艾里光纤中，光波长的变化对其出射的近似艾里光场则表现出不一
样的性质。

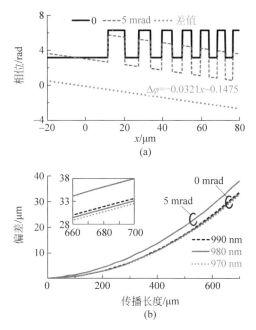

图 2.17　一维有限能量艾里光纤的自由加速特性

(a) 入射角分别为 0 和 5 mrad 的光束的初始相位及它们的相位差曲线；(b) 不同波长下光束主瓣随传输距离的偏移量变化曲线（插图为局部视图）

当二维艾里光纤长度分别为 9.7 mm 时，图 2.18 表示它们在光波长为 990 nm、980 nm 和 970 nm 下的输出光场及其自由空间中相应的传输图。除了输出光场的旁瓣能量都随着光波长的减小而出现明显的降低（图 2.18(a)～(c)），近似艾里光场各个光瓣（特别是旁瓣或内部光瓣）在传输过程中的振幅衰减也明显增大（图 2.18(d)～(f)），还可以发现"无衍射"能力也随之减弱。另外可以很明显地观察到光束朝着 225°方向弯曲传输，且 970 nm 情况下的弯曲程度大一些。下面将从艾里光纤出射的准艾里光场的相位分布特性出发来分析这些问题。

图 2.19(a) 分别给出了在波长为 990 nm、980 nm 和 970 nm 下二维艾里光纤出射的准艾里光场相位曲线。图中点划线表示初始入射角为零的理想有限能量艾里光场的相位分布，其相位分布在 π 和 2π 之间周期变化。而准艾里光场的相位分布近似于立方相位分布，它们与理想艾里光场的相位差如图 2.19(a) 所示。从图中可看出，光波长的不同导致艾里光纤出射的准艾里光场与理想艾里光场的相位差曲线产生分离，离中央主瓣越远（即 x、y 越大）的旁瓣相位差曲线分得越开。因此随着波长的改变，相位差曲线的变化趋势也发生相应变化，如图 2.19(c) 所示。这样，就得到了二维艾里光纤输出的准艾里光场相对于理想艾里光束的相位变化趋势。由式 (2.25) 可知，通过这些相位变化趋势直线的斜率就可求得艾里光纤输出

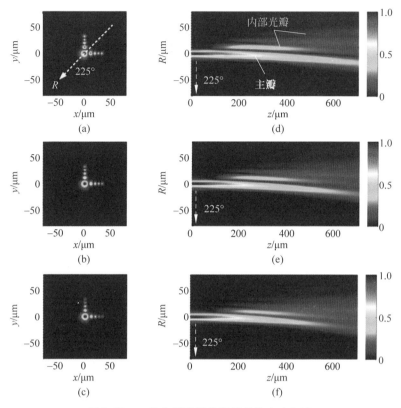

图 2.18　二维艾里光纤出射光场的自由加速

(a)～(c) 在光波长为 990 nm、980 nm 和 970 nm 下艾里光纤的出射光场；(d)～(f) 对应在自由空间 R_z 平面上的传输光场

的准艾里光场的等效初始入射角。对于二维艾里光纤的出射光场，在波长为 990 nm、980 nm 和 970 nm 下的相位变化趋势直线的斜率分别为：-0.0196、-0.0478 和 -0.0888，如图 2.19(c)所示。这样，利用式(2.25)就可计算出相应地准艾里光场的初始入射角：3.1 mrad、7.5 mrad 和 13.7 mrad。

　　通过以上分析可以发现，随着光波长的减小，艾里光纤出射的准艾里光场的初始入射角在增加，由此可以判断，随着光波长的减小，准艾里光场的自由加速特性在加强。如图 2.20 所示，准艾里光场的主瓣偏移量曲线随着光波长的不同而出现明显的分离，而偏移量的大小则体现了自由加速特性的强弱。当输入到光纤的光波长增加时，其输出的准艾里光束在传输过程中的偏移量减小，图中的结果显然与之前如图 2.18 所分析的结果吻合。

　　如果向阵列芯艾里光纤输入一窄带光源的话，那么其出射光场在传输过程中会出现"色散"，在光束抛物线形传输路径上，短波因其具有较强的自由加速能力而

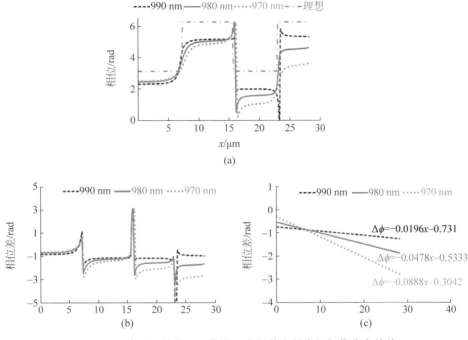

图 2.19 在不同波长下二维艾里光纤的出射光场相位分布特性

（a）～（c）出射场的相位分布，与理想艾里光束的相位差分布及其相位差变化趋势曲线

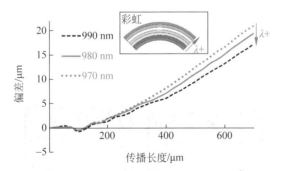

图 2.20 在不同波长下两种阵列芯艾里光纤出射光场的主瓣随传输距离的偏移量变化曲线
（插图为彩虹效应示意图）

处于内侧，而长波因自由加速特性较弱而处于外侧。这与阳光射到空中接近球形的小水滴，造成色散及反射而成的彩虹现象类似，因此我们把这种波长响应特性称为彩虹效应。在实验中，改变理想有限能量二维艾里光束的传输路径（改变自由加速特性）的常用方法是通过平移傅里叶透镜来实现，而这里则利用阵列芯艾里光纤对光波长的调制来实现。这种波长调制异常敏感，可以达到纳米量级。从图 2.21

可以看出,光波长相差 10 nm 就可造成阵列芯艾里光纤出射光场的偏移量曲线发生明显的差异。

其他种类的艾里光纤具有类似的波长响应特性,比如环形艾里光纤出射光束在不同波长下其自聚焦点在 z 轴上会产生偏移,但其强度几乎没有变化[3](图 2.21)。这种光束横向偏移量随着入射波长变化而改变的特性为艾里光纤所特有,也为艾里光纤在不同领域的实际应用提供了多种可能。

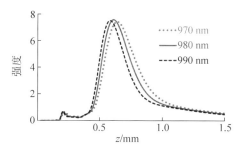

图 2.21 不同波长下环形艾里光纤输出光束在自由空间中传输的 z 轴光强分布

2.2.4 艾里光纤的潜在应用

近年来,因为理论的逐渐完善,艾里光束的应用也得到了极大发展。类似艾里光束生成的艾里光纤自然拥有相似的应用范围。巴斯大学的 Gris-Sánchez 等介绍了一种可以出射艾里斑模式的光纤。他们从原理函数出发,对每一个旁瓣进行模场函数的近似,从而合并形成近似的最佳模场匹配并由此获得实际光纤折射率分布,为实际制备艾里光束或其他新型光束光纤提供了新方法。光纤在波长 1550 nm 情况下,衰减为 11.0 dB/km,可应用到天文光信号长程传输领域,如图 2.22 所示[45]。

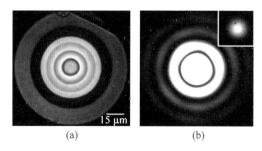

(a)   (b)

图 2.22 艾里斑生成光纤

(a) 光纤横截面显微图;(b) 光纤中的艾里斑模场近场图像

艾里光束现今最引人注目的应用在于其非凡的微加工能力,如图 2.23 所示,A. Mathis 等使用飞秒高聚焦二维艾里光束对硅材料进行微加工[26]。艾里光束本

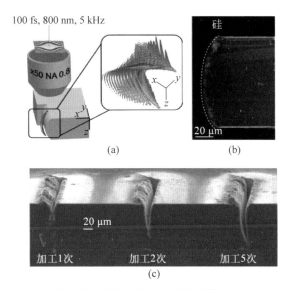

图 2.23　基于二维艾里光束的微加工

(a) 微加工实验装置原理图；(b) 硅基的加工抛物面；(c) 使用二维艾里光束加工的硅基曲线凹槽

身的抛物线轨迹可对材料的表面进行曲面抛磨,得到微米尺度的微小曲面(图 2.23(b))。同时光束的长距离非衍射传输使得光强不宜弥散,从而可进行纵深大的曲面凹槽加工(图 2.23(c))。

　　使用环形艾里光束同样可以进行材料微加工。如图 2.24(a)所示,这种新型的自会聚光束在传输过程中会聚后形成贝塞尔光束,使得焦点附近为一个高强度的"长条",并不会很快弥散。利用该焦点性质可以进行大纵深的材料打孔,若利用会聚前的弯曲路径进行加工还可以得到材料深槽。艾里光纤无疑拥有类似应用前景。与环形艾里光纤所出射准环形艾里光束的焦点性质类似,如图 2.24(b)所示,其焦点位置光强非常尖锐,归一化光强为入射光的 6 倍以上。增大环形纤芯的直径或者增加环形纤芯的数量都可以进一步增强聚焦能力,并且由于光纤的易集成性使得加工装置更加微型化。

　　光镊作为一种非接触式操作微粒的手段,在生命科学、大气科学和微结构自组装等领域已经得到广泛应用。一般说来,激光对非吸收微粒的作用力主要表现为散射力和梯度力,散射力驱动微粒获得沿光束传输方向上的动量,梯度力则保证粒子不脱离光束。如图 2.25 所示[46],艾里光束在无衍射传输段其主旁瓣泾渭分明,处于路径上的微粒会在两种力的作用下弯曲传输或避开。所以一些研究者将其应用在微粒引导[22]、路径清扫[47]、粒子分选[48]等方面,在生化、医疗领域有很好的前景。艾里光纤可生成微小的艾里光束,同样可以实现以上功能,且无显微视场即操作范围的限制,可实现观测与微操装置的分离。

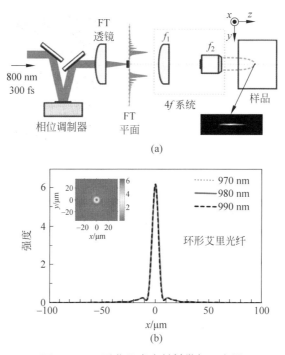

(a)

图 2.24　环形艾里光束材料微加工应用

（a）材料微加工实验装置[28]；（b）环形艾里光束焦点位置光强

图 2.25　艾里场下微粒传输示意

现今还有报道艾里光束被应用于改善显微镜近场成像分别率,产生和操控艾里型金属表面等离子体激元等领域,逐渐呈现在完善艾里光束理论发展的同时,应用也具有多样化、专业化的特点。且艾里型波包并不局限于光学波段,微波、声波、超声波、电子波等多领域也有其存在价值,结合艾里光纤技术与这些领域建立有机联系,同样具有潜在可能性。

本节从集成在一根光纤上的离散光学系统的视角出发,介绍了多种艾里光纤设计原理及其结构特点;基于耦合模理论讨论了光纤中的传输场特点以及艾里场转换重构的原理；重点讨论了艾里光纤对波长的响应特点；对比艾里光束的实际研究意义，介绍了艾里光纤潜在的应用范围。我们认为：可生成准艾里光束的艾里光纤不仅可拥有艾里光束的多数已知优点，更因为本身光纤的易操控、易集成等特点进一步拓展了艾里光束的应用范围，使得此新型光束有了更大的发展前景。

2.3　渐变波导模场调控

渐变波导指的是器件折射率剖面由一种结构缓慢变化至另一种异形结构的波导，基于这种结构可以实现光纤波导中模场的压缩、扩展、变形、平移等操作，也能将多模波导中的不同模式进行分离和组合。运用渐变波导的设计理念，相关研究者设计了模场变换器和模分复用器等实用的光子器件，广泛应用于光纤通信与激光器领域。渐变波导具有两个主要特点：第一，渐变波导输入端的结构与输出端的结构不同，输入模式与输出模式的电磁场分布也有较大差异；第二，渐变波导一般呈锥形或条形，其整体结构变换呈缓变趋势，基本不会激发导模与辐射模间的耦合，器件插入损耗较低。本节将主要介绍渐变波导的基本原理与计算方法，并且给出模场变换器与模分复用器的基本模型。

2.3.1　渐变波导模场转换

渐变波导中的导模由输入态转变为输出态的过程中，波导结构的不断变化诱发了模式场的转换，如何计算模式场在波导中的演化过程？如何确定波导的最短长度以平衡器件性能和制造工艺间的矛盾？为讨论这些问题，本节将首先介绍渐变波导的理论基础与数值计算方法。

1.　本地局域模耦合变换方法

折射率剖面具有纵向平移不变性的光波导称为正规光波导，而波导的微小形变、弯曲、多个波导间的接近等情况视为对正规光波导的微扰。对于具有微小扰动的波导，诸如光纤光栅、定向耦合器等，研究者一般采用模式耦合理论进行计算，但渐变波导的扰动或不均匀性已经远超微扰理论的适用范围，局域模式之间产生了较大的功率转移或模场变换，无法用传统耦合模理论（coupled mode theory，CMT）[49]来分析，本节我们将扩展正规波导的导模为局域模来讨论相关问题。

可以将渐变波导视为受外部扰动的多段正规波导，此时波导中的精确光波场可以由局域模式场和辐射场叠加得到。单个局域模式不是麦克斯韦方程组的精确解，当它传播时会有小部分功率耦合至辐射场或其他局域模式。如果外部扰动的变化较为缓慢，在传播过程中各个局域模式的功率交换极低，渐变波导的整体损耗也会变得极低，此时发生在渐变波导中的模场变换更多地体现在局域模式本身的性质变化,而不会产生较强的模式耦合现象。基于这个原理设计的器件有模场变换器和模分复用器等,这类器件主要实现输入模场的压缩、扩展、移动、变形等功能,局域模式间的耦合称为噪声或串扰,导模与辐射模间的耦合称为损耗。为了解释和描述渐变波导中的各种现象,现介绍局域耦合模理论(local coupled mode theory,LCMT)[50]。

渐变波导中的光波场由局域模式场和辐射场组成,为了简便起见本节的推导仅包括局域模式场(或称为束缚模式场)。如图 2.26 所示以光纤拉锥的渐变波导为例,不同位置处的局域模式有较大区别,在忽略模式的纵向分量后,渐变波导的总横向场可表示为正向和反向传播的局域模式的展开形式[50],即

$$
\begin{cases}
E_t = \sum_j [b_j(z) + b_{-j}(z)] \hat{e}_{t,j}[x,y,\beta_j(z)] \\
H_t = \sum_j [b_j(z) + b_{-j}(z)] \hat{h}_{t,j}[x,y,\beta_j(z)]
\end{cases}
\tag{2.27}
$$

式中的下标 t 表示该模式为局域模式的横向分量,注意此处的局域模式不是麦克斯韦方程组的精确解,但一组模式之间仍具有模式正交性。$b_j(z)$ 描述了模式的振幅与相位,其表达式可扩展为 $b_{\pm j}(z) = a_{\pm j}(z) \exp\left[\pm i \int_0^z \beta_j(z) dz\right]$,$\beta_j(z)$ 代表不同位置处同一局域模式的传播常数。$\hat{e}_{t,j}$ 和 $\hat{h}_{t,j}$ 代表正交归一化的局域模式横向电磁场,其定义为

$$
\begin{cases}
\hat{e}_{t,j} = \dfrac{E_{t,j}}{\sqrt{\dfrac{1}{2} \displaystyle\int_{A_\infty} E_{t,j} \times H_{t,j}^* \, dA}} \\[4mm]
\hat{h}_{t,j} = \dfrac{H_{t,j}}{\sqrt{\dfrac{1}{2} \displaystyle\int_{A_\infty} E_{t,j} \times H_{t,j}^* \, dA}}
\end{cases}
\tag{2.28}
$$

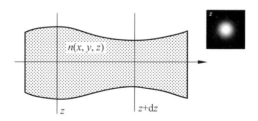

图 2.26　渐变波导及其局域模式

当光波通过渐变波导时,入射局域模式与其他模式间会产生能量交换,局域模式之间的耦合行为通常使用局域耦合模方程来描述,渐变波导中第 j 个正向和反

向局域模式的振幅和相位关系满足下列耦合方程组：

$$\begin{cases} \dfrac{db_j}{dz} - i\beta_j(z)b_j = \displaystyle\sum_l \left[C_{j,l}(z)b_l + C_{j,-l}(z)b_{-l} \right] \\[3mm] \dfrac{db_{-j}}{dz} + i\beta_j(z)b_{-j} = -\displaystyle\sum_l \left[C_{-j,l}(z)b_l + C_{-j,-l}(z)b_{-l} \right] \end{cases} \quad (2.29)$$

其中，$C_{j,l}$ 为局域模式 j 和局域模式 l 之间的耦合系数，其表达式为

$$C_{j,l} = \frac{1}{4} \int_{A_\infty} \left(\hat{h}_{t,j} \times \frac{\partial \hat{e}_{t,l}}{\partial z} - \hat{e}_{t,l} \times \frac{\partial \hat{h}_{t,j}}{\partial z} \right) \cdot \hat{z} \, dA \quad (j \neq l) \quad (2.30)$$

注意，式 (2.30) 中的 A_∞ 代表积分区域是无限大的横截面，$\hat{z}$ 为平行于波导轴的单位矢量。我们还可以将耦合系数进一步化简表示为

$$C_{j,l} = \frac{k_0}{4} \left(\frac{\varepsilon_0}{\mu_0} \right)^{\frac{1}{2}} \frac{1}{\beta_j - \beta_l} \int_{A_\infty} \hat{e}^*_{t,j} \cdot \hat{e}_{t,l} \frac{\partial n^2}{\partial z} dA \quad (2.31)$$

其中，k_0 为电磁波的波数，ε_0 和 μ_0 分别为真空中的介电常数和磁导率，n 为整个结构中的折射率分布。通过上述公式可知，局域耦合模理论与传统的耦合模理论相比，扩充了传播常数 β 和导模 $\hat{e}$ 的定义，使得适用范围由弱导波导扩展至渐变波导。另外，渐变波导中的模式演化一般不考虑偏振效应，偏振模之间的简并度很高[51]，故公式推导中不考虑偏振效应。至此，由局域模式计算渐变波导的模式耦合的过程已经给出简要介绍，下面将介绍其应用于局域耦合的特殊情况——绝热耦合的相关内容。

2. 渐变波导中的绝热耦合

渐变波导中最重要的一类器件是拉锥波导，典型的模场变换器[52-53]和模分复用器[54-57]都属于此类器件。该器件通常由一根或多根光纤外加石英毛细套管拉锥制成，在拉锥过程中器件的横向剖面随套管外径的缩小等比例缩小，在此过程中一般不发生热扩散效应[51]，不同锥区横截面均可视为初始截面缩小后的结果。未收缩的器件初始端一般连接单模光纤，另一端连接多芯光纤或少模光纤。单模光纤的入射光波经过拉锥波导进行模场变化后，可形成多芯光纤中某一芯的基模或少模光纤中支持的某个模式。

以用于多芯光纤扇入扇出的某种模场变换器为例，其结构如图 2.27 所示。

图 2.27 描述了一种由双包层过渡光纤拉锥制成的多芯光纤扇入扇出器，其首端连接单模光纤，末端连接多芯光纤中的某一纤芯，其整体折射率由内至外逐步降低，各部分折射率分别为 n_1、n_2、n_3。单模光纤入射的基模对接耦合至该双包层过渡光纤中央纤芯，中央纤芯此时起到束缚和引导基模的作用。随着波导被拉制成锥体，中央芯逐渐变得过于纤细而无法束缚传输模，光波能量逐渐扩散至原纤芯周围几微米的范围，收缩后的内包层限制了模式向外包层发散，光波聚集在折射率为

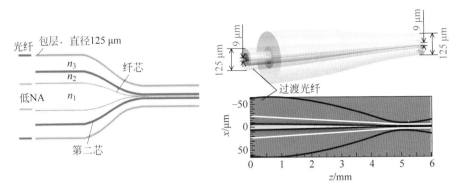

图 2.27　过渡光纤的结构与模场变化过程

n_2 的内包层,外部是折射率为 n_3 的外包层。此时,缩小后的内包层作为新单模光纤的纤芯,原中央芯已经消失,称为消逝芯。

如果拉锥区的导行模式与辐射模基本没有耦合,将此拉锥结构中的光波变换称为"绝热转换",即没有能量损耗的模场变换。值得注意的是,"绝热"(adiabatic)本是一个热力学的词汇,本意是没有产生热交换。在此处使用其引申含义"无限缓变"的意思,中文译名为"浸渐"[58],代表这种双包层过渡光纤的锥区呈缓变趋势,输入模场可以完全转换为输出模场。描述器件绝热性能的条件被称为绝热判据[50,59-60],有如下两种等价形式:

$$\left| \frac{2\pi}{\beta_j - \beta_l} \frac{\mathrm{d}\rho}{\mathrm{d}z} \int_{A_\infty} \Psi_j \frac{\partial \Psi_l}{\partial \rho} \mathrm{d}A \right| = 1 \qquad (2.32)$$

或

$$\left| \frac{2k}{n_0(\beta_j - \beta_l)} \frac{\mathrm{d}\rho}{\mathrm{d}z} \int_{A_\infty} \Psi_j \Psi_l \frac{\partial n^2}{\partial \rho} \mathrm{d}A \right| = 1 \qquad (2.33)$$

式中的符号下标 j 和 l 分别代表导行基模和其他模式,β 为局域模式的传输常数,Ψ 为局域模式的归一化电磁场分布,$k=2\pi/\lambda$ 为电磁波的波数,z 为拉锥结构的轴向坐标,ρ 为包层的收缩率,n 为锥区的折射率分布函数,A 为拉锥结构的横截面。该公式定义了一个与拉锥长度和形状表达式 $\rho(z)$ 相关的判断条件,它可以衡量模场适配器或渐变波导的理论性能,并可以合理评估所需要的最短拉锥长度[61]。

光纤模分复用器(或称为光子灯笼,photon lantern,PL)也是一类渐变波导,通常由多根单模光纤、低折射率多孔毛细管、少模光纤熔接拉锥制成,能将单模光纤中传导的基模转换为锥区末端少模光纤中的各阶模式。渐变波导的绝热判据也能用来衡量光子灯笼的模式数量、器件长度、拉锥形状等参数之间的关系。与普通拉锥波导不同,光子灯笼一般含有多个局域超模,设计光子灯笼首先要确保这些局域模式的有效折射率差足够大,并且不产生交叉。一个典型的六模光子灯笼的结构简图和其局域模式有效折射率曲线如图 2.28 所示。

图 2.28 中蓝色曲线为光子灯笼中各局域模式的有效折射率演化曲线,按照模式有效折射率由高到低排列,各个模式的名称分别为 LP_{01}、$LP_{11}a$、$LP_{11}b$、$LP_{21}a$、$LP_{21}b$、LP_{02}。红色曲线为最接近输出模式的包层模式有效折射率演化曲线。上方虚线为内包层折射率,下方虚线为外包层折射率。随着光纤拉锥变细,原本束缚于纤芯的光纤基模逐步扩散至内包层和外包层之间,此时模式的有效折射率会由高于内包层逐步演化至低于内包层,模场图样由基模高斯分布演化为少模光纤的不同模式。模式的有效折射率过于接近会导致模式之间能量耦合,引起不必要的信号串扰,而蓝色曲线与红色曲线的耦合会导致输出模式能量衰减。

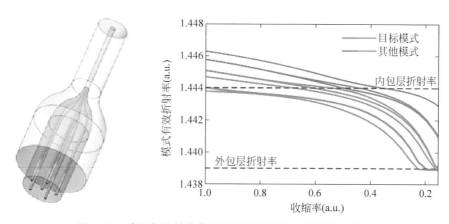

图 2.28　光子灯笼结构简图和局域模式的有效折射率曲线

渐变波导绝热判据中含有两个局域模式传播常数差 $\delta\beta = (\beta_j - \beta_l)$,代表图 2.28 中任意两个模式之间的有效折射率差。如果模分复用器的模式数量 N 增加,则意味着需要在相同的 $\delta\beta$ 范围内(即图中蓝色曲线区域)增加更多的模式,过多的模式将缩短模式间的有效折射率差,引起不必要的能量耦合。绝热判据的第二项代表拉锥过程中的模场分布与剖面折射率变换量 $\partial n^2/\partial\rho$ 之间的积分,这一点的影响将在 3. 介绍。以上两种作用都与模分复用器的模式数量 N 成正比,与模分复用器的拉锥长度呈反比,所以随着模式数量的增加绝热判据要求的最短锥区长度需要以 N^2 的比例变长[62],这一点严重限制了光子灯笼所能输出的最大模式数量。

本节主要介绍了渐变波导中的绝热判据,并且着重分析了局域模式有效折射率对能量耦合的影响,基于绝热判据的结构分析对渐变波导的设计具有指导作用。

3. 渐变波导的数值计算方法

一般来说,直接利用局域耦合模方法计算渐变波导中局域模式及其演化是非常复杂的,研究者通常采用时域有限差分法(FDTD)、光束传播法(BPM)和基于有限元(finite element method,FEM)的半解析法[63]等方法来进行计算。相比于前两种方法,基于有限元的半解析法在计算精度方面具有一定优势,并且能获得任意位置处模场的振幅、相位等信息,而其他两种方法已经有相当成熟的商业软件,故本节将以光子灯笼为例,采用基于有限元的半解析法对渐变结构波导进行分析。

复杂结构渐变波导(如光子灯笼)中的局域模式,一般无法由麦克斯韦方程组直接求得,通常由有限元仿真软件求得,获得局域模式的数值解后,再利用局域模耦合方程计算模场的变换与耦合。基于有限元的半解析法的实现思路是这样的,首先将渐变波导视为 N 段正规波导连接的形式;然后利用有限元法计算每段波导中局域模式(该模式一般以超模状态存在);接下来计算输入状态与超模之间的关系,获得波导初始端各超模的激发状态;最后根据局域耦合模理论计算超模之间的耦合过程,得到波导的输出模场。

以一个由三根光纤组成的组合拉锥型光子灯笼为例介绍基于有限元的半解析法的计算过程。如图 2.29(a)所示是一个典型的三模光子灯笼的结构示意图,由低折射率石英套管环绕的三根单模光纤经过绝热拉锥形成阶跃少模光纤,拉锥后的低折射率套管及原单模光纤的包层构成了阶跃少模光纤的包层与纤芯,原本的单模纤芯因为过细无法束缚光波而成为消逝芯。图 2.29(b)是该光子灯笼输入端的横截面图,其中的深色区域代表三根单模光纤的共同包层,红色圆代表的纤芯略大而蓝色圆代表的纤芯略小,较大纤芯和两个较小纤芯的组合打破了整个锥区中超模的简并,使得光子灯笼具有了模式选择特性。根据最优排布理论[9],三模光子灯笼的三根纤芯需呈品字形排列,这种排列方式可以尽可能降低模式间的串扰。整个锥区不同位置横截面的折射率分布可以等效为入射端面的缩小,各个纤芯的芯径和间距随外套管的缩小而同步缩小。

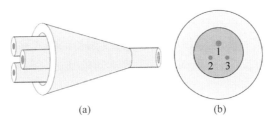

(a)   (b)

图 2.29 光子灯笼结构(a)与端面折射率分布(b)

为了运用前面 2.介绍的局域耦合模理论来计算光子灯笼模场演化,我们首先在整个锥区上取 N 个等间距的横截面(包括端面),分别用有限元法计算每个截面上的 M 个局域超模,获得其模场分布、相位和传播常数等信息,将所获得的结果保

存在 $M \times N$ 的元胞矩阵中。然后利用前文提到的局域模式耦合公式计算模式间的耦合系数,计算相邻切面之间每个模式的耦合系数,得到一个 $M \times M \times N$ 的矩阵。在近似绝热条件下,模式间的耦合系数可以近似认为是一个连续光滑函数,所以将模式间的耦合系数矩阵拟合后,可以得到耦合系数拟合函数如图 2.30 所示。

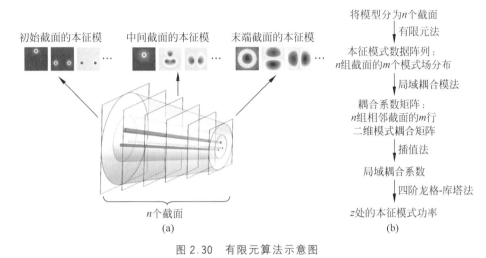

图 2.30　有限元算法示意图

(a) 基于有限元的半解析法原理图[63];(b) 基于有限元的半解析法流程图

下一步,需要确定入射端口处的模式激发状态,将入射光场与第一截面的 M 个超模进行积分,获得各模式的振幅和相位作为耦合模方程的初始状态。接下来将锥区各处的耦合系数代入局域耦合模方程,利用龙格-库塔法,逐层计算出各个截面上的模场振幅相位信息,最终获得该渐变波导的输出结果。这种方法不需要计算每个截面的本征模式,只需要计算 M 个截面的超模即可实现较高精度的计算。

以一个典型的三模光子灯笼为例,研究者分析了不同截面数量和插值拟合对仿真精度的影响[63]。首先,从光子灯笼锥区选取 1000 个等距截面,计算各截面局域本征模式及模式间的耦合系数作为标准值。然后从所有截面中依次选取 20～100 个截面计算局域本征模之间的耦合系数,使用多种插值法将数据扩展至 1000个,比较标准值与插值后的结果,并计算不同方法和截面数量下的拟合优度参数(R-squared),如图 2.31(a)所示。从图中可知,样条插值比线性插值和三次插值效果更好。另外,当截面数量小于 30 个时,样条插值的拟合优度才会迅速下降,这说明较少的截面数量可以实现较高精度的计算。除拟合精度外,具体的误差大小也是研究者关心的要点。图 2.31(b)给出了标准值、100 个截面、20 个截面在不同收缩率下的耦合系数曲线。由图可知,当耦合系数变化率较大时,20 个截面的插值数据与标准值平均误差为 0.61%,而对于 100 个截面,此误差为 0.091%。

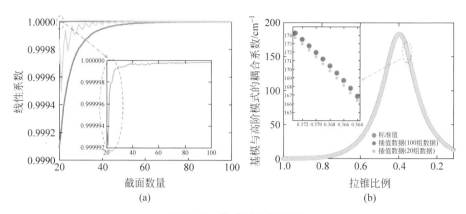

(a)   (b)

图 2.31　数值对比示意图

(a) 不同插值方法对耦合系数精度影响的对比图；(b) 不同截面数量对耦合系数影响的对比图

　　将模场信息和截面参数代入渐变波导的绝热判据，得到绝热判据随拉锥率变化关系如图 2.32(a) 所示，从图中可以看出在收缩率约为 0.4 时，绝热判据的相对值达到最大，这说明模式场在这个区域变化剧烈，应当适当放缓锥度。图 2.32(b) 是利用局域耦合模理论（LCMT）和 BPM 方法计算得到的 LP_{11} 模式的功率曲线，可以看出两者的一致性较好。

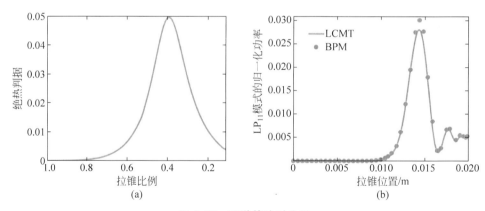

(a)   (b)

图 2.32　两种算法对比图

(a) LP_{01} 和 LP_{11} 模式之间的绝热判据随收缩比例变化曲线；(b) BPM 与 LCMT 计算得到的 LP_{11} 模式功率随收缩比例变化曲线

　　本节主要介绍了基于有限元的半解析法求解渐变波导中的模场变换，该方法首先利用有限元法计算渐变波导不同截面上的超模模场，将有限数量截面之间的耦合系数利用插值法扩展成连续波导中的耦合系数函数，再将渐变波导的折射率变化率代入局域耦合模方程，计算整个波导中的模场演化过程，并将得到的结果与

BPM 方法的结果进行对比,证明了该方法的正确性。

2.3.2　纵向模场渐变锥体调控:模场变换器

模场变换器指将某种光波场变换为另一种光波场的器件,这种器件具有多种应用场景,例如多芯光纤扇入扇出器(MCF-FIFO)[52-53]、半导体激光器的输出模式变换等,是光纤通信领域中必不可少的器件。模场变换器的核心要点是消逝芯的形成,消逝芯指光纤拉锥过程中原本的纤芯收缩至一定大小后,无法起到束缚导模作用,模式能量逐步由纤芯内部扩散至外部,直至纤芯本身对模场的影响可忽略不计,此时我们称该纤芯为消逝芯。模场变换器通常由拉锥双包层过渡光纤构成,在未拉锥的一端,消逝芯和双包层过渡光纤内包层构成了光纤单模结构,限制了纤芯中的模式数量。而在另一端,由于拉锥后的双包层过渡光纤纤芯收缩成消逝芯,无法将基模限制在纤芯内部,拉锥后的内包层与外包层构成了新的双层折射率结构,当收缩率达到一定程度,内包层与外包层同样能形成新的单模结构。如果一组多根双包层光纤的每一个都能满足这种模场变换,如图 2.33 所示,19 根这种多包层光纤组成光纤束后一起拉锥,每根光纤内的能量均能绝热转换并保持基模传输,那么便能将多跟单模光纤模式之间的空间距离由 125 μm 压缩至 40 μm 左右,与多芯光纤的芯间距相等。此光纤束的输出端就能和十九芯光纤匹配,实现每个信道的分束连接,这种将多路单模光纤光波压缩耦合至多芯光纤的器件被称为多芯光纤扇入扇出器。

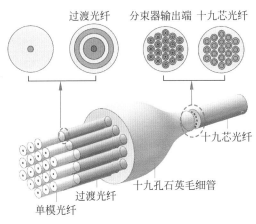

图 2.33　十九芯光纤扇入扇出器

除 2.3.1 节介绍的绝热判据因素,模场变换器设计的另一个重要准则是实现输入输出光纤与器件首端和末端的匹配。以双包层过渡光纤为例,输入单模光纤与拉锥前的单根双包层过渡光纤熔接,拉锥后的双包层光纤簇和石英毛细管同样需要与输出光纤相熔接,连接处两端的基模模场面积和数值孔径均会影响耦合效率。合理设计的过渡光纤折射率剖面能尽可能降低两端的连接损耗,大体的设计思路是这样的:纤芯和内包层构成的双层结构所容纳的基模模场面积需要和单模光纤模场面积大致相等,数值孔径也需匹配,绝对折射率则不要求严格相同。对于拉锥后的双包层过渡光纤,纤芯由于拉锥作用形成了消逝芯,原内包层经过收缩形成新的纤芯,此时外包层和内包层构成的双层结构同样仅可容纳基模。如果合理设计内包层大小和收缩比例并且控制内包层和外包层的数值孔径与单模光纤相同,则输出端也可以和对应纤芯实现较高效率的耦合。通常单模光纤的模场面积为 $80\sim100~\mu\mathrm{m}^{2[61]}$,数值孔径为 $0.11\sim0.13$,双包层光纤的参数设计应尽可能采用这些数值。

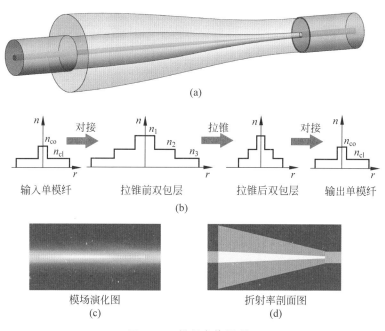

(a)

输入单模纤　　拉锥前双包层　　拉锥后双包层　　输出单模纤

(b)

模场演化图　　　　　　　　折射率剖面图
(c)　　　　　　　　　　　　(d)

图 2.34　模场变换原理

(a) 模场变换器结构示意图;(b) 不同位置的折射率截面图;(c) 双包层过渡光纤中模式演化过程图;(d) 用于仿真的折射率剖面图

图 2.34 是一个基于双包层过渡光纤的模场变换器的结构和模场演化过程图。图 2.34(c)是利用 BPM 方法计算得到的双包层过渡光纤中的模场演化图,看到前端的单模光纤以极高的效率转换至末端纤芯,阵列排布该结构即可组成多芯光纤扇入扇出器,调节各设计参数以获得更高的耦合效率的问题将在下一小节介绍。

1. 圆形→圆形双包层光纤的锥体模场相似变换

多芯光纤扇入扇出器是典型的模场变换器,它将多根光纤插入多孔毛细管,由拉锥结构压缩模式间距,实现了多根光纤与多芯光纤之间的匹配问题。图 2.35 是多芯光纤扇入扇出器的仿真结果示意图。扇入扇出器的性能指标主要有两个:一个是单模输入端与多芯端匹配芯之间的能量转换效率,即信道的插入损耗;另一个是单模输入端与多芯端非匹配芯之间的能量转换率,即信道之间的串扰。影响这两个指标的因素有很多,比如拉锥区的长度、拉锥过程中的微弯、纤芯的间距、纤芯的形状等。接下来将对这几个因素分别单独分析。

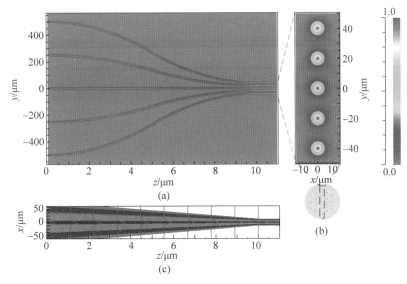

图 2.35　多芯光纤扇入扇出器的光场演化图

(1) 双包层光纤锥体长度对模场绝热转换的影响

多包层光纤锥体的长度对光纤内部模场绝热转换的影响,本质是控制绝热判据中收缩率的变化率项 $\dfrac{\mathrm{d}\rho}{\mathrm{d}z}$,在相同的光纤间距 D 的条件下,光纤锥体越长,拉锥光纤剖面折射率更加缓变,整体损耗越小。如图 2.36 所示,采用光束传播法对长度分别为 5 mm、6 mm 和 7 mm 的锥体进行了仿真,可以看出光纤锥体越长,其每个纤芯的能量损耗越小,芯间串扰越小。理论上来说,光纤锥体的长度越长,越有利于光纤内场的绝热转换,但是我们还需要考虑器件的尺寸和实际拉锥工艺的限制,设计优化锥体长度。

(2) 包层光纤锥体微弯对模场绝热转换的影响

对于由多孔毛细管组合拉锥的多根单模光纤而言,中央双包层光纤在拉锥的

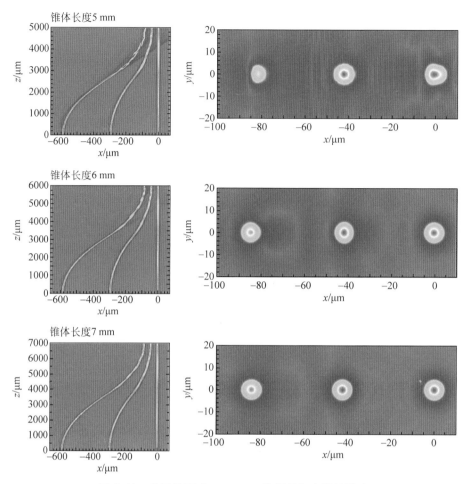

图 2.36　锥区长度对 MCF-FIFO 的损耗和串扰的影响

过程中会逐渐变细,但不会发生弯曲,因此其模场能很好地绝热变换。但周边双包层光纤除了会逐渐变细,还会发生微弯,这种微弯导致芯内导模与辐射模式耦合,造成信道的插入损耗和芯间串扰。从本质上说,纤芯位移引起的能量辐射与绝热条件中折射率变化项$\partial n^2/\partial\rho$ 相关,此处的折射率函数 n 是空间位置的函数,不同折射率剖面、不同纤芯折射率分布和不同的初始芯间距都会影响此项。如图 2.37所示,采用光束传播法对长度为 5 mm 的多包层光纤束锥体进行了仿真分析。显然,外圈的纤芯的模场绝热转换效率低,诱发的辐射模式给器件带来更高的插入损耗和芯间串扰。设计时应当使用腐蚀包层或拉细后的过渡光纤,这样可以降低初始的芯间距,另外过渡光纤剖面折射率设计也可以抑制弯曲损耗。

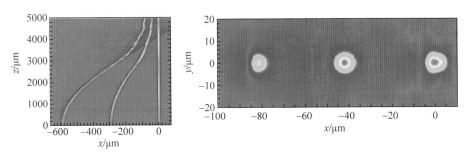

图 2.37　光纤微弯对模场变换器的影响

（3）双包层光纤锥体形状对模场绝热转换的影响

在光纤束锥体实际制备的过程中,不同的拉锥参数会导致不同的光纤束锥体线形。如图 2.38 所示在不同拉锥条件下得到的线性变化锥体和弧形渐变过渡变化锥体,二者也会导致双包层光纤内部的模场转换发生变化。但从本质上来说,锥形实际上是影响绝热判据中锥形项 $\mathrm{d}\rho(z)/\mathrm{d}z$ 对结果的影响,根据数值计算得到绝热判据曲线图 2.32(a)可反演计算出最理想的锥形结构,即收缩速率与绝热判据数值成反比的函数线形。但这种理想形状往往难以加工,实际使用中,研究者往往采用弧形渐变过渡锥或双段线性锥形[62]。

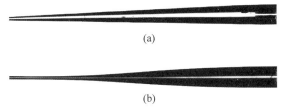

图 2.38　光纤束锥体的轮廓形状会对光纤内部模场绝热转换效率产生影响
（a）线性变化锥体；（b）弧形渐变过渡变化锥体

（4）双包层光纤剖面折射率分布对模场绝热转换的影响

不同的光纤剖面分布同样也会影响模场的变换过程,相关研究证明,使用梯度折射率光纤的光子灯笼具有更短的锥长来满足绝热转换[61]。剖面折射率分布对模场转换的影响本质也是绝热条件中折射率变化项 $\partial n^2/\partial\rho$ 对结果的影响。梯度折射率分布需要的最短绝热锥长约为阶跃型的一半,不过此时多个纤芯之间的串扰略有增加,在相同锥长情况下,使用梯度折射率光纤的光子灯笼的损耗与串扰均低于阶跃型光纤。表 2.1 为梯度折射率分布与阶跃折射率分布的光子灯笼绝热变换串扰和损耗对比结果。

表 2.1　阶跃纤芯和梯度纤芯对光子灯笼信道插损和串扰对比表　　　　　单位:dB

光子灯笼信道	LP_{01}	$LP_{11}a$	$LP_{11}b$	$LP_{21}a$	$LP_{21}b$	LP_{02}
阶跃芯损耗	-0.119	-1.3575	-1.678	-1.542	-1.551	-0.065
梯度芯损耗	-0.256	-0.572	-1.225	-1.304	-1.391	-0.346
阶跃芯最大串扰	-49.835	-21.398	-19.371	-20.246	-20.212	-81.117
梯度芯最大串扰	-44.254	-32.955	-25.919	-28.331	-27.395	-56.048

　　本节主要分析了影响扇入扇出器件性能的几个因素,拉锥区的长度、拉锥过程中的微弯、纤芯的间距、纤芯的形状等。在设计模场变换器时,我们不仅需要考虑这些器件结构参数对性能的影响,更需要考虑器件性能与工艺难度的平衡,例如在限定锥体长度的情况下,如何通过最优化设计得到最低的插入损耗和串扰,这种设计才是具有价值和意义的。

2. 圆形→矩形双包层光纤的锥体模场相似变换

　　模场变换器的另一个应用是实现异形波导与圆形波导的对接,例如半导体激光器与光纤传输系统的连接。典型的半导体激光器主要分为垂直腔面发射半导体激光器(vertical-cavity surface-emitting laser,VCSEL)和边发射半导体激光器(edge-emitting laser,EEL)两种类型。垂直腔面发射半导体激光器具有较好的光束质量和圆对称的光斑分布,发散角较小,但其输出功率略小。边发射半导体激光器具有高的光电转换效率和高的输出功率,但是其输出光波发散角较大,并且平行和垂直于 pn 结的两个方向发射角相差较大,这一缺陷极大地限制了边发射半导体激光器的应用范围。如何利用渐变波导实现光纤结构与半导体激光器的高效对接是本节要分析的主要内容。

　　垂直腔面发射半导体激光器发出的光束特征可以概况为发散角大、光斑横向和纵向宽度不一致两个特点。根据渐变波导的设计理念,我们可以设计一种异形双包层结构的模场变换器,其中央芯与半导体激光项匹配,内包层为圆形在光纤拉锥后充当新的纤芯。其整体结构和剖面折射率如图 2.39 所示。

　　这种异形双包层光纤中央为矩形,横向宽度与纵向宽度的比例约为 1.5:1,用以适配半导体激光器。当中央芯在拉锥区收缩为消逝芯时,圆形内包层会成为新的纤芯,但此时纤芯中模场分布变为圆形芯的基模形式,可继续传输至下级光纤。具体的模场变换过程如图 2.40 所示。

　　图 2.40(a)为入射光波模式图,其横向宽度大于纵向宽度,整体呈现圆角矩形图样。图 2.40(b)和(c)为模场变换器中间截面的光场状态图。图 2.40(d)为模场变换器输出光波模式图,整体为圆形可与单模光纤适配。图 2.40(e)为模场变换器中模式演化过程剖面图。整个器件的长度为 4 cm,将得到的输出模式功率与输出功率对比,可知整体的损耗为 -0.05 dB,这说明此类模场变换器件能实现矩形光斑至圆形光斑变换的功能。

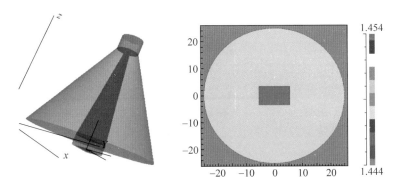

图 2.39　异形双包层结构的模场变换器及其剖面折射率分布

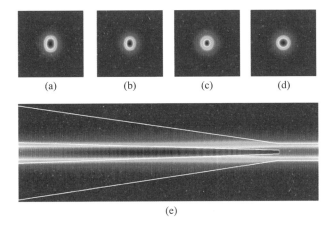

图 2.40　圆形包矩形的异形双包层光纤拉锥过程模场变化图

2.3.3　横向模场渐变锥体调控：模分复用器

模分复用可以为光纤提供更高的信息密度，是实现高容量光纤通信的关键技术之一。它通过将通信系统中的单模光纤替换为少模光纤，使信道由单模光纤的基模扩展至少模光纤中的多个模式，每个高阶模式均可独立传递信息，因此实现了信道数量的成倍增长。与此同时，如何实现兼容光纤通信系统的模分复用器这个问题就被提出，传统的空间光耦合法往往需要复杂光路来实现光纤高阶模式的加载，并且受外界影响较为严重[64]，对复用和解复用设备的稳定性具有很高要求。在此情形下，模分复用光子灯笼可用于实现模式复用和解复用的功能。

1. 模分复用光子灯笼的基本原理

光子灯笼的提出最早是被用来解决天文系统中的羟基（—OH）干扰问题[51]，

117

星体发出的光波由望远镜收集后经多模光纤传输至相应分析仪器时,需要过滤掉信号光中的羟基光谱。由于传递光信号的多模光纤无法直接加载用于反射特定波长光波的布拉格光栅,T. A. Birks 等设计并制备了一种多模-单模-多模灯笼式的光纤器件结构,如图 2.41(a) 所示,将多模光纤中的光波耦合至多根单模光纤中,再由单模光纤中的布拉格光栅实现羟基抑制的功能,最后由多根单模光纤组合拉锥后与多模光纤相连,将信号光传输至相应仪器中。因为该器件结构类似于纸灯笼(图 2.41(b)),所以这类器件又称为光子灯笼。图 2.41(c) 为典型的光子灯笼的结构图。

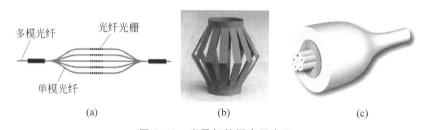

图 2.41　光子灯笼概念示意图

(a) 最初的光子灯笼对示意图;(b) 简易纸灯笼;(c) 典型的光子灯笼结构图

　　最初的光子灯笼使用多根相同的单模光纤制备,每个单模输入光纤均能激发多个输出模式,多模端口的特定模式与单模纤芯输入的基模无法形成对应关系,不具有模式选择功能。之后研究者又使用异质的多根单模光纤组合拉锥,实现了模式选择功能,使得每个单模纤芯的输入光经过光子灯笼时,能以极高效率转化为特定的高阶模式。因为光子灯笼的互易性,由多模端口输入的特定模式,同样能转化为特定输出单模光纤中的基模,而不会激发其他单模纤中的模式,因此模式选择光子灯笼既可作为光纤模分复用系统的复用器,也能作为解复用器。

　　用于模分复用的少模光纤可传输多个模式,除基模外其他高阶模式均存在模式简并特性,简并模式间的传播常数差极小,当传输光纤弯曲或扭转时,简并模式间会产生强烈耦合,因此模分复用系统中往往使用模式群传递信号,单个模式群中可能包含多个正交简并模式,适配这种光纤的光子灯笼又被称为模式群选择性光子灯笼。例如,三模光纤中的 $LP_{11}a$ 和 $LP_{11}b$ 是一组正交简并模式,可以视为一个模式群,它们的模式图样均为两个分瓣光斑,只是光斑分布方向不同。根据定义的不同,光纤制造商对相同参数的少模光纤有着不同名称。例如一个归一化频率大于 2.404 且小于 3.805 的少模光纤,对于模式选择光子灯笼来说,该少模光纤具有三个模式信道,称为三模光纤;而对于模式群选择光子灯笼来说,该少模光纤仅含有两个模式信道,又称为两模光纤。这两种叫法本质上均是可行的,只是对模式的定义不同。

光子灯笼中的模式演化过程可以用量子力学中的克勒尼希-彭尼（Kronig-Penney）模型[65-66]进行类比来解释。假设由光子灯笼多模端口输入光波,由单模端口输出,该过程如图 2.42(d) 所示。各局域模式由传播常数 β 和模场分布决定,电磁场横向分布 E_t 和量子力学中的能量（QM）在性质上表现相同,因此可以通过比较量子阱内的电子驻波解能量变换与波导孔的模式变化来解释光子灯笼的过渡锥区模式变化。

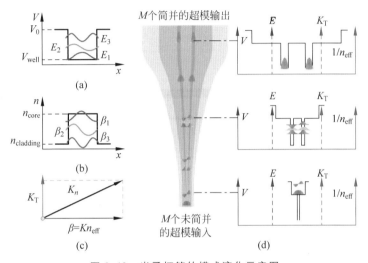

图 2.42　光子灯笼的模式演化示意图

(a) 一维量子阱和 (b) 一维波导的传播模式；(c) 横向分量 K_T 和传播常数 β 构成的 K_n 由有效折射率确定；
(d) 一个光子灯笼从 M 个单模输入端口输入光束演化过程

为了与克勒尼希-彭尼模型中的电势 V 对应,在图 2.42(d) 中纵向轴被设置为模式有效折射率的倒数。对于单模光纤段（锥区的最细端）纤芯仅可支持单个模式,其中模式具有最高的有效折射率 n_{eff},最大的传播常数 β 和最小的横向波矢 K_T。在量子力学中,孤立势阱只允许电子波函数以离散能级形式存在,波函数的分布呈驻波形态。通过选择合适的电势和几何形状,同样可以形成只允许单个离散能级的基态,该态的能量最低。光纤中的高阶模式和势阱中的非基态能级也有类似的性质,这说明势阱中的基态与波导中的模式类似。如图 2.42(a) 和 (b) 所示,光纤模式（β_1,β_2,β_3）和量子理论中的量子阱（E_1,E_2,E_3）呈现类似的性质。

根据熵增理论可知,孤立系统的总混乱度是不会减小的,类比于光子灯笼,其输入模式数永远小于等于输出模式数（包括辐射模式）。一个绝热光子灯笼实现的是输入模式与输出模式的对应转换,在这个过程中既不引起导模与辐射模式的耦合,也尽量避免了模式之间的能量串扰。实现光子灯笼绝热转换的优化方法有很多,例如光子灯笼纤芯排布图样、纤芯之间的距离、拉锥区的长度、内包层大小、纤芯的剖面折射率设计等。本小节先介绍纤芯排布图样对光子灯笼性能的影响，图 2.43 是一个同质芯光子灯笼的不同纤芯排布与阶跃多模光纤模式光斑对比图。

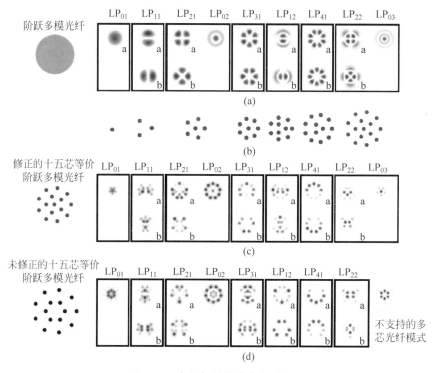

图 2.43　光子灯笼模式光斑对比图

(a) 圆形芯少模光纤中的 15 个导模能量分布；(b) 针对不同模式数量的最优化纤芯排布；(c) 最优化纤芯排布的十五芯光子灯笼模式；(d) 非优化排布的十五芯光子灯笼模式[67]

图 2.43(a)为少模光纤中不同阶数的线偏振模式图样,模式阶数从左至右逐步增加,模式图样分瓣增多。图 2.43(c)为最优化纤芯排布的十五芯光子灯笼,可以看出它的超模能量分布和相位分布与少模光纤基本一致,可想而知两者之间的对接损耗较低,不同模式间的串扰也较低。图 2.43(d)为非优化排布的十五芯光子灯笼模式图,与少模光纤的模式图样有一定差别,对于第十五阶模式甚至出现了模式不匹配的问题,即模式光斑图样与更高阶模式出现了交替现象,可想而知这种光子灯笼与少模光纤之间的对接效果是很差的。虽然基于同质芯光子灯笼的纤芯排布规则与异质多芯光子灯笼不严格相同,但是仍能为模式选择性光子灯笼提供设计指导。

2. 光纤三模复用器件

早在 2014 年,悉尼大学和巴斯大学的研究者就使用多根光纤和低折射率外套管实现了三模光子灯笼[68]，在光子晶体器件[69-71]、光纤非耦合锥（optical fiber null coupler tapers）[72-73]、平板波导中均出现了类似的结构。和图 2.42 中的光子灯笼相同，光子灯笼一端是三根单模光纤，其中一根光纤的纤芯大于其余两个较小芯。将三根光纤组成的光纤簇插入掺杂有氟化物的石英低折射率毛细管中，再进行绝热拉锥即可获得三模光子灯笼。具有较大纤芯输入光波将被转换为锥体末端的 LP_{01} 模式，而较小纤芯输入的光波将被转换至 $LP_{11}a$ 和 $LP_{11}b$ 模式上。图 2.44 是基于光束传播法对三模光子灯笼进行仿真的结果。

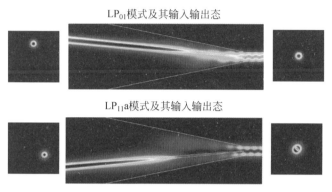

图 2.44　三模光子灯笼不同纤芯输入输出模场及其演化过程

从图 2.44 中可以看出，不同单模光纤输入的基模在光子灯笼拉锥区有着不同的演化过程，较大纤芯输入的基模高斯光束经光子灯笼逐渐演化成为少模光纤的基模，而较小纤芯输入的基模高斯光束则会演化为少模光纤的 LP_{11} 模式，具体的演化过程如图 2.45 所示。

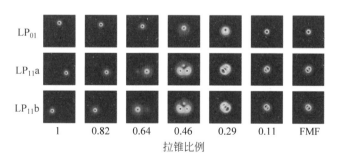

图 2.45　不同输入纤芯在不同拉锥比例下模式演化过程

从图 2.45 中可以看出，三个纤芯输入的高斯光束各自演化为少模光纤的 LP_{01}、$LP_{11}a$、$LP_{11}b$ 模式，整体的模式演化过程可以分成两个阶段，第一阶段为收缩比例由 1 下降至 0.6 左右，此时各纤芯中的光波呈平移状态，纤芯尚能束缚其中的导模。当光子灯笼的收缩比例下降至 0.6 以下时，纤芯中的能量逐步扩展至包层中,模式场的分布剧烈变化,由初始的高斯光斑逐步成为复杂的局域超模。最后当低折射率套管内径收缩至十几微米时,局域超模又逐步变为少模光纤中的各阶模式。为了理解这个过程,我们首先需要计算出光子灯笼端面局域模式有效折射率随拉锥过程变化,如图 2.46 所示。

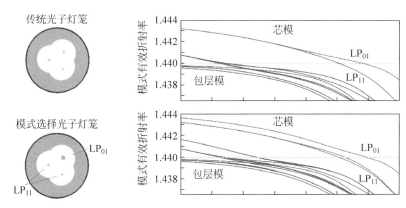

图 2.46　两种三模光子灯笼的有效折射率随拉锥过程变化

图 2.46 中上半部分是同质芯光子灯笼端面结构与局域模式有效折射率变化,下半部分为异质芯模式选择光子灯笼的端面结构与局域模式有效折射率变化。图中异质芯曲线起始端有两个端点,分别代表 LP_{01} 芯的初始模式和 LP_{11} 芯的初始模式(这个模式是二度简并的),在拉锥过程中模场本身受到光子灯笼锥体结构不断影响,模场分布发生着变化。但如果整体结构是绝热锥体,不同截面对应的局域模式之间实现能近乎完全的转换,这点是由绝热条件限制的,绝热条件本身即局域模式与相邻模式之间的耦合效率。从整体来看,即局域模式沿着各自的折射率变化曲线无串扰地演化至末端状态。过近的有效折射率曲线会导致邻近的局域模式产生能量耦合,破坏光子灯笼的绝热性质。而同质芯光子灯笼的有效折射率曲线在前半段完全重合,各纤芯注入的基模会产生强烈的能量耦合,导致输入纤芯和输出模式之间无法建立对应关系,所以传统的同质芯光子灯笼不具有模式选择功能。

3. 光纤六模复用器件

正是由于信息通信对信道容量扩展的进一步要求,三模光子灯笼实现后不久,六模光子灯笼也被成功制备[74],并基于此发展出环形芯光子灯笼、椭圆形少模光子灯笼等。与三模光子灯笼类似,六模光子灯笼也能将各个输入端的高斯基模转换为输出少模光纤的 LP_{01}、$LP_{11}a$、$LP_{11}b$、$LP_{21}a$、$LP_{21}b$、LP_{02} 模式。由光束传播法仿真得到的六模光子灯笼模场演化过程如图 2.47 所示。

因为六模光子灯笼中存在两组正交模式,而正交模式的模场演化过程完全相同,故图 2.47 仅给出了四个端口的模场演化过程和对应的输出图样。图中各个纤

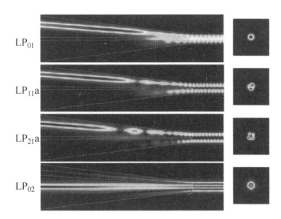

图 2.47　六模光子灯笼各端口输出模式与模场演化过程

芯输入的单模光束沿着光子灯笼锥体传播并逐步演化为不同的状态。值得注意的是,各个模式是逐个脱离单模纤芯的限制成为弥散于包层之中的局域超模的,这是因为各纤芯的初始芯径并不相同,芯径最小的 LP_{02} 芯最先将纤芯中的能量扩散至包层,LP_{21} 模和 LP_{11} 模次之,最后 LP_{01} 芯中的能量才脱离原有纤芯,造成这点的最主要原因是随着光纤变细,纤芯中的模场面积会被逐步压缩至极限面积,之后纤芯中导模的模场面积会再次扩大,直至成为包层和低折射率套管间的局域模式。图 2.48 是六模光子灯笼各纤芯基模随锥体收缩模场演化图。

　　由图 2.48 也能观察到各纤芯中的能量是逐个扩散至包层中的,LP_{02} 芯最先而 LP_{01} 芯最后。与数值方法预测相同,模场变化最剧烈的阶段是拉锥比例在 0.2 至 0.6 之间,优化光子灯笼的设计需要针对这个阶段采取不同斜率的锥形。除了锥形因素,我们还研究了光纤锥长、纤芯间距、内包层大小对光子灯笼性能的影响,其结果如图 2.49 所示。

　　图 2.49(a)为光子灯笼插入损耗和串扰随锥长变化的关系,从图中可以看出随着锥长由 2 cm 增加至 8 cm,各纤芯的插入损耗由 −2.5 dB 逐步减少至 −0.5 dB。各模式之间的串扰由 −1 dB 下降至 −45 dB 左右,这说明光子灯笼的性能与锥长呈正比关系。图 2.49(b)为光子灯笼插入损耗和串扰随纤芯间距变化关系,从图中可以看出随着纤芯间距的增加各纤芯的插入损耗迅速增加,由最低 −0.3 dB 下降至 −1.8 dB 左右。模式间的串扰水平也缓慢增加,由 −40 dB 增加至 −18 dB,但纤芯间距同时也受工艺参数影响,过低的间距对扇入扇出器件和光子灯笼加工有了更高的要求。图 2.49(c)为光子灯笼内包层大小与性能关系,由图可知光子灯笼内包层大小对器件性能影响不大。现给出一个典型光子灯笼性能参数,如图 2.50 所示。

　　图 2.50 中的水平排布模式为光子灯笼各端口输出至少模光纤的图样,而竖直

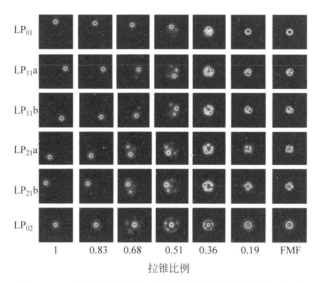

图 2.48　六模光子灯笼各纤芯基模随锥体收缩模场演化

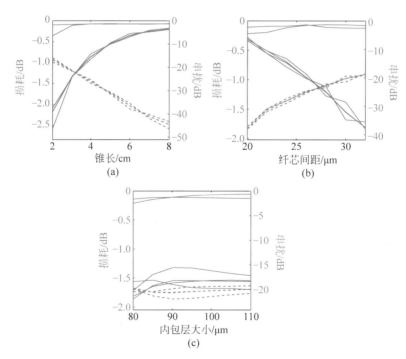

图 2.49　光纤锥长、纤芯间距、内包层大小对插入损耗和串扰的影响

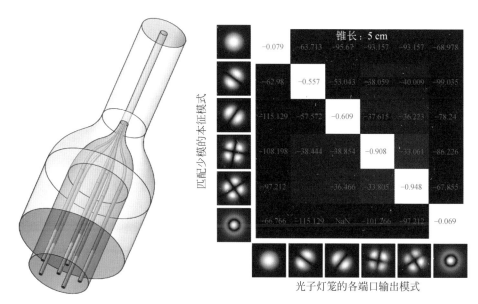

图 2.50　光子灯笼结构模型与结果分析

排列的图样为少模光纤的本征标量模式。为计算两者的相关性质,我们将各个图样重叠积分的结果绘制成矩阵形式,由图可知对应单模端口的插入损耗(对角线上的数值)约为 −1 dB,信道串扰项(非对角线数值)约为 −38 dB,有望满足目前光纤通信模式复用系统的要求。除六模光子灯笼,研究者也设计了十模的光子灯笼[75],正如前文所述的那样,模式数量的提升需要更长的锥长和更复杂的结构设计[69],这对研究者来说是一个巨大的挑战。但光子灯笼所特有的波长不敏感、偏振无关特性是众多模分复用器所不具备的,相信该器件在光纤通信领域将产生重要的应用。

　　本节主要介绍了渐变波导的定义与几种典型器件,包括多芯光纤扇入扇出器、模场变换器、模式选择性光子灯笼等,并且从局域耦合模出发得到了描述渐变波导的绝热条件,这对此类器件的设计有着重要的指导作用。最后本节还介绍了一种用于数值计算的基于有限元的半解析法来计算渐变波导中的模式演化。

2.4　热扩散折射率调控

2.4.1　热扩散折射率调控方法概述

　　高温过程中光纤中的掺杂物质会从浓度较高的地方向浓度较低的地方迁移,这种现象称作光纤中的热扩散。对光纤的热扩散理论和技术研究表明,热扩散技术是一种比熔融拉锥技术更稳定可控的调制折射率分布的手段,可用于对纤维集成离散波导的光场进行精细操控。本节简要阐述了热扩散的理论分析方法,给出了典型的计算模型及其需要考虑的边界条件,介绍了用于光纤高温处理的微加热系统。基于纤维离散波导,展示了热扩散技术调控集成在光纤中离散波导的几种基本功能,包括信号交换、光束转换、模场适配和相位整形。

热扩散技术用于制备热扩散光纤,能够操纵光纤内部的掺杂浓度分布,并重构光纤内部的折射率分布,同时光纤包层的尺寸和形状几乎不会改变。1986 年,Kimio S. 等[76]利用光纤热扩散技术制作了一种单模锥形光纤型模场适配器,实现了不同波导器件之间的低损耗耦合。此后,研究人员利用不同的方法,对热扩散技术的理论进行了研究,并将其应用到不同的领域中。

较早时期的光纤热扩散技术研究,主要集中在单模单芯光纤的热扩散,包括热扩散后光纤的模场扩展特性、连接损耗特性和传播特性。1988 年,C. P. Botham[77]尝试用热扩散技术改变掺氟光纤折射率分布,从而拓宽其模场的可行性,并注意到需要对加热温度进行精确控制。同年,J. S. Harper 等[78]对纯二氧化硅纤芯和包层氟掺杂光纤施加局部热扩散,从而在加热区内部形成折射率锥形结构。在不改变光纤外径尺寸的同时实现了模场的扩展,增加了光纤连接时横向和纵向错位的容差。1990 年,K. Shiraishi 等[79]提出在常规的单模光纤中利用热扩散技术诱导掺杂物质扩散,从而制备模场扩展的扩束光纤或者扩芯光纤。热扩散制备的光纤,不改变归一化频率,同时可任意改变光斑尺寸,因此非常适合于制备嵌入式光纤器件。1991 年,H. Hanafusa 等[80]研究了热扩芯光纤(TECF)的模场直径扩展规律,并将热扩芯光纤应用于不同模场直径光纤之间的低损耗熔接以及光纤放大器之中。之后,M. Kihara 等[81]和 K. Shiraishi[82]等,对 TECF 做了后续的研究,并提出了相应分析光传播特性的简化模型。1996 年,M. Kihara 等[83]更加细致地从理论上和实验上描述了 TECF 的一些典型特性。分析表明,在制备TECF 时,通过增加加热温度而不是加热时间,可以更有效地扩大模场直径。2005年,Kliros 等[84]提出了一种标量变分方法来分析 TECF 中的光传播特性。随后,Galerkin[56]又进一步利用数值方法分析了 TECF 中低阶模的传播常数、模态场、波导色散和远场模式[85-87]。2008 年,Savović 等[88]研究了掺杂剂任意初始分布的热扩散的数值解,分析了不同初始掺杂浓度对热扩散处理过程中光纤折射率分布和模场直径的影响。

近十几年来,随着光纤热扩散技术的发展,其已经被越来越多地应用于各种各样的光纤器件制备中。目前,光纤热扩散技术已经广泛应用于光隔离器[89-90]、光纤干涉仪[91-92]、光纤光栅[93-95]、可调光衰减器[96]、光纤合束器[97]、滤波器[98-100]、光学信噪比监测[101]、光纤传感器[102-103]、合色器[104]、模场适配器[105-107]、光纤耦合器[108-110]和光纤激光器[98,111-112]等器件中。

热扩散技术调制光纤离散波导的折射率分布,进而实现对其光场进行操纵与重构,具有以下几个突出的优点:①容易低成本地实现对光纤离散波导的光场进行操纵与重构;②具有较好的机械强度以及方便与其他标准光纤、光学器件的适配互连;③由于光纤热扩散是在高温(通常 1300~1600℃[86])条件下发生的,热扩散光纤内部光场的操纵和重构又依赖于高温调制光纤的折射率分布,因此制备的器件稳定性好,尤其是温度稳定性好。

光纤内部折射率分布是影响其光场的关键性因素。通过组棒法(stack-and-draw technique)制备光纤预制棒,光纤的初始折射率分布具有很大的设计自由度。但是在实际应用中,改变或局部改变光纤折射率分布是实现纤维集成光纤器件各种功能的重要方法。然而,如何才能操纵光纤的折射率分布,进而重构光纤的光场?热扩散技术对于重构光纤的折射率分布,实现对光场的操纵是一种可靠简便的方法。结合堆栈组棒拉制光纤的初始折射率分布与熔接不同光纤设计轴向上的折射率分布,热扩散技术能够在光纤链路内部构建非常复杂的三维变化的折射率结构。这为基于纤维集成离散波导,特别是对于具有复杂功能的纤维集成光器件的设计与制备提供了一种有效的解决方案。

2.4.2　热扩散折射率调控理论模型

光纤的光学特性(如折射率)和机械特性(如声速和软化点)都依赖于局部掺杂剂的浓度。而光纤的折射率决定了光纤中的光场。当光纤被加热到高温时,光纤中的掺杂剂会在玻璃基体材料中扩散。掺杂剂浓度的局部梯度为掺杂剂扩散提供了驱动力,从局部掺杂浓度高的位置向局部掺杂浓度低的位置扩散,从而改变光纤的光学和机械性能。

光纤中掺杂剂扩散服从一维几何中的菲克(Fick)扩散定律[113]。

$$j_x = -D\frac{\mathrm{d}C}{\mathrm{d}x} \tag{2.34}$$

其中:j_x 是扩散物质的分子通量,单位为 mol/(m^2·s);D 是掺杂剂扩散系数,单位为 m^2/s;C 是局部掺杂剂浓度,单位为 mol/m^3;x 是相关坐标方向。D 取决于掺杂剂种类、基体材料和局部温度。式(2.34)与傅里叶热扩散定律相同,解决掺杂剂扩散问题可以直接使用热传导方程。以扩散方程(2.34)为基础,可以推导出反应局部掺杂浓度梯度与时间相关掺杂浓度的三维热扩散偏微分方程。

$$\frac{\partial C}{\partial t} = \nabla \cdot (D\,\nabla C) \tag{2.35}$$

式(2.35)中的偏微分方程描述了任意几何体中掺杂剂扩散的一般情况。对于纵向离散波导,光纤在轴向方向上往往存在很大的局部浓度梯度。其热扩散过程通常用基于式(2.35)的有限元分析软件数值仿真进行模拟分析。但是对于横向离散波导而言,光纤轴向上初始折射率分布基本上是一致的,即轴向浓度梯度非常小。轴向的热扩散通常忽略不计,因为轴向的温度梯度发生在几百微米的区域。此外,光纤径向位置上,光纤加热的温度几乎是均匀的,因此可以合理地假设扩散系数 D 相对于径向位置 r 是一致的。

如果忽略轴向扩散和方位角向扩散,那么式(2.35)在柱坐标系下简化为掺杂扩散方程。

$$\frac{\partial C}{\partial t} = \frac{1}{r}\frac{\partial}{\partial r}\left(rD\frac{\partial C}{\partial r}\right) \tag{2.36}$$

扩散物质的掺杂剂浓度 C 是径向距离 r 和加热时间 t 的函数。文献中有几种不同的扩散系数方程。其中应用最广泛的方程是阿伦尼乌斯(Arrhenius)关系式,描述了扩散系数 D 在一定范围内的温度依赖性,表示为[79,114-115]

$$D(z) = D_0 \exp\left[-\frac{Q}{RT(z)}\right] \tag{2.37}$$

其中,D_0 是以 m^2/s 为单位的主导系数,Q 是以 J/mol 为单位的活化能,R 是摩尔气体常数,为 8.3145 J/(mol·K),$T(z)$ 是加热炉中位于光纤 z 处的温度(1000~1650℃)。参数 D_0 和 Q 通常由实验数据获得。

式(2.36)仅对非常简单的初始掺杂剂浓度分布有封闭形式的解,复杂初始浓度分布很难得到解析解,通常要借助于数值仿真手段进行分析。例如,如果初始掺杂剂浓度 $C_0(r)$ 是高斯函数

$$C_0(r) = \frac{C_{total}}{\pi r_0^2}\exp\left(-\frac{r^2}{r_0^2}\right) \tag{2.38}$$

其中,r_0 表示高斯分布初始宽度,C_{total} 为光纤总掺杂量,则式(2.38)的解对于径向位置 r 和时间 t 也是一个高斯函数

$$C(r,t) = \frac{C_{total}}{4\pi D\left(t+\frac{r_0^2}{4D}\right)}\exp\left[-\frac{r^2}{4D\left(t+\frac{r_0^2}{4D}\right)}\right] \tag{2.39}$$

因此,一个初始高斯分布的 $C_0(r)$ 将扩散演变为一个更宽、更矮的高斯分布,此过程中掺杂剂总量保持守恒。实际上,经过足够长时间热扩散后,所有初始掺杂剂浓度分布都将逐渐趋近于高斯分布。然而,大多数光纤的初始掺杂浓度分布不是高斯分布(它们可能是阶跃分布、环形分布或其他形状),它们的热扩散演变过程各有不同。

任意初始掺杂剂浓度分布的热扩散演变需要利用数值求解方法。假设任意初始浓度分布为 $C_0(r)$,并且光纤表面 $r=a$ 保持为零浓度,即需要满足的边界条件

表示为

$$\begin{cases} C = 0, r = a, t \geqslant 0 \\ C = C_0(r), 0 < r < a, t = 0 \end{cases} \tag{2.40}$$

利用傅里叶级数展开式可以得到任意径向位置 r 和时间 t 的掺杂剂浓度分布[116]

$$C(r,t) = \frac{2}{a^2} \sum_{n=1}^{\infty} \exp(-D\alpha_n^2 t) \frac{J_0(r\alpha_n)}{J_1^2(a\alpha_n)} \int_0^a r C_0(r) J_0(r\alpha_n) \, dr \tag{2.41}$$

其中，J_0 和 J_1 分别为第一类 0 阶和 1 阶贝塞尔（Bessel）函数。α_n 为方程 $J_0(a\alpha) = 0$ 的第 n 阶正根。

式（2.41）的求解比较繁琐，格林函数给出了一种比较方便且有效的方法[117]，在给定任意初始浓度分布 $C_0(r)$ 的情况下，对 $C(r,t)$ 进行数值求解。

$$C(r,t) = \frac{1}{2Dt} \int_{r'=0}^{r'=\infty} C_0(r') r' \exp\left(-\frac{r^2 + r'^2}{4Dt}\right) I_0\left(\frac{rr'}{2Dt}\right) dr' \tag{2.42}$$

其中，I_0 为 0 阶改进的第一类贝塞尔函数，r' 为一个虚拟的积分变量。遗憾的是，式（2.42）即使在初始掺杂剂分布非常简单的情况下（比如为阶跃折射率光纤），也无法进行解析求解。给定任意的初始掺杂浓度分布，通过式（2.42）的单一数值积分容易很快得到热扩散后的掺杂浓度分布。当初始掺杂剂分布是阶跃函数时，式（2.42）是积分"$J(xy)$"的一种形式[118]，其中也提供了渐近解。

从式（2.41）和式（2.42）看出，扩散系数 D 与时间 t 总是相伴出现的。由此我们得出结论：可以增加加热时间来补偿较小的扩散系数，或者减少加热时间来延缓较大的扩散系数，这也称为时温等效原理。此外，对式（2.35）的量纲分析，可以得到表征掺杂剂扩散程度的无量纲参数

$$\tau_D = \frac{Dt}{\delta_D^2} \tag{2.43}$$

其中，δ_D^2 是扩散的特征长度。

如果将式（2.43）中 t_D 设置为单位 1，可以得到热扩散过程中，特征扩散长度相对于扩散系数和扩散时间间隔的关系式

$$t_{diff} = \frac{\delta_D^2}{D} \tag{2.44}$$

方程式（2.44）表明，掺杂剂扩散一定距离所需的时间随该距离的平方而变化。由于扩散所需的时间与特征长度的平方成正比，因此在小纤芯光纤中扩散的速度比在大芯光纤中更快。因此，在光纤焊接的短时间内，多模光纤通常受掺杂剂扩散的影响很小，因为它们的特征长度（即纤芯半径）为几十微米。另外，诸如掺铒光纤（EDF）这样纤芯很小的单模光纤（其纤芯半径可以小到 1 mm），即使在很短的焊接时间（小于 1 s）内且熔接温度相对较低（小于 2000℃），也极易受到掺杂剂扩散的

影响[119]。因此,掺杂剂扩散速率主要有两个特征:扩散速率与局部掺杂剂浓度梯度成正比;扩散速率与特征长度尺寸的平方成反比。

随着掺杂剂的扩散,其特征长度增加,扩散速率也随之减小。因此,当保持在一个固定的温度时,掺杂剂的分布在加热开始时变化最快,随着时间的推移变化减慢。当对纵向离散波导进行热扩散时,例如在具有相同掺杂剂种类但芯直径不同的两个阶跃折射率单模光纤之间进行热扩散,较小的芯最初会更快地扩散,因为它具有较小的特征长度。随着扩散过程的进行,较小的纤芯将"追赶"上较大的纤芯直径,并且两种掺杂剂分布将近似为高斯形状。通过这种方式,掺杂物扩散可以通过使一根光纤的纤芯结构即模场形状更类似于另一根光纤的形状来帮助减少不同波导之间的熔接损耗[120-122]。

热扩散中,光纤折射率分布的演变在很大程度上是由初始掺杂剂浓度分布决定的。掺杂剂的扩散只能通过控制光纤加热温度和加热持续时间来控制。掺杂剂扩散不能用于产生任意折射率分布或任意光场分布。但是,通过堆栈组棒法制备的光纤预制棒,光纤的初始折射率分布具有很大的设计自由度。结合在光纤轴向方向上拼接多段光纤,我们可以利用光纤热扩散技术操纵光纤链内部的掺杂剂分布,重构出具有非常复杂的三维变化的折射率结构。这为复杂功能纤维集成光器件的设计提供了很好的解决方案。

对于纤芯锗掺杂光纤,折射率分布与掺杂浓度分布成正比[123],因此折射率分布函数可以用掺杂浓度函数表达

$$n^2(r) = n_{cl}^2 + (n_{co}^2 - n_{cl}^2)C(r,t) \qquad (2.45)$$

其中,n_{cl} 为包层折射率,初始掺杂浓度为零,n_{co} 为纤芯折射率。同理,对于包层氟掺杂的光纤,折射率分布是与掺杂浓度分布成反比的,也有类似的关系。

2.4.3　用于光纤热扩散的微加热器

硅基光纤的加工温度范围从 1200℃(用于拉锥)到超过 2100℃(用于光纤熔接)[124]。在光纤热扩散应用中,必须能够精确操纵掺杂剂扩散的程度来重构光纤的折射率分布,而且必须考虑裸纤的形变和析晶等问题[125]。基于这些非常高的温度要求,可供选择的用于热扩散的微加热器类型非常有限。此外,加热区域需要精确可控,不仅在水平和稳定性上,而且在大小和位置上。

热扩散应用中最常见的微加热器是电弧加热器。电弧加热器是一种非常方便的用于光纤热扩散的微加热器,如图 2.51(a)所示。其基于电弧放电法,即在由空气间隙隔开的两个电极之间施加高电压。电流流过间隙,加热周围的空气,主要通过传导加热光纤。电弧放电的加热特性取决于环境变量,如温度、气压和相对湿度。电弧的加热剖面取决于电极尖端的纯度。长时间工作时,电极尖端积聚的灰

尘颗粒等污染物会严重影响电弧的加热轮廓[126-127]。所以,使用电弧放电进行热扩散时,受环境变量影响较大。电弧加热器产生的温度取决于放电电流和放电时间。进行热扩散时,加热温度在几秒内达到 2000℃[128],此温度下的光纤扩散系数较大,因此光纤中的掺杂物质扩散较快,在短短几秒之内就具有一定程度的扩散[129-130]。因此无法精确地重构光纤的折射率分布。同时,由于电弧放电的加热区域较窄,高于 1000℃ 的有效加热区通常在毫米量级,无法对较大长度的光纤进行热扩散。由于光纤实际上是放置在电极之间的绝缘体,因此对于可以容纳的光纤的直径也有限制。虽然有研究开发了一种四电极电弧放电方法,试图克服这一尺寸限制,并提供更好的发热区均匀性,但加热区域仍然有限[131]。

氢氧焰也是一种常用的用于热扩散的微加热器,如图 2.51(b)所示。氢氧焰虽然没有用于商业的熔接设备,但是在拉锥耦合、热扩散等领域应用较多。氢氧焰的温场范围较电弧加热器的温场范围宽。但是较宽的氢氧焰喷头一般也不超过 2 cm。同时,因为火焰剖面的温度梯度变化通常较大,无法保持一段稳定的加热区域。由于火焰在光纤周围不是圆对称的,所以光纤周围的温度分布不均匀。当加热时间超过 30 min 时,热扩散后的纤芯不再呈完美的圆形[34-35]。并且当气体流量较大时,无法避免气体流动对光纤的扰动,因此稳定性是氢氧焰加热的最大问题。

陶瓷微加热器这种管式或者槽式加热器(如 CMH-7019,NTT-AT)如图 2.51(c)所示,可以直接生成中间区域平坦的宽带温度场。中间较宽的区域可以认为是等温温区,通常温度最高。这种宽带温度场在整个光纤长度方向上的温度梯度较小。因此使用陶瓷微加热器做热扩散时易达到绝热条件。此外,陶瓷微加热器较宽的加热区域,可以对更长的光纤做热扩散。较宽的最高温度的等温区意味着该区域光纤热扩散达到最大程度(模场直径最大),并持续稳定一段距离,方便对光纤进行后续处理,如观察测量、定位切割和研磨抛光。但是,必须考虑的一个因素是轴向的温度分布不均匀。加热区中心的温度是最高的,然后逐渐向边缘下降[132]。

电阻加热元件也是一种常用的商用热源,硅化钼微加热器是我们最近研究的成果,如图 2.51(d)所示。尽管硅化钼在常温下具有硬而脆的特性,但是很容易处理,加工成各种形状和尺寸。为了在光纤周围形成均匀的热区,通常将硅化钼设计为倒 Ω 形状。通过减小倒 Ω 形状的厚度来提高加热的温度,增加倒 Ω 形状的宽度来扩大热扩散区域的长度。二硅化钼可以应用于不同的加热环境,加热速度快,最高加热温度达到 1850℃[133]。此外,在高温工作环境下,在加热器表面生成一层致密的能自封的 SiO_2 保护膜,因此具有良好的高温抗氧化性能[134],具有所有电加热元件的最长固有寿命。事实上,相比于氢氧焰加热,硅化钼微加热器能够通过调

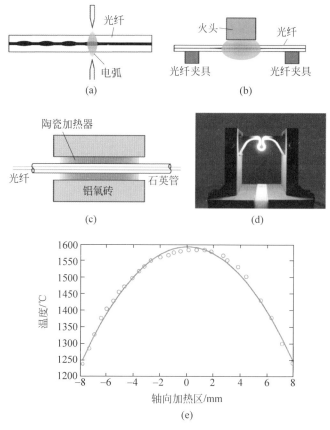

图 2.51 典型微加热器用于热扩散的示意图

（a）电弧加热器；（b）氢氧焰加热器；（c）陶瓷微加热器；（d）硅化钼微加热器；（e）图（d）的温度分布曲线

节电流，方便且精确地控制温度，同时稳定性也大大提高。图 2.51（e）为硅化钼加热器的加热区轴向上的温度分布，表明其温度场分布合理，硅化钼加热器的温度梯度变化较小。相比其他加热器，硅化钼微加热器的成本更低。

2.4.4　热扩散折射率调控典型应用

1.　光纤热扩散计算模型及其边界条件

（1）无限边界柱体扩散源

本节以最典型的阶梯折射率光纤为例，分析热扩散后光纤的折射率分布和模场分布，以及热扩芯区的传输场。

在纤芯由单一掺杂剂组成的阶跃折射率光纤中，初始浓度分布 $C_0(r)$ 是从 $r=0$

到 $r=b$ 的均匀 C_0，因此可以简化式(2.42)得到

$$C_{\text{si}}(r,t)=\frac{1}{2Dt}\int_{r'=0}^{r'=b}C_0 r'\exp\left(-\frac{r^2+r'^2}{4Dt}\right)\text{I}_0\left(\frac{rr'}{2Dt}\right)\text{d}r' \tag{2.46}$$

其中，$C_{\text{si}}(r,t)$ 为阶跃折射率光纤热扩散后的掺杂浓度分布，b 是纤芯半径。

如果将 δ_D 设置为阶跃折射率光纤的芯半径 b，用 $\hat{r}=r/a$ 表示归一化的径向位置，则式(2.46)可以用无量纲形式表示为

$$C_{\text{si}}(\hat{r},\tau)=\frac{1}{2\tau_D}\int_{r'=0}^{r'=1}C_0\hat{r}\exp\left(-\frac{\hat{r}^2+r'^2}{4\tau_D}\right)\text{I}_0\left(\frac{\hat{r}r'}{2\tau_D}\right)\text{d}r' \tag{2.47}$$

式(2.46)给出了阶跃折射率光纤热扩散后掺杂浓度的分布结果，这里假设加热区域无限大，并且是线性源，初始掺杂浓度为 δ 函数，并且掺杂物质保持质量守恒。通过相似变换[135]，偏微分方程(2.36)可以简化为常微分方程，从而得到解析解，其初始条件为

$$C(r,0)=\pi b^2\delta(r) \tag{2.48}$$

$$\int_0^{2\pi}\int_0^\infty C(r,t)r\text{d}r\text{d}\varphi=\pi b^2 \tag{2.49}$$

最终得到

$$C(r,t)=\frac{b^2}{B^2}\exp\left(-\frac{r^2}{B^2}\right) \tag{2.50}$$

其中，b 为初始纤芯半径，$B=2\sqrt{Dt}$ 定义为加热后的纤芯半径大小。根据式(2.45)和式(2.50)，热扩散阶跃折射率单模光纤的折射率分布可以表达为

$$n^2(r)=n_{\text{cl}}^2+\frac{b^2}{B^2}(n_{\text{co}}^2-n_{\text{cl}}^2)\exp\left(-\frac{r^2}{B^2}\right) \tag{2.51}$$

如果以平方率分布的径向梯度折射率光纤的折射率分布形式表达，式(2.51)可以变换为以下形式：

$$n^2(r)=n_{\text{co}}^2\left[1-2\Delta C_0(r)\right] \tag{2.52}$$

其中折射率差 Δ 定义为

$$\Delta=\frac{n_{\text{co}}^2-n_{\text{cl}}^2}{2n_{\text{co}}^2} \tag{2.53}$$

而初始掺杂浓度分布为

$$C_0(r)=1-\frac{b^2}{B^2}\exp\left(-\frac{r^2}{B^2}\right) \tag{2.54}$$

即分析阶跃折射率光纤热扩散后的折射率分布时，将初始掺杂剂浓度分布近似为高斯分布。这比较符合实际情况，因为光纤拉制过程中也存在掺杂剂热扩散。

阶跃折射率分布的光纤经过热扩散处理后，折射率分布趋近为高斯分布。热

扩散过程中,掺杂剂从纤芯扩散到包层中,此时纤芯和包层没有明确的界面。扩散后,阶跃折射率光纤的模场半径为

$$w = \frac{\sqrt{2}\,B}{\sqrt{kb\sqrt{(n_{co}^2 - n_{cl}^2)} - 1}} \tag{2.55}$$

热扩散后光纤的归一化频率 V 也可以类比于平方率分布径向梯度折射率光纤的归一化频率计算公式,得到

$$V^2 = k^2 \int_0^{+\infty} \left[n^2(r) - n_{cl}^2 \right] 2r\,\mathrm{d}r \tag{2.56}$$

将式(2.51)、式(2.52)和式(2.54)代入式(2.56),得到[84]

$$V = kb\sqrt{(n_{co}^2 - n_{cl}^2)} = \frac{2\pi b}{\lambda} n_{co}\sqrt{2\Delta} \tag{2.57}$$

因此归一化频率 V 在加热过程中保持为一个常数,所以单模条件在此过程中保持并且基模唯一存在。下一个传播模式的归一化截止频率 V_c 可以通过下式估算,这里依据的是弱导梯度光纤的归一化截止频率计算公式[136]

$$V_c = 2.405\sqrt{2\int_0^\infty (1 - C_0)\,r\,\mathrm{d}r} \tag{2.58}$$

将式(2.54)代入式(2.58),得到归一化截止频率的值 $V_c = 2.405$。根据式(2.55)和式(2.57),在加热时间和扩散系数的范围内获得模场半径(MFR)和归一化频率 V 之间的关系为

$$w = B\sqrt{\frac{2}{V-1}}, \quad B = 2\sqrt{Dt} \tag{2.59}$$

实际上,上式仅仅在 $V > 1$ 时才有意义,即热扩散光纤在 $V \leqslant 1$ 时只有很小的基模功率集中在靠近光纤轴的位置。热扩散光纤的模场直径(MFD)随着加热时间或者传输波长增加而增加,并且与锗掺杂分布的宽度相关。最终,基模传输的传播常数

$$\beta^2 = \frac{1}{B^2}\left(1 - kb\sqrt{n_{co}^2 - n_{cl}^2}\right)^2 + k^2 n_{co}^2 \tag{2.60}$$

只要知道 w 和 β,传输场在热扩散光纤的扩大区($r \leqslant B$)就确定了。

(2) 无限边界圆筒扩散源

本节以中空光纤为例,分析了热扩散后光纤的掺杂剂浓度分布。图 2.52(c)中中空的空气孔光纤具有内外两个边界。假设掺杂剂只在光纤内部扩散,式(2.36)可以写作

$$\frac{\partial C}{\partial t} = \frac{1}{r}\frac{\partial}{\partial r}\left(rD\frac{\partial C}{\partial r}\right), \quad a < r < b \tag{2.61}$$

假设初始浓度分布为 $C_0(r)$,并且热扩散时,光纤内外表面 $r = a$,$r = b$ 保持为

零浓度,即需要满足的边界条件表示为

$$\begin{cases} C=0, & r=a, & r=b, & t\geqslant 0 \\ C=C_0(r), & a<r<b, & t=0 \end{cases} \tag{2.62}$$

利用傅里叶级数展开式可以得到任意径向位置 r 和时间 t 的掺杂剂浓度分布[117]

$$C(r,t)=\frac{\pi^2}{2}\sum_{n=1}^{\infty}\frac{\alpha_n^2 J_0^2(a\alpha_n)}{J_0^2(a\alpha_n)-J_0^2(b\alpha_n)}e^{-D\alpha_n^2 t}U_0(r\alpha_n)\int_a^b rC_0(r)U_0(r\alpha_n)dr \tag{2.63}$$

其中,$U_0(r\alpha_n)=J_0(r\alpha_n)Y_0(b\alpha_n)-J_0(b\alpha_n)Y_0(r\alpha_n)$,$J_0$ 和 Y_0 分别为第一类和第二类 0 阶贝塞尔函数,α_n 为方程 $U_0(a\alpha)=0$ 的第 n 阶正根。由式(2.63)和式(2.45),可以得到中空光纤热扩散后的折射率分布。

（3）扩散源接近边界的情况

在之前的分析中,我们假设光纤与空气界面之间没有掺杂物质的交换[123,137]。然而,如果热扩散时扩散源接近边界,加热氛围会影响光纤表面的掺杂剂向空气之中扩散[138]。例如,微加热器保护气体的选择、保护气体的含氧量和湿度以及加热温度都会影响掺杂剂蒸发进入空气的质量传递系数。

假设初始掺杂浓度分布是 $C_0(r)$,且光纤表面上的掺杂剂扩散是线性的,即光纤表面上的通量与光纤表面和周围介质的浓度差成正比。

这个问题类似于一个无限长的圆柱体通过表面辐射产生的热量损失,即边界条件为

$$D\frac{\partial C}{\partial r}=-h(C-C_{med}), \quad r=a, \quad t\geqslant 0 \tag{2.64}$$

其中,C_{med} 为媒介中掺杂剂的浓度,h 是在特定的温度与压力下的气相热质传递系数。在实际热扩散中,光纤周围掺杂剂的浓度为 0,即 $C_{med}=0$。

得到满足此边界条件的热扩散后掺杂剂浓度分布为[117]

$$C(r,t)=\frac{2}{a^2}\sum_{n=1}^{\infty}\exp(-D\alpha_n^2 t)\frac{\alpha_n^2 J_0(r\alpha_n)}{[(h/D)^2+\alpha_n^2]J_0^2(a\alpha_n)}\int_0^a rC_0(r)J_0(r\alpha_n)dr \tag{2.65}$$

其中,J_0 为第一类 0 阶贝塞尔函数。α_n 为方程 $J_0(a\alpha)=0$ 的第 n 阶正根。

2. 横向离散波导折射率调控

尽管某些光纤(如多芯光纤、保偏光纤等)的截面折射率分布不是轴对称的,但绝大多数光纤的轴向上的折射率分布都是相同的,叫作横向离散波导。即光纤横截面上掺杂剂分布在光纤轴向上的浓度梯度几乎为零。对于横向离散波导,当轴向上的温度梯度较小时,单根光纤的轴向热扩散可以忽略不计,只需考虑径向热

扩散。

多芯光纤（MCF）是一种典型的横向离散波导光纤。单根光纤中存在多个纤芯使其在单根光纤中构建更复杂的光路成为可能[139]。几种典型的多芯光纤的横截面照片如图 2.52(a)和(b)所示。例如，双芯光纤可以发展为迈克耳孙干涉仪或马赫-曾德尔尔干涉仪结构的纤维集成的传感器，用于检测折射率、温度和应变等[140-141]。采用七芯光纤的多芯光纤连接器具有超低串扰和低插入损耗[142]。图 2.52(c)为偏振保持多芯光纤，其多个纤芯呈椭圆形，并嵌入二氧化硅毛细管的内壁。当空气孔中填充有液体或固体材料时，这些填充的物质能够改变纤芯附近区域的有效折射。因此可以用来制作基于光纤倏逝场的生化传感器[143-144]。

（1）芯间信号交换：光纤内耦合器的热扩散制备技术

光纤中的信号交换在传感领域具有重要应用[145]。横向离散波导热扩散后也可以实现信号交换。目前光纤耦合器使用广泛，制作方法也有很多，包括抛磨[146]、熔融拉锥[147-149]、热扩散[109]等。采用熔融拉锥技术实现芯间耦合应用最为普遍。但是，熔融拉锥制作的 MCF 耦合器存在机械强度低、对轴向应变和外部折射率敏感、封装要求高等缺点[150]。而基于热扩散技术制作的光纤耦合器，不改

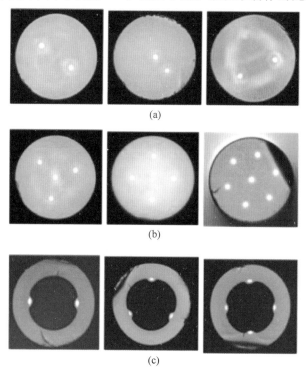

(a)

(b)

(c)

图 2.52　几种类型多芯光纤

（a）两芯和三芯光纤；（b）四芯和七芯光纤；（c）中空椭圆多芯光纤

变光纤外形结构与尺寸,所以具有无法比拟的优势。

而使用多芯光纤制作全光纤集成耦合器,体现了器件集成化、小型化的趋势。在过去的几十年里,多芯光纤作为一种集成光波导,以其体积小、稳定性好、传输容量大、不同芯间温度响应均匀等优点引起了人们的广泛关注。非耦合型 MCF 由于其独立传输特性,在光通信[142,151]、光纤传感器[152-154]、微波光子学[155]等领域得到了更广泛的研究和应用。在非耦合 MCF 的应用中,通常需要在 MCF 的纤芯中实现光束的分束和合束。因此开发集成 MCF 耦合器,有效地实现纤芯之间的光波耦合,是 MCF 应用的关键问题。

图 2.53(a)显示了制作耦合器的非对称双芯光纤的热扩散。不对称双芯光纤由具有相同折射率的中间芯和偏心芯组成。首先使用微加热器对双芯光纤热扩散,使纤芯中的掺杂离子向包层中扩散,即双芯的模场直径变大,两个纤芯之间的距离逐渐变小,而双芯光纤的包层直径不变,加热一段时间后,在加热区形成了光纤耦合器的结构。制作的集成式双芯耦合器的分光比与加热时间、加热温度和初始掺杂剂分布有关。在对双芯光纤加热的同时,光源输入双芯光纤的中间芯,使用光束分析仪观测双芯光纤输出光场的变化,或使用光功率计实时监测耦合器的两个纤芯的功率变化。通过实时监测即可选择制作不同分光比的双芯光纤耦合器,如图 2.53(b)所示。当加热时间为 60 min 时,两个纤芯的输出光功率几乎相等,即双芯光纤耦合器的分光比达到 50∶50。

热扩散制作纤维集成的耦合器具有操作简单、方便的特点。基于热扩散法制作的非对称双芯光纤耦合器,具有易于与单模光纤耦合,集成度高、机械强度大等优点。尽管热扩散技术比熔融扩散锥度花费更多的时间来制造双芯光纤耦合器,但是热扩散技术可以实现双芯光纤耦合器的批量生产。此外,通过对耦合器测试,表明热扩散法制作的双芯光纤耦合器具有较高的机械强度,并且能够稳定对外界的温度、应力、折射率等变化响应[109]。此外,基于双芯光纤耦合器可以实现适用于模分复用的模式转换器,该模式转换器还可以在反向使用时用作模式解复用器[156-157]。对三芯光纤做热扩散处理,可用作模式复用/解复用器,用于 LP_{01} 和 LP_{11} 的双模复用[158]。

通过热扩散实现的 2×2 耦合器可以推广到双芯以上 MCF 制造的 $n\times n$ 耦合器。图 2.53(c)展示了对七芯光纤加热,七个纤芯的模场直径均扩大,即可在加热区形成耦合结构,构成七芯光纤耦合器。在七芯光纤的一侧中间芯输入光束,在七芯光纤另一侧的七个纤芯中,都可以监测到光功率。

(2) 单光纤集成干涉仪的热扩散制备技术

单根光纤集成干涉仪由于其体积紧凑的特殊优点,在传感领域发挥着重要作用。传统的方法使用基于多芯光纤熔融拉锥的方法,构建紧凑稳定的纤维集成迈

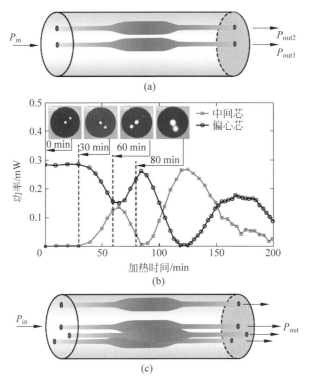

图 2.53　热扩散用于制造纤维集成耦合器的示意图

克耳孙干涉仪或马赫-曾德尔干涉仪[159]，实现位移、弯曲、振动和加速度等多参数
测量。而熔融拉锥方法制作的纤维集成光纤干涉仪，机械强度低、封装要求高。因
此迫切需要一种无损的方法实现芯间耦合用于制作纤维集成光纤干涉仪。因此可
以基于热扩散技术构建纤维集成迈克耳孙干涉仪或马赫-曾德尔干涉仪。

　　纤维集成迈克耳孙干涉仪或马赫-曾德尔干涉仪是基于双芯光纤形成的双光
束元件。对双芯光纤施加热扩散，即可实现一种稳定可靠的纤维集成干涉仪，如
图 2.54 所示。双芯光纤热扩散后，一端熔接单模光纤，并在双芯光纤的另一端面
镀金膜制作反射镜，即构建迈克耳孙结构干涉仪，如图 2.54(a)所示。从 LD 光源
发出的光进入光纤，通过一个 3 dB 耦合器，直接进入纤维集成的迈克耳孙干涉仪。
双芯光纤反射镜端的反射信号，耦合进双芯光纤的中间芯中，由光电探测器接收。
由此，实现了一种简单的集成在一根光纤中的迈克耳孙干涉仪。类似地，在马赫-
曾德尔结构干涉仪(图 2.54(b))对双芯光纤做两个热扩散区，并将双芯光纤两端
分别熔接一个单模光纤。同样地，基于三芯光纤或更多纤芯光纤为传感元件时，可
以制作多光束马赫-曾德尔干涉仪。

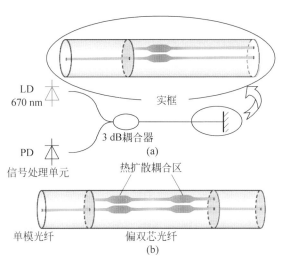

图 2.54　热扩散用于制造纤维集成迈克耳孙干涉仪或马赫-曾德尔干涉仪的示意图

3. 纵向级联光纤模场调控

对于某些轴向上的截面折射率分布不同的光纤,比如不同光纤熔接串联成光纤链时,我们把这种光纤叫作纵向离散波导。对于纵向离散波导,光纤沿轴向上的折射率分布不一致,即光纤横截面上掺杂剂分布在光纤轴向上的浓度梯度较大。对于纵向离散波导,当轴向上单位长度的温度梯度较小时,轴向上的热扩散非常明显,此时需要同时考虑径向热扩散和轴向热扩散。纵向离散波导的总的热扩散效果可以认为是轴向热扩散与径向热扩散的叠加。

当多根不同光纤段熔接串联成光纤链时,即纵向离散波导,在两种光纤的熔接点位置,掺杂剂的轴向浓度梯度非常大。当我们利用热扩散技术对纵向离散波导的折射率分布进行操纵与重构时,可以在光纤链内部构建复杂的三维变化的折射率结构。

如图 2.55 所示,以单模光纤(纤芯直径为 9 μm,数值孔径为 0.14)熔接阶跃折射率多模光纤(纤芯直径为 62.5 μm,数值孔径为 0.2)为例。以熔接点位置为中心施加热扩散,熔接点附近 ± 60 μm 近似看作 $T = 1600$℃ 的等温场。图 2.55(a)和 (c)中的等折射率分布线表示,初始掺杂浓度更高的阶跃折射率多模光纤中的掺杂剂单模光纤的纤芯和包层中扩散。轴向上,熔接点位置的阶跃折射率演变为渐变折射率。随扩散时间增加,过渡更加明显。图 2.55(d)为 $r = 15$ μm 时掺杂浓度的轴向切片。轴向扩散的宽度随扩散时间的增加而增加,但是扩散宽度的增量随扩散时间的增加而减少。轴向热扩散宽度取决于扩散时间(或扩散温度)和初始轴向浓度梯度。

多数情况下,轴向热扩散对于纵向离散波导,比如不同串联熔接光纤段的光纤

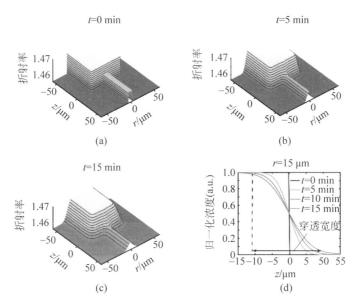

图 2.55　标准单模光纤与阶跃折射率多模光纤在熔接点位置存在明显的径向、轴向热扩散

热扩散时间：(a) $t=0$ min；(b) $t=10$ min；(c) $t=15$ min；(d)不同热扩散时间下的掺杂浓度曲线

模场适配是有利的。因为光纤纵向方向上，阶跃的折射率变化会明显增加两种光纤的连接损耗。熔接点处的折射率跃变不利于模场适配，使大量的能量耦合为辐射模式而损耗掉。因此，光纤熔接点处施加热扩散，在大多数时候能够有效降低熔接损耗。此外，轴向扩散有助于抑制不同光纤熔接界面处的光反射[160-161]。

（1）模场扩展器

单模光纤与大芯径光纤连接时，因模场直径相差较大，采用对单模光纤热挤加粗的方法[162]或者连接梯度折射率多模光纤的方法[163]扩展模场直径，与大芯径光纤的模场匹配。而通过采用热扩散的方法，对光纤局部加热，可以产生绝热折射率渐变区。不仅能够扩大模场直径降低不同光纤、器件之间的连接损耗[81,83,107,164]，而且热扩散不改变传输模式的归一化频率[79]。通过结合热扩散和熔融拉锥的方法[106]，可以实现更大尺寸的模场扩大，将两个不同光纤的模场传输损耗从 8.5 dB 变到 0.4 dB。

热扩散加热单模光纤实现高斯模场扩展。通常将一段单模光纤放入足够缓变（通常表现为梯度温度场在光纤长度方向温场范围够宽）的梯度温度场中。单模光纤的加热时间与加热温度决定了热扩散后高斯模场直径的大小。我们通过有限元法仿真单模光纤（纤芯直径为 9 μm，数值孔径为 0.14）热扩散后的折射率分布。图 2.56(a)为热扩散光纤的折射率分布，热扩散时间为 4.5 min。施加的梯度温度场宽度，即热扩散光纤的长度为 1000 μm。图 2.56(b)给出了采用光束传播法对光束在 TDZ 中传播时电场强度的模拟结果。从图中可以看出，当 TDF 的长度较短时，损耗较大。

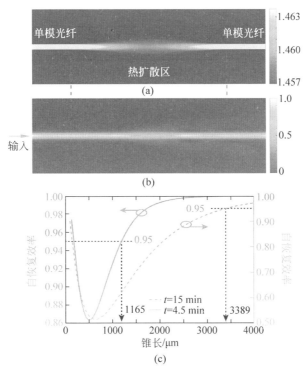

图 2.56　热扩散制备高斯模场扩展器示意图

输入单模光纤的基模经过 TDF 时模场先展宽至最大，然后模场收缩恢复至单模光纤的基模大小。基于光束传播法，自恢复效率通过导出单模光纤的传输模场与导入单模光纤的基模场的重叠积分计算。我们用单模光纤基模场的自恢复效率对该光场传输过程的绝热条件进行量化分析。如图 2.56(c)所示，单模光纤基模场的自恢复效率随 TDF 长度变化有一个明显凹陷，即凹陷顶点处，TDF 的传输损耗达到最大。图 2.56(c)对比了加热时间分别为 4.5 min 和 15 min 的 TDF 自恢复效率。自恢复效率曲线凹陷顶点向右移动。这说明最大损耗对应的热扩散区长度随热扩散程度的增加而增加。

（2）模场适配器

为了适配不同模场形状的光纤与普通单模光纤，可以采用多功能模式转换的"三明治"结构[129]。作为模场适配器，可以将单模光纤的高斯模场转换为环形芯光纤的环形模场，将单模光纤的一个高斯模场转换为多芯光纤的多个高斯模场。同样地，也可以作为一种高斯光束扩束/压缩器，实现单模光纤与多模光纤接近

100%的耦合效率。

单模光纤的模场与特殊光纤的模场相差较大,直接连接时耦合效率低,因此需要一种模式适配器作为桥接光纤,实现单模光纤与特殊光纤的模场转换。双包层光纤可以作为一种非常好的桥接光纤,实现单模光纤与特殊光纤之间的模场适配,需要对双包层光纤进行特殊设计。其一,双包层光纤纤芯参数与单模光纤一致,包括纤芯直径和纤芯相对于内包层的数值孔径。使得单模光纤中的基模可以无损地耦合为双包层光纤的基模。需要注意的是,双包层光纤内包层直径要大于单模光纤的基模场。其二,双包层光纤与特殊光纤的截面初始掺杂剂总量相等。即使不考虑轴向热扩散,初始折射率分布不同的双包层光纤和特殊光纤,在熔接位置施加热扩散后同时重构为同一高斯分布。

环形芯内侧半径为 12.5 μm,外侧半径为 17.5 μm,环形芯的厚度为 5 μm,包层折射率为 1.457,环形芯折射率为 1.4637。图 2.57(a)为施加热扩散的梯度温度场。按照双包层光纤的设计原则,双包层光纤的参数:内包层半径为 25 μm,纤芯半径为 4.5 μm,外包层、内包层、纤芯的折射率分别为 1.457、1.4584、1.4651。掺杂物质均为锗。单模光纤、双包层光纤、热扩散双包层光纤(TD-DCF)、热扩散环芯光纤(TD-RCF)和环芯光纤的长度分别为 2 mm、2 mm、10 mm、10 mm 和 5 mm。热扩散时间为 110 min 时,熔接点处热扩散双包层光纤和热扩散环形芯光纤的折射率分布匹配,如图 2.57(a)所示。图 2.57(b)和(c)表示单模光纤输入双包层光纤的模场传播,经过热扩散区能够绝热地转换为特殊光纤的基模场。双包层光纤和环形芯光纤熔接点掺杂剂浓度梯度较大,会发生轴向热扩散。实际上,熔接点附近的轴向热扩散有助于更好、更快地实现折射率分布的匹配。

双包层光纤作为桥接光纤,结合热扩散方法,不仅能够实现单模光纤与特殊光纤的模场适配,而且在合理设计双包层光纤的情况下,能够实现特殊光纤与特殊光纤模场的匹配。

(3) 光束转换器:高斯光束转换成贝塞尔光束

自 Durnin[165] 于 1987 年首次提出贝塞尔光束的数学模型以来,这种光束就受到了极大的关注。生成贝塞尔光束的方法有很多种。其中最常见的一种就是平面波通过二次曲面或圆锥曲面产生干涉来生成贝塞尔光束。这种方法通常是在几何光学器件(如凸透镜[166]、轴透镜[167]、空间光调制器[168]、计算机控制全息图[169]等)的焦点处放置一个环形孔来实现的。基于这种原理,在纤维集成系统中也可以生产微米级的贝塞尔光束。例如利用光纤微轴透镜[170]或空心光纤、无芯光纤和聚合物透镜组成的傅里叶系统[171]生成贝塞尔光束。使用单模光纤与环形芯光纤熔融拉锥,连接渐变折射率光纤透镜的方法[172]也可以产生贝塞尔光束。因此可以采用热扩散耦合代替熔融拉锥耦合,优化贝塞尔光束的制作方法。

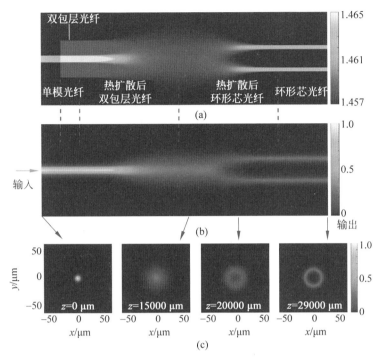

图 2.57　单模光纤与环形芯光纤的模场适配器

图 2.58(a)为热扩散方法生成贝塞尔光束的结构。双包层光纤两端分别连接单模光纤和环形芯光纤,在双包层光纤与环形芯光纤熔接点处施加热扩散,来构建高耦合效率的单模光纤的基模场与环形光纤基模场的模场转换器。单模光纤中的基模经过模场转换器变为环形芯光纤的基模,即把高斯光转换为环形光。在环形芯光纤的另一端,熔接四分之三节距的梯度折射率光纤(梯度折射率光纤的核心折射率为 $n(r)=1.4813\times(1-3.37\times10^{-5}\times r^2/2)$,梯度折射率光纤的核心半径为 31.25 μm,包层折射率为 1.4570,梯度折射率光纤的长度为 800 μm)。图 2.58(b)为将图 2.58(c)产生的环型束发射入梯度折射率光纤时,波在 GIF 和自由空间中沿 z 轴的传播情况。经过渐变折射率光纤的调制,在纤端处生成贝塞尔光束。这里,渐变折射率光纤起着傅里叶透镜的作用。

(4) 通过对纤芯折射率的精细调整实现的相位操控

光束通过复杂介质传播时,折射率的不均匀会引起多次散射,导致光束无法顺利聚焦和成像[173]。多模光纤中信道间的串扰会限制多模光纤在光通信领域中的应用[174]。为了增强光纤在生物组织医学成像和光通信等领域中的应用潜力,需要对纤端输出的相位进行控制[175]。通常不是使用平面的入射波前,而是将入射光束调制为具有优化相位图的特殊波前。已经提出了几种波前相位控制技术,包

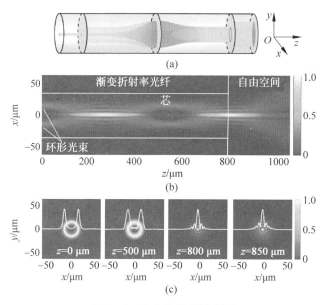

图 2.58　光束转换器示意图

(a) 全光纤贝塞尔光束发生器的热扩散设计；(b) 波在 GIF 和自由空间中沿 z 轴的传播；(c) 沿图(b)不同位置的光束传播场

括光学相位共轭[176]、相位空间光调制器[173]和传输矩阵测量[177]。这些方法通常需要一个复杂的光学系统，在纤维集成应用中存在限制。

　　光纤中输出光束的相位由光纤波导的长度、纤芯的折射率及其分布、波导的横向尺寸决定。热扩散技术微调改变光纤的折射率分布，可以实现对光纤输出光束的波前相位控制。如图 2.59(a)所示，入射光束为平面波时，可以在传输光纤端熔接一段由热扩散方法重构折射率分布的横向离散波导，实现对入射平面波的相位控制。根据需要调整的纤端输出光束的相位分布，设计一种光纤的初始折射率分布，通过热扩散来操纵该光纤的最终折射率分布。在传输光纤纤端，熔接一定长度的热扩散后的光纤，即可实现对输出光束的相位控制。

　　设计的横向离散波导为环形芯。其参数为环形芯内侧半径为 31.25 μm，外侧半径为 36.25 μm，环形芯的厚度为 5 μm，包层折射率为 1.457，环形芯折射率为 1.4637。掺杂物质为锗。将该光纤在 1600℃恒温场中加热 120 min。热扩散前后的折射率分布如图 2.59(b)和(c)所示。入射光束为平面波，如图 2.59(d)所示，通过 1000 μm 的热扩散环形芯光纤后，输出光束的相位分布如图 2.59(e)所示。从图中可以看出，光束经过热扩散环形芯光纤后，光束的相位分布被整形。

　　综上所述，我们以热扩散技术为手段，通过改变其折射率分布，展示了对纤维集成离散波导中光场的精确可控的操纵与重建。以离散波导为基础器件，热扩散

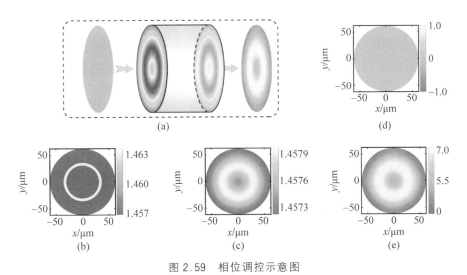

图 2.59 相位调控示意图

(a) 通过对环形纤芯折射率的精细调整实现相位调控的示意图；(b) 热扩散前环形芯光纤的折射率分布；(c) 热扩散 60 min 后环形芯光纤的折射率分布；(d) 入射平面光的相位分布；(e) 经过热扩散的环形芯光纤后的相位分布

技术可以实现纤维集成的耦合器、干涉仪、模场适配器、模场扇出设备、光束转换器、相位整形组件。同时,结合组棒法技术与热扩散技术,为具有复杂功能的纤维集成光器件的设计与制备提供了良好的解决方案。结果表明,热扩散技术与传统的熔融拉锥技术相比,操作简单、稳定性更高、与标准光纤适配,因此具有广泛的应用前景。

2.5 级联干涉仪及其相位调控

采用一根光纤中的多个分立的波导可以在一根光纤上集成多个干涉仪,形成串联或并联结构,从而通过多个干涉仪彼此进行相位调控,将这个效应应用到测量领域时,可以提高测量灵敏度,从而产生所谓的游标效应。

游标卡尺被广泛应用于高精度、短距离的测距中,主要是利用微小测量值变化导致的对齐分度大范围改变,这种现象称作游标(vernier)效应。游标效应是提高测量灵敏度的有效方法[178],在光学测量领域中有着广泛的用途。例如,在光谱测量技术中,有人提出了光频域游标法光谱仪[179],该光谱仪的滤波部分包括一个可调谐法布里-珀罗 FPI 和一个 FP 标准具,通过两个 FPI 级联产生的光学游标效应放大自由光谱范围(FSR),从而能够在很小的腔长调谐范围内实现较大范围的波长扫描,避免了使用体积较大的滤波器结构。

游标效应能够在光谱测量技术[179]、可调范围光学滤波[180]和通过光纤环的级联获得较大的自由光谱范围,进而在长腔光纤激光器中实现单纵模激光输出[181]和大范围波长调谐[182],并且还可以将不同种类的干涉仪级联在一起,实现相位可调节的传感器灵敏度放大。

基于游标效应的光纤传感器已被应用于高灵敏度测量,包括折射率、温度、气流、应变和磁场等参数。目前已成功实现了级联结构的游标效应,如级联法布里-珀罗干涉仪[183]、级联马赫-曾德尔干涉仪(MZI)[184]、级联萨格纳克(Sagnac)干涉仪[185]和环形谐振器[186]等。

2.5.1 级联干涉仪相位组合的光学游标效应

虽然光纤传感领域中的大量研究证明了游标效应的可行性,但大多是基于级联结构的干涉仪。在干涉仪的级联结构中,两个干涉仪中的一个用作参考干涉仪,另一个作为传感干涉仪。当该干涉仪受外界传感信号调制时,参考干涉仪不受外界影响,任何物理参数都不发生改变,而传感干涉仪接收到外界传感信号调制后,由于游标效应的参与,干涉光谱会随着级联干涉仪物理参数(例如腔长、折射率)的变化而变化,并且由于游标效应,使得光谱发生漂移,且漂移量远超过单一干涉仪自身光谱的漂移,从而实现可测量的放大。

由于单根光纤中可以方便地通过多波导及其耦合来集成多个分立的干涉仪,并使其进行串行级联或并行级联。因此,可以借助于游标测量精度放大效应,在单根光纤中构建多个分立的干涉仪,从而改进单个干涉仪的测量分辨率,提高光纤干涉传感器件的测量精度。图2.60给出几种典型的串行或并行级联干涉仪的结构。其中图2.60(a)是几种典型的双芯光纤和三芯光纤的横断面结构图,图2.60(b)是采用偏心双芯光纤制备的串行级联式MZI,该光纤中间具有一个轴对称纤芯,在中间芯和包层之间又增加了一个偏心纤芯。通过将该光纤连续拉制三个光纤耦合器的方法,就得到了如图2.60(b)所示的串行级联式MZI结构。类似地,图2.60(c)和(d)则是采用对称的一字型排布的三芯光纤,通过拉制一个耦合锥体,并在三芯光纤的另一端镀制反射膜,就在一根光纤上构造了并联迈克耳孙干涉仪,图2.60(c)给出的是由三组双光路迈克耳孙干涉仪组成的并联干涉仪;而采用在三芯光纤上连续拉制两个锥体耦合器的方法,可以进一步构建出由三组双光路组成的并联MZI,如图2.60(d)所示。

2.5.2 串行级联多干涉仪相位调控

利用游标效应可以放大周期性光干涉仪的灵敏度与动态范围。本节首先介绍MZI的基本原理与关键参数,然后以这种串行级联的干涉仪为例,给出游标效应的

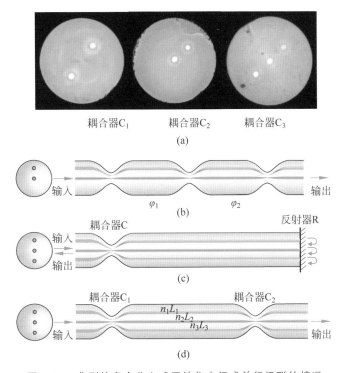

图 2.60　典型的多个分立式干涉仪串行或并行级联的情况

（a）三种典型的双芯光纤和三芯光纤横断面结构图；（b）基于双芯光纤串行的级联 MZI；（c）基于三芯光纤并行的级联迈克耳孙干涉仪；（d）基于三芯光纤并行的级联 MZI

基本原理,重点分析游标效应的放大效果及其影响因素。

　　图 2.61 给出基于双芯光纤的集成式串行级联 MZI。该干涉仪通过集成在一根光纤内的两根纤芯的三次耦合,将两个 MZI 微缩集成在同一根光纤中,构成了集成式的串行级联 MZI。类似地,还可以通过更多次的拉锥耦合,实现多 MZI 的串行级联。

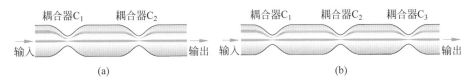

图 2.61　集成在一根光纤上的 MZI(a)和两个 MZI 串行级联结构(b)

　　MZI 的典型结构如图 2.61(a)所示。入射光经过耦合器分为两路,分别经过一定的光程之后两束光再次经过耦合器被会聚到一起,在输出端得到干涉谱。这两束光的相位差可由下式给出:

$$\Delta\varphi = \frac{2\pi}{\lambda}(n_1 L_1 - n_2 L_2) \qquad (2.66)$$

其中,n_1、n_2 分别表示纤芯的折射率,L_1、L_2 分别表示两臂纤芯的长度。假设两耦合器 C_1、C_2 均为 3 dB 耦合器,最终得到的干涉谱光强可以如下式表示:

$$I = I_0 \cos^2 \frac{\Delta\varphi}{2} \qquad (2.67)$$

其中,I_0 为干涉仪入射光的光强,I 为出射光光强。可以看到,光谱呈周期性,光谱波峰处的波长满足条件式(2.68)。

$$n_1 L_1 - n_2 L_2 = m\lambda \qquad (2.68)$$

这里,我们考虑 MZI 的两个重要参数,一个是自由光谱范围(free spectral range,FSR),另一个是灵敏度。对于光纤 MZI,FSR 是指干涉谱上两个相邻波峰的波长差,由式(2.68)可得

$$FSR = \frac{\lambda^2}{n_1 L_1 - n_2 L_2} \qquad (2.69)$$

而 MZI 的灵敏度是指在外部条件的单位变化下,光谱漂移的程度,一般通过追踪光谱中的某个峰或谷来确定。灵敏度与所测参量有关,此处用外部条件代指所测参量来研究光程差变化与波长漂移的关系,不影响结论。假定外部条件发生了单位变化,其光谱的波峰也会发生漂移,新的波峰为 λ',其对应的光程差为 $(n_1 L_1 - n_2 L_2)'$,它们同样满足式(2.68),可表示为

$$(n_1 L_1 - n_2 L_2)' = m\lambda' \qquad (2.70)$$

由式(2.68)和式(2.70)可得

$$\frac{\Delta\lambda}{\lambda} = \frac{\Delta(n_1 L_1 - n_2 L_2)}{n_1 L_1 - n_2 L_2} \qquad (2.71)$$

其中:$\Delta\lambda = \lambda' - \lambda$,表示波长漂移量;$\Delta(n_1 L_1 - n_2 L_2) = (n_1 L_1 - n_2 L_2)' - (n_1 L_1 - n_2 L_2)$,表示光程差变化量,代表了外界环境的变化。

级联两个 FSR 接近的干涉仪是产生游标效应最典型的方式,这里我们以 MZI 为例,如图 2.61(b)所示,两个独立的 MZI 被集成在同一根双芯光纤上,两个 MZI 的相位差分别为 φ_1 和 φ_2。输入的光信号依次通过两个干涉仪,此结构最终的透过率可以用两个 MZI 的透过率相乘得到。为简便计,假设两耦合器均为 3 dB 耦合器,将相位差代入式(2.67),透射率 T 可以表示为

$$T = \cos^2 \frac{\varphi_1}{2} \cos^2 \frac{\varphi_2}{2} \qquad (2.72)$$

经数学变换,透射率可以写为如下形式:

$$T = \frac{1}{4}\left(\cos\frac{\varphi_1 + \varphi_2}{2} + \cos\frac{\varphi_1 - \varphi_2}{2}\right)^2 \qquad (2.73)$$

其中,φ_1 和 φ_2 都与波长及光程差相关,可以表示为 $\varphi_1 = \text{OPD1}/\lambda$,$\varphi_2 = \text{OPD2}/\lambda$,OPD1 和 OPD2 分别是两个 MZI 中的光程差。如果两个 MZI 的光程差相近,那么 $\cos[(\varphi_1 + \varphi_2)/2]$ 可以看作一个高频周期函数,$\cos[(\varphi_1 - \varphi_2)/2]$ 可以看作低频周期函数。由此可见,最终的光谱包含一个高频精细谱,由 $\cos[(\varphi_1 + \varphi_2)/2]$ 决定。此外,还包含一个低频包络,主要由 $\cos[(\varphi_1 - \varphi_2)/2]$ 决定。由式(2.73)可知,当 $\cos[(\varphi_1 + \varphi_2)/2]$ 为 1 或 -1 且与 $\cos[(\varphi_1 - \varphi_2)/2]$ 正负号相同时,光谱处于它的上包络上,即其上包络 ENV 可由下式描写:

$$\text{ENV} = \frac{1}{4}\left(1 + \left|\cos\frac{\varphi_1 - \varphi_2}{2}\right|\right)^2 \tag{2.74}$$

图 2.62 为假设这两个 MZI 在入射光波长为 1550 nm 波段时,例如当 FSR 分别为 9 nm 和 10 nm 时由式(2.74)给出的仿真透射干涉光谱。从图中可以看到,该透射谱包含着明显的高频精细谱和低频包络,其动态范围明显扩大。其中,红线是根据式(2.74)绘出的包络,它与透射谱上沿相吻合。

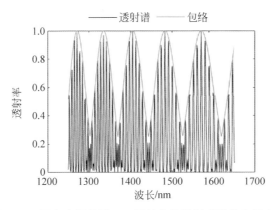

图 2.62　两个串行级联 MZI 干涉仪的透射光谱仿真示意图

为了分析级联式游标效应的 FSR 与灵敏度的增大效果。首先分析此游标光谱的 FSR。对于此光谱,FSR 是指包络上两相邻波峰的波长差。由式(2.68)和式(2.69)可知,两干涉仪的光程差直接对应着两个 MZI 的 FSR,于是通过代换,可以得到级联 MZI 的 FSR 与两个独立的 MZI 的 FSR 之间的关系为

$$\text{FSR} = \frac{\text{FSR}_1 \cdot \text{FSR}_2}{|\text{FSR}_1 - \text{FSR}_2|} \tag{2.75}$$

其中,FSR_1 和 FSR_2 分别是两 MZI 的动态范围,对比式(2.69),可知动态范围被放大,相比第一个 MZI,其放大系数为

$$M_1 = \frac{\text{FSR}_2}{|\text{FSR}_1 - \text{FSR}_2|} \tag{2.76}$$

其次讨论灵敏度。对于级联 MZI,在作传感应用时,保持一个 MZI 为参考干涉仪,不施加外界影响,另一个 MZI 作传感干涉仪,感受外界环境变化。环境变化后,包络出现漂移,通过比较,可以得出级联 MZI 的灵敏度被放大了,放大系数用 FSR 来表示为

$$M_2 = \frac{\text{FSR}_2}{\text{FSR}_2 - \text{FSR}_1} \tag{2.77}$$

如果不考虑灵敏度的正负号,则游标效应对动态范围与灵敏度的放大系数相同,且只由两独立干涉仪的 FSR 决定。此外,通过式(2.74)可以看到,游标效应产生的包络对比度不高,往往低于原干涉仪干涉条纹的对比度。包络对比度的降低会影响游标效应的解调,增大测量的不确定度。同时,游标效应对测量不确定度的影响也与解调方法密切相关。

2.5.3 并行级联多干涉仪相位调控

我们不仅可以将串行干涉仪级联在一根光纤上,也可以将并联干涉仪微缩集成在一根光纤上,而且并联干涉仪也可以产生游标效应。与串行级联干涉仪相比,集成在一根光纤上的并联干涉仪结构并不复杂,在对比度上也没有优势。由于许多反射式干涉仪构成的游标效应在原理上更加接近并联式,如图 2.63(a)所示的反射式并联迈克耳孙干涉仪,如果将反射器看作镜面反射,就可以等效于 图 2.63(b)给出的并行 MZI 结构,所以此处我们仅对并行式 MZI 对相位的调控效应进行介绍。三组 MZI 并联的结构如图 2.63(b)所示,在这个结构中,入射光被耦合器 C_1 分为三束光波,两两干涉分别形成三组 MZI,这些光波分别经过三个干涉仪之后,再经过耦合器 C_2 合束,产生游标光谱。为简单计,假设耦合器 C_1 和 C_2 都是均分型光纤耦合器,于是输出信号是三者的强度叠加。此并联结构干涉仪的透射率可以表示为

$$T = \frac{1}{3}\left(\cos^2\frac{\Delta\varphi_1}{2} + \cos^2\frac{\Delta\varphi_2}{2} + \cos^2\frac{\Delta\varphi_3}{2}\right) \tag{2.78}$$

其中,

$$\begin{cases} \Delta\varphi_1 = \dfrac{2\pi}{\lambda}(n_1 L_1 - n_2 L_2) \\[2mm] \Delta\varphi_2 = \dfrac{2\pi}{\lambda}(n_1 L_1 - n_3 L_3) \\[2mm] \Delta\varphi_3 = \dfrac{2\pi}{\lambda}(n_2 L_2 - n_3 L_3) \end{cases} \tag{2.79}$$

其中,n_1、n_2、n_3 表示纤芯的折射率,L_1、L_2、L_3 表示处于两个耦合器之间的三段纤芯的长度。由此可以看到,这三组干涉仪的输出光谱是上述三个纤芯折射率和

三段纤芯长度的函数,无论是温度或外界环境导致折射率发生变化还是弯曲形变导致的几何参量的变化,都将影响透射率干涉光谱的变化。

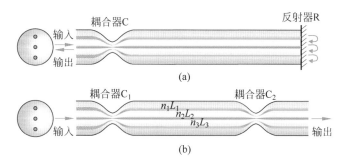

图 2.63　基于三芯光纤构造的并联式迈克耳孙干涉仪和 MZI 结构

假设三个纤芯几何长度都相同,而三个纤芯的折射率略有微小差别,例如 $n_1 = 1.4572$,$n_2 = 1.4580$,$n_3 = 1.4589$,代入式(2.78)和式(2.79),于是该并联集成式干涉仪的输出光干涉谱对波长和干涉仪几何参量 L 的依赖关系的计算结果如图 2.64(a)所示。

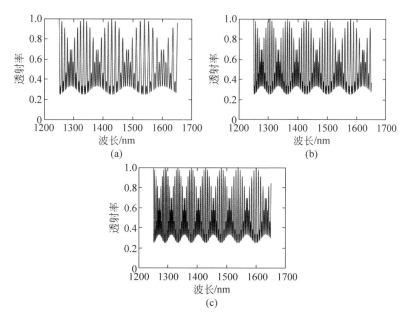

图 2.64　三并联式 MZI 的输出光干涉谱

(a) $L = 200\ \text{mm}$；(b) $L = 300\ \text{mm}$；(c) $L = 400\ \text{mm}$

$n_1 = 1.4572$,$n_2 = 1.4580$,$n_3 = 1.4589$

从图 2.64 中可以看到,并联式的游标谱也由高频分量与低频包络构成,与级联式不同的是,光谱的上沿和下沿都有明显的包络,高频处于交叠区且幅度相同。由图 2.64 可以看到,光谱上沿的对比度较高,灵敏度比较低;而下沿的对比度较低,灵敏度较高。这种情况下,使用基于并联式游标效应的传感器时,为了提高灵敏度,往往利用光谱下沿的密集条纹来进行解调。并联式游标效应也可以得到和级联式游标效应相同的放大效果,此处不再赘述。

2.6　结语

在一根光纤内进行多个分立的离散光纤器件进行集成,便于形成纤维集成微系统。在这样一个紧致的空间结构中,通过构造离散光学微系统,为离散光学的研究提供了一个理想的实验场所。

通过上述系列离散波导纤维集成光场操控的实例:

(1) 解释了基于离散波导光纤中彼此耦合的光场场型变换方法;

(2) 说明了通过对光纤内离散微透镜的调控可实现不同光场之间的适配;

(3) 展示了多光路干涉的相干相位彼此之间的调谐效应。

参考文献

[1] YUAN L,DAI Q,TIAN F, et al. Linear-core-array microstructured fiber[J]. Optics Letters,2009,34(10): 1531-1533.

[2] 苑立波,戴强,田凤军,等. 一种环形分布多芯光纤及其制备方法:201010138977. 1[P/OL]. 2010-09-22. [2022-08-13].

[3] DENG H,YUAN Y,YUAN L. Annular arrayed-waveguide fiber for autofocusing Airy-like beams[J]. Optics Letters,2016,41(4): 824-827.

[4] IMAMURA K,MUKASA K,SUGIZAKI R. Trench assisted multi-core fiber with large A_{eff} over 100 μm^2 and low attenuation loss[C]//Optica Publishing Group. Geneva: 37th European Conference and Exposition on Optical Communications,2011: Mo. 1. LeCervin. 1.

[5] HAYASHI T,TARU T,SHIMAKAWA O,et al. Design and fabrication of ultra-low crosstalk and low-loss multi-core fiber[J]. Optics Express,2011,19(17): 16576-16592.

[6] HAYASHI T,TARU T,SHIMAKAWA O,et al. Characterization of crosstalk in ultra-low-crosstalk multi-core fiber[J]. Journal of Lightwave Technology,2012,30(4): 583-589.

[7] WRAGE M,GLAS P,FISCHER D,et al. Phase-locking of a multicore fiber laser by wave propagation through an annular waveguide[J]. Optics Communications,2002,205(4): 367-375.

[8] HUO Y,CHEO P K,KING G G. Fundamental mode operation of a 19-core phase-locked

Yb-doped fiber amplifier[J]. Optics Express,2004,12(25)：6230-6239.

[9]　CHUANG S L. A coupled mode formulation by reciprocity and a variational principle[J]. Journal of Lightwave Technology,1987,5(1)：5-15.

[10]　HAUS H,HUANG W,KAWAKAMI S,et al. Coupled-mode theory of optical waveguides [J]. Journal of Lightwave Technology,1987,5(1)：16-23.

[11]　HUANG W P. Coupled-mode theory for optical waveguides：an overview[J]. JOSA A, 1994,11(3)：963-983.

[12]　GUAN C, YUAN L, DAI Q, et al. Supermodes analysis for linear-core-array microstructured fiber[J]. Journal of Lightwave Technology,2009,27(11)：1741-1745.

[13]　SNYDER A W. Coupled-mode theory for optical fibers [J]. JOSA, 1972, 62 (11)： 1267-1277.

[14]　DURMIN J. Exact solutions for nondiffracting beams[J]. Journal of the Optical Society of America A,1987,4：651-654.

[15]　DURNIN J,MICELI JR J,EBERLY J H. Diffraction-free beams [J]. Physical Review Letters,1987,58(15)：1499.

[16]　TURUNEN J, FRIBERG A T. Propagation-invariant optical fields [M]//Progress in Optics. Elsevier：Elsevier,2010：1-88.

[17]　BERRY M V, BALAZS N L. Nonspreading wave packets [J]. American Journal of Physics,1979,47(3)：264-267.

[18]　UNNIKRISHNAN K,RAU A. Uniqueness of the Airy packet in quantum mechanics[J]. American Journal of Physics,1996,64(8)：1034-1035.

[19]　SIVILOGLOU G A,CHRISTODOULIDES D N. Accelerating finite energy Airy beams [J]. Optics Letters,2007,32(8)：979-981.

[20]　SIVILOGLOU G,BROKY J,DOGARIU A,et al. Observation of accelerating Airy beams [J]. Physical Review Letters,2007,99(21)：213901.

[21]　BAUMGARTL J,MAZILU M,DHOLAKIA K. Optically mediated particle clearing using Airy wavepackets[J]. Nature Photonics,2008,2(11)：675-678.

[22]　ZHANG P,PRAKASH J,ZHANG Z,et al. Trapping and guiding microparticles with morphing autofocusing Airy beams[J]. Optics Letters,2011,36(15)：2883-2885.

[23]　ZHENG Z,ZHANG B F,CHEN H,et al. Optical trapping with focused Airy beams[J]. Applied Optics,2011,50(1)：43-49.

[24]　ZHAO J,CHREMMOS I D,SONG D,et al. Curved singular beams for three-dimensional particle manipulation[J]. Scientific Reports,2015,5(1)：1-6.

[25]　VETTENBURG T,DALGARNO H I,NYLK J,et al. Light-sheet microscopy using an Airy beam[J]. Nature Methods,2014,11(5)：541-544.

[26]　MATHIS A,COURVOISIER F,FROEHLY L,et al. Micromachining along a curve： Femtosecond laser micromachining of curved profiles in diamond and silicon using accelerating beams[J]. Applied Physics Letters,2012,101(7)：071110.

[27]　MATHIS A,FROEHLY L,FURFARO L,et al. Direct machining of curved trenches in silicon with femtosecond accelerating beams[J]. Journal of the European Optical Society-

Rapid Publications,2013,8(2013):13019.

[28] PAPAZOGLOU D, PANAGIOTOPOULOS P, COUAIRON A, et al. Materials processing using abruptly autofocusing beams[C]//Optica Publishing Group. San Jose: CLEO: Science and Innovations 2013,2013:CM3H-8.

[29] POLYNKIN P,KOLESIK M,MOLONEY J V,et al. Curved plasma channel generation using ultraintense Airy beams[J]. Science,2009,324(5924):229-232.

[30] MINOVICH A,KLEIN A E,JANUNTS N,et al. Generation and near-field imaging of Airy surface plasmons[J]. Physical Review Letters,2011,107(11):116802.

[31] SALANDRINO A,CHRISTODOULIDES D N. Airy plasmon: a nondiffracting surface wave[J]. Optics Letters,2010,35(12):2082-2084.

[32] ZHANG P,WANG S,LIU Y,et al. Plasmonic Airy beams with dynamically controlled trajectories[J]. Optics Letters,2011,36(16):3191-3193.

[33] HU Y,ZHANG P,LOU C,et al. Optimal control of the ballistic motion of Airy beams [J]. Optics Letters,2010,35(13):2260-2262.

[34] ELLENBOGEN T, VOLOCH-BLOCH N, GANANY-PADOWICZ A,et al. Nonlinear generation and manipulation of Airy beams[J]. Nature Photonics,2009,3(7):395-398.

[35] GUAN C,DING M,SHI J,et al. Compact all-fiber plasmonic Airy-like beam generator [J]. Optics Letters,2014,39(5):1113-1116.

[36] DENG H,YUAN L. Generation of Airy-like wave with one-dimensional waveguide array [J]. Optics Letters,2013,38(10):1645-1647.

[37] DENG H,YUAN L. Two-dimensional Airy-like beam generation by coupling waveguides [J].JOSA A,2013,30(7):1404-1408.

[38] EFREMIDIS N K,CHRISTODOULIDES D N. Abruptly autofocusing waves[J]. Optics Letters,2010,35(23):4045-4047.

[39] CHREMMOS I,EFREMIDIS N K,CHRISTODOULIDES D N. Pre-engineered abruptly autofocusing beams[J]. Optics Letters,2011,36(10):1890-1892.

[40] VAVELIUK P,LENCINA A,RODRIGO J A,et al. Symmetric airy beams[J]. Optics Letters,2014,39(8):2370-2373.

[41] VAVELIUK P,LENCINA A,RODRIGO J A,et al. Intensity-symmetric Airy beams[J]. JOSA A,2015,32(3):443-446.

[42] LANDAU L D,LIFSHITZ E M,SYKES J B,et al. Quantum mechanics,non-relativistic theory: vol. 3 of course of theoretical physics[J]. Physics Today,1958,11(12):56-59.

[43] DENG H,YUAN L. Airy-like beam transverse acceleration control by rainbow effect[J]. Optics Letters,2014,39(4):1089-1092.

[44] SIVILOGLOU G,BROKY J,DOGARIU A,et al. Ballistic dynamics of Airy beams[J]. Optics Letters,2008,33(3):207-209.

[45] GRIS-SÁNCHEZ I,VAN RAS D,BIRKS T. The Airy fiber: an optical fiber that guides light diffracted by a circular aperture[J]. Optica,2016,3(3):270-276.

[46] CHRISTODOULIDES D N. Riding along an Airy beam[J]. Nature Photonics,2008,2(11):652-653.

[47] BAUMGARTL J,ČIŽMÁR T,MAZILU M,et al. Optical path clearing and enhanced transmission through colloidal suspensions［J］. Optics Express，2010，18（16）：17130-17140.

[48] BAUMGARTL J,HANNAPPEL G M,STEVENSON D J,et al. Optical redistribution of microparticles and cells between microwells[J]. Lab on a Chip,2009,9(10)：1334-1336.

[49] OKAMOTO K. Fundamentals of optical waveguides［M］. 2nd edition. Burlington：Academic Press,2005.

[50] SNYDER A W，LOVE J. Optical waveguide theory［M］. London：Chapman and Hall,1985.

[51] BIRKS T A,GRIS-SÁNCHEZ I,YEROLATSITIS S,et al. The photonic lantern[J]. Advances in Optics and Photonics,2015,7(2)：107-167.

[52] UEMURA H,TAKENAGA K,ORI T,et al. Fused taper type fan-in/fan-out device for multicore EDF［C］//IEEE. Kyoto：2013 18th OptoElectronics and Communications Conference Held Jointly with 2013 International Conference on Photonics in Switching (OECC/PS),2013：1-2.

[53] KOPP V I,PARK J,WLODAWSKI M,et al. Pitch reducing optical fiber array and multicore fiber for space-division multiplexing［C］//IEEE. Waikoloa：2013 IEEE Photonics Society Summer Topical Meeting Series,2013：99-100.

[54] LEON-SAVAL S G,ARGYROS A,BLAND-HAWTHORN J. Photonic lanterns：a study of light propagation in multimode to single-mode converters[J]. Optics Express,2010,18(8)：8430-8439.

[55] NOORDEGRAAF D,SKOVGAARD P M,NIELSEN M D,et al. Efficient multi-mode to single-mode coupling in a photonic lantern[J]. Optics Express,2009,17(3)：1988-1994.

[56] 杨欢,陈子伦,刘文广,等. 光子灯笼研究进展[J]. 激光与光电子学进展,2018,55(12)：19-31.

[57] 赛晓蔚. 光通信系统中光子灯笼器件的理论及实验研究[D]. 北京：北京邮电大学,2018.

[58] 赵凯华. Adiabatic 的含义是怎样从"绝热"变成"无限缓慢（寖渐）"的[J]. 物理,2010,39(1)：56-57.

[59] BIRKS T A,MANGAN B,DÍEZ A,et al. "Photonic lantern" spectral filters in multi-core fibre[J]. Optics Express,2012,20(13)：13996-14008.

[60] LOVE J,HENRY W,STEWART W,et al. Tapered single-mode fibres and devices. Part 1：Adiabaticity criteria[J]. IEE Proceedings J(Optoelectronics),1991,138(5)：343-354.

[61] HUANG B,FONTAINE N K,RYF R,et al. All-fiber mode-group-selective photonic lantern using graded-index multimode fibers[J]. Optics Express,2015,23(1)：224-234.

[62] SAI X,LI Y,YANG C,et al. Design of elliptical-core mode-selective photonic lanterns with six modes for MIMO-free mode division multiplexing systems[J]. Optics Letters,2017,42(21)：4355-4358.

[63] CHEN S,LIU Y G,WANG Z,et al. Mode transmission analysis method for photonic lantern based on FEM and local coupled mode theory[J]. Optics Express,2020,28(21)：30489-30501.

[64] 陈鹤鸣,庄煜阳.模分复用系统关键技术研究进展[J].南京邮电大学学报(自然科学版),2018,38(1):37-44.

[65] BLAND-HAWTHORN J,ELLIS S C,LEON-SAVAL S G,et al. A complex multi-notch astronomical filter to suppress the bright infrared sky[J]. Nature Communications,2011,2(1):581.

[66] LEON-SAVAL S G,ARGYROS A,BLAND-HAWTHORN J. Photonic lanterns [J]. Nanophotonics,2013,2(5/6):429-440.

[67] FONTAINE N K,RYF R,BLAND-HAWTHORN J,et al. Geometric requirements for photonic lanterns in space division multiplexing [J]. Optics Express, 2012, 20 (24): 27123-27132.

[68] LEON-SAVAL S G, FONTAINE N K, SALAZAR-GIL J R, et al. Mode-selective photonic lanterns for space-division multiplexing [J]. Optics Express, 2014, 22 (1): 1036-1044.

[69] YEROLATSITIS S,BIRKS T. Three-mode multiplexer in photonic crystal fibre[C]. IET. London: 39th European Conference and Exhibition on Optical Communication (ECOC 2013),2013:1-3.

[70] WITKOWSKA A,LEON-SAVAL S,PHAM A,et al. All-fiber LP 11 mode convertors [J]. Optics Letters,2008,33(4):306-308.

[71] WITKOWSKA A, LAI K, LEON-SAVAL S, et al. All-fiber anamorphic core-shape transitions[J]. Optics Letters,2006,31(18):2672-2674.

[72] CHEN W,WANG P,YANG J. Mode multi/demultiplexer based on cascaded asymmetric Y-junctions[J]. Optics Express,2013,21(21):25113-25119.

[73] RIESEN N,LOVE J D. Tapered velocity mode-selective couplers[J]. Journal of Lightwave Technology,2013,31(13):2163-2169.

[74] LOPEZ-GALMICHE G,EZNAVEH Z S,ANTONIO-LOPEZ J,et al. Few-mode erbium-doped fiber amplifier with photonic lantern for pump spatial mode control[J]. Optics Letters,2016,41(11):2588-2591.

[75] WANG Y,ZHANG C,FU S,et al. Design of elliptical-core five-mode group selective photonic lantern over the C-band[J].Optics Express,2019,27(20):27979-27990.

[76] SHIGIHARA K,SHIRAISHI K,KAWAKAMI S. Modal field transforming fiber between dissimilar waveguides[J]. Journal of Applied Physics,1986,60(12):4293-4296.

[77] BOTHAM C. Theory of tapering single-mode optical fibres by controlled core diffusion [J]. Electronics Letters,1988,24(4):243-245.

[78] HARPER J, BOTHAM C, HORNUNG S. Tapers in single-mode optical fibre by controlled core diffusion[J]. Electronics Letters,1988,24(4):245-246.

[79] SHIRAISHI K, AIZAWA Y, KAWAKAMI S. Beam expanding fiber using thermal diffusion of the dopant[J]. Journal of Lightwave Technology,1990,8(8):1151-1161.

[80] HANAFUSA H,HORIGUCHI M,NODA J. Thermally-diffused expanded core fibres for low-loss and inexpensive photonic components[J]. Electronics Letters, 1991, 21 (27): 1968-1969.

[81] KIHARA M,TOMITA S,MATSUMOTO M. Loss characteristics of thermally diffused expanded core fiber[J]. IEEE Photonics Technology Letters,1992,4(12): 1390-1391.

[82] SHIRAISHI K, YANAGI T, KAWAKAMI S. Light-propagation characteristics in thermally diffused expanded core fibers[J]. Journal of Lightwave Technology, 1993, 11(10): 1584-1591.

[83] KIHARA M, MATSUMOTO M, HAIBARA T, et al. Characteristics of thermally expanded core fiber[J]. Journal of Lightwave Technology,1996,14(10): 2209-2214.

[84] KLIROS G, TSIRONIKOS N. Variational analysis of propagation characteristics in thermally diffused expanded core fibers[J]. Optik,2005,116(8): 365-374.

[85] DIVARI P, KLIROS G. Modal and coupling characteristics of low-order modes in thermally diffused expanded core fibers[J]. Optik,2009,120(5): 222-230.

[86] DIVARI P,KLIROS G. Comparative analysis of thermally diffused expanded core fibers [J]. WSEAS Transactions on Communications,2007,6(1): 9-16.

[87] KLIROS G S. Propagation characteristics of thermally diffused expanded core fibers with complex refractive index profiles[J]. Journal of Optics,2010,12(11): 115506.

[88] SAVOVIĆS,DJORDJEVICH A. Influence of initial dopant distribution in fiber core on refractive index distribution of thermally expanded core fibers[J]. Optical Materials,2008, 30(9): 1427-1431.

[89] SHIRAISHI K,YANAGI T, AIZAWA Y, et al. Fiber-embedded in-line isolator[J]. Journal of Lightwave Technology,1991,9(4): 430-435.

[90] SATO T, KASAHARA R, IRIE T, et al. Lens-free alignment-free optical isolators integrated into a fiber array[C]//IEEE. Oslo: Proceedings of European Conference on Optical Communication,1996: 131-134.

[91] LEQUIME M, GUERIN J J. Large OPD extrinsic Fabry-Perot interferometers using thermally expanded core fiber[C]//SPIE. Peebles: European Workshop on Optical Fibre Sensors 1998,1998: 179-183.

[92] ZHOU Y W,CHEN S Y. A novel in-line fiber Mach-Zehnder interferometer temperature sensor made of thermally expanded core fiber[J]. Applied Mechanics and Materials,2014, 635-637: 856-859.

[93] KARPOV V, GREKOV M, DIANOV E, et al. Mode-field converters and long-period gratings fabricated by thermo-diffusion in nitrogen-doped silica-core fibers[C]//IEEE. San Jose: Optical Fiber Communication Conference and Exhibit. Technical Digest. Conference Edition. 1998 OSA Technical Digest Series,1998: 279-280.

[94] SHEN X,DAI B, XING Y, et al. Manufacturing a long-period grating with periodic thermal diffusion technology on high-NA fiber and its application as a high-temperature sensor[J]. Sensors,2018,18(5): 1475.

[95] CHO S,PARK J,KIM B,et al. Fabrication and analysis of chirped fiber Bragg gratings by thermal diffusion[J]. ETRI Journal,2004,26(4): 371-374.

[96] KWON H W,SONG J W,KIM K T. Bending effects of thermally-expanded-core fiber and its application as variable optical attenuator[J]. Japanese Journal of Applied Physics,2011,

50(2R)：022501.

[97] ZHAO K，CHEN Z，ZHOU X，et al.（6＋1）×1 fiber combiner based on thermally expanded core technique for high power amplifiers［C］//SPIE. Shanghai：Pacific Rim Laser Damage 2015：Optical Materials for High-Power Lasers，2015：112-119.

[98] ZOU Y，LUO Z. Thermally expanded core fiber based MZ filter and its application in widely tunable erbium-doped fiber laser［J］. Acta Photonica Sinica，2013，42(12)：1482-1485.

[99] NGUYEN L V，HWANG D S，MOON D S，et al. Tunable comb-filter using thermally expanded core fiber and ytterbium doped fiber and its application to multi-wavelength fiber laser［J］. Optics Communications，2008，281(23)：5793-5796.

[100] KIM K T，LEE K H，SHIN E S，et al. Characteristics of side-polished thermally expanded core fiber and its application as a band-edge filter with a high cut-off property ［J］. Optics Communications，2006，261(1)：51-55.

[101] JEON S W，SONG K H，KIM K T，et al. Polarization-Insensitive wideband OSNR monitoring using thermally expanded core fiber［J］. IEEE Photonics Technology Letters，2011，23(20)：1421-1423.

[102] NGUYEN L V，CHUNG Y. Compact in-reflection fiber interferometer using thermally expanded core fiber and single-mode fiber and its applications as temperature and refractive index sensors［C］//SPIE. Edinburgh：20th International Conference on Optical Fibre Sensors，2009：538-541.

[103] SUN A，WU Z. Experimental study of modal interference in thermal expanded core fiber for highly sensitive displacement measurement［J］. Optics Communications，2015，348：50-52.

[104] SHIN I H，LEE J J，KANG H S. Novel color combiner composed of red，green，and blue laser diodes and a thermally expanded core fiber waveguide［J］. Optical Engineering，2011，50(9)：094005.

[105] WANG Z，ZHANG J，GE Y，et al. Highly coupling efficient mode-field adaptors for high power fiber lasers［J］. Optics and Precision Engineering，2015，23(2)：319-324.

[106] ZHOU X，CHEN Z，ZHOU H，et al. Mode-field adaptor between large-mode-area fiber and single-mode fiber based on fiber tapering and thermally expanded core technique［J］. Applied Optics，2014，53(22)：5053-5057.

[107] ZHOU X，CHEN Z，CHEN H，et al. Mode field adaptation between single-mode fiber and large mode area fiber by thermally expanded core technique［J］. Optics & Laser Technology，2013，47：72-75.

[108] LIU Y，ZHOU A，XIA Q，et al. Quasi-distributed directional bending sensor based on fiber Bragg gratings array in triangle-four core fiber［J］. IEEE Sensors Journal，2019，19(22)：10728-10735.

[109] ZHAO Y，ZHOU A，OUYANG X，et al. A stable twin-core-fiber-based integrated coupler fabricated by thermally diffused core technique［J］. Journal of Lightwave Technology，2017，35(24)：5473-5478.

[110]　KLIROS G. Coupling coefficient of thermally diffused expanded core fiber couplers[J]. J. Optoelectron. Adv. Mater. ,2011,5(3)：193-197.

[111]　LIN Y,LIN S. Thermally expanded core fiber with high numerical aperture for laser-diode coupling[J]. Microwave and Optical Technology Letters,2006,48(5)：979-981.

[112]　KLIROS G S,DIVARI P C. Coupling characteristics of laser diodes to high numerical aperture thermally expanded core fibers[J]. Journal of Materials Science：Materials in Electronics,2009,20(1)：59-62.

[113]　MILLS A F. Heat and mass transfer[M]. Boca Raton：CRC Press,1995.

[114]　FLEMING J W,KURKJIAN C R,PAEK U. Measurement of cation diffusion in silica light guides[J]. Journal of the American Ceramic Society,1985,68(9)：C-246.

[115]　KRAUSE J,REED W,WALKER K. Splice loss of single-mode fiber as related to fusion time,temperature,and index profile alteration[J]. Journal of Lightwave Technology,1986,4(7)：837-840.

[116]　CRANK J,CRANK E P J. The mathematics of diffusion[M]. London：Clarendon Press,1975.

[117]　CARSLAW H S,JAEGER J C. Conduction of heat in solids[M]. London：Clarendon Press,1959.

[118]　LUKE Y L. Integrals of Bessel functions[M]. Mineola：Dover Publications,2014.

[119]　YABLON A D. Optics of fusion splicing[M]. Heidelberg：Springer Berlin Heidelberg,2005.

[120]　HAIBARA T,NAKASHIMA T,MATSUMOTO M,et al. Connection loss reduction by thermally-diffused expanded core fiber[J]. IEEE Photonics Technology Letters,1991,3(4)：348-350.

[121]　TAM H. Simple fusion splicing technique for reducing splicing loss between standard singlemode fibres and erbium-doped fibre[J]. Electronics Letters,1991,27(17)：1597-1599.

[122]　KOYANO Y,ONISHI M,TAMANO K,et al. Compactly-packaged high performance fiber-based dispersion compensation modules[C]//IEEE. Oslo：Proceedings of European Conference on Optical Communication,1996：221-224.

[123]　MCLANDRICH M. Core dopant profiles in weakly fused single-mode fibres[J]. Electronics Letters,1988,24(1)：8-10.

[124]　WANG B,MIES E. Review of fabrication techniques for fused fiber components for fiber lasers[C]//SPIE. San Jose：Fiber Lasers Ⅵ：Technology,Systems,and Applications,2009：70-80.

[125]　CHEN G,DENG H,YANG S,et al. An in-fiber integrated multifunctional mode converter[J]. Optical Fiber Technology,2019,52：101961.

[126]　ZAMZOW B,TAKASU K,PLEASANTON C. Splicing loss control and assembly yield management[C]//Proceedings of the Telecom. Dallas：SMTA-IMAPS Joint Conference on Telecom Hardware Solutions,2002.

[127]　SAITO S,KAWANISHI N,YAGUCHI S. Discharge power control for fusion splice of optical fiber[C]//Optica Publishing Group. Los Angeles：Optical Fiber Communication

Conference 2004,2004: MF4.

[128] HATAKEYAMA I,TSUCHIYA H. Fusion splices for single-mode optical fibers[J]. IEEE Journal of Quantum Electronics,1978,14(8): 614-619.

[129] ABRISHAMIAN F,DRAGOMIR N,MORISHITA K. Refractive index profile changes caused by arc discharge in long-period fiber gratings fabricated by a point-by-point method[J]. Applied Optics,2012,51(34): 8271-8276.

[130] ZHAO Y,PAN L,OUYANG Y,et al. Multi-wavelength FBG based on thermal diffusion and phase mask techniques[J]. Optics Communications,2018,427: 257-260.

[131] TACHIKURA M. Fusion mass-splicing for optical fibers using electric discharges between two pairs of electrodes[J]. Applied Optics,1984,23(3): 492-498.

[132] WANG P,BO L,SEMENOVA Y,et al. Optical microfibre based photonic components and their applications in label-free biosensing[J]. Biosensors,2015,5(3): 471-499.

[133] MAKRIS A. Function of cermet elements in heat treating furnaces [J]. Industrial Heating,1994,61(11): 46-50.

[134] YAO Z,STIGLICH J,SUDARSHAN T. Molybdenum silicide based materials and their properties[J]. Journal of Materials Engineering and Performance,1999,8(3): 291-304.

[135] BARENBLATT G I,BARENBLATT G I,ISAAKOVICH B G. Scaling,self-similarity, and intermediate asymptotics: dimensional analysis and intermediate asymptotics[M]. Cambridge: Cambridge University Press,1996.

[136] ANDERSSEN R,DE HOOG F,LOVE J. A numerical technique for solving the scalar wave equation for Gaussian and smoothed-out profiles [J]. Optical and Quantum Electronics,1981,13(3): 217-224.

[137] KWEON G,PARK I,SHIM J. Laser-to-fiber optical coupling scheme with a long working distance by use of thermally overexpanded fiber[J]. Applied Optics,1998, 37(21): 4789-4796.

[138] LYYTIKÄINEN K,HUNTINGTON S,CARTER A,et al. Dopant diffusion during optical fibre drawing[J]. Optics Express,2004,12(6): 972-977.

[139] ZHANG X,YUAN T,YANG X,et al. In-fiber integrated optics: an emerging photonics integration technology[J]. Chinese Optics Letters,2018,16(11): 110601.

[140] ZHOU A,ZHANG Y,LI G,et al. Optical refractometer based on an asymmetrical twin-core fiber Michelson interferometer[J]. Optics Letters,2011,36(16): 3221-3223.

[141] PENG F,YANG J,WU B,et al. Compact fiber optic accelerometer[J]. Chinese Optics Letters,2012,10(1): 011201.

[142] ZHU B,TAUNAY T,YAN M,et al. Seven-core multicore fiber transmissions for passive optical network[J]. Optics Express,2010,18(11): 11117-11122.

[143] JIN W,STEWART G,WILKINSON M,et al. Compensation for surface contamination in a D-fiber evanescent wave methane sensor[J]. Journal of Lightwave technology,1995, 13(6): 1177-1183.

[144] CHEN M,LANG T,CAO B,et al. D-type optical fiber immunoglobulin G sensor based on surface plasmon resonance[J]. Optics & Laser Technology,2020,131: 106445.

[145]　CAI S,LIU F,WANG R,et al. Narrow bandwidth fiber-optic spectral combs for renewable hydrogen detection[J]. Science China Information Sciences,2020,63(12): 1-9.

[146]　ZHANG H,HEALY N,DASGUPTA S,et al. A tuneable multi-core to single mode fiber coupler[J]. IEEE Photonics Technology Letters,2017,29(7): 591-594.

[147]　YUAN L,LIU Z,YANG J,et al. Bitapered fiber coupling characteristics between single-mode single-core fiber and single-mode multicore fiber[J]. Applied Optics,2008,47(18): 3307-3312.

[148]　ZHU X,YUAN L,LIU Z,et al. Coupling theoretical model between single-core fiber and twin-core fiber[J]. Journal of Lightwave Technology,2009,27(23): 5235-5239.

[149]　YUAN L,LIU Z,YANG J. Coupling characteristics between single-core fiber and multicore fiber[J]. Optics Letters,2006,31(22): 3237-3239.

[150]　YUAN T,LI G,ZHOU A. A refractive index sensor based on a twin-core fiber integrated coupler[J]. Sensor Letters,2012,10(7): 1457-1460.

[151]　SAKAGUCHI J,AWAJI Y,WADA N,et al. 109-Tb/s(7× 97× 172-Gb/s SDM/WDM/PDM) QPSK transmission through 16. 8-km homogeneous multi-core fiber[C]//IEEE. Los Angeles: 2011 Optical Fiber Communication Conference and Exposition and the National Fiber Optic Engineers Conference,2011: 1-3.

[152]　SILVA-LOPEZ M,LI C,MACPHERSON W N,et al. Differential birefringence in Bragg gratings in multicore fiber under transverse stress[J]. Optics Letters,2004,29(19): 2225-2227.

[153]　BARRERA D,GASULLA I,SALES S. Multipoint two-dimensional curvature optical fiber sensor based on a nontwisted homogeneous four-core fiber[J]. Journal of Lightwave Technology,2014,33(12): 2445-2450.

[154]　BARRERA D,MADRIGAL J,SALES S. Tilted fiber Bragg gratings in multicore optical fibers for optical sensing[J]. Optics Letters,2017,42(7): 1460-1463.

[155]　GASULLA I,CAPMANY J. Microwave photonics applications of multicore fibers[J]. IEEE Photonics Journal,2012,4(3): 877-888.

[156]　JOSEPH T,JOHN J. Two-core fiber based mode coupler for single-mode excitation in a two-mode fiber for quasi-single-mode operation[J]. Optical Fiber Technology,2019, 52: 101970.

[157]　JOSEPH T,JOHN J. Two-core fiber-based mode converter and mode demultiplexer[J]. JOSA B,2019,36(8): 1987-1994.

[158]　JOSEPH T, JOHN J. Thermally expanded multicore-fiber-based mode multiplexer/demultiplexer[J]. JOSA B,2019,36(12): 3499-3504.

[159]　ZHAO Y,ZHOU A,GUO H,et al. An integrated fiber michelson interferometer based on twin-core and side-hole fibers for multiparameter sensing[J]. Journal of Lightwave Technology,2017,36(4): 993-997.

[160]　LI W,YUAN Y,YANG J,et al. In-fiber integrated sensor array with embedded weakly reflective joint surface[J]. Journal of Lightwave Technology,2018,36(23): 5663-5668.

[161]　LI W,YUAN Y, YANG J,et al. In-fiber integrated quasi-distributed high temperature

sensor array[J]. Optics Express,2018,26(26): 34113-34121.

[162] O'BRIEN E,HUSSEY C. Low-loss fattened fusion splices between different fibres[J]. Electronics Letters,1999,35(2): 168-169.

[163] MAFI A,HOFMANN P,SALVIN C J,et al. Low-loss coupling between two single-mode optical fibers with different mode-field diameters using a graded-index multimode optical fiber[J]. Optics Letters,2011,36(18): 3596-3598.

[164] ANDO Y,HANAFUSA H. Low-loss optical connector between dissimilar single-mode fibers using local core expansion technique by thermal diffusion[J]. IEEE Photonics Technology Letters,1992,4(9): 1028-1031.

[165] DURNIN J. Exact solutions for nondiffracting beams. I. The scalar theory[J]. JOSA A, 1987,4(4): 651-654.

[166] DURNIN J,MICELI JR J,EBERLY J H. Diffraction-free beams[J]. Physical Review Letters,1987,58(15): 1499.

[167] INDEBETOUW G. Nondiffracting optical fields: some remarks on their analysis and synthesis[J]. Journal of the Optical Society of America A,1989,6(1): 150-152.

[168] DAVIS J A,CARCOLE E,COTTRELL D M. Nondiffracting interference patterns generated with programmable spatial light modulators[J]. Applied Optics,1996,35(4): 599-602.

[169] VASARA A,TURUNEN J,FRIBERG A T. Realization of general nondiffracting beams with computer-generated holograms[J]. JOSA A,1989,6(11): 1748-1754.

[170] EAH S K,JHE W,ARAKAWA Y. Nearly diffraction-limited focusing of a fiber axicon microlens[J]. Review of Scientific Instruments,2003,74(11): 4969-4971.

[171] KIM J K,KIM J,JUNG Y,et al. Compact all-fiber Bessel beam generator based on hollow optical fiber combined with a hybrid polymer fiber lens[J]. Optics Letters,2009, 34(19): 2973-2975.

[172] DENG H,YUAN L. All-fiber Bessel beam generator based on M-type optical fiber[C]// SPIE. Wuhan: Fourth Asia Pacific Optical Sensors Conference,2013: 58-61.

[173] VELLEKOOP I M, MOSK A. Focusing coherent light through opaque strongly scattering media[J]. Optics Letters,2007,32(16): 2309-2311.

[174] WU Z,LUO J,FENG Y,et al. Controlling 1550-nm light through a multimode fiber using a Hadamard encoding algorithm[J]. Optics Express,2019,27(4): 5570-5580.

[175] PLÖSCHNER M,TYC T,ČIŽMÁR T. Seeing through chaos in multimode fibres[J]. Nature Photonics,2015,9(8): 529-535.

[176] YAQOOB Z,PSALTIS D, FELD M S,et al. Optical phase conjugation for turbidity suppression in biological samples[J]. Nature Photonics,2008,2(2): 110-115.

[177] POPOFF S M,LEROSEY G,CARMINATI R,et al. Measuring the transmission matrix in optics: an approach to the study and control of light propagation in disordered media [J]. Physical Review Letters,2010,104(10): 100601.

[178] ZHANG S,LIU Y,GUO H,et al. Highly sensitive vector curvature sensor based on two juxtaposed fiber Michelson interferometers with Vernier-like effect[J]. IEEE Sensors

Journal,2018,19(6)：2148-2154.

［179］　王允韬,阮驰,郁菁菁,等.光频域游标法光谱仪［P/OL］.2012-09-05.［2022-08-13］.

［180］　LIU B,SHAKOURI A,BOWERS J E. Wide tunable double ring resonator coupled lasers ［J］. IEEE Photonics Technology Letters,2002,14(5)：600-602.

［181］　LEMIEUX J F,BELLEMARE A,LATRASSE C,et al. Step-tunable(100 GHz) hybrid laser based on Vernier effect between Fabry-Perot cavity and sampled fibre Bragg grating ［J］. Electronics Letters,1999,35(11)：904-906.

［182］　LEE C C,CHEN Y K,LIAW S K. Single-longitudinal-mode fiber laser with a passive multiple-ring cavity and its application for video transmission［J］. Optics Letters,1998, 23(5)：358-360.

［183］　ZHANG P,TANG M,GAO F,et al. Cascaded fiber-optic Fabry-Perot interferometers with Vernier effect for highly sensitive measurement of axial strain and magnetic field ［J］. Optics Express,2014,22(16)：19581-19588.

［184］　LIAO H,LU P,FU X,et al. Sensitivity amplification of fiber-optic in-line Mach-Zehnder Interferometer sensors with modified Vernier-effect［J］. Optics Express,2017,25(22)： 26898-26909.

［185］　SHAO L Y,LUO Y,ZHANG Z,et al. Sensitivity-enhanced temperature sensor with cascaded fiber optic Sagnac interferometers based on Vernier-effect［J］. Optics Communications,2015, 336：73-76.

［186］　XU Z,SHU X,FU H. Sensitivity enhanced fiber sensor based on a fiber ring microwave photonic filter with the Vernier effect［J］. Optics Express,2017,25(18)：21559-21566.

光纤端面纳米光子结构与器件集成实验室*

光纤端面为拓展微纳光子结构的集成方法和应用领域提供了优势平台,形成"光纤上实验室"(Lab-on-Fiber)的主要形式之一,也构成了微纳光子学研究的一个重要方向。本章重点介绍在光纤端面上制备金属、介电以及半导体材料微纳光子结构的技术与方法,形成的光子器件的物理学性能,及其在传感器件、发光器件和光学调制器件等方面的应用。

3.1　纳米加工技术

光纤作为光波导和光信息、光能量的传输媒介,具有柔软、灵活、传输容量大、保密性好等优势。而光纤端面集成传感技术已经迅速发展成为相对独立并日趋成熟的科学研究和工程应用领域。同时光纤端面为光子器件的集成提供了一个微小而光滑的平台,而光纤波导又为激发光、发射光、信号的传输、探测和应用提供了柔软、灵活并可长距离应用的通道。光纤端面集成的纳米光子结构已被广泛应用于遥测、传感、光发射、光学调制以及逻辑光学器件。特别是由于光纤载体本身的优势,相应的端面集成器件为极端环境下的检测技术提供了现实的可行性。随着光纤端面集成纳米结构的新功能、新应用和新优势不断被发掘和实现,光纤端面集成纳米光子学日益得到广泛而深刻地关注和发展。

光纤端面纳米光子学研究的一个重要挑战性技术问题是如何将纳米光子结构

---

*　张新平,北京工业大学,微纳信息光子技术研究所,北京 100124,E-mail:zhangxinping@bjut.edu. cn;刘飞飞,天津师范大学,物理与材料科学学院,天津 300387;翟天瑞,北京工业大学,微纳信息光子技术研究所,北京 100124;王蒙,内蒙古大学,物理科学与技术学院,呼和浩特 010021。

制备在光纤端面上。这是后续物理学研究、功能和应用实现的前提和基础。较早期的方法集中于光纤端面的修饰技术。例如,在抛光的光纤端面沉积具有浮凸结构的微球或微颗粒,然后覆盖一层金属薄膜,可以支持局域表面等离激元,由此实现光纤端面的表面增强拉曼散射[1-2]。另外,利用光纤熔接技术,可实现二氧化硅微球在光纤端面的集成,用以支持高品质因子的回音壁微腔模式[3]。

随着微纳加工技术的日新月异,光纤端面微纳功能化器件的加工技术不断得到丰富和发展,不仅成为微纳光子学领域的重要方向,也构成了光纤传感技术、光纤功能集成技术、新型传感技术、片上集成/"光纤上的实验室"技术的重要组成部分。

这些制备方法大多采用电子束刻蚀、离子束刻蚀、光刻、纳米压印、柔性转移等技术,具体可以大致归纳为以下几个方面。

3.1.1　聚焦离子束刻蚀技术

聚焦离子束刻蚀(FIB)是利用高能聚焦的离子刻蚀材料表面的直写技术,可在多种材料的表面,如玻璃、金属材料等基体上直接加工结构,由此省去了电子束刻蚀/曝光技术中显影及剥离等过程。FIB 技术还具有加工分辨率高、可重复性好等特点,但此类加工成本高、速度慢。利用 FIB 技术可以在光纤端面上制备全二氧化硅微型悬梁臂,该悬梁臂既可用作光学/物理性能探针,也可用作 AFM 探针[4-6]。环境折射率传感、液体中的分子浓度传感可成为其重要应用[7]。Liberale 等利用 FIB 技术加工了一种基于微型纤维的光学镊子[8]。其中的倾斜类梯形结构改变了纤芯中光波的传播方向并将其会聚,降低了器件对高数值孔径的要求。

Dhawan 等在平面及锥形多模光纤端面上分别制备了周期性的金属纳米孔阵列[9-10]。该结构利用表面等离激元共振模式可实现折射率传感。利用类似技术,Andrade 等在光纤端面集成了金属圆孔及蝴蝶结结构,用于表面增强拉曼散射(SERS)测试[11]。Micco 等利用 FIB 技术在光纤端面制备了波导耦合金属纳米孔阵列,其反射光中的 Fano 耦合效应可用于生物、化学传感器[12]。除了圆形纳米孔,利用 FIB 技术可在光学探针尖端实现 C 形以及偏振敏感的蝴蝶结形纳米孔结构[13]。Kang 及 Chen 等分别展示了光纤端面集成的金属纳米狭缝阵列及其在光束整形中的应用[14-15]。利用周期为 200 nm 的同心金属圆环结构还实现了柱面矢量光束的输出[16]。

3.1.2　电子束曝光技术

电子束曝光(electron-beam lithography,EBL)的加工分辨率可以达到 10 nm以下,用于实现复杂图案化结构的高精度制备。但是,电子束曝光的工作效率低、加工面积小。对于光纤端面加工,可有效避免结构拼接所引起的加工误差。利用 EBL 在光纤端面加工的聚合物(如聚甲基丙烯酸甲酯材料,PMMA)纳米结构,可以直接作为光纤的一部分,实现相应的调控功能[17-19],也可以用作后续结构制备的牺牲层,结合进一步的刻蚀和剥离技术得到聚合物结构的反结构[20-21]。

Prasciolu 等利用 EBL 技术在光纤端面制备了多层 PMMA 的衍射相位元件,具有聚焦及光束整形能力,使得光纤与方形波导间的耦合效率显著提高[22]。Consales 等在 EBL 加工的纳米结构表面蒸镀了一层金属,获得了一个二维杂化型的金属-介质纳米孔阵列。该结构可支持高效的局域表面等离激元共振,将其应用于折射率传感,获得了 125 nm/RIU 的检测灵敏度[23]。另外,将 EBL 加工成型的 PMMA 纳米结构作为模板,经材料沉积及模板剥离可实现任意材料的反结构。金属纳米结构因其具有较好的生物相容性且支持高效等离激元响应特性而得到广泛关注。Tian 等利用该技术在光纤端面制备了一系列尺寸范围在 100～700 nm 的金纳米孔阵列,并研究了该结构的光学透射特性[24]。

3.1.3　纳米压印技术

纳米压印技术是利用物理成型方法产生表面浮雕图形的纳米图案复制技术,具有加工分辨率高、成本低及可批量生产等优势[25]。其高分辨率是因为该技术没有光学曝光中的衍射极限问题,因此具有制备超微细图形的能力并可与电子束曝光相媲美。早在 20 年前,纳米压印技术就可加工出分辨率小于 10 nm 的图案。此外,纳米压印技术不需要复杂的光学系统或电磁聚焦系统,但却可以像光学曝光那样并行处理,同时制作成百上千个器件。

Kim 等提出的利用纳米压印技术在光纤端面加工微结构[26-27]分两步完成。第一步,将聚合物材料旋涂到有纹理图案的基片上。受到基片上纳米纹理的调制,旋涂的聚合物薄膜经紫外固化后形成与模板互补的纳米图案。第二步,利用光学胶水在紫外光作用下的强黏性将压印的纳米结构转移到光纤端面。利用同样的制备方法,Genolet 等制备了一批具有纳米尖端的扫描近场光学显微镜(SNOM)探针[28]。

直接在光纤端面旋涂聚合物可以省去上述转移步骤。在光纤端面滴涂聚合物后,在一定的压强作用下可以将印模压入聚合物涂层。紫外光透过透明印模辐照使压印的聚合物固化成型。这种方法最初被用来制备各种周期性衍射元件,衍射光栅的线宽及周期分别为 250 nm [29] 和 630 nm[30-31]。Kostovski 等则通过更简单的纳米压印法在光纤端面制备了表面增强拉曼传感器探头[25],分别以蝉翼翅膀上防反射纳米柱结构[32]及自组装阳极氧化铝为模板,利用纳米压印方法在光纤端面实现了结构直径为 70 nm,纳米间隙为 15 nm 的纳米柱半随机结构。最后,通过对该纳米柱金属化处理后进行了表面增强拉曼传感测试。

当利用纳米压印技术在光纤端面加工微纳结构时,光纤端面所提供的微小加工基底使该方法在结构对准方面存在一定的挑战性。这往往需要引入多轴的高精度平移台。尽管如此,对于不透明的模具,也很难准确判断光纤端面和模具的对准情况。针对上述问题,Scheerlinck 等提出利用模具中的光栅耦合波导信号来判断光纤端面与模具的相对位置[30-31]。当光纤逐渐靠近模具时,可收集到模具中的光栅耦合波导信号。利用收集信号的强弱分布则可准确判断光纤与模具间的对准情况。此外,为了实现在光纤端面纳米压印的并行处理,Kostovski 等提出利用单轴的位移台结合大面积的模具来实现纳米尺度范围内的纳米压印[25]。大面积的模具省去了横向方向上的结构对准,而平移台的大幅缩小则使整个纳米压印系统更加小巧且便于携带。此外,大面积模具更加方便光纤端面纳米压印的并行处理。通过将光纤分别固定在周期性分布的 U 形槽中,可以很好地控制光纤在纵向方向的分布并实现纳米压印在光纤端面的并行处理。

3.1.4　纳米转印技术

纳米转印是一种间接的纳米结构制备方法,将平面基底上提前制备好的介质或金属纳米结构转印到目标基底上。按照流程的不同,光纤端面的纳米转印技术大体上可分为两类:①"分离-接触式"技术;②"接触-分离式"技术。

对于第一种情况,首先将平面基底上的结构与基底分离,然后将分立或连续的纳米结构转移到光纤端面。Capasso 等将间隔为 25 nm 的纳米结构阵列转印到光纤端面上[33]。转印过程可分为三步:①利用标准的 EBL 技术在硅片上制备预设的金属纳米结构。②利用厚度约为 200 nm 的硫醇烯薄膜剥离硅片上的纳米结构。硫醇烯薄膜被粘贴了一定厚度的 PDMS 表面,在结构的剥离过程中,聚二甲基硅氧烷(PDMS)提供了一定的机械支撑。以硫醇烯薄膜为牺牲层,首先将平面基底上的金属纳米结构剥离,然后将含有硫醇烯薄膜的结构转印到光纤端面,最后将硫醇烯薄膜去除。③将金属纳米结构转印到光纤端面,并去除 PDMS 和硫醇烯薄膜的干扰。将携带金属纳米结构的硫醇烯-PDMS 结构贴到光纤端面后,经紫外曝光固化便可将 PDMS 剥离。最后,利用氧离子刻蚀技术消除硫醇烯薄膜。利用该技术,作者最终实现了一个可原位探测的双向拉曼传感器[34]。Capasso 课题组又提出了一种更简洁的纳米转印方法。利用软刻蚀纳米加工技术与薄膜切片技术相结合的方式,将含有金属纳米结构的硫醇烯切割成薄片结构并直接投掷于水槽中[35]。随后,利用光纤端面捕捞的方式则可将纳米结构转印到光纤端面。当薄膜被转印到光纤端面后,分子间的范德瓦耳斯力可以使两者紧密结合。最后,同样利用阳离子刻蚀技术便可去除硫醇烯薄膜。

3.1.5 光学加工技术

1. 掩模光刻技术

光纤端面的掩模光刻技术中将掩模图案成像到光纤端面的记录介质中,再经曝光、显影处理后,在光纤端面的光敏聚合物上再现掩模的图形结构。对此人们提出了几种适用于光纤端面的加工策略。第一种策略放弃了原有适用于平面基片掩模对准的平台,将改进的铬-石英光掩模作为光纤对准和图案转移的平台。与此同时,为了方便光纤的捕获并实现光纤端面与掩模图案的对准,通常会在光掩模图案上方利用电镀的方式制备一个与光纤孔径尺寸一致的小孔。然后,通过背面曝光的方式将掩模中的图案再现到光纤端面。最后,利用光纤端面结构化的光刻胶作为掩模来进一步完成纳米结构的制备[36]。

利用光纤片段法可以实现与传统的接触掩模对准器的直接接口[37]。该技术的局限性在于光纤填充的无序性给掩模带来挑战。为了实现掩模曝光技术中光纤端面与掩模间的自动对准和接触,光纤熔接机被应用到掩模光学曝光系统[38]。在该系统中,端面被 FIB 图案化且在紫外波段透明的光纤被用作掩模,另外一根尖端涂有光刻胶的光纤则被用作基底。经过自动对准、接触、曝光以及显影后,掩模光纤的图案则再现到另外一根光纤端面。

2. 干涉光刻技术

干涉光刻(interference lithography)是一项非常成熟的技术。早在 20 世纪 70年代,干涉光刻就已经被用来制作光学全息元件,所以干涉光刻通常又称为全息光刻(holographic lithography)。利用双光束或多光束的干涉条纹曝光光刻胶,通过显影处理则可得到大面积、周期性分布的一维、二维甚至三维的纳米结构。与掩模曝光相比,干涉光刻技术对于基底的选择和位置的控制更为简单和灵活。

Tibuleac 和 Wawro 等利用干涉光刻技术在光纤端面加工微米尺度的结构[39-40]。利用光纤透射光谱中的光栅耦合波导共振模式可实现对入射光波的滤波。然而,受限于氮化硅波导层的粗糙及光纤端面抛光的不完美性,该共振模式的工作效率只有 18%。Feng 等利用干涉光刻首次实现了光纤端面纳米尺度光栅结构的制备[41]。Yang 等利用干涉光刻法在光纤端面制备了周期性分布纳米柱[42]。随后,以光刻胶纳米柱为模板,利用干刻蚀及热蒸镀方式,又分别得到了 SiO_2 以及金属银覆盖的纳米柱阵列结构。进一步以金属化纳米柱作为 SERS 基底测试了室温条件下水蒸气的拉曼信号。

光纤内部的干涉效应也能在端面产生纳米图案。Kim 等将一小段空芯光纤对接到单模光纤上[43],当传导光波由单模光纤传播到空芯光纤中后产生扩束,一部分光束直接传播到光纤端面,另一部分则被柱形的二氧化硅/空气界面全反射到光纤端面。两部分光束在光纤端面相遇并发生相干效应。经曝光、显影处理后最终在光纤端面再现出同心的圆环结构。

3. 飞秒激光烧蚀技术

当将高能量的飞秒激光聚焦到玻璃表面时，玻璃中的价电子可以通过多光子吸收或隧穿电离等形式被激发到导带，形成导带电子的等离子体。等离子体进一步作用于玻璃表面，则可形成各种任意可控的表面结构，如表面起伏的光栅[44]、菲涅尔波带片[45]以及各种适用于 SERS 测试的探头[46-47]等。Iannuzzi 等利用飞秒激光烧蚀及强酸腐蚀方法在光纤端面实现了一种全二氧化硅微悬梁臂[48]。当将激光作用于玻璃表面时，可修饰或改变玻璃分子的结构，使其对氢氟酸更加敏感。因此，当将烧蚀后的光纤端面浸泡于氢氟酸中时，通过选择性腐蚀可获得预期设计的结构。与 FIB 技术相比，飞秒激光烧蚀技术具有较快的制备速度，但制备的结构表面比较粗糙。

4. 双光子激光直写技术

此类技术主要利用强激光（如飞秒激光脉冲）与物质相互作用过程中发生的双光子光化学反应，包括双光子聚合、双光子光刻等，原则上可以实现任意形状的三维微纳加工技术。利用双光子激光直写技术已经在光纤端面实现了各种三维复杂结构，如球面透镜、锥镜以及各种复合微光学系统[49-51]。Xie 等利用双光子光刻结合真空蒸镀和紫外脉冲激光辐射等方法，在光纤端面制备出了三维类雷达结构的 SERS 传感器[52]。Gissibl 等利用双光子激光直写技术在光纤端面不到 $100~\mu\mathrm{m}$ 的尺度范围内加工了成像效果良好的串联式透镜组，制成了目前世界上最小的内窥镜[53]。

3.2　光纤端面纳米光子结构的集成制备方法

本节结合本课题组在纳米制备和光纤端面光子学领域开展的主要工作和研究进展，较具体地介绍光纤端面集成特色技术和方法。

3.2.1　干涉光刻法[54]

干涉光刻法是一种直接进行周期性结构图案化的简单而有效的技术方法。这一方法主要用于较大面积的平板衬底上纳米光子结构的制备。光纤端面上干涉光刻由于受其较小面积（直径小于 $600~\mu\mathrm{m}$）限制而难以实现高质量、高重复性结构的制备。本课题组于 2010 年提出了光纤端面/光纤束表面的直接干涉光刻方法。其技术难点主要在于光纤端面上光刻胶的涂布或旋涂、光纤端面在干涉光刻光路中的可调节固定、光斑尺寸与光纤端面尺寸的匹配,以及后处理工艺等。

图 3.1(a)较具体地给出了利用干涉光刻技术在光纤端面实现波导耦合光栅结构的制备方法。此结构中的波导层采用 ZnO 薄膜,光栅采用光刻胶材料。

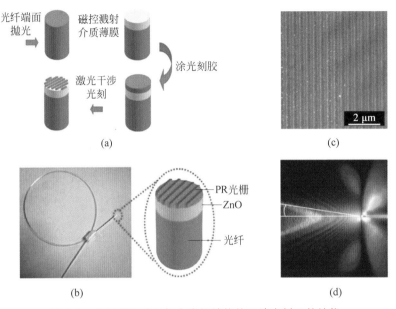

图 3.1 光纤端面波导耦合光栅结构的干涉光刻及其性能

(a) 制备工艺过程;(b) 端面图案化后的光纤器件;(c) 光纤端面的 SEM 图像;(d) 光纤端面波导耦合光栅衍射图案的侧视图

制备过程包括以下步骤:第一步,光纤端面抛光。第二步,利用磁控溅射法在抛光后的光纤端面沉积一层厚度约为 200 nm 的氧化锌薄膜,薄膜分布均匀且与基底接触牢固。这为后续实现高效的波导共振模式及高质量纳米结构的制备奠定了基础。第三步,涂制光刻胶薄膜。对于单根光纤,我们采用吹涂工艺。实际上,可选择“侧吹”和“正吹”两种吹涂方式,但“侧吹”制备的光刻胶薄膜较厚,均匀性较差。这里采用正吹工艺。我们利用压缩空气采用正吹涂制工艺,即先用光纤蘸取一定量的光刻胶,然后将光纤竖直放置,自上而下竖直吹气 30 s。最后,经 100℃加热 1 min 后完成光刻胶在光纤端面的涂布工作。第四步,激光干涉曝光、显影。这一步骤与普通基片上的干涉光刻工艺相同。显影后即可获得光纤耦合波导光栅结构。图 3.1(b)展示了端面结构化(波导-光栅结构)后的光纤实物及其端面结构示意图。图 3.1(c)为端面光栅结构的 SEM 图像。可以看到光栅结构均匀,边缘整齐、规则,其周期为 425 nm。此为第一次在光纤端面制备出周期在纳米尺度的光栅结构。图 3.1(d)为光纤端面光栅的衍射图案。白光由无结构的一端耦合进光纤,在结构端被衍射。由图 3.1(d)可以看出,该器件表现出非常高的光衍射效率。

根据光栅衍射条件,长波段的光发生背向衍射,而短波长的蓝光和紫外光发生前向衍射。图 3.1(c)和(d)的结果表明,利用干涉光刻技术可以在光纤端面制备出高质量的周期性纳米光子结构。

对于波导耦合光栅器件,我们更关心其光谱学响应特性。关于波导耦合光栅的性质和原理,文献中已有丰富的介绍[55-58]。图 3.2(a)对波导耦合光栅共振模式做了简要的示意性说明。这里需要考虑,不同于基于平板衬底的波导光栅结构,光导端面波导光栅的入射光由光栅非结构端耦合输入,再经光纤波导传播至结构端。此时光线的入射角非常复杂,并非平行光或简单的发散光,这会直接影响输出端的光谱学响应特性,主要表现为共振光谱较宽,角度调谐速率较慢。

图 3.2(b)为不同出射方向(相对于光纤轴的 θ 角)测得的消光光谱。出射方向为 0°时,波导光栅的共振模式处于简并态,即 +1 和 -1 级衍射激发的共振模式重叠,消光光谱表现为单个较强的消光峰。随着出射角的增大,消光峰会分裂成两个强度较弱,向相反方向(短波和长波方向)移动的特征光谱,其角度调谐特性基本呈现线性关系。

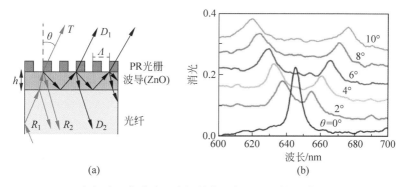

(a)   (b)

图 3.2 光纤端面集成波导光栅结构共振模式及其光谱学响应特性

(a) 光纤端面波导耦合光栅共振模式原理示意图;(b) 光纤端面波导耦合光栅光谱学响应特性:输出光消光光谱的角分辨调谐特性

3.2.2 电子束曝光结合离子束刻蚀技术

电子束曝光相比于光学刻蚀具有更高的加工精度,其加工分辨率可以达到 10 nm。更重要的是,电子束曝光可以加工各类复杂的图案化结构,有利于实现特殊功能的结构或器件,大大提升了微纳技术的灵活性。但加工效率低、面积小是其弱点。电子束曝光结合反应离子束刻蚀技术为在不同材料中加工复杂光子结构提供了优势技术手段[59]。

光纤端面所提供的微小加工面积与 EBL 技术动态加工范围具有很好的无拼

接时的最大加工面积相匹配。因此,利用该技术在光纤端面加工微纳结构是较理想的选择。但对于较大的光纤端面(直径大于 200 μm),EBL 技术仍需进行拼接。目前,EBL 技术采用的刻蚀剂主要为聚甲基丙烯酸甲酯(PMMA),因此电子束刻蚀产生纳米结构通常只作为后续加工的掩模结构。而后续的离子束刻蚀技术等可把图案"印制"于其他材料体系的薄膜或基底中。因此,将电子束曝光和反应离子束刻蚀相结合可实现金、金属氧化物等材料中的图案化。

基于上述思想,我们利用 EBL 结合反应离子束刻蚀技术在光纤端面制备了金的同心圆环光栅结构。其制备工艺如图 3.3 所示。

沉积金膜　涂布PMMA薄膜　电子束刻蚀　　沉积金　反应离子束刻蚀

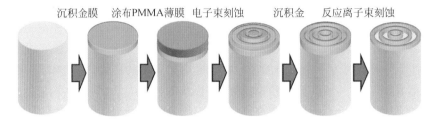

图 3.3　光纤端面环形金属光栅的制备工艺

首先利用热蒸镀或磁控溅射在光纤端面制备一层金的薄膜,然后在金膜上面涂布一层 PMMA,再利用电子束刻蚀技术,将同心圆环光栅结构刻进 PMMA。这样,PMMA 光栅将作为掩模覆盖在金薄膜上上表面。最后,利用反应离子束刻蚀技术,对金膜未被光栅遮挡的部分刻蚀掉,等同于将 PMMA 光栅结构直接刻蚀进金薄膜中,获得同心圆环状的金纳米光栅结构。

上述制备工艺过程中,非常关键的技术挑战是如何在光纤端面上实施金的热蒸镀和反应离子束刻蚀,这些工艺过程均要求光纤体在真空腔室内固定,同时需要对光纤取向、位置的调节精确可控。在实际制备中,只采用一段较短的光纤,并将多根相同的光纤用一铜质支座捆扎固定。将光纤固定在支座上刻划的 V 形凹槽,然后将其与支座的端面同时抛光,从而实现光纤与支座间的完美结合。这样,在光纤端面上实施的微纳加工工艺就转化为在铜柱表面的特定区域的加工问题,大大降低了加工难度,提高了加工工艺的可控性。实际应用中,如需更长的光纤传导,将制得的短光纤结构熔接在长光纤上,即可实现光纤传感器适用距离的灵活调控。

图 3.4 给出同心圆环金纳米光栅的制备结果。根据图 3.4(a)中的 SEM 图像,光栅周期为 900 nm,调制深度为 30 nm,中心圆环的直径为 1.6 μm,金纳米环的宽度约为 340 nm。图 3.4(b)为光纤端面制备的同心金圆环光栅对光纤另一端入射白光的衍射图案。衍射图案呈现同心彩色圆环,由内向外波长逐渐增大。显微结构和衍射图案均表明所制备结构的均匀性和高质量。

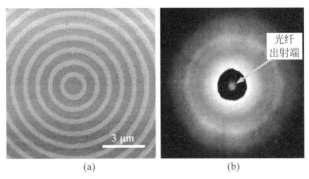

图 3.4　光纤端面环形金属结构

(a) SEM 图像；(b) 白光衍射图案

该工作中，同心圆环的主要功能在于提供强烈的瑞利(Rayleigh)反常衍射。基于瑞利反常衍射的窄带光谱学响应特性和对环境介质介电常数的高灵敏度响应特性，该结构是折射率传感器的理想选择。3.3.1 节将具体讨论结构的折射率传感特性。另外，采用环形光栅的重要优势之一即其对光偏振特性的非依赖关系。图 3.5 为该结构在空气中测得的消光光谱对光的偏振特性的依赖关系。分别采用非偏振光、偏振方向正交的两种偏振光进行消光光谱的测试。图 3.5 的实验结果表明，消光光谱对不同的偏振光具有基本相同的响应光谱，证明该光纤端面集成结构的偏振不敏感特性。

图 3.5 同时表明，该光纤端面集成结构的瑞利反常衍射的共振光谱位于 915 nm 附近，其带宽约为 70 nm。同时，共振光谱具有很好的对比度，为传感器应用提供了优势的光谱学响应特性。

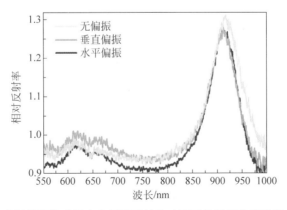

图 3.5　光纤端面集成同心金属圆环结构对不同偏振光的光谱学响应特性

3.2.3　焊接-剥离转移技术[60]

在平板衬底上可以实现大面积金属/介质光子结构的高质量制备,为进一步转移到光纤端面提供了高性能传感器件。最理想的转移方法是将平板衬底上的结构无损、完整地从衬底剥离并结合到光纤端面。

如图 3.6 所示为"焊接-剥离"转移技术的基本原理和实现方法。图 3.6(a)为将铟锡氧化物(ITO)波导上的金属光子晶体(MPC)转移到单根光纤端面的剥离焊接的基本过程。首先将光纤以端面接触方式直接置于平板衬底上,然后在接触点上滴加"焊剂",例如 PMMA 溶液,如图 3.6(a1)所示。待焊液干涸后,将焊接好的器件完全浸入盐酸溶液中,使 ITO 层能够充分溶解于盐酸。这样 MPC 从衬底剥离并完全牢固结合在光纤端面,如图 3.6(a2)所示。最后,在洁净水中清洗器件和光纤端,并修正光纤端器件而获得尺寸、结构、型式规则、合理的光纤端面集成器件,如图 3.6(a3)所示。

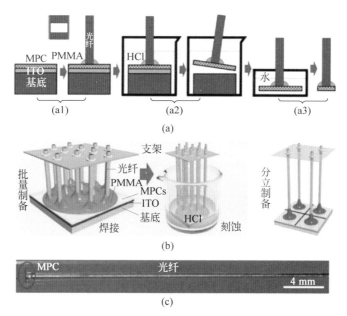

图 3.6　焊接-剥离转移技术原理示意图

(a) 单根光纤端面的转移技术示意图;(b) 多根光纤端面的同时转移技术;(c) 转移后的光纤及其端面器件的实物照片

实际上,平板衬底上实现的大面积纳米光子结构具有很好的均匀性,为纳米结构在多根光纤端面的并行转移创造了条件。如图 3.6(b)所示为实现多根并行转移技术的设计和实施方案。其具体实现过程可分为四步:第一步,利用干涉光刻结合溶液法在 ITO 玻璃表面制备大面积的金属光子晶体。第二步,利用设计好的三维平移架将多根密排光纤接触到纳米结构表面,然后将 PMMA 溶液滴涂到整个玻璃基底表面并将其烘干;为了便于后期光纤间的分离,此时可提前将整个PMMA 薄膜切割成多份。第三步,利用浓盐酸将 ITO 腐蚀,即实现了光纤端面上微结构与平面基底的"分离"。第四步,将转移到光纤端面的纳米结构浸入装有清水的烧杯中清洗,去除残余盐酸。这种转移方法的缺点也显而易见,所采用的"焊接"材料实际上是高分子材料,其物理和化学稳定性均较差。图 3.6(c) 为将 MPC转移到光纤端面后整个结构的实物照片。

3.2.4　柔性转移技术[61]

柔性转移技术的核心内涵是将待转移的结构或器件制备在沉积或涂布有缓冲层的衬底上。前提是缓冲层在物理和化学性质上均允许待转移结构或器件的制备,同时转移工艺也不会破坏结构或器件。因此,缓冲层材料的选取非常重要。实际上,这类材料不外乎能够较快、较彻底地溶解于强酸、强碱、水、有机溶剂中的金属氧化物、高分子材料等。例如,ITO 是常用的金属氧化物,通常沉积于玻璃表面用于透明、导电薄膜,利用盐酸溶液很容易将其去除。又如,聚乙烯醇(PVA)是一种水溶性高分子材料,而不溶于有机溶剂,通过水洗即可将其去除。因此,ITO 和PVA 作为缓冲层可用于基于不同材料的微纳结构的转移。

这里重点介绍基于 ITO 薄膜缓冲层的金属纳米线光栅结构到光纤端面的转移技术。参考文献[61]较详细地描述了柔性转移过程。图 3.7(a)～(e) 为转移前后金纳米线光栅的显微结构表征。图 3.7(a) 为转移后光纤端面的整体 SEM 图像,可以看到光纤轮廓清晰、表面均匀整齐,表明较彻底地去除了 PMMA 材料,金纳米线光栅高质量地转移到了光纤端面。图 3.7(b) 和(c) 为转移前分别由连续的金纳米线和金纳米颗粒构成的光栅结构,其周期约为 500 nm。图 3.7(d) 和(e) 为转移后金纳米线光栅的 SEM 图像,分别对应图 3.7(b) 和(c) 中转移前的结构。可以看到,由于经历 500℃ 的退火过程,金纳米颗粒进一步熔融团聚,连续金纳米线变细并且周期略有减小。而金纳米颗粒光栅中,颗粒尺寸明显变大,但颗粒间隙变小,同时栅线宽度减小。

根据图 3.7 中显微结构的表征,我们成功实现了金纳米光栅结构从 ITO 玻璃平板衬底到光纤端面的转移,并在光纤端面获得了高质量的光栅结构。图 3.7(f)和(g) 的衍射实验进一步证明,转移后的金纳米线光栅具有很好的光学响应特性。实验中,宽带白光从光纤无结构一端入射,被转移后的光栅衍射,产生彩色衍射图案。紫外—蓝色光谱范围内,由于波长较短,被光栅前向衍射后进入自由空间。而蓝绿—红色光由于其波长较长,不能满足前向衍射条件,只能被衍射回光纤内部,

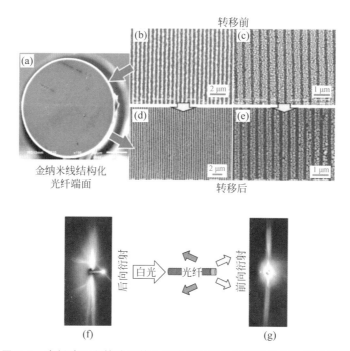

图 3.7　光纤端面上转移后的金纳米线光栅的显微结构图和衍射图样

(a) 光纤端面的整体 SEM 图像;(b)、(c) 转移前 ITO 玻璃衬底上分别由连续金纳米线和金纳米颗粒线条构成光栅结构的 SEM 图像;(d)、(e) 转移后金纳米线光栅结构的 SEM 图像,分别对应图(b)和图(c)中的结构;(f)、(g) 光纤端面金纳米线光栅对白光的衍射图案,分别对应短波长光的前向衍射和长波长光的后向衍射,其中的白光由无结构一端耦合进光纤

再由光纤壁折射到自由空间,形成后向衍射。衍射光形成强烈彩带,对称分布且无颜色重叠,充分证明了转移后光栅保持了其原有的高质量,且无折叠和破坏。

3.3　光纤端面集成微纳传感器

3.3.1　光纤端面同心金纳米圆环光栅的折射率传感器——瑞利反常衍射传感[59]

该折射率传感器主要利用同心金纳米圆环光栅的瑞利反常衍射共振波长对环境折射率的高灵敏度响应特性。其反常衍射条件可以表征为

$$n\Lambda(1 \pm \sin\theta_i) = \lambda \tag{3.1}$$

其中,n 为环境折射率,Λ 为同心圆环光栅的周期,θ_i 为光的入射角。这里只考虑一级衍射情况。于是传感器对环境折射率变化的响应灵敏度可以表征为单位折射

率变化引起的光谱移动：

$$\mathrm{d}\lambda / \mathrm{d}n = \Lambda(1 \pm \sin\theta_i) \qquad (3.2)$$

当 $\theta_i = 0$ 时，对应垂直光栅平面的入射光，式(3.2)变为

$$\mathrm{d}\lambda / \mathrm{d}n = \Lambda \qquad (3.3)$$

此时，传感灵敏度等于光栅周期。因此，光栅周期越大，灵敏度越高，这也是基于瑞利反常衍射折射率传感器的基本性能。例如，如图 3.8 所示的光栅周期为 900 nm，其响应灵敏度可以达到 900 nm/RIU。

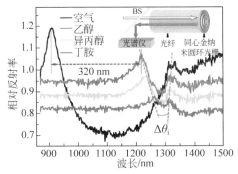

图 3.8　光纤端面同心金纳米圆环光栅结构对不同有机溶剂的折射率传感特性。
插图给出的是实验测试原理图

图 3.8 给出了如图 3.3 所示的光纤端面集成同心金纳米圆环光栅对环境折射率的传感性能。其中的插图为测试原理图。入射光经半透半反镜由无结构一端耦合进光纤，在同心圆环光栅一端与环境介质相互作用后，再反射回入射端。载有传感信号的反射光被半透半反镜耦合进光谱仪，进行传感信号的检测和处理。

实验中针对乙醇、异丙醇、丁胺三种溶剂相对于空气进行了传感探测，其传感信号光谱分别如图 3.8 中的黑色、红色、绿色和蓝色曲线所示。可以看到，空气中瑞利反常衍射对应的共振峰位于 908 nm 附近，而当光纤探头浸入乙醇、异丙醇、丁胺中时，共振峰分别红移至 1219 nm、1232 nm、1261 nm，响应的光谱红移量达到 311 nm、324 nm、353 nm。三种溶剂相对于空气的折射率变化分别为 0.3571、0.3776、0.4015，可以计算出相应的传感灵敏度为 871 nm/RIU、858 nm/RIU、879 nm/RIU。上述结果基本验证了基于瑞利反常衍射的传感机理以及其灵敏度的决定因素。

从图 3.8 可以看到，对于有机溶剂的检测实际上可以观测到两个光谱特征，这两个共振峰的间隔随折射率的增加而变小，如图中的虚线标识。这种共振峰的分裂特征主要是由两方面的因素引起的：①＋1 级和－1 级衍射对应不同的共振峰；②光纤中光线的传播方向不同，导致在环形光栅上的入射角不同，进一步导致共振

峰位置偏移。

根据式(3.1),当 $\theta_i = 0$ 时,$\lambda_0 = n\Lambda$。于是,对于不同的 θ_i,相应的共振波长为

$$\lambda = \lambda_0 \pm n\Lambda \sin\theta_i \tag{3.4}$$

因此,光谱偏移量可以表达为

$$\Delta\lambda = |\lambda - \lambda_0| = n\Lambda \sin\theta_i \tag{3.5}$$

同时可以理解,光纤中的传播光束折射出光纤端面后被环形光栅衍射,因此入射角 θ_i 实际上是光纤中传播光线在端面的折射角。该折射角随外界环境折射率的增大而减小,所以应有 $d\theta_i/dn < 0$。

再根据式(3.5)可得

$$d\Delta\lambda/dn = \Lambda \sin\theta_i + n\Lambda \cos\theta_i \cdot d\theta_i/dn \tag{3.6}$$

考虑 θ_i 很小,$\cos\theta_i \gg \sin\theta_i$,$n>1$,而 $d\theta_i/dn<0$,可以得到 $d\Delta\lambda/dn<0$。这就解释了图 3.8 中共振峰分裂后两特征峰的间隔随环境折射率的提高而减小。

图 3.9 针对三种溶剂给出了 $\lambda_1 \sim n$,$\lambda_2 \sim n$,$\Delta\lambda \sim n$ 的变化曲线,其中 λ_1 和 λ_2 分别对应共振峰劈裂后的短波和长波分支。图 3.9 基本反映了上述分析所发现的物理规律。

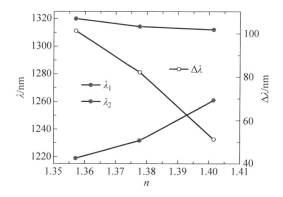

图 3.9　共振光谱峰值波长及劈裂宽度随环境折射率的变化规律

3.3.2　光纤端面集成金纳米线光栅等离激元传感器[61]

光纤端面集成金纳米线光栅用于传感实验研究具有反射式和透射式两种工作模式。透射式工作模式中,宽带白光由无结构一端耦合进光纤,出射光在结构端的输出载有金纳米光栅与环境介质相互作用产生的光谱学调制信号。反射式工作模式中,金纳米光栅的反射/衍射光中载有等离激元传感信号,经入射端输出并被半透半反镜耦合进光谱仪。在 TM 偏振下,即偏振方向垂直于金纳米线,传感信号实际上是等离激元共振与瑞利反常衍射模式间 Fano 耦合效应。

实际上,金纳米线光栅结构是转移到一小段光纤的端面,这段光纤需要通过熔

接工艺结合到适于实际应用的较长光纤上,以实现长距离传感应用。图 3.10 为采用参考文献[61]中的实验装置,针对不同浓度的葡萄糖水溶液的折射率传感特性,表征为传感信号光谱随溶液浓度的变化。这里传感信号光谱定义为

$$S(\lambda) = -\lg[I_s(\lambda)/I_0(\lambda)]$$

其中,$I_s(\lambda)$ 和 $I_0(\lambda)$ 分别为当光纤探头浸入葡萄糖/水溶液和纯水中时测得的反射光谱。图 3.10 的实验结果中,当葡萄糖/水溶液的浓度从 3% 升至 7%、10% 时,峰值位于 820 nm 附近的传感信号幅度(S)从约 15 mOD 增加到约 70 mOD,且信号具有较好的对比度和信噪比,如图 3.10(a)所示。

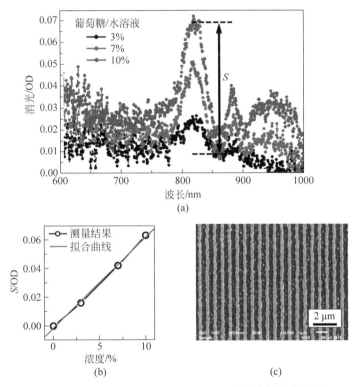

图 3.10　光纤端面集成金纳米线光栅的折射率传感特性

(a) 不同葡萄糖/水溶液浓度下测得的传感信号光谱;(b) 传感信号幅度随溶液浓度的变化规律;(c) 金纳米线光栅的 SEM 图像

如图 3.10(b)所示为传感信号幅度随溶液浓度的变化规律。根据线性拟合结果可知,该折射率传感器具有很好的线性响应特性。图 3.10(c)给出了所采用的金纳米线光栅的 SEM 图像。

3.4 光纤端面集成激光发射器件

3.4.1 光纤端面集成微腔激光器[62-63]

光纤端面集成化是有机半导体微腔激光器微型化的一个重要方面。一方面，这可以实现器件的微缩化；另一方面，光纤端面集成的有机半导体分布反馈激光器在传感、成像领域有潜在应用价值。利用多种方法可将有机半导体激光器制备到光纤端面上，包括贴膜法、蘸涂法、干涉光刻法、干涉灼蚀法、电子束刻蚀法等。这里以贴膜法为例介绍光纤端面集成有机半导体微腔激光器的设计、制备和光谱学特性。

贴膜法制备技术是指利用干涉光刻法或干涉灼蚀法在带有牺牲层（如聚乙烯醇、氧化铟锡等）的基片上制备出有机半导体微腔激光器，再将样品浸泡在牺牲层的良溶液中，溶解牺牲层而导致有机半导体薄膜微腔激光器从基片上剥离，形成自支撑薄膜激光器，最后将薄膜激光器贴在光纤端面和侧面。如图3.11所示为采用贴膜法在光纤端面集成有机半导体微腔激光器的制备过程。如图3.11(a)和图(b)所示为利用干涉光刻在ITO玻璃上制备的光刻胶光栅结构，然后将有机半导体增益介质旋涂在光栅表面。此处以聚合物F8BT为增益介质，将其以25 mg/mL的浓度溶解在氯仿溶液中，随后旋涂在光栅结构上，形成一层厚度为100～200 nm的增益层。再将样品浸泡入浓度为20%的盐酸溶液中，溶解去除ITO层，有机微腔激光器件层从衬底上自动剥离并浮至盐酸溶液表面，如图3.11(d)～(g)所示。在这个环节中，若把ITO层换为PVA层，则需把盐酸溶液换为水溶液。

自支撑膜微腔激光器具有很好的柔韧性，可以将其从溶液中捞起再贴合光纤表面，如图3.11(h)～(i)所示。由于表面张力作用，自然晾干后的自支撑膜激光器会紧密地贴合在光纤端面上。

贴覆有自支撑膜的光纤端面的显微镜照片如图3.12(a)～(c)所示。光纤为多模光纤，纤芯直径为600 μm，包层为30 μm，保护层为120 μm。自支撑膜可以较为灵活地粘贴在光纤端面上，如图3.12(b)所示的部分覆盖，这也为后续在同一光纤端面上粘贴不同自支撑膜实现多色激光发射提供了思路。自支撑膜上的各种光栅结构如图3.12(d)～(g)所示。其中图3.12(d)和图(f)分别为一维、二维谐振腔SEM照片，图3.12(e)和(g)为与之对应的旋涂了增益介质的谐振腔SEM照片。可以看出，涂覆增益介质后光栅仍有一定辨识度，这是由光栅栅脊和栅谷处增益介质厚度不同引起的收缩量差异所致。同时也说明去除衬底的过程未对光栅结构造成破坏。

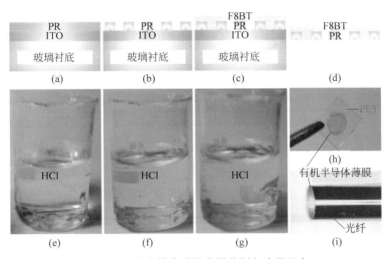

图 3.11　自支撑薄膜激光器件制备流程示意

（a）旋涂光刻胶（PR）至 ITO 玻璃基底；（b）利用干涉光刻法制备光栅结构；（c）旋涂增益介质至光栅结构，形成激光器件；（d）将 ITO 牺牲层腐蚀掉，得到无衬底的自支撑膜激光器；（e）～（g）去除基底的过程，蓝色箭头和红色箭头分别指示了玻璃基底和自支撑膜激光器的位置。贴在 PET 孔（h）、光纤端面（i）的自支撑膜激光器照片

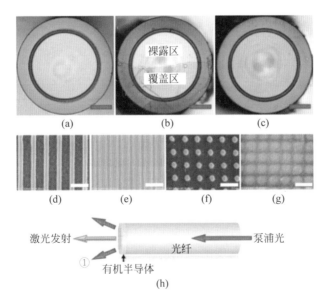

图 3.12　（a），（b）和（c）分别对应无、部分、完全覆盖自支撑膜的光纤端面显微镜照片，标尺为 200 μm。（d）～（g）一维、二维介质腔及其相应的自支撑膜结构 SEM 照片，标尺为 500 nm。（h）光纤端面激光器光路简图。（i），（j）分别为单、双波长激光发射光斑照片。①和②均对应透射方向的泵浦光

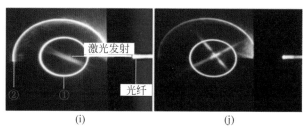

图 3.12 （续）

泵浦光源为 400 nm 的飞秒激光脉冲，脉宽为 150 fs，重复频率为 1 kHz，单脉冲能量最大为 1 mJ。实验中用衰减片对泵浦光强进行调节。实验光路如图 3.12(h)所示。利用一维、二维 DFB 微腔结构可以实现光纤端面单波长、双波长激光发射，发射光斑照片如图 3.12(i)和(j)所示。对于一维微腔，激光发射光斑为线状，与光栅方向平行；对于二维微腔，激光发射光斑为十字形。

光纤端面单波长、双波长有机半导体激光器的发射特性在参考文献[62]～参考文献[63]中有具体描述。对于一维微腔结构，激光发射中心波长为 577 nm，发射光谱半高全宽小于 0.6 nm；对于二维微腔，激光发射波长分别为 572 nm、581 nm，发射光谱的半高全宽小于 0.5 nm，对应的泵浦阈值分别为 4.2 $\mu J/cm^2$ 和 5.0 $\mu J/cm^2$。

3.4.2　光纤端面集成随机激光器[64-65]

随机激光器在传感、成像和光子芯片领域具有重要的应用价值。光纤化的随机激光器较好地解决了随机激光器的方向性和集成化问题。本节介绍采用贴膜法制备的光纤端面集成的随机激光发射器件。利用贴膜法可以将自支撑膜激光器粘贴在光纤端面上，实现激光发射[64]。实验中使用的多模光纤的芯径为 600 μm，采用的活性介质为有机半导体 F8BT。泵浦光由光纤无结构端入射。随机激光发射峰出现在 562 nm 处。为了获得随机激光发射方向特性的表征，建立了随机激光发射角分辨特性测量平台。光谱仪探头和光纤中心轴之间的夹角 α 由旋转平台控制。实验中，探测器和光纤之间的距离为 10 cm，泵浦能量密度大约是 84.5 $\mu J/cm^2$。参考文献[65]给出了不同光纤直径（300 μm、400 μm、600 μm、800 μm）端面的随机激光器件输出强度随探测角度的变化规律。可以看出，光纤端面随机激光发射具有一定的方向性，发散角均小于 60°。

光纤端面集成的多波长随机激光器件同样具有重要的研究意义，其中涉及的能量转移问题需要通过对增益材料体系和堆叠次序的精心设计来解决。下面以光纤端面红绿蓝三色随机激光器为例探讨器件的设计思路、制备方法、测试手段和发射特性。这里使用三种聚合物材料作为红绿蓝三色随机激光的增益介质，分别为蓝光聚合物 poly[9,9-dioctylfluorenyl-2,7-diyl]-End capped with DMP(PFO),绿光聚合物 F8BT,红光聚合物 poly[2-methoxy-5-(3′,7′-dimethyloctyloxy)-1,4-phenylenevinylene](MDMO-PPV)。选取银纳米颗粒作为随机激光器的散射体。实验中,将 PFO(12.5 mg/mL)、F8BT(8.5 mg/mL)、MDMO-PPV(22.5 mg/mL)溶液分别与浓度为 4 mg/mL 的银纳米颗粒溶液混合,并用超声设备使增益介质和散射颗粒分散均匀。

实验中将各层结构逐次按序蘸涂在光纤端面上,依次为绿光激光器、红绿双色激光器、红绿蓝三色激光器,如图 3.13 所示。经过多次实验优化,F8BT、MDMO-PPV、PFO、PVA 膜厚依次为 2000 nm、400 nm、800 nm、200 nm。利用椭偏仪测量可知,在红绿蓝随机激光的三个发射峰处,F8BT、MDMO-PPV、PFO 和光纤的折射率依次为 1.94(@λ=572 nm)、1.66(@λ=638 nm)、1.78(@λ=466 nm)、1.54(@λ=572 nm)。PVA 的折射率依次为 1.72(@λ=466 nm)、1.55(@λ=572 nm)、1.46(@λ=638 nm)。因此,增益介质层形成了三个串联的波导结构,将大量的散射光约束在波导层中,避免了不同介质层之间的相互作用。同时该波导结构可以增强银纳米颗粒的等离激元效应,实现等离激元光学反馈[66]。

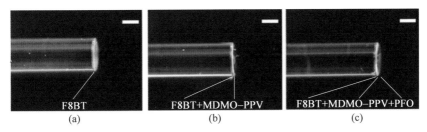

图 3.13　不同结构的光纤端面随机激光显微镜照片

(a) 单;(b) 双;(c) 三波长激光器侧面结构。标尺长度为 300 μm

在光泵浦条件下,可以观察到红绿蓝三色激光发射,其发射光谱如图 3.14(a)所示。三个发射峰分别位于 466 nm、572 nm、638 nm。由于波导结构的存在,可以将该激光器看作三个单色激光器的线性叠加。图 3.14(b)为激光峰半高全宽及其阈值图。可以看出,激光峰半高全宽均小于 10 nm。蓝绿红三色激光的阈值依次为 10 μJ/cm^2、60 μJ/cm^2、50 μJ/cm^2,如蓝绿红三个箭头所示。

光纤端面激光器由于其低成本、便携、集成化、相干度低、信噪比高等特点在成像、传感等方面具有潜在的应用价值。光纤端面单波长随机激光器可用于实现高质量无散斑成像。如上所述,光纤端面随机激光器具有方向性,使得该激光器在成像系统中可以作为照明光源。同时,随机激光的低相干性也为高质量无散斑成像[67]和低成本生物传感器[68]提供了新的途径和重要契机。

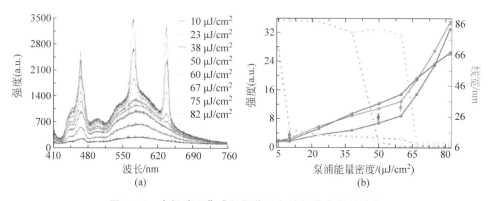

图 3.14　光纤端面集成红绿蓝三色随机激光发射特性

(a) 不同泵浦能量下光纤端面红绿蓝三色激光器发射光谱；(b) 发射光谱的半高全宽和阈值图。红绿蓝箭头分别指示红绿蓝三色激光器阈值

3.5　光纤端面集成注入锁定激光放大器

3.5.1　有机半导体激光放大器

以有机半导体薄膜材料为增益介质的光泵浦激光发射器件已有大量的研究工作报道。但此类激光器由于增益介质薄，材料破坏阈值低而无法实现高功率器件。另外，此类器件基本基于微腔结构，也决定其增益体积小，不适宜获得高功率器件。因此，利用激光放大器提升激光功率或激光脉冲能量是通常采用的技术途径。

然而，受有机半导体薄膜材料的限制，仍然需要采用微腔结构设计有机半导体固态激光放大器件。分布反馈式(distributed feedback, DFB)微腔是最常用的微腔结构，也是激光振荡阈值低、工作线宽窄、集成化程度高的理想设计。这里描述的有机半导体激光放大器首次利用 DFB 微腔实现了飞秒激光脉冲的放大作用。同时，考虑到 DFB 微腔为薄膜器件，发散角较大，采用注入锁定放大的工作模式为最佳选择。

3.5.2　注入锁定 DFB 微腔光放大器原理[69-71]

分布反馈式微振腔由光栅的布拉格衍射提供反馈。布拉格衍射条件表述为

$$2n_{eff}\Lambda = m\lambda_{Bragg} \tag{3.7}$$

其中：n_{eff} 为有效折射率，由光栅结构和环境材料的折射率共同决定；Λ 是光栅的周期；m 表示衍射级次，是一个整数；λ_{Bragg} 是满足布拉格条件的光波长。图 3.15 是 DFB 微腔二阶布拉格衍射及注入锁定放大的原理示意图，此时 $m=2$，即注入波长满足布拉格衍射条件。根据式(3.7)可得

$$n_{eff}\Lambda = \lambda_{Bragg} \tag{3.8}$$

同时,根据光栅衍射公式

$$\Lambda(n_1\sin i \pm n_2 \sin d) = \pm m\lambda_{Bragg} \tag{3.9}$$

其中,Λ 是光栅周期,n_1、n_2 分别是入射光、衍射光环境的折射率,m 是光栅的衍射级次。此光栅方程实际上是信号光耦合进 DFB 放大器微腔的基本条件。对于垂直入射耦合,入射角 $i = 0°$,衍射角 $d = 90°$,环境折射率 $n_1 = 1$,$n_2 = n_{eff}$。由此可得 $n_{eff}\Lambda = m\lambda_{Bragg}$。当 $m = 1$ 时,注入条件为 $n_{eff}\Lambda = \lambda_{Bragg}$。由此可见,注入锁定和微腔共振条件相同。同时可以理解,被放大的信号可以两种方式输出:①沿微腔振荡方向,即平行于基底和微腔方向;②沿垂直于微腔的方向衍射输出,此时衍射条件为 $\Lambda(n_{eff}\sin 90° \pm n_1\sin 0°) = \lambda_{Bragg}$。此条件仍等同于式(3.8)。

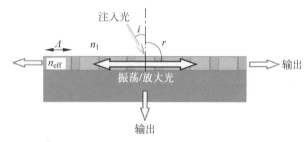

图 3.15　DFB 微腔的振荡过程与注入锁定放大原理示意图

因此,注入锁定放大的基本原理可以描述为:信号光或注入光垂直于光栅平面入射,在光栅作用下发生衍射,部分满足二阶布拉格衍射条件而耦合进入微腔。注入光在增益介质中往复振荡,并在受激辐射作用下获得增益而被放大。由此,增益长度相比垂直透过薄膜而言大大提高。同时,注入锁定放大的优势主要体现在:①放大光束的方向、横向模式和发散角由注入光决定;②放大光束的波长由微腔共振模式及其与注入光光谱的匹配共同决定;③放大光束的线宽由注入光和微腔共振线宽共同决定。

3.5.3　光纤集成有机微腔光放大器的制备

以光纤作为基底构建微腔有机激光放大器,充分利用光纤传输损耗低、柔韧性好、抗干扰能力强、输出方向简单可控等特点,实现微腔激光放大器功能,进一步实现结构集成化、微型化,同时也可以降低传输损耗,实现信号光的远程传输与应用,在光信号处理、传输与通信方面具有重要的科学意义和应用价值。

由于光纤端面较小且整体质地硬而脆,难以通过常规的制备方法在光纤端面直接进行器件制备。因此,3.2.4 节中的柔性转移方法是制备技术的理想选择,即将在平板衬底上制备好的放大器结构直接转移到光纤端面。

如图 3.16 所示为紫外双光束干涉光刻技术制备有机半导体 DFB 微腔的具体方法。选用 15 mm×15 mm 的玻璃基片,依次使用洗液 TFD7 与去离子水对玻璃基片进行清洗,并烘干(图 3.16(a))。首先在清洁的玻璃基片上旋涂一层 AR-P3170 光刻胶,并且在加热板上以 110℃加热 2 min 使光刻胶薄膜定型;然后使用搭建好的双光束紫外干涉光路进行曝光、显影(图 3.16(b))。显影烘干后即可获得光刻胶光栅模板,如图 3.16(c)所示。最后用移液取用 35 μL 浓度为 23 mg/mL 的有机半导体 F8BT 的氯仿溶液并以转速 2000 r/min 旋涂在光刻胶模板光栅上,即构成有机半导体 DFB 微腔(图 3.16(d))。制备过程中,曝光、显影时间等参数会影响 DFB 微腔的性质,如光刻胶光栅的调制深度与形貌等。曝光时间太短,无法使光刻胶形成结构均匀、调制深度足够的光栅结构;曝光、显影时间太长会导致结构被破坏或去除。在曝光时间一定时,显影时间太长或太短都会导致光栅调制深度过低,进而导致 DFB 微腔对光的限制或局域化作用过弱而无法形成分布反馈振荡。

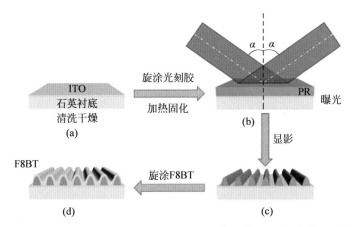

图 3.16　紫外双光束干涉光刻技术制备有机半导体 DFB 微腔过程示意图

(a) 清洗并烘干 ITO 玻璃基片;(b) 旋涂光刻胶并加热,对涂有光刻胶的基片进行曝光;(c) 显影以制备光刻胶光栅模板;(d) 在光刻胶光栅上旋涂一层增益介质 F8BT 制备有机 DFB 微腔

　　有机半导体溶液的浓度与旋涂转速会影响有机薄膜的厚度,高浓度或低转速会使薄膜较厚,增加薄膜的自吸收而降低发光效率,而且随着薄膜厚度增加薄膜支持的共振模式数量也会增加,形成多波长振荡。而低浓度与高转速会导致薄膜厚度太薄,难以支持共振模式的产生或高效的增益过程。

　　通过柔性转印的方法,将上面制备好的结构直接转移到光纤端面。制备过程如图 3.17 所示。首先将样品浸泡在稀盐酸中(图 3.17(a)～(b)),使 ITO 层迅速溶解、去除,制备在 ITO 上表面的 DFB 微腔完全脱落于玻璃衬底并漂浮在液面上(图 3.17(c))。将涂有 F8BT 有机半导体的 DFB 微腔从盐酸中捞起并在去离子水中进行清洗,然后转移到光纤端面,实现 DFB 活性微腔在光纤端面的转移集成(图 3.17(d))。

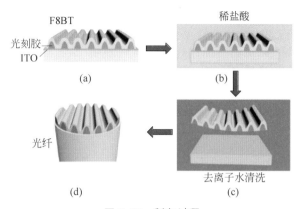

图 3.17　制备过程

（a）在 ITO 玻璃上制备 DFB 活性微腔；（b）将制备好的样品放入稀盐酸中,浸泡 20～30 min；（c）捞出剥离的 DFB 活性微腔,将其在去离子水中进行清洗；（d）将 DFB 微腔转印至光纤端面

3.5.4　光纤端面集成注入锁定有机半导体微腔激光放大器性能

利用飞秒激光泵浦探测技术对光纤端面集成的注入锁定有机半导体微腔激光放大器的性能进行测试。采用波长为 400 nm、脉宽为 150 fs 的激光脉冲作为泵浦光,采用宽带超连续光脉冲作为注入光。注入锁定放大器的测试原理如图 3.18 所示。泵浦光以 30°入射到光纤端面的 DFB 微腔,注入光则垂直于光纤端面(沿光纤轴向)入射并耦合进入微腔。调节泵浦和注入光脉冲的时间延迟,当两脉冲在时间轴上重合时,注入光会被泵浦光激发的 DFB 微腔放大,然后耦合进入光纤并从光纤另一端输出。实验中使用的光纤直径为 400 μm,长度为 50 cm。

实验中,注入光和泵浦光脉冲的偏振方向均平行于光栅栅线方向,即采用 TE 偏振。泵浦光脉冲的能量密度约为 10.5 μJ/cm^2。耦合进入光纤的注入光经过长

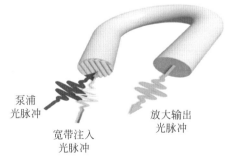

图 3.18　光纤端面集成注入锁定 DFB 微腔激光放大器工作原理示意图

距离的光纤传输,在输出端呈现较大的发散角,我们选择其中一部分输出光进行后续的测量。

使用飞秒激光泵浦探测系统进行放大器性能测试,不仅可以直接使用系统中的泵浦光与探测光作为泵浦源与注入光,还可以通过时延线控制泵浦光与注入光到达微腔的时间延迟,并排除泵浦光作用下 DFB 微腔激光振荡器的激光发射的影响,从而通过改变注入光注入微腔的时间延迟优化放大效率。另外,还可以通过测试放大光的瞬态吸收光谱了解注入放大的超快动力学过程,研究有机微腔放大的光物理机理,这对于后续优化结构、器件的设计等具有重要意义。

首先测试了不同偏振的注入光注入微腔后的放大效果,如图 3.19(a)所示。其中的黑色和红色曲线分别表示注入光为 TE 偏振和 TM 偏振情况下,放大光脉冲的超快动力学过程。由于系统采集的是瞬态吸收(TA)光谱学响应特性,光放大信号表现为 TA 负信号。从图中可知,TE 偏振光注入时,获得显著的放大过程,最大放大倍率可达约 -250 mOD。而对于 TM 偏振,光放大效应明显减弱,几乎观察不到明确的增益过程。说明此放大过程具有显著的偏振依赖关系。图 3.19(b)是探测光脉冲为 TE 偏振,不同时间延迟下获得的放大光谱,其半高全宽约为 2 nm。这里需要注意,注入锁定放大技术保障了由注入光决定的良好的激光模式和光学特征。更重要的是,此放大信号被光纤波导收集、限域、远程传输。

增益饱和特性是激光放大器特性表征的重要方面。在泵浦能量密度一定的情况下,随着注入光强度的增加,放大光的强度会明显增强,但增强的趋势会随着注入能量密度的增加而逐渐变缓,直到达到饱和。在达到饱和之前,增加注入光的强度会加速微腔内增益介质中上能级粒子数的消耗,从而使放大光的强度增强。达到饱和后,增强注入光不会增强放大光,反而由于背景光强度的增加而使放大器的放大效率降低。

当注入光强度一定时,泵浦能量密度在达到 DFB 微腔的阈值能量密度之前无法实现对注入光的放大作用。达到放大阈值之后,放大光的强度会随着泵浦能量密度的增加而显现出近指数的增益特性。随着泵浦能量密度的进一步增强而达到饱和状态。此时,放大光输出不再随泵浦能量密度的增加而增强。产生放大光的强度随泵浦能量密度变化的原因可归结为:①注入光耦合进入微腔,振荡传播过程中,同样存在损耗。此时,如果泵浦能量密度较低时,增益与损耗相当,注入锁定放大效果不明显,表现出阈值特性。②在泵浦能量密度超过阈值之后,泵浦能量密度越大,产生的反转粒子数越多,光放大效果显著,呈现指数增长特性。③泵浦光能量密度达到一定强度后,除了饱和增益特性,作为增益介质的有机半导体材料会发生光氧化、光损伤等作用,甚至破坏微腔机制,而导致使整体光放大效果减弱。

以上是基于一维光栅 DFB 微腔构建的光纤端面集成有机半导体注入锁定激

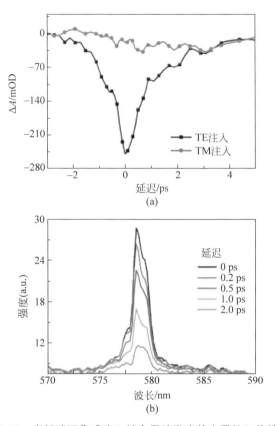

图 3.19　光纤端面集成注入锁定微腔激光放大器的工作性能

（a）TE 偏振（红色实心圆线）、TM（黑色方块）偏振注入光锁定的光纤集成薄膜 DFB 微腔超快动力学；
（b）TE 偏振的注入光垂直注入微腔后，不同时间延迟下的放大光光谱

光光放大器，通过改进微腔结构可以对放大器性能进一步优化。发展光纤集成有机光放大器，有助于实现高功率的有机光纤激光器件与实现用于光纤通信的低成本、低功耗、高增益的集成化光放大器等，这对于构建全光网络、降低光通信经济成本、提高通信效率等具有重要意义。

3.6　光纤端面集成光学调控器件

3.6.1　光纤端面集成光学传播、色散、滤波控制器件

微纳技术的迅速发展推动了新型光子器件与功能的发展。采用全息干涉光刻技术可以将传统的光学透镜功能记录在薄膜材料中，从而实现一种薄膜透镜光子器件[72]。图 3.20(a)为紫外干涉光刻光学系统的设计原理，将 325 nm 的准直光束与

被透镜聚焦的光束在光刻胶薄膜中重叠干涉,于是光学透镜的光学功能以干涉条纹的形式记录在光刻胶薄膜中,构成具有啁啾分布的衍射光栅结构。图 3.20(b)为制备在玻璃衬底上的薄膜透镜器件,从不同角度观察可以看到不同衍射图案的光栅结构。干涉光刻技术突出的优势主要体现在方法简单、制备迅速、可以实现大面积结构的制备,很容易实现毫米至几十厘米尺度的薄膜光子结构的制备。

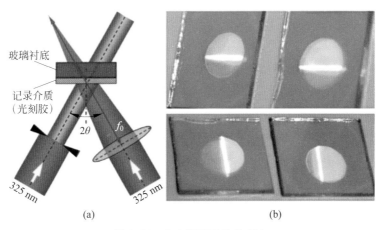

图 3.20　全息薄膜透镜的制备

(a) 实验装置示意图;(b) 制备的薄膜透镜器件

　　如图 3.21 所示为制得的薄膜光学透镜对入射白光激光束的分色、分束、聚焦作用的实验演示。由红、绿、蓝三色激光束合成的白光光束入射直薄膜透镜后,三种颜色的激光被以大角度色散分束,分别向不同方向传播,并以不同的焦距被聚焦于不同的空间位置。由图中可看出,红光波长最长,衍射角最大,但聚焦焦距最短。随着波长的变短,衍射减小,焦距变长,充分展示了薄膜透镜所具备的传统的光聚焦作用,及其特殊的对光的分色、分束作用和多重色散效应。这对于光通信中的波分复用/解复用技术具有重要的意义。同时,分色功能的直接应用即光学滤波功能。于是,全息薄膜透镜集成了丰富的光学功能而使得复杂、庞大的分立光学系统微缩到一层薄膜结构中。而此类功能的复合集成正是光通信系统的基础功能要求。因此,将此类薄膜光子器件制备于光纤端面并应用于光纤通信系统具有重要的应用价值。

　　利用 3.2.4 节中的柔性转移技术可将薄膜透镜转移至光纤端面,应用于光纤端输出光束或光纤间耦合作用过程中的光学调控。如图 3.22 所示为光纤端面集成有薄膜透镜后的光学输出特性。中心亮斑为光纤的直接输出,其两侧的彩色光斑为输出光束的 ±1 级衍射,如其中箭头的标识。

　　由图 3.22 的结果可知,光纤端薄膜透镜对光纤耦合输出起到了多种调控作

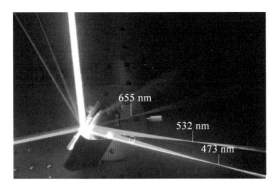

图 3.21　全息薄膜透镜对白光的分色、分束、聚焦作用

用：色散分束（波分解复用）、离轴传播、准直等。与图 3.21 的结果相比，不同于对准直光的聚焦，此时的薄膜透镜实现了光纤耦合输出的准直作用，这实际上同时替代了光纤耦合输出需要的分立光学器件。

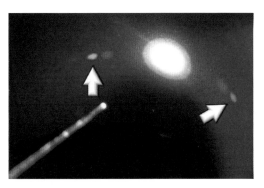

图 3.22　转移到光纤端面的全息薄膜透镜及其对光纤输出光束传播特性的调控作用

　　等离激元金属纳米结构在传感器、光发射器件/探测器件方面具有丰富而重要的应用。因此，光纤端面等离激元纳米光子结构的集成也具有同样的科学意义。图 3.23 描述了一种在光纤端面/侧面制备随机分布金纳米结构的激光加工方法。在光纤端面和一端的侧面涂布一层金纳米颗粒的胶体薄膜，然后将 532 nm 的激光从另一端耦合进光纤，对金纳米颗粒进行热处理，使其熔融并沉积、团聚于光纤表面，形成不同尺度的金纳米颗粒结构。实际上，光纤端需要事先进行预处理，即腐蚀掉光纤包层而只利用纤芯进行加工和应用。

　　图 3.24 为金纳米颗粒等离激元化光纤端面/侧面实物照片、光纤不同部位金纳米颗粒的 SEM 图像和相应的光散射光谱。这是因为激光加工过程是一个顺序成型过程，即首先在端面加热成型，使端面处的金纳米颗粒显著增强光的散射和反

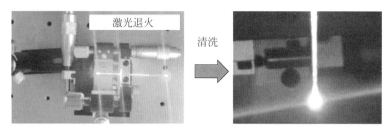

图 3.23　光纤端面/侧面金纳米结构的激光加工

射作用,从而加速对光纤侧面的加热成型。因此,光纤端面颗粒最大,侧面金纳米颗粒由光纤端向另一端方向尺寸逐渐减小。这样等离激元的共振光谱逐渐蓝移。于是光纤端面/侧面等离激元共振可以覆盖可见至近红外光谱区,对于折射率或SERS 传感具有很好的响应特性,并适用于多种激发光波长。另外,此光纤的宽带高散射特性,如图 3.24 所示,为局域、微空间的探测和成像提供了优异的光源。

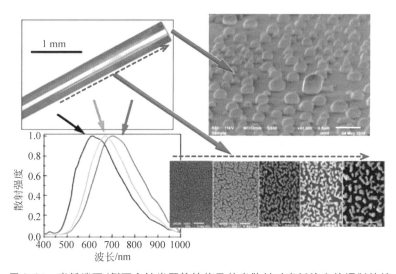

图 3.24　光纤端面/侧面金纳米颗粒结构及其光散射对光纤输出的调制特性

3.6.2　光纤端面集成光学逻辑控制器件——等离激元全光开关[73-75]

基于等离激元纳米结构的全光开关器件具有响应速度快、材料和器件稳定、光损伤阈值高等特性,对于光学逻辑器件、光学数据处理技术应用具有重要意义。而将光学开关器件集成于光纤端面对于光通信技术具有重要的应用价值。

3.2.4 节所述的柔性转移技术为将超快全光开关集成于光纤端面提供了具有

高实效性的途径。参考文献[74]～参考文献[75]详细描述了此制备技术,可以简单概括为:利用干涉光刻技术制备光刻胶光栅模版;在模版光栅表面旋涂金纳米颗粒胶体,使得金纳米颗粒被局域于栅槽中;在 500℃ 下对样品进行热处理,使金纳米颗粒熔融、团聚,形成连续的金纳米线,同时光刻胶模版被高温去除,形成金纳米线光栅;在金纳米线光栅表面旋涂 PMMA,使金纳米线被连接并保持空间分布定位;将样品浸入盐酸溶液中,使得 ITO 层溶于盐酸,这样被 PMMA 固定的金纳米线从衬底上脱落,并浮于溶液表面,产生柔性薄膜;将柔性薄膜直接覆于光纤端面,并进行修剪整理;最后,再进行一次热处理,即将样品再次加热到 500℃,使金纳米线微熔,冷却后牢固地固定于光纤端面,完成制备工艺过程。高温加热过程也同时保障了金纳米线的稳定性,使飞秒激光脉冲作用不能改变转移后金纳米线的形状、结构和表面形貌。

可以理解,高质量光刻胶模版光栅对于金纳米线光栅的优异光谱学响应特性极为重要。如图 3.25 所示为干涉光刻制备的光刻胶光栅的 SEM 俯视和横截面的侧视图。周期为 450 nm 的光栅栅槽的调制深度达 450 nm,且其宽度约为 350 nm,这为制备高占空比、高调制深度金纳米线光栅提供了理想的模版结构。

图 3.25　模版光刻胶光栅俯视和截面 SEM 图像

图 3.26 为光纤端集成超快光学开关器件对光纤中传播的宽带白光的衍射图案。白光由无结构一端耦合进光纤,并向结构端传播。一级衍射光束中,短波长段(紫外-蓝-蓝绿光)的光波满足前向衍射条件:$n\Lambda\sin\theta_{\rm i}+\Lambda\sin\theta_{\rm d}=\lambda$,其中 n 为光纤折射率,$\theta_{\rm i}$ 和 $\theta_{\rm d}$ 分别为入射角和衍射角,Λ 为光栅周期,衍射光以一定角度向 0 级衍射光的空间传播。而长波长波段(蓝绿-绿-红光)的光波满足后向衍射条件:$n\Lambda(\sin\theta_{\rm i}+\sin\theta_{\rm d})=\lambda$,衍射光向光纤入射端传播,并从光纤侧壁折射向自由空间。图 3.26 中强烈的彩色衍射图案及其空间对称分布表明金纳米线光栅到光纤端面的成功转移及其与光栅表面的高质量贴合和固定。

图 3.27 为采用飞秒激光泵浦探测技术研究光纤端集成超快光学开关效应的实验原理示意图。泵浦光为钛宝石飞秒激光脉冲放大器输出的 800 nm 激光脉冲,

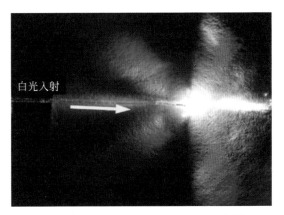

图 3.26　光纤端金纳米线光栅衍射图案的侧视图

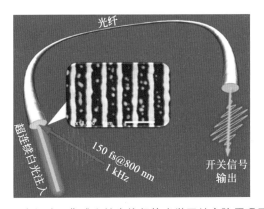

图 3.27　光纤端面集成金纳米线超快光学开关实验原理示意图

脉宽约为 150 fs,重复频率为 1 kHz,最大单脉冲能量约为 1 mJ。探测光为超连续白光,通过 800 nm 飞秒激光脉冲与 3 mm 厚的重水池相互作用产生,其光谱范围覆盖 340~1000 nm。泵浦光以一定角度入射至光纤端面,其光斑尺度远大于光纤直径,这样保障泵浦光均匀区域作用于光学开关器件。探测光经透镜聚焦后沿光纤轴入射,其焦斑尺寸小于光纤直径,保障高效耦合及其与泵浦光的高效相互作用。超快开关信号由光纤的另一端耦合输出,获得光学开关信号的瞬态光谱和动力学过程。实验中采用直径为 400 μm,长度为 20 cm 的光纤。实验结果表明,经高温(500℃)处理的金纳米线光栅具有很好的稳定性。单次泵浦-探测扫描时间约为 20 min,在固定的探测位置需进行不同性能的测试而至少扫描 6 次以上。这样,每一测试点需受到至少 10^7 泵浦光脉冲的"轰击"作用。但未发现金纳米线表面形貌的明显变化,也未发现超快光学开关信号明显的衰变,充分说明了光纤端面金纳米线光栅的稳定、可靠性,也保障了超快光学开关器件性能的稳定性,代表了光纤端面集成超快全光开关的性能和优势特点。

　　光纤端面基于金纳米线光栅的等离激元超快光学开光的瞬态光谱学和动力学响应特性分别如图 3.28(a) 和(b)所示。为了解析不同的等离激元效应,瞬态光谱测试中采用不同的泵浦光和探测光脉冲的偏振组合。其中的黄色圆圈曲线对应探测光为 TM 偏振情况下,即探测光偏振垂直于金纳米线,改变泵浦光偏振测得的瞬态吸收光谱;而黑色方框曲线对应于探测光为 TE 偏振下,改变泵浦光偏振得到的结果。可以看到,瞬态光谱响应特性主要与探测光的偏振方向有关,改变泵浦光的偏振方向对瞬态光谱学响应特性影响不大。同时可以发现,探测光为 TE 偏振和 TM 偏振情况下,瞬态吸收光谱几乎完全不同,对应完全不同的等离激元效应。其

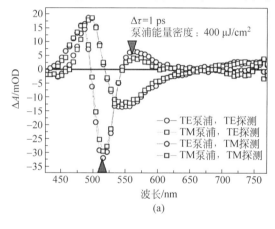

(a)

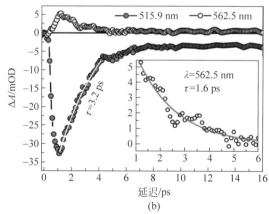

(b)

图 3.28　光纤端面集成金纳米线光栅的光学开关特性

(a) 不同偏振泵浦和探测光脉冲相互作用的 TA 光谱;(b) 泵浦光和探测光均为 TE 偏振条件下 515.9 nm 和 562.5 nm 处的超快动力学过程

具体物理学机理见参考文献[76]。

图 3.28(b)为探测光波长为 515.9 nm(红色实圆圈)和 562.5 nm(黄色实圆圈)瞬态吸收超快动力学过程,即超快光学开关信号。图 3.28(b)插图为 562.5 nm 处动力学过程的局域放大。采用单寿命指数衰减函数拟合表明,开关信号在 515.9 nm 和 562.5 nm 处的寿命分别为 3.2 ps 和 1.6 ps,对应于光学开关的速度。515.9 nm 处的开关信号的幅度约为 33 mOD,对应于光学调制深度大于 7%。信号具有良好的信噪比和对比度。而 562.5 nm 处的开关信号较弱,其幅度小于 6 mOD,调制深度小于 3%。

根据参考文献[76],515.9 nm 处的开关信号源自强光场作用下等离激元"淬灭"效应,即强烈的带内跃迁导致费米能级下导带电子的瞬态耗尽,进而导致带间跃迁允许到达此耗尽层而使得带间跃迁阈值降低,于是等离激元带边被推向红移,产生负的瞬态光谱信号。

参考文献

[1] JEANMAIRE D L, DUYNE R P V. Surface Raman spectroelectrochemistry: Part I. Heterocyclic, aromatic, and aliphatic amines adsorbed on the anodized silver electrode[J]. Journal of Electroanalytical Chemistry and Interfacial Electrochemistry, 1977, 84(1): 1-20.

[2] ALBRECHT M G, CREIGHTON J A. Anomalously intense Raman spectra of pyridine at a silver electrode[J]. Journal of the American Chemical Society, 1977, 99(15): 5215-5217.

[3] LAINE J P, LITTLE B E, HAUS H A. Etch-eroded fiber coupler for whispering-gallery-mode excitation in high-Q silica microspheres[J]. IEEE Photonics Technology Letters, 1999, 11(11): 1429-1430.

[4] IANNUZZI D, DELADI S, GADGIL V J, et al. Monolithic fiber-top sensor for critical environments and standard applications[J]. Applied Physics Letters, 2006, 55(5): 053501.

[5] IANNUZZI D, DELADI S, BERENSCHOT J W, et al. Fiber-top atomic force microscope [J]. Review of Scientific Instruments, 2006, 77(10): 106105.

[6] IANNUZZI D, HEECK K, SLAMAN M, et al. Fibre-top cantilevers: design, fabrication and applications[J]. Measurement Science and Technology, 2007, 18(10): 3247-3252.

[7] ALBERTS C J, MAN S D, BERENSCHOT J W, et al. Fiber-top refractometer [J]. Measurement Science and Technology, 2009, 20(3): 034005.

[8] LIBERALE C, MINZIONI P, BRAGHERI F, et al. Miniaturized all-fibre probe for three-dimensional optical trapping and manipulation[J]. Nature Photonics, 2007, 1(12): 723-727.

[9] DHAWAN A, GERHOLD M D, MUTH J F. Plasmonic structures based on subwavelength apertures for chemical and biological sensing applications[J]. IEEE Sensors Journal, 2008, 8(6): 942-950.

［10］　DHAWAN A，MUTH J F. Engineering surface plasmon based fiber-optic sensors［J］.
Materials Science and Engineering B，2008，149(3)：237-241.

［11］　ANDRADE G，HAYASHI J G，RAHMAN M M，et al. Surface-enhanced resonance
Raman scattering(SERS) using Au nanohole arrays on optical fiber tips［J］. Plasmonics，
2013，8(2)：1113-1121.

［12］　MICCO A，RICCIARDI A，PISCO M，et al. Optical fiber tip templating using direct
focused ion beam milling［J］. Scientific Reports，2015，5：15935.

［13］　MIVELLE M，IBRAHIM I A，BAIDA F，et al. Bowtie nano-aperture as interface between
near-fields and a single-mode fiber［J］. Optics Express，2010，18(15)：15964-15974.

［14］　KANG S，JOE H E，KIM J，JEONG Y，et al. Subwavelength plasmonic lens patterned on a
composite optical fiber facet for quasi-one-dimensional Bessel beam generation［J］. Applied
Physics Letters，2011，98(24)：241103.

［15］　TIAN Y，WU N，ZOU X，et al. Fiber optic ultrasound generator using periodic gold
nanopattern fabricated by focused ion beam［C］. San Diego，CA：Conference on
Nondestructive Characterization for Composite Materials，Aerospace Engineering，Civil
Infrastructure，and Homeland Security，2013.

［16］　CHEN W，HAN W，ABEYSINGHE D C，et al. Generating cylindrical vector beams with
subwavelength concentric metallic gratings fabricated on optical fibers［J］. Journal of
Optics，2011，13(1)：015003.

［17］　CONSALES M，RICCIARDI A，CRESCITELLI A，et al. Lab-on-fiber technology：toward
multifunctional optical nanoprobes［J］. ACS Nano，2012，6(4)：3163-3170.

［18］　RICCIARDI A，CONSALES M，QUERO G，et al. Lab-on-Fiber devices as an all around
platform for sensing［J］. Optical Fiber Technology，2013，19(6)：772-784.

［19］　RICCIARDI A，CONSALES M，QUERO G，et al. Versatile optical fiber nanoprobes：from
plasmonic biosensors to polarization-sensitive devices［J］. ACS Photonics，2014，1(1)：
69-78.

［20］　LIN Y，ZOU Y，MO Y，et al. E-beam patterned gold nanodot arrays on optical fiber tips
for localized surface plasmon resonance biochemical sensing［J］. Sensors，2010，10(10)：
9397-9406.

［21］　RICCIARDI A，SEVERINO R，QUERO G，et al. Lab-on-fiber biosensing for cancer
biomarker detection［C］. Curitiba，Brazil：24th International Conference on Optical Fibre
Sensors(OFS)，2015.

［22］　PRASCIOLU M，COJOC D，CABRINI S，et al. Design and fabrication of on-fiber
diffractive elements for fiber-waveguide coupling by means of e-beam lithography［J］.
Microelectronic Engineering，2003，67(8)：169-174.

［23］　CONSALES M，RICCIARDI A，CRESCITELLI A，et al. Lab-on-fiber technology：toward
multifunctional optical nanoprobes［J］. ACS Nano，2012，6(4)：3163-3170.

［24］　TIAN L，FRISBIE S，BERNUSSI A A，et al. Transmission properties of nanoscale aperture arrays in metallic masks on optical fibers[J]. Journal of Applied Physics,2007, 101(1): 014303.

[25] KOSTOVSKI G,CHINNASAMY U,JAYAWARDHANA S,et al. Sub-15 nm optical fiber nanoimprint lithography: a parallel,self-aligned and portable approach[J]. Advanced Materials,2011,23(4): 531-535.

[26] KIM B J,FLAMMA J W,HAVE E S T,et al. Moulded photoplastic probes for near-field optical applications[J]. Journal of Microscopy,2001,202(1): 16-21.

[27] KIM G M,KIM B J,HAVE E S T,et al. Photoplastic near-field optical probe with sub-100 nm aperture made by replication from a nanomould[J]. Journal of Microscopy,2003, 209(3): 267-271.

[28] GENOLET G,DESPONT M,VETTIGER P,et al. Micromachined photoplastic probe for scanning near-field optical microscopy[J]. Review of Scientific Instruments,2001,72(2): 3877-3879.

[29] VIHERIALA J,NIEMI T,KONTIO J,et al. Fabrication of surface reliefs on facets of singlemode optical fibres using nanoimprint lithography[J]. Electronics Letters,2007, 43(3): 150-152.

[30] SCHEERLINCK S,TAILLAERT D,THOURHOUT D V,et al. Flexible metal grating based optical fiber probe for photonic integrated circuits[J]. Applied Physics Letters, 2008,92(3): 031104.

[31] SCHEERLINCK S,DUBRUEL P,BIENSTMAN P,et al. Metal grating patterning on fiber facets by UV-based nano imprint and transfer lithography using optical alignment [J]. Journal of Lightwave Technology,2009,27(10): 1417-1422.

[32] IANNUZZI D,DELADI S,BERENSCHOT J W,et al. Fiber-top atomic force microscope [J]. Review of Scientific Instruments,2006,77(10): 106105.

[33] SMYTHE E J,DICKEY M D,WHITESIDES G M,et al. A technique to transfer metallic nanoscale patterns to small and non-planar surfaces[J]. ACS Nano,2009,3(1): 59-65.

[34] SMYTHE E J,DICKEY M D,BAO J,et al. Optical antenna arrays on a fiber facet for in situ surface-enhanced Raman scattering detection [J]. Nano Letters, 2009, 9 (3): 1132-1138.

[35] LIPOMI D J,MARTINEZ R V,KATS M A,et al. Patterning the tips of optical fibers with metallic nanostructures using nanoskiving[J]. Nano Letters,2011,11(2): 632-636.

[36] SASAKI M,ANDO T,NOGAWA S,et al. Direct photolithography on optical fiber end [J]. Japanese Journal of Applied Physics,2002,41(6B): 4350-4355.

[37] JOHNSON E G,STACK J,SULESKI T J,et al. Fabrication of micro optics on coreless fiber segments[J]. Applied Optics,2003,42(5): 785-791.

[38] PETRUŠIS A,RECTOR J H,SMITH K,et al. The align-and-shine technique for series production of photolithography patterns on optical fibres[J]. Journal of Micromechanics and Microengineering,2009,19(4): 047001.

[39] TIBULEAC S,WAWRO D,MAGNUSSON R. Resonant diffractive structures integrating waveguide-gratings on optical fiber endfaces[C]. San Francisco,CA: IEEE Lasers and Electro-Optics Society 1999 Annual Meeting,1999.

[40] WAWRO S T D,MAGNUSSON R,LIU H,et al. Optical fiber endface biosensor based on resonances in dielectric waveguide gratings[C]. SAN JOSE,CA: Conference on Biomedical Diagnostic,Guidance,and Surgical-Assist Systems II,2000.

[41] FENG S F,ZHANG X P,WANG H,et al. Fiber coupled waveguide grating structures[J]. Applied Physics Letters,2010,96(13): 133101.

[42] YANG X,ILERI N,LARSON C C,et al. Nanopillar array on a fiber facet for highly sensitive surface-enhanced Raman scattering [J]. Optics Express, 2012, 20 (22): 24819-24826.

[43] KIM J K,JUNG Y,LEE B H,et al. Optical phase-front inscription over optical fiber end for flexible control of beam propagation and beam pattern in free space[J]. Optical Fiber Technology,2007,13(3): 240-245.

[44] SHIN W,SOHN I B,YU B A,et al. Microstructured fiber end surface grating for coarse WDM signal monitoring[J]. IEEE Photonics Technology Letters,2007,19(8): 550-552.

[45] KIM J K,KIM J,OH K,et al. Fabrication of micro Fresnel zone plate lens on a mode-expanded hybrid optical fiber using a femtosecond laser ablation system [J]. IEEE Photonics Technology Letters,2009,21(1): 21-23.

[46] MA X D,HUO H B,WANG W H,et al. Surface-enhanced Raman scattering sensor on an optical fiber probe fabricated with a femtosecond laser [J]. Sensors, 2010, 10 (12): 11064-11071.

[47] LAN X W,HAN Y K,WEI T,et al. Surface-enhanced Raman-scattering fiber probe fabricated by femtosecond laser[J]. Optics Letters,2009,34(15): 2285-2287.

[48] SAID A A,DUGAN M,MAN S D,et al. Carving fiber-top cantilevers with femtosecond laser micromachining [J]. Journal of Micromechanics and Microengineering, 2008, 18(3): 035005.

[49] LIBERALE C,COJOC G,CANDELORO P,et al. Micro-optics fabrication on top of optical fibers using two-photon lithography[J]. IEEE Photonics Technology Letters,2010, 22(7): 474-476.

[50] COJOC G,LIBERALE C,CANDELORO P,et al. Optical micro-structures fabricated on top of optical fibers by means of two-photon photopolymerization[J]. Microelectronic Engineering,2010,87(5-8): 876-879.

[51] WILLIAMS H E,FREPPON D J,KUEBLER S M,et al. Fabrication of three-dimensional micro-photonic structures on the tip of optical fibers using SU-8[J]. Optics Express,2011, 19(23): 22910-22922.

[52] XIE Z W,FENG S F,WANG P J,et al. SERS: Demonstration of a 3D radar-like SERS sensor micro- and nanofabricated on an optical fiber[J]. Advanced Optical Materials,2015,

3(9)：1232-1239.

［53］ TIMO G,SIMON T,ALOIS H,et al. Sub-micrometre accurate free-form optics by three-dimensional printing on single-mode fibres［J］. Nature Communications,2016,7：11763.

［54］ FENG S F,ZHANG X P,LIU H M. Fiber coupled waveguide grating structures［J］. Applied Physics Letters,2010,96(13)：133101.

［55］ ROSENBLATT D,SHARON A,FRIESEM A A. Resonant grating waveguide structures［J］. IEEE Journal of Quantum Electronics,1997,33(11)：2038-2059.

［56］ MAGNUSSON R,WANG S S. New principle for optical filters［J］. Applied Physics Letters,1992,61(9)：1022-1024.

［57］ ZHANG X P,SUN B Q,HODGKISS J M,et al. Tunable ultrafast optical switching via waveguided gold nanowires［J］. Advanced Materials,2008,20(23)：4455-4459.

［58］ ZHANG X P,LIU H M,TIAN J R,et al. Band-selective optical polarizer based on gold-nanowire plasmonic diffraction gratings［J］. Nano Letters,2008,8(9)：2653-2658.

［59］ FENG S F, DARMAWI S, HENNING T, et al. A miniaturized sensor consisting of concentric metallic nanorings on the end facet of an optical fiber［J］. Small,2012,8(12)：1937-1944.

［60］ ZHANG X P,LIU F F,LIN Y H. Direct transfer of metallic photonic structures onto end facets of optical fibers［J］. Frontiers in Physics,2016,4：31.

［61］ WANG Y,LIU F F,ZHANG X P. Flexible transfer of plasmonic photonic structures onto fiber tips for sensor applications in liquids［J］. Nanoscale,2018,10(34)：16193-16200.

［62］ ZHAI T,TONG F,WANG Y,et al. Polymer lasers assembled by suspending membranes on a distributed feedback grating［J］. Optics Express,2016,24(19)：22028-22033.

［63］ ZHAI T,CHEN L,LI S,et al. Free-standing membrane polymer laser on the end of an optical fiber［J］. Applied Physics Letters,2016,108(4)：041904.

［64］ ZHAI T,NIU L,CAO F,et al. A RGB random laser on an optical fiber facet［J］. RSC Advances,2017,7(72)：45852-45855.

［65］ LI S,WANG L,ZHAI T,et al. Plasmonic random lasing in polymer fiber［J］. Optics Express,2016,24(12)：12748-12754.

［66］ ZHAI T R,ZHANG X P,PANG Z G,et al. Random laser based on waveguided plasmonic gain channels［J］. Nano Letters,2011,11(10)：4295-4298.

［67］ ZHANG X,YAN S, TONG J, at al. Perovskite random lasers on fiber facet［J］. Nanophotonics,2020,9(4)：935-941.

［68］ SHI X,GE K,TONG J,et al. Low-cost biosensors based on a plasmonic random laser on fiber facet［J］. Optics Express,2020,28(8)：12233-12242.

［69］ WANG M,ZHANG X P. Ultrafast injection-locked amplification in a thin-film distributed feedback microcavity［J］. Nanoscale,2017,9(8)：2689-2694.

［70］ WANG M,ZHANG X P. Femtosecond tuning dynamics of organic amplifiers based on injection into DFB resonators of slant gratings［J］. Organic Electronics,2019,66：156-162.

[71] WANG M,ZHANG X P. Femtosecond thin-film laser amplifiers using chirped gratings [J]. ACS Omega,2019,4(5)：7980-7986.

[72] ZHANG X P,ZHANG J,LIU H M,et al. A plasmonic photonic diode for unidirectional focusing, imaging, and wavelength division de-multiplexing［J］. Advanced Optical Materials,2014,2(4)：355-363.

[73] ZHANG X P,SUN B Q,HODGKISS J M,et al. Tunable ultrafast optical switching via waveguided gold nanowires[J]. Advanced Materials,2008,20(23)：4455-4459.

[74] WANG Y, ZHANG X P. Ultrafast optical switching based on mutually enhanced resonance modes in gold nanowire gratings[J]. Nanoscale,2019,11(38)：17807-17814.

[75] YANG J H,ZHANG X P. Optical fiber delivered ultrafast plasmonic optical switch[J]. Advanced Science,2021,8(10)：2100280.

[76] ZHANG X P. Plasmon extinguishment by bandedge shift identified as a second-order spectroscopic differentiation[J]. Nanophotonics,2021,10(4)：1329-1335.

微流光纤及其感测实验室*

随着微流控技术的日趋成熟,将微流控芯片技术和光微流方法在微结构光纤中进行交叉融合,已经逐渐形成了一个新的发展方向。本章重点介绍如何利用微结构光纤的特殊结构,在微结构光纤内部构造微流控检测实验室,通过对光纤进行结构设计以及微加工处理,使光波导与微流物质检测相结合,通过几种基于不同微结构的微流光纤以及不同检测原理在内的高灵敏度光纤微流感测系统,对光纤微流传感与检测方法给出了系统的介绍。

4.1 微流控与光微流技术

微流控(microfluidics)光学器件是指在同一器件中集成微流体学和光学结构的器件,其优势在于可以提供微流控制,具有显著的表面体积比和光路集成特性[1-3](图 4.1)。微流控光学器件为光与材料之间的相互作用和检测提供了可能,迅速成为一个热门新型的研究领域。它的固有特性使其在化学、环境分析、生物合成、药物输送等领域具有广泛的应用[4-7]。在这些器件中,材料的折射率控制光的传播路径,直接影响光与不同介质的相互作用。然而,基于传统光波导的微流控器件制备工艺复杂,尤其是芯片与光路的耦合效率较低。并且,在微流芯片研究领域,往往需要借助特殊设备才能完成光学检测,如荧光显微镜及高压汞灯光源等,这样势必造成整套系统的体积过于庞大,并且光学耦合比较困难,不能进行快速、准确地检测,为分析带来诸多不便。因此,如何提高系统的光耦合效率及光学集成

---

* 苑婷婷,深圳技术大学,聚龙学院(创新创业学院),智能传感系统中心,深圳 518118,E-mail:yuantingting@sztu.edu.cn。

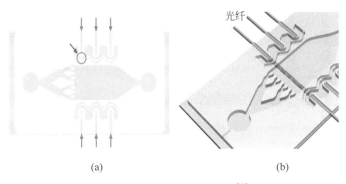

图 4.1　光微流系统示意图[2]

（a）红色箭头表示解调通道,蓝色箭头表示六个微透镜阵列中的一个；（b）嵌入的光纤,红色为光路

度是该领域面临的重要问题。

　　由于方便携带、可微型化、灵敏度较高、易于更换检测液体、便于现场分析和检测等优点,微流控光学器件经常被作为一种化学生物传感器(图 4.2)。化学生物传感器目前已受到广泛关注,很多科研领域都离不开它,比如用来检测低含量的物质或进行医学领域中的疾病诊断。如今,在多种多样的传感器中光纤传感器可以在生物和化学等很多学科有交叉应用,光纤化学传感器作为光纤传感器的一类已经在很多领域得到了应用。传统的光纤化学传感器一般分为两种,一种为衰减型,另一种为荧光型。衰减型传感器主要通过检测光纤内的光损耗来检测信号,通常在光纤外部或者光纤表层,也可以经过微加工处理,制备出微结构来作传感区,使输出光强能够对化学反应的变化做出相应的响应；荧光型传感器主要是通过激发化学物质的荧光性来检测荧光信号,荧光物质被激发光激发出荧光后可通过光信号检测到光强的变化。为了使光检测信号更加灵敏,微结构光纤更适用于光纤化学传感器的光信号检测。像带有空气孔可作微流物质通道的微结构光纤,不但可以节省测量样品所需用量,更可以使传感区与光波导紧密相连,在很大程度上提高了传感器的集成度。

　　微流控技术(microfluidics)指的是使用微管道(尺寸为数十到数百微米)处理或操纵微小流体(体积为纳升到微升)的系统。由于微流控光学检测器件中的样品体积小、检测光程短、灵敏度高、响应时间快、功耗低等优点,这种新型检测方法对于微流控技术向实用化发展至关重要。微流控技术经过二十余年的发展,已经成为一门涉及化学、流体物理、光学、微电子、新材料、生物学和生物医学工程的新兴交叉学科。另外,光纤型微流芯片的形式也是多种多样的,其中传统的光纤型微流芯片主要为光纤型微流控电泳芯片,该芯片由三部分组成:多模光纤、聚二甲基硅氧烷(PDMS)基片和盖片。利用二次曝光技术制备出芯片的模具,通过浇注的方法制成电泳芯片,该芯片实现了在 PDMS 上制备深度不同的微流控沟道和光纤沟

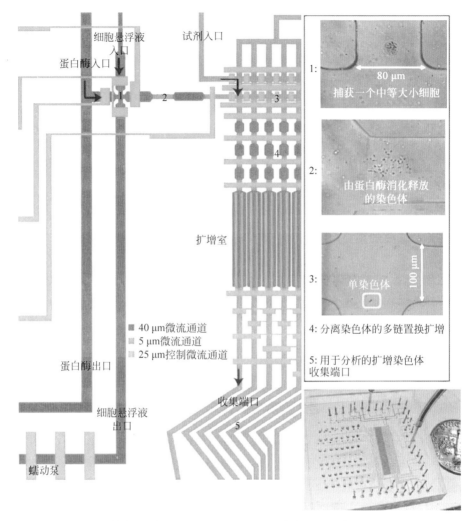

图 4.2 用于单个细胞染色体扩增用的微流体装置,细胞分拣区和放大区的微流通道分别用
红色和蓝色染料标记出,区域 1 为单个细胞被识别并捕获,区域 2 为蛋白酶产生染
色体悬架,区域 3 为染色体悬架被分为 48 个单位,区域 4 为每个分区内容被放大,
区域 5 为检索材料的收集端口[4]

道,使光纤与微流控沟道能够方便地对准[8]。另一种是内嵌光纤型微流控芯片,其
制备方法是利用 248 nm 的 KrF 准分子激光在聚甲基丙烯酸甲酯(PMMA)基片上
进行微加工,构建芯片结构,并嵌入腐蚀过的直径为 35 μm 的单模光纤,从而形成
内嵌光纤型芯片[9]。也可采用微纳光纤作为一种典型的一维微纳光波导,其具有
低传输损耗、强场约束能力、大比例倏逝场、可灵活操作等特性,在构建小型化、高

灵敏度传感器方面具有独特的优势,在短时间测量方面具有明显的优点。但这种基于微纳光纤的测量装置普遍存在易被污染、使用寿命短的不足。典型的微纳光纤传感结构包括双锥形微纳光纤、缠绕型微纳光纤、微纳光纤光栅、微纳光纤环型谐振腔、微纳光纤马赫-曾德尔干涉仪以及表面功能化或者内部掺杂微纳光纤,基于这些结构的折射率、浓度、湿度、温度、应变、电流等物理、化学、生物传感器已获得了广泛的研究[10-12]。

事实上,微纳光纤传感器大多将微纳光纤置于空气中或者大的流通池中,微纳光纤容易受到环境因素的影响,表面容易被污染,严重影响了微纳光纤传感器的稳定性。利用飞秒激光辅助加工的方法也可以在单模光纤中加工出平行于纤芯的微流通道,从而制成一种能够应用于液体折射率传感的新型光纤微流体器件,并且这种微流体器件具有耐高温的性质,液体可在微流通道内部流动,也可避免被测液体与外界接触,且具有很强的抗干扰能力[13-14]。除此之外还可以直接利用中空光子晶体光纤(photonic crystal fiber,PCF)的中空光学通道作为微流物质通道。这种微流测量器件的工作原理是基于光纤中传输的光场直接与微流物质相互作用,从而改变光纤中的光波特性。也就是说,微流光学器件的基础在于光场与通道流体之间的有效重叠。

当波导光和微流物质被同时限制在一个物理空间时,光与流体物质相互作用的情况被最优化,获得较大动态响应的同时能够尽可能地缩短相互作用长度[15]。将微纳光纤包埋在低折射率材料中(例如,Telflon AF)是提高微纳光纤传感器稳定性的有效方法。然而低折射率材料的包裹会减少微纳光纤外围倏逝场与待测物质的相互作用,降低微纳光纤传感的灵敏度[16-17]。

光微流技术是在微流控基础上建立起来的,指一类由光学系统结合微流体的微流控系统,这个新兴领域的主要优点在于其可塑性很高,可以将多种功能和器件集成为一体。液体所具有的一些独特属性是固体无法代替的,这些属性可以被很好地用在光微流中。例如,通过简单操作更换设备中的液体介质就可以改变原有的光学性能;两种不相溶的液体之间会出现一条清晰可见的光滑分界线;两种可溶的液体通过扩散、混合、相溶可以对光学系统的性能产生很大影响等。目前大多数光学系统使用的还是固体材料,如玻璃、石英和金属等,但在某些情况下配合液体材料使用,光学系统能够更好地被利用,如基于表面等离子体谐振(surface plasmon resonance,SPR)的传感器[18](图 4.3)。光微流的组成主要是由固体和液体结构为主,无论是哪种结构,其目的一般均为改变光的传播,例如自然光因通过玻璃棱镜后以不同的角度出射而呈现出不同的颜色;光纤中包层和纤芯之间的界面因折射率不同,光束通过全反射被限制在折射率更高的纤芯中。通过固体结构和液体结构的结合,光微流设备可以衍生出更多的功能,可以通过制备带微通道或带孔的固体结构器件来实现。将固体结构和液体结构整合在一起,意味着可以将多种功能的复合型传感器集成到同一个器件,由此演化出微流控芯片(microfluidic chip)、生物芯片(bio chip)和芯片实验室(Lab-on-a-chip,LOC)等各种功能集成的概念性器件。

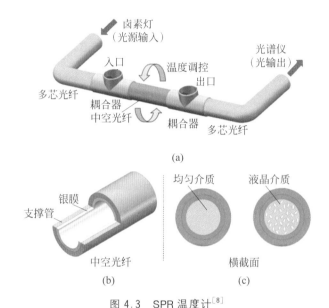

图 4.3　SPR 温度计[8]

(a) 注入液晶介质的中空光纤;(b) 中空光纤镀银膜的结构图;(c) 中空光纤注入均匀液体后的横截面示意图

4.1.1　光微流技术

目前,微结构光纤的理论研究及制备工艺日趋成熟,基于微结构光纤的生化传感器件也备受关注,微结构光纤在检测领域具有独特的优势:①检测过程可以在光纤内部进行,实现被测物的微量检测,显著减小样品的采集量,提高检测动态范围。微结构光纤纤芯与微流体待测物可以长程作用,将具有足够的接触空间,可显著提高灵敏度,易于实现全光纤设计及多组分检测。②光纤内部孔道分布、直径、占空比设计灵活,有利于增强倏逝场、构造谐振腔,并降低传输损耗,可实现光纤内干涉仪、光纤光栅、谐振腔、敏感膜等高度集成,实现对样品高精度、高灵敏度的测量,简化检测装置。

微结构光纤具体包括多芯光纤、毛细管光纤、悬挂芯光纤、熔嵌芯光纤等,根据不同的结构可以实现诸多功能,例如各类光纤干涉仪、倏逝波传感、能量传递等。另外,可以集多功能于一根光纤。例如,如果利用毛细管光纤同时传光与传质就可以明显增加器件的集成度。尤其是微结构光纤具有如无截止波长单模传输特性、灵活的色散控制特性、高数值孔径等诸多特性,而且其结构设计也具有很大的灵活性,可以通过控制其空气孔尺寸形状、排布方式等参数,灵活设计出需要的光纤特性,其孔道尺寸为微米量级,容纳气体/液体的体积低至微升或纳升量级,是痕量检测的理想载体[19-21]。

尤其是微结构光纤的一维孔道结构为样品与光波导提供了长程作用场所,虽然可容纳的体积微小,却为光与物质的充分作用提供了保证[22](图 4.4)。这些优异的性能使其突破了传统光纤光学的局限,在分析检测研究领域显示了无可替代的优势。另外,光纤纤芯直径恰好与微流芯片沟道尺寸在同一量级,将其用于微流芯片系统的研究将显著减小光路体积,增强器件的集成度。其光斑直径与微流控沟道的尺寸非常接近,可提高检测的灵敏度,减小背景光影响,有利于微弱信号的探测。目前,光纤技术已经向着多用途、多功能方向发展,其涉足的领域也不仅是传统的光通信,除了从构成光纤的材料角度入手,变化光纤基质,改进其光传输性能,降低传输损耗,光纤的结构特性也被充分考虑来实现特殊应用。

图 4.4　多种带孔微结构光纤端面照片[27]

无论是各种物理、化学、生物参量的高精度传感检测,还是高性能的全光调控器件,都需要依靠光与物质的高效相互作用,以形成光波信息与物质、环境特征相互间的信息充分交换,从而达到提高传感检测精度、增强功能集成、提高器件性能的目的,基于光与物质相互作用的光流控器件也是如此。将微结构光纤引入微流控芯片,在微米尺度操作微量液体,样品损耗量低,为光纤技术在化学、生物、医药等领域高通量分析及检测的控制提供了一种便捷的技术手段。

1. 基于折射率检测方法的光微流传感器

测量样品的折射率变化是光微流用于生物和化学分析中最常见的一种方法,这种方法与荧光标记法不同,主要是以无标记为主。由于待测液体的折射率变化通常与背景溶液的折射率不同,所以光微流折射率传感器可用来监测待测液体折射率的改变。而且光微流传感器非常适合于测量折射率,因为它只需要很少量的检测物质,通过待测液体的体积浓度或者表面密度接收折射率信号。对于很多光微流折射率传感器来说,当把微流通道限制到极小的量级如飞升或纳升(fL 或 nL)时,也能够进行分子检测。光微流结构的种类有很多种,包括基于金属纳米孔阵列等离子体[23-29]、光子晶体光纤[30-39]以及干涉仪结构,如环形谐振器[40-45]、马赫-曾德尔干涉仪[46-47](图 4.5)和法布里-珀罗腔[48-51]等,都已经被用于生物和化学分析检测的光微流结构。

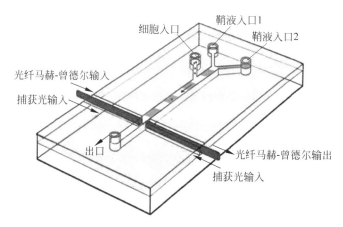

图 4.5　集成了干涉仪和光势阱的调制型微流芯片原理图[50]

目前,折射率检测型光学传感器面对的问题是即使它集成了微流样品配送系统,也无法将大量的目标分子传输到传感器响应的位置。很多研究人员提出了"溢流法"技术来解决光学传感器中物质传输缓慢的实验操作问题。

光微流技术通过光学传感结构集成了纳米微通道,使得样品可以直接与传感部分响应,在短的时间内能提供更强的信号。另外,该类微纳光微流传感器和纳米微通道传感器[52-53]很相近,通常通过光刻蚀纳米微孔阵列排布技术制备这种微孔贯穿整个器件的结构具有良好的通透性,而且有很大的表面体积比,具有很高的灵敏度,与传统无孔的传感器相比,可以更有效地实现样品传输。很多学者还通过把光微流折射率传感器和传统化学分析技术如色谱法和电泳法相结合,提高样品的分析能力[54-55]。这种结合可以使系统具有新的功能,这样的检测方法有利于实时监测和微流体体积最小化。

2. 基于荧光技术的光微流反应器/传感器

在很多情况下无标记传感是基于荧光传感实现的,该方法通常可以简化生物传感的实验步骤。荧光现象具有时间标度的优点,荧光发射发生在吸光之后约

10 ns。在此时间内会发生许多时间差异的分子过程,而这些过程会影响荧光化合物的光谱特征,因此可以实现对复杂的多组分荧光体混合物的分析和许多生物化学现象的研究。

关于光微流荧光检测方面的主要研究方向之一,是如何改善对含有缓冲液的低折射率待测液的束缚和传输,增强光和载体相互作用的强度,提高检测限度。基于该方法的不同种类的光微流结构器件目前已经得到了发展和应用,例如用低折射率包层做液芯光波导,如聚四氟乙烯[56-57]和纳米多孔材质[58-59]这种可以全反射的导光材料;光子晶体结构可以增强荧光信号从而提高荧光接收效率[60-64];槽波导可以在亚微米尺寸通道上同时限制液体和光[65]。其中,反谐振反射型光波导(antiresonant reflecting optical waveguides,ARROW)对用于限制液体和传导光是最具前景的光微流传感结构[45,66-71](图 4.6)。在荧光传感器中,反谐振反射型光波导适用亚皮升的检测体积,所以可以用于待测液极少的敏感检测中[54,72]。

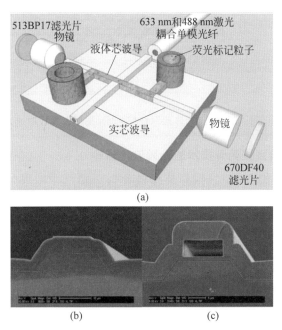

图 4.6　用于 ARROW 的微流检测平台[71]

(a) 荧光互相关光谱检测平台;(b) 互相关实芯反共振反射型光波导;(c) 互相关液芯反共振反射型光波导

空芯微结构光纤在光流控生化物质感测方面的应用潜力也非常引人关注,人们初步利用空芯微结构光纤构造的"纤内实验室"器件,将待测样本与光均约束在纤芯中,能使 90% 以上的光功率与样本发生高效相互作用,因此空芯微结构光纤是构造新型、高性能光流控器件的理想光纤。经实验证明,空芯微结构光纤具有实现空间分辨痕量生化物质感测的潜力[73-74](图 4.7 和图 4.8)。这种基于荧光探测的光学传感技术虽有诸多优点,但是随着生物探针或发光分子数目的减少,产生的光信号太弱并被淹没在背景噪声中从而无法实现测量。若将生物探针或生物样本放在激光谐振腔中,直接或部分作为增益介质的新型光流生物激光器,则能大幅提高探测灵敏度,有望实现对生物探针及样本的发光信号和折射率等多个参数的高精度测量,是一种非常有发展潜力的技术[75]。但是,这种光纤由于结构特点限制,难以兼顾微流通道与光路的同时耦合,如果在光纤侧面构造微孔结构用于微量进样,则会造成波导结构的破坏;而如果利用光纤端面作为进样口以及光路的出入口,微流体则可能造成光路的不稳定性,因此需要对光纤结构进行改进。

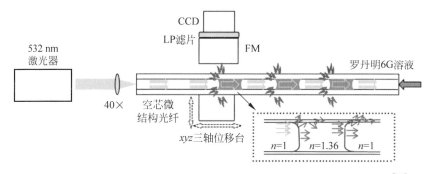

图 4.7　基于带孔光纤的荧光传感系统结构图,插图为光纤中放大的液柱[75]

3. 基于表面增强拉曼谱技术的光微流传感器

拉曼光谱是一种散射光谱,拉曼光谱分析法是基于印度科学家拉曼(C. V. Raman)发现的拉曼散射效应,对与入射光频率不同的散射光谱进行分析可以得到分子振动、转动等信息。因此拉曼光谱是用作结构鉴定和材料分子监测的手段,可以鉴别特殊的结构特征或特征基团。拉曼位移的大小、强度及拉曼峰形状是鉴定化学键、官能团的重要依据。利用偏振特性,拉曼光谱还可以作为分子异构体判断的依据。在无机化合物中金属离子和配位体间的共价键常具有拉曼活性,由此拉曼光谱可提供有关配位化合物的组成、结构和稳定性等信息。

表面增强拉曼光谱(surface-enhanced raman spectroscopy,SERS)[76-77]更能体现无标记分析的简易性优势,尤其是基于荧光检测和拉曼光谱对分子特异性的分析鉴定。它利用金属纳米结构[78]提供的电磁增强和金属分子相互作用提供的化学增强[79-80]来提高拉曼散射表面的量级,并且现在已经可以做到获得单分子[81-82]的拉曼散射谱。

具体可以将 SERS 检测机制集成到具有其他功能的微流系统中。常见的实现方式是将金属纳米颗粒胶体溶液样品通入通道,使金属纳米结构集成在微流通道的底部。然而,在微流环境中进行 SERS 实验测量,可能会降低检测上限,因为与

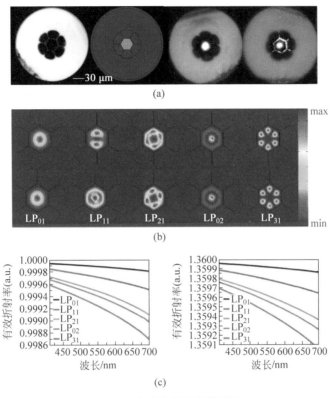

图 4.8　多孔光纤注液特性图

(a) 带孔微结构光纤注入不同液芯照片；(b) 空气孔和彩色液芯情况场分布仿真图；(c) 空气芯和液芯在五种低阶模时波长和有效折射率关系图

纳米结构表面结合时表面增强拉曼光谱的活性点的数量会减少,但是可以通过增加待测物分子的数量来增加激发源或者增加表面活性来弥补这些缺点以改善器件性能。

另外,利用光纤的几何形状可以提高 SERS 性能,从而提高检测体积,包括待测物分子的数量和器件的活性点数量[83-84],通过微结构和纳米微流技术浓缩待测液或分析纳米分子在检测体积里的总量以达到增强的效果,同时微流技术也可被用于光学表面增强拉曼光谱技术检测来增强纳米颗粒或分析分子的浓度[85-86](图 4.9)。利用光微流谐振器在微流体或纳米微流的环境内来激发 SERS 也可以提高其性能,光学谐振器的表面高灵敏区可以作为一个高能激发源用来激发 SERS[87-88]。

4. 光纤光镊在微流体的粒子操控

Ashikin 在 1970 年第一次报道了通过光产生的辐射压力加速液体中悬浮粒子

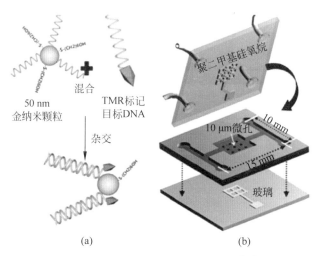

图 4.9　用于 SERS 检测的芯片装置[89]

（a）杂交反应示意图；（b）芯片结构示意图

的实验结果[90]，这一发现使人们对光引起的辐射力有了新的认识，利用光镊对细胞器进行的各种操作方法也随之成为研究热点，包括细胞移动、细胞分类和细胞融合等。光学操纵技术可以使用单光束、双光束甚至多光束，要捕获或操纵的粒子在液体环境中，或在粒子靠近光束焦点的地方，光力就会对粒子有影响。

众所周知，悬浮在液体中的小颗粒的布朗运动是一直存在的，流体中小颗粒或大分子的相互作用是微流体活细胞系统中的一个关键问题，了解流体动力学将有助于理解细胞的运输和小颗粒对化学生物反应过程的影响。粒子之间的相互作用非常弱，很难监测到，但光镊具有限制粒子运动的能力，可以测量单个粒子的动力，这一特性使光镊成为微流体中研究粒子个体运动和相互作用的重要工具。2007年，苑立波等提出了一种可以用来检测和评估布朗运动力的光纤镊子[91]，一般来说，单光纤镊子只能通过捕获和移动来操纵粒子，但不能使粒子旋转和振荡。为了让光镊能像人手一样顺利地操纵粒子，苑立波小组做了大量研究，开发了基于单光纤镊子的粒子操纵技术，并将这类镊子命名为"微光手"。它类似人的手，可以通过"手指"来抓住粒子，为了能够实现微光手在多个方向上控制微粒，需要多光束协同工作，这里多芯光纤特别适合，既能单独操纵粒子同时又能控制粒子旋转。

光纤光镊可以在活体内进行无损伤操纵细胞，在活体动物的毛细血管中捕获和操纵血红细胞已经被证实[92]，这表明光纤光镊已经成为研究活体细胞的有力工具之一，探针可以灵活地在活体样品内移动，适合于对活体细胞的操纵。2013年，李宝军等报道了在三维空间内捕获和操纵粒子阵列链[93]。多粒子的捕获和操纵对生物细胞特性的研究有重要贡献，2015年该团队进一步研发了诱捕和操纵活体植物细胞内叶绿体链的方法[94]，叶绿体的诱捕和排列如图 4.10 所示。在实验中叶绿体的再分配是通过光操作快速有效地实现的，并对实验中的细胞活性进行了评价，表明该方法对细胞无影响。

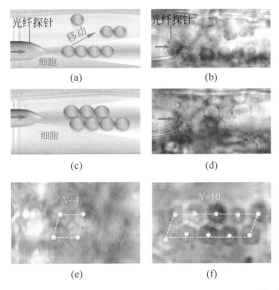

图 4.10 叶绿体在活体内被非接触激光捕获与排列[62]

(a)、(c) 多粒子俘获示意图；(b)、(d) 多个叶绿体被光纤探针捕获的照片；(e)、(f) 由光纤探针排列而成的两行叶绿体

推进粒子的控制和传感的协同作用更适合对细胞和分子大小水平上的生物粒子的控制，研究细胞器之间的相互作用对理解信号转导机制具有重要意义。然而光纤光镊也有缺点，光纤易碎、机械强度低、需要光束耦合/分离技术。在生物、化学和流体学科的研究中，光纤镊子主要用于折射率高于周围介质的粒子。

5. 基于功能纳米材料沉积技术的生化传感器

随着功能纳米材料的制备和沉积技术的发展，越来越多的纳米材料被应用于生物化学光纤传感器件中，使得光纤传感器件的性能得到显著提高；功能纳米材料的快速发展正是因为其优越的物理化学性能，使其在疾病诊断、药物开发、食品分析、环境监测等方面具有广阔的应用前景。

Shivananju 等在 2017 年的综述中着重分析了石墨烯光学生物传感器在生化传感领域的发展和应用[95]，进一步证实了石墨烯材料与光纤结合后的各种传感应用，如单细胞检测[96]、神经成像和光遗传学[97]、癌症诊断[98]、蛋白质[99]和 DNA 传感[100-101]、气体传感[102-103]等(图 4.11)。石墨烯在光纤生物传感器中之所以能够受到如此广泛的关注，主要是因为石墨烯的独特性能，如单原子厚度、极高的表面体积比、荧光猝灭能力、优异的生物相容性、宽带光的吸收能力、超快的响应时间、高机械强度、出色的鲁棒性和灵活性等,其工作原理是当生物分子与石墨烯接触时,费米能级就会移动到 p 结或 n 结,从而改变其光电性质。石墨烯材料有很多官能团与较强的光吸收和分子吸收特性,同时也具有较高的化学稳定性[104],这对提高生化传感器的灵敏度有进一步地改进和增强,也对未来的大规模生产和应用有一定的帮助。

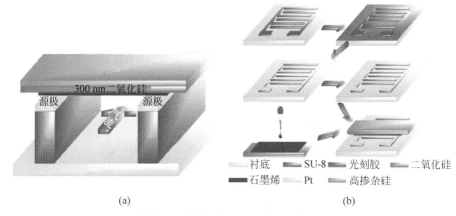

(a)　　　　　　　　　　　　　　　　　　(b)

图 4.11　微通道石墨烯场效应晶体管阵列制备原理示意图

(a) 石墨烯场效应晶体管原理图;SU-8(环氧基负光刻胶)微通道充当气体通道,帮助乙醇蒸气接触石墨烯敏感区;(b) 三维石墨烯场效应晶体管阵列的制造流程图[102]

6. 基于带孔微结构光纤集成式的气压传感器

基于微流气体的光纤压力传感器在工业结构、化工生产及环境监测等领域具有非常重要的作用。在众多光纤压力传感结构中,光纤气压传感器因为体积小、抗电磁干扰、信号监测简单、工作平稳等优点被广泛推广应用。由于采用非电信号检测,特别是在易燃性气体监测方面发挥着巨大的作用。用于气压检测的光纤传感器结构很多,例如基于法布里-珀罗干涉仪的,基于长周期光纤光栅的,基于光纤锥和光子晶体光纤干涉仪的气压传感器等[105-110]。然而,这些光纤气压传感器中大多数都是采用开放式的结构,例如很多利用激光器在光纤表面或者末端打孔或者对光纤进行微结构的化学腐蚀等方式构建敞开式结构[111-112]。这类光纤气压传感器结构具有机械强度弱、容易断裂等缺点。此外,由于采用开放式结构,气体与气压传感器的接触只能在光纤外部进行,而且传感器也必须放置在气室内,明显制约了器件的集成度。

近年来,带有微孔的微结构光纤被广泛应用于传感器元件的研制设备中,微结构光纤中的孔洞结构同样可以容纳气体样品,贯穿光纤的长微孔提供了足够的芯与气体压力相互作用的空间,2018 年,杨兴华等提出了一种基于带孔双芯光纤的干涉型集成式气体压力传感器[113](图 4.12),该传感器实现了基于频谱相位检测的纤内压力传感,当光纤内的空气孔中充满不同压力气体时,可以调节纤芯的有效折射率,从而改变光程差。也就是说,这种微结构光纤的空腔结构可以显著简化光纤传感器的传感装置。

图 4.12　气体压力传感器管路示意图

7. 光微流技术在其他领域的应用

除上述典型的研究领域,光微流技术在其他领域也有所应用。在增强光与物质之间的相互作用方面,光微流体结构的发展使得样品已经只需飞升的体积即可实现检测,也就是说比标准光学器件需要的样品量减少至 $1/1000 \sim 1/100$,在如此小的体积下更有利于使用无标记方法对分子进行监测。光微流系统的发展对色谱分析法[114]、电泳[55,115](图 4.13)、光泳[116]和纳米孔[69]等技术的适应和整合,可以明显提高目前生物和化学分析能力。

4.1.2　基于微结构光纤的光微流

1990 年,Manz 和 Widmer 等首次提出微型全分析系统(Miniaturized Total Analysis Systems,μ-TAS)[117],如图 4.14 所示,以微流控技术为基础的微流芯片是 μ-TAS 的核心技术,为生化分析开创了新的研究平台[118-120]。它以微机械技术加工、微流体驱动和控制、微量样品检测方法为依据,以微通道为基本结构特征,以化学和生命科学为主要研究对象,在国内外取得了系统的研究进展[121-122]。长期以来,光学元件一直被用于分析生物和化学样品,近几十年来光学传感系统已经从大体积演变为微型设备,如可以放置在芯片上的波导和谐振器。随着光微流概念的发展,小量级的样品更容易操作,如粒子分类或分离,细胞的培养和浓度呈梯度的形成[123]。近年来,光学和微流方面的技术进步也促进了光流体的发展,为光子学和微流体结构的集成提供了更多独特的新功能,特别是在生物或化学的检测和分析上[124]。许多光学特性,比如折射率(RI)、荧光效应、拉曼散射、光的吸收和光的偏振态等,都可以被单独利用或者多种特性结合共同产生传感信号[23,29,48,54,72,125]。将传统的化学技术如色谱分析法和电泳技术应用于光学设备

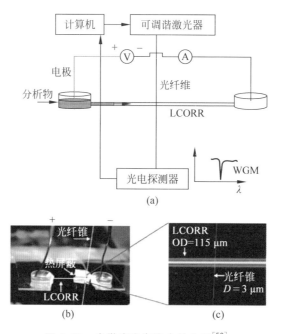

(a)

图 4.13　光微流在电泳中的应用[58]

（a）毛细管电泳实验装置示意图；（b）实验装置实物图；（c）液芯环形谐振器局部放大图

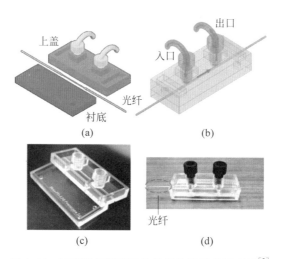

图 4.14　局部光纤等离子体共振微流芯片示意图[9]

（a）微流芯片装置组装图；（b）微流芯片操作图；（c）芯片实物照片；（d）微流芯片组装图，将直径为 $400\ \mu m$ 的光纤放入芯片中间的反应槽内

中,可以进一步丰富光微流在生物或化学分析中的功能。此外,光流体微系统也可以利用光学元件来捕捉和操控粒子,从而增加了系统新的分析能力[126]。如 2004年 C. Grillet 等提出了一种微流控单光束马赫-曾德尔干涉仪可调滤波器,器件的谐振深度可达到−28 dB,插入损耗为−4 dB[42];2007 年,Stephan Smolka 等研究了中空光子晶体光纤在高灵敏度吸收和荧光测量中的应用[60];2010 年,Enrico Coscelli 等研究了一种悬挂芯光子晶体光纤作为生物传感器的可行性[61];2011年,哈尔滨工程大学周爱等提出了一种基于非对称双芯微结构光纤的迈克耳孙传感器,通过化学腐蚀和熔融拉锥的方法制备出的折射率传感器用于测量 NaCl 溶液,折射率灵敏度约为 826 nm/RIU;2018 年,湖北师范大学董航宇等提出了一种基于多芯微结构光纤的马赫-曾德尔干涉仪,利用光在单模光纤、多芯光纤与多模光纤中相互耦合形成了稳定的透射干涉图谱,同样用于测量 NaCl 溶液,折射率灵敏度为 4.99 dB/RIU。

　　近几年来,微流控器件的发展也在多个应用领域取得了显著的成果,器官芯片被世界经济论坛(World Economic Forum,WEF)列入 2016 年度十大新兴技术,是指一种在芯片上构建的器官生理微系统,以微流控芯片为核心,通过与细胞生物学、生物材料和工程学等多种方法相结合,可以在体外模拟构建包含多种复杂因素的组织器官微环境,反映人体组织器官的主要结构和功能体征。2018 年,东南大学赵远锦教授课题组对器官芯片的研究取得重要进展,发表在国际期刊 *Nature Protocols* 上。他设计并总结了由玻璃毛细管组装而成的微流控芯片,基于这种微流控芯片能够制备出具有复杂微结构的纤维。除此之外,光学器件与微流控芯片的结合优势也在多领域得到了体现,如 2007 年 Philip Measor 等提出了一种基于微流控芯片的表面增强拉曼散射检测方法,器件灵敏度较高,能够检测的溶液浓度最小值可以达到 30 nmol/L[83];2009 年,Chun-Ping Jen 等讨论了用于化学和生化传感的表面等离子体共振光纤探针,通过微流控芯片增强了生物化学功能的结合[100]。2015 年,美国加利福尼亚大学圣克鲁兹分校的光电子学教授 Holger Schmidt 博士成功开发了一种混合器件,这种器件集成了用于样品制备的微流控芯片和用于对单个病毒 RNA 分子进行光检测的光流控芯片,该系统内置两颗小芯片:一颗是微流控芯片,用于制备样品;另一颗是光流控芯片,用于光检测。它能够直接检测埃博拉病毒和其他病原病毒,可靠性强,且能被集成进简单便携的仪器供现场使用。2016 年,我国香港理工大学的 A. Ping Zhang 博士等用光纤和微流控开发超灵敏的芯片实验室器件,只需一滴汗就可快速测量人体葡萄糖水平。他把一只新型光纤生物传感器与一片微流控芯片合为一体,研制成一款无干扰光流控器件。他们制成的光纤传感器对其周围物质折射率的变化非常敏感,能检测低至 1 nmol/L 的葡萄糖氧化酶浓度,这种集成了传感器的微流控芯片性能得到了显著提升。

　　然而在实践过程中,由于很多检测器件无法有选择性地将待分析物传递到光与物质相互作用最强的地方,所以器件的高灵敏性并不能被体现出来,很多研究人员在有关光微流技术的报告中提出,将光学器件和微流通道集成在一起对简单样品的重复性和传递性是非常必要的。基于微结构光纤的微流传感器主要由周期性金属或者电介质结构来导光,对用于生物和化学传感而言,这些结构中固有的孔洞对于待分析的液体样品来说是极好的微流通道。

　　此外,基于各种机理的光与物质的相互作用,在新型微结构光纤的基础上,通过对光纤结构、材料及内嵌空间的复合应用和深度研究,可以进一步实现器件的功能集成,为微结构光纤技术的发展与新器件的构造提供了广阔的发展空间。无论是各种物理、化学、生物参量的高精度传感检测,还是高性能的全光调控器件,都需要依靠光与物质的高效相互作用,以形成光波信息与物质、环境特征相互间的信息充分交换,从而达到提高传感检测精度、增强功能集成、提高器件性能的目的,基于光与物质相互作用的微结构光纤器件也是如此。

　　例如,采用光子带隙导光机制,P. Russell 发明了中空光子晶体光纤[19],这种光纤可以极大地提高光与微流物质的相互作用,由于带隙导光对光纤结构的要求非常严格,因而光子晶体光纤的制备工艺难度比较高。此外,带隙导光光纤由于多孔微结构的存在,这种光纤在导入微流液体时很容易将液体浸润到微结构中,应用起来较为困难。2000 年,C. E. Kerbage 等报道了一种环绕中心纤芯的六孔光纤[127],高掺杂纤芯外面有低折射率包层,同时在包层上有六个较大的空气孔,空气孔中可填充各种不同特性的材料以形成各种光纤器件。这种光纤在用于微流测量时,一方面,由于纤芯与孔中的微流有较大的间距,削弱了光与物质的相互作用;另一方面,由于光纤只有一个纤芯,难以在同一根光纤上构造双光路干涉仪。实芯微结构光纤与空芯微结构光纤的传导机制不同,纤芯和传统光纤的全内反射类似,可以在包层中灵活地设计不同位置分布、大小、形状的空气孔。所以固芯微结构光纤和功能材料的结合,通过双折射、光子带隙、倏逝场、模间干涉等效应能够提高灵敏度,更适合构造光微流等光纤内实验室。

　　因此,可以根据不同的应用要求选用或定制具有特定双折射、非线性、模场面积以及色散等特性和功能的微结构光纤,这在普通光纤上是不可能实现的。根据固芯微结构光纤的结构和性能,可以基于双折射、模间干涉、模式谐振耦合、倏逝场等原理构造"光纤纤内实验室",并实现高性能地调控器件和对生化物质的高敏感测。

4.1.3　微流光纤设计的基本问题

　　微结构光纤(microstructured optical fiber,MOF)泛指各种具有复杂包层或纤

芯结构,并在轴向保持不变的光纤波导,包括但不局限于各种传导机制的光子晶体光纤。微结构光纤的设计结构较灵活,独特的传导机制、优异的波导介质等特性是诸多普通光纤没有的,是适合构造光微流的理想载体。利用微结构光纤的特殊结构与物质相互作用,在生化物质感测、气体传感、光传感、非线性光学等领域具有很大的潜力。

由于实现条件和方式的限制,现有的微结构光纤器件普遍存在通道集成度低、可靠性较差、传感检测精度不够高,同时不易于生产加工制造的缺点。针对现有技术的不足,本节介绍一种带有微流通道的微结构光纤,既能提高光与微流物质的相互作用,又能在很大程度上减小器件尺寸,有望在物理、化学、生物等感测领域得到应用。

1. 微流物质通道的优化问题

对于微结构光纤中的空气孔均可看作毛细管结构,由于直径非常小,其中液体流动与边界层的性质密切相关,特别是固体表面对液体的分子间相吸或相斥作用,是影响微流特性的重要因素,因此在讨论其中的液体流动时,必须考虑固壁的作用。

在微通道流中,通道的尺寸是很重要的,圆直管中的液体流动是旋转对称的。事实上,当管道直径小于 150 μm 时,就应当考虑固壁分子与液体分子间的相互作用对流动特性的影响,微通道中固壁分子和液体分子相互作用对流动特性的影响也可以从单位长度的压降来体现[128]。当管径足够大时,分子作用的影响不明显,随着管径的减小,分子作用的影响增加。

2. 倏逝光场与微流物质的相互作用问题

光波导由低折射率介质和高折射率介质组成,光以大于临界角入射到波导中的高折射率介质,其外部为低折射率介质,由于全内反射作用,它会被限制在高折射率介质中传输。以光纤为例,通常来说,光纤的纤芯折射率 n_{core} 要大于包层折射率 $n_{cladding}$,这样由于全内反射,光在入射到光纤中后,可以沿着光纤纵向传输,而产生全内反射需要入射光的入射角度大于临界角 θ_c[129]。

$$\theta_c = \arcsin\left(\frac{n_{core}}{n_{cladding}}\right)$$

对于光纤来说,为了使其倏逝场可以与物质更好地进行相互作用,可以采用侧面抛磨的方法,将一部分包层去掉,或者是通过光纤拉锥的方法,使光纤包层变细,从而使倏逝场变强。但是用这种方法制作的光与物质相互作用的器件,其作用区暴露在空气中,会受到外界环境的影响。因此,我们采用不同结构的微结构光纤,将微流孔道和光波通道集成在光纤内部,这样既能形成较长的相互作用区域,增强光与物质的相互作用,同时也避免了外界环境对微流物质的污染。从纤芯"泄露"出的倏逝光场会与在其表面附近的物质发生相互作用,例如吸收、荧光激发等,同时外界折射率的变化也会对光纤内光的传输产生影响,例如探测光的相位变化。

4.2　微流光纤的制备

当前对微结构光纤的研究主要有以下两个方面:一方面是对光纤材料的拓展与利用。功能材料的进一步复合扩展了传统光纤的功能,发展了各种有源光纤和新功能传感光纤。例如,美国麻省理工学院 Y. Fink 研究小组将有机材料、导体材料、半导体材料等多种材料集成在一根光纤中,发展了化学传感光纤、分布式温度传感光纤等多种新型多材料集成光纤,丰富了光纤的种类,开拓了光纤技术发展的新方向。

另一方面,微结构光纤通过内嵌的微结构,为光纤器件带来了大量的新属性(无限截止单模、反常色散、高非线性等),也为基于光-物质、光-声、光-机械等相互作用的跨学科应用提供了灵活的新平台。近些年新型微结构光纤及器件在光传输、光传感、光谱学、非线性光学、量子光学等领域得到了日益广泛的应用;开拓了在光纤上或光纤内部构造的分布式气体检测、空分复用、光纤全光器件、光纤物质传送[130]等新的研究方向,推进了光纤技术从单纯的光传输型器件向集成的多功能器件平台方向的发展。

微结构光纤在功能上的优势主要体现在:它突破了传统光纤主要作为光信息传输器件的功能局限性,在材料和结构上有更高的设计自由度,因此能够展现更多的灵活性,并在基于光信息获取与执行功能上体现了更深和更广的物理背景。

4.2.1　带孔微结构光纤的制备方法

针对所涉及的具有微流物质通道与光波通道混合集成的带孔光纤,本节将简明扼要地介绍带孔光纤的基本制备步骤,这里以单孔双芯光纤为例,预制棒和拉丝流程分别如图 4.15 和图 4.16 所示。

首先在普通单模光纤预制棒端面距离中心纤芯一定距离处利用超声打孔加工一个偏心孔。然后采用 MCVD 技术制备一根纤芯预制构件,该纤芯预制构件与上一步中光纤预制棒的中心纤芯材料参数相同,直径略小于偏心孔的直径。之后将该光纤芯预制构件插入偏心孔内。接着将插有边芯构件的光纤预制棒进行二次高温烧结,形成一根具有一个中心纤芯和一个边芯的双芯光纤预制棒,烧结过程中加负压以便将插芯构件周围的残余空气排出,如图 4.15(b)所示;在所制备的双芯光纤预制棒上靠近中心纤芯处加工一个直径较大的空气孔,这样就制备成带有较大空气孔的光纤预制棒。最后,将制备好的光纤预制棒装卡在拉丝机上进行熔融拉

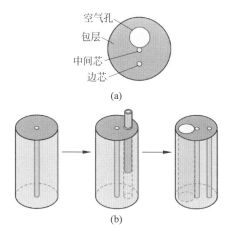

图 4.15　带孔微结构光纤

（a）偏孔双芯光纤结构示意图；（b）具有大孔的双芯光纤预制棒的制作工艺：第一，单芯光纤预制棒；
第二，双芯预制棒；第三，在双芯预制棒上钻一个大的气孔

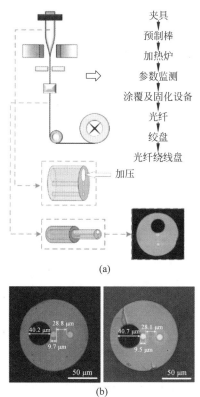

图 4.16　带孔微结构光纤的制备

（a）偏孔双芯光纤的拉制过程，插图：光纤样品的截面照片；（b）5 km 光纤样品两端的尺寸一致性对比照片

丝,在拉丝过程中,随着温度的升高,熔融的光纤预制棒中偏心空气孔会逐渐塌陷。为了防止空气孔的塌缩,需要在预制棒的上端施加正压力 p 以平衡熔融预制棒表面张力导致的塌缩,最后进行涂覆层加以保护,如图 4.16(a)所示,所拉制的光纤具有直径约 40 μm 的空气孔(图 4.16(b))。

通过上述步骤即可制备出带有微流物质通道孔的微流双芯光纤。这里特别需要说明的是,为了在预制棒的空气孔内能够持续保持一个连续稳定的压力,首先在拉制前,预制棒的下端需要高温烧至软化,直至空气孔塌缩密封成实心状态;其次,预制棒的上端装有一个完全密封的装置。装置上有注入惰性气体的输送管,同时与减压阀和气瓶连接,如图 4.17 所示。光纤拉丝过程中可以根据光纤内空气孔的尺寸需求来调整气压的大小。

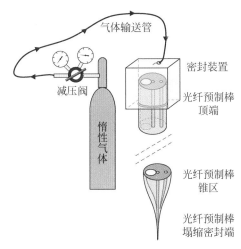

图 4.17　光纤拉丝过程中惰性气体注入装置示意图

4.2.2　几种典型的微流光纤

具有微流物质通道的特种光纤可称为微流光纤,图 4.18 给出了几种典型的微流光纤,其中包括以悬挂芯光纤(图(a))、环形芯毛细管光纤(图(b))和偏孔双芯光纤(图(c))为例的三种带孔微流光纤,这三种光纤的外径均为 125 μm,且都包含一个空气孔,该空气孔为微流体提供了足够的空间。图 4.18(a)~(c)是三种光纤样品端面照片,通过测量其几何尺寸可知,其中悬挂芯的空气孔尺寸最大,包层内径为 90.7 μm,芯径约 7 μm;环形芯光纤的空气孔直径为 54 μm,纤芯外径为 66 μm,厚度为 6 μm;偏孔双芯光纤的空气孔直径为 40.7 μm,两芯直径相同均为 9.5 μm,芯间距为 28 μm。图 4.18(d)~(f)为光纤结构示意图,图 4.18(g)~(i)为根据光纤样品测量出的三维折射率分布数据图。

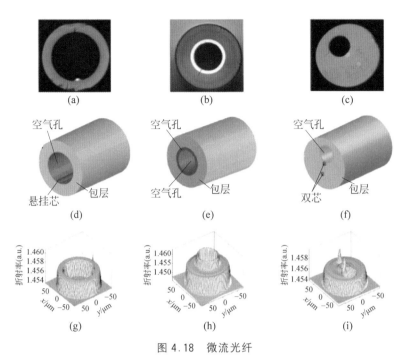

图 4.18　微流光纤

(a)～(c) 悬挂芯毛细管光纤、环形芯光纤和偏孔双芯光纤的端面照片；(d)～(f) 光纤的结构示意图；
(g)～(i) 光纤样品的折射率分布数据图

4.3　微流光纤器件技术

由于纤维集成微孔光纤一般包含一个或多个空气孔,如何将它制备成检测装置,如何有选择性地将待测物质注入到不同的空气孔中,如何封堵微孔等,这些技术都需要对微结构光纤的端面或者表面进行后续地处理与加工,这里具体介绍的实现方法主要包括以下 3 种：光纤抛磨方法、带孔微结构光纤制备微孔方法和对光纤的表面修饰及涂覆方法。

4.3.1　光纤抛磨方法

目前光纤侧抛技术由于诸多优点(可降低成本、使器件小型化等)已经得到了广泛的关注,多种基于侧抛光纤的光学器件也得到了广泛的应用,如光纤耦合器[131-133]、宽带滤波器[134]、光学偏振器[135]、光学重组表面光栅[136]、光学控制旋转器[137]以及各种光纤传感器[138-140]等。侧抛技术是制备侧抛光纤器件的关键装置。该装置由三维位移台、抛磨砂轮、光纤绕线轴、固定光纤的支架、重物、CCD 摄像头、监测软件几部分组成。光纤侧抛主要是通过抛磨砂轮对光纤包层接触后进行高速旋转抛磨来完成的,抛磨砂轮的运动轨迹通过软件进行调整,运动轨迹越长抛磨的范围就越大;抛磨砂轮旋转的方向和速度也可以选择,旋转的速度越快抛磨的速度也会越快,但光纤发生震动和断裂的概率就越大,反之亦然。侧抛原理示意图如图 4.19 所示。

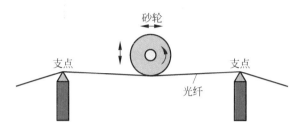

图 4.19　光纤侧抛装置工作原理示意图

对侧抛后的光纤进行样品检测,发现当抛磨面光滑无损时,样品注入光能后能量损耗较小,即使部分纤芯被磨掉后由于纤芯的折射率远高于外界空气折射率,使得光波倏逝场依然完全被束缚在纤芯中。若侧抛面不够光滑或有较深的划痕时,光能量损耗较多,所以如何改进侧抛光纤的方法,使侧抛面光滑无损是减小能量损耗的主要途径。

上面介绍的是只能在光纤侧面抛磨的加工方式,通过切割后便能得到光纤端面为 D 形的结构,除此之外在光纤微流器件制备过程中,还涉及光纤端面的加工。光纤端面研磨装置由三维位移台、平面旋转抛磨台、圆筒型自传光纤夹具、CCD 摄像头、监测软件几部分组成,图 4.20 为仪器主要工作原理示意图。这种方法的操作难点是如何准确地调整光纤与研磨台之间的角度,当光纤尖端研磨成圆台状时,中间纤芯并未被破坏,并且圆台端直径越大,后期与其他光学器件连接越方便。

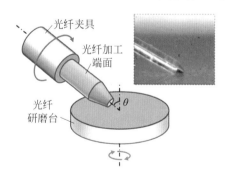

图 4.20　光纤端面研磨装置工作原理示意图

4.3.2　带孔微结构光纤制备微孔方法

1. CO_2 激光刻蚀方法

实现光纤表面激光微加工的方法主要包括深紫外激光刻蚀、飞秒激光刻蚀和 CO_2 激光刻蚀等。其中飞秒激光设备和深紫外激光设备虽然加工精度较高,但仪器昂贵;而 CO_2 激光设备价格低廉,石英材质切削效率高,且精度可以满足实验需要,所以被广泛采用。如图 4.21 所示为我们所用 CO_2 激光器在光纤表面刻蚀微孔的实物照片。

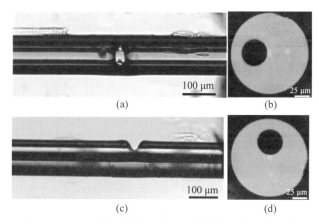

图 4.21　CO_2 激光器在光纤表面刻蚀微孔的实物照片

(a) 偏孔双芯光纤微孔俯视图;(b) 偏孔双芯光纤俯视时空气孔端面位置;(c) 偏孔双芯光纤微孔侧视图;
(d) 偏孔双芯光纤侧视时空气孔端面位置

在激光刻蚀过程中,若激光出射参数合适,刻蚀微孔后的光纤纤芯并不会受到损伤,微加工前后的光能量没有明显变化,损耗可忽略不计。但刻蚀微孔后光纤极易发生断裂,尤其是当微孔处受到垂直于光纤的横向应力时,机械强度很低,微孔的个数越多,光学样品断裂的风险越高。对于双孔双芯光纤而言,若两个空气孔均需制备微孔,则在加工时改变光纤方向,使光纤两侧均被刻蚀对称的微孔,这样加工出的两个微孔若角度并未完全对称,器件样品在与基板固定时,势必会有一个微孔的部分被基板遮挡,微流体注入受阻,导致增大注射压力以及两个微孔的流速不均匀。对于其他具有两个以上的空气孔微结构光纤,这种问题将变得更为显著。

2. 外表面飞秒激光刻蚀微孔方法

由于飞秒激光具有超短的脉冲宽度和很高的峰值强度,并且加工的精度高至亚微米,所以在刻蚀过程中可以精准地控制刻蚀位置和深度,并不会对纤芯造成任何损伤。在加工刻蚀前将微结构光纤放在显微镜加工平台上,通过显示器观测光纤,将偏孔双芯光纤的两个纤芯位置摆放在垂直于刻蚀加工的方向。如图 4.22 所示,刻蚀出的微孔边缘均匀且光滑,图中的微孔直径约为 20 μm。

100 μm

图 4.22 偏孔双芯光纤通过飞秒刻蚀加工在光纤表面制备出的微孔

3. 端面研磨开孔方法

除了上面这种较为常见的激光表面开孔技术,被用于光纤表面刻蚀微孔的方式还有多种,如端面抛磨[141]、热熔吹泡[142]和化学试剂腐蚀等。利用光纤端面研磨的方法开孔,是通过把光纤端面磨成楔形露出光纤内部的空气孔部分,再通过焊接等其他操作使器件变得完整连贯。这种方法的可操作性已被证实,如图 4.23(a)和(b)所示分别为双孔双芯光纤研磨前和研磨后的端面照片,在保证双芯没有被破坏的同时,最大化地增大两个楔面的面积,图(c)和图(d)分别为双孔双芯光纤抛磨后通过显微镜观察光纤楔面情况的照片,抛磨面无明显碎屑,表面光滑,双侧楔面对称,尖端未断裂。图中光纤端面被研磨成对称楔形,研磨后的楔面一侧可以使空气孔部分裸露,再将两段相同斜角面对接,两段裸露的空气孔形成一个微孔,可以近似看作上述介绍的在光纤表面用激光刻蚀微孔的形状。这种光纤端面研磨拼接形成的微孔形状相比于激光刻蚀形成微孔的优点在于,可以增加微孔的尺寸,并且在微孔周围没有重铸物形成,使注入微流体的过程更加流畅,也相应减小了流体流入时所受到的阻力。对于其他有多个空气孔存在的微结构光纤而言,这种方法也可以实现在同一区域同时制备多个微孔的可能,这样就解决了在同一点需要多角度激光刻蚀微孔的操作难点。

这种在带孔微结构光纤端面抛磨制备微孔的方法可以对带有一个或多个空气孔的光纤同时制备微孔,改变研磨的角度,使光纤端面抛磨变成多棱楔形,可以实现在每个空气孔中同时注入液体。但这种方法也同样存在着缺点,由于制备微孔的位置只能在光纤端面,所以注入的液体只能为同种液体,无法实现每个空气孔分别注入不同种液体的功能。并且为了能够最大程度地增加空气孔的暴露面积,会使抛磨后的光纤端面切面变得很小,后续焊接工作变得困难,使焊接后的器件通光功率损耗增加,焊点处强度变低,容易断裂。

4. 热熔加压吹泡开孔方法

除了以上几种跟抛磨相关的制备微孔的方法,采用光纤熔接机电弧放电膨胀

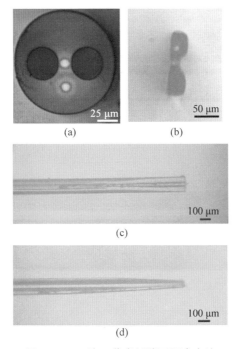

图 4.23　双孔双芯光纤端面研磨方法

（a）抛磨前光纤端面照片；（b）抛磨后楔形光纤端面照片；（c）抛磨后楔形光纤端俯视图；（d）抛磨后楔形光纤端侧视

技术也可以实现光纤表面开孔,这种方法可以实现一个或多个空气孔的局部塌缩和膨胀,但不同的微结构光纤需要摸索不同的实验参数,并且对熔接机的稳定性也有较高的要求,不易获得重复性一致的实验结果。如果采用熔接机电弧放电熔融结合气体加压的方法,可以在很大程度上缓解热熔不稳定的弊端[142]。将带有空气孔的微结构光纤用光纤熔接机中电弧放电进行热熔塌缩,使包层和纤芯的空气孔塌陷,通过空气孔的完全塌陷,进而变成局部实心光纤,实现特定区域封堵空气孔[143]。将这种吹泡与塌缩封堵的方法相结合,在同一光纤上既可以实现在带有空气孔的微结构光纤表面开孔的操作,也能实现微流孔的封堵,如图 4.24 所示。

　　这种方法对于在一段封闭性空气腔上实现制备微孔较为容易,可以通过对三种参数灵活地调整,制备出符合实验所需的不同种微孔要求。但此种方法只能在一段封闭性空气腔上制备一个微孔,不能满足多个微孔的需求,并且对于包含多个空气孔的光纤来说,如需在不同微流孔上制备侧面微孔,则需将其他孔单独封堵,操作步骤烦琐,且操作难度较大。

5. 表面定点强酸腐蚀开孔方法

　　强酸对二氧化硅有较强的腐蚀性,所以使用浓强酸会使裸露出的光纤表面部

100 μm

图 4.24　偏孔双芯光纤通过热熔加压制备出的微孔,而微孔两侧则是通过热熔塌缩的方法实现的封堵

分快速腐蚀掉一块包层,使光纤内的空气孔局部暴露,形成一个微孔(图 4.25)。相比之前几种制备微孔的方法,这种强酸腐蚀的方法在操作步骤上最为简单。但是在控制微孔腐蚀程度上,酸的浓度和环境温度对腐蚀时间影响很大。浓酸的挥发性很强,随着腐蚀时间的延长酸的浓度也会改变,而且腐蚀温度随着周围环境的改变而改变。当强酸的浓度不变时,温度越高光纤腐蚀的速度会越快,温度越低光纤腐蚀速度越慢,所以酸的浓度和温度的改变是影响腐蚀时间的重要参数。因此,这种方法需要在稳定的温度环境中进行,每次使用的强酸浓度相同,操作台局部密封性好且排风及时,在腐蚀过程中需要准确控制腐蚀时间。

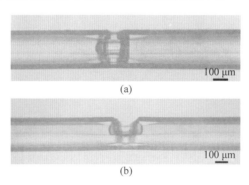

100 μm

(a)

100 μm

(b)

图 4.25　强酸腐蚀过程

(a) 微孔俯视图;(b) 微孔侧视图

6. 端对芯焊接制备微孔方法

如果需要焊接的两个光纤的几何尺寸不同,就可以利用尺寸差在焊接的时候调整好两个光纤的位置偏差,直接在焊点处留有缝隙,这个缝隙可以作为微流体注入口或流出口的微孔。图 4.26 为标准光纤和较粗的环形包层中空悬挂芯粗光纤焊接后形成的缝隙微孔。这种方法的优点是操作步骤较简单,只需对不同类型的光纤调整焊接参数即可,操作可行性较高。但缺点也显而易见,只可在两种光纤几何尺寸有较大差别时才能使用,并不适用于尺寸相同的光纤。

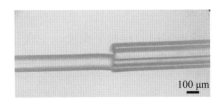

图 4.26　标准光纤和较粗的环形包层中空悬挂芯粗光纤焊接后形成的缝隙微孔

4.3.3　对光纤的表面修饰及涂覆方法

1. 功能材料的种类和选择

功能材料是微流光纤在生化传感器中的核心,它决定了传感器的性能、灵敏度、特异性和检测极限,并且越来越多的学者倾向于研究和开发先进的功能纳米材料,以获得更好的传感性能和商业用途。用于微流光纤生化传感的功能性材料有很多种,大致分为以下几类:聚合物、金属材料和纳米复合材料、石墨烯和碳纳米管、量子点等。

(1) 聚合物又包括生物响应性聚合物、化学响应性聚合物,其中生物响应性聚合物包括核酸、蛋白质和酶等;化学响应性聚合物由于其独特的物理和化学性质,一方面可以作为待测分析物材料,另一方面也可以作为功能性聚合物材料提高传感性能。

(2) 金属材料包括金属薄膜、金属纳米粒子、金属氧化物及其纳米复合材料等,具有独特的性能优势,金、银薄膜由于其优异的等离子体性能和较高的化学稳定性,在光纤 SPR 传感器中得到了广泛的应用。由于其固有的表面特性,沉积在光纤上的金、银薄膜可以与受体分子发生相互作用。

(3) 二维碳纳米材料石墨烯及其衍生物具有优越的物理和化学特性,包括丰富的官能团,表面积较大,并有良好的生物相容性和亲水性。石墨烯在生化传感领域的重要应用之一是气体传感,这是因为石墨烯独特的二维结构,使其对极性气体分子有较高的灵敏度和选择性。

(4) 量子点具有半导体纳米结构,其性质可以通过改变形状、大小和掺杂量来控制,与传统有机染料相比,量子点有许多性能优势,它们具有很高的抗光漂白性能,因此非常稳定,并且具有较宽的可调光谱范围和极窄的激发光谱,同时又对温度不敏感,这样可以保证检测结果不受温度影响。除此之外它们还具有较大的表面积,可以提供更多的表面附着点位置,能与更多的生物分子结合,从而提高检测灵敏度。这些优点使半导体量子点逐渐成为有机染料的替代品,量子点技术与光纤传感技术相结合,可以使微流光纤生化传感器获得更高的性能。

2. 功能材料的沉积技术

微流光纤生化传感设备中常用的材料沉积技术主要包括以下几种：自组装技术、分子印迹技术、物理溅射、等离子聚合、浸涂和热蒸发。

传统的自组装技术是通过相反电荷的静电吸引或化学键的结合力为驱动力，具有操作简单、成本低、厚度可控、均匀性好等优点，已广泛应用于生物化学光纤传感器中，并且扩展了可制备自组装材料的敏感膜，包括聚合物、胶体、金属纳米粒子、碳纳米材料、量子点等，这也快速推动了自组装技术的发展。目前，自组装技术已成为微流光纤生化传感平台中功能最强大、用途最广泛的微纳米制备技术。该技术最突出的优点是敏感膜与光纤衬底之间有很强的结合力，既保证了敏感膜在传感过程中不易脱落，又增加了传感的稳定性。这种强大的结合力主要是因为分子的静电吸引和化学键的结合。

分子印迹技术（molecular imprinting technology，MIT）已逐渐被广泛应用于生物化学光纤传感领域，该技术通过在聚合物上建立三维结合位点实现对目标分子的特异性检测，具有特定目标分子结合位点的聚合物被称为分子印迹聚合物（molecular imprinted polymer，MIP）。由于 MIP 中的结合位点与目标分子相匹配，因此只有目标分子会被结合位点稳定地吸附，所以 MIT 技术具有很高的特异性。MIT 因其强抗干扰能力、高稳定性和高特异性，可实现目标分子的筛选、鉴定和检测，常应用于微流光纤生化传感平台。虽然 MIP 大多涂覆在光纤表面，但由于制备工艺简单、操作方便，MIP 在带有空气孔通道的微流光纤内部也具有广阔的应用前景。

除了以上两种常见的方法，其他方法还包括物理气相沉积（physical vapour deposition，PVD）法，非常适用于光纤的 SPR 传感器；浸涂法是在溶剂蒸发的基础上实现敏感溶液在光纤表面的涂覆，最常用的方法是利用浸涂机的拉力实现对感光膜的涂覆；热蒸发法操作简单，敏感溶液通常通过压力驱动装置或毛细管效应注入光纤内部的流体通道，或滴浇在微流控通道的表面，然后将带有敏感溶液的光纤放入烘箱中，在一定温度下烘干数小时，待溶剂完全蒸发后，敏感膜能均匀而紧密地吸附在光纤表面，尽管该方法简单，但其敏感膜的厚度和均匀性不易控制，而且敏感膜与光纤衬底的结合力比其他方法弱。

以上几种材料沉积技术各有特殊性和应用范围，例如自组装技术常被用于制备检测蛋白质、酶、核酸和小分子生物的高精度敏感膜；MIT 有很高的稳定性和选择性，但缺点是靶向分子与 MIP 结合能力差；物理气相沉积法包括磁控溅射和离子溅射，都适用于涂覆金属薄膜；热蒸发方法操作简单，但对感光膜的质量有一定的限制。所以在实际应用中，需要根据情况选择合适的工艺。

4.4　光纤微流实验室

微流控光学器件作为一个新兴领域,在同一器件中集成了微流体结构和光学结构,其特点在于可以提供微流控制,具有显著的表面积比和光路集成特性。此外,光纤干涉仪在折射率测量、化学浓度测量及分子生物学等领域具有广泛的应用[144-148]。与传统干涉光路相比,其光路结构的优点在于可降低波前失真,并具有对内部和外部测量环境进行快速响应、抗电磁干扰等特点。由于检测原理基于相位探测,因此基于光纤干涉仪的装置具有很好的稳定性,光信号能够克服光路微扰引入的强度不稳定性的影响[149-150]。然而,大多数用于传感的光纤干涉仪采用开放式结构,需要在光纤外的空间配备额外的液体流动区,作为设备检测的传感区。所以上述这类微流控光学器件为光与材料之间的相互作用和收集不同波导的光信号提供了机会,在器件中材料的折射率控制光的传播路径,可直接影响光与不同的介质进行相互作用。因此,借助于特殊的微流光纤,结合微流控技术,可以构建各种微实验室,本节简要介绍了在微流光纤上构建的几种典型的微实验系统,展示了多项新颖的探索性研究工作。

4.4.1　光热微泵技术[151]

聚焦激光光束的辐射压力可被用在控制微米级粒子的运动上,并能够对捕获微粒上皮牛量级力进行无接触测量,如粒子沿波导的传输和光学显微操作等。由光吸收引起的热力也可以用来操纵微粒,光的吸收会导致粒子周围的温度分布不均匀,使温度较高区域的分子获得比温度较低区域分子更多的动量,由此产生的光动力可以用来在空气中长距离捕捉和传输粒子。除此之外还有一种与热蠕变流(thermal creep flow,TCF)有关的力,是由固液界面的温度梯度引起的。利用TCF在一个充满空气的毛细管中制备出一个努森真空泵,当粒子浸没在流体中时,粒子表面的 TCF 便会引起热泳力,可用于捕获 DNA 或其他粒子。

空芯光子晶体光纤(hollow-core photonic crystal fiber,HC-PCF)由于中心是空的,所以可以把空心看作较封闭的环境,用于实现在光纤内的中空心光束捕获粒子的功能,同时通过光束的辐射压力沿着光纤轴推动被捕获的粒子沿着光纤运动。在这个光热微泵实验室案例中,展示了在光子晶体光纤的空气孔中充入空气的情况下,利用光热效应推动粒子的实验。与光动力学实验不同,温度梯度是沿着光纤产生的,而不是穿过粒子产生的,从而能够对不吸收热的微粒进行光热操作。光子晶体光纤中空的空气孔提供了一个独特的微观环境,为精确测量微米级光热量提供了基础研究环境。

图 4.27(a)为该实验设置的示意图,通过图 4.27(d)的基模仿真图可以看出 HC-PCF 在 970~1070 nm 波长范围内的传输损耗低于 0.2 dB/m,这样低的光衰减意味着沿光纤纵向方向的辐射压力会非常均匀,粒子在光纤 1 m 长的距离以恒定的力被激光推动。加热区域是围绕在光纤外层一段长度为 1.2 cm 的圆柱形加热元件,并且距离光纤端入口处的距离有 40 cm(图 4.27(c)),理论分析表明,静态温度分布在加热区内是均匀的,并且在加热区两侧的温度也会逐渐下降。

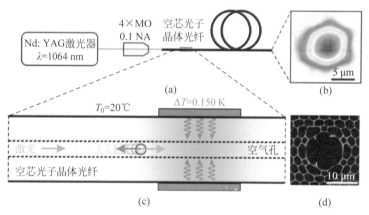

图 4.27　基于中空光子晶体光纤的光热微泵
(a) 光学实验装置;(b) 近场强度的测量;(c) 光纤加热区域导致粒子速度变化示意图;(d) HC-PCF 结构的扫描电镜照片,芯径 $R=6\ \mu m$

用光功率为 72 mW 的激光光束将一个半径为 3.2 μm 的粒子推进加热区域,其速度 u 通过光纤激光多普勒测速仪监测。图 4.28(b)中得到的速度轨迹揭示出了两个重要的影响因素,这两个影响因素都取决于加热装置和周围环境的温差 ΔT。首先,在加热区域内,粒子以恒定且低速运动,这种现象是由温度升高后空气黏度也随之增加引起的;其次,粒子的速度在达到加热区域之前会明显变慢,在靠近加热元件的位置时速度降至最小,粒子速度的衰减量随着 ΔT 的增大而增加,完全通过加热区域后,粒子便会恢复其初始速度。所以使粒子减速的阻力是由加热元件边缘的静态温度梯度产生的。实验通过缓慢降低加热元件温度的同时又保持光功率不变来测量 ΔT,直到粒子恢复运动,从多次重复的测量数据可以看出,ΔT 与激光功率呈线性关系(图 4.28(c))。

在靠近充满空气的空心光子晶体光纤的内表面处,TCF 将气体分子向温度更高的区域推去,沿着纤芯产生梯度压力,压力最高处为加热元件的中心位置。如图 4.28(a)所示的结构示意图,该装置所推动的气体沿着光纤的中心回流,假设气体分子在纤芯中的净质量流量为零,通过对空心光子晶体光纤的空芯进行积分,可以看出在纤芯壁处和纤芯中间的气体流速相等且方向相反。

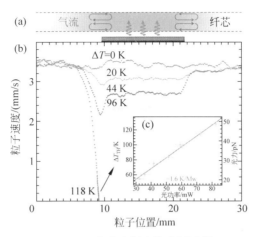

图 4.28　空芯光纤实验监测过程

(a) 中空光子晶体光纤芯中热诱导气流模式示意图；(b) 光功率为 72 mW 时一个半径为 3.2 μm 的粒子在通过加热区时的运动速度；(c) 温差阈值为 ΔT，作为光功率函数，在该温度以上粒子不能通过加热区域

在光纤外表面的一小部分均匀涂上对温度具有吸收性的黑色材料标记，长度约为 0.5 mm，当粒子被激光推进至接近黑色标记部分的时候，前向散射光被黑色材料涂层吸收，从而导致光纤内局部被加热，如图 4.29(a)所示，半径为 3 μm 的小球在被光功率为 50mW 的光束推向黑色标记处，如图 4.29(b)所示从侧面影像可以看到粒子的运动轨迹。从图中可以看出，刚开始粒子的运动速度是恒定不变的，然后在距离黑色染料标记点前约 200 μm 处突然减速，接着向相反的方向后退运动，在约 0.2 s 后停留在某点。

通过对比实验分析了仅在光纤外表面的顶部涂有黑色材料标记来减小热力的情况，如图 4.30(a)所示，在没有加热元件和缩小黑色标记范围的情况下，使得粒子的运动距离能够通过该标记区域。接下来，通过正向传播光 P_F 和反向传播光 P_B 共同控制粒子的运动速度，正向传输光 P_F 保持恒定不变 130 mW，然后通过改变反向传播光 P_B 改变粒子的运动速度。图 4.30(b)描绘出三条光功率差 ΔP 不同时的数据曲线，这里定义 $\Delta P = P_F - P_B$。从数据可以看到当粒子在接近标记时开始减速，在标记区域内速度达到最小，当粒子穿过黑色标记区域后，其速度便会再次增加，并在离开标记前达到最大值。一旦通过黑色标记区域，粒子便会恢复到初始速度。速度变化的程度取决于初始速度，将测得的粒子速度轨迹与数值模型计算进行比较，可见两者数据曲线高度吻合。

利用局部光驱动微流产生光热力，可用于控制粒子的运动。实验中所用到的热蠕变流力比传统的热泳力要大两个数量级。该方法在 HC-PCF 中使用激光诱导微小粒子进行演示，并且这种实验结构可以很容易地集成到芯片实验室设备中。

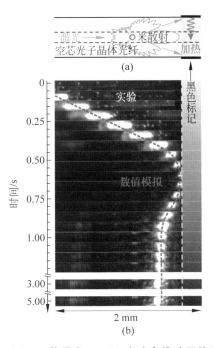

图4.29 示意图(a)和半径为 3 μm 粒子在 50 mW 光功率推动下的运动轨迹影像截图(b),当粒子接近黑色标记处时,运动突然停止,红色虚线表示粒子的轨迹

例如通过在期望点的上游涂上光吸收涂层标记,粒子被激光推进光纤内后便可以沿着波导的任意位置保持静止。使用共振吸收型材料(如等离子体结构),光热效应便可以通过调节激光波长来打开和关闭,在吸收部分,系统可以使用单一激光光束控制粒子的运动方向。

在 HC-PCF 被填充了空气的情况下,粒子可以沿着光纤被激光推进并运动很远的距离,通过测量重力对粒子运动的影响,可以分析出光纤的损耗以及单个粒子的密度和折射率。光纤外表面上的光吸收涂层标记材料导致局部吸热,并沿光纤产生温度梯度,可观测由热驱动气流引起的光力和黏性阻力之间的竞争。粒子散射的光被黑色标记吸收,这就产生了一个微小的努森泵,驱动空气流沿着空心向更高的温度流动。通过引入局部吸收这一简单的结构,使得微通道中的粒子捕获和控制在芯片实验室设备中具有潜在的应用价值。并且补充了目前用于可重构光流粒子操纵的技术,这种新颖的光流体系统为研究微流体通道中作用于微粒和生物细胞的黏性和光力提供了新的可能性。

4.4.2　基于悬挂芯光纤的光流控化学发光检测[152-153]

化学发光(chemiluminescence)技术的特点是灵敏度高、无背景信号,相比其他

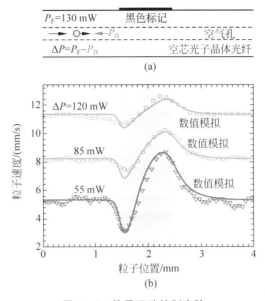

图 4.30　粒子运动控制实验

（a）具有反向传输光束的实验结构示意图，功率差为 ΔP；（b）在 ΔP 不同，粒子半径为 3.2 μm 时，实验测量和数值模型计算出的粒子运动轨迹数据的对比

光学检测方法（如荧光、拉曼光谱和吸收等），化学发光过程线性范围宽、检测成本低。它被广泛应用在环境、农业和工业领域测定无机和有机物（如药物、污染物和杀虫剂）含量。化学发光检测法是人们公认的高灵敏度检测方法之一，在一些特殊的化学反应中，基态分子吸收反应中释放的化学能跃迁至激发态，而又以光辐射的形式返回基态，从而产生化学发光现象。化学发光检测方法是通过检测化学发光的强度来求得被测物含量的。

利用中空悬挂芯光纤可以设计新型的纤维集成式化学发光微流控光学检测器件。具体利用光纤内部孔道为反应池，使化学发光试剂在光纤内部混合后进行氧化-还原反应，完成化学发光过程，发光信号由纤芯传输并被检测。因此，光纤微流控器件采用的光纤可以参考传统光纤的结构设计，中空悬挂芯光纤则为其中较为典型的案例[152]。该光纤为中空结构，在环形包层的内壁上悬挂一个纤芯，光纤的外直径为 243 μm，孔的直径为 132 μm，纤芯直径为 36 μm，空气孔边最薄包层厚度为 55 μm，悬挂芯的折射率为 1.462，环形包层的折射率为 1.457，如图 4.31 所示。

鲁米诺-过氧化氢化学发光体系最为常见，其中铁氰化钾对鲁米诺-过氧化氢的催化效果最佳，稳定性好、灵敏度高。在此，选择抗坏血酸（Vc）为检测对象，对化学发光微流控反应进行描述，Vc 对鲁米诺-过氧化氢化学发光体系有抑制发光的作用。Vc 作为一种强抗氧化剂，存在于食品和饮品中，通常用作化学标记，评估

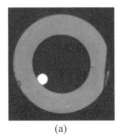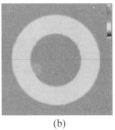

(a)   (b)

图 4.31　中空悬挂芯光纤的端面图(a)和折射率分布测试图(b)

食品恶化、产品质量和新鲜度。具体化学发光反应发生在光纤内部,发出的光通过倏逝波场可以耦合到光纤中,Vc 的浓度可以由光纤纤芯内探测到的光强度确定。试剂的配制浓度直接影响着化学发光的光信号,通过实验测试发现药品浓度并非浓度越大化学现象越强,找到合适的浓度和配比是保证化学反应最大化和可重复性的保证。

纤内微流反应过程中使用两路试剂溶液,分别为鲁米诺(Luminol)试剂以及 $(K_3Fe(CN)_6)$、H_2O_2 和抗坏血酸混合物。中空悬挂芯微流光纤的一端用作样本的一个入口,另一入口及出口微孔通过 CO_2 激光蚀刻开孔(图 4.32),微加工的整个过程使用显微镜监控系统检测。此外,为了防止废弃溶液流向开口的光纤后端,可以用熔接机熔断纤芯和包层,在微孔出口旁形成一个塌缩点以切断微流,避免液体对光纤耦合造成影响。两种溶液分别利用注射泵注入光纤,液体用聚四氟乙烯毛细管传送至光纤。微流体在光纤内部混合后产生化学发光反应,发出的光通过倏逝场进入纤芯中,并通过光电倍增管(PMT)及光子计数器在远程检测(图 4.33)。在这些反应中,鲁米诺在 $K_3Fe(CN)_6$ 的催化下被 H_2O_2 氧化,OH^- 去除质子,释放负电荷,并与羰基氧形成烯醇化物。然后,氧化剂(在 $K_3Fe(CN)_6$ 的催化下从 H_2O_2 分解)与羰基碳原子发生环加成反应,发出蓝色光并被检测。反应过程中,Vc 的浓度决定了化学发光强度。上述化学发光反应需在碱性溶液中进行,通过实际调节 pH 值,发现 pH 值在 11.0 的 NaOH 溶液中产生的发射强度较高。实验过程中,发现微流体在光纤内部混合后可立即获得发光信号,并且可以从光纤侧面观察到蓝色发光。当 Vc 的浓度增加时,光强度明显减弱,Vc 检测的最高浓度主要取决于系统可以检测到的最弱化学发光强度。

反应过程中,过氧化氢的浓度决定了化学发光的强度。当过氧化氢的浓度增加时,化学反应光强并不是一直呈增强趋势,当浓度达到一定值时,光强反而会降低,发光强度与过氧化氢的浓度在范围为 $0.1\sim4.0$ mmol/L 时几乎呈线性关系,通过显微镜可以直观地观察到发光强度情况。除了反应物浓度对光纤内发光强度有影响,化学发光强度还取决于光纤内微流体的流速。当液体刚注入光纤内反应

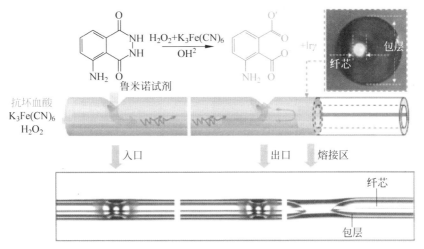

图 4.32　中空悬挂芯光纤表面开孔及微流通道示意图

插图为光纤微孔和光纤内芯熔融塌缩图

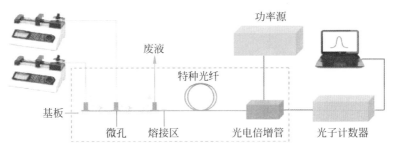

图 4.33　光纤内微流控化学发光检测装置示意图

液开始混合发生化学反应,但应处于未完全混合不稳定状态,发光强度仍处于上升阶段;当反应体以 $150\ \mu L/min$ 的速度注入光纤时长达到 $2\ s$ 时,发光强度达到最大,流体也处于混合均匀且稳定的状态,并能维持一段时间;当停止注射泵推进时,微流流动会立刻停止,随后发射光强迅速减弱为最小值。如图 4.34(a)所示为流体以 $150\ \mu L/min$ 的速度推进时,反应时长和发光强度的关系。

除此之外,Vc 的浓度也影响着化学发光的强度,当 Vc 的浓度增加时,发射光强度明显减弱,化学发光强度与 Vc 的浓度在范围为 $0\sim3.0\ mmol/L$ 时几乎呈线性关系。如图 4.34(b)所示为光纤内 Vc 浓度和发光强度的关系,Vc 检测的最高浓度主要取决于系统可以检测到的最弱化学发光强度。为了保证实验的准确性,实验中的装置和测量过程均在黑色的箱子中进行,避免了背景光的干扰。

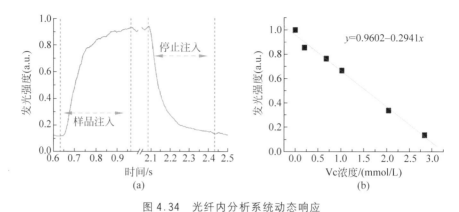

图 4.34　光纤内分析系统动态响应

（a）光纤内反应时长与发光强度的关系；（b）光纤内 Vc 浓度与发光强度的关系

4.4.3　基于带孔双芯光纤的集成式干涉型光流控折射率传感

本节所采用的带孔双芯光纤可用于构建集成干涉式微流折射率传感实验室，为此我们分别给出液体微流折射率传感和气体微流折射率气压传感两个案例。

1. 液体微流折射率传感[154]

采用微流双芯光纤集成干涉仪测量样品的折射率变化是生物和化学分析中最常见的一种方法，这种方法与荧光标记法不同，主要是以无标记为主。由于待测液体的折射率变化通常与背景溶液的折射率不同，所以光微流折射率传感器可用来监测待测液体折射率的改变。与传统干涉光路相比，其光路结构的优点在于可降低波前失真，并对内部和外部测量环境可快速响应。由于检测原理基于相位探测，因此基于光纤干涉仪的装置具有很好的稳定性，光信号能够克服光路的强度不稳定性的影响。然而，大多数用于传感的光纤干涉仪采用开放式结构，需要额外的流动检测腔。通过设计一种中空双芯光纤（图 4.35），可以实现微流式光纤干涉检测，提高器件的集成度。通过对光谱的相位检测，这种光流控装置可实现光纤内部微流干涉式测量。

此装置通过光纤内部微通道中纤芯周围的倏逝场使得足够的光耦合进微流液体，当微流通过微腔时，纤芯周围的折射率被调制。然后，通过改变光在微腔中纤芯和包层中两纤芯的光程差，产生干涉谱移动，进而反映光纤中的微流体折射率变化的信息。

光纤的横截面如图 4.35(a)所示。该光纤的空气孔直径为 $42~\mu m$，环形包层厚度为 $41.5~\mu m$。双芯的直径为 $7.9~\mu m$，包层直径为 $125~\mu m$。在空气孔中的纤芯远离另一个纤芯，它们之间留有足够远的距离以避免两个纤芯间光的耦合。实验中，

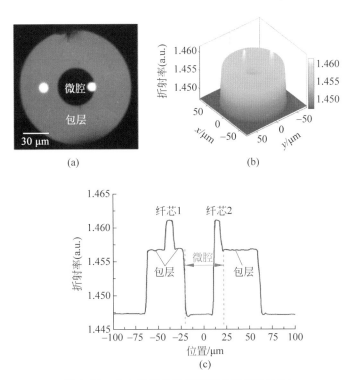

图 4.35　空心双芯光纤端面图及折射率分布

(a) 在显微镜下观察到的 HTCF 光纤截面图；(b) 光纤折射率分析仪观察到的三维折射率分布图；(c) 两个纤芯连线方向的折射率分布

将位于包层内的纤芯作为参考臂，另一个位于空气孔中的纤芯作为传感臂。光纤折射率的三维图像如图 4.35(b) 所示，一维折射率分布曲线如图 4.35(c) 所示，纤芯和包层的折射率分别是 1.462 和 1.457。光纤光流控干涉仪如图 4.36 所示，光路由超连续光源、光谱仪、3 dB 耦合器和一根中空双芯光纤(HTCF)组成。HTCF 的一端与光纤耦合器连接，熔接点被拉成锥，另一端镀上一层 Au 膜以获得光反射(图 4.37(a))。在不损伤纤芯结构的条件下，在光纤外表面刻蚀微孔将内部的空气孔打开。在刻蚀过程中，HTCF 的两个纤芯远离焦平面，所以波导的结构并未被损坏。具体位置是将 HTCF 放置在 CO_2 激光器的聚焦点上，使 CO_2 激光沿着与光纤垂直的方向扫描。开孔情况利用 CCD 显微镜进行观测，如图 4.37(b) 所示，微孔的宽度大约为 $50~\mu m$，微孔形态均匀，微孔口处没有明显的材料重铸现象。最后把制备好的样品用黏合剂固定在二氧化硅基板上备用保存。用环氧树脂胶在微孔上粘连一个微孔连接器，作为微孔液体流入聚四氟乙烯毛细管的连接装置，毛细管与真空泵连接，在真空负压的作用下，液体样品池内的待测液从开放式反射端被吸入，由微孔处被吸出，完成在环形包层中空双芯光纤内空气孔中的流动的过程。

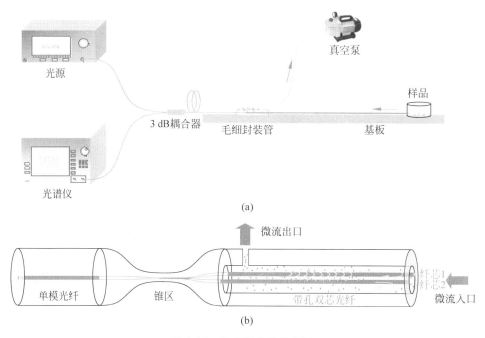

图 4.36 装置及实验示意图

（a）光流控光纤迈克耳孙干涉仪；（b）光流控实验过程

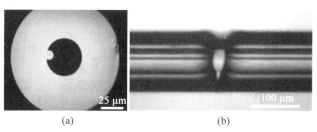

图 4.37 中空环形包层双芯光纤

（a）端面覆盖金膜；（b）侧面微孔

由光路可知，超连续光经过锥区后被有效地注入进两个纤芯中，从 HTCF 镀膜端反射回的光束再一次经过锥区时重新耦合进入单模光纤，并在光谱仪显示干涉光谱。光纤锥的作用是将光分开，并分别注入 HTCF 的两个纤芯中，再将两束光重新耦合并形成干涉。在拉锥前先将光纤经过热熔塌缩处理，使光纤内的空气孔塌缩成实心状态，此时悬挂芯所在位置恰好是塌缩后实心状态的中心位置，对热熔塌缩处进行切割再与 3 dB 耦合器焊接。用焊接机在焊点处拉锥，光能量从纤芯模传输至锥腰时耦合至包层模，进而再耦合进入双芯纤芯中，实现单芯对双芯的分光。拉锥时为了提高单模光纤和双芯光纤的耦合效率,锥区光纤的直径控制在 $30\ \mu\mathrm{m}$ 左右,既能达到能量比为 $1:1$,又能保证锥腰的机械强度。在拉锥过程中输出端用红外摄像机和光束分析仪进行实时监测,可以比较精准地控制双芯分光比情况。

利用在微孔端施加负压,可以将不同折射率的样品溶液注入此"In-fiber"光流控集成器件中,当不同浓度的样品溶液进入 HTCF 的微流通道时,传感臂纤芯周围的有效折射率发生变化,并引起干涉谱相位的改变,样本的浓度可以通过波长的偏移反映出来。通过微流体的动态响应可以判断,整个进样过程在 20 s 内完成,光谱达到稳定,说明在此时间内 HTCF 内部形成稳定的流体,并且沿光纤方向的浓度梯度消失。

此结构用于药品(如抗坏血酸)的检测分析,不同浓度的 Vc 溶液在 HCTF 内的光谱变化如图 4.38 所示。当样品从 200 mmol/L 稀释到 50 mmol/L,时,其折射率从 1.3383 变化到 1.3337,共变化了 -0.0047,相应地光谱产生向短波长方向移动了 11.58 nm。在溶液浓度为 $50\sim200$ mmol/L 范围内集成式光流控光纤干涉仪表现良好的线性,灵敏度为 0.076 nm/mmol/L。

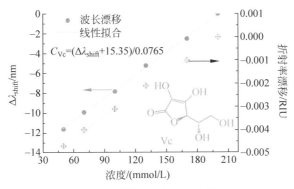

图 4.38　干涉光谱与 Vc 溶液浓度的对应关系

2. 气体微流折射率气压传感[155]

同样利用上述空心双芯光纤结构,还可以构建干涉型光纤气压传感器,与传统光纤气压传感器相比,可利用其一维孔道实现相位变化型"In-fiber"气压测量。当微腔中被充满气体时,调制纤芯包层的有效折射率,干涉光谱也会随着微孔中的纤芯和环形包层中的纤芯的光程差的改变而移动,获得气压值。这种纤维集成式光纤纤内干涉仪可以很方便地与其他工业压力容器(如气瓶、管道及化学反应室等)作为探头连接,而无需安装在这些器件的内部。因此与传统的光纤气压传感器相比,这种光纤气压传感器的优势在于能够简便地连接和集成在实际的生产应用中,对气压进行高灵敏检测。

在气压测量的过程中,将光纤传感探头连接在气路内,并保持竖直状态(图 4.39),调节钢瓶连接的气路压力,从 0 bar(1 bar=10^5 Pa)开始升到 9 bar,间隔 1 bar,光纤气压传感器的干涉光谱图如图 4.40(a)所示。选择 1543.2 nm 处的光谱波谷点作为参考波长,随着光纤内微孔中气压的增大,光谱的参考波谷点很明显地向波长方向移动。通过光谱图的数据分析,在气压从 0 bar 增大到 9 bar 的过程中,光谱的参考波谷从 1543.2 nm 移动到 1547.4 nm,整个移动距离为 4.2 nm。图 4.40(b)展示了干涉光谱的波谷移动和气压之间的关系,在图中可以很明显地看出波谷处波长的移动和气压之间是线性关系。通过线性拟合,可以得知该气压传感器灵敏度为 0.40 nm/bar。

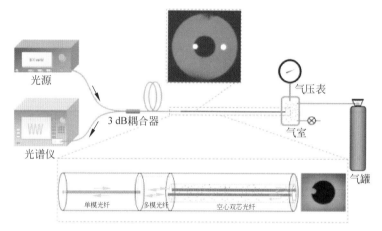

图 4.39　基于空心双芯光纤的光纤干涉式气压传感器原理图

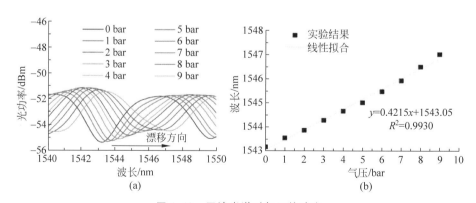

图 4.40　干涉光谱对气压的响应

(a) 光纤气压传感器在气压在 0~9 bar 变化时,干涉光谱波谷点从 1543.2 nm 移动到 1547.4 nm;(b) 干涉光谱波谷处的波长随着气压的变化

由于光纤的不对称结构,该光纤干涉仪具有弯曲敏感性,通过不断重复前面的操作步骤,获得双芯光纤在不同方位角的弯曲深度与波长差之间的关系,经过计算可知,孔洞型双芯光纤在两芯所在直线方位角弯曲时可以达到 98 pm/μm 的最大弯曲灵敏度,但在与此垂直的方向上并不灵敏。除了弯曲灵敏度,同时对该结构也进行了温度灵敏度的测量。当温度在升高的过程中干涉光谱向波长减小的方向移动,在 30～100℃ 这个测试范围内,温度和波长之间具有线性关系,传感器的温度灵敏度约为 −51 pm/℃。同样,由于两个纤芯都存在于同一根光纤中,它们之间就不会有明显的热膨胀现象出现,所以这种基于单孔双芯光纤的气压传感器的温度反应主要来自于光纤的热光效应。因此该"In-fiber"光纤气压传感探头对压力和温度的交叉灵敏度都很低,串扰完全可以被忽略。

4.4.4　基于空心光纤的乙醇监测系统[156]

近年来,氧化石墨烯作为石墨烯的重要衍生物,被认为是石墨烯薄膜的替代品,并在催化、生物医学、电化学、抗菌等领域得到了广泛应用,特别是在传感领域。氧化石墨烯含有许多氧化官能团,这些氧化官能团具有能够影响电子、机械、光学和电化学的性能。由于官能团含有大量的羧基和羟基,所以在富含负电荷的去离子水中,氧化石墨烯能很好地与有机溶剂结合。将氧化石墨烯薄膜涂覆到空心悬挂芯光纤的纤芯表面,可制备出一种用于检测微量乙醇的光流控光纤传感器,利用消弱磁场诱导技术,氧化石墨烯可以均匀地涂覆在悬挂纤芯的表面上,当含有乙醇的微流体流入中空悬挂芯光纤的微流通道内时,接收到的光信号强度会通过氧化石墨烯薄膜与乙醇之间的相互作用得到显著的变化。之所以选择乙醇是因为乙醇已经被广泛应用于食品、日用品和饮料中了,过量的乙醇会引起鼻黏膜发炎和皮肤不适,因此对微量乙醇的检测至关重要。本节所提出的这种光纤光流控传感器具有较高的重复性和稳定性,可用于食品安全、环境安全等诸多研究领域中的微量乙醇浓度分析应用。

图 4.41 是有氧化石墨烯薄膜的光流控光纤乙醇检测装置原理图。制备微流体进出口的方法是通过光纤端研磨技术实现的,在光纤两端面没有纤芯的部分磨削出两个角度约 15° 的斜口,在保证纤芯不会被破坏的同时,又能有足够的、大的微通道进出口。再将悬挂芯和单模标准光纤焊接,并且焊接对通道进出口不会造成任何损伤。器件一边与宽谱光源连接,另一边使用波段为 1550 nm 波长的单色光强探测器监测光强,光通过单模光纤耦合进悬挂芯中,倏逝场通过氧

化石墨烯薄膜和乙醇溶液样品相互作用。为了实现光流控光纤传感器的乙醇检测功能,使用注射泵负压将样品溶液从光纤的一个斜口端吸入,然后从另一个斜口端吸出。这里的不同浓度乙醇溶液样品通过纯乙醇和去离子水混合配比得到,并将器件样品固定在硅基板上。由于乙醇与氧化石墨烯在光纤中的相互作用,使得该装置具有较高的检测灵敏度,可以在线检测到微流体溶液中 $0 \sim 100\%$ 内不同浓度的乙醇。

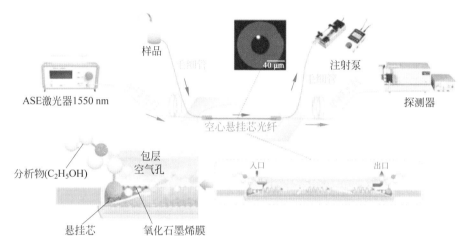

图 4.41 集成式光流控光纤乙醇检测装置示意图

通过如图 4.42 所示的扫描电镜图像能够观察到悬挂芯上的氧化石墨烯薄膜的表面形貌,从图中可以看出生长在纤芯上的薄膜非常光滑平整,并表征出了在 532 nm 激发光下的拉曼散射光谱图。通过微流体进出口,先将空气(0%浓度的乙醇)吸入光纤中的微通道内,几分钟后再吸入 20%的乙醇溶液,然后吸入 40%的乙醇,如此循环直至 100%的乙醇。图 4.43(a)直观地展示了同种光流控光纤传感器中,当悬挂芯涂覆上氧化石墨烯涂层时,比没有涂层的裸纤芯时对乙醇的检测灵敏度高出 4.6 倍。由此可以看出氧化石墨烯薄膜显著提高了光波倏逝场和乙醇之间相互作用的灵敏度。为了测量氧化石墨烯薄膜对光流控光纤传感器的稳定性,将不同浓度的乙醇(20%、40%、60%、80%和 100%)和空气交替吸收到光纤的微流通道中,如图 4.43(b)所示。器件可以在样品溶液流过光纤内部时实现快速平衡,当样品浓度从 0%到 20%只需 0.6 s,并且每次重新吸入空气时光强度基本保持不变,也能看出该传感器具有较好的稳定性。

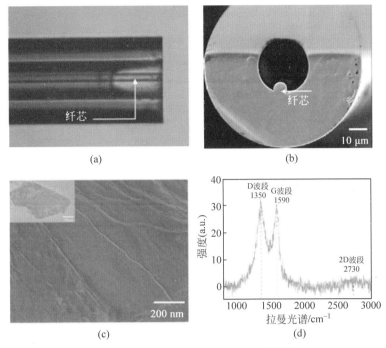

图 4.42　在光纤内涂覆氧化石墨烯薄膜

（a）没有氧化石墨烯薄膜的中空悬挂芯光纤显微镜图像；（b）光纤内含有氧化石墨烯薄膜的扫描电镜图像；
（c）悬挂芯表面包裹着氧化石墨烯薄膜的扫描电镜图像；（d）氧化石墨烯的拉曼光谱

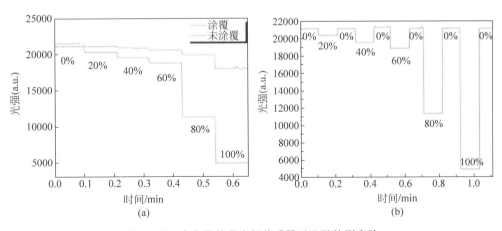

图 4.43　中空悬挂芯光纤传感器对乙醇检测实验

（a）纤芯有涂覆氧化石墨烯的光流控传感器和裸纤未涂覆对不同浓度乙醇的响应；（b）基于氧化石墨烯的
集成光流控光纤传感器装置对相应乙醇浓度的动态响应

4.5 结语

近年来,基于微结构光纤的生化传感器件的有关研究备受关注,微结构光纤在检测领域具有独特的优势:①检测过程可以在光纤内部进行,实现被测物的微量检测,显著减小样品的采集量,提高检测动态范围。微结构光纤纤芯与微流体待测物可以长程作用,使相互作用获得足够的积累,可显著提高灵敏度,易于实现全光纤设计及多组分检测。②光纤内部孔道分布、直径、占空比设计灵活,有利于增强倏逝场、构造谐振腔,并降低传输损耗,可实现光纤内干涉仪、光纤光栅、谐振腔、敏感膜等高度集成,实现对样品高精度、高灵敏度的测量,简化检测装置。

用于微流实验的微结构光纤具体包括侧孔双芯光纤、中空双芯光纤、毛细管光纤、悬挂芯光纤、熔嵌芯光纤等,根据不同的结构,可以实现诸多功能,例如各类光纤干涉仪、倏逝波传感、能量传递等。另外,可以集多功能于一根光纤。例如,利用毛细管光纤同时传光与传质就可以明显增加器件的集成度。尤其是微结构光纤具有如无截止波长单模传输特性、灵活的色散控制特性、高数值孔径等诸多特性,而且其结构设计也具有很大的灵活性,可以通过控制其空气孔尺寸形状、排布方式等参数,灵活设计出需要的光纤特性。其孔道尺寸为微米量级,容纳气体/液体的体积低至纳升量级,是痕量检测的理想载体[19-21]。

在实验过程中,由于很多检测器件无法有选择性地将待分析物传递到光与物质相互作用最强的地方,所以器件的高灵敏度性并不能被体现出来。很多研究人员在有关光微流技术的报告中提出,将光学器件和微流通道集成在一起对简单样品的重复性和传递性是非常有必要的。基于微结构光纤的微流传感器主要由周期性金属或者电介质结构来导光,对用于生物和化学传感而言,这些结构中固有的孔洞对于待分析的液体样品来说是极好的微流通道。

本章简要说明了如何利用微结构光纤搭建光纤上的微流实验室,如何将功能材料与光纤结合,通过监测光纤的光学特性变化,进行痕量传感。传统的光纤传感器基本局限于光传输,近几年随着特种光纤的发展和多样化,对在光纤内部的实验系统有了更多的研究,这类微结构光纤不仅具有良好的波导介质特性,而且纤芯或包层中具有很多贯穿始终的纵向空气孔,是实现光微流技术的理想载体,比如在带孔光纤内做化学修饰,使空气孔表层形成敏感层;或通过微加工把空气孔作为化学反应池等。这类传感器不仅为学科交叉提供了条件,而且对微结构光纤特性进行再次优化设计提供了可能,也可以发掘出传感器实现新型应用的潜力。

用这类微结构光纤制备的光纤传感器具备以下优点。

(1)体积微型化:由于反应区和检测信号在光纤内部传输,集成在整根光纤内,使传感器的主要部分在体积上小了很多量级。小型传感器更利于携带,可以进行现场测量,既简化了传统复杂的光路,又极大节省了所需样品。

（2）实现微量样品检测：传统液体检测传感器中,需要大量的待测液体与传感区接触,而微结构光纤传感器的检测区在光纤内部的空气孔内,所以只需要微量（微升量级）的待测液体,大大减小了样品的需求量。

（3）易于更换检测液体：传感器外置的液体注入系统可以在不影响反应区和传感区的前提下,直接更换检测液体。因为带孔微结构光纤的多样性,也可以对带有多个空气孔的光纤同时分别注入不同的待测液体,进行多组分测量。

（4）灵敏度较高：用微结构光纤制备的光纤传感器,其中的空气孔可以作为微通道,增加了传感区和检测物的接触面积,大大提高了传感灵敏度。

（5）制备方法相对简单：如今光纤的制备方法已经非常成熟,除了传统标准光纤,带孔光纤和多芯光纤等多种多样的光纤也可以批量制备生产。关于光纤传感器的加工工艺也可以通过不同仪器设备来实现。

（6）抗电磁干扰能力强：由于电磁辐射频率和光波频率不在同一范围内,所以这类传感器都具有很强的抗电磁干扰的能力,光纤内传输的信号不容易受到外界的干扰。

参考文献

［1］ PSALTIS D,QUAKE S R,YANG C. Developing optofluidic technology through the fusion of microfluidics and optics[J]. Nature,2006,442(7101)：381-386.

［2］ FAN X,YUN S H. The potential of optofluidic biolasers[J]. Nature Methods,2014,11(2)：141-147.

［3］ RODRÁ-GUEZ-RUIZ I,LLOBERA A,VILA-PLANAS J,et al. Analysis of the structural integrity of SU-8-based optofluidic systems for small-molecule crystallization studies[J]. Analytical Chemistry,2013,85(20)：9678-9685.

［4］ FAN H C,WANG J,POTANINA A,et al. Whole-genome molecular haplotyping of single cells[J]. Nature Biotechnology,2011,29(1)：51-57.

［5］ RASMUSSEN K H,MARIE R,LANGE J M,et al. A device for extraction,manipulation and stretching of DNA from single human chromosomes[J]. Lab Chip,2011,11(8)：1431-1433.

［6］ LIU J,DUAN Y. Saliva：a potential media for disease diagnostics and monitoring[J]. Oral Oncol,2012,48(7)：569-577.

［7］ HILL K,FUJII Y,JOHNSON D C,et al. Photosensitivity in optical fiber waveguides：Application to reflection filter fabrication[J]. Applied Physics Letters,1978,32(10)：647-649.

［8］ 苏波,崔大付,刘长春,等.光纤型微流控电泳芯片的研制[J].测控技术,2005,24(11)：

5-8.

［9］ 金永龙,张宇,顾宁.基于准分子激光加工技术的内嵌光纤型微流控器件的制备［J］.中国激光,2008,35(11)：1821-1824.

［10］ GUO X,YING Y,TONG L. Photonic nanowires：From subwavelength waveguides to optical sensors［J］. Accounts of Chemical Research,2013,47(2)：656-666.

［11］ ZHANG L,LOU J,TONG L. Micro/nanofiber optical sensors［J］. Photonic Sensors,2011,1(1)：31-42.

［12］ LOU J,WANG Y,TONG L. Microfiber optical sensors：A review［J］. Sensors,2014,14(4)：5823-5844.

［13］ 李翔.光纤微流体器件的飞秒激光制备及液体折射率传感［D］.哈尔滨：哈尔滨工业大学,2013.

［14］ 孙慧慧.光纤内马赫泽德干涉微腔的飞秒激光制备及温盐传感特性［D］.哈尔滨：哈尔滨工业大学,2015.

［15］ 江超.飞秒激光脉冲精密制作微流光纤器件及其应用［J］.激光杂志,2009,5：6-8.

［16］ LOU N,JHA R,DOMÍNGUEZ-JUÁREZ J L,et al. Embedded optical micro/nano-fibers for stable devices［J］. Optics Letters,2010,35(4)：571-573.

［17］ LORENZI R,JUNG Y,BRAMBILLA G. In-line absorption sensor based on coiled optical microfiber［J］. Applied Physics Letters,2011,98(17)：173504.

［18］ LU M,ZHANG X,LIANG Y,et al. Liquid crystal filled surface plasmon resonance thermometer［J］. Optics Express,2016,24(10)：10904.

［19］ RUSSELL P. Photonic crystal fibers［J］. Science,2003,299(5605)：358-362.

［20］ QIAN W,ZHAO C-L,WANG Y,et al. Partially liquid-filled hollow-core photonic crystal fiber polarizer［J］. Opt. Lett.,2011,36(16)：3296-3298.

［21］ WANG Y,WANG D,LIAO C,et al. Temperature-insensitive refractive index sensing by use of micro Fabry-Pérot cavity based on simplified hollow-core photonic crystal fiber［J］. Opt. Lett.,2013,38(3)：269-271.

［22］ YANG X,WANG L. Fluorescence pH probe based on microstructured polymer optical fiber［J］. Opt. Express,2007,15(25)：16478-16483.

［23］ EFTEKHARI F,ESCOBEDO C,FERREIRA J,et al. Nanoholes as nanochannels：flow-through plasmonic sensing［J］. Analytical Chemistry,2009,81(11)：4308-4311.

［24］ PANG L,HWANG G M,SLUTSKY B,et al. Spectral sensitivity of two-dimensional nanohole array surface plasmon polariton resonance sensor［J］. Applied Physics Letters,2007,91(12)：123112.

［25］ YANG J-C,JI J,HOGLE J M,et al. Metallic nanohole arrays on fluoropolymer substrates as small label-free real-time bioprobes［J］. Nano Letters,2008,8(9)：2718-2724.

［26］ IM H,LESUFFLEUR A,LINDQUIST N C,et al. Plasmonic nanoholes in a multichannel microarray format for parallel kinetic assays and differential sensing［J］. Analytical Chemistry,2009,81(8)：2854-2859.

［27］ YANIK A A,HUANG M,ARTAR A,et al. Integrated nanoplasmonic-nanofluidic biosensors with targeted delivery of analytes［J］. Applied Physics Letters,2010,

96(2): 021101.

[28] ESCOBEDO C,BROLO A G,GORDON R,et al. Flow-through vs flow-over: analysis of transport and binding in nanohole array plasmonic biosensors[J]. Analytical Chemistry, 2010,82(24): 10015-10020.

[29] HUANG M,YANIK A A,CHANG T-Y,et al. Sub-wavelength nanofluidics in photonic crystal sensors[J]. Optics Express,2009,17(26): 24224-24233.

[30] CHOW E,GROT A,MIRKARIMI L,et al. Ultracompact biochemical sensor built with two-dimensional photonic crystal microcavity [J]. Optics Letters, 2004, 29 (10): 1093-1095.

[31] LEE M R,FAUCHET P M. Nanoscale microcavity sensor for single particle detection[J]. Optics Letters,2007,32(22): 3284-3286.

[32] LEE M,FAUCHET P M. Two-dimensional silicon photonic crystal based biosensing platform for protein detection[J]. Optics Express,2007,15(8): 4530-4535.

[33] NUNES P,MORTENSEN N A,KUTTER J P,et al. Photonic crystal resonator integrated in a microfluidic system[J]. Optics Letters,2008,33(14): 1623-1625.

[34] MANDAL S,GODDARD J M,ERICKSON D. A multiplexed optofluidic biomolecular sensor for low mass detection[J]. Lab on a Chip,2009,9(20): 2924-2932.

[35] RINDORF L,JENSEN J B,DUFVA M,et al. Photonic crystal fiber long-period gratings for biochemical sensing[J]. Optics Express,2006,14(18): 8224-8231.

[36] HUY M C P,LAFFONT G,DEWYNTER V,et al. Three-hole microstructured optical fiber for efficient fiber Bragg grating refractometer[J]. Optics Letters, 2007, 32(16): 2390-2392.

[37] RINDORF L,BANG O. Highly sensitive refractometer with a photonic-crystal-fiber long-period grating[J]. Optics Letters,2008,33(6): 563-565.

[38] HE Z,ZHU Y,DU H. Long-period gratings inscribed in air-and water-filled photonic crystal fiber for refractometric sensing of aqueous solution[J]. Applied Physics Letters, 2008,92(4): 044105.

[39] WU D K, KUHLMEY B T, EGGLETON B J. Ultrasensitive photonic crystal fiber refractive index sensor[J]. Optics Letters,2009,34(3): 322-324.

[40] WHITE I M,OVEYS H,FAN X. Liquid-core optical ring-resonator sensors[J]. Optics Letters,2006,31(9): 1319-1321.

[41] BARRIOS C A, BANULS M J, GONZALEZ-PEDRO V, et al. Label-free optical biosensing with slot-waveguides[J]. Optics Letters,2008,33(7): 708-710.

[42] BERNARDI A, KIRAVITTAYA S, RASTELLI A, et al. On-chip Si/SiO_x microtube refractometer[J]. Applied Physics Letters,2008,93(9): 381.

[43] LI H,FAN X. Characterization of sensing capability of optofluidic ring resonator biosensors[J]. Applied Physics Letters,2010,97(1): 011105.

[44] SUMETSKY M,DULASHKO Y,WINDELER R. Optical microbubble resonator[J]. Optics Letters,2010,35(7): 898-900.

[45] TESTA G,HUANG Y,SARRO P M,et al. Integrated silicon optofluidic ring resonator

[J]. Applied Physics Letters,2010,97(13): 131110.

[46] GRILLET C, DOMACHUK P, TA'EED V, et al. Compact tunable microfluidic interferometer[J]. Optics Express,2004,12(22): 5440-5447.

[47] SONG W,LIU A,SWAMINATHAN S, et al. Determination of single living cell's dry/ water mass using optofluidic chip[J]. Applied Physics Letters,2007,91(22): 223902.

[48] GUO Y,LI H,REDDY K, et al. Optofluidic Fabry-Pérot cavity biosensor with integrated flow-through micro-/nanochannels[J]. Applied Physics Letters,2011,98(4): 041104.

[49] SONG W,ZHANG X,LIU A, et al. Refractive index measurement of single living cells using on-chip Fabry-Pérot cavity[J]. Applied Physics Letters,2006,89(20): 203901.

[50] LEAR K L,SHAO H,WANG W, et al. Optofluidic intracavity spectroscopy of canine lymphoma and lymphocytes[C]. Portland: IEEE/LEOS Summer Topical Meetings,2007.

[51] ST-GELAIS R,MASSON J, PETER Y-A. All-silicon integrated Fabry-Pérot cavity for volume refractive index measurement in microfluidic systems[J]. Applied Physics Letters, 2009,94(24): 243905.

[52] OUYANG H,STRIEMER C C,FAUCHET P M. Quantitative analysis of the sensitivity of porous silicon optical biosensors[J]. Applied Physics Letters,2006,88(16): 163108.

[53] OROSCO M M,PACHOLSKI C,SAILOR M J. Real-time monitoring of enzyme activity in a mesoporous silicon double layer[J]. Nature Nanotechnology,2009,4(4): 255.

[54] SUN Y, FAN X. Highly selective single-nucleotide polymorphism detection with optofluidic ring resonator lasers[C]. Optical Society of America. Batimore: Science and Innovations,2011.

[55] ZHU H,WHITE I M,SUTER J D, et al. Integrated refractive index optical ring resonator detector for capillary electrophoresis[J]. Analytical Chemistry,2007,79(3): 930-937.

[56] DATTA A,EOM I-Y, DHAR A, et al. Microfabrication and characterization of Teflon AF-coated liquid core waveguide channels in silicon[J]. IEEE Sensors Journal,2003,3(6): 788-795.

[57] CHO S H, GODIN J, LO Y-H. Optofluidic waveguides in Teflon AF-coated PDMS microfluidic channels[J]. IEEE Photonics Technology Letters,2009,21(15): 1057-1059.

[58] KORAMPALLY V,MUKHERJEE S,HOSSAIN M, et al. Development of a miniaturized liquid core waveguide system with nanoporous dielectric cladding—A potential biosensing platform[J]. IEEE Sensors Journal,2009,9(12): 1711-1718.

[59] GOPALAKRISHNAN N,SAGAR K S,CHRISTIANSEN M B, et al. UV patterned nanoporous solid-liquid core waveguides[J]. Optics Express,2010,18(12): 12903-12908.

[60] FINK Y,WINN J N,FAN S, et al. A dielectric omnidirectional reflector[J]. Science,1998, 282(5394): 1679-1682.

[61] GANESH N,ZHANG W,MATHIAS P C, et al. Enhanced fluorescence emission from quantum dots on a photonic crystal surface[J]. Nature Nanotechnology,2007,2(8): 515.

[62] SMOLKA S,BARTH M,BENSON O. Highly efficient fluorescence sensing with hollow core photonic crystal fibers[J]. Optics Express,2007,15(20): 12783-12791.

[63] COSCELLI E,SOZZI M,POLI F, et al. Toward a highly specific DNA biosensor: PNA-

modified suspended-core photonic crystal fibers[J]. IEEE Journal of Selected Topics in Quantum Electronics,2010,16(4): 967-972.

[64] LIU Y,WANG S,PARK Y S,et al. Fluorescence enhancement by a two-dimensional dielectric annular Bragg resonant cavity[J]. Optics Express,2010,18(24): 25029-25034.

[65] XU Q,ALMEIDA V R,PANEPUCCI R R,et al. Experimental demonstration of guiding and confining light in nanometer-size low-refractive-index material[J]. Optics Letters, 2004,29(14): 1626-1628.

[66] YIN D,DEAMER D W,SCHMIDT H,et al. Single-molecule detection sensitivity using planar integrated optics on a chip[J]. Optics Letters,2006,31(14): 2136-2138.

[67] RUDENKO M I,KÜHN S,LUNT E J,et al. Ultrasensitive Qβ phage analysis using fluorescence correlation spectroscopy on an optofluidic chip [J]. Biosensors and Bioelectronics,2009,24(11): 3258-3263.

[68] CHEN A,EBERLE M,LUNT E J,et al. Dual-color fluorescence cross-correlation spectroscopy on a planar optofluidic chip[J]. Lab on a Chip,2011,11(8): 1502-1506.

[69] HOLMES M R,SHANG T,HAWKINS A R,et al. Micropore and nanopore fabrication in hollow antiresonant reflecting optical waveguides[J]. Journal of Micro/Nanolithography, MEMS,and MOEMS,2010,9(2): 023004.

[70] KÜHN S,MEASOR P,LUNT E J,et al. Loss-based optical trap for on-chip particle analysis[J]. Lab on a Chip,2009,9(15): 2212-2216.

[71] KÜHN S,PHILLIPS B,LUNT E J,et al. Ultralow power trapping and fluorescence detection of single particles on an optofluidic chip[J]. Lab on a Chip,2010,10(2): 189-194.

[72] SUN Y,SHOPOVA S I,WU C-S,et al. Bioinspired optofluidic FRET lasers via DNA scaffolds[J]. Proceedings of the National Academy of Sciences,2010, 107 (37): 16039-16042.

[73] WILLIAMS G O,CHEN J S,EUSER T G,et al. Photonic crystal fibre as an optofluidic reactor for the measurement of photochemical kinetics with sub-picomole sensitivity[J]. Lab on a Chip,2012,12(18): 3356-3361.

[74] LI Z-L,ZHOU W-Y,LIU Y-G,et al. Highly efficient fluorescence detection using a simplified hollow core microstructured optical fiber[J]. Applied Physics Letters,2013, 102(1): 011136.

[75] FAN X,YUN S-H. The potential of optofluidic biolasers[J]. Nature Methods,2014, 11(2): 141.

[76] JEANMAIRE D L,VAN DUYNE R P. Surface Raman spectroelectrochemistry: Part I. Heterocyclic,aromatic,and aliphatic amines adsorbed on the anodized silver electrode[J]. Journal of Electroanalytical Chemistry and Interfacial Electrochemistry,1977,84 (1): 1-20.

[77] ALBRECHT M G,CREIGHTON J A. Anomalously intense Raman spectra of pyridine at a silver electrode[J]. Journal of the American Chemical Society,1977,99(15): 5215-5217.

[78] MOSKOVITS M. Surface roughness and the enhanced intensity of Raman scattering by

molecules adsorbed on metals[J]. The Journal of Chemical Physics,1978,69(9):
4159-4161.

[79] MICHAELS A M,NIRMAL M,BRUS L. Surface enhanced Raman spectroscopy of individual rhodamine 6G molecules on large Ag nanocrystals[J]. Journal of the American Chemical Society,1999,121(43):9932-9939.

[80] SAIKIN S K,CHU Y,RAPPOPORT D,et al. Separation of electromagnetic and chemical contributions to surface-enhanced Raman spectra on nanoengineered plasmonic substrates [J]. The Journal of Physical Chemistry Letters,2010,1(18):2740-2746.

[81] NIE S,EMORY S R. Probing single molecules and single nanoparticles by surface-enhanced Raman scattering[J]. Science,1997,275(5303):1102-1106.

[82] KNEIPP K,WANG Y,KNEIPP H,et al. Single molecule detection using surface-enhanced Raman scattering(SERS)[J]. Physical Review Letters,1997,78(9):1667.

[83] YANG X,SHI C,WHEELER D,et al. High-sensitivity molecular sensing using hollow-core photonic crystal fiber and surface-enhanced Raman scattering[J]. JOSA A,2010, 27(5):977-984.

[84] OO M K K,HAN Y,KANKA J,et al. Structure fits the purpose:photonic crystal fibers for evanescent-field surface-enhanced Raman spectroscopy[J]. Optics Letters,2010, 35(4):466-468.

[85] HUH Y S,CHUNG A J,CORDOVEZ B,et al. Enhanced on-chip SERS based biomolecular detection using electrokinetically active microwells[J]. Lab on a Chip,2009, 9(3):433-439.

[86] CHO H,LEE B,LIU G L,et al. Label-free and highly sensitive biomolecular detection using SERS and electrokinetic preconcentration[J]. Lab on a Chip,2009,9(23): 3360-3363.

[87] WHITE I M,GOHRING J,FAN X. SERS-based detection in an optofluidic ring resonator platform[J]. Optics Express,2007,15(25):17433-17442.

[88] KIM S-M,ZHANG W,CUNNINGHAM B T. Photonic crystals with SiO_2-Ag "post-cap" nanostructure coatings for surface enhanced Raman spectroscopy[J]. Applied Physics Letters,2008,93(14):143112.

[89] ZHANG Y,LIU Z,YANG J,et al. Four-core optical fiber micro-hand[J]. Journal of Lightwave Technology,2012,30(10):1487-1491.

[90] ASHKIN A. Acceleration and trapping of particles by radiation pressure[J]. Physical Review Letters,1970,24(4):156.

[91] YUAN L,LIU Z,YANG J. Measurement approach of Brownian motion force by an abrupt tapered fiber optic tweezers[J]. Applied Physics Letters,2007,91(5):054101.

[92] ZHONG M-C,WEI X-B,ZHOU J-H,et al. Trapping red blood cells in living animals using optical tweezers[J]. Nature Communications,2013,4(1):1-7.

[93] XIN H,XU R,LI B. Optical formation and manipulation of particle and cell patterns using a tapered optical fiber[J]. Laser & Photonics Reviews,2013,7(5):801-809.

[94] LI Y,XIN H,LIU X,et al. Non-contact intracellular binding of chloroplasts in vivo[J].

Scientific Reports,2015,5(1):1-9.

[95] SHIVANANJU B N, YU W, LIU Y, et al. The roadmap of graphene-based optical biochemical sensors[J]. Advanced Functional Materials,2017,27(19):1603918.

[96] XING F,MENG G-X,ZHANG Q,et al. Ultrasensitive flow sensing of a single cell using graphene-based optical sensors[J]. Nano Letters,2014,14(6):3563-3569.

[97] PARK D-W, SCHENDEL A A, MIKAEL S, et al. Graphene-based carbon-layered electrode array technology for neural imaging and optogenetic applications[J]. Nature Communications,2014,5(1):1-11.

[98] CRUZ S,GIRÃO A F,GONÇALVES G,et al. Graphene: the missing piece for cancer diagnosis[J]. Sensors,2016,16(1):137.

[99] MAO S,LU G,YU K,et al. Specific protein detection using thermally reduced graphene oxide sheet decorated with gold nanoparticle-antibody conjugates[J]. Advanced Materials, 2010,22(32):3521-3526.

[100] MIN S K,KIM W Y,CHO Y,et al. Fast DNA sequencing with a graphene-based nanochannel device[J]. Nature Nanotechnology,2011,6(3):162-165.

[101] KIM J A, HWANG T, DUGASANI S R, et al. Graphene based fiber optic surface plasmon resonance for bio-chemical sensor applications[J]. Sensors and Actuators B: Chemical,2013,187:426-433.

[102] BASU S,BHATTACHARYYA P. Recent developments on graphene and graphene oxide based solid state gas sensors[J]. Sensors and Actuators B: Chemical,2012,173:1-21.

[103] YAO B,WU Y,ZHANG A,et al. Graphene enhanced evanescent field in microfiber multimode interferometer for highly sensitive gas sensing[J]. Optics Express,2014, 22(23):28154-28162.

[104] ZHAO Y,LI X-G,ZHOU X,et al. Review on the graphene based optical fiber chemical and biological sensors[J]. Sensors and Actuators B: Chemical,2016,231:324-340.

[105] LIAO C,LIU S,XU L,et al. Sub-micron silica diaphragm-based fiber-tip Fabry-Perot interferometer for pressure measurement[J]. Optics Letters,2014,39(10):2827-2830.

[106] WANG Y. Review of long period fiber gratings written by CO_2 laser[J]. Journal of Applied Physics,2010,108(8):11.

[107] MA J,JIN W,HO H L,et al. High-sensitivity fiber-tip pressure sensor with graphene diaphragm[J]. Optics Letters,2012,37(13):2493-2495.

[108] ZHONG X,WANG Y,LIAO C,et al. Temperature-insensitivity gas pressure sensor based on inflated long period fiber grating inscribed in photonic crystal fiber[J]. Optics Letters,2015,40(8):1791-1794.

[109] VILLATORO J,KREUZER M P,JHA R,et al. Photonic crystal fiber interferometer for chemical vapor detection with high sensitivity[J]. Optics Express, 2009, 17 (3): 1447-1453.

[110] CUBILLAS A,SILVA-LOPEZ M,LAZARO J,et al. Methane detection at 1670-nm band using a hollow-core photonic bandgap fiber and a multiline algorithm[J]. Optics Express, 2007,15(26):17570-17576.

[111] XU J，WANG X，COOPER K L，et al. Miniature all-silica fiber optic pressure and acoustic sensors[J]. Optics Letters，2005，30(24)：3269-3271.

[112] MA J，JU J，JIN L，et al. A compact fiber-tip micro-cavity sensor for high-pressure measurement[J]. IEEE Photonics Technology Letters，2011，23(21)：1561-1563.

[113] YANG X，ZHAO Q，QI X，et al. In-fiber integrated gas pressure sensor based on a hollow optical fiber with two cores[J]. Sensors and Actuators A：Physical，2018，272：23-27.

[114] LEE S J，MOSKOVITS M. Visualizing chromatographic separation of metal ions on a surface-enhanced Raman active medium[J]. Nano Letters，2010，11(1)：145-150.

[115] WANG Z，SWINNEY K，BORNHOP D J. Attomole sensitivity for unlabeled proteins and polypeptides with on-chip capillary electrophoresis and universal detection by interferometric backscatter[J]. Electrophoresis，2003，24(5)：865-873.

[116] ZHAO B S，KOO Y-M，CHUNG D S. Separations based on the mechanical forces of light [J]. Analytica Chimica Acta，2006，556(1)：97-103.

[117] MANZ A，GRABER N，WIDMER H Á. Miniaturized total chemical analysis systems：a novel concept for chemical sensing[J]. Sensors and Actuators B：Chemical，1990，1(1-6)：244-248.

[118] IRAWAN R，TJIN S C，FANG X，et al. Integration of optical fiber light guide，fluorescence detection system，and multichannel disposable microfluidic chip[J]. Biomedical Microdevices，2007，9(3)：413-419.

[119] JEN C-P，HUANG C-T，LU Y-H. Simulation of biochemical binding kinetics on the microfluidic biochip of fiber-optic localized plasma resonance（FO-LPR）[J]. Microelectronic Engineering，2009，86(4-6)：1505-1510.

[120] WOOLLEY A T，MATHIES R A. Ultra-high-speed DNA sequencing using capillary electrophoresis chips[J]. Analytical Chemistry，1995，67(20)：3676-3680.

[121] WOOLLEY A T，HADLEY D，LANDRE P，et al. Functional integration of PCR amplification and capillary electrophoresis in a microfabricated DNA analysis device[J]. Analytical Chemistry，1996，68(23)：4081-4086.

[122] THORSEN T，MAERKL S J，QUAKE S R. Microfluidic large-scale integration[J]. Science，2002，298(5593)：580-584.

[123] YIN D，DEAMER D W，SCHMIDT H，et al. Single-molecule detection sensitivity using planar integrated optics on a chip[J]. Optics Letters，2006，31(14)：2136-2138.

[124] FAN X，WHITE I M. Optofluidic microsystems for chemical and biological analysis[J]. Nature Photonics，2011，5(10)：591.

[125] GALAS J，PEROZ C，KOU Q，et al. Microfluidic dye laser intracavity absorption[J]. Applied Physics Letters，2006，89(22)：224101.

[126] ERICKSON D，SEREY X，CHEN Y-F，et al. Nanomanipulation using near field photonics[J]. Lab on a Chip，2011，11(6)：995-1009.

[127] KERBAGE C，EGGLETON B J，WESTBROOK P，et al. Experimental and scalar beam propagation analysis of an air-silica microstructure fiber[J]. Optics Express，2000，7(3)：113-122.

[128]　文书明. 微流边界层理论及其应用[M]. 北京：冶金工业出版社，2002.

[129]　SINGH M，TRUONG J，REEVES W B，et al. Emerging cytokine biosensors with optical detection modalities and nanomaterial-enabled signal enhancement[J]. Sensors，2017，17(2)：428.

[130]　SCHMIDT O A，EUSER T G，RUSSELL P S J. Mode-based microparticle conveyor belt in air-filled hollow-core photonic crystal fiber[J]. Optics Express，2013，21 (24)：29383-29391.

[131]　YUAN L，LIU Z，YANG J. Coupling characteristics between single-core fiber and multicore fiber[J]. Optics Letters，2006，31(22)：3237-3239.

[132]　YUAN L，LIU Z，YANG J，et al. Bitapered fiber coupling characteristics between single-mode single-core fiber and single-mode multicore fiber[J]. Applied Optics，2008，47(18)：3307-3312.

[133]　SOHN K R，KIM K T，SONG J W. Optical fiber sensor for water detection using a side-polished fiber coupler with a planar glass-overlay-waveguide[J]. Sensors & Actuators A Physical，2002，101(1)：137-142.

[134]　CHEN N K，CHI S，TSENG S M. Wideband tunable fiber short-pass filter based on side-polished fiber with dispersive polymer overlay[J]. Optics Letters，2004，29 (19)：2219-2221.

[135]　BAO Q，ZHANG H，WANG B，et al. Broadband graphene polarizer[J]. Nature Photonics，2011，5(7)：411-415.

[136]　HUANG H，LI H，LU H，et al. All-optically reconfigurable and tunable fiber surface grating for in-fiber devices：a wideband tunable filter[J]. Optics Express，2014，22(5)：5950-5961.

[137]　HSIAO V K S，FU W H，HUANG C Y，et al. Optically switchable all-fiber optic polarization rotator[J]. Optics Communications，2012，285(6)：1155-1158.

[138]　JANG H S，PARK K N，KIM J P，et al. Sensitive DNA biosensor based on a long-period grating formed on the side-polished fiber surface[J]. Optics Express，2009，17 (5)：3855-3860.

[139]　JUNG W G，KIM S W，KIM K T，et al. High-sensitivity temperature sensor using a side-polished single-mode fiber covered with the polymer planar waveguide[J]. IEEE Photonics Technology Letters，2001，13(11)：1209-1211.

[140]　CHANDANI S M，JAEGER N A F. Fiber-optic temperature sensor using evanescent fields in D fibers[J]. IPTL，2005，17(12)：2706-2708.

[141]　LIU Z，YANG X，ZHANG Y，et al. Hollow fiber SPR sensor available for microfluidic chip[J]. Sensors and Actuators B：Chemical，2018，265：211-216.

[142]　CORDEIRO C M，DOS SANTOS E M，CRUZ C B，et al. Lateral access to the holes of photonic crystal fibers-selective filling and sensing applications[J]. Optics Express，2006，14(18)：8403-8412.

[143]　XIAO L，JIN W，DEMOKAN M，et al. Fabrication of selective injection microstructured optical fibers with a conventional fusion splicer[J]. Optics Express，2005，13 (22)：

9014-9022.

[144] BAO X,WANG X,LI Y. C- and L-band tunable fiber ring laser using a two-taper Mach-Zehnder interferometer filter[J]. Optics Letters,2010,35(20): 3354-3356.

[145] LU P,HARRIS J,WANG X,et al. Tapered-fiber-based refractive index sensor at an air/solution interface[J]. Applied Optics,2012,51(30): 7368.

[146] Z L,C L,Y W,et al. Highly-sensitive gas pressure sensor using twin-core fiber based in-line Mach-Zehnder interferometer[J]. Optics Express,2015,23(5): 6673-6678.

[147] MA J,YU Y,JIN W. Demodulation of diaphragm based acoustic sensor using Sagnac interferometer with stable phase bias[J]. Optics Express,2015,23(22): 29268-29278.

[148] ZIBAII M I,LATIFI H,KARAMI M,et al. Non-adiabatic tapered optical fiber sensor for measuring the interaction between α-amino acids in aqueous carbohydrate solution[J]. Measurement Science & Technology,2010,21(10): 105801.

[149] HARRIS J, LU P, LAROCQUE H, et al. In-fiber Mach-Zehnder interferometric refractive index sensors with guided and leaky modes[J]. Sensors & Actuators B Chemical,2015,206: 246-251.

[150] TONG L,GATTASS R R,ASHCOM J B,et al. Subwavelength-diameter silica wires for low-loss optical wave guiding[J]. Nature,2003,426(6968): 816-819.

[151] SCHMIDT O A, GARBOS M K, EUSER T G, et al. Reconfigurable optothermal microparticle trap in air-filled hollow-core photonic crystal fiber[J]. Physical Review Letters,2012,109(2): 024502.

[152] YANG X H,YUAN T T,TENG P P,et al. An in-fiber integrated optofluidic device based on an optical fiber with an inner core[J]. Lab on a Chip, 2014, 14, 2090: 2090-2095.

[153] YANG X H,YUAN T T,YANG J,et al. In-fiber integrated chemiluminiscence online optical fiber sensor[J]. Optics Letters,2013,38(17): 18205.

[154] YUAN T T,YANG X H,LIU Z H,et al. Optofluidic in-fiber interferometer based on hollow optical fiber with two cores[J]. Optics Express,2017,25(15): 18205.

[155] YANG X H,ZHAO Q K,QI X X,et al. In-fiber integrated gas pressure sensor based on a hollow optical fiber with two cores[J]. Sensors and Actuators A: Physical,2018,272: 23-27.

[156] GAO D H,YANG X H,TENG P P,et al. Optofluidic in-fiber on-line ethanol sensing based on graphene oxide integrated hollow optical fiber with suspended core[J]. Optical Fiber Technology,2020,58: 102250.

微光纤小型多功能集成化光器件实验室*

    微光纤是指直径几微米乃至几百纳米级别的光纤，是一种典型的微纳光学波导，一般通过加热熔融拉伸标准商用光纤的方法制得。微光纤具有很多优异特性，包括强倏逝场、高非线性、高弯曲韧性、高机械强度、低插入损耗等，这些特点为光纤器件的小型化和功能集成化提供了一个高自由度的平台。通过集成各种外部材料、制备多种多样的人工微纳结构、发掘内禀非线性特性等方法，微光纤的功能和应用具有了无限的可能性。尤其是可以在一根微光纤上实现多个功能的集成，使得基于微光纤的纤上实验室成为可能。本章将从微光纤的基本特性、关键器件实现、外部集成和应用等方面介绍该领域的相关进展。

5.1 基本特性

5.1.1 引言

    光纤光学是一门十分简单而古老的科学。它的理论基础为光的全反射，其最早可以追溯到 1840 年，Colladon 和 Babinet 首次在实验上展示。之后 Tyndall 在伦敦一次演讲上利用水柱演示导光实验，并明确对光全反射原理进行解释[1]。光纤可作为光通信传播介质的想法，最早由日本科学家 Nishizaw 在 1963 年提出。第一套光学光纤数据传输系统由德国物理学家 Börner 在 Telefunken 研究实验室于 1965 年搭建成功[2]。但是当时使用的光纤损耗非常大，达到 1000 dB/km。高

* 徐飞，南京大学 现代工程与应用科学学院，南京 210093，E-mail：feixu@nju.edu.cn；陈烨，南京大学，现代工程与应用科学学院，南京 210093。

锟等系统研究了光纤中的光损耗机制,提出可以通过降低光纤中的杂质使光传播损耗降到 20 dB/km[3]。按照这一想法,美国康宁公司研究人员首先研制成功损耗为 17 dB/km 的光纤,之后随着工艺的不断改进,光纤损耗进一步降低,为现代光纤通信铺平了道路,而高锟也于 2009 年获得诺贝尔物理学奖。至今,光纤已经成为现代通信与互联网行业的重要基石,同时光纤的应用也并不局限在通信领域,在传感、光学、生物医学等其他方面也有着非常广泛的应用。

通信中最常见的光纤是标准的单模光纤(SMF-28),由 10 μm 左右的芯层、125 μm 的包层和涂覆在包层外的聚合物保护层组成,目前使用的大部分光纤器件都是基于这一尺寸进行设计与应用。更大尺寸的多模光纤在通信传感和激光领域也有一定的应用,但是小尺寸尤其是微米量级或者亚波长尺度的光纤关注相对较少。同时,随着信息技术的蓬勃发展,光纤器件的大量应用使得光纤系统的尺寸愈发庞大,对于光纤器件尺寸的小型化和功能的集成化的需求愈发紧迫,而降低光纤的尺寸至亚波长量级则是实现小型化和功能集成化的第一个有效的途径。历史上,Boys 于 19 世纪第一次报道了机械用途的微米量级直径的玻璃光纤[4]。1959 年,Kapany 报道了用于图像传输的光纤束[5],这是微米尺度光纤第一次被用于导光。但是直到 2003 年,Tong 和 Mazur 从实验上利用两步法制备了所谓的低损耗的微光纤[6],其直径可小到 50 nm,小于所导光的波长,同时具有良好的均一性,可单模工作,光传播损耗小于 0.1 dB/mm。这项工作为亚波长光纤研究奠定了基础,该种亚波长量级的微光纤也引起了研究人员的巨大兴趣。很快在 2004 年,Birks、Gilberto、Leon-Saval、Sumetsky 和许多其他的研究人员相继报道利用传统的拉制光纤光锥(taper)和耦合器(coupler)的标准方法(所谓的 heat-and-pull),单步拉制普通光纤实现了更低损耗的亚波长尺寸的微光纤[7-10]。所得到的亚微米光纤损耗在 1.55 μm 波段,相对于以前的文献报道降低了一个数量级。这些工作为以后微光纤的研究铺平了道路。在此后的十多年里,关于微光纤论文数量出现了井喷式发展,一系列微光纤器件包括谐振器、光栅、干涉仪等都被相继报道,同时也被广泛应用于激光、传感、光操纵和信号处理等多个领域[11-13]。本章将对微光纤的基本特性、关键器件和应用等方面进行介绍。

5.1.2 特点

微光纤一般由普通光纤拉制而成,其往往是包含尾纤、过渡区和腰区的非均匀结构。如图 5.1 所示,其中腰区的典型直径尺度从几百纳米到几微米,长度从几毫米到几厘米不等。过渡区的长度一般会比腰区长一些,但是也可以控制参数得到很短的过渡区。在很多时候微光纤(microfiber)又称为微纳光纤(nanofiber)、亚波长直径光纤(sub-wavelength-diameter fiber)、光纤纳米线(fiber nanowire)等。

图 5.1　微光纤结构示意图。常用的微光纤由三部分组成,这三个部分分别是直径在微米或亚微米量级的腰区、直径渐变的过渡区以及直径与标准光纤相同的尾纤

相对于标准单模光纤,微光纤具有很多独特的光学和机械特性,列举如下。

(1)强倏逝场。微光纤由于其直径小于或接近于传导光波长,有相当一部分的光场在光纤外部传播。微光纤中模场分布必然对环境十分敏感,可以用来制作传感器,也可以利用倏逝场进行粒子操纵以及高品质因子的谐振腔制备。

(2)高非线性和强束缚性。相比于传统光纤,微光纤可以把光场很好地束缚在亚波长量级的直径范围,故而产生了较大的光场密度,因此微光纤可以大大增强非线性效应,比如超连续谱产生、光学克尔效应、拉曼和布里渊产生等。

(3)高弯曲韧性。尽管微光纤具有非常小的直径,但是它们操作起来还是相对容易的。因为具有良好的机械强度和韧性,可以很容易地被弯曲成几百甚至几十微米的曲率半径而不引起断裂和严重光泄漏,而普通光纤弯曲到数厘米就很容易折断。利用这样的特性,可以轻松地将微光纤形成环形谐振腔。

(4)低插入损耗和低损耗。与其他光纤和光纤器件的低连接损耗是微光纤的重要特点。由于微光纤是通过对标准光纤进行绝热拉伸得到的,因此在输入与输出端,原始的光纤尺寸得以保留,这对于微光纤与标准光纤和光纤器件的连接十分有利。现有的微光纤中,小于 0.1 dB 的低连接损耗已经十分常见。

5.1.3　应用

由于微光纤独特的性质,微光纤的研究引起了工作者们越来越多的兴趣。之前的文献已经报道了从理论设计、模拟到实验验证和具体应用等一系列关于微光纤的效应、技术和器件。近十年来关于微光纤的研究给我们带来了很多更新和拓展光纤光学和微纳技术的契机。这些发展根据其光学性质大体上可以分为五类:波导和近场光学、激光和非线性光学、量子和原子光学、等离激元光子学和光力学等[14]。

(1)波导和近场光学,主要是基于微光纤的相关无源器件比如耦合器、干涉仪、光栅、谐振腔等,以及相关的传感应用。

(2)激光和非线性光学,激光主要包括微光纤谐振腔激光器以及结合石墨烯、碳纳米管、量子点等新型材料构成的脉冲激光器等。非线性光学主要包括超连续谱激光器、低阈值拉曼或布里渊激光以及全光信号处理器件等。

(3)量子和原子光学,包括原子冷却、原子探测和捕获等。

（4）等离激元光子学，包括纳米线等离体激元激发、纳米粒子等离激元和等离激元器件的制备等。

（5）光力学，包括粒子捕获、矢量光束和光力非线性等应用。

如果从器件所利用的微光纤特性来进行分类，则可以分为三类[15]：

（1）利用对光场的强约束或非线性制备的光学器件；

（2）利用微光纤的强倏逝场制备的光学器件；

（3）利用锥形过渡区制备的器件。

近十年，微光纤的研究给我们带来了很多拓展光纤光学和微纳技术的契机。微光纤技术的发展首先大大减小了光纤器件的尺寸，促进了光纤器件的小型化和功能集成化的发展。同时，微光纤可以很方便地进行后续加工和性能拓展。结合微光纤的诸多优良特性，使得微光纤成为一个具有无限想象力和可能性的纤上实验室，更多的功能和应用正在被逐步发掘。

5.1.4　制备

微光纤器件的性能在很大程度上取决于微光纤本身的均匀性、损耗等特性，微光纤的制备技术是实现高质量微光纤器件和实用化可能的首要前提。微光纤的制备技术有很多种：第一种是由 Tong 等提出的两步法，利用火焰加热拉丝的方法制备直径为数微米的微光纤，然后将这些较粗的微光纤缠绕在蓝宝石玻璃棒上，进一步火焰拉伸以获得亚波长量级的微光纤[6]；第二种方法由 Sumetsky 提出，利用二氧化碳激光器加热的蓝宝石毛细管作为热源，把在毛细管中的光纤一步加热拉伸[9]；第三种为扫火法（flame-brushing technique）[7-8,10]，这种方法其实很早就被用来制备拉锥光纤和耦合器，其主要特点是通过不断来回移动的火焰来加热微光纤，以实现加热区域的可调节性，微光纤的形状由加热区长度和拉伸速度等参数共同决定，这种方法可以精确控制微光纤腰区长度和过渡区形状，提高了微光纤的定制性。该法制备出来的微光纤可以将损耗控制得很小（0.001 dB/mm）[7,16]。

扫火法的设备示意图如图 5.2(a)所示：一般由一个火焰发生器和三个高精度平移台构成，其中一个平移台用于控制火焰的加热范围，另外两个用于控制光纤的拉伸速度。目前使用最广泛的可燃气体是氢气，一般实验室为了避免使用气瓶，会采用氢气发生器电解水产生氢气，纯度一般在 99.999%。在空气中燃烧时火焰温度可达到 1000℃ 以上，能使光纤被加热部分充分熔融，氢气的流量可由数字式气体流量控制器控制，它能调节输出氢气的流量以满足不同拉制环境的要求。在拉伸过程中，火焰的稳定性、光纤与火焰的相对位置，以及平移台的精度和稳定性等对于得到较细和较长的微光纤都是关键的决定性因素。因为火焰的加热面积有限，为获得更大的加热区域，制备腰区更长的微光纤，拉制时扫火电机需要以平缓的速率来回扫描,这对电机的扫描精度和稳定性提出了很高的要求,所以使用的电机一般应有亚微米的移动精度。若没有条件装载扫火电机,也可以通过程序控制使两台拉伸电机同步来回扫描实现扫火功能,此时电机对光纤的拉伸功能由拉伸电机之间的相对运动实现。通过光源和功率计或光源和光谱仪的组合,能实现样品拉制过程中损耗或光谱的实时监测(图 5.2(a))。

　　利用这种装置,可以得到典型的直径为几百纳米,长度为十几厘米的微光纤。研究人员也报道了利用这种装置制备出了 39 nm 半径的微光纤,也得到了当时最长、最均匀的微光纤[17]以及最低损耗的微光纤[7,16],并且这些光纤都保留两个标准尺寸的尾纤。图 5.2(b)展示了氢氧焰拉制系统拉制得到的直径为 971 nm 的微光纤样品扫描电镜照片,从图中可知,该微光纤样品具有良好的均匀度和表面光洁度。

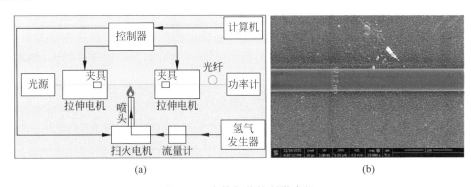

图 5.2　火焰加热拉制微光纤

(a)氢氧焰扫火加热拉制系统示意框图;(b)二氧化硅微光纤扫描电镜显微照片,直径约为 971 nm

　　当然热源也可以不用火焰,比如微型电热源、二氧化碳激光器等,这些技术都被称为“modified flame-brushing technique”,其中电加热的方法不需要危险气体,是比较安全的,近几年受到更多的关注[18]。

　　Birks 给出了一个详细的理论用以解释扫火法拉制微光纤的形状与拉制参数,例如加热长度与拉伸速度的关系。他假设拉伸过程中体积守恒,忽略热膨胀效应的影响,同时假设微光纤横截面为理想圆形,腰区粗细均匀,并且整个拉伸过程中直径均匀变化,没有波动。一般可以根据 Birks 的理论预先估计微光纤的形状[19]。

　　扫火法不仅可以拉制二氧化硅光纤,其他材料体系的光纤,例如硫系玻璃光纤、硅酸铅玻璃光纤等[18],也一样适用。但是这些材料往往会在加热过程中产生少量的有毒气体,需要较好的防护措施和通风环境。

　　所拉制的微光纤质量一般都由损耗来表征,其可以在光纤拉制过程中实时监测。一般来说,微光纤直径越小,损耗越大。亚波长直径的光纤,损耗主要来源于微光纤表面粗糙程度和光纤直径的不均匀性等,1 μm 左右的微光纤的典型损耗在 0.001~0.01 dB/mm。与此同时,环境对于微光纤损耗的影响也很大,尤其是空气洁净度。如果把微光纤放在非超净实验室中,一天或者数天之后,损耗会急剧上升。但是也可以用高温退火的方法恢复损耗水平[20]。长久保存微光纤的方法一般有低折射率聚合物保护[21]、氮气保护或者真空保护等。

此外,尽管微光纤具有非常小的直径,但是它们操作起来还是相对容易的,因为它们具有非常好的机械强度[22]。当微光纤直径小于 200 nm,断裂强度超过 10 GPa,而标准单模光纤强度只有 5 GPa,商用高强度的凯夫拉纤维强度只有 3.88 GPa[23]。

5.2 波导特性

5.2.1 三层波导模型

微光纤的截面示意图如图 5.3 所示,这是一个三层波导结构,由芯层、包层和外部环境组成。R_{core} 和 $R_{cladding}$ 分别为光纤芯层和包层的半径,而这三层结构的折射率分别表示为 n_{core}、$n_{cladding}$ 和 $n_{outside}$($n_{core} > n_{cladding} > n_{outside}$,若外部环境为空气,则 $n_{outside} = 1$)。

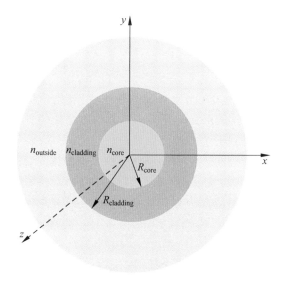

图 5.3 微光纤截面示意图

与所有的电磁现象相同,微光纤中的模式也是由麦克斯韦方程决定的。基于以上约定,我们可以从麦克斯韦方程组出发,推导出相关的亥姆霍兹方程,然后可以得到在柱坐标体系 (z, ρ, θ) 中对于不同模式的本征值方程：

$$\frac{\partial^2 E_z}{\partial \rho^2} + \frac{1}{\rho} \frac{\partial E_z}{\partial \rho} + \frac{1}{\rho} \frac{\partial^2 E_z}{\partial \theta^2} + [k^2 n^2(\rho, \theta) - \beta^2] E_z = 0 \tag{5.1}$$

$$\frac{\partial^2 H_z}{\partial \rho^2} + \frac{1}{\rho} \frac{\partial H_z}{\partial \rho} + \frac{1}{\rho} \frac{\partial^2 H_z}{\partial \theta^2} + [k^2 n^2(\rho, \theta) - \beta^2] H_z = 0 \tag{5.2}$$

其中，k 是波矢，β 是传播常数。通常情况下，n 与 θ 无关，求解 E_z 和 H_z 分量，并用它们来表示 E_ρ、E_θ、H_ρ 和 H_θ 分量。

$$\begin{cases} E_\rho = \dfrac{\mathrm{j}}{[k_0^2 n^2(\rho) - \beta^2]} \left(\beta \dfrac{\partial E_z}{\partial \rho} + \dfrac{\omega \mu_0}{\rho} \dfrac{\partial H_z}{\partial \theta} \right) \\[3mm] E_\theta = \dfrac{\mathrm{j}}{[k_0^2 n^2(\rho) - \beta^2]} \left(\dfrac{\beta}{\rho} \dfrac{\partial E_z}{\partial \theta} - \omega \mu_0 \dfrac{\partial H_z}{\partial \rho} \right) \\[3mm] H_\rho = \dfrac{\mathrm{j}}{[k_0^2 n^2(\rho) - \beta^2]} \left[\beta \dfrac{\partial H_z}{\partial \rho} + \dfrac{\omega \varepsilon_0 n^2(\rho)}{\rho} \dfrac{\partial E_z}{\partial \theta} \right] \\[3mm] H_\theta = \dfrac{\mathrm{j}}{[k_0^2 n^2(\rho) - \beta^2]} \left[\dfrac{\beta}{\rho} \dfrac{\partial H_z}{\partial \theta} + \omega \varepsilon_0 n^2(\rho) \dfrac{\partial E_z}{\partial \rho} \right] \end{cases} \tag{5.3}$$

其中，$k_0 = \omega/c = 2\pi/\lambda$ 是真空波数，λ 是波长，ε_0 和 μ_0 分别为真空介电常数和磁导率。

通过边界条件，利用数值计算的方法，可以得到传播常数 β，然后便可求解微光纤中的场分布，即微光纤中的模式。微光纤中的模式可以分为导模、泄漏模和辐射模。这里我们讨论微光纤的导模。在微光纤中，导模又被分为包层模（$n_{\text{cladding}} > n_{\text{eff}} > n_{\text{outside}}$）和芯层模（$n_{\text{eff}} > n_{\text{cladding}}$）。其中 n_{eff} 为有效折射率，其定义为 $n_{\text{eff}} = \beta/k_0$。

作为例子，我们假定 $n_{\text{core}} = 1.4485$，$n_{\text{cladding}} = 1.4443$，$n_{\text{outside}} = 1.0000$，并保持光纤的包层直径和芯层直径的比值为常数 125/9。有效折射率的计算结果如图 5.4(a) 所示，其中红线表示 HE_{11} 模式，蓝线表示 HE_{12} 模式。

从图中可以看出，当包层直径大于 52 μm 时，芯层中只有单模存在；而当包层直径小于 52 μm 时，芯层模消失，包层模起主导作用。图 5.4(b) 显示了光纤包层直径为 60 μm（上图）和 20 μm（下图）时的能流分布。从图中可以明显看出，当光纤直径变小时，倏逝场明显变大。

5.2.2 两层简化波导模型

在绝大多数情况，微光纤直径只有几微米甚至几百纳米，这个时候芯层是可以忽略的，而把三层模型简化为两层模型：微光纤和外部环境包层（空气或者其他）。所以有的时候我们会将微光纤称为空气包层微光纤（air-cladding microfiber）。

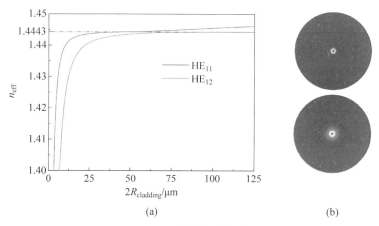

图 5.4　光纤模式特性

(a) 光纤中 HE_{1m} 模式的有效折射率随光纤包层直径的变化关系；(b) HE_{11} 模式在光纤包层直径为 $60~\mu m$（上图）和 $20~\mu m$（下图）时的能流分布

　　为了分析微光纤中的模式分布情况,需要首先做一些符合一般情况的假设和约定:假设微光纤截面是圆对称的,微光纤和空气折射率分别是 n_f 和 n_a,且分布是阶跃型的,即

$$n(r)=\begin{cases}n_f, & 0<r<d/2 \\ n_a, & d/2\leqslant r<\infty\end{cases} \quad (5.4)$$

其中,d 为微光纤直径。再假设 d 不是特别小(如 $a>100~nm$),这样约定是为了保证我们可以用一些参数如电导率 μ 和磁导率 ε 来描述介质对于电磁场的响应。最后假设计算的微光纤足够长(如大于 $10~\mu m$),这样就能保证光场有稳定的空间分布。

　　HE_{vm} 和 EH_{vm} 模式:

$$\left[\frac{J'_v(U)}{UJ_v(U)}+\frac{K'_v(U)}{WK_v(U)}\right]\left[\frac{J'_v(U)}{UJ_v(U)}+\left(\frac{n_a}{n_f}\right)^2\frac{K'_v(U)}{WK_v(U)}\right]=\left(\frac{v\beta}{kn_1}\right)^2\left(\frac{V}{UW}\right)^4 \quad (5.5)$$

对于 TE_{0m} 模式:

$$\frac{J_1(U)}{UJ_0(U)}+\frac{K_1(W)}{WK_0(W)}=0 \quad (5.6)$$

对于 TM_{0m} 模式:

$$\frac{n_f^2 J_1(U)}{UJ_0(U)}+\frac{n_a^2 K_1(W)}{WK_0(W)}=0 \quad (5.7)$$

其中,$U=r\sqrt{k_0^2 n_f^2-\beta^2}$,$W=r\sqrt{\beta^2-k_0^2 n_a^2}$,$V=k_0\cdot a\sqrt{n_f^2-n_a^2}$,$J_v$ 是第一类 v 阶贝塞尔函数,K_v 是第二类 v 阶贝塞尔函数,n_a 为空气折射率($n_a=1$)。微光纤材料

一般为二氧化硅,其折射率与入射波长有关,具体关系如下式[24]:

$$n_{\text{silica}}(\lambda) = \sqrt{1 + c_1\lambda^2/(\lambda^2 - c_4) + c_2\lambda^2/(\lambda^2 - c_5) + c_3\lambda^2/(\lambda^2 - c_6)} \quad (5.8)$$

其中,波长 λ 单位是 μm,$c_1 = 0.6965325$,$c_2 = 0.4083099$,$c_3 = 0.8968766$,$c_4 = 4.368309 \times 10^{-3}$,$c_5 = 1.394999 \times 10^{-2}$,$c_6 = 9.793399 \times 10$。

这里 V 是与单模条件相关的很重要的参数,当 $V < 2.405$ 时,仅支持单模 HE_{11}。

图 5.5(a)是 1550 nm 波长下,不同尺寸的微光纤各个模式传播常数的计算结果。其中实线是基模,虚线是高阶模。可以看出,当微光纤尺寸小到一定程度后(直径小于 1.1 μm),只有一个模式存在,此时的 V 为 2.405。换句话说,当 V 小于 2.405 时,该结构的光纤只支持一种模式传播,这就是光纤的单模条件。

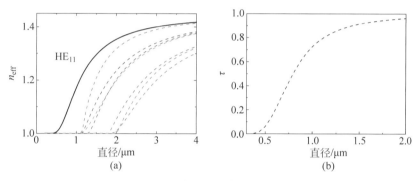

图 5.5 微光纤有效折射率和内外能量分配

(a) 1550 nm 波长下,不同尺寸的微光纤各个模式的有效折射率;(b) 不同直径微光纤内部功率比例

5.2.3 能量分布比例

在实际应用,沿着 z 方向单位面积时间平均的坡印廷矢量对于研究能量分布极为重要[11]

$$S_z = \frac{1}{2}(\boldsymbol{E} \times \boldsymbol{H}^*) \cdot \boldsymbol{u}_z = \frac{1}{2}(E_r H_\theta^* - E_\theta H_r^*) \quad (5.9)$$

其中,$\boldsymbol{u}_z$ 是 z 方向的单位矢量。然后可以推导出在微光纤内部的能量比例:

$$\tau = \frac{\int_0^{2\pi}\int_0^{d/2} S_z \, dA}{\int_0^{2\pi}\int_0^{d/2} S_z \, dA + \int_0^{2\pi}\int_{d/2}^{\infty} S_z \, dA} \quad (5.10)$$

其中,$dA = \rho \, d\rho \, d\theta$。

图 5.5(b)表示不同直径微光纤中的能量比例,可以发现当微光纤直径小于 400 nm 时,仅小于 5% 的能量在光纤中;而当微光纤直径大于 1550 nm 时,90% 以

上的能量在光纤中。

5.2.4 非线性系数

由于微光纤特殊的结构,在特定的直径下,其有效模场面积能被限制在非常小的区域内。对于普通单模光纤,其有效模场面积 A_{eff} 的典型值为 $60\sim80\ \mu\text{m}^2$,然而某些直径的微光纤的有效模场面积 A_{eff} 可以达到 $1\ \mu\text{m}^2$。其非线性参数 γ 会随着 A_{eff} 的减小而增大,从而获得高非线性。此外,由于光纤造价低廉,制作方便,可以获得比在晶体中长得多的相互作用距离,这都推动了微光纤中非线性现象的研究与发展。

微光纤可以把能量束缚在亚波长量级的芯内,大大提高了功率密度,也增强了非线性。非线性克尔折射率一般可以表示为 $n_2 E^2$,n_2 是克尔系数,与三阶非线性张量有关。典型材料的克尔系数一般都可以查到,比如二氧化硅 $n_2 = 2.6 \times 10^{-20}\ \text{m}^2/\text{W}$[12],空气 $n_2 = 5.0 \times 10^{-23}\ \text{m}^2/\text{W}$[13]。但是对于微光纤而言,由于其能量部分分布在芯中,而其他部分则在空气中,一般定义非线性系数表征非线性特性[24]:

$$\gamma = \frac{n_2 \omega}{c A_{\text{eff}}} \tag{5.11}$$

其中,A_{eff} 是有效模场面积:

$$A_{\text{eff}} = \frac{\left[\iint\limits_{0}^{2\pi} \iint\limits_{0}^{\infty} |E(\rho,\theta)|^2 \rho \,\mathrm{d}\rho \,\mathrm{d}\theta \right]^2}{\iint\limits_{0}^{2\pi} \iint\limits_{0}^{\infty} |E(\rho,\theta)|^4 \rho \,\mathrm{d}\rho \,\mathrm{d}\theta} \tag{5.12}$$

但是以上公式仅仅适用于圆形实心的微光纤,对于比较复杂的非对称结构或者多材料成分的微光纤,一般采用如下公式[12]:

$$\gamma = k \left(\frac{\varepsilon_0}{\mu_0} \right) \frac{\int n^2(x,y) n_2(x,y) \left[2|E|^4 + |E^2|^2 \right] \mathrm{d}A}{3 \left| \int (E \times H^*) \hat{z} \,\mathrm{d}A \right|^2} \tag{5.13}$$

5.2.5 色散

光纤的色散可以分成三部分:模式色散、材料色散和波导色散。在微光纤中占主要地位的一般是波导色散。在光纤通信中,由于色散的存在,光信号中的各个不同的频率分量在光纤中以不同的速度传输,因此光脉冲会被展宽。而由于光脉冲的展宽,会使信息在传输一段距离后,在脉冲的展宽达到一定程度时,引起相邻脉冲的相互干扰,使得接收机误码率上升。

在数学上,光纤的色散效应可以通过在中心频率 ω_0 处展开成模传输常数 β 的泰勒级数来求解。

$$\beta(w) = n(w)\frac{w}{c} = \beta_0 + \beta_1(w - w_0) + \frac{1}{2}\beta_2(w - w_0)^2 + \Delta \qquad (5.14)$$

$$\begin{cases} \beta_m = \left(\dfrac{\mathrm{d}^m\beta}{\mathrm{d}w^m}\right)_{w=w_0}, \quad m = 0,1,2,\cdots \\[2mm] \beta_1 = \dfrac{n_g}{c} = \dfrac{1}{v_g} = \dfrac{1}{c}\left(n + w\dfrac{\mathrm{d}n}{\mathrm{d}w}\right) \\[2mm] \beta_2 = \dfrac{1}{c}\left(2\dfrac{\mathrm{d}n}{\mathrm{d}w} + w\dfrac{\mathrm{d}^2n}{\mathrm{d}w^2}\right) \end{cases} \qquad (5.15)$$

其中,n_g 为群折射率,v_g 为群速度参量,β_2 为群速度的色散(与脉冲展宽有关)。这种现象称为群速度色散(GVD),β_2 是 GVD 参量。

在光纤光学的文献中,通常用 D(单位为 ps/(km·nm))来代替 β_2,它们之间的关系为[24]

$$D = \frac{\mathrm{d}\beta_1}{\mathrm{d}\lambda} = -\frac{2\pi c}{\lambda^2}\beta_2 \approx -\frac{\lambda}{c}\frac{\mathrm{d}^2n}{\mathrm{d}\lambda^2} \qquad (5.16)$$

根据色散参量 β_2 或 D 的符号,光纤中的非线性效应表现出显著不同的特征。因为若波长 $\lambda < \lambda_d$,光纤表现出正常色散($\beta_2 > 0$)。在正常色散区,光脉冲较高的频率分量(蓝移)比较低的频率分量(红移)传输得慢。相应地,$\beta_2 < 0$ 的反常色散区情况正好相反。

图 5.6 给出不同直径下微光纤的色散曲线,可以发现色散变化范围非常大,可以从正色散变化到几千单位(ps/(km·nm))的负色散。而且零色散波长随着直径变大会红移。在某些直径范围(1.3~1.5 μm)会在 300 nm 至 2 μm 波长范围内出现两个零色散波长。色散的大自由度使得微光纤可以较好地实现各种非线性的匹配。

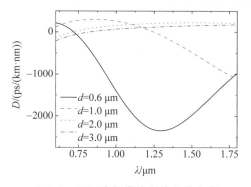

图 5.6　不同直径微光纤的色散曲线

5.3 微光纤器件的功能集成化与纤上实验室

5.3.1 微光纤器件的发展途径

微光纤的出现,为光纤器件的小型化和功能集成化提供了一个非常好的平台。到目前为止,国内外的科研人员基于微光纤已经实现几乎所有的传统光纤器件的小型版本,也发展了一些在传统光纤领域无法实现的器件,比如三维多环谐振器等。微光纤技术的发展可以大致分为三个途径:早期主要是结合各种一维、二维和三维人工微纳结构(多孔、环形等),在微光纤上实现各种单一器件功能(光栅、谐振器、耦合器、干涉仪等),并应用于传感和信号处理等;进一步为了弥补二氧化硅微光纤材料性能的局限性,引入各种外部材料(金属、聚合物、二维材料、量子点、纳米线等),通过倏逝场等方法与微光纤相互作用,实现更多的功能和应用;同时研究和发掘微光纤内禀非线性特性,发展其在新光源产生、全光信号处理、光操纵乃至传感领域的应用。这三个途径相辅相成,为微光纤的功能和应用拓展提供了无限的可能。尤其是可以在一根微光纤上实现多个功能的集成,使得基于微光纤的纤上实验室成为可能[11-13]。

5.3.2 基于微光纤的典型器件

1. 光栅

光纤布拉格光栅(FBG)是沿着长度方向对光纤有效折射率进行周期性调制形成的空间相位光栅。自 1978 年第一只光纤光栅出现以来,光纤布拉格光栅被广泛应用于光纤激光器、光纤滤波器、光纤色散补偿器等光纤器件。此外,利用光纤光栅还可以制成用于检测应力、应变、温度等诸多参量的光纤传感器和各种传感网。传统的光纤布拉格光栅长度为数毫米,直径为数百微米,较大的尺寸限制了光纤布拉格光栅器件的性能,并使其在折射率传感和超小物体探测等应用中遇到难以克服的困难。

随着低损耗微光纤的出现,这样的问题才得到解决。微光纤周围存在的强倏逝场使得由微光纤制成的布拉格光栅器件对环境的折射率变化十分敏感。微光纤较小的尺寸也使得光纤布拉格光栅器件的微型化和集成化成为可能。

微光纤布拉格光栅的制备方法主要有以下几种。

(1)紫外辐照法

制作标准光纤光栅的方法主要是利用全息技术或相位掩模技术的紫外辐照法,这种方法也可以用来制备微光纤布拉格光栅。但是因为紫外辐照法要求光纤具有光敏性,所以采用这种方法写入光栅时,微光纤一般通过氢氟酸(HF)溶液腐蚀的方法得到,有时甚至需要通过载氢处理增强光敏性。为了得到足够的折射率调制,微光纤的直径一般比较粗。

(2) 飞秒激光辐照法

利用飞秒激光脉冲辐照的方法也可以在微光纤中写入光栅,这种方法基于以下原理:当微光纤受到飞秒激光脉冲辐照时,脉冲的巨大能量会引起光纤材料的非线性电离,从而引发材料永久性的结构破坏。将此过程与相位掩模技术配合,就能在微光纤中引入周期性的有效折射率调制,形成光栅[25-26]。与传统方法相比,飞秒激光辐照法最大的优势在于其能在任何非敏化的光纤中写入光栅。因此这种方法得到了快速的发展,并引发了广泛的关注。

(3) 聚焦离子束刻蚀法

聚焦离子束(focused ion beam,FIB)刻蚀法作为一种用途广泛的微纳加工技术,同样可以用来制备微光纤布拉格光栅。具体方法是利用高能离子束的刻蚀效应,在微光纤表面刻蚀出高低起伏的周期性纳米结构,通过结构引入有效折射率调制,最终形成布拉格光栅。聚焦离子束刻蚀法具有非常高的加工精度,而且无需掩模,灵活度高。因此,它为研究人员提供了一个简便而高效灵活的光栅制备平台。

(4) 其他方法

除了上述直接在微光纤中写入光栅的方法,还可以采用间接方法对微光纤引入有效折射率周期性调制,从而获得布拉格光栅。比如将微光纤缠绕于具有周期性微孔阵列的低折射率棒,或将微光纤放置于具有周期性起伏结构的低折射率衬底,都能得到具有布拉格反射特性的微光纤结构[27-28]。

至今,基于 $1~\mu m$ 左右尺寸微光纤的布拉格光栅多数都是利用聚焦离子束刻蚀法和飞秒激光加工法制备得到的,特别是聚焦离子束刻蚀法引入的强折射率调制,可以有效减少光纤布拉格光栅的尺寸,由此方法制备的微光纤布拉格光栅最短可达到 $10 \sim 10^2~\mu m$ 量级。作者实验室主要采用 FEI 公司的 Strata 201 和 Helios 600i 聚焦离子束加工系统,其中 Strata 201 是单束 FIB 系统,Helios 600i 是双束 FIB 系统(同时包含电子束和离子束功能)。加工过程中,微光纤固定在掺杂的导电硅片或镀金属的衬底上,依靠范德瓦耳斯力紧贴在衬底表面。衬底的作用是将加工时聚集在光纤上的电荷传导出去,防止电荷积累影响制备效果。加工时 Ga^+ 离子束从上往下轰击样品,加工区域略宽于光纤直径。根据加工束流、刻蚀深度以及加工区域的不同,所需的加工时间通常在数分钟至数十分钟之间。光栅加工过程中,最重要的一项参数是光栅周期 Λ,因为它决定了所加工光栅的谐振波长。所以确定加工参数时,我们仅考虑基模之间的耦合。另外,为方便起见,估算光栅周期时可以不考虑所刻蚀结构对有效折射率的影响。此外,刻蚀深度也是我们需要考虑的。经过刻蚀后,光纤表面的粗糙度明显增加,导致光纤的损耗明显增大,所以刻蚀深度不宜过深。因此,一般将刻蚀深度设为 $50\sim200$ nm。最后,光栅的总周期数 N 和占空比可以根据需要灵活设置。图 5.7(a)展示了用 Helios 600i 加工得到的微光纤布拉格光栅电镜照片。从照片可以看出,离子束刻蚀的沟槽结构一致性较好。图 5.7(b)是此光栅测量得到的光谱。可以看到,光栅的反射谱具有较好的对称性。虽然长度仅为 $29~\mu\mathrm{m}$,光栅的最大反射率仍能达到约 50%。

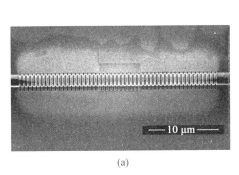
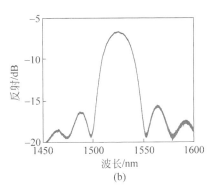

(a)　　　　　　　　　　　　　(b)

图 5.7　Helios 600i 制备的微光纤布拉格光栅。微光纤直径 d 为 1.745 μm,光栅周期 Λ 为 580 nm,刻蚀深度 h 为 150 nm,光栅总周期数 N 为 50,光栅总长度仅为 29 μm
（a）光栅扫描电镜显微照片（样品台倾斜角度为 $0°$）；（b）Helios 600i 制备的微光纤布拉格光栅光谱

除了单纯的布拉格光栅,我们还可以利用聚焦离子束刻蚀法制备两个由相同参数的布拉格光栅反射镜组成的法布里-珀罗腔(Fabry-Perot cavity,FP cavity)结构。我们实验室制备的典型的参数腔镜中心距离为 $300~\mu\mathrm{m}$,品质因子 Q 能达到 5×10^3 以上。

与传统光纤布拉格光栅相比,微光纤布拉格光栅通常具有更高的灵敏度和探测精度[29-30]。因此,微光纤布拉格光栅的传感特性成为近年来研究的热点问题。

微光纤的有效折射率 n_{eff} 是光纤半径 r_{MF}、材料折射率 n_{f}、环境介质折射率 n_{a}、温度 T 以及应变 ε_{e} 的函数,而光栅周期 Λ 是 T 和 ε_{e} 的函数,所以光栅的布拉格条件可以写为如下形式[31]:

$$\lambda_{\mathrm{B}} = 2n_{\mathrm{eff}}(r_{\mathrm{MF}}, n_{\mathrm{f}}, n_{\mathrm{a}}, T, \varepsilon_{\mathrm{e}})\Lambda(T, \varepsilon_{\mathrm{e}}) \tag{5.17}$$

由上式可知,当环境折射率、温度和应变发生改变时,光栅的谐振波长会产生一定漂移,通过监测波长的漂移量,就能实现对这些物理量的传感。

微光纤布拉格光栅与传统光纤光栅最大的区别在于其具有大比例的倏逝场,因此可以用于折射率的传感。微光纤布拉格光栅的折射率灵敏度定义为[31]

$$S_{\mathrm{a}} = \frac{\mathrm{d}\lambda_{\mathrm{B}}}{\mathrm{d}n_{\mathrm{a}}} = \frac{\partial\lambda_{\mathrm{B}}}{\partial n_{\mathrm{eff}}(n_{\mathrm{a}}, r_{\mathrm{MF}})}\frac{\partial n_{\mathrm{eff}}(n_{\mathrm{a}}, r_{\mathrm{MF}})}{\partial n_{\mathrm{a}}} = 2\Lambda\frac{\partial n_{\mathrm{eff}}}{\partial n_{\mathrm{a}}} \tag{5.18}$$

目前已经有很多关于微光纤布拉格光栅的折射率传感工作。根据光栅参数和传感介质的不同,这些微光纤布拉格光栅的折射率灵敏度通常在 10 nm/RIU 到 1000 nm/RIU 的范围内[29,32]。一般来说,更小的光纤直径意味着更高的灵敏度。例如,Liang 等利用直径约 6 μm 的微光纤布拉格光栅在折射率 1.35 附近得到了 16 nm/RIU 的折射率灵敏度[32];而 Liu 等使用 1.8 μm 的光栅,得到了 660 nm/RIU 的折射率灵敏度[29]。

此外,微光纤布拉格光栅还能用于温度传感。温度改变引起布拉格波长漂移的主要原因是热膨胀效应、热光效应以及光纤内部热应力引起的弹光效应。这些效应的共同作用使微光纤的有效折射率、半径以及光栅的周期发生改变,因此微光纤布拉格光栅的温度灵敏度定义为[31]

$$S_T = \frac{\mathrm{d}\lambda_B}{\mathrm{d}T} = 2\Lambda\left(\sigma_T\frac{\partial n_{\mathrm{eff}}}{\partial n_f} + r_{\mathrm{MF}}\alpha_T\frac{\partial n_{\mathrm{eff}}}{\partial r_{\mathrm{MF}}} + n_{\mathrm{eff}}\alpha_T\right) + 2n_{\mathrm{eff}}\Lambda\alpha_T \quad (5.19)$$

对于石英玻璃,热光系数 $\sigma_T = 1.2\times10^{-5}\,℃^{-1}$,热膨胀系数 $\alpha_T = 5.5\times10^{-7}\,℃^{-1}$。因为热膨胀效应对于温度灵敏度的贡献小于 2 pm/℃,所以通常可以忽略上式中热膨胀效应的影响。通过计算可以知道,微光纤布拉格光栅的温度灵敏度 S_T 为 10～20 pm/℃。

由于基于周期性表面结构的微光纤光栅在高温下也能保持很好的稳定性,故而微光纤布拉格光栅最大的优势是可以实现高温传感。例如,Kou 等制备的微光纤布拉格光栅温度传感器,可在 20～450℃ 内实现正常工作[33]。另外,由于此传感器为探针结构,尺寸极小(长度约为 36.6 μm),所以非常适合微区的温度探测。

微光纤布拉格光栅也可用于应变传感。光栅受到应变作用时,光纤的有效折射率和光栅周期都会发生改变,由此带来的布拉格波长漂移为[31]

$$\Delta\lambda_B = 2n_{\mathrm{eff}}\Delta\Lambda + 2\Lambda\Delta n_{\mathrm{eff}}$$
$$= 2\Lambda n_{\mathrm{eff}}\left\{1 - \frac{n_{\mathrm{eff}}^2}{2}\left[p_{12} - \nu_e(p_{11}+p_{12})\right]\right\}\varepsilon_e \quad (5.20)$$

其中,ν_e 和 p_{ij} 分别为光纤材料的泊松比和弹光系数。若定义有效弹光系数[31,34]

$$p_{\mathrm{eff}} = \frac{n_{\mathrm{eff}}^2}{2}\left[p_{12} - \nu_e(p_{11}+p_{12})\right] \quad (5.21)$$

可得到微光纤布拉格光栅的应变灵敏度为

$$S_s = \frac{\Delta\lambda_B}{\varepsilon_e} = \lambda_B(1 - p_{\mathrm{eff}}) \quad (5.22)$$

从上式可以看出,光栅的应变灵敏度只与光纤材料本身的有效弹光系数有关。对于二氧化硅微光纤,$p_{\mathrm{eff}} = 0.21$,于是计算得到谐振波长为 1550 nm 的布拉格光栅应变灵敏度约为 1.2 pm/$\mu\varepsilon$[31,34]。这样的结果与传统光纤光栅相比并无差异,那么微光纤布拉格光栅应用于应变传感并非其优势所在。

微光纤布拉格光栅的真正优势在于其优异的拉力传感特性。通过类似的推导过程,得到微光纤布拉格光栅的拉力灵敏度为[30,34]

$$S_F = \frac{\Delta \lambda_B}{F} = (1 - p_{eff}) \frac{\lambda_B}{E_e \pi r_{MF}^2} \tag{5.23}$$

其中,E_e 为光纤材料的杨氏模量,对于二氧化硅玻璃,其典型值为 73 GPa。

由式(5.23)可以看出 S_F 与 r_{MF} 的平方成反比,以直径为 2.5 μm 的微光纤布拉格光栅为例,其理论拉力灵敏度约为 3392 nm/N,此数值比普通光纤光栅高出 3 个量级。

Luo 等在实验上通过聚焦离子束系统制备了直径为 2.5 μm 的微光纤布拉格光栅,并对其拉力传感特性进行了测试。测试表明,当光栅受到拉力作用时,反射谱会发生明显红移,而拉力灵敏度为 3146 nm/N,这一结果与理论预测的 3392 nm/N 符合得很好。若波长漂移的测量精度达到 0.05 nm,那么拉力探测的极限可以低至 10 μN 量级[30]。因此,微光纤布拉格光栅非常适合对微小的拉力进行高灵敏度的探测。

2. 耦合器

耦合器是简单而常用的光纤器件,其微光纤版本是 Jung 等于 2009 年首次提出的[35],不同于普通光纤的耦合器,微光纤耦合器耦合区的直径为微米量级,尺寸的减小为微光纤耦合器带来了很多新颖的特性,可以用于通信、传感等领域新型器件的研究。典型的单模微光纤耦合器的腰区直径为 1~3 μm,其制备是通过将两根单模光纤互相缠绕后高温熔融拉伸,从而实现光功率在两根光纤波导之间的耦合传递。通过控制过渡区形状和腰区直径以实现对高阶模式传输的抑制,从而得以控制耦合器中传导模式的数目。当耦合器的直径比较粗的时候,输出端会有比较大的耦合振荡现象,这些振荡峰的出现可以看作低阶对称模和反对称模之间的模式干涉造成的。进一步减小微光纤直径到 3~4 μm,在这个过程中振荡周期和强度都在不断地减小,同时可以看到耦合振荡峰的包络受到缓慢的调制,这个现象主要来源于不同偏振光的耦合系数存在差异。最后,当微光纤直径减小到 1.5 μm 后,由于高阶模式被滤掉,输出谱变得平坦。

图 5.8(a) 为微光纤耦合器的结构示意图,输入输出都有两个端口。微光纤耦合器腰区结构的不对称性会引起一定的双折射效应。从图 5.8(b) 可以看出,在耦合器的加热拉伸过程中,其腰区的横截面不断变化:第一个阶段,横截面为两根靠近的圆形波导,弱耦合理论可以很好地分析两根微光纤之间的耦合,此时微光纤直径越细,耦合器的双折射越大。但是当拉伸过程进入第二个阶段时,两根耦合的波导横截面更加接近矩形,弱耦合理论已经不能很好地解释,需要直接利用矩形波导

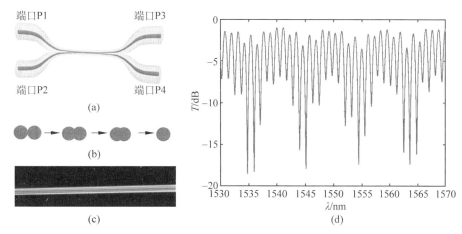

图 5.8　微光纤耦合器

(a) 样品结构示意图;(b) 腰区截面在拉伸过程形状的变化;(c) 显微镜照片,微光纤直径约 3 μm;(d) 光谱

的模式干涉来加以分析,这个阶段双折射先增加而后减小。到了第三个阶段,整个截面形状从椭圆向正圆变化,此时双折射逐渐变小为 0。双折射的大小决定了耦合峰包络的疏密程度,包络越密表明双折射越大。在微光纤直径为 2~3 μm 情况下,耦合器包络最密,意味着双折射接近最大值。图 5.8(c) 和 (d) 分别给出了典型的耦合器照片和光谱。

微光纤耦合器具有结构简单、成本低廉、灵敏度高等优点,是一种非常受欢迎的传感器件,可用于温度、折射率和拉力等参量的测试,其原理和性能与微光纤光栅本质上非常类似。尤其由于微光纤的横截面尺寸的大大缩小,故而在相同大小的拉力作用下,微光纤将会产生更大的应变;在光弹效应和应力拉伸的共同作用下,耦合区的有效折射率和长度发生较大的变化,从而导致器件具有很高的拉力灵敏度。

Ding 和 Wang 等曾研究了微光纤耦合器的温度特性(约 12 pm/℃)并演示了一个高温传感器[36],也利用其大的倏逝场演示了一个折射率传感器。Chen 计算了 1550 nm 附近拉力灵敏度对微光纤直径的依赖关系,指出当微光纤直径范围在 1.5~5 μm 时,光纤直径越小,灵敏度越高[37]。实验上制备了一个微光纤腰区直径大约为 1.6 μm,耦合区长度约为 1 cm 的耦合器。为了增强反射信号,还将耦合器的 3 端口和 4 端口尾纤熔接形成萨格纳克反射干涉仪。拉力的灵敏度 $S \approx 3754$ nm/N,结果同理论预期十分接近。测量极限利用 $\delta\lambda_0/S$ 来确定,其中 $\delta\lambda_0$ 指最小可测量的波长移动,在这里该项由测量仪器(光谱仪)的分辨率决定,可以近似为谐振峰半峰宽(FWHM)的 1/50。由于器件的半峰宽近似为 0.3 nm,因此该传感器的测量极限大概为 1.6 μN。如果换用精度更高的测量仪器,则可以获得更好的测量极限。另外,实验结果表明器件的重复性很好[37]。

除了拉力,扭曲也是建筑土木、轨道交通、航空航天等诸多领域经常要测量的物理量。基于微光纤萨格纳克干涉仪结构也可以来制备扭曲传感器。同时考虑到作为一个偏振敏感器件,一方面耦合器的输出光谱的包络同偏振相关,另一方面输出耦合峰对比度还受折射率变化的影响。其透射谱包含丰富的信息,既可以分别利用输出峰对比度和包络来测量扭曲,也可以结合在一起通过数据处理消除温度效应,这是微光纤耦合器的一大优势。Chen 等利用一个直径大约为 $6~\mu m$ 的微光纤耦合器,通过计算包络峰位移动,得到其扭曲的灵敏度大约是 $0.9~nm/(°)$。通过分析耦合峰对比度的变化,灵敏度大概为 $0.16~dB/(°)$。这些结果同前人的研究相比,其性能得到了很大的提升[38]。

最后,Yan 等基于微光纤耦合器的拉力特性,研制了基于洛伦兹力的磁场传感器。把微光纤耦合器与导电金属丝悬空并列绑定并放置于磁场内,当电流通过后,洛伦兹力会导致金属丝受力形变,从而带动微光纤耦合器受到拉力。用一个 $5\sim6~\mu m$ 的耦合器,结合双端口的功率差分计算,在 $80~mA$ 电流时得到了约 $0.0496~mT^{-1}$ 的磁场灵敏度[39]。

3. 干涉仪

干涉仪也是光纤传感中使用非常广泛的器件之一。微光纤干涉仪种类很多,包括马赫-曾德尔干涉仪、迈克耳孙干涉仪、法布里-珀罗干涉仪、萨格纳克干涉仪等。而其原理也不复杂,通过某些方法使光纤中的光进行分束后,改变其中一束光的相位等光参数,之后与另一束光形成干涉。利用干涉技术,很容易将外部不易测量的环境变量,比如温度、折射率、应变等转化为容易被探测的变量,从而达到传感的目的。而这也是微光纤干涉仪的一个重要应用。

干涉仪是基于光的叠加原理,两束相干光,当它们在空间的一点发生叠加时,其合成光强为 $I=I_1+I_2+2\sqrt{I_1 I_2}\cos\dfrac{2\pi}{\lambda}\Delta$。其中,$I_1$ 和 I_2 分别为两束相干光的光强,Δ 为其光程差。

以法布里-珀罗干涉仪为例。它是一种反射式干涉仪,有前后两个反射面,当光通过第一个反射面后,一部分光透射过去继续传输,另一部分光反射回来。继续传输的光在第二个反射面处会发生反射,与之前反射的光进行干涉。我们通过观察干涉谱的情况,可以得到外部变量的信息。

目前,制备微光纤干涉仪的方法多种多样,包括拉锥、错位熔接、激光加工等,其也以高集成、易制备、质量轻、抗电磁干扰等特点而备受关注。2008 年,Tian 等应用光纤拉锥技术,在单模光纤中间拉出两个光纤锥(光纤锥长度为 $707~\mu m$,腰区直径为 $40~\mu m$),形成 A-B-A-B-A 的结构形式,用以折射率传感[40]。2008 年,浙江大学的 Tong 等通过两根微米量级的微光纤相耦合,形成几百微米量级的马赫-曾德尔干涉仪,得到 10 dB 的消光比,可用于微型光学调制器和传感[41]。2010 年,南京大学 Kou 等提出一种新颖的法布里-珀罗腔结构,直接通过聚焦离子束刻蚀技术将一个微槽制备在直径小于 10 μm 的光纤锥中,通过模式间的干涉,达到温度传感的目的(约 20 pm/℃)[42]。次年,Wu 等将光子晶体光纤一端与单模光纤相熔接,另一端进行熔接放电而导致塌缩,形成法布里-珀罗腔。其中,实心光子晶体光纤充当法布里-珀罗腔的腔体,最终可实现高温高压的传感[43]。

4. 高双折射器件

由于光纤在两个正交方向上的不对称性,会自然而然地产生双折射现象,量级大概在 10^{-4} 甚至更小。而人们在研究如何消除这种双折射现象的过程中,发现高双折射有很多有趣的现象,从而诞生了高双折射光纤。

随着研究的进行,多种高双折射光纤应运而生。光子晶体光纤由于其本身特殊的结构性质,很容易打破其圆对称性,成为研究热点。通过在光子晶体光纤上设计特殊的空气孔矩阵结构[44],在芯层附近引入两个大的空气孔洞[45]等方法,实现了高双折射。另外,熊猫光纤[46]和领结光纤[47]等偏振保持光纤,可以通过应力诱导而产生高双折射。除此之外,研究者还通过后续地设计制备了高双折射微光纤。2010 年,Jung 等通过拉制保偏光纤到直径 1 μm 左右得到了高双折射光纤[48]。同年,香港理工大学的研究者通过飞秒加工去掉普通单模光纤相对侧的部分包层而预拉制,得到横截面近似椭圆形的高双折射微光纤[49]。次年,南京大学的 Kou 等设计了一种新型微光纤结构,在微光纤腰区加工得到一个空气槽,实现了 4×10^{-2} 的双折射[50]。

高双折射光纤有很多重要应用。由于打破了普通光纤中基模的简并传导,可以实现真正意义上的单模单偏振传输[51],从而降低了光纤传输过程中的偏振相关损耗。另外,由于两个模式折射率的差异性,可以实现模式之间的干涉,从而实现外部变量的传感[45]。

5. 环形谐振器

微谐振器是应用十分广泛的光电子器件之一,在光通信、传感、信号处理、量子光学等领域具有很大的研究价值和应用前景。微谐振器可以把光限制在一个微小的体积内,具有比传统谐振器更宽的自由光谱范围和调控、感测能力。近十几年,各种不同的微谐振器不断涌现,包括回音壁(Whispering-Gallery)谐振器、平面微环谐振器、微小柱型腔、光子晶体缺陷腔、微小盘型腔、微小球等。这些微谐振器的应用已经被广泛研究和报道。这些传统的微谐振器基本上都是基于光刻技术,但是基于光纤的传统环形谐振器都是大尺寸的,于光纤微腔很难实现。随着低损耗微光纤制备技术的成熟,一类基于微光纤的新型微谐振器被提出并且成功实现。

微光纤可以很容易弯曲成环等不同的几何形状,并且弯曲损耗极小。以上这些特点使得微光纤可以制备微谐振器,目前报道的微光纤谐振器主要有三种:第一种是简单的二维(单环)自耦合环形谐振器,如图 5.9(a)所示,可以看作传统光纤环形谐振器的微小版,耦合部分是利用微光纤本身的弹性张力和范德瓦耳斯力实现的,比较简单,但是不稳定。这种谐振腔最早可以追溯到 1982 年,Caspar 等利用 8.5 μm 直径的拉锥光纤实现 2 mm 直径的自耦合环形谐振腔[52],不过其耦合效果较差。随着微光纤技术的发展成熟,Sumetsky 利用 1 μm 左右的微光纤实现了更小尺寸的谐振腔[9,53-54]。第二种是将微光纤打结之后得到的,结构比较稳定,操作相对困难,如图 5.9(b)所示。浙江大学 Tong 等演示了这种谐振器的大量应用,不过当时都需要切断一头尾纤才能实现打结的操作。Bath 大学的 Xiao 和 Birks 利用一根完整的微光纤(腰区直径约 1 μm)实现打结[55]。第三种是三维多环微谐振器[9,56-57],把微光纤环绕在低折射率的介质棒上,如图 5.9(c)所示,环与环之间的耦合作用形成谐振。多环微谐振腔制备封装都相对简单,很容易获得性能稳定的微光纤器件。最后还有一个变种,如图 5.9(d)所表示,将环的耦合区的方向变换,可以让输入的一束光分解为两束,让它们在同一个环路内沿相反方向循行一周后会合,然后返回产生干涉,这就是萨格纳克环。

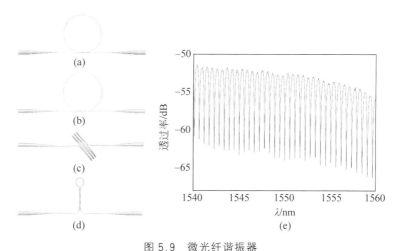

图 5.9　微光纤谐振器

(a) 自耦合环形谐振器;(b) 结型谐振器;(c) 多环微谐振器;(d) 萨格纳克环形镜;(e) 典型单环谐振腔的光谱

　　无论哪一种谐振腔,其基本原理都是基于传统的环形谐振腔:由一个输入输出耦合部分和一个腔延迟部分组成。其输出耦合谱特性主要取决于耦合部分的分光比、腔损耗、腔长等。

　　对于一个理想的无损谐振腔,T 是相位的函数,$|T| = 1$。一般情况下腔内都有损耗,不同波长的输出强度会呈现出随着波长振荡的情况。品质因子 Q、自由光

谱范围 FSR 和精细度 f 是谐振腔的三个重要参数。其中品质因子等于共振频率同谐振腔带宽的比值，$Q = \dfrac{\lambda}{\text{FWHM}}$，典型的单环谐振腔品质因子在 $1500 \sim 120000$。自由光谱范围 FSR 指的是波长谐振峰的周期，可以直接定义为相邻耦合峰的波长差 $\Delta \lambda$：$\text{FSR} \approx \Delta \lambda \approx \dfrac{\lambda^2}{n_{\text{eff}} L}$。自由光谱范围是一个很重要的参数，在传感应用中决定了最大量程，在可调激光器应用中，限制了激光波长的调节范围。精细度 f 定义为自由光谱范围 FSR 除以半峰宽：$f = \dfrac{\text{FSR}}{\text{FWHM}}$。

图 5.9(e) 显示了典型单环谐振腔的光谱，该谐振器由直径为 750 nm 的微光纤制备而成，FSR 大约为 0.6 nm，对比度为 11 dB，品质因子为 15500。

我们也曾尝试将单环谐振器用气凝胶（Aerogel）封装。Aerogel 是目前最轻和最低密度的固体材料，封装之后损耗可忽略，也非常稳定，但是这种材料的机械强度很差，限制了进一步应用。

对于三维多环谐振腔，一般通过将微光纤绕在介质棒上形成多圈耦合结构获得，我们下面会详细介绍具体制备方法。由于其耦合部分比较复杂，理论上每两个环之间都有耦合，即使简化的公式，也需要考虑每一环与邻近两环之间的耦合。通常需要按照修美斯克（Sumetsky）的矩阵公式通过数值方法计算，相应的光谱也不同于单环谐振器，会出现多套谐振谱的叠加。

但是最简单的两环谐振器，其透射谱与单环谐振腔类似，其谐振条件为

$$\begin{cases} K = (2u - 1)\dfrac{\pi}{2} \\ \beta 2\pi R_0 = 2\nu\pi + \dfrac{\pi}{2} \end{cases} \tag{5.24}$$

其中，β 为传播常数，R_0 为环形谐振腔半径（即介质棒的半径），K 为耦合参数（$K = 2\pi R_0 \kappa$，其中 κ 为耦合系数），u、ν 为整数。

对于绕三圈的情况，谐振条件为

$$\begin{cases} K = (2u - 1)\dfrac{\pi}{\sqrt{2}} \\ \beta 2\pi R_0 = \nu\pi \end{cases} \tag{5.25}$$

通常情况下，我们可以将多环谐振腔简化为单环谐振腔来估算其谐振条件和透射谱。然后与光栅类似，外部的理化参量往往会导致微光纤有效折射率的变化，从而引起谐振波长的移动。据此原理，也可以用来实现温度、折射率和应力等传感。而且灵敏度与光栅类似，往往只是取决于微光纤的尺寸，但是微光纤谐振器的品质因子通常会优于光栅，一定程度上有利于得到更好的分辨率。

对于萨格纳克环(Sagnac loop),在多数应用中仅仅作为一个反射镜,有时候也会利用耦合区与环形区的偏振特性,用于高灵敏的偏振相关的传感[58]。

6. 微光纤混合模式器件

表面等离激元(SPP)能够在介质表面发生光场增强作用,能够将光场束缚到亚波长尺寸而不必受到衍射限制,因而 SPP 得到了广泛的研究。然而,SPP 波导对光场产生强束缚作用的同时也会带来光场的高传输损耗,这样就无法满足对损耗有要求的 SPP 波导的实际应用。为了解决上述矛盾和问题,一种基于 SPP 混合模式的光学波导便应运而生。这类光波导通常集成一层金属膜的光波导,其典型种类包括放置在金属上的微纳光纤。这些结构由于在波导表面的光场较强,因而其光-物作用得到了大大增强。

一般而言,一个微光纤混合模式器件主要是指一根贴靠在一层金属膜上的微光纤。该器件的制作主要分为两个步骤,即微光纤及金属膜层的制作以及微光纤与金属膜结合成微光纤混合模式器件。典型的做法是将拉制好的微光纤绷紧悬空,使用磁控溅射的方法在干净的玻璃片上镀一层厚度约 100 nm 的金,将该装置放在三维调节上,并置于微光纤之下,调节三维平移台使镀金的玻璃片缓缓上升并接触微光纤。由于范德瓦耳斯力以及静电力的作用,微光纤会贴靠在金膜上并形成稳定结构。光纤中的光学模式以及金膜上的 SPP 发生杂化混合,在光纤与金膜接触处产生 SPP 混合模式,此种将两类模式混合起来的器件,既有 SPP 的光场聚集效应,也有光纤波导的低损耗特性。

图 5.10 显示了一个典型的基于微光纤结型谐振器的混合模式器件(hybrid plasmonic microfiber knot resonator,HPMKR)。利用拉锥而成的微光纤打结获得结形谐振腔,再将其置于镀金玻片的金层上,二者将通过静电力结合,再使用聚二甲基硅氧烷(PDMS)等聚合物将结构封装起来,待 PDMS 固化则得到稳定的器件。通常来说微光纤谐振腔的 Q 值在 10^4 以下,但南京大学的 Li 等通过控制制备过程使得实验中获得的样品 Q 值接近 10^6。同时考虑到金与微光纤波导的结合将激发表面等离极化激元,结构的不对称性将导致器件具有很强的偏振相关特性。实验表征的样品中,偏振相关损耗(PDL)最大的可以达到 19.75 dB。图 5.10(c)显示了 HPMKR 的透射光谱的理论结果,其中两个偏振模式可以很好地分开[59-60]。

基于这种结构的微光纤器件可用于多种场景的传感,包括压力传感、振动传感等。它的传感原理是:将微光纤结形谐振器贴放在金属衬底上后,微光纤中的横磁模式与金属表面等离激元相互作用形成 SPP 混合模式,在外界微扰作用下光纤中的模式发生变化,使与金属表面等离激元发生作用的横磁模式也发生变化,从而改变微光纤结构的透射率。将该微光纤结合金属薄膜的结构全部封装在柔性材料(如 PDMS)后,柔性材料本身的弹光效应也进一步加强了该结构对于外界振动、压

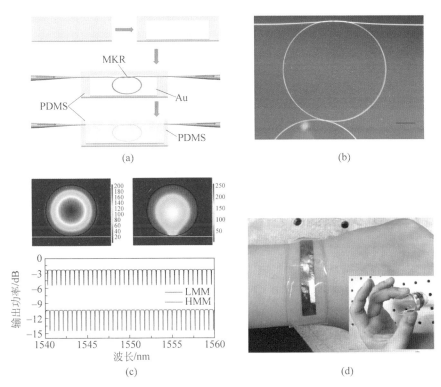

图 5.10 基于微光纤结型谐振器的混合模式器件

(a)制作流程;(b)光学显微镜图像,图例为 200 μm;(c)模场分布和透射谱的理论模拟计算;(d)将传感器贴在皮肤上,传感器具有高柔韧性

力、扭转、拉伸等物理量响应的灵敏度,外界条件的改变使器件对于每种载荷有着对应的透射率变化趋势,将这些光功率的变化通过光电探测器再接入示波器即可反映出所施加的外界应变量大小。南京大学的 Li 等将该类器件作为超灵敏、灵活、可穿戴且较低成本的贴片式光学柔性传感器(图 5.10(d))[59-60]。该光学传感器是一种多功能可穿戴设备,能够响应低至 1‰ 的平面应变,可以检测到低至 30 Pa的压力,其响应上升沿时间小于 20 ms。当贴在人体皮肤上时,该传感器能够实时监测人体临床和生理信号,如手腕脉搏、呼吸和手指脉搏等。此外,所获得的信号可以立即被读出并分析展示,或者通过光纤通信系统发送给医生,可以通过分析任何异常细节以进行报警和进一步的诊断。这种传感器的设计架构可以为低成本、高灵敏度的可穿戴式传感器提供一种可行的思路,并将其应用在智能集成乃至机器人、人机界面交互、触摸式可穿戴显示器和人造皮肤等各种未来人类可拓展的应用场景中[59-60]。

2020 年,南京大学的 Ding 等之后将 HPMKR 器件置入搭建好的环形光纤激光谐振腔中作为高重频激光的锁模器件。首次提出"非线性偏振旋转激发的耗散四波混频"(NPR-stimulated DFWM)的新锁模思路[61]。HPMKR 在激光器中同时扮演了多重角色,不仅是宽带偏振器件,同时也是梳状滤波器和非线性组件。由于器件本身同样基于光纤,因此这是一个全光纤的体系。通过调节泵浦和偏振控制器,器件较大的 PDL 使得其作为一个起偏器在激光腔内引发了非线性偏振旋转效应(nonlinear polarization rotation,NPR),使得激光腔的纵模有规律地相干形成了调 Q 或者 NPR 锁模的脉冲,提高了腔内的瞬时功率,从而弥补前面所说的微光纤非线性相对硅基波导的不足,实现下一步 HPMKR 中的微光纤谐振腔内 DFWM 的激发,最终使得 HPMKR 的谐振模式通过 DFWM 锁模,实现百吉赫兹高重频脉冲的输出。

5.3.3　三维立体器件以及拓展

微光纤良好的可弯曲性使得三维谐振器成为可能,也因此发展出了独具特色的三维立体微光纤器件系列。三维谐振器设想最早由美国 OFS 的研究人员在 2004 年提出。这种三维微光纤谐振器由一根光纤组成,保持与普通光纤一样大小的输入输出端,不但具有很小的损耗,而且与其他光纤器件连接极其方便。多环微光纤具有很高的环境敏感性,可以在很小的横向尺寸内实现器件功能。既可以实现滤波、开关、色散补偿等光通信、光处理功能,也十分便于对微量被分析物实现检测、传感。支持阵列化和网络化工作,具有重要的基础研究意义和实用价值。然而,由于微光纤在制备多环谐振器的过程中很容易断裂损伤,早期基本上都认为该种器件不可能制备,没有太多实际意义。2008 年,英国南安普顿大学以及 OFS 公司等在实验上成功实现了多环微光纤谐振[57,60-64]。在此之后,多环微光纤谐振器的研究进入一个发展更加迅速的时期。而基于这些基础,逐渐发展出了所谓的"wrap-on-a-rod"技术,即把微光纤绕在一个表面或者内部具有微纳结构的辅助棒上,由于微光纤的强倏逝场可以实现辅助棒材料与结构的相互作用,也可以实现光在环与环之间的耦合交换。通过多环几何结构和辅助棒材料、结构的设计,可以得到各种特征性的光谱输出和应用。当环与环之间比较靠近就容易实现谐振腔型的功能和应用,当环与环之间距离较远,可以单纯地看作一个卷起来的直线型微光纤器件。在有限的尺寸内,通过更多的环数,理论上可无限增强光与辅助棒表面材料和结构的作用长度。

如图 5.11 所示三维立体微光纤器件的制备过程。首先需要将一根普通单模光纤(SMF-28)通过熔融拉伸法制备成所需要的单模微光纤。其次,利用旋转台将微光纤绕在辅助棒上,并且利用低折射率聚合物加以封装,一般辅助棒的尺寸可以从几十微米到几毫米,典型的低折射率聚合物材料有特氟龙(Teflon)、UV glue、

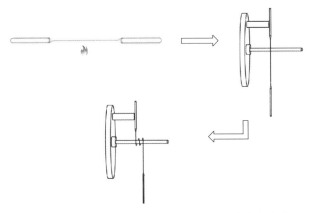

图 5.11　三维立体绕环示意图,拉锥之后用旋转台来绕环

PDMS 等。

　　三维立体器件的性能多数取决于辅助棒的材料和微纳结构。如果直接把微光纤绕在低折射率覆盖的辅助棒上,由于光纤截面的不对称,会表现出较大的双折射。Kou 等利用 2 mm 直径的辅助棒和 $1\sim3$ μm 直径的微光纤,得到了带宽大于 400 nm 的高双折射器件(10^{-3})[65],远大于普通双折射光纤。并且通过降低微光纤尺寸和优化基底材料,可以得到更高的双折射。如果选用具有特殊周期空气孔的微结构光纤作为辅助棒,将微光纤缠绕在该微结构光纤上就可以得到等效的表面锯齿状光栅[66-67]。利用倏逝场与辅助棒空气孔的作用引起有效折射率的深度调制,可以实现高效的微光纤布拉格光栅,而且具有非常大的可以利用的倏逝场,可以用来做高灵敏度的折射率液体传感器(灵敏度约 1000 nm/RIU)。如图 5.12(a)所示,这种技术不需要昂贵的加工装置,结构紧凑且成本低廉,可以实现多环,并比较容易实现各种类型的大的啁啾。如果在辅助棒表面镀上金属薄膜,由于这种结构对于不同偏振模式的吸收差别很大,通过长距离作用,可以得到宽带的起偏器等。Chen 用 $1\sim2$ μm 的微光纤绕在镀有 100 nm 厚度银膜的特氟龙介质棒,得到了 450 nm 以上带宽的起偏器,偏振对比度大于 10 dB/turn。同时通过调谐环之间的间距,可以得到 $Q>78000$ 的单偏振的谐振腔,实现简单的多功能集成。这种多功能集成的器件可以大大提高系统的集成性、降低系统尺寸,同时提高信息系统的稳定性[68]。此外,也可以把电可调谐的压电陶瓷放入辅助棒内部,得到快速电调控的谐振器。

　　三维立体器件有一个很重要的应用是在流体领域。微光纤具有大的倏逝场,可以作为传感器件。但是由于实用化的微光纤三维立体器件必须用其他材料封装保护,这就会限制该种器件在折射率等传感方面的应用,Xu 等提出了一种新颖的器件设计方案解决了这个问题。利用可溶性辅助棒,绕制封装之后再移除,这种器

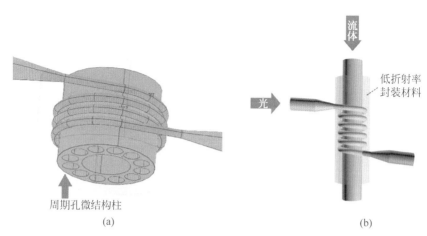

周期孔微结构柱

(a)

流体

低折射率
封装材料

光

(b)

图 5.12　基于微结构辅助棒的三维立体光栅(a)和微流体应用(b)

件仍旧具有保护覆盖层,但是同时具有一个传输液体的内部管道,体积小巧紧凑,制备也很方便[69],如图 5.12(b)所示。随后 Xu 等在实验上成功实现了该种器件[70]。而对于这种三维器件,如果去掉辅助棒,就可以得到一个天然的内在微小流体气体通道用于传输分析物,微光纤大的倏逝场很容易作用到通道以内检测分析物。这种方案还解决了光纤微流体应用的传统矛盾,光的输入输出和流体的输入输出不会相互影响和制约,可以很好地实现各种生化物质的实时在线检测。

　　2016 年,Yan 等还利用微光纤耦合器绕在金属包层的空芯光纤微流管道上得到一个高灵敏度的流速传感器。微光纤中的光通过倏逝场与金属薄膜作用,产生大量的热,会提高器件温度,同时热量又会被流体带走,带走的热量与流速直接相关,最后达到热平衡,从而影响微光纤耦合器的温度,导致微光纤耦合器的光谱发生移动。通过监测特征波长的变化,可以得到流速的大小。由于聚合物覆盖的微光纤耦合器对于温度变化比较灵敏,实验上得到了较高的流速灵敏度 2.183 nm · s/μL(流速 1 μL/s),最小检出限为 9 nL/s。这样的性能远大于之前报道的全光纤流速传感器[71]。基于同样的体系,也可尝试拉曼和荧光等信号的探测,利用这些特征信号来较好地探测流体管道中的特征物质。

5.3.4　聚合物封装微光纤器件的温度特性

　　由于微光纤在空气中的污染问题,绝大多数时候都会用低折射率聚合物封装保护,以稳定其几何结构,隔绝空气灰尘并提高器件寿命。然而器件的温度稳定性对于性能的影响非常大。以二氧化硅谐振腔为例,同硅平面工艺制备的环形谐振腔类似,其温度灵敏度在 10～20 pm/℃。而用低折射率聚合物封装后,其温度灵敏度主要受到聚合物和光纤本身的热光系数与热膨胀系数的影响。有研究者将微光纤结型谐振腔封装在 UV 胶中,获得了约 300 pm/℃ 的温度灵敏度[72],这对温度传感来说是很有用的,但是对于其他传感和通信等应用却十分不利。因此我们希望能够找到一种简单有效的方法来降低微光纤谐振腔的温度灵敏度。考虑到常用的封装材料特氟龙有负的热光系数,一般我们利用这一特性,通过调整微光纤直径等参数来有效地抵消温度干扰,从而制备出低温度灵敏度的微光纤谐振腔[73]。

聚合物封装后微光纤的温度灵敏度由以下公式决定:

$$S = \frac{\mathrm{d}\lambda_\mathrm{r}}{\mathrm{d}T} = S_{\mathrm{TOE,MF}} + S_{\mathrm{TOE,LP}} + S_{\mathrm{TEE,MF}} + S_{\mathrm{TEE,LP}} \tag{5.26}$$

$$\begin{cases} S_{\mathrm{TOE,MF}} = \left(\frac{\lambda_\mathrm{r}}{n_{\mathrm{eff}}}\right) \sigma_{\mathrm{MF}} \left(\frac{\partial n_{\mathrm{eff}}}{\partial n_{\mathrm{MF}}}\right) \\[2mm] S_{\mathrm{TOE,LP}} = \left(\frac{\lambda_\mathrm{r}}{n_{\mathrm{eff}}}\right) \sigma_{\mathrm{LP}} \left(\frac{\partial n_{\mathrm{eff}}}{\partial n_{\mathrm{LP}}}\right) \\[2mm] S_{\mathrm{TEE,MF}} = \left(\frac{\lambda_\mathrm{r}}{n_{\mathrm{eff}}}\right) \alpha_{\mathrm{MF}} \left(n_{\mathrm{eff}} + r_{\mathrm{MF}} \frac{\partial n_{\mathrm{eff}}}{\partial r_{\mathrm{MF}}}\right) \\[2mm] S_{\mathrm{TEE,LP}} = \Gamma \alpha_{\mathrm{LP}} \lambda_\mathrm{r} \end{cases} \tag{5.27}$$

其中,$S_{\mathrm{TOE,MF}}$($S_{\mathrm{TOE,LP}}$) 和 $S_{\mathrm{TEE,MF}}$($S_{\mathrm{TEE,LP}}$) 分别是微光纤(低折射率聚合物)的热光系数和热膨胀系数对温度灵敏度的贡献,α_{MF}(α_{LP}) 和 σ_{MF}(σ_{LP}) 分别是微光纤(低折射率聚合物)的热膨胀系数和热光系数,r_{MF} 是微光纤的半径。二氧化硅微光纤的热膨胀系数 $\alpha_{\mathrm{MF}} = 5.5 \times 10^{-7}/℃$,热光系数 $\sigma_{\mathrm{MF}} = 1.1 \times 10^{-5}/℃$。低折射率聚合物特氟龙(Teflon® AF),其热膨胀系数 $\alpha_{\mathrm{LP}} \approx 0.8 \times 10^{-4}/℃$,热光系数 $\sigma_{\mathrm{LP}} \approx -1.3 \times 10^{-4}/℃$。因为二氧化硅和特氟龙两种材料热膨胀系数不匹配,因此我们在 $S_{\mathrm{TEE,LP}}$ 项中引入参数 Γ($0 < \Gamma < 1$)来表示聚合物热膨胀系数对微光纤环形腔腔长的有效贡献[73]。

理论计算通过 Matlab 软件实现,微光纤的折射率 $n_\mathrm{c} = 1.4443$,特氟龙折射率 $n_\mathrm{t} = 1.311$,工作波长 $\lambda_\mathrm{r} = 1550$ nm。

根据理论计算的结果,二氧化硅热膨胀系数 $S_{\mathrm{TEE,MF}}$ 对温度灵敏度的贡献很小,因此可以忽略不计。二氧化硅热光系数($S_{\mathrm{TOE,MF}}$)对温度灵敏度的贡献大小为 $12 \sim 20$ pm/℃[74],这一结果同硅平面工艺制备的环形谐振腔温度灵敏度大小差不多。而 $S_{\mathrm{TOE,LP}}$ 这一项则非常重要,是温度灵敏度的主要贡献项,这是因为特氟龙的热光系数是二氧化硅热光系数的数十倍。聚合物热膨胀系数的贡献 $S_{\mathrm{TEE,LP}}$ 则很难精确估计,但是我们这里假设多环谐振腔在绕制过程中因为重力作用而绷紧,并且封装过程中也没有松弛,因此横向的热膨胀并不能改变环形腔的腔长,而径向膨胀是环形腔长度变化的主要方面。因此我们可以假设 $S_{\mathrm{TEE,LP}}$ 这一项很小并且可以忽略。根据以上假设,影响温度灵敏度的主要因素为 $S_{\mathrm{TOE,MF}}$ 和 $S_{\mathrm{TOE,LP}}$。我们发现在特定半径区域,负的热光系数可以补偿抵消所有其他的热效应。

图 5.13 显示了当我们只考虑热光系数的贡献,温度灵敏度对微光纤直径的依赖关系。我们定义温度不灵敏的区域为 $|S| < 5$ pm/℃,这里微光纤的半径大概为 $1.45\ \mu m$。如果微光纤半径过小,则聚合物热光系数占据主导,微光纤谐振腔将会有很高的温度灵敏度。而如果微光纤的直径过大,温度灵敏度主要由二氧化硅热光系数贡献,因此谐振腔显示出中等温度灵敏度。

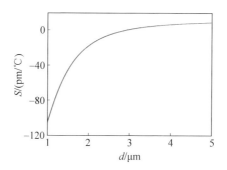

图 5.13 温度灵敏度对微光纤直径的依赖关系

在实验中,我们将一根 $3\ \mu m$ 直径的微光纤绕在涂覆了特氟龙薄膜的二氧化硅玻璃棒上,形成三圈耦合的谐振腔,该样品显示了较低的温度灵敏度($S <$ 6 pm/℃),结果可以同 SOI 低温度灵敏度谐振腔相关报道比拟[75]。更加精确地控制微光纤直径和绕环过程可以进一步降低其温度灵敏度。该实验对其他微光纤器件温度稳定性的提高也很有借鉴意义[73]。

5.3.5 二维材料集成

尽管石英微光纤有优异的光学、力学特性,但是由于材料限制(绝缘体),石英不具有光电性质,这限制了其在光电领域的应用。在非线性领域,由于熔石英具有中心对称结构,没有体二阶非线性,而三阶非线性系数也非常弱($n_2 \sim 10^{-20}$ m^2/W),这使得石英光纤在非线性光学应用中常需要高功率激光器泵浦。为了实现更多的功能和应用,可以拉制非石英的特种玻璃作为微光纤,也可以利用倏逝场耦合等方式引入外部材料,而后者由于可较好地与现有常规光纤系统兼容而更受欢迎。可利用的外部材料包括金属、聚合物、二维材料、量子点、纳米线等。其中,以石墨烯为代表的二维材料由于其来源丰富、转移方便成为最近几年与微光纤集成结合的热点材料。

自从 2004 年英国科学家 A. K. Geim 和 K. S. Novoselov 采用胶带机械剥离方法得到少层甚至单层石墨烯材料[76],二维材料的研究便受到研究者广泛关注。石墨烯是一种二维单原子层厚度、六角蜂窝晶格的材料。研究表明,石墨烯具有优异的电学、热学、光学、力学甚至化学特性[77]。特别地,在电学方面,石墨烯具有双极性输运特性,载流子迁移率可达 10^6 cm^2/(V·s),比普通半导体材料如硅高了 2~3 个数量级,可应用于高速场效应管、射频电路等。在热学方面,石墨烯面内热导率达到 $5×10^3$ W/(m·K)[78],比常用金属如铜热导率高出一个数量级以上,在芯片散热、热管理等方向具有广阔的应用前景。在光学方面,石墨烯在可见、近红外波段,光吸收率约为 2.3% 每层,正好对应于精密光学常数($\pi\alpha$)[79]。由于石墨烯的二维特性,费米能级很容易通过场效应调控,从而改变光学吸收率[80]。力学性能方面,石墨烯具有非常高的杨氏模量,达到 1 TPa[81],同时保持弹性特性。利用石墨烯材料成功制备了一系列高性能的器件,如调制器[82-84]、光探测器[85-87]、全光纤偏振控制器[88]、超快光纤激光器[89-90]、单分子气体传感器[91-92]、柔性透明电极[93-94]等。同时,研究者一方面不断开发新型二维材料,如过渡金属硫化物[95]、黑磷[96]、氮化硼[97]、砷烯和碲烯[98],极大地丰富了二维材料研究。另外,研究者通过将不同二维材料堆叠,如同乐高玩具,构造出异质结[99],从而在现有材料基础上得到全新的物理、化学特性。

由此可见,二维材料种类繁多,不同材料具有各自独特的光电特性,更重要的是二维材料本身机械强度较高、柔韧性好,可以方便地与零维、一维、二维和三维材料结合,复合材料结构可能会得到新的光物理特性和功能器件。因此对于光纤研究者来说,将二维材料与微光纤结合,取二维材料之长,补微光纤之短,成为近几年的研究热点。

如图 5.14 所示,石墨烯等二维材料与微光纤的集成可以从几何位置上分为三类:端面集成、侧面集成与三维立体集成[100-106]。

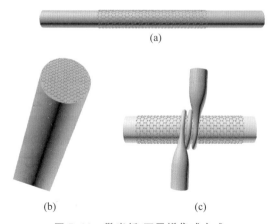

(a)

(b)　　　　　(c)

图 5.14　微光纤-石墨烯集成方式

(a) 侧面集成;(b) 端面集成;(c) 三维立体集成

　　将微光纤/光纤与石墨烯结合,首先在激光与非线性光学领域得到了广泛的关注。石墨烯的出现,解决了传统吸收体带宽有限或者价格昂贵的问题。由于单层石墨烯是零带隙的半金属材料,理论和实验表明它可以实现从可见到近红外甚至远红外、太赫兹的超宽谱吸收。此外,Zhang 等[107]利用 Z 扫描技术研究了石墨烯的三阶非线性系数,发现石墨烯的 n_2 约为 10^{-11} m^2/W(@1550 nm),比石英高出 9 个数量级。在最近的研究中,有非常多的研究工作报道将石墨烯放入光纤激光器环路中,通过光纤端面耦合或者微光纤表面倏逝场耦合,得到超快脉冲,工作波段从近红外到中红外波长[89,98,108-110]。可以说石墨烯的出现,极大地推动了脉冲光纤激光器的发展。最近浙江大学 Wei Li 等将石墨烯包裹在微光纤表面,利用石墨烯的饱和吸收特性,成功在实验上展示了 200 GHz 的全光开关,调制深度约38%,说明石墨烯光纤复合结构在超快光学也具有应用前景。南京大学的 Chen 等基于石墨烯-微光纤三维集成的方式,大大增强了全光调制的调制深度[103]。值得注意的是,早期研究更多关注石墨烯饱和吸收特性,而石墨烯的其他非线性特性并没有得到很好地开发和利用,如四波混频[111-112]、三次谐波产生等。石墨烯与微光纤波导结合,利用微光纤表面高的倏逝场与石墨烯相互作用,得到高转换效率的四波混频值得研究者关注[113]。

　　将微光纤/光纤与石墨烯结合,在气体分子传感、折射率传感、气压传感等方向也得到研究者青睐。对于单模光纤而言,由于光场都束缚在芯层,无法与外界环境接触,理论上传感特性很差。通常做法是在芯层引入结构,如布拉格光栅[114]、倾斜光栅[115]或者长周期光栅[116],通过空间结构引入倒格矢来实现波矢匹配,将芯层模转换为包层或者前向模转化为背向模。当外界环境变化时,由于波矢匹配条件变化,耦合特征波长将发生移动,从而实现传感。由于微光纤有很大的倏逝场和机械特性,理论和实验上都证明了在微光纤上引入微结构可以极大提高传统光纤光栅的传感灵敏度[31]。但是这些技术却很难适用于微量气体传感,因为气体分子难以吸附到光纤/微光纤表面,引起显著的外界折射率变化,从而被光纤器件感知。而石墨烯由于具有非常大的比表面积,对气体分子吸附能力强,更重要的是石墨烯的电导率很容易吸附到表面分子调控[91],因此石墨烯在气体分子传感方面具有很好的应用前景。Yun-jiang Rao 课题组[117]最早将石墨烯与微光纤波导结合,成功实现了高灵敏度、高响应速度以及一定选择性的气体分子探测[118]。最近也有研究者将还原石墨烯(rGO)沉积到 D 形光纤表面,利用 D 形光纤表面倏逝场与rGO 作用,实现湿度和甲苯分子的探测[119-120]。对于溶液里的生物分子传感,利用电化学方法[121]实现信号读取获得了很大进展,但是利用光纤光学实现传感探测研究还非常少。实际上,如果对石墨烯进行表面改性,并与光纤结合,理论上完全可以实现对生物分子的高灵敏度检测。在气压传感方向,Ma 等[122]将石墨烯转移到空心毛细管上,形成 FP 腔。由于石墨烯良好的气密性,当外界气压变化时,压差使石墨烯形变,FP 腔长改变,从而实现全光纤传感,灵敏度可达到 39.4 nm/kPa。Zheng 等基于腐蚀的微光纤端面,集成了电极与石墨烯悬空膜,得到了一个微型化的光纤微光机电集成系统,可用于电流和磁场传感。通过检测电流热效应导致的石墨烯膜的形变,可以得到电流灵敏度高达 2.2×10^5 nm/A^2,并且响应速度快,达到亚毫秒量级,性能远优于之前报道的电热型光纤电流传感器[105]。

可以看到,石墨烯与微光纤/光纤结合已经取得了很多进展。随着石墨烯相关技术成熟,研究者也开始将注意力转移到其他二维材料上,如过渡金属硫化物(MoS_2、WS_2、$MoSe_2$、WSe_2 等)。尽管石墨烯有很多独特性质,但是它的"短板"也是很明显的,没有带隙(光致发光/电致发光)和二阶非线性(完美石墨烯)等。与石墨烯不同,过渡金属硫化物是宽带隙半导体。最近几年,利用二维材料制备高性能光电探测器得到很多研究者的青睐[123]。一方面是因为二维材料高机械强度和弹性,可以集成到柔性、可穿戴器件上;另一方面,二维材料性质容易通过层数、外界参量(应力、温度、电场、磁场等)甚至采用叠层异质结方法[99]调控,具有很大的灵活性。如果将二维材料的光电探测功能"移植"到光纤系统中,将能实现全光纤光电探测,这在光通信、传感领域将可能有广泛的应用前景。2017 年,Chen 等报道利用光纤端面集成 MoS_2 得到了一个全光纤的高性能光电探测器[101],如果进一步混合集成钙钛矿等高响应光电材料,探测灵敏度会进一步提高。

5.3.6　光力和非线性

与普通光纤相比,微光纤芯层-包层的折射率差增加,光纤的数值孔径增大,集光能力增强。物理直径的减小,使得有效模场面积减小,从而增大了非线性系数。同时微光纤周围倏逝场的存在,使得光场可以与外部非线性介质相互作用,进一步增强非线性效应。在非线性领域,微光纤提供了更多可能性,在谐波产生、受激拉曼散射(SRS)、受激布里渊散射(SBS)、超连续谱产生(SC)、光力学等方向都有不凡的表现。

1. 谐波产生和四波混频

谐波产生是产生新的短波长的一种方便方法,而其中最为普遍的是三次谐波产生(THG)和二次谐波产生(SHG)。

三次谐波产生是一种很常见的非线性光学频率转换过程。三个光子与非线性材料相互作用,产生一个新的光子。由于波长为原来的三分之一,频率自然为原来的三倍,故而也被称为三倍频。在整个频率转换的过程中,动量和能量是守恒的。近年来,微光纤由于其紧凑的尺寸、增强的非线性和灵活的色散,在三次谐波产生领域吸引了越来越多的关注。对于三次谐波产生而言,只有当它的相位匹配时,即它的模式色散补偿了它的材料色散时,它的转换效率才会达到最大。而在微光纤中,当基波的基模折射率与三次谐波的高阶模折射率相等时,可以达到匹配条件,即 $\Delta k = k_3 - 3k_1 = \dfrac{2\pi}{\lambda_3}n_3 - 3 \times \dfrac{2\pi}{\lambda_1}n_1 = 0$。在 1993 年的一个实验中,Nicacio 等发现掺锗的浓度会影响 THG 过程[124],这为光纤中 THG 过程的发现打下了基础。而在 2000 年,人们发现,将波长为 1064 nm 的 1 kW 脉冲入射到 50 cm 长微结构光纤中,产生了 THG[125]。2003 年,Wiedemann 等利用飞秒激光实现了微光纤中的 THG 之后又实现了可见光[126]、紫外光[127] 等波长的频率转换。2005 年,Victor Grubsky 和 Arthur Savchenko 对微光纤中三次谐波产生的理论进行了严格推导[128]。

由于熔融二氧化硅的中心反演对称性,$\chi^{(2)} = 0$,那么理论上,源于 $\chi^{(2)}$ 的 SHG 在光纤中是不会发生的。但是在 1986 年的实验中,Österberg 等证实了在光纤中有 SHG 产生,且转化效率大约为 3%[129]。后续实验也相继证明,光敏光纤[130] 和微光纤[131] 都可以实现 SHG。关于微光纤中 SHG 产生的机制,一般认为是由于芯层-包层界面的表面非线性与源自电四极矩和磁偶极矩的非线性效应实现的。与三次谐波产生类似,微光纤中的二次谐波的物理过程可以理解为,两个光子与非线性材料相互作用,产生了一个新的光子。而在这个非线性过程中,动量和能量是守恒的。2010 年,Lagsgaard 详细阐述了微光纤中表面二次谐波产生的理论[132],但是表面二次谐波十分微弱。因此,Gouveia 等用微光纤环形谐振腔对其进行增强,在峰值功率为 90 W 的纳秒激光(5 ns @1550 nm)泵浦下,转换效率达到了 4.2×10^{-8}。由于当前微光纤表面二次谐波产生所采用的模间相位匹配技术有很大的局限性,南京大学 Wu 等提出在微光纤体系中采用基于耦合补偿的准位相匹配方法来产生二次谐波。Wu 等制备了由两根直径为 650 nm 的微光纤构成的对称耦合器来验证理论。在二次谐波测试实验中,当泵浦光波长为 1014 nm 时能够测到显著的二次谐波增强信号,该波长正好在理论预测的 650 nm 的耦合器对应的匹配波长附近,理论与实验结果十分吻合[133]。

光纤中的四波混频过程源于介质的束缚电子对光场的非线性响应。就过程而言,是一束(或两束)高功率的泵浦光入射光纤,在满足相位匹配的条件下,产生一个频率下移的斯托克斯光和一个频率上移的反斯托克斯光,即 $\omega_{p_1} + \omega_{p_2} = \omega_s + \omega_i$。

在这里,我们先定义两个对 FWM 很重要的概念,参量增益(g)和有效相位失配(δ)。

$$g = \sqrt{(\gamma P_0 \xi)^2 - \left(\dfrac{\delta}{2}\right)^2} \tag{5.28}$$

$$\delta = \Delta k + \gamma (P_1 + P_2) \tag{5.29}$$

其中，$P_0 = P_1 + P_2$，$\xi = \dfrac{2\sqrt{P_1 P_2}}{P_0}$，$\Delta k = \beta_1 + \beta_2 - \beta_3 - \beta_4$。当 δ 为 0（$\Delta k = -2\gamma P_0$）时，即相位匹配，有最大的增益 γP_0。而在 $-4\gamma P_0 < \Delta k < 0$ 范围内，都存在增益。

对于四波混频而言，人们最开始研究它是因为它在光纤通信的 WDM 系统中，会感应信道间的串扰从而限制了性能。但是在后续的研究中发现，可以利用它来实现多种应用。在 2002 年就出现了在 18 cm 拉细光纤中实现四波混频的方法[134]。在 2013 年，Cui 等经由在 15 cm 长的微光纤中自发的四波混频过程，实现了关联光子对的产生[135]。在 2016 年，通过改变微光纤的直径，南安普顿的研究人员利用 6 mm 的微光纤，实现了 25 dB 的参量放大[136]。

2. 拉曼散射和受激布里渊散射

拉曼散射是一种非弹性散射。当入射光子与物质分子相互作用，光子频率没有变化，只有方向、动量等变化时是弹性散射，例如瑞利散射。而非弹性散射的小部分光子的能量和频率发生变化。根据频移不同，拉曼散射分为斯托克斯散射和反斯托克斯散射。在光纤中，拉曼散射可用于获得宽带拉曼放大器和可调谐拉曼激光器。在这里，需要介绍一个参数——拉曼增益系数 g_R，其决定着泵浦效率。而它本身与自身拉曼散射截面，也就是三阶非线性极化率的虚部有关。一般而言，拉曼增益系数取决于光纤芯层的成分，且随着芯层掺杂物的不同而变化。作为泵浦与斯托克斯波频率差值的函数，拉曼增益谱会延伸很大的频率范围（超过 40 THz）。

微光纤由于其大倏逝场的存在，可以通过与不同外部材料相互作用，诱导不同拉曼谱的产生。而通过这个性质，我们也可以应用微光纤去传感区分不同的气体和液体分子。目前，基于表面增强拉曼散射（SERS）的传感器，由于具有高的灵敏度而被用于探测传感[137-138]。

受激布里渊散射是一种发生在光波与声波之间的三阶非线性过程，其产生原理不仅归因于体效应，还包括边界效应[139]。而在微光纤中，这两种效应（体效应和边界效应）是相互抵消的[140]。通过控制这两种效应，可以增强或抑制微光纤中的受激布里渊散射。由于合格微光纤样品（足够细、足够长、足够均匀）制造困难和受激布里渊散射信号很微弱，实验相关的受激布里渊散射报道很少。2014 年，Beugnot 等第一次实验观察到了背向传输的表面声波布里渊散射[141]，这用事实证明了边界效应同时影响着受激布里渊散射。2016 年，Florez 等实验证明了光弹性和移动边界效应在某些情况下是可以相互抵消的。而这有利于微光纤低阈值激光器和放大器的研究[140]。

3. 超连续谱产生

群速度色散在全光非线性应用中，尤其是超连续谱的产生中，有着十分重要的应用。超连续谱的产生即一种极端的频谱展宽,其频率范围甚至会超过 100 THz。光纤中超连续谱最早是在 1976 年产生的,通过泵浦 10 ns 的激光进入一段 20 m 的光纤而被发现[142],而之后在不同的泵浦源泵浦下,包括飞秒[143]、皮秒[144] 和高功率的连续光[145],都发现了超连续产生。非常高的光功率密度是超连续谱产生的必要条件。其实超连续谱产生通常发生在群速度色散的零点附近,而它是受激拉曼散射、四波混频、自相位调制、交叉相位调制等非线性效应共同作用的结果。超连续谱产生在光谱分析、多波长光源、脉冲压缩、光频测量[146-150] 等方面都有很多重要应用。

4. 光力学

光力学是近年来快速发展的一个领域,尤其是在基于纳米尺寸光波导的集成光子电路中,有很多重要的研究与应用。同时由于不同的理论模型的建立,光力学也得到了长足的发展。在微光纤体系中,典型的光力学效应包括横向的光梯度力和辐射压以及纵向的辐射压。有时产生受激布里渊散射的电致伸缩力也会被认为是一种光力学效应。一般而言,微光纤中的横向光梯度力一般与纵向的光辐射压共同作用,以实现粒子的捕获[151-152]。而微光纤中横向的光辐射压目前还在理论研究阶段,它可能诱导光弹效应和影响布里渊增益。2008 年,She 等在实验中直接观察到光纤探针由于端面上的光力而发生位移[153]。2015 年,Luo 等提出了在二氧化硅微光纤布拉格光栅中的光力学效应的理论模型。通过诱导时间平均的光力学非线性系数,他们提出了一套稳态光力学耦合模方程。通过解稳态光力学耦合模方程,可以得到光力学微光纤光栅的光谱与群延迟[154]。

5.4　结语

综上分析,利用热拉伸等方法制备的微光纤具有卓越的光学、机械等特性,为光纤器件的微型化和多功能化提供了一个发挥想象和创造力的平台。通过引入各种微纳加工技术和外部材料,可以在微光纤上打造"纤上实验室",实现丰富多彩的结构、功能和应用。此外,本章还介绍了基于普通光纤的石英微光纤,当然也可以拉制微结构光纤、氟化物光纤、硫化物光纤、聚合物光纤等得到微光纤,拓展器件功能和应用范围,尤其是非线性和中红外波段的相关应用。目前,微光纤技术正逐渐成为一个材料学、光学、电子学、生物学甚至力学交叉的领域,充满机遇与挑战,进一步探索其潜在应用以及可能存在的新颖和极端的物理效应,仍将是迫切而又有意义的研究方向。

参考文献

［1］　BATES R J. Optical switching and networking handbook［M］// Optical switching and networking handbook. New York：McGraw-Hill，2001.

［2］　BÖRNER M. Electro-optical transmission system utilizing lasers：US3845293［P］.［1974-10-29］.

［3］　KAO K C，HOCKHAM G A. Dielectric fibre surface waveguide for optical frequencies［J］. Electromagnetic Wave Theory，1986，133（3）：441-444.

［4］　BOYS C V，LV I I. On the production，properties，and some suggested uses of the finest threads［J］. Philosophical Magazine，1971（145）：489-499.

［5］　KAPANY D N S. High-resolution fibre optics using sub-micron multiple fibres［J］. Nature，1959，184（4690）：881-883.

［6］　TONG L，GATTASS R R，ASHCOM J B，et al. Subwavelength-diameter silica wires for low-loss optical wave guiding［J］. Nature，2003，426（6968）：816-819.

［7］　LEONSAVAL S G，BIRKS T A，WADSWORTH W J，et al. Supercontinuum generation in submicron fibre waveguides［J］. Optics Express，2004，12（13）：2864-2869.

［8］　BIRKS T，KAKARANTZAS G，RUSSELL P. All-fibre devices based on tapered fibres［C］. Los Angeles：Optical Fiber Communication Conference IEEE，2004，22：3.

［9］　SUMETSKY M，DULASHKO Y，HALE A. Fabrication and study of bent and coiled free silica nanowires：Self-coupling microloop optical interferometer［J］. Optics Express，2004，12（15）：3521-3531.

［10］　RICHARDSON D J，BRAMBILLA G，FINAZZI V. Ultra-low-loss optical fiber nanotapers［J］. Optics Express，2004，12（10）：2258-2263.

［11］　CHEN J H，LI D R.，XU F. Optical microfiber sensors：sensing mechanisms，and recent advances［J］. Journal of Lightwave Technology，2019，37（11）：2577-2589.

［12］　XU F，WU Z X，LU Y Q. Nonlinear optics in optical-fiber nanowires and their applications［J］. Progress in Quantum Electronics，2017，55：35-51.

［13］　YAN S C，XU F. A review on optical microfibers in fluidic applications［J］. Journal of Micromechanics and Microengineering，2017，27：093001.

［14］　TONG L. Optical microfibers and nanofibers［J］. Nanophotonics，2013，2（5/6）：4641-4647.

［15］　BRAMBILLA G. Optical fibre nanowires and microwires：a review［J］. Journal of Optics，2010，12（4）：043001.

［16］　CLOHESSY A M，HEALY N，MURPHY D F，et al. Short low-loss nanowire tapers on singlemode fibres［J］. Electronics Letters，2005，41（17）：954-955.

［17］　BRAMBILLA G，XU F，FENG X. Fabrication of optical fibre nanowires and their optical and mechanical characterisation［J］. Electronics Letters，2006，42（9）：517-519.

［18］　BRAMBILLA G，KOIZUMI F，FENG X，et al. Compound-glass optical nanowires［J］. Electronics Letters，2005，41（7）：400-402.

[19] BIRKS T A,LI Y W. The shape of fiber tapers[J]. Journal of Lightwave Technology 1992,10(4): 432-438.

[20] XU F,WANG Q, ZHOU J F, et al. Dispersion study of optical nanowire microcoil resonators[J]. IEEE Journal of Selected Topics in Quantum Electronics,2011,17(4): 1102-1106.

[21] XU F,BRAMBILLA G. Preservation of micro-optical fibers by embedding[J]. Japanese Journal of Applied Physics,2008,47(8): 6675-6677.

[22] BRAMBILLA G,XU F, HORAK P,et al. Optical fiber nanowires and microwires: fabrication and,applications[J]. Advances in Optics & Photonics,2009,1(1): 107-161.

[23] BRAMBILLA G,PAYNE D N. The ultimate strength of glass silica nanowires[J]. Nano Letters,2009,9(2): 831.

[24] OKAMOTO K. Fundamentals of optical waveguides [M]. 2nd ed. Boston: Elsevier, 2006: 561.

[25] FANG X,LIAO C R,WANG D N. Femtosecond laser fabricated fiber Bragg grating in microfiber for refractive index sensing[J]. Optics Letters,2010,35(7): 1007-1009.

[26] GATTASS R R,MAZUR E. Femtosecond laser micromachining in transparent materials [J]. Nature Photonics,2008,2(4): 219-225.

[27] XU F, BRAMBILLA G, FENG J, et al. A microfiber bragg grating based on a microstructured rod: a proposal[J]. IEEE Photonics Technology Letters,2010,22(4): 218-220.

[28] SADGROVE M,YALLA R, NAYAK K P,et al. Photonic crystal nanofiber using an external grating[J]. Optics Letters,2013,38(14): 2542-2544.

[29] LIU Y,MENG C,ZHANG A P,et al. Compact microfiber Bragg gratings with high-index contrast[J]. Optics Letters,2011,36(16): 3115-3117.

[30] LUO W,KOU J, CHEN Y, et al. Ultra-highly sensitive surface-corrugated microfiber Bragg grating force sensor[J]. Applied Physics Letters,2012,101(13): 133502.

[31] KOU J L,DING M,FENG J,et al. Microfiber-based bragg gratings for sensing applications: A review[J]. Sensors,2012,12(7): 8861-8876.

[32] LIANG W,HUANG Y,XU Y,et al. Highly sensitive fiber Bragg grating refractive index sensors[J]. Applied Physics Letters,2005,86(15): 151122-151122-3.

[33] KOU J L,QIU S J,XU F,et al. Demonstration of a compact temperature sensor based on first-order Bragg grating in a tapered fiber probe[J]. Optics Express, 2011, 19(19): 18452-18457.

[34] WIEDUWILT T,BRÜCKNER S,BARTELT H. High force measurement sensitivity with fiber Bragg gratings fabricated in uniform-waist fiber tapers[J]. Measurement Science & Technology,2011,22(7): 75201-75206.

[35] JUNG Y,BRAMBILLA G,RICHARDSON D J. Optical microfiber coupler for broadband single-mode operation[J]. Optics Express,2009,17(7): 5273-5278.

[36] DING M,WANG P,BRAMBILLA G. A microfiber coupler tip thermometer[J]. Optics Express,2012,20(5): 5402.

［37］　CHEN Y,YAN S,ZHENG X,et al. A miniature reflective micro-force sensor based on a microfiber coupler[J]. Optics Express,2014,22(3): 2443-2450.

［38］　CHEN Y,SEMENOVA Y,FARRELL G,et al. A compact Sagnac loop based on a microfiber coupler for twist sensing[J]. IEEE Photonics Technology Letters,2015, 27(24): 1-1.

［39］　LI C,XU F,YAN S,et al. Differential twin receiving fiber-optic magnetic field and electric current sensor utilizing a microfiber coupler[J]. Optics Express,2015,23(7): 9407-9414.

［40］　TIAN Z,YAM S H,BARNES J,et al. Refractive index sensing with Mach-Zehnder interferometer based on concatenating two single-mode fiber tapers[J]. Photonics Technology Letters IEEE,2008,20(8): 626-628.

［41］　LI Y,TONG L. Mach-Zehnder interferometers assembled with optical microfibers or nanofibers[J]. Optics Letters,2008,33(4): 303-305.

［42］　KOU J L,FENG J,YE L,et al. Miniaturized fiber taper reflective interferometer for high temperature measurement[J]. Optics Express,2010,18(13): 14245-14250.

［43］　GUAN B O,WU C,FU H Y,et al. High-pressure and high-temperature characteristics of a Fabry-Perot interferometer based on photonic crystal fiber[J]. Optics Letters,2011, 36(3): 412-414.

［44］　DELGADO-PINAR M,DIEZ A,TORRES-PEIRO S,et al. Waveguiding properties of a photonic crystal fiber with a solid core surrounded by four large air holes[J]. Optics Express,2009,17(9): 6931-6938.

［45］　FRAZAO O,JESUS C,BAPTISTA J M,et al. Fiber-optic interferometric torsion sensor based on a two-LP-mode operation in birefringent fiber[J]. IEEE Photonics Technology Letters,2009,21(17): 1277-1279.

［46］　HOSAKA T,OKAMOTO K,MIYA T,et al. Low-loss single polarisation fibres with asymmetrical strain birefringence[J]. Electronics Letters,1981,17(15): 530-531.

［47］　VARNHAM M P,PAYNE D N,BIRCH R D,et al. Single-polarisation operation of highly birefringent bow-tie optical fibres[J]. Electronics Letters,1983,19(7): 246-247.

［48］　JUNG Y,BRAMBILLA G,RICHARDSON D J. Polarization-maintaining optical microfiber[J]. Optics Letters,2010,35(12): 2034-2036.

［49］　XUAN H,JU J,JIN W. Highly birefringent optical microfibers[J]. Optics Express,2010, 18(4): 3828-3839.

［50］　KOU J L,XU F,LU Y Q. Highly birefringent slot-microfiber[J]. IEEE Photonics Technology Letters,2011,23(15): 1034-1036.

［51］　FERRANDO A,MIRET J J. Single-polarization single-mode intraband guidance in supersquare photonic crystals fibers[J]. Applied Physics Letters,2001,78(21): 3184.

［52］　CASPAR C,BACHUS E J. Fibre-optic micro-ring-resonator with 2 mm diameter[J]. Electronics Letters,1989,25(22): 1506-1508.

［53］　SUMETSKY M,DULASHKO Y,FINI J M,et al. Optical microfiber loop resonator[C]. IEEE Xplore. Baltimore: Lasers and Electro-Optics,2005,1: 432-433.

［54］　SUMETSKY M,DULASHKO Y,FINI J M,et al. The microfiber loop resonator: theory, experiment,and application[J]. Journal of Lightwave Technology,2006,24(1): 242-250.

[55] JIANG X, TONG L, VIENNE G, et al. Demonstration of optical microfiber knot resonators[J]. Applied Physics Letters,2006,88(22): 223501.

[56] XU F,BRAMBILLA G. Manufacture of 3-D microfiber coil resonators[J]. IEEE Photonics Technology Letters,2007,19(19): 1481-1483.

[57] SUMETSKY M, DULASHKO Y, FISHTEYN M. Demonstration of a multi-turn microfiber coil resonator[C]. Optical Society of America. Anaheim: National Fiber Optic Engineers Conference,2007.

[58] SUN L,LI J,TAN Y,et al. Miniature highly-birefringent microfiber loop with extremely-high refractive index sensitivity[J]. Optics Express,2012,20(9): 10180-10185.

[59] LI JH,CHEN JH,YAN S C,et al. Versatile hybrid plasmonic microfiber knot resonator [J]. Optics Letters,2017,42(17): 3395-3398.

[60] LI J H,CHEN J H,XU F. Sensitive and wearable optical microfiber sensor for human health monitoring[J]. Advanced Materials Technologies,2018,3(12): 1800296.

[61] DING Z X,HUANG Z N,CHEN Y,et al. All-fiber ultrafast laser generating gigahertz-rate pulses based on a hybrid plasmonic microfiber resonator[J]. Advanced Photonics,2020,2(2): 026002.

[62] BRAMBILLA G, XU F. Demonstration of a refractometric sensor based on optical microfiber coil resonator[J]. Applied Physics Letters,2008,92(10): 11206.

[63] SUMETSKY M. Optical fiber microcoil resonators[J]. Optics Express, 2004, 12 (10): 2303-2316.

[64] XU F, HORAK P, BRAMBILLA G. Optical microfiber coil resonator refractometric sensor[J]. Optics Express,2007,15(12): 7888-7893.

[65] KOU J L,GUO W, XU F,et al. Highly birefringent optical-fiberized slot waveguide for miniature polarimetric interference sensors: A proposal[J]. IEEE Sensors Journal,2012,12(6): 1681-1685.

[66] XU F, BRAMBILLA G, FENG J, et al. A microfiber bragg grating based on a microstructured rod: a proposal[J]. IEEE Photonics Technology Letters,2010,22(4): 218-220.

[67] XU F,BRAMBILLA G,LU Y. A microfluidic refractometric sensor based on gratings in optical fibre microwires[J]. Optics Express,2009,17(23): 20866-20871.

[68] XU F,CHEN J,KOU J,et al. Multifunctional optical nanofiber polarization devices with 3D geometry[J]. Optics Express,2014,22(15): 17890-17896.

[69] XU F, HORAK P, BRAMBILLA G. Optical microfiber coil resonator refractometric sensor[J]. Optics Express,2007,15(12): 7888-7893.

[70] XU F, BRAMBILLA G. Demonstration of a refractometric sensor based on optical microfiber coil resonator[C]. San Jose: 2008 Conference on Lasers and Electro-Optics and 2008 Conference on Quantum Electronics and Laser Science,2008: 1-2.

[71] YAN S C,LIU Z Y,LI C,et al. "Hot-wire"microfluidic flowmeter based on a microfiber coupler[J]. Optics Letters,2016,41(24): 5680-5683.

[72]　ZENG X，WU Y，HOU C，et al. A temperature sensor based on optical microfiber knot resonator[J]. Optics Communications，2009，282(18)：3817-3819.

[73]　CHEN Y，XU F，LU Y Q. Teflon-coated microfiber resonator with weak temperature dependence[J]. Optics Express，2011，19(23)：22923-22928.

[74]　CHU S T，PAN W，SUZUKI S，et al. Temperature insensitive vertically coupled microring resonator add/drop filters by means of a polymer overlay[J]. IEEE Photonics Technology Letters，1999，11(9)：1138-1140.

[75]　TENG J，DUMON P，BOGAERTS W，et al. Athermal silicon-on-insulator ring resonators by overlaying a polymer cladding on narrowed waveguides[J]. Optics Express，2009，17(17)：14627-14633.

[76]　NOVOSELOV K S，GEIM A K，MOROZOV S V，et al. Electric field effect in atomically thin carbon films[J]. Science，2004，306(5696)：666-669.

[77]　WEISS N O，ZHOU H，LIAO L，et al. Graphene：an emerging electronic material[J]. Advanced Materials，2012，24(43)：5782-5825.

[78]　BALANDIN A A，GHOSH S，BAO W，et al. Superior thermal conductivity of single-layer graphene[J]. Nano Letters，2008，8(3)：902-907.

[79]　NAIR R R，BLAKE P，GRIGORENKO A N，et al. Fine structure constant defines visual transparency of graphene[J]. Science，2008，320(5881)：1308.

[80]　WANG F，ZHANG Y，TIAN C，et al. Gate-variable optical transitions in graphene[J]. Science，2008，320(5873)：206-209.

[81]　LEE C，WEI X，KYSAR J W，et al. Measurement of the elastic properties and intrinsic strength of monolayer graphene[J]. Science，2008，321(5887)：385-388.

[82]　LIU M，YIN X，ULIN-AVILA E，et al. A graphene-based broadband optical modulator [J]. Nature，2011，474(7349)：64-67.

[83]　PHARE C T，LEE Y H D，CARDENAS J，et al. Graphene electro-optic modulator with 30 GHz bandwidth[J]. Nature Photonics，2015，9(8)：511-514.

[84]　LI W，CHEN B，MENG C，et al. Ultrafast all-optical graphene modulator[J]. Nano Letters，2014，14(2)：955.

[85]　XIA F，AVOURIS P，MUELLER T，et al. Ultrafast graphene photodetector[J]. Nature Nanotechnology，2009，4(12)：839-843.

[86]　GAN X，SHIUE R J，GAO Y，et al. Chip-integrated ultrafast graphene photodetector with high responsivity[J]. Nature Photonics，2013，7(11)：883-887.

[87]　MUELLER T，XIA F，AVOURIS P. Graphene photodetectors for high-speed optical communications[J]. Nature Photonics，2010，4(5)：297-301.

[88]　BAO Q，ZHANG H，WANG B，et al. Broadband graphene polarizer[J]. Nature Photonics，2011，5(7)：411-415.

[89]　SUN Z，HASAN T，TORRISI F，et al. Graphene mode-locked ultrafast laser[J]. Acs Nano，2009，4(2)：803-810.

[90]　ZHANG H，TANG D Y，ZHAO L M，et al. Large energy mode locking of an erbium-doped fiber laser with atomic layer graphene[J]. Optics Express，2009，17(20)：17630-17635.

[91] SCHEDIN F,GEIM A K,MOROZOV S V,et al. Detection of individual gas molecules adsorbed on graphene[J]. Nature Materials,2007,6(9): 652-655.

[92] WEHLING T O, NOVOSELOV K S, MOROZOV S V, et al. Molecular doping of graphene[J]. Nano Letters,2008,8(1): 173-177.

[93] KIM K S,ZHAO Y,JANG H,et al. Large-scale pattern growth of graphene films for stretchable transparent electrodes[J]. Nature,2009,457(7230): 706-710.

[94] BAE S,KIM H,LEE Y,et al. Roll-to-roll production of 30-inch graphene films for transparent electrodes[J]. Nature Nanotechnology,2010,5(8): 574-578.

[95] WANG Q H,KALANTARZADEH K,KIS A,et al. Electronics and optoelectronics of two-dimensional transition metal dichalcogenides [J]. Nature Nanotechnology, 2012, 7(11): 699-712.

[96] LI L,YU Y,YE G J,et al. Black phosphorus field-effect transistors [J]. Nature Nanotechnology,2014,9(5): 372-377.

[97] PONOMARENKO L A,GEIM A K,ZHUKOV A A,et al. Tunable metal-insulator transition in double-layer graphene heterostructures[J]. Nature Physics,2011,7(12): 958-961.

[98] ZHANG S,YAN Z,LI Y,et al. Atomically thin arsenene and antimonene: Semimetal-semiconductor and indirect-direct band-gap transitions[J]. Angewandte Chemie,2015, 54(10): 3112.

[99] GEIM A K,GRIGORIEVA I V. Van der Waals heterostructures [J]. Nature, 2013, 499(7459): 419-425.

[100] CHEN J H,DENG G Q,YAN S C,et al. Microfiber-coupler-assisted control of wavelength tuning for Q-switched fiber laser with few-layer molybdenum disulfide nanoplates[J]. Optics Letters,2015,40(15): 3576-3579.

[101] CHEN J H,LIANG Z H,YUAN L R,et al. Towards an all-in fiber photodetector by directly bonding few-layer molybdenum disulfide to a fiber facet[J]. Nanoscale,2017: 3424-3428.

[102] LI C,CHEN J H,YAN S C,et al. A fiber laser using graphene-integrated 3-D microfiber coil[J]. IEEE Photonics Journal,2015,8(1): 1-1.

[103] CHEN J H,ZHENG B C,SHAO G H,et al. An all-optical modulator based on a stereo graphene-microfiber structure[J]. Light Science & Applications,2015,4(12): e360.

[104] CHEN J H,LUO W C,HEN Z X,et al. Mechanical modulation of a hybrid graphene-microfiber structure[J]. Advanced Optical Materials,2015,4(6): 853-857.

[105] ZHENG B C,YAN S C,CHEN J H,et al. Miniature optical fiber current sensor based on a graphene membrane[J]. Laser & Photonics Reviews,2015,9(5): 517-522.

[106] KOU J,CHEN J,CHEN Y,et al. Platform for enhanced light-graphene interaction length and miniaturizing fiber stereo devices[J]. Optica,2014,1(5): 307-310.

[107] ZHANG H,VIRALLY S,BAO Q,et al. Z-scan measurement of the nonlinear refractive index of graphene[J]. Optics Letters,2012,37(11): 1856-1858.

[108] CIZMECIYAN M N,KIM J W,BAE S,et al. Graphene mode-locked femtosecond Cr:

ZnSe laser at 2500 nm[J]. Optics Letters,2013,38(3)：341-343.

[109]　POPA D,SUN Z,TORRISI F,et al. Sub 200 fs pulse generation from a graphene mode-locked fiber laser[J]. Applied Physics Letters,2010,97(20)：831.

[110]　ZHANG M,KELLEHER E J,TORRISI F,et al. Tm-doped fiber laser mode-locked by graphene-polymer composite[J]. Optics Express,2012,20(22)：25077-25084.

[111]　HENDRY E,HALE P J,MOGER J,et al. Coherent nonlinear optical response of graphene[J]. Physical Review Letters,2010,105(9)：212-217.

[112]　GU T,PETRONE N,MCMILLAN J F,et al. Regenerative oscillation and four-wave mixing in graphene optoelectronics[J]. Nature Photonics,2012,6(8)：1-2.

[113]　WU Y,YAO B,CHENG Y,et al. Four-wave mixing in a microfiber attached onto a graphene film[J]. IEEE Photonics Technology Letters,2014,26(3)：249-252.

[114]　HILL K O,MELTZ G. Fiber Bragg grating technology fundamentals and overview[J]. Journal of Lightwave Technology,1997,15(8)：1263-1276.

[115]　GUO T,LIU F,GUAN B O,et al. Tilted fiber grating mechanical and biochemical sensors[J]. Optics & Laser Technology,2016,78：19-33.

[116]　BHATIA V,VENGSARKAR A M. Optical fiber long-period grating sensors[J]. Optics Letters,1996,21(9)：692-694.

[117]　WU Y,YAO B,ZHANG A,et al. Graphene-coated microfiber Bragg grating for high-sensitivity gas sensing[J]. Optics Letters,2014,39(5)：1235-1237.

[118]　WU Y,YAO B C,CHENG Y,et al. Hybrid graphene-microfiber waveguide for chemical gas sensing[J]. IEEE Journal of Selected Topics in Quantum Electronics,2014,20(1)：49-54.

[119]　XIAO Y,ZHANG J,CAI X,et al. Reduced graphene oxide for fiber-optic humidity sensing[J]. Optics Express,2014,22(25)：31555-31567.

[120]　YI X,YU J,LONG S,et al. Reduced graphene oxide for fiber-optic toluene gas sensing [J]. Optics Express,2016,24(25)：28290-28302.

[121]　SHAO Y,WANG J,WU H,et al. Graphene based electrochemical sensors and biosensors：A review[J]. Electroanalysis,2010,22(10)：1027-1036.

[122]　MA J,JIN W,HO H L,et al. High-sensitivity fiber-tip pressure sensor with graphene diaphragm[J]. Optics Letters,2012,37(13)：2493.

[123]　BUSCEMA M,ISLAND J O,GROENENDIJK D J,et al. Photocurrent generation with two-dimensional van der waals semiconductors[J]. Chemical Society Reviews,2015,44 (11)：3691-3718.

[124]　NICACIO D L,GOUVEIA E A,BORGES N M,et al. Third-harmonic generation in GeO_2-doped silica single-mode optical fibers[J]. Applied Physics Letters,1993,62(18)：2179-2181.

[125]　RANKA J K,WINDELER R S,STENTZ A J. Optical properties of high-delta air silica microstructure optical fibers[J]. Optics Letters,2000,25(11)：796-798.

[126]　WIEDEMANN U,KARAPETYAN K,DAN C,et al. Measurement of submicrometre diameters of tapered optical fibres using harmonic generation[J]. Optics Express,2010,

18(8)：7693-7704.

[127] GRUBSKY V,FEINBERG J. Phase-matched third-harmonic UV generation using low-order modes in a glass micro-fiber[J]. Optics Communications,2007,274(2)：447-450.

[128] GRUBSKY V, SAVCHENKO A. Glass micro-fibers for efficient third harmonic generation[J]. Optics Express,2005,13(18)：6798-6806.

[129] ÖSTERBERG U,MARGULIS W. Dye laser pumped by Nd：YAG laser pulses frequency doubled in a glass optical fiber[J]. Optics Letters,1986,11(8)：516-518.

[130] ANDERSON D Z,MIZRAHI V,SIPE J E. Model for second-harmonic generation in glass optical fibers based on asymmetric photoelectron emission from defect sites[J]. Optics Letters,1991,16(11)：796-798.

[131] GOUVEIA M A, LEE T, ISMAEEL R,et al. Second harmonic generation and enhancement in microfibers and loop resonators[J]. Applied Physics Letters,2013,102(20)：201120.

[132] LAEGSGAARD J. Theory of surface second-harmonic generation in silica nanowires[J]. Journal of the Optical Society of America B,2010,27(7)：1317.

[133] WU G X,CHEN J H,LI D R,et al. Quasi-phase-matching method based on coupling compensation for surface second-harmonic generation in optical fiber nanowire coupler [J]. ACS Photonics,2018,5(10)：3916-3922.

[134] ABEDIN K S,GOPINATH J T,IPPEN E P,et al. Highly nondegenerate femtosecond four-wave mixing in tapered microstructure fiber[J]. Applied Physics Letters,2002,81(8)：1384-1386.

[135] CUI L,LI X,GUO C,et al. Generation of correlated photon pairs in micro/nano-fibers [J]. Optics Letters,2013,38(23)：5063-5066.

[136] ABDUL K M,DE LUCIA F,CORBARI C,et al. Phase matched parametric amplification via four-wave mixing in optical microfibers[J]. Optics Letters,2016,41(4)：761-764.

[137] LUCOTTI A,ZERBI G. Fiber-optic SERS sensor with optimized geometry[J]. Sensors & Actuators B Chemical,2007,121(2)：356-364.

[138] ZHANG J,CHEN S,GONG T,et al. Tapered fiber probe modified by Ag nanoparticles for SERS detection[J]. Plasmonics,2016,11(3)：743-751.

[139] LAER R V, KUYKEN B, THOURHOUT D V,et al. Erratum：Interaction between light and highly confined hypersound in a silicon photonic nanowire [J]. Nature Photonics,2014,9(3)：199-203.

[140] FLOREZ O,JARSCHEL P F,ESPINEL Y A,et al. Brillouin scattering self-cancellation [J]. Nature Communications,2016,7：11759.

[141] BEUGNOT J C,LEBRUN S,PAULIAT G,et al. Brillouin light scattering from surface acoustic waves in a subwavelength-diameter optical fibre[J]. Nature Communications,2014,5：5242.

[142] LIN C,STOLEN R H. New nanosecond continuum for excited-state spectroscopy[J]. Applied Physics Letters,1976,28(4)：216-218.

[143] BIRKS T A,WADSWORTH W J,RUSSELL P S. Supercontinuum generation in tapered

fibers[J]. Optics Letters,2000,25(19)：1415-1417.

[144] LIAO M,GAO W,CHENG T,et al. Flat and broadband supercontinuum generation by four-wave mixing in a highly nonlinear tapered microstructured fiber[J]. Optics Express, 2012,20(26)：B574-B580.

[145] PRABHU M, TANIGUCHI A, HIROSE S, et al. Supercontinuum generation using Raman fiber laser[J]. Applied Physics B,2003,77(2)：205-210.

[146] BRAMBILLA G,KOIZUMI F,FINAZZI V,et al. Supercontinuum generation in tapered bismuth silicate fibres[J]. Electronics Letters,2005,41(14)：795-797.

[147] FALK P,FROSZ M H,BANG O,et al. Supercontinuum generation in a photonic crystal fiber with two zero-dispersion wavelengths tapered to normal dispersion at all wavelengths[J]. Optics Express,2005,13(19)：7535-7540.

[148] SHI K,OMENETTO F G,LIU Z. Supercontinuum generation in an imaging fiber taper [J]. Optics Express,2006,14(25)：12359-12364.

[149] WADSWORTH W J, ORTIGOSABLANCH A, KNIGHT J C,et al. Supercontinuum generation in photonic crystal fibers and optical fiber tapers：a novel light source[J]. Journal of The Optical Society of America B-optical Physics,2002,19(9)：2148-2155.

[150] AKIMOV D A,FEDOTOV A B, PODSHIVALOV A A,et al. Two-octave spectral broadening of subnanojoule cr：forsterite femtosecond laser pulses in tapered fibers[J]. Applied Physics B,2002,74(4)：307-311.

[151] LI B, LUO W, XU F, et al. An all fiber apparatus for microparticles selective manipulation based on a variable ratio coupler and a microfiber[J]. Optical Fiber Technology,2016,31：126-129.

[152] LEI H,XU C,ZHANG Y,et al. Bidirectional optical transportation and controllable positioning of nanoparticles using an optical nanofiber[J]. Nanoscale, 2012, 4 (21)： 6707-6709.

[153] SHE W,YU J,FENG R,et al. Observation of a push force on the end face of a nanometer silica filament exerted by outgoing light [J]. Physical Review Letters, 2008, 101(24)：243601.

[154] XU F,LUO W,LU Y. Reconfigurable optical-force-drive chirp and delay-line in micro/ nano-fiber Bragg grating[J]. Physical Review A,2014,91(5)：053831.

第 ⑥ 章

微结构光纤内的实验室*

　　微结构光纤的横截面拥有按照一定规律分布的微结构,而沿光纤轴向保持结构不变,这些微结构将光约束在光纤的纤芯中传导。微结构光纤不仅是一种优秀的波导介质,而且分布在其包层、纤芯的微米尺度空气孔也成为了材料集成的天然通道。因此,微结构光纤是构造纤内实验室的理想载体。本章首先简单介绍了微结构光纤的分类、传导机制和适用于构造光纤纤内实验室的几种微结构光纤结构;其次介绍了微结构光纤的端面预处理方法、选择性填充技术以及将气相、液相和固相等功能材料集成到微结构光纤中的主要方法和技术;最后结合合作者课题组近年来的研究工作,综述了基于空芯微结构光纤和固芯微结构光纤的纤内实验室技术的工作原理与器件应用,包括非线性激光光源、光流控激光器件、生化传感器件、光学可调控器件等。

6.1　微结构光纤的分类及其传导机理

6.1.1　导言

　　微结构光纤(microstructured optical fiber,MOF)泛指各种具有复杂包层或纤芯结构并在轴向保持不变的光纤波导,包括但不局限于各种传导机制的光子晶体光纤(photonic crystal fiber,PCF)。它一般是由纯石英或聚合物、软玻璃等材料为基底,横截面上呈现波长量级的二维周期性折射率分布(空气孔或高折射率柱),而在三维方向(光纤轴向)基本保持不变的新型光纤。在光纤中心处通过缺失空气孔

　　*　刘艳格,南开大学,现代光学研究所,天津 300350,E-mail: ygliu@nankai.edu.cn。

或高折射率柱形成纤芯,光通过改进的全内反射、光子带隙以及反谐振等效应被约束在纤芯中传导。其中,利用光子带隙效应传导的微结构光纤又称为光子带隙光纤。由于微结构光纤特殊的传导机制和可灵活设计的结构,使它具有普通光纤无法比拟的诸多独特性质,如无截止单模传输特性、近乎理想的色散可控性、高非线性及非线性可控性、光子带隙导光特性、空气纤芯低损耗传导等。因此,自从1996年由英国Bath大学的P. St. J. Russell研究小组的J. C. Knight等首次制造出第一根具有光子晶体包层的折射率引导型微结构光纤[1],并于1998年和1999年先后拉制出蜂窝包层结构和空气纤芯传导的三角形包层结构的光子带隙光纤以来[2-3],微结构光纤及其应用方面的研究备受关注,发展异常迅速。目前已广泛应用于宽带超连续谱产生、非线性光学、光与物质相互作用、输运微观离子、超短脉冲传输和压缩、传感、光纤激光器和放大器等诸多领域[4]。目前已经设计或研制出不同种类和特性的上百种结构的微结构光纤,折射率引导型的光子晶体光纤的传输损耗已低至0.28 dB/km@1550 nm,空芯光子带隙型光子晶体光纤的传导损耗也已做到1.2 dB/km[5],反谐振空芯光纤的传输损耗已经低至0.28 dB/km@1510～1600 nm[6]。

功能材料与光纤有机结合,通过构造"光纤上的实验室"(Lab on fiber),一方面可以利用材料的功能性实现对光纤传导机制和多种特性的调控,进而实现光子的调控,这对新一代集成光纤光电子器件的研制具有重要意义;另一方面,也可以通过感测光纤的光学特性变化,实现对功能材料的高灵敏痕量感测,这对生化传感领域应用具有重要意义。根据功能材料在光纤上的集成位置,可以将"光纤上的实验室"技术分成"光纤端面上的实验室"(Lab on tip)(功能材料被集成到光纤端面上)技术、"光纤表面上的实验室"(Lab around fiber)(功能材料被集成到光纤外表面上)技术和"光纤纤内实验室"(Lab in fiber)(功能材料被集成到光纤内部)技术三类[7]。微结构光纤不仅是一种优秀的波导介质,而且其纤芯及包层具有的空气孔分布,是实现"光纤纤内实验室"技术的理想载体,它不仅为材料科学与导波科学的交叉与结合提供了空间与条件,而且也为微结构光纤特性的再次优化设计、灵活动态调控以及实现新型应用提供了可能。

本章主要结合作者近些年的研究工作,综述和介绍如何在微结构光纤内部构造实验室的技术。气体、液体、固体等多种功能材料如何被集成到微结构光纤中,如何调控微结构光纤的各种特性,以及基于微结构光纤的光子调控器件、生化传感技术等的工作原理、研究进展及发展趋势等。

6.1.2 微结构光纤的分类及其传导机理

微结构光纤根据其所用的基底材料,可以分为石英微结构光纤、聚合物微结构光纤以及氟化物微结构光纤等；根据其纤芯的构成可以分成固芯微结构光纤和空芯微结构光纤；根据纤芯的数量可以分成单芯微结构光纤、双芯及多芯微结构光纤；根据其纤芯所支持的模式数量可以分成单模微结构光纤、少模或多模微结构光纤；根据微结构光纤实现的功能,可以分为大模场面积微结构光纤、高非线性微结构光纤、高双折射微结构光纤等。

图 6.1 给出了可应用于"光纤纤内实验室"技术的几种典型的微结构光纤结构。在传导机理上,包层具有空气孔分布的固芯微结构光纤,如图 6.1(a1)~(a5)所示的微结构光纤结构[8-12],由于纤芯的有效折射率高于包层的有效折射率,其传导机理类似于传统光纤的全内反射,常被称为折射率引导型微结构光纤。虽然这种固芯微结构光纤的传导机理与传统光纤类似,但其包层的空气孔个数、排列方式,空气孔大小、形状等都可以灵活设计,如可以设计成空气孔大小不一的双包层及多包层结构,单芯及多芯结构,空气孔为圆形、椭圆形、柚子形等多种形状的多种结构等,因此完全可以根据不同的应用要求选用或定制具有特定双折射、非线性、模场面积以及色散等特性和功能的微结构光纤,这在普通光纤上是不可能实现的。根据固芯微结构光纤的结构和性能,可以基于双折射、模间干涉、模式谐振耦合、倏逝场等原理构造"光纤纤内实验室",并实现高性能的调控器件和对生化物质的高敏感感测。

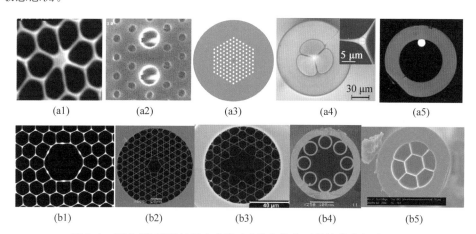

(a1)　　　　(a2)　　　　(a3)　　　　(a4)　　　　(a5)

(b1)　　　　(b2)　　　　(b3)　　　　(b4)　　　　(b5)

图 6.1　可应用于"光纤纤内实验室"技术的典型微结构光纤端面图

(a1)固芯高非线性微结构光纤[8]；(a2)固芯高双折射微结构光纤[9]；(a3)固芯大模场面积微结构光纤[10]；(a4)吊芯微结构光纤[11]；(a5)悬挂内芯微结构光纤[12]。(b1)空芯光子带隙光纤[13]；(b2)空芯笼目(Kagome)光纤[15]；(b3)下摆线型空芯笼目微结构光纤[16]；(b4)负曲率空芯微结构光纤[17]；(b5)简化空芯微结构光纤[18]

空芯微结构光纤的传导机制完全不同于传统光纤和固芯微结构光纤,是通过光子带隙效应或反谐振等效应将光约束在最中间的空气纤芯中低损耗传导的。

1998 年,英国 Bath 大学的 J. C. Knight 等率先拉制出蜂窝栅格的光子带隙微结构光纤[2]。该光纤的包层利用蜂窝状排列的空气孔形成二维光子带隙,纤芯通过引入一个额外的空气孔形成线缺陷,在光子带隙效应的作用下光被限制在纤芯空气孔周围的环形石英区域,但由于空气填充比不高,未实现真正意义上的空气纤芯导光。1999 年,英国 Bath 大学的 R. F. Cregan 等拉制出第一根空气传导的光子带隙光纤[3]。该光纤包层中的空气孔为周期性的三角栅格排列,纤芯通过去除七个毛细管形成一个较大的空气孔。然而由于空气填充率仍然不高,该光纤的损耗约为1000 dB/km。2003 年,美国 Corning 公司的 C. M. Smith 等设计并研制出空气填充率高达 94% 的空芯光子带隙光纤,如图 6.1(b1)所示,成功将光纤在 1550 nm 的传输损耗降低到 13 dB/km,低损耗传输窗口大于 400 nm[13]。2005 年,英国 Bath 大学的 P. J. Roberts 等通过优化毛细管表面光滑度进一步将空芯光子带隙光纤的损耗降低到 1.2 dB/km[14],但其低损耗传输带宽很窄。低损耗的空芯光子带隙光纤需要超过 90% 的大空气填充比,包层需要严格的周期性结构。因此对光纤的拉制工艺要求非常苛刻,另外该光纤容易受到表面模的影响。2006 年,英国 Bath 大学的 F. Couny 等提出了另一种具有笼目栅格的空芯微结构光纤设计[15],如图 6.1(b2)所示,其包层结构可以看成是由三组很薄的石英壁互成 120°交叉排列。为了降低该种光纤的损耗,2014 年,B. Debord 等提出了下摆线型空芯笼目微结构光纤[16],如图 6.1(b3)所示。两种光纤的主要区别在于紧邻空气纤芯的硅壁一个为正曲率的六边形,一个为负曲率的下摆线形。进一步研究发现,该类光纤的结构可以进一步简化成只有一层的空气孔结构,如图 6.1(b4)[17]、图 6.1(b5)[18]所示,仍然可以较好实现光的低损耗传导。在传光机理上,该类光纤既非折射率引导也非光子带隙引导,而是由于包层结构的特殊性,使得纤芯模式与包层模式之间的耦合被极大地抑制,发生反谐振效应,其低损耗传输窗口的位置与邻近纤芯第一层空气孔硅壁的厚度有很大的关系[19]。因而该光纤可以称为耦合抑制型或反谐振型空芯微结构光纤。虽然这类光纤的损耗略高于空芯光子带隙光纤,但是具有比空芯光子带隙光纤宽得多的导光范围,而且不存在表面模式的影响。特别是只有一层空气孔包层的空芯光纤由于结构大幅简化,不仅极大地降低了对生产制作工艺的要求,而且由于包层空气孔个数少,为功能材料的选择性引入提供了更大的便利,更适宜作为构造光纤纤内实验室的载体。同时由于该类光纤可以设计成具有很大纤芯直径的光纤,可以制作成结构紧凑同时具有很长腔长的气室,是研究光与气体相互作用的良好载体。

6.2 微结构光纤中功能材料的集成技术

可通过两种方式实现材料集成的微结构光纤,一是采用传统的光纤拉制方式,使两种或多种材料集成在一起进而形成材料集成的微结构光纤。2002 年,美国 MIT 的 B. Temelkuran 等利用传统的光纤拉制技术,成功实现了高折射率的硫系玻璃和低折射率的聚合物材料周期排布的空芯布拉格光子带隙光纤[20]。该光纤具有很宽的光子带隙,在实现高功率激光传输、研究光与物质的相互作用、气体非线性及实现气体传感等方面表现出很好的应用潜力。2004 年,英国 Bath 大学的 F. Luan 等利用 LLF1 和 SF_6 两种玻璃材料拉制出全固光子带隙光纤,实现了不同于传统光纤的光子带隙引导机制[21],但由于两种材料的兼容性问题使得损耗比较大。2006 年,美国 MIT 的 M. Bayindir 等通过构建光纤拉制工艺平台实现了金属材料、硫系玻璃材料、非晶半导体材料、聚合物等多种材料集成的多种微结构光纤[22]。2012 年,美国的 A. F. Abouraddy 等综述了多材料集成光纤的研究进展[23],有兴趣的读者可以参阅。该种直接拉制形成多材料集成光纤的最大好处是可以批量生产,实现数十千米的光纤长度。但面临的最大挑战是多种材料的兼容性问题。首先,能够集成的材料要有相互匹配的热机械特性、较高折射率对比度以及相互兼容的拉制温度,因此对可供选择的集成材料受到较大的限制;其次,为了实现低损耗的光纤,必须保证材料界面的低散射损耗;最后,对于不同功能材料混合集成拉制形成光纤,需要摸索拉制工艺和最优参数,一般研究周期长,研发成本高。另一种更加灵活的实现方式是利用现有拉制好的微结构光纤,通过后处理方式,将多种功能材料集成到微结构光纤的一个和多个空气孔中,从而形成材料集成的光纤。本章主要介绍的是第二种方式。

6.2.1 选择性填充技术

由于用于构建"光纤纤内实验室"的微结构光纤中一般包含多个空气孔,如何实现功能材料有选择性地集成到微结构光纤中特定的一个或多个空气孔中,成为微结构光纤中材料集成的关键技术。该技术首先需要对微结构光纤的端面进行预处理,主要是通过一定的手段封堵其他空气孔,而仅保留需要集成功能材料的空气孔。具体的实现方法主要包括如下几种。

1. 中空毛细管辅助法

该方法是由澳大利亚悉尼大学的 C. Martelli 等于 2005 年提出并最先使用[24]。具体实现步骤如图 6.2 所示:首先选用与拟填充微结构光纤纤芯区域相匹配的中空毛细管,然后将其与微结构光纤的一端熔接,只要中空毛细管选择得当,可使微结构光纤的所有包层空气孔全被堵住,只留下微结构光纤的中心空气孔。最后用光纤切割刀切去毛细管的大部分,只留下很薄的端帽,至此微结构光纤的预处理完成。功能材料从端帽一端进入,即实现微结构光纤中功能材料的选择性填充。事实上,这种方法不仅可以实现纤芯空气孔的填充,通过错位熔接的方式,也可以实现包层空气孔的填充。2008 年,J. Canning 等就利用这种方法实现了一种微结构光纤包层空气孔三个区域的不同染料发光材料的选择性填充[25]。

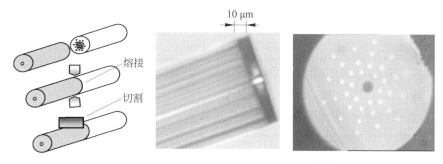

图 6.2　中空毛细管辅助选择性填充方法[24]

2. 利用不同尺寸空气孔的流速差异法

因为微结构光纤中各空气孔内壁的属性相同,在保持一定的压力差下,流体在不同直径的空气孔中的流速存在差异。利用这种差异,可以实现对微结构光纤中不同直径空气孔的选择性封堵和填充。2004 年,美国的 Y. Huang 等利用紫外固化聚合物(NOA73 光学紫外胶)和如图 6.3(a)所示的光学胶填充-紫外固化-光纤切割等多步骤实现了一种微结构光纤中纤芯大空气孔的功能材料填充[26]。但由于所用光学胶的黏度较大,实际操作中需要使用针管泵。2007 年,我们提出了一种改进的方法,采用石蜡代替光敏聚合物,用温控代替光敏作用,用毛细力代替针管泵,使得整个操作过程更加简单、方便[27-28]。石蜡熔点一般为60°左右,通过加热使石蜡熔化,熔化之后的蜡汁的黏度不高,通过毛细作用很容易被吸入光纤的空

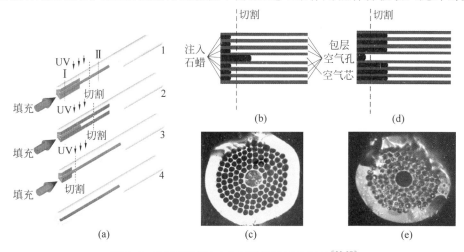

图 6.3　利用不同尺寸空气孔的流速差异法[26-27]

气孔中。如图 6.3(b)所示,直接进行蜡汁的毛细吸收,由于纤芯空气孔更大些,蜡汁在纤芯的吸入长度会明显更长一些,然后将光纤直接置于空气中冷却后,在图中所示的位置进行切割后可以得到如图 6.3(c)所示的端面,即纤芯被石蜡堵上而包层空气孔完好,这样的端面即可用于包层空气孔中各种功能材料的集成;接下来,对纤芯封堵的光纤端面再次填充蜡汁,蜡汁将更长地被填充到包层空气孔中,再进行相应地切割之后,最终即可得到如图 6.3(d)所示的光纤端面。除了纤芯大孔之外所有空气孔都被石蜡封堵,这样的端面可以用于纤芯空气孔中各种功能材料的集成。这种方法的主要缺点是只适用于具有空气孔大小明显差异微结构光纤的预处理。

3. 熔接机电弧放电塌缩空气孔法

将微结构光纤放在光纤熔接机中进行电弧放电,电弧放电会使包层和纤芯的空气孔塌陷,通过精细控制熔接机参数,可控制空气孔的塌陷程度,进而实现特定空气孔的封堵。2005 年,香港理工大学的 L. M. Xiao 等详细研究了熔接机各参数与空气孔塌陷程度之间的对应关系,图 6.4(a)为其选择合适的熔接机参数实现的对空芯光子带隙光纤预处理后的结果:只有纤芯空气孔保持张开,所有包层空气孔均塌陷;图 6.4(b)是其实现的聚合物光敏材料 NOA74 在纤芯中的集成[29]。这种方法的主要不足在于虽然中心空气大孔是张开的,但一般也存在不同程度的塌缩;另外对于不同结构的微结构光纤,需要摸索不同的电弧放电参数。2006 年,巴西学者 C. M. Cordeiro 等提出了熔接机电弧放电与气体加压相结合的方法[30],可有效避免上述不足,而且还可实现微结构光纤的侧面开孔。对于固芯微结构光纤,包括两个步骤:首先,在微结构光纤的一端通过电弧放电将微结构光纤中所有的空气孔塌陷;接下来在微结构光纤的另一端加载压力的同时,在微结构光纤中间需要开孔的位置处进行电弧放电。由于电弧放电会使光纤软化,在压力作用下相应地通气空气孔就会扩张,进而在一定气压下实现侧面开孔。对于空芯微结构光纤,则需要如图 6.4(c)所示的电弧放电封堵所有空气孔—电弧放电封堵包层孔—在高压作用下电弧放电扩张纤芯空气孔等三个步骤。在较大气压下可以实现纤芯空气孔的侧面开孔,如图 6.4(d)所示实验结果;在较低压力下可实现纤芯空气孔的扩大和包层空气孔的封堵,如图 6.4(e)所示。

4. 微纳加工法

利用聚焦离子束(FIB)、飞秒激光等精细微加工技术可以实现对微结构光纤的预处理和选择性填充。2010 年,香港理工大学的 Y. Wang 等提出了基于飞秒激光的微结构光纤选择性填充技术,如图 6.5(a)所示[31]。第一步,将普通单模光纤与微结构光纤熔接,通过控制熔接参数,保证微结构光纤中的空气孔在熔接点处不塌陷,然后切掉大部分单模光纤,只留下很短的单模光纤(10 μm),主要作用是封堵上微结构光纤中的所有空气孔。第二步,从单模光纤端面处将飞秒激光聚焦到需

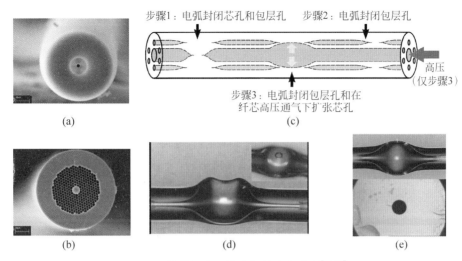

步骤1：电弧封闭芯孔和包层孔　　步骤2：电弧封闭包层孔

高压
(仅步骤3)

步骤3：电弧封闭包层孔和在
纤芯高压通气下扩张芯孔

(a)　　(b)　　(c)　　(d)　　(e)

图 6.4　熔接机电弧放电塌缩空气孔法[29-30]

要选择性填充的空气孔处,然后用飞秒激光开孔。第三步,将功能材料从开好孔的单模光纤一端进入微结构光纤的特定空气孔中。2011 年,丹麦技术大学的 F.Wang 等提出基于聚焦离子束的微结构光纤选择性填充技术,如图 6.5(b)所示[32]。首先将微结构光纤的端面上涂覆很薄的一层金属;然后用 FIB 在要填充功能材料的空气孔位置开一定深度的微流通道,该通道贯穿到光纤外表面;接下来与普通单模光纤熔接,选择熔接参数确保微结构光纤端面空气孔和通道处的形状保持完好;功能材料即可从光纤侧面开槽通道处进入要填充的空气孔中。该类方法从原理上可以实现对任意空气孔的选择性填充,同时也可以较好实现对光纤的侧面开孔。

5. 显微镜下的直接手动胶合法

该方法是由澳大利亚悉尼大学的学者提出的,如图 6.6(a)所示[33]。在显微镜下,利用直径约 10 μm 的锥形硼硅酸盐玻璃尖端蘸上紫外线可固化聚合物液体,将其滴在各个要封堵的空气孔处,然后用紫外灯照射使聚合物材料固化,即实现微结构光纤的端面处理。最后通过加压或减压的方式即可实现功能材料在特定空气孔中的选择性填充。但是通常情况下,微结构光纤中的空气孔个数比较多(多达几十个甚至上百个),而功能材料仅需集成到少数几个空气孔中,因此该方法要用光敏聚合物逐个封堵很多个空气孔,一般比较费时。为此我们提出了改进方法[34]:利用聚苯乙烯微球代替紫外固化聚合物液体,温控代替紫外固化。首先用直径在 10 μm 左右的拉锥毛细管附着上与拟填充空气孔大小相匹配的聚苯乙烯微球,如图 6.6(b)所示,将其放在拟填充空气孔上,瞬间加温使其熔化,熔化的液体进入空

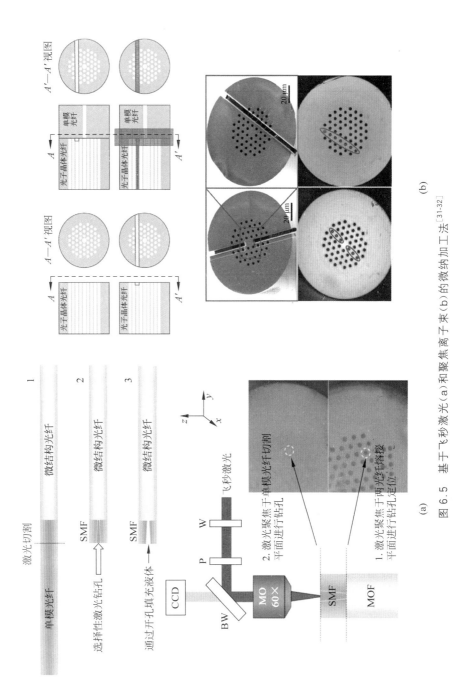

图 6.5　基于飞秒激光（a）和聚焦离子束（b）的微纳加工法[31-32]

气孔中,再降至常温即堵上该孔。将光纤封堵端浸入熔融的石蜡中,由于聚苯乙烯材质的熔点高于石蜡的,因此在石蜡中不会熔化。利用毛细作用力,蜡汁会吸入未被封堵的所有空气孔中一定长度,在超过合适位置切割,即实现仅聚苯乙烯小球封堵的空气孔是张开的,而其他空气孔均被石蜡封堵的端面。该方法的主要优点是可以实现微结构光纤中任意一个或多个空气孔的选择性填充。

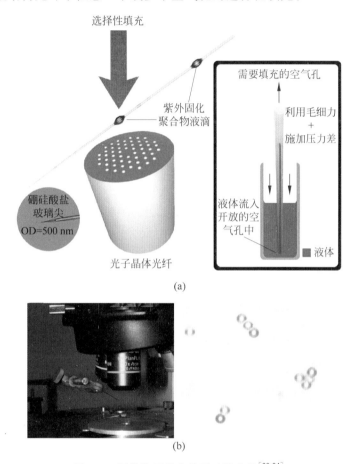

图 6.6　显微镜下的直接手动胶合法[33-34]

6.2.2　微结构光纤中的功能材料集成技术

气体、液体和部分固体材料都可以实现与微结构光纤的有机结合。由于这三种相态材料的特性具有明显差异,因此对它们的材料集成手段也各不相同。

1. 气相材料在微结构光纤中的集成技术

由于气相材料的折射率一般不会影响微结构光纤的传导机制,因此气体与微结构光纤集成时,一般不需对端面进行选择性填充预处理。针对气体会在空间内逸散的特点,气体集成到微结构光纤中时,要构造气体全封闭结构,且一般需要加压装置。最常用的方法是在微结构光纤的气体输入端和气体输出端设计气室。2002 年,英国 Bath 大学的 F. Benabid 等在 *Science* 上报道了氢气填充的空芯光子晶体光纤的低阈值受激拉曼散射效应,在其实验中使用了两个气室,用于氢气与微结构光纤的集成,如图 6.7(a)所示[35]。微结构光纤连通气室的端面密封并涂覆增透材料,以利于光的输入和输出。首先将输出气室 2 打开,通过对输入气室 1 施加压强,将气体通入微结构光纤中,多次反复填充氢气,将光纤中的空气排净。之后关闭气室 2,利用压强差填充入氢气,直到光纤中气体达到合适的压强,关闭输入气室 1,即实现气体在微结构光纤中的集成。大部分的气相材料集成微结构光纤的实验研究都是基于这种类似的两个气室来实现的。

2005 年,F. Benabid 等发表在 *Nature* 上的论文中没有使用气室,而是使用了全光纤化的气相材料集成系统[36]。首先将空芯光子带隙光纤一端与单模光纤熔接,如图 6.7(b)上图所示。熔接点的机械强度相当于 80 bar 的气压,这对于高压下控制气体是至关重要的。接着,利用一定的气压将所填的气体从光纤另一端充入光纤中,达到一定压强后,再把光子带隙光纤的另一端与单模光纤熔接。这样就形成了全光纤的气体填充光子带隙光纤,如图 6.7(b)的下图所示。这种方法减少了块状气室的使用,结构紧凑小巧,实验方便。

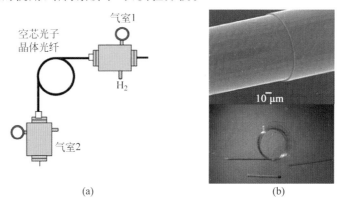

图 6.7　气相材料在微结构光纤中的集成

(a)双气室结构[35];(b)全光纤化结构[36]

2. 液相材料在微结构光纤中的集成技术

由于液相材料本身具有流动性,同时不会在空间内发生逸散,因此易于与微结构光纤相结合,其材料选择范围也比较大,通常满足以下条件的材料均可用于集成:在微结构光纤的导光波段,吸收系数小;与光纤材料具有表面吸附力;具有可调控性。在研究中,比较常见的液相材料有温敏液体材料、液晶、磁流体及高非线性功能材料,如 CCl_4、CS_2 等。

在填充液相材料之前,一般会根据实验目的对微结构光纤端面进行选择性填充预处理,除非是对微结构光纤中的所有空气孔进行材料集成。通常情况下,将微结构光纤两端切开露出要填充的空气孔,然后把一端(选择性填充预处理后的端面)浸入所需使用的液相材料中即可。若该液相材料为浸润液体,则会在毛细作用下进入光纤内几厘米的长度,而其填充速度受到微结构光纤中要填充的空气孔直径、液体黏滞系数、浸润特性[37]等因素的影响。同时,液相材料的填充长度与填充时间正相关,借此可以对微结构光纤中液相材料的长度进行控制。单一地利用毛细效应充入材料具有很大的局限性,例如很难实现较长的填充长度、无法充入非浸润液体、对某些材料所需填充时间过长等。可以通过在光纤的两端引入压力差来解决这一问题,具体方法为对光纤裸露的一端进行抽真空,或是对所充入的液相材料进行加压。需要注意的是,液体注入的速度并不是越快越好,过快的速度不仅不利于控制填充长度,还有可能使充入材料出现气泡,从而导致分布不均匀,这会极大地影响光纤的导光性能。因此,针对不同的液相材料,需要选择合适的压强差和填充时间来进行填充。

3. 固相材料在微结构光纤中的集成技术

金属是可集成入微结构光纤中的一类固相材料。由于金属在高温下会熔化成液体,因此通常采用的一种方法是对熔融的金属施加高压使其注入微结构光纤中。

图 6.8(a)为 R. Spittel 等报道的一种垂直壁炉加热式金属注入方法[38],将端面预处理好的微结构光纤置入石英管中并整体放入垂直壁炉中,石英管底部有微量的固体金。实验前需要用氩气对石英管内部冲洗,以防止金属氧化,然后升高壁炉温度至高于金属的熔点温度。待金属熔化后,增加压力至 100 bar 左右,此时在压力的作用下,熔融的金属即可被注入光纤内部,然后冷却并移除气压装置,从石英管内取出光纤,即完成金属材料在微结构光纤空气孔中的集成。2011 年,H. W. Lee 等提出了另一种基于中空毛细管的压力辅助方法,同样将金(Au)集成到了微结构光纤内,其操作步骤示意图如图 6.8(b)所示[39]。首先将金线放入中空的毛细管中,用钨丝将其推到合适的位置,将毛细管端面切平并与要填充的微结构光纤熔接(熔接既要保证一定的强度,又要保证微结构光纤熔接点处的拟填充金属的空气孔是张开的)。然后在毛细管一端加高压的同时进行加热,当温度高于金的熔点温度时,即可实现金属的注入。这种方法不会造成金属材料的浪费,且操作完成后光纤内无残余的气压,具有很高的安全性。

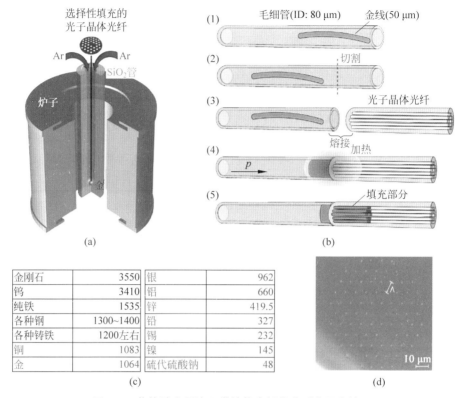

图 6.8　将熔融金属注入微结构光纤的典型装置和结果

（a）垂直壁炉加热式金属材料集成装置[38]；（b）H. W. Lee 等提出的将金属纳米线集成到微结构光纤中的技术[39]；（c）常见金属的熔点（℃）；（d）亚碲酸盐填充的微结构光纤[40]

　　由于微结构光纤的基底材料多以 SiO_2 为主要原料，其在 1400℃ 左右的高温下会开始变软。因此，要实现光纤中的固相材料集成，必须保证微结构光纤在材料注入过程中结构不变，故所选用集成固相材料的熔点多在 1200℃ 以下。图 6.8（c）列出了一些常见金属的熔点，其中红色字体金属代表其熔点符合材料集成的基本要求。除了金属材质，熔点低于光纤的玻璃材料也可以利用熔融加压法注入微结构光纤空气孔内。2009 年，M. A. Schmidt 等将亚碲酸盐玻璃在 700℃ 的温度下以 60bar 气压注入微结构光纤内，形成材料集成的光子带隙光纤，如图 6.8（d）所示[40]。该方法非常适用于将不适合光纤拉制的材料注入微结构光纤内。

　　除了上述将固相材料熔融高压注入的方法，高压化学气相沉积法是另外一种集成方法。2006 年，英国 Southampton 大学的 P. J. A. Sazio 等尝试将半导体微光电子器件通过高压化学气相沉积技术（HPCVD）直接在光纤的空气孔中沉积合成的方法[41]，期望实现集光的产生、调制、传输、放大和探测均在微结构光纤中完成的全光纤光电子集成的想法，虽然器件功能没能很好地实现，但初步的实验结果证实半导体等材料在微结构光纤中集成的可行性。之后经过几年的深入探索和技术改进，2012 年 2 月，他们与美国 Park 大学的 R. He 等合作在微结构光纤中的单个空气孔中成功沉积上了半导体层和金属层，如图 6.9 所示，并实现了 3GHz 带宽的光纤-半导体混合结构的在线光探测器[42-43]。该工作进一步证实了半导体器件与微结构光纤有机结合的可能性，这对光纤-光电子混合集成器件的发展具有重要的意义。

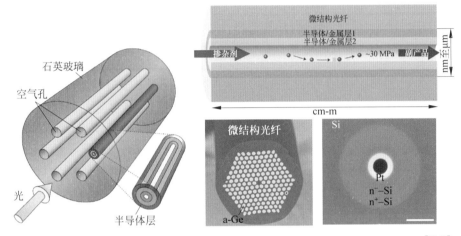

图 6.9　采用高压化学气相沉积技术实现微结构光纤中半导体和金属材料的集成[42-43]

上述两种方法都需要在高温高压下进行，对设备的专业性要求比较高。研究者也陆续开发了许多常温下就可以沉积固体材料的方法。2010 年，德国的 A. Csaki 等利用硅烷的氨基吸附金属纳米颗粒的化学特性，通过微流体控制装置将硅烷填充于空气孔中，然后将金属纳米粒子溶液充入光纤中，控制微流体控制装置可以控制吸附层密度[44]。2012 年，希腊的 C. Markos 等将 As_2S_3 溶解于胺溶剂中，利用毛细吸收作用将纳米胶状的溶液填充入微结构光纤中[45]。然后利用低温退火将溶剂蒸发掉，即将 As_2S_3 薄层沉积到微结构光纤孔内壁上。由于 As_2S_3 具有高的线性和非线性折射率，沉积 As_2S_3 的微结构光纤形成了带隙结构，改变沉积时所使用的溶液浓度，可以改变带隙的位置，这在光纤传感和非线性领域有潜在的应用。

6.3　微结构光纤"纤内实验室"技术的应用

6.3.1　基于空芯微结构光纤"纤内实验室"技术的应用

空芯微结构光纤具有特殊的传导机制,能够实现光在空气纤芯中的低损耗传导。数值模拟结果表明,在笼目空芯微结构光纤中,仅约 0.01% 的光是在石英材料中传导的,其余 99.99% 的光被限定在空芯的空气孔通道中[46]。因此,空芯微结构光纤具有很高的光损伤阈值,可以一定程度上突破石英光纤材料的吸收波段限制,实现中红外和紫外波段光的低损耗传导。当待测物质被引入到空芯微结构光纤的纤芯时,光与待测物质的交叠积分可达 90% 以上,能够实现光与物质的高效、长程作用,因此它是研究光与物质相互作用的理想载体。

2002 年,英国 Bath 大学的 F. Benabid 等在 *Science* 上报道了利用空芯光子带隙光纤的低损耗传导和与氢气的长程高效相互作用特性,使氢气的受激拉曼散射阈值几乎降低了两个数量级[35],至此基于空芯微结构光纤的气体非线性特性的研究拉开序幕。2014 年,P. S. J. Russell 等在 *Nature Photonics* 上综述了基于空芯微结构光纤的气体非线性光学[46]。当不同压力和不同种类的气体被填充到空芯微结构光纤中时,不仅光与气体会在微结构光纤中发生高效、长程的相互作用,而且气体的引入也对微结构光纤的色散起到了调控作用,气体压力不同,零色散波长(ZDW)位置也不同,如图 6.10 所示。因此通过 800 nm 飞秒激光泵浦不同压强和不同气体填充的空芯微结构光纤时,可观察到非常丰富的非线性效应,合理控制和利用这些非线性效应能够实现可见到深紫外光的产生。2020 年 8 月,瑞士的 F. Yang 等在 *Nature Photonics* 上报道了将 41 bar 的高压二氧化碳气体充入 50 m 的空芯光子带隙光纤中产生的布里渊放大效应,获得了 0.32 dB/mW 的布里渊增益,该增益是实心二氧化硅光纤的 6 倍,如图 6.11(a)所示。这种较大的增益主要得益于空芯微结构光纤中较高的二氧化碳分子数密度和高压力下较低的声衰减。基于该放大效应,作者实验演示了低阈值(33 mW)的连续波空芯光纤布里渊单频激光器和应变不敏感的高性能分布式空芯光纤布里渊温度传感器(图 6.11(b))[47]。该方面工作充分展示了气体集成空芯微结构光纤在信号放大、激光光源和传感器方面应用的潜力。

2014 年 3 月,英国牛津大学的 M. R. Sprague 等利用真空中大纤芯笼目光纤中光与铯原子的高效拉曼相互作用,实现了宽带(GHz)光信号的单光子水平的室温光存储,实验装置和工作原理示意图如图 6.12 所示[48]。与自由空间相同原理的光存储技术相比,所需光能量要低两个数量级。

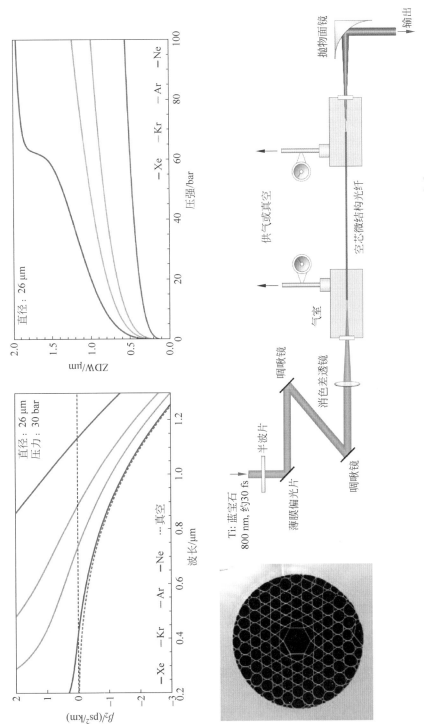

图 6.10 不同气体填充空芯微结构光纤实现从可见到深紫外光的产生[46]

315

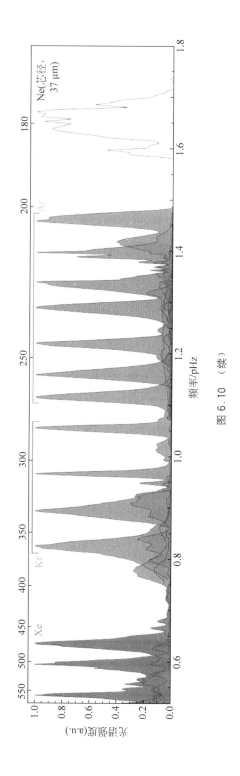

图 6.10 （续）

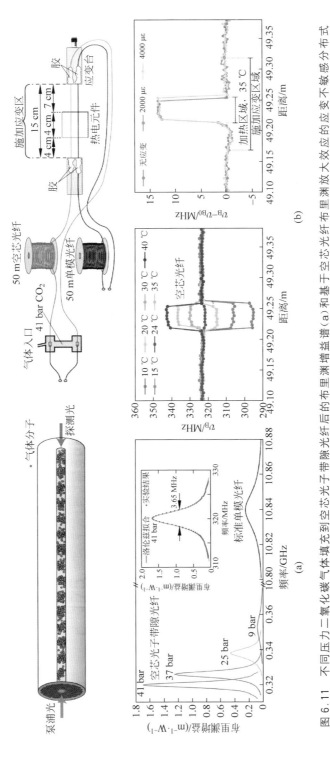

图 6.11　不同压力二氧化碳气体填充到空芯光子带隙光纤后的布里渊增益谱（a）和基于空芯光纤布里渊放大效应的应变不敏感分布式温度传感器的实验装置和主要实验结果（b）[47]

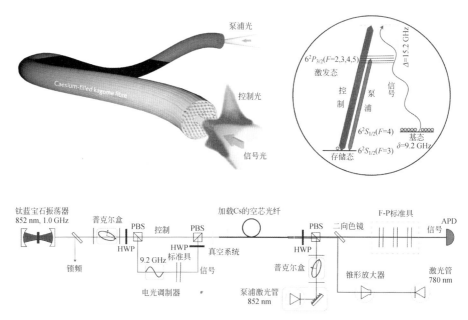

图 6.12　空芯微结构光纤与铯原子集成实现宽带(GHz)单光子水平的光存储[48]

　　空芯微结构光纤除了具有低的光学传输损耗,能够实现光与物质的高效、长程相互作用,还提供了一个全封闭、抗化学腐蚀、抗环境干扰的空间。利用这些特性,可以实现全新原理的传感技术。2015 年 6 月,P. S. J. Russell 课题组在 *Nature Photonics* 上报道了基于空芯微结构光纤中飞行粒子的新型传感器技术,如图 6.13 所示[49]。首先将一个微粒引入到空芯微结构光纤的纤芯中,在微结构光纤的两端分别输入相向传播的两束光,通过调控两束光的功率,可以操控该微粒所在的位置。如果将该微粒处于探测区域,它将与外界环境相互作用,外界环境会改变该微粒的运动状态,通过检测传输光或反射光可以反映出微粒这种变化,进而实现对外界环境的传感。例如,在图 6.13(b)的传感设计中,一旦粒子受到横向的机械振动或线性加速度作用,粒子就会在操控位置处发生扰动,这将引起传输光信号的改变。如果该粒子为带电荷粒子,则可以实现对外界电场或磁场的测量。在图 6.13(c)中的传感器设计中,利用流体(气体或液体)中的微粒的运动速度与流体的黏滞系数呈反比,而黏滞系数大小与外界温度变化有关的事实,基于多普勒测速的原理可以实现空间分辨率为厘米量级的温度传感。微粒还可以选择辐射发光粒子,如图 6.13(d)所示,通过探测外界物理量作用下发光粒子的辐射强度或寿命改变实现对外界物理量的感测。

　　空芯微结构光纤在光流控生化物质感测方面的应用潜力也非常引人关注。利用空芯微结构光纤构造"纤内实验室"器件,将待测样本与光均约束在纤芯中,几乎

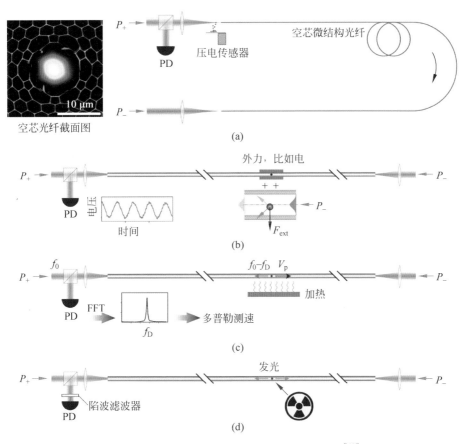

图 6.13　空芯微结构光纤中的飞行粒子传感器[49]

90％以上的光功率能够与样本发生高效相互作用,因此空芯微结构光纤是构造新型、高性能光流控器件的理想光纤。2012 年,英国爱丁堡大学与德国马普研究所的研究人员合作将笼目结构的空芯微结构光纤作为微流体反应器,研究了两种偶氮苯材料的光化学动力学过程,在泵浦功率比传统体材料低三个数量级的情况下,探测限小于 1 pM[50]。2013 年,我们利用国内长飞光纤光缆有限责任公司生产的一种简化空芯微结构光纤(其结构如图 6.13(b)所示),将荧光(激光)染料 R6G 溶液(折射率为 1.36)选择性地引入到空芯微结构光纤的纤芯孔中,利用该微结构光纤中光与物质的高效相互作用,液面/空气交界处微环谐振荧光增强效应并结合光纤侧面探测技术,提出并实现了一种高灵敏度、高空间分辨的荧光探测技术,实验装置和主要实验结果如图 6.14 所示,实现的浓度探测限达 1 pM[18],较传统方法提高一个数量级以上。证明空芯微结构光纤具有实现空间分辨痕量生化物质感测的潜力。

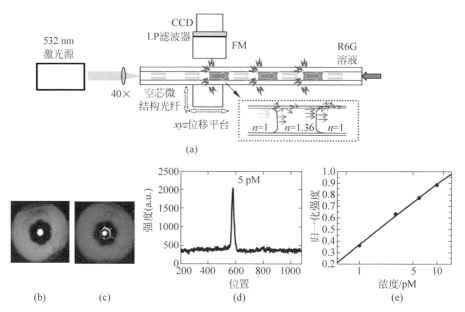

图 6.14　基于空芯微结构光纤的高效荧光探测

(a) 实验装置；(b),(c) 实测的空芯微结构光纤和染料溶液填充后液芯微结构光纤的光场图；(d),(e) 实验测量结果[18]

基于荧光探测的光学传感技术虽有诸多优点,但其遇到的最大挑战是随着生物探针或发光分子个数的减少,因产生的光信号太弱并被淹没在背景噪声中而无法测量。而将生物探针或生物样本放在激光谐振腔中,直接或部分作为增益介质的新型光流生物激光器,能够大幅提高探测灵敏度,并且有望实现对生物探针及样本的发光信号和折射率等多个参数的高精度测量,是一种非常有发展潜力的技术[51]。研究发现,空芯微结构光纤同样也是构造光流控激光器的良好载体。在如图 6.1(b5) 所示的微结构光纤中,纤芯周围的六边形石英薄壁(厚度约为 370 nm)可近似看成圆形。2014 年,我们巧妙利用该空芯微结构光纤纤芯内壁纳米环形结构形成的微环谐振腔,通过横向泵浦方式,利用倏逝场耦合增益原理,实现了低阈值(185 nJ/pulse)的径向激光激射[52]。2015 年,进一步对该空芯微结构光纤进行拉锥处理,通过改变环形微腔的腔长,并利用轴向泵浦方式实现了对该微流控激光器激射波长的宽带调谐[53]。2017 年,我们发现该六边形谐振腔具有角向选频效应,基于该效应实现了稳定的单纵模的激光输出[54-55]。实验装置及典型实验结果如图 6.15 所示。

对于光流控微腔激光器来说,微腔的品质越高,激光器的阈值越低。激光器阈值的降低将会带来对增益介质浓度要求的下降,因此,超低阈值的微腔激光器是实

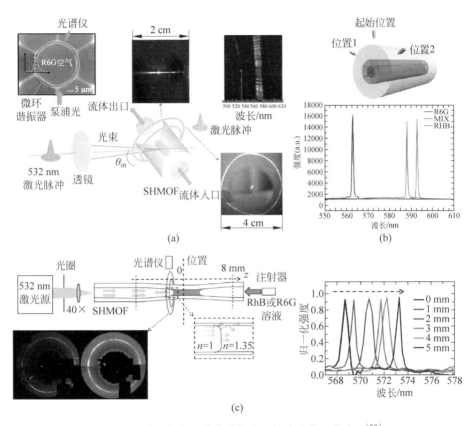

图 6.15　基于简化空芯微结构光纤的光流微环激光器[53]

(a) 侧向泵浦光流控光纤激光器[52]；(b) 基于角向选频效应实现的单纵模输出[54]；(c) 通过轴向泵浦及空芯光纤拉锥调控激光腔长实现的波长调谐输出

现高灵敏生化物质感测的关键。2018 年,我们利用北京工业大学制备的一种无节点空芯负曲率光纤,其结构及关键几何参数如图 6.16(a)～(c)所示,该光纤包含 6 个圆形微环,每个微环的壁厚为 390 nm,是集成在光纤内部的微纳光纤环形腔。将其中起反谐振作用的一个石英微环(图 6.16(c))用作微流体通道和激光谐振腔,分别在 4 mmol/L 和 1 mmol/L 罗丹明 B 染料溶液作为增益介质的情况下,实现了阈值能量密度仅为 15.14 nJ/mm^2 和 15.38 nJ/mm^2 的低阈值激光出射,该阈值为当时报道的基于空芯光纤的光流控激光器中的最低值。根据实验结果推算该微腔的品质因子可达 10^7[55-56]。由于微腔和微流体通道同时集成在空芯微结构光纤的内部,该种微环激光器具有结构紧凑、鲁棒性能好等优势,再加上微环与包层石英管相切的结构特点,使得该微腔激光器具有定向输出的特性。

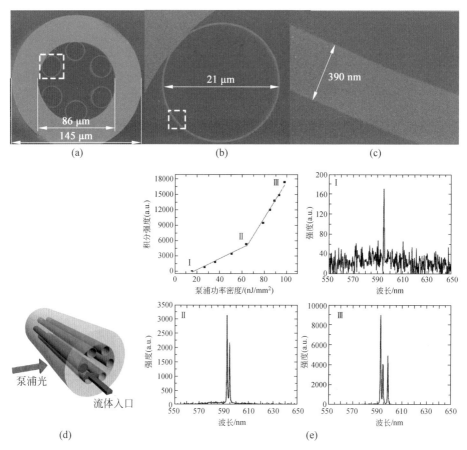

图 6.16　基于反谐振空芯微结构光纤的光流微环激光器[55]

(a)～(c) 光纤结构的扫描电镜图；(d) 光流微环激光器示意图；(e) 激光器的输出结果

6.3.2　基于固芯微结构光纤"纤内实验室"技术的应用

不同于空芯微结构光纤的传导机理,固芯微结构光纤传导机理类似于传统光纤的全内反射,其包层的空气孔分布并不要求有严格的周期性结构,空气孔的形状、大小、分布均可根据应用情况进行灵活地设计。因此,不同结构的固芯微结构光纤与材料有机结合,可以基于光子带隙、模式谐振耦合、双折射、模间干涉、倏逝场等效应或原理构造光纤纤内实验室,并实现高性能的调控器件和对生化物质的高灵敏度感测。

1. 基于材料集成固芯光子带隙光纤的调控及传感器件

如果将折射率高于基底的功能材料填充入周期性较好的折射率引导型微结构光纤(例如图 6.1(a3)所示的结构)的包层所有空气孔中,光纤的传导机制会发生改变,变成光子带隙引导。通过改变填充材料的折射率,就可以改变光纤的高透射光谱区域,从而可以实现光谱可调滤波器、光开关、光传感等光子器件。

2002 年,澳大利亚悉尼大学的 R. T. Bise 等率先将高折射率材料填充入一种折射率引导型的微结构光纤的所有空气孔中,实现了可调谐的固芯光子带隙光纤[57]。2005 年,我们基于光子带隙理论研究了填充高折射率材料前后对微结构光纤传导机制及特性的改变,以及填充材料折射率的改变对光纤的色散、损耗、模场面积和双折射等重要特性的影响[58-59]。之后三年内,澳大利亚悉尼大学和丹麦工程大学的研究小组做了大量的实验研究工作,通过在微结构光纤中填充聚合物、液晶等材料形成光子带隙光纤,利用温度、电场等方式实现了光开关、可调节滤波器、可调衰减器、可调节偏振控制器和起偏器等应用[60-63]。2008 年,我们在实验上将液晶填充入国产包层具有较好周期性结构的微结构光纤中,实现了光纤传导机制的改变,研究了光子带隙的温度调谐特性,根据带隙边界随温度的漂移特性,可实现高灵敏度的温度/折射率传感测量;我们还在这种液晶填充的光子带隙光纤中,发现了外场温度在液晶清亮点附近变化时,光纤光子带隙的反向移动和突变现象,利用这一特性,实现了消光比达 45 dB 的光开关[64,28]。之后我们又充分利用液晶的双折射和电场敏感特性,提出了基于液晶填充光子带隙光纤的萨格纳克干涉仪,如图 6.17 所示,实现了电调谐的光滤波器[65,28]。同年,我们在折射率引导型双芯微结构光纤中填充温敏聚合物材料,实现了光子带隙传导,并对其耦合特性

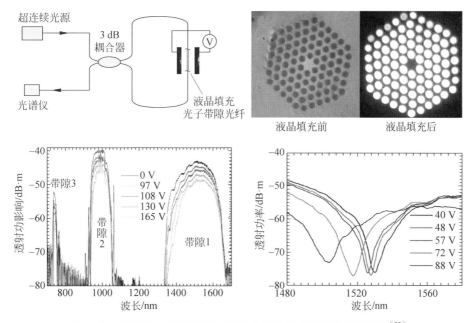

图 6.17　液晶填充光子带隙光纤的电调谐特性及可调谐滤波器[65]

进行了理论与实验研究,发现双芯光子带隙光纤耦合长度存在极值点,通过控制温度实现了对光纤带隙的传输波长范围及耦合特性的调谐与控制[66,28]。除了温控和电控的光子器件,全光调控的微结构光纤器件也是可以实现的。2011 年,L. Chia-Rong 等将掺杂了染料的液晶集成到微结构光纤中,通过染料在两种波长的控制光下所发生的顺式与反式异构化转换,实现了全光控制[67]。2016 年,我们基于光纤涂覆层的吸光特性,实现了基于微流填充光子带隙光纤的全光开关,其工作带宽大于 200 nm,消光比大于 20 dB,实验装置及典型的实验结果如图 6.18 所示[68,34]。

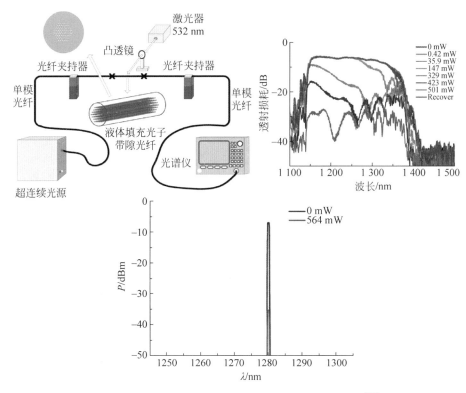

图 6.18　基于微流填充光子带隙光纤的宽带全光开关[68]

2. 基于材料集成微结构光纤中的模式谐振耦合效应实现的调控及传感器件

除了上述将微结构光纤的所有空气孔填充入功能材料,实现光纤的传导机制改变、带隙传输窗口和特性调控以及器件应用方面的研究,通过选择性填充等技术设法引入新机理和新效应,从而激起微结构光纤中多个模式之间的谐振耦合方面的工作,由于具有更高的灵活性和可设计性、更低的插入损耗、实现的光谱带宽更窄,传感灵敏度更高等优势,更加引人关注。

2009 年,澳大利亚悉尼大学 D.K.C.Wu 等报道了将流体引入一微结构光纤的距离纤芯较近的单一空气孔中,利用纤芯基模 LP_{01} 与该微流形成的液芯模式 LP_{11} 之间的谐振耦合效应引入了带宽仅为 0.37 nm,透射深度超过 20 dB 的损耗峰,并利用该谐振峰对折射率的高度敏感性,实现了灵敏度高达 30100 nm/RIU (11.6 nm/℃),折射率探测限为 $4.6×10^{-7}$ 的微流传感器[69],该值是目前常规光纤光栅传感器灵敏度的 1000 倍以上。2011 年 10 月和 2012 年 11 月,香港理工大学的 Y.Wang 等分别报道了利用飞秒激光选择性填充技术将高折射率材料填充入微结构光纤的单一空气孔中,通过优化固芯 LP_{01} 模式与液芯 LP_{01} 或 LP_{11} 模式之间的谐振耦合,实现了约 54.3 nm/℃ 和约 22 pm/με 的超高灵敏度的温度和应变传感[70-71]。2013 年 4 月,我们将两种不同折射率的微流材料通过显微镜下的直接手动胶合法分别引入微结构光纤的两个空气孔中,如图 6.19 所示。在一定温度下,固芯中的 LP_{01} 模式会分别与填充 1.466 液体的液芯 1 中的 LP_{01} 模式、填充 1.500 液体的液芯 2 中的 LP_{11} 模式在 1310 nm 波段和 1550 nm 波段发生谐振耦合,两个谐振峰因为来源于不同种类的模式耦合,具有完全不同的温度(折射率)和力学传感特性,进而实现了约 42.8 nm/℃ 和约 37.7 nm/N(-38 pm/με)的超高灵敏度的温度和力学量的同时传感测量[72]。2013 年 12 月,我们在单一空气孔微流填充的微结构光纤中,发现了固芯基模与微流形成的液芯基模之间的孪生谐振耦合现象,如图 6.20 所示。该现象主要是由液芯功能材料与二氧化硅材料的色散曲线存在两个相交点所致,在光谱上该现象表现为双谐振峰,且双谐振峰随外界温度(折射率)和力学量的变化漂移方向相反,利用该特性实现了高达 739796 nm/RIU (290 nm/℃) 和约 591 nm/N(701 pm/με) 的折射率(温度)和应力(应变)超高灵敏度传感测量,探测限优于 10^{-7} RIU[73-74]。

基于材料集成微结构光纤的模式谐振耦合效应,还可设计实现高效的模式激发与转换器件。2015 年,我们基于模式谐振耦合原理,提出一种基于材料集成的新型可调谐微结构光纤轨道角动量(OAM)模式激发和转换耦合器,设计实现了从单模光纤中基模到 16 个 OAM 态的高效转换[75-76]。

除了上述因材料集成实现的模式谐振耦合效应,光纤光栅更是最常用的一种模式耦合器,通过飞秒激光、二氧化碳激光器、193 nm 紫外曝光等多种方式均可在微结构光纤上写上光栅。利用微结构光纤光栅可以构造纤内实验室并实现多种应用。2008 年,美国的 Z.He 等利用在固芯折射率引导型微结构光纤上写制的长周期光栅,在折射率 1.33~1.35,实现了折射率探测限约为 10^{-7} RIU[77] 的传感器。2011 年,他们利用该种微结构光纤长周期光栅构造了光流控系统,实现了光的单模输入输出、微流的动态流入流出,利用样本组分对光栅谐振波长的影响,

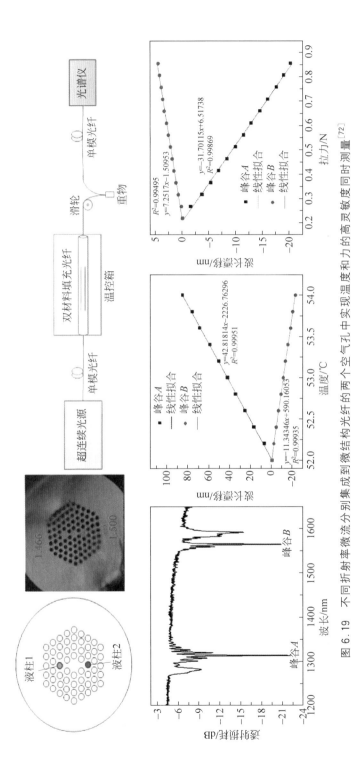

图 6.19　不同折射率微流分别集成到微结构光纤的两个空气孔中实现温度和力的高灵敏度同时测量[72]

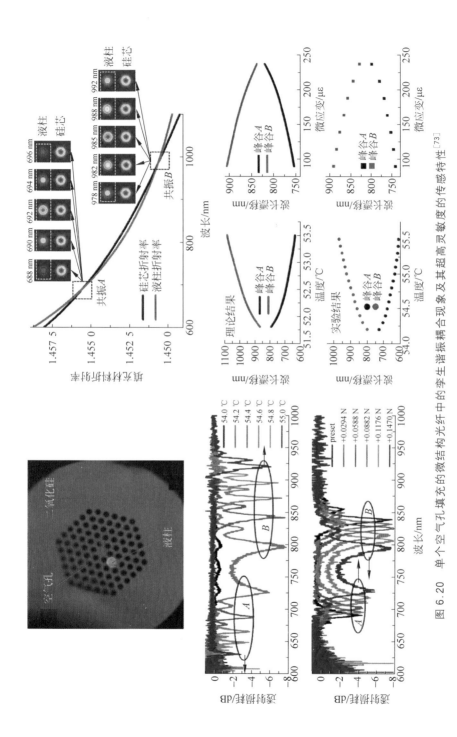

图 6.20　单个空气孔填充的微结构光纤中的孪生谐振耦合现象及其超高灵敏度的传感特性[73]

展示了生物样本在光纤内部的表面修饰改性及抗原抗体特异吸附过程的即时监测[78]。2015年,意大利的 A. Bertshcci 等通过在微结构光纤的空气孔表面修饰探针和金纳米粒子(peptide nucleic acid,PNA),利用微结构光纤布拉格光栅实现了对特定 DNA 的无扩增、无荧光标记测量,实现的探测浓度限为 0.3 ng/mL[79]。

3. 基于材料集成微结构光纤中的模式干涉效应实现的调控及传感器件

基于干涉效应的全光纤器件由于具有结构简单、调控性能好、灵敏度高等优点,在光纤传感、滤波等方面有着广泛的应用而备受关注。将功能材料的优异调控性能与微结构光纤的设计灵活性有机结合起来,可设计出性能更加优异的模式干涉仪,本节主要介绍基于材料集成高双折射微结构光纤的萨格纳克干涉仪和基于材料集成少模微结构光纤的模间干涉仪。

微结构光纤中的功能材料特性以及填充方式均会影响微结构光纤的高双折射特性,进而影响由其构造的萨格纳克干涉仪的特性。2012年4月,我们提出并实现了基于选择性填充的高双折射光子带隙光纤及其萨格纳克干涉仪。如图6.21所示,将高于硅基底的温敏材料选择性填充入折射率引导型高双折射微结构光纤的所有小空气孔中(纤芯附近的两个大空气孔不填充),其传导机制会由折射率引导变成光子带隙引导。理论研究发现,填充后的群双折射与未填充时相比,波长依赖性变大,且其随温度或填充材料折射率变化存在零点波长(图6.21中的 M 点),M 点两侧符号相反,从而使萨格纳克干涉仪的透射光谱中 M 点左侧的干涉波谷随温度升高蓝移,右侧的干涉波谷随温度升高红移,M 点基本不随温度变化[80-81]。这种现象及特性是在以往基于高双折射光纤的干涉仪中没有发现过的。利用 M 点不随温度变化的特性,可有效解决目前困扰常规单一光纤传感器中的温度/力学量同时测量时的交叉敏感问题,可应用于多个物理参量的同时测量。

通过功能材料的引入,可使本身没有双折射的微结构光纤引入高双折射特性。2013年1月,我们提出在一种本征没有双折射特性的微结构光纤的紧邻纤芯的两个空气孔中填入高折射率的温敏聚合物材料,如图6.22所示,实现了折射率和光子带隙混合传导机制的双折射光纤。观察到不同于以往文献报道的双折射光纤的一些更加独特的特性:相双折射非单调变化,有极大值;群双折射存在零点;干涉波谷随温度的变化灵敏度公式中的分母可接近零,从而具有理论上无穷大的灵敏度;群双折射为负值的谐振波谷随温度升高(或填充折射率降低)蓝移,群双折射为正值的谐振波谷随温度升高(或填充折射率降低)红移,实验上实现了 -26.0 nm/℃(63882 nm/RIU)的超高灵敏度[82,84]。2014年6月,我们详细报道了如何通过多样地选择性填充方式实现对微结构光纤的双折射特性的灵活设计与控制[83-84]。2014 年 7 月，暨南大学和香港理工大学的 C. Wu 等通过将固芯双折射微结构光纤与 C 形光纤熔接，如图 6.23 所示，构造了微流体进出通道，并实现了灵敏度为 8699 nm/RIU 的 NaCl 溶液的在线测量[85]。

除了上述基于高双折射光纤中两个偏振的 HE_{11} 模式构造萨格纳克干涉仪，基于单模光纤-少模（多模）光纤-单模光纤结构实现的在线模间干涉仪因其结构简单，也是研究最多的一类干涉仪。2014 年，我们提出了一种微流辅助的微结构光纤拍频干涉仪传感器，如图 6.24 所示，微流被选择性地引入到两模微结构光纤包层中的一个空气孔中，利用微流引入后产生的结构不对称使双模微结构光纤中的纤芯 LP_{11} 模式分量的色散曲线产生分离，导致与纤芯 LP_{01} 基模形成两套频率接近却又不相同的干涉。由于两套干涉频率间的细微差别，叠加后的传输光谱形成了拍频干涉效应。利用拍频干涉光谱中高低频分量对外界参量变化响应的显著差异，实验上获得了低频包络（高频干涉峰）－959.22 pm/℃（－70.59 pm/℃）和 24.26 nm/N（－3.14 nm/N）的响应[86,74]。灵敏度较普通光纤干涉仪传感器高出 1 至 2 个数量级，可应用于物理、生化领域的多参量传感测量。

由单模光纤-少模（多模）光纤-单模光纤结构实现的在线模间干涉仪，具有结构简单的优点。但在该结构中，为了实现高对比度的模间干涉，需要单模光纤与少模（多模）光纤错位熔接，以使参与的基模与高阶模的功率尽量接近，这样就会带来较大的插入损耗。因此在该类干涉仪中高干涉对比度和低插入损耗是一对矛盾，不能同时兼得。为此，我们提出了基于长周期光栅辅助的光纤模间干涉仪，很好地解决了该问题[87-89,76]。通过巧妙设计长周期光纤光栅，如图 6.25(a) 所示，可使纤芯中参与干涉的两个模式的能量发生互换，经理论计算，只要保证光在输入输出端熔接点处具有类似的耦合情况（并不需要明显纤芯错位熔接，激起 LP_{11} 能量可低至 5% 以下），就可实现接近 $V=1$ 的干涉对比度，且干涉仪的自由光谱范围不是由少模光纤的长度决定的，而是由长周期光纤光栅的位置决定的，具有更大的设计灵活性。通过在微结构光纤的所有空气孔中填入水，基于在 CO_2 激光侧面曝光研制长周期光纤光栅时引入的非对称性，在理论和实验上分析并观测到了 LP_{01} 与 LP_{11} 不同分量之间的干涉叠加现象与干涉各峰的温度灵敏度的差异特性（图 6.25(b)），利用该特性可实现双参数的同时传感测量。

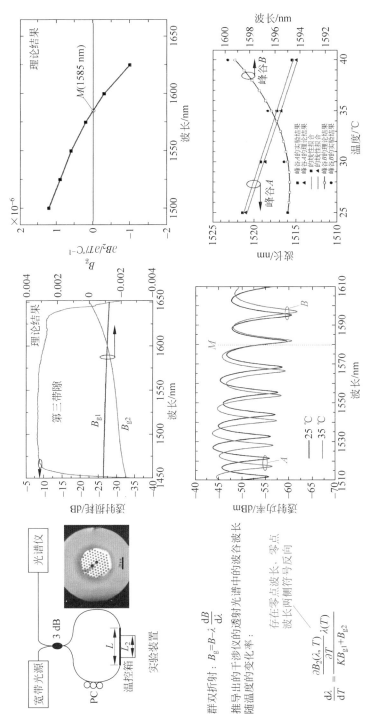

图 6.21 基于选择性填充光子带隙光纤萨格纳克干涉仪的独特传输和传感特性[80]

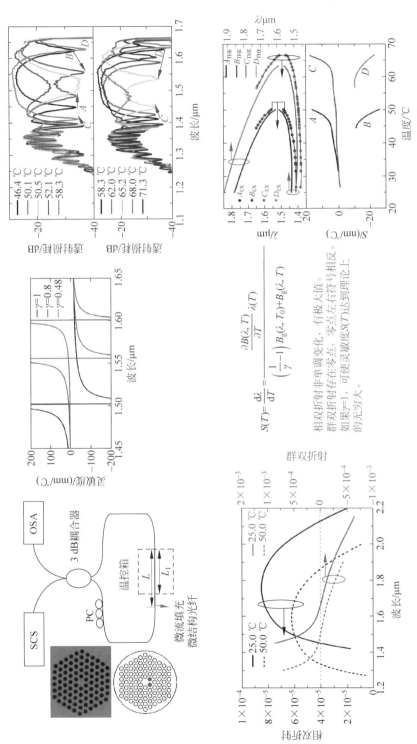

$$S(T) = \frac{d\lambda}{dT} = \left(\frac{1}{\gamma} - 1\right) B_g(\lambda, T_0) + B_g(\lambda, T)$$

$$\frac{\partial B(\lambda, T)}{\partial T} \cdot \frac{\lambda(T)}{\lambda(T)}$$

相双折射非单调变化，有极大值。
群双折射存在零点，零点左右符号相反。
如果$\gamma = 1$，可使灵敏度$S(T)$达到理论上
的无穷大。

图 6.22　基于双空气孔填充微结构光纤的独特双折射特性及其萨格纳克干涉仪的高灵敏度传感特性[82]

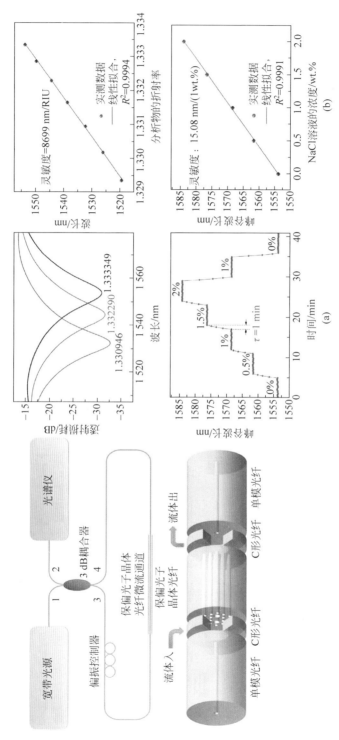

图 6.23 基于微流材料集成微结构光纤的在线 NaCl 溶液浓度测量[85]

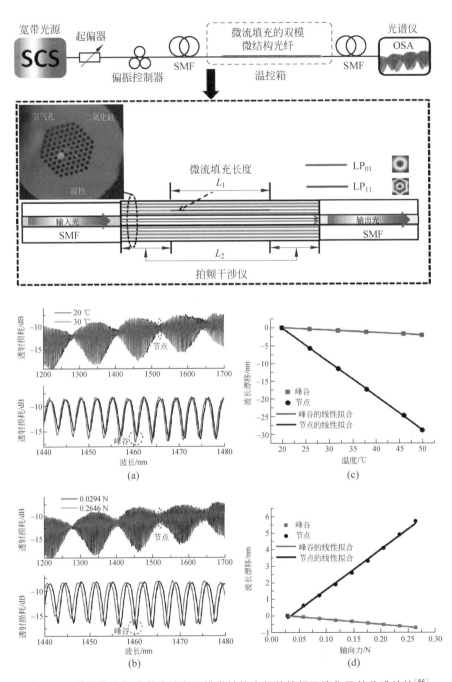

图 6.24 基于单空气孔微流填充双模微结构光纤的拍频干涉仪及其传感特性[86]

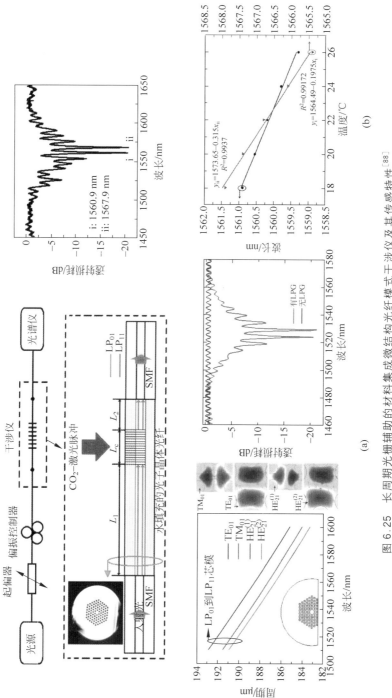

图 6.25 长周期光栅辅助的材料集成微结构光纤模式干涉仪及其传感特性[88]

6.4　结语

　　微结构光纤具有独特的传导机制、可灵活设计的结构以及诸多普通光纤所无法比拟的独特特性，它是优异的波导介质和构造光纤纤内实验室的理想载体。利用空芯微结构光纤中光与物质的高效、长程相互作用，在研究气体非线性光学、深紫外激光产生、量子存储、气体传感、生化物质感测等领域已崭露头角，有很大的应用潜力。利用固芯微结构光纤的结构灵活性，并与集成材料的独特功能性以及多样的填充技术有机结合，已经构造出了基于光子带隙效应、模式谐振耦合机理、干涉效应等新原理或新机制的诸多高性能调控和传感器件，在光通信、光传感以及生化物质感测等领域已表现出很大的应用潜力。针对特定应用，研制稳定、高性能的微结构光纤，并充分发挥微结构光纤的独特优势，设计简单、易操作的器件或系统，在某些领域进行针对性的产品设计、开发和应用是需要下一步重点考虑的问题。

参考文献

[1] KNIGHT J C,BIRKS T A,RUSSELL P S J,et al. All-silica single-mode optical fiber with photonic crystal cladding[J]. Optics Letters,1996,21(19)：1547-1549.

[2] KNIGHT J C,BROENG J,BIRKS T,et al. Photonic band gap guidance in optical fibers [J]. Science,1998,282(5393)：1476-1478.

[3] CREGAN R F,MANGAN B J,KNIGHT J C,et al. Single-mode photonic band gap guidance of light in air[J]. Science,1999,285(5433)：1537-1539.

[4] RUSSELL P S J. Phtonic crystal fibers[J]. Science,2003,299(5605)：358-362.

[5] RUSSELL P S J. Photonic-crystal fibers [J]. Journal of Lightwave Technology,2006,24(12)：4729-4749.

[6] JASION G T,BRADLEY T D,HARRINGTON K,et al. Hollow core NANF with 0.28 dB/km attenuation in the C and L bands[C]. California：Optical fiber Communication,2020,Paper Th4B.4.

[7] VAIANO P,CAROTENUTO B,PISCO M,et al. Lab on fiber technology for biological sensing applications[J]. Laser & Photonics Reviews,2016,10(6)：922-961.

[8] BRODERICK N G R,MONRO T M,BENNETT P J,et al. Nonlinearity in holey optical fibers：measurement and future opportunities[J]. Optics Letters,1999,24(20)：1395-1397.

[9] SAITOH K,KOSHIBA M. Single-polarization single-mode photonic crystal fibers [J]. IEEE Photonics Technology Letters,2003,15(10)：1384-1386.

[10] LIN W,MIAO Y P,SONG B B,et al. Multimodal transmission property in a liquid-filled photonic crystal fiber[J]. Optics Communications,2015,336：14-19.

[11] MARTAN T, NEMECEK T, KOMANEC M, et al. Refractometric detection of liquids using tapered optical fiber and suspended core microstructured fiber: a comparison of methods[J]. Applied Optics, 2017, 56(9): 2388-2396.

[12] YANG X H, YUAN T T, YANG J, et al. In-fiber integrated chemiluminiscence online optical fiber sensor[J]. Optics Letters, 2013, 38(17): 3433-3436.

[13] SMITH C M, VENKATARAMAN N, GALLAGHER M T, et al. Low-loss hollow-core silica/air photonic bandgap fibre[J]. Nature, 2003, 424: 657-659.

[14] ROBERTS P J, COUNY F, SABERT H, et al. Ultimate low loss of hollow-core photonic crystal fibres[J]. Optics Express, 2005, 13(1): 236-244.

[15] COUNY F, BENABID F, LIGHT P S. Large-pitch kagome-structured hollow-core photonic crystal fiber[J]. Optics Letters, 2006, 31(24): 3574-3576.

[16] DEBORD B, ALHARBI M, BENOIT A, et al. Ultra low-loss hypocycloid-core Kagome hollow-core photonic crystal fiber for green spectral-range applications[J]. Optics Letters, 2014, 39(21): 6245-6248.

[17] KOLYADIN A N, KOSOLAPOV A F, PRYAMIKOV A D, et al. Light transmission in negative curvature hollow core fiber in extremely high material loss region[J]. Optics Express, 2013, 21(8): 9514-9519.

[18] LI Z L, ZHOU W Y, LIU Y G, et al. Highly efficient fluorescence detection using a simplified hollow core microstructured optical fiber[J]. Applied Physics Letters, 2013, 102: 011136.

[19] POLETTI F. Nested antiresonant nodeless hollow core fiber[J]. Optics Express, 2014, 22(20): 23807-23828.

[20] TEMELKURAN B, HART S D, BENOIT G, et al. Wavelength-scalable hollow optical fibres with large photonic bandgaps for CO_2 laser transmission[J]. Nature, 2002, 420: 650-653.

[21] LUAN F, GEORGE A K, HEDLEY T D, et al. All-solid photonic bandgap fiber[J]. Optics Letters, 2004, 29(20): 2369-2371.

[22] BAYINDIR M, ABOURADDY A F, SHAPIRA O. Kilometer-long ordered nanophotonic devices by preform-to-fiber fabrication[J]. IEEE Journal of Selected Topics in Quantum Electronics, 2006, 12(6): 1202-1213.

[23] TAO G, ABOURADDY A F. Multimaterial fibers[J]. International Journal of Applied Glass Science, 2012, 3(4): 349-368.

[24] MARTELLI C, CANNING J, LYYTIKAINEN K, et al. Water-core fresnel fiber[J]. Optics Express, 2005, 13(10): 3890-3895.

[25] CANNING J, STEVENSON M, YIP T K, et al. White light sources based on multiple precision selective micro-filling of structured optical waveguides[J]. Optics Express, 2008, 16(20): 15700-15708.

[26] HUANG Y Y, XU Y, YARIV A. Fabrication of functional microstructured optical fibers through a selective-filling technique[J]. Applied Physics Letters, 2004, 85(22): 5182-5184.

[27] DU J B,LIU Y G,WANG Z,et al. Two accesses to achieve air-core's selective filling of a photonic bandgap fiber[J]. Proceedings of the Society of Photo-Opitcal Instrumentation Engineers(SPIE),2007,6781: 78111.

[28] 杜江兵.基于材料填充的光子晶体光纤设计及应用研究[D].天津:南开大学,2008.

[29] XIAO L M, JIN W, DEMOKAN M S, et al. Fabrication of selective injection microstructured optical fibers with a conventional fusion splicer[J]. Optics Express,2005, 13(22): 9014-9022.

[30] CORDEIRO C M,DOS SANTOS E M,BRITO C C H,et al. Lateral access to the holes of photonic crystal fibers-selective filling and sensing applications[J]. Optics Express,2006, 14(18): 8403-8412.

[31] WANG Y,LIAO C R,WANG D N. Femtosecond laser-assisted selective infiltration of microstructured optical fibers[J]. Optics Express,2010,18(17): 18056-18060.

[32] WANG F,YUAN W,HANSEN O,et al. Selective filling of photonic crystal fibers using focused ion beam milled microchannels[J]. Optics Express,2011,19(18): 17585-17590.

[33] KUHLMEY B T,EGGLETON B J,WU D K C. Fluid-filled solid-core photonic bandgap fibers[J]. Journal of Lightwave Technology,2009,27(11): 1617-1630.

[34] 郭俊启.微流材料集成微结构光纤可调谐光子器件及光开关的研究[D].天津:南开大学,2016.

[35] BENABID F,KNIGHT J C,ANTONOPOULOS G,et al. Stimulated Raman scattering in hydrogen-filled hollow-core photonic crystal fiber[J]. Science,2002,298(5592): 399-402.

[36] BENABID F,COUNY F,KNIGHT J C,et al. Compact, stable and efficient all-fibre gas cells using hollow-core photonic crystal fibres[J]. Nature,2005,434(7032): 488-491.

[37] NIELSEN K,NOORDEGRAAF D,SØRENSEN T,et al. Selective filling of photonic crystal fibres[J]. Journal of Optics A: Pure and Applied Optics,2005,7(8): L13.

[38] SPITTEL R,HOH D,BRÜCKNER S,et al. Selective filling of metals into photonic crystal fibers[J]. Proceedings of SPIE-The International Society for Optical Engineering, 2011,7946(1): 181-213.

[39] LEE H W,SCHMIDT M A, RUSSELL R F, et al. Pressure-assisted melt-filling and optical characterization of Au nano-wires in microstructured fibers[J]. Optics Express, 2011,19(13): 12180-12189.

[40] SCHMIDT M A,GRANZOW N,DA N,et al. All-solid bandgap guiding in tellurite-filled silica photonic crystal fibers[J]. Optics Letters,2009,34(13): 1946-1948.

[41] SAZIO P J A,AMEZCUA-CORREA A,FINLAYSON C E,et al. Microstructured optical fibers as high-pressure microfluidic reactors[J]. Science,2006,311(5767): 1583-1586.

[42] HE R,SAZIO P J A, PEACOCK A C, et al. Integration of gigahertz-bandwidth semiconductor devices inside microstructured optical fibres[J]. Nature Photonics,2012, 6(3): 174-179.

[43] SCHMIDT M A. Integration: Fibres embrace optoelectronics[J]. Nature Photonics,2012, 6(3): 143-145.

[44] CSAKI A,JAHN F,LATKA I,et al. Nanoparticle layer deposition for plasmonic tuning of

microstructured optical fibers[J]. Small,2010,6(22)：2584-2589.

[45] MARKOS C,YANNOPOULOS S N,VLACHOS K. Chalcogenide glass layers in silica photonic crystal fibers[J]. Optics Express,2012,20(14)：14814-14824.

[46] RUSSELL P S J,HÖLZER P,CHANG W,et al. Hollow-core photonic crystal fibres for gas-based nonlinear optics[J]. Nature Photonics,2014,8(4)：278-286.

[47] YANG F,GYGER F,THEVENAZ L. Intense Brillouin amplification in gas using hollow-core waveguides[J]. Nature Photonics,2020,14(11)：700-708.

[48] SPRAGUE M R,MICHELBERGER P S,CHAMPION T F M,et al. Broadband single-photon-level memory in a hollow-core photonic crystal fibre[J]. Nature Photonics,2014, 8(4)：287-291.

[49] BYKOV D S,SCHMIDT O A,EUSER T G,et al. Flying particle sensors in hollow-core photonic crystal fibre[J]. Nature Photonics,2015,9(7)：461-465.

[50] WILLIAMS G O S,CHEN J S Y,EUSER T G,et al. Photonic crystal fibre as an optofluidic reactor for the measurement of photochemical kinetics with sub-picomole sensitivity[J]. Lab on a Chip,2012,12(18)：3356-3361.

[51] FAN X,YUN S H. The potential of optofluidic biolasers[J]. Nature Methods,2014, 11(2)：141-147.

[52] LI Z L,LIU Y G,YAN M,et al. A simplified hollow-core microstructured optical fibre laser with microring resonators and strong radial emission[J]. Applied Physics Letters, 2014,105(7)：071902.

[53] LI Z L,ZHOU W Y,LUO M M,et al. Tunable optofluidic microring laser based on a tapered hollow core microstructured optical fiber[J]. Optics Express,2015,23(8)： 10413-10420.

[54] YU J,LIU Y G,LUO M M,et al. Single longitudinal mode optofluidic microring laser based on a hollow-core microstructured optical fiber[J]. IEEE Photonics Journal,2017, 9(5)：7105510.

[55] 于杰. 基于空芯微结构光纤的光流控微腔激光器研究[D]. 天津：南开大学,2019.

[56] YU J,LIU Y G,WANG Y Y,et al. Optofluidic laser based on a hollow-core negativecurvature fiber[J]. Nanophotonics,2018,7(7)：1307-1315.

[57] BISE R T,WINDELER R S,KRANZ K S,et al. Tunable photonic band gap fiber[C]. California：Optical Fiber Communication Conference and Exhibit. IEEE,2002：466-468.

[58] ZHANG C S,KAI G Y,WANG Z,et al. Transformation of a transmission mechanism by filling the holes of normal silica-guiding microstructure fibers with nematic liquid crystal [J]. Optics Letters,2005,30(18)：2372-2374.

[59] ZHANG C S,KAI G Y,WANG Z,et al. Tunable highly birefringent photonic bandgap fibers[J]. Optics Letters,2005,30(20)：2703-2705.

[60] ALKESKJOLD T T,LAEGSGAARD J,BJARKLEV A,et al. All-optical modulation in dye-doped nematic liquid crystal photonic bandgap fibers[J]. Optics Express,2004, 12(24)：5857-5871.

[61] HAAKESTAD M W,ALKESKJOLD T T,NIELSEN M D,et al. Electrically tunable

photonic bandgap guidance in a liquid-crystal-filled photonic crystal fiber[J]. IEEE Photonics Technology Letters,2005,17(4): 819-821.

[62] ZOGRAFOPOULOS D C,KRIEZIS E E,TSIBOUKIS T D. Photonic crystal-liquid crystal fibers for single-polarization or high-birefringence guidance[J]. Optics Express,2006, 14(2): 914-925.

[63] SCOLARI L,OLAUSSON C B,WEIRICH J,et al. Tunable polarisation-maintaining filter based on liquid crystal photonic bandgap fibre[J]. Electronics Letters,2008,44(20): 1189-1190.

[64] DU J B,LIU Y G,WANG Z, et al. Liquid crystal photonic bandgap fiber: different bandgap transmissions at different temperature ranges[J]. Applied Optics,2008,47(29): 5321-5324.

[65] DU J B,LIU Y G,WANG Z,et al. Electrically tunable Sagnac filter based on a photonic bandgap fiber with liquid crystal infused[J]. Optics Letters,2008,33(19): 2215-2217.

[66] DU J B,LIU Y G,WANG Z,et al. Thermally tunable dual-core photonic bandgap fiber based on the infusion of a temperature-responsive liquid[J]. Optics Express,2008,16(6): 4263-4269.

[67] LEE C R,LIN J D,HUANG Y J,et al. All-optically controllable dye-doped liquid crystal infiltrated photonic crystal fiber[J]. Optics Express,2011,19(10): 9676-9689.

[68] GUO J Q,LIU Y G,WANG Z,et al. Broadband optically controlled switching effect in a microfluid-filled photonic bandgap fiber[J]. Journal of Optics,2016,18(5): 055706.

[69] WU D K C,KUHLMEY B T,EGGLETON B J. Ultrasensitive photonic crystal fiber refractive index sensor[J]. Optics Letters,2009,34(3): 322-324.

[70] WANG Y,YANG M,WANG D N,et al. Selectively infiltrated photonic crystal fiber with ultrahigh temperature sensitivity[J]. IEEE Photonics Technology Letters,2011,23(20): 1520-1522.

[71] WANG Y,LIAO C R,WANG D N. Embedded coupler based on selectively infiltrated photonic crystal fiber for strain measurement [J]. Optics Letters, 2012, 37 (22): 4747-4749.

[72] LIANG H,ZHANG W G,GENG P C,et al. Simultaneous measurement of temperature and force with high sensitivities based on filling different index liquids into photonic crystal fiber[J]. Optics Letters,2013,38(7): 1071-1073.

[73] LUO M M,LIU Y G,WANG Z, et al. Twin-resonance-coupling and high sensitivity sensing characteristics of a selectively fluid-filled microstructured optical fiber[J]. Optics Express,2013,21(25): 30911-30917.

[74] 罗明明. 基于微结构光纤的高灵敏传感器与低阈值微腔激光器研究[D]. 天津:南开大学,2016.

[75] HUANG W,LIU Y G,WANG Z,et al. Generation and excitation of different orbital angular momentum states in a tunable microstructure optical fiber[J]. Optics Express, 2015,23(26): 33741-33752.

[76] 黄薇. 基于微结构光纤的模间干涉仪与轨道角动量模式耦合器的研究[D]. 天津:南开大

学,2016.

[77] HE Z,ZHU Y,DU H. Long-period gratings inscribed in air-and water-filled photonic crystal fiber for refractometric sensing of aqueous solution[J]. Applied Physics Letters, 2008,92(4): 044105.

[78] HE Z,TIAN F,ZHU Y,et al. Long-period gratings in photonic crystal fiber as an optofluidic label-free biosensor [J]. Biosensors and Bioelectronics, 2011, 26 (12): 4774-4778.

[79] BERTUCCI A,MANICARDI A,CANDIANI A,et al. Detection of unamplified genomic DNA by a PNA-based microstructured optical fiber (MOF) Bragg-grating optofluidic system[J]. Biosensors and Bioelectronics,2015,63: 248-254.

[80] ZHENG X B,LIU Y G,WANG Z,et al. Transmission and temperature sensing characteristics of a selectively liquid-filled photonic-bandgap-fiber-based Sagnac interferometer[J]. Applied Physics Letters,2012,100(14): 141104.

[81] 郑夕宝. 功能材料填充的高双折射微结构光纤及其应用研究[D]. 天津：南开大学,2012.

[82] HAN T T,LIU Y G,WANG Z,et al. Unique characteristics of a selective-filling photonic crystal fiber Sagnac interferometer and its application as high sensitivity sensor[J]. Optics Express,2013,21(1): 122-128.

[83] HAN T T, LIU Y G, WANG Z, et al. Control and design of fiber birefringence characteristics based on selective-filled hybrid photonic crystal fibers[J]. Optics Express, 2014,22(12): 15002-15016.

[84] 韩婷婷. 基于功能材料填充的微结构光纤特性调控机理及其应用研究[D]. 天津：南开大学,2013.

[85] WU C,TSE M L V,LIU Z,et al. In-line microfluidic integration of photonic crystal fibres as a highly sensitive refractometer[J]. Analyst,2014,139(21): 5422-5429.

[86] LUO M M,LIU Y G,WANG Z,et al. Microfluidic assistant beat-frequency interferometer based on a single-hole-infiltrated dual-mode microstructured optical fiber [J]. Optics Express,2014,22(21): 25224-25232.

[87] SUN Z L,LIU Y G,WANG Z,et al. Long period grating assistant photonic crystal fiber modal interferometer[J]. Optics Express,2011,19(14): 12913-12918.

[88] HUANG W, LIU Y G, WANG Z, et al. Multi-component-intermodal-interference mechanism and characteristics of a long period grating assistant fluid-filled photonic crystal fiber interferometer[J]. Optics Express,2014,22(5): 5883-5894.

[89] HUANG W,LIU Y G,WANG Z,et al. Intermodal interferometer with low insertion loss and high extinction ratio composed of a slight offset point and a matching long period grating in two-mode photonic crystal fiber[J]. Applied Optics,2015,54(2): 285-290.

第 7 章

光纤集成式微流激光实验室*

光纤微流激光集成了光纤微腔和微流通道,可实现超灵敏生化传感,是"纤上实验室"的发展前沿之一。光纤微流激光继承了激光的优点,如高灵敏度、高信噪比、窄线宽等,同时具有光纤的独特优势,包括集成度高、微腔重复性好、成本低等。随着光纤新结构设计,以及光纤拉制及先进加工技术的发展,光纤微流激光实验室技术逐步发展成光纤传感领域的重要分支。本章简要介绍光纤微流激光的基本理论,系统综述各种类型的光纤微腔和增益材料,及其生化传感应用,突出了高灵敏度、一次性、快速和高通量的生化检测特色。随着新方法、新材料、新结构的涌现,光纤微流激光实验室技术将为重大疾病诊断和环境监测提供新的解决方案。

7.1 引言

光纤和激光作为 20 世纪的重大发明,均已广泛应用于通信、医学、军事和航天等领域。随着特种光纤以及光无源器件的发展,光纤激光器在大功率、窄线宽、超快脉冲等方向发展迅猛,在诸多领域发挥着重要作用。另外,新型光纤激光器仍在不断涌现,光纤微流激光器是其重要的前沿分支。光纤微流激光结合光纤、激光和微流体,利用微腔和激光原理,增强光与物质的相互作用,已逐渐发展成为一种新型生化传感平台技术。通过集成光纤微腔与微量液体增益材料,光纤微流激光还可实现片上集成的可调光源。

* 杨熙,电子科技大学,光纤传感与通信教育部重点实验室,成都 611731;王艳琼,电子科技大学,光纤传感与通信教育部重点实验室,成都 611731;龚元,电子科技大学,光纤传感与通信教育部重点实验室,成都 611731,E-mail:ygong@uestc.edu.cn。

光纤微流激光以光纤为技术平台,将光纤同时作为光学谐振腔、微流通道或光传输器件,提高了集成度,简化了激光器构造,降低了制作成本。在传感方面,激光腔提供的反馈作用可增强光与生化物质的相互作用,提高传感灵敏度。利用激光的阈值和窄线宽特性,可进一步提升信噪比和波分复用能力。与传统染料激光器类似,采用液体增益介质,具有宽带波长可调性。尤其重要的是,光纤作为微谐振腔,具有高 Q 值、小尺寸的特点,且可利用光纤拉丝塔实现低成本、高重复性批量制备。因此,光纤赋予光微流激光易于片上集成、低成本、高重复性的独特优势。基于以上优点,光纤微流激光已成为"纤上实验室"(Lab-on-fiber)的重要分支之一,可满足生化检测中复杂和高性能的需求,如高灵敏传感、一次性检测、快速生化分析、高通量检测等。本章将系统介绍光纤微流激光的基本理论、各种类型的光纤微腔和增益材料,及其生化传感应用。

7.2 基本理论

7.2.1 光学微谐振腔及其传感原理

光学微谐振腔作为国际光子学学术前沿,近年来在物理机理和技术创新方面均取得了巨大进步。光学微腔具有体积小、结构紧凑、光与物质相互作用强等优点,在光学频率梳、极窄线宽光学滤波器、低阈值激光器、超高灵敏传感等诸多领域发挥着重要作用[1-4]。除此之外,光学微腔在腔量子电动力学、量子信息处理和量子光学等许多基础物理领域也有着广泛的应用。通过结构与材料的设计,可灵活调整光学微谐振腔中光场的特性,从而面向不同的传感应用。

1. 光学微谐振腔工作原理

根据光学谐振腔对光的限制和传导机制不同,可分为两类:一类为驻波腔,另一类为行波腔。两类微腔的结构和工作原理有所不同。

驻波腔主要包括法布里-珀罗腔、光子晶体(photonic crystal,PC)微腔、分布式布拉格反射腔等。光学微谐振腔是能将光约束在很小空间的光学系统,使其具有极高的光能量密度。以 FP 腔为例,通常由两面反射镜构成,光在两面反射镜间来回多次反射。当往返一周的光程为波长的整数倍时,该波长的光干涉增强,形成驻波。谐振条件满足

$$2nL = q\lambda \tag{7.1}$$

其中,n 为微腔模式的有效折射率,L 为腔长,q 为整数,λ 为谐振波长。在驻波腔内,腔内介质可以为空气、液体或者固体光学材料。

行波腔主要包括各类微环谐振腔,如微盘、微环、微球、液滴、微瓶等。光在腔

内通过全反射的方式环形传播,可产生谐振的回音壁模式(WGM)。谐振条件满足[5]

$$\pi n d = m\lambda \tag{7.2}$$

其中,d 为腔的直径,m 为整数。根据全反射原理,这类腔将光约束在光密介质内。

品质因子(Q 值)是衡量光学微谐振腔的重要参数,它表征腔的储能及损耗特性。Q 值定义为[6]

$$Q = \omega \times \frac{W}{-\mathrm{d}W/\mathrm{d}t} \tag{7.3}$$

其中,ω 为光的角频率,W 是腔内储存的能量,$-\mathrm{d}W/\mathrm{d}t$ 是单位时间内耗散的能量。光学谐振腔 Q 值与单位时间内损耗的能量成反比。一般来说,光学谐振腔的 Q 值主要取决于微腔的本征损耗(吸收损耗、散射损耗和辐射损耗)。吸收损耗描述制作微腔的材料对光场的吸收,散射损耗描述微腔表面缺陷对光场的散射作用,辐射损耗则描述腔内光子因隧穿效应引起的损耗。这三类损耗在实际情况中无法避免。因此,光学微腔的本征 Q 值通常可写为 $Q_{\mathrm{int}}^{-1} = Q_{\mathrm{abs}}^{-1} + Q_{\mathrm{sca}}^{-1} + Q_{\mathrm{rad}}^{-1}$。其中,$Q_{\mathrm{abs}}$、$Q_{\mathrm{sca}}$ 和 Q_{rad} 分别表示由材料吸收损耗、散射损耗和辐射损耗限制的 Q 值大小。另外,Q 值也可以写成如下形式[4]:

$$Q = \frac{\lambda}{\delta\lambda} \tag{7.4}$$

其中,λ 为谐振模式的中心波长,$\delta\lambda$ 为谐振模式半高宽。因此,通过实验测量谐振模式的中心波长和半高宽,可计算出光学微腔 Q 值。

由于谐振腔存在衰减,在无外界能量输入的情况下谐振腔内部存储的光子数会逐渐衰减。光子寿命 τ 表示光在谐振腔内部的存储时间。根据上面对于 Q 值的定义可知

$$\tau = \frac{Q}{\omega} \tag{7.5}$$

因此,光学微腔的 Q 值越高,其光子寿命越长,光场与物质相互作用也更强。

自由光谱范围(FSR)描述相邻两个谐振频率(或波长)的间隔。FSR 由谐振腔的腔长和谐振腔模的有效折射率决定。对于 FP 腔来说,FSR 可表示为

$$\mathrm{FSR} = \frac{\lambda^2}{2nL} \tag{7.6}$$

对于微环谐振腔来说,FSR 可表示为

$$\mathrm{FSR} = \frac{\lambda^2}{n\pi d} \tag{7.7}$$

2. 光学微腔传感机理

光学微腔将谐振光子限制在微米尺度,能极大地增强腔内光与物质的相互作

用次数,因此光学微腔具有超高的传感灵敏度。国内外许多知名课题组在光学微腔及其传感领域开展了高质量的研究工作,包括美国加州理工学院 Kerry Vahala 教授、美国纽约大学 Stephen Arnold 教授、英国埃克塞特大学 Frank Vollmer 教授、美国圣路易斯华盛顿大学杨兰教授和北京大学肖云峰教授等。随着这个领域的迅速发展,光学微腔现已成功用于单个分子、单个离子、单个病毒、单个纳米粒子以及陀螺、磁场、温度等的高灵敏传感[7-11]。

光学微腔通常由锥形光纤实现光与微腔之间的耦合输入和输出(图 7.1(a)),片上光学微腔则由集成波导耦合。光学微腔传感机理可分为四类[12],其中光谱模式漂移是最常用的方法。如图 7.1(b)所示,微腔的谐振波长随着环境变化而变化。模式漂移机制既可用于检测单分子颗粒大小或物质浓度信息,又可得到微腔环境物理参数的变化,如温度、湿度或者电场等信息[10-11]。

第二类是基于模式劈裂的传感机理,当纳米颗粒或者生物分子吸附在微腔表面,会引起模式劈裂,即原本简并的模式解除,形成两个新的本征模式。其传感机理是采用模式频率劈裂的大小和线宽变化的大小为传感信号,来表征待测物的信息(图 7.1(c))[9]。在模式劈裂传感机制中,要求模式劈裂大于模式线宽;但模式劈裂小于模式线宽时,传输谱上也可以观察到模式线宽增加。因此,第三类是基于模式线宽展宽的检测方法。以颗粒散射导致的模式线宽变化作为检测信号,相比于模式漂移机制来说对环境热噪声或激光频率噪声等具有天然的免疫能力,且相

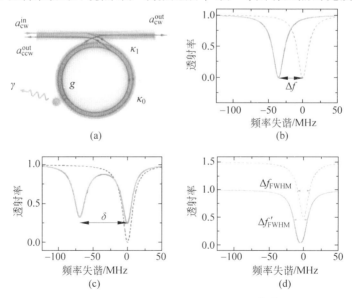

图 7.1　光学微环谐振腔的传感机理[12]

(a) 单纳米颗粒-微腔-光纤锥耦合系统;(b) 模式漂移;(c) 模式劈裂;(d) 模式展宽

比于模式劈裂机制来说具有更低的检测极限(图 7.1(d))[13]。

以上三种机制主要是基于颗粒导致的散射,与待测物极化率的实部相关。第四类,耗散型传感机制主要基于待测物极化率的虚部变化,利用待测物的吸收损耗导致的模式线宽变化进行检测。这种传感方法适用于检测吸收系数较大的待测物,比如金属纳米颗粒、碳纳米管等[14]。

7.2.2　微流激光及其传感机理

1. 激光原理简介

光的受激辐射是产生激光的基本过程。如果增益分子系统中的两个能级满足辐射跃迁条件,当受到外来能量的光照时,处在高能级的原子有可能跃迁到较低能级,同时发射一个与外来光子完全相同的光子。同时,具有三能级及以上系统且具有亚稳态能级的增益材料在外界能量的作用下,大量的原子从低能级迅速抽运到高能级实现粒子数反转,从而实现光的受激辐射放大。另外,将这些增益分子放置在光学谐振腔内进行光波模式选择,从而形成具有极高强度的激光。受激辐射和光学微腔的选模作用使得激光具有很高的光子简并度,表现为单色性好、相干性好、方向性好和亮度高。

下面以四能级系统为例,简要介绍激光工作原理[15]。其简化的能级图如图 7.2 所示。激光速率方程可描述各能级粒子数目随时间的变化规律。假设在激光泵浦过程中,系统受激迁移概率满足 $W_{03}=W_{30}=W_{\mathrm{p}}$,则能级 3 上的速率方程可写作

$$\begin{aligned}\frac{\mathrm{d}N_3}{\mathrm{d}t}&=W_{\mathrm{p}}(N_0-N_3)-(\gamma_{32}+\gamma_{31}+\gamma_{30})N_3\\&=W_{\mathrm{p}}(N_0-N_3)-N_3/\tau_3\end{aligned} \tag{7.8}$$

其中:τ_3 是能级 3 上的粒子寿命,满足 $1/\tau_3=\gamma_3=\gamma_{32}+\gamma_{31}+\gamma_{30}$;$N_i$ 表示第 i 能

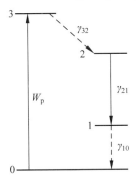

图 7.2　等效的四能级系统示意图

级上处于 t 时刻的粒子数，$i=0,1,2,3$；W_p 是归一化泵浦强度；γ_{3j} 表示粒子从能级 3 上跃迁到各低能级的概率，$j=0,1,2$。稳态条件下，有 $\mathrm{d}N_3/\mathrm{d}t=0$，则能级 3 上的粒子数为

$$N_3 = \frac{W_p \tau_3}{1 + W_p \tau_3} N_0 \tag{7.9}$$

通常，粒子在泵浦作用下直接从基态能级 0 跃迁至能级 2 的过程可以忽略。因此，能级 2 和能级 1 上的速率方程可写作

$$\frac{\mathrm{d}N_2}{\mathrm{d}t} = \gamma_{32} N_3 - (\gamma_{21} + \gamma_{20}) N_2 = \frac{N_3}{\tau_{32}} - \frac{N_2}{\tau_2} \tag{7.10}$$

$$\frac{\mathrm{d}N_1}{\mathrm{d}t} = \gamma_{31} N_3 + \gamma_{21} N_2 - \gamma_{10} N_1 = \frac{N_3}{\tau_{31}} + \frac{N_2}{\tau_{21}} - \frac{N_1}{\tau_{10}} \tag{7.11}$$

其中，τ_{ab} 表示从能级 a 弛豫到能级 b 的时间。同理，在稳态条件下，能级 2 和能级 1 上的粒子数为

$$N_2 = \frac{\tau_2}{\tau_{32}} N_3 \tag{7.12}$$

$$N_1 = \left(\frac{\tau_{10}}{\tau_{21}} + \frac{\tau_{32} \tau_{10}}{\tau_{31} \tau_2} \right) N_2 \tag{7.13}$$

此外，总粒子数 $N = N_0 + N_1 + N_2 + N_3$。

考虑到粒子从能级 3 弛豫到能级 2 的速度十分快，使得 τ_2 远大于 τ_{32}，则在能级 3 上的粒子数十分少。同理，能级 1 上的粒子数也非常少。因此，只考虑能级 2 和能级 0 上的粒子数，即 $N \approx N_0 + N_2$。根据激光阈值条件[15]

$$N_2 \sigma_e(\lambda) = N_0 \sigma_a(\lambda) + L_Q \tag{7.14}$$

其中，N_2 和 N_0 分别是处于能级 2 和能级 0 上的增益分子浓度，σ_e 和 σ_a 分别是发射截面和吸收截面，L_Q 代表腔损耗系数，等于 $2\pi n/\lambda_L Q$，λ_L 是激光发射波长，Q 是谐振腔 Q 值，n 是激光模式对应的折射率。由式(7.14)可得

$$\gamma = \frac{\sigma_a(\lambda)}{\sigma_e(\lambda)} \left[1 + \frac{2\pi n}{\lambda_L N Q \sigma_a(\lambda)} \right] \tag{7.15}$$

其中，$\gamma = N_2/N$ 表示处于激发态的粒子数占总粒子数的比例。

另一方面，根据速率方程，可将 γ 近似写作

$$\gamma = \frac{W_p \tau_{rad}}{1 + W_p \tau_{rad}} \tag{7.16}$$

$$W_p = \frac{I_{th}}{E_0 \Delta t} \sigma_a \tag{7.17}$$

其中，τ_{rad} 为高能级粒子寿命，I_{th} 为激光阈值，Δt 为泵浦激光器脉宽，$E_0 = h\nu = hc/\lambda_p$ 表示单个泵浦光子的能量，λ_p 为泵浦波长，h 为普朗克常量，c 为真空中的光

速。在阈值以上,其激光输出可表示为

$$I_{laser} = \left(\frac{I_p}{I_{th}} - 1 \right) \times \frac{\delta_e I_{sat}}{2} \tag{7.18}$$

其中,I_{laser} 表示激光输出强度,I_p 表示泵浦强度,I_{sat} 表示饱和强度,δ_e 为外部耦合因子。

2. 微流激光传感机理

由光学微腔理论和光微流激光理论可知,激光的输出特性与发射截面、吸收截面、增益分子浓度、腔的性质等因素有关。因此,上述参数的变化均会引起激光输出特性的改变。若分析物能够引起某些参数的变化,则可利用激光信号的特征表征分析物的信息。激光输出信号的特征主要包括强度、波长、偏振、模式、相位、阈值等。分析物既可以是物理量,也可以是生物化学参量,生物化学参量包括浓度、分子质量、分子间相互作用和分子构型变化等[16]。根据分析物引起激光信号变化的机理不同,可将光微流激光传感分为微腔调节机制、增益调节机制和损耗调节机制三种类型。

1) 微腔调节机制

微腔调节的基本原理是分析物改变微腔特性,引起激光输出的变化。光学微腔为激光发射提供光反馈,具有选模作用。因此微腔结构和性质的改变,导致光学谐振条件改变,从而引起显著的激光性质变化。通常,分析物可改变光学微腔的材料、尺寸、形状和表面状态等。

(1) 微腔尺寸或形状

光学微腔尺寸与微腔的谐振条件密切相关。以微环谐振腔为例,波长漂移量 $\Delta\lambda$ 与微腔直径变化量 Δd 成正比,即

$$\Delta\lambda = \frac{n\pi\Delta d}{m} \tag{7.19}$$

其中,n 为腔模的有效折射率,m 为整数。在一定范围内,随着微环谐振腔直径 d 减小,谐振波长 λ 减小,激光发射波长蓝移。例如,利用外力对微环谐振腔进行拉伸,使微腔尺寸减小,有效折射率下降,激光波长蓝移,波长的漂移量与拉伸距离呈正比关系[17]。

随机激光中,由散射颗粒产生的多重散射提供光反馈。光反馈的强弱与散射颗粒的散射截面、尺寸、折射率等有关。通常,用散射平均自由程 l_s 来描述散射颗粒提供的散射强度,定义为光在两个连续散射颗粒之间传播的平均距离,写作[18]

$$l_s = \frac{1}{\rho\sigma_s} \tag{7.20}$$

其中,ρ 表示溶液中颗粒的密度,σ_s 表示单个颗粒的散射截面。

一般情况下,颗粒尺寸、折射率和密度越大,l_s 越小,散射强度越强,随机激光阈值越低。基于此,可通过随机激光阈值区分癌细胞和正常细胞[18]。

（2）微腔材料或结构

由光学微腔的谐振条件可知,激光发射波长与微腔材料的介电常数、环境折射率变化相关。微腔内模式的有效折射率变化引起光程改变,从而导致谐振波长改变。由式(7.2)可知,折射率 n 越小,谐振波长越短,即激光发射波长蓝移。特别地,在微环谐振腔内壁固化一层超薄的增益介质,并在微环内充入不同折射率的溶液。溶液的折射率越小,模式的有效折射率 n 越小,则激光发射波长蓝移[19]。

综上所述,激光的窄线宽特性使波长漂移和模式劈裂具有更高的波长分辨率,从而实现更高的检测灵敏度。

2）增益调节机制

由式(7.14)～式(7.18)可知,激光输出强度与增益介质的吸收截面、发射截面、折射率、增益分子数和腔的 Q 值等相关。分析物引起其中任何一个参数的改变,激光输出强度均会发生变化。体系中存在能量转移时,分子之间的距离也可实现对激光输出信号的调节。另外,荧光分子还可改变激光的偏振程度。因此,激光的输出特性可用于传感引起激光信号变化的分析物信息。根据不同的原理,可分为基于增益浓度、分子距离和偏振的传感机制。

（1）增益浓度

结合激光理论可知,激光输出强度与 γ 呈正相关,即[20]

$$I_{\text{laser}} \propto \frac{1}{\gamma} \tag{7.21}$$

由式(7.15)可知,随着增益分子数 N 的减少,γ 增大,导致激光输出强度下降。例如,在酶联免疫吸附测定(ELISA)中,抗原浓度越小,交联的酶分子数越少,在相同的底物浓度和催化时间下产生的荧光产物越少,即增益分子数越少,则激光输出强度就越低。这类传感方式能与各类表面结合的生化分析方法相结合,用于蛋白质、小分子等的检测和分析。

（2）分子距离

当系统中存在供体-受体对或供体-猝灭分子对时,会产生从供体分子到受体或猝灭剂的能量转移,称为 FRET 效应。其中,FRET 转换效率 E 可表示为[21]

$$E = 1 - \frac{I_{\text{donor,FRET}}}{I_{\text{donor,0}}} \tag{7.22}$$

其中,$I_{\text{donor,FRET}}$ 和 $I_{\text{donor,0}}$ 分别表示存在能量转换和无能量转换时供体的激光强度。显然,供体激光强度与能量转换效率呈反比,而受体激光强度与能量转换效率呈正比关系。另外,能量转移效率与分子间距离 r 有关,可表述为

$$E = \frac{R_0^6}{R_0^6 + r^6} \qquad (7.23)$$

其中,R_0 表示 FRES 效率达到 50% 时供受体间的距离,称为 Forster 半径。分子间距离变化,会引起 FRET 转换效率变化,从而导致供体和受体激光改变。在光微流激光中,由于光学微腔的耦合作用,可通过光场实现能量转移,进一步提升能量转换效率。综上所述,可通过受体、供体激光强度和能量转换效率对分析物进行传感。

（3）偏振

荧光分子在偏振光激发下,吸收光跃迁至激发态后,回到基态产生偏振荧光。当微腔提供光反馈时,产生偏振激光。偏振激光的偏振程度 P 可表示为[22]

$$P = \frac{\eta_{/\!/}}{\eta_\perp} \qquad (7.24)$$

其中,$\eta_{/\!/}$ 和 $\eta_\perp$ 分别表示与泵浦光偏振方向平行和垂直的激光斜率。

溶液中分子产生布朗运动,并产生旋转,激光的偏振程度与旋转相关时间 ϕ_r 和高能级粒子寿命 τ_{rad} 相关,表示为[23]

$$\frac{1}{P} = \frac{1}{P_0}\left(1 + \frac{\tau_{rad}}{\phi_r}\right) \qquad (7.25)$$

其中,P_0 是一个常数,表示极限偏振程度。

旋转相关时间定义为旋转 1 rad 所需的时间,与荧光分子的体积 V、溶液黏度 η 和温度 T 有关,即[23]

$$\phi_r = \frac{\eta V}{k_B T} \qquad (7.26)$$

其中,k_B 为玻尔兹曼常数。荧光分子越小,转动速率越快,分子旋转相关时间也越短,发射的激光偏振程度 P 越小。由此可知,P 与荧光分子的大小呈正相关,与荧光分子旋转速度呈负相关。该方法适用于在均相系统中测定药物、激素或特殊蛋白质,适用于小分子检测。

3）损耗调节机制

产生激光的条件是系统增益足以克服损耗,即除了增益,还可通过损耗调节激光输出,进而实现传感。损耗可分为吸收损耗和散射损耗。

（1）吸收损耗

吸收损耗是指与分析物相关的吸收引起激光输出的变化,包括一般性吸收和选择性吸收。一般性吸收是对一定范围内的所有波长的衰减都相同,选择性吸收是只对某些特定波长的光有吸收。当光透过长度为 L、浓度为 C 的分析物时,产生光吸收,且服从比尔-朗伯特定律[24]

$$I_T = I_0 e^{-aLC} \tag{7.27}$$

其中：I_T 和 I_0 分别表示透射光强和入射光强；α 表示摩尔消光系数，包含吸收损耗、散射损耗、反射损耗，当吸收为主时，可用吸收系数代替消光系数。

以比色法为例，分析物对激光发射波长产生选择性吸收，分析物浓度越高，对激光的吸收越强，则激光的透过率越低。即激光强度与分析物浓度呈反相关。与微腔耦合，激光与分析物相互作用次数增加，相同分析物浓度下，光与物质的相互作用长度延长，则透过率会进一步降低，从而提升传感灵敏度。

（2）散射损耗

散射损耗对激光的衰减作用，同样服从比尔-朗伯特定律，其消光系数主要由散射损耗决定。当粒子尺寸远小于入射光波长时，满足瑞利散射条件。单个散射颗粒的散射截面 σ_s 定义为被散射的功率 P_{sca} 与入射光强度 I_0 的比值，也可表示为[25]

$$\sigma_s = \frac{8\pi^3 \alpha^2}{3\varepsilon_0^2 \lambda^4} \tag{7.28}$$

其中，ε_0 为真空介电常数，λ 为波长。α 为诱导极化率，当散射颗粒为球形时，可表示为

$$\alpha = \frac{\pi\varepsilon_0 d^3}{2} \times \frac{n_p^2 - n_s^2}{n_p^2 + 2n_s^2} \tag{7.29}$$

其中，d 为散射粒子的直径，n_p 和 n_s 分别为粒子和溶液的折射率。

联立式（7.28）和式（7.29），可将瑞利散射截面表示为

$$\sigma_s = \frac{2\pi^5 d^6}{3\lambda^4} \left(\frac{n_p^2 - n_s^2}{n_p^2 + 2n_s^2} \right)^2 \tag{7.30}$$

由式（7.30）可知，散射颗粒尺寸越大，瑞利散射截面越大，散射系数越大，产生的激光损耗就越大，激光强度越弱。即激光强度与散射颗粒尺寸呈反相关。同样，利用光学微腔的光反馈作用，使光与散射颗粒的相互作用次数增加，散射损耗增加，进而提升传感灵敏度。

7.3 光纤微腔

本节将介绍光纤微腔的结构、谐振机制及特性。不同结构的光纤微腔支持的谐振机制不同，这里主要介绍光纤法布里-珀罗腔（fiber Fabry-Pérot，FFP）、光子带隙光纤（photonic bandgap，PBG）、光纤微环谐振腔和随机散射反馈。表 7.1 列出了几种代表性的光纤微腔。

表 7.1　不同结构谐振机制的光纤微腔

光纤微腔	反馈机制	结构实例	Q 值	长度/直径	制作工艺
光纤法布里-珀罗腔（FFP）	法布里-珀罗腔（FP）		$10^2 \sim 10^6$[32,35]	18 μm 至 20 mm[29,32,34-35]	镀有金属膜的光纤端面[29,31-32] 或光纤端面的菲涅耳反射[27]
通信光纤（COF）	回音壁模式（WGM）		$5 \times 10^5 \sim 3 \times 10^7$[36-37]	$15 \sim 196$ μm[37,92]	光纤拉丝塔[36,38,39]
空芯光纤（HOF）	回音壁模式（WGM）		$3 \times 10^3 \sim 1 \times 10^7$[44,46]	$75 \sim 320$ μm[49,94]	光纤拉丝塔[93] 或化学刻蚀[44,46]

续表

光纤微腔	反馈机制	结构实例	Q 值	长度/直径	制作工艺
微结构光纤（MOF）	回音壁模式/光子带隙		$4\times10^4\sim1\times10^9$[63,65]	$113\sim180\ \mu m$[66-67]	光纤拉丝塔[59-65]或化学刻蚀[67]
微纳光纤	回音壁模式		$3\times10^4\sim6\times10^4$[71-72]	$360\ \mu m$ 至 $2\ mm$[71-72]	微纳光纤打结[71-72]
光子带隙光纤（PBG）	光子带隙		$615\sim4000$[61,76]	$460\sim1400\ \mu m$[76,79]	光纤拉丝塔或交替堆叠的高低折射率材料形成的多层结构[61,75-78]
随机散射	多重散射		—	$20\ \mu m$ 至 $10\ cm$[88,90]	随机散射结构[88-89]，光子晶体光纤[91]等

7.3.1　光纤法布里-珀罗腔

FFP 腔是最常用的光学微腔,其结构简单,由一对反射镜、布拉格光栅或具有菲涅耳反射的表面构成(图 7.3)[26]。在 FFP 腔中,光子在两个反射面之间来回反射,并在共振频率处形成驻波(图 7.3(a))。构造 FFP 腔的关键在于两个反射面的制备和对准。一般地,可在切平的光纤端面上批量沉积金属或介质反射膜。在光纤的端面沉积反射膜,比在芯片的垂直壁上镀膜更为方便,成本也更低。最新的薄膜沉积技术可制备反射率高达 99.999% 的反射膜,从而使 FFP 腔获得高 Q 值。

FFP 腔独特的结构特性带来了如下两方面的优势。首先,具有较强的光与物质相互作用。FFP 腔中光场和增益介质之间存在较大的光场重叠面积,使光与物质之间具有较强的相互作用,这对于低阈值激光发射和高灵敏度的生化检测具有重要意义。光与物质之间较大的光场重叠面积还可降低激光发射对于谐振腔 Q 值的要求。如图 7.3(f)所示,即便是光纤端面的菲涅耳反射(反射率约 4%),也足以提供良好的光反馈[27]。其次,利用 FFP 腔的滤波作用易于实现单纵模激光输出。一方面,采用单模光纤传输泵浦激光,可以大大减少纵模数[27]。另一方面,通过缩短腔长或腔内滤波效应,可实现单纵模激光输出[28-29]。

光纤微流激光将 FFP 腔与微流体集成在一起,因而具有小型化、多功能和可调的特点。液体增益的连续流动大大降低了光漂白效应,并显著提升了激光输出的稳定性和可持续性[30]。利用微流的特性,光纤微流激光的波长和光强均具有可调性。例如,Kou 等采用两种染料的混合液作为增益介质,实现了双波长的激光输出(图 7.3(b))[31]。进一步地,Aubry 等设计交替的染料液滴实现了激光输出波长的快速切换[29]。利用两个离心迪安流可以在 FFP 腔中形成三维液体波导(图 7.3(c)),可将光更好地限制在腔中,从而提高激光效率[32]。通过控制三维液体波导的纤芯和包层之间的体积比,可对光强和波长进行有效调节。此外,调节微流通道之间的压力比也能改变输出强度(图 7.3(d)),调节液体增益的溶剂(图 7.3(e))或控制 FFP 腔的腔长也能改变输出波长[33-35]。

7.3.2　微环谐振腔

微环谐振腔具有多种结构形式,包括微球、液滴、微盘、微管、微瓶、各种光纤结构以及片上微盘或微环等集成波导结构。与其他微环谐振腔不同的是,光纤微环谐振腔通常基于光纤横截面构建微环结构,沿轴向连续分布,结构紧凑,并可与微流通道集成。它依靠微环弯曲边界处的全内反射(TIR)来支持 WGM 模式,以提供激光的光学反馈。由于在光纤熔融拉丝过程中可对其几何形状(直径、圆度等)进行精确控制,得到表面粗糙度极低的光纤微环谐振腔,使其具有较高的 Q 值

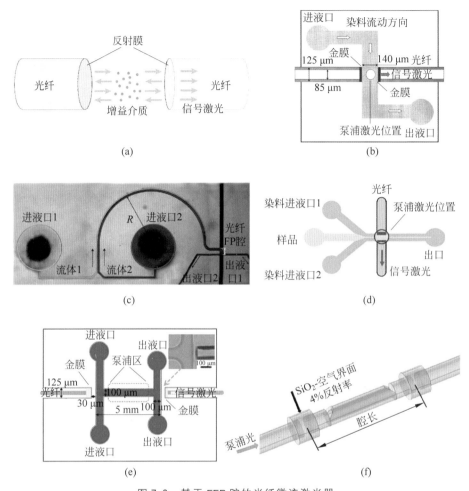

图 7.3 基于 FFP 腔的光纤微流激光器

(a) FFP 腔的谐振机制；(b) 双色光纤微流激光器[31]；(c) 具有三维液体波导的光纤微流激光器[32]；(d) 通过压力比调节激光输出光强[33]；(e) 通过溶剂调节激光输出波长[34]；(f) 基于菲涅耳反射的全光纤光微流激光器[27]

$(10^6 \sim 10^7)$ 和良好的重复性。随着先进加工技术的发展，各种结构的光纤都可通过拉丝塔拉制，并用作光纤微环谐振腔，主要包括通信光纤（telecom optical fiber，TOF）、空芯光纤（hollow optical fiber，HOF）、微结构光纤（microstructured optical fiber，MOF）和微纳光纤。

1. 通信光纤

直径为 125 μm 的标准通信单模光纤能够以极低成本（约 0.01 美元每米）批量生产（长度约 50 km）。通信光纤的圆形横截面作为微环谐振腔，可支持 WGM 模式,Q 值高达 10^7(图 7.4(a),左)。通信光纤为实心结构,其光纤外壁接触或结合增益分子,通过倏逝场相互作用,实现激光输出(图 7.4(a),右)。

基于通信光纤的微流激光常用的结构是光纤-毛细管复合结构,即将通信光纤插入填充有液体增益介质的毛细管中(图 7.4(b)),光纤和毛细管分别充当光学微腔和微流通道[36-40]。除了空间耦合,激光还可通过近场耦合进行收集,如光纤锥、光纤棱镜定向耦合[37]。此外,毛细管还有助于限制体溶液的横向体积,从而减少增益介质在倏逝场渗透深度外产生的荧光背景。

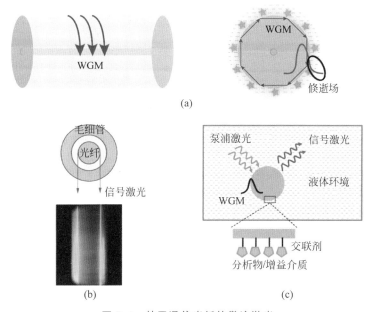

图 7.4 基于通信光纤的微流激光

(a) 通信光纤微腔的谐振机制;基于(b) 光纤-毛细管复合结构[36]和(c) 单分子层增益的光纤微流激光结构示意图[41]

另一种结构是将增益分子交联在通信光纤表面(图 7.4(c))[41]。与体溶液的增益介质相比,这种结构具有以下两个特点:①参与激光过程的分子数量比体溶液中的少得多;②所有的增益分子都可以与倏逝场相互作用,因此用于传感时具有更高的分子灵敏度。基于这种结构的光纤微流激光具有许多优点,包括荧光背景弱、样品和试剂消耗量少,以及对生物分子的变化更敏感等。Lee 等基于此概念,实现了数字式 DNA 检测[42]。龚朝阳等在通信光纤表面交联 Cy3 荧光分子,研究了生物素与亲和素分子之间的相互作用,并实现了高灵敏度的帕金森病标志物检测[43]。更多高灵敏的生化传感应用请参见 7.6 节。

2. 空芯光纤

如图 7.5 所示,内径为 a、壁厚为 b 的空芯光纤可以用作液芯光学环形谐振腔(LCORR),或称为光微流环形谐振腔(OFRR)。与通信光纤相比,空芯光纤更加紧凑,可同时集成微腔和微流通道[44-45]。处于空芯光纤内部的增益介质与高 Q 值($10^6 \sim 10^8$)的光纤微腔相互作用,可实现低阈值激光输出。空芯光纤横截面上的光场分布与其壁厚和液体增益的折射率有关。

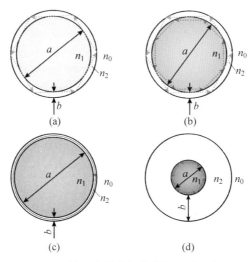

图 7.5　基于空芯光纤的谐振原理示意图

薄壁光纤中,(a) 低折射率增益:$n_1 < n_2$;(b) 高折射率增益:$n_1 > n_2$;(c) 空芯光纤具有超薄壁厚;(d) 厚壁空芯光纤,其折射率分布为 $n_1 > n_2$;n_0、n_1、n_2 分别为空气、液体增益和二氧化硅的折射率

在薄壁空芯光纤中(壁厚 $1 \sim 3~\mu m$),无论染料溶液的折射率 n_1 高于 SiO_2($n_1 > n_2$),还是低于 SiO_2($n_1 < n_2$),都可以观察到信号激光[46-47]。当增益介质的折射率较低时,光学谐振发生在二氧化硅-空气界面处,通过高阶 WGM 模式实现倏逝场与增益介质相互作用(图 7.5(a));当增益介质的折射率较高时,在二氧化硅-空气和二氧化硅-液体界面同时存在光学谐振(图 7.5(b))[48]。若将壁厚缩减至谐振波长 λ_{res} 量级可进一步增强光与物质的相互作用(图 7.5(c))。例如,Lacey 等将壁厚控制在 $1 \sim 2~\mu m$,实现了高 Q 值($> 10^7$)和低阈值($< 1~\mu J/mm^2$)的光纤微流激光输出[49]。

对于厚壁空芯光纤来说,只有当液体增益的折射率高于 SiO_2($n_1 > n_2$)时才能实现激光发射[50-52]。光反馈由液体-二氧化硅界面上的全内反射提供(图 7.5(d))。光场存在于二氧化硅-液体界面周围,仅有极少量的激光会泄漏到外表面,可忽略不计。由于光场和增益介质之间的重叠面积较大,使用罗丹明

6G(R6G)的喹啉溶液($n_1 \approx 1.626$，$n_2 \approx 1.458$)作为增益介质，可实现低于 $0.5\ \text{W/cm}^2$ 的激光阈值[53]。另外，通过游标效应和泵浦空间调制能够实现单纵模运行[37,54-58]。单纵模输出有利于通过波长漂移对生物分子信息进行精确跟踪以及提高传感容量。更多应用示例请参见 7.6 节。

3. 微结构光纤

微结构光纤可通过 WGM 或光子带隙(PBG)机制提供光反馈[59-61]。微结构光纤内部分布着大量周期排列的空气孔，其纤芯可为实芯(悬浮纤芯)或空芯(空气纤芯)。这些天然的空气孔可充当微流通道，与光纤微腔集成一体，解决了微腔结构稳定性和易碎性的问题。内嵌在 MOF 中的光学微腔还有着高效的光与物质相互作用、易于表面功能化、避免外部污染以及极少的试剂/样品消耗等优势。近来，研究人员利用如图 7.6(a)所示的微结构光纤实现了低阈值的激光输出(185 nJ/pulse)[62]。该光纤中心壁厚为 370nm 的等六边形微孔用作微环谐振腔为激光输出提供光反馈。Yu 等基于如图 7.6(b)所示的反谐振光纤，通过选择性

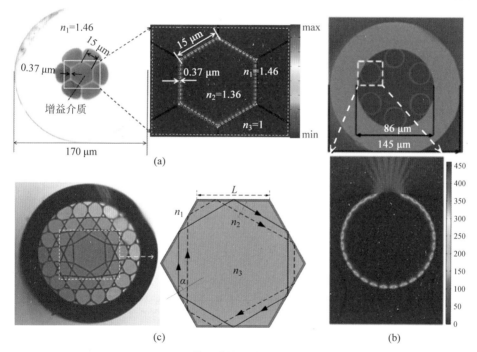

图 7.6　基于微结构光纤的微流激光

内含等六边形的空芯微结构光纤(a)[62]、反谐振光纤(b)[63]和笼目光子晶体光纤的光学显微镜图(c)[66]。在(a)和(b)的插图中还展示了光场分布仿真的放大图。(c)的插图中标示了笼目光子晶体光纤($n_2 > n_3 > n_1 = 1.0$)的谐振原理

填充单个空气孔也实现了激光输出[63]。该光纤以圆形的空气孔作为微环谐振腔。其他类型的微结构光纤也实现了光纤微流激光,包括双孔 MOF、实心光子晶体光纤和笼目光子晶体光纤(图 7.6(c))[64-67]。

4. 微纳光纤

微纳光纤的直径通常在几百纳米到 3 μm,具有强倏逝场,可以通过打结、绕环或线圈等方法,形成支持 WGM 的环形谐振腔(图 7.7(a))[68-73]。微纳光纤采用火焰加热拉丝制备,制备过程简单且表面光滑,因此微纳光纤谐振腔具有低损耗、高Q 值等优点。在微纳光纤中,只有低阶横模存在,具有很强的倏逝场,这使得增益分子能够与谐振腔高效耦合,实现较低的激光阈值。Jiang 等将直径为 3.8 μm 的铒镱共掺微光纤打结,形成直径为 2 mm 的光纤微环提供光反馈,实现了单纵模激光输出[72]。如图 7.7(b)所示,泵浦光和出射激光可通过微纳光纤传导,集成度高,有望用于生化传感[71]。

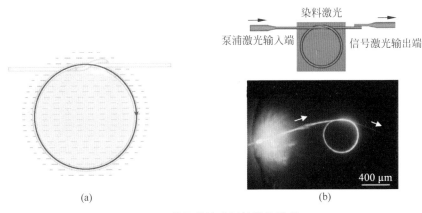

图 7.7　基于微纳光纤的微流激光

(a) 微纳光纤结的谐振机理;(b) 微纳光纤结的示意图和实物图[71]

7.3.3　光子带隙微腔

光子带隙光纤(PBG)是指在光纤径向堆叠有周期性层状干涉薄膜的光纤。如图 7.8(a)所示,其结构类似于反谐振反射光波导(ARROW),即高低折射率的材料交替堆叠在纤芯表面,实现较宽的光子带隙[61,74-76]。如图 7.8(b)所示,PBG 光纤利用多层介质膜的反射为激光发射提供光反馈,将光场束缚在纤芯内。光子带隙微腔与微环谐振腔的一个显著区别是,在 PBG 光纤中,几乎所有增益分子都能参与激光过程。

基于空芯 PBG 光纤的光学微腔有许多独特的性质。作为光学微腔,PBG光纤的反射带宽可达 100 nm,可引入不同种类的增益介质用于实现多波长激光器。此外,空气纤芯的直径最大可达 $250~\mu m$,是天然的微流通道,可利用毛细作用吸入液体增益或分析物(图 7.8(c))[61]。例如,Yoel Fink 课题组将有机染料或量子点(QDs)通入 PBG 光纤纤芯内,实现了方位极化的径向激光发射和光放大(图 7.8(d))[61,76-78]。在光传输方面,PBG 光纤的空芯结构还可降低对光纤材料的依赖性,有利于实现轴向泵浦[79]。即使在入射光相对于光纤中心轴的角度较大时,光也可以沿着光纤传输,无需满足通信光纤中的临界角要求,因此易于在光纤轴向实现连续激光输出[78]。最后,PBG 光纤具备强的光与物质相互作用以及光纤批量制备的高重复性,使其适用于一次性生化传感,但目前尚无相关报道。

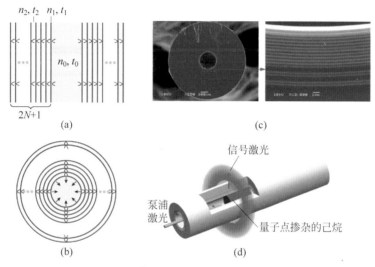

图 7.8　基于光子带隙光纤的微流激光

(a) 平面 ARROW 和(b) PBG 光纤的谐振机制;(c) 空芯 PBG 光纤的电镜图和(d) 光微流激光器示意图[61]。n 是折射率;t 是膜厚;下标 0、1、2 分别代表空气、高折射率层和低折射率层;N 表示交替层的周期数

7.3.4　随机散射

在过去的十年中,研究者们广泛研究了以多重散射为光学反馈的随机激光器,并应用于无散斑成像、细胞分析和肿瘤组织检测[80-83]。当散射体如纳米粒子的多重散射足够提供光反馈时,可实现激光输出。随机激光通常具有较低的 Q 值,但无需任何谐振腔结构,因此使用极为方便。根据反馈机制的不同,可将随机激光分为两类,即非相干反馈(图 7.9(a)和(b))和相干反馈(图 7.9(c)和(d))[84]。非相干型未形成闭合回路,光谱通常表现为平滑的激光峰,无分立的尖峰结构;相干型具有空间闭合回路,光谱上呈现精细谐振峰。

传统光纤随机激光中的散射体可以有多种形式。基于通信单模光纤制备过程中的微观尺度随机折射率的变化,或者在光纤中人为刻写随机折射率变化的结构如随机光栅,均可实现光纤随机激光器。基于随机散射的微流激光,也有多种实现形式。一方面,可通过均匀分布在染料中的胶体纳米颗粒提供光散射反馈,例如液晶、半导体和介电颗粒等[85-87]。另一方面,也可在空芯光纤内表面涂覆无序介电膜充当散射体,将增益介质和散射体分开[87-88]。由于金属纳米粒子具有较大的散射截面和局部表面等离子体共振(LSPR)增强的电磁场,将其作为散射体可增强随机激光性能。例如,Shi 等使用自组装的银纳米颗粒和涂覆在光纤端面上的聚合物薄膜实现了低成本的随机激光器,并用于折射率传感和免疫球蛋白(Immunoglobulin,IgG)检测[89]。另外,光纤内部的微结构也可以用作散射体,例如以光子晶体光纤中的空气孔充当散射体,孔中的染料充当增益介质[90-91]。

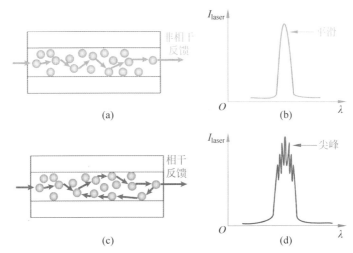

图 7.9　基于随机散射的微流激光。具有非相干反馈(a)和相干反馈(c)的随机散射的谐振机制;(b)和(d)分别是在(a)和(c)的条件下对应的激光光谱

7.4　增益材料

　　增益材料在泵浦激活状态下,通过受激辐射提供激光增益。采用不同的增益材料,可实现从紫外到红外的激光发射。常用的微流激光增益介质包括有机染料、稀土离子、量子点、聚合物点、上转换材料、生物材料、半导体等[95-101]。大多数增益材料均可与 7.3 节讨论的光纤微腔结合,构建光纤微流激光。其激光输出特性与增益介质的种类、溶剂类型、浓度相关(表 7.2)。本节将主要讨论有机染料、纳米晶体(nanocrystals,NCs)和生物增益材料。

表 7.2　光纤微流激光中常用的增益材料

种类	名称	溶剂	激发/发射波长/nm
有机染料	罗丹明 6G(R6G)	甲醇[37-38]	532/550~600
		乙醇[28,36,44,65]	
		氯仿[49]	
		喹啉[51,93,137]	
		乙醇/乙二醇[92,138]	
		三甘醇[105]	
	罗丹明 B(RhB)	水[139]	532/580~600
		乙醇/水[60]	
	罗丹明 640(Rh640)	苯甲醇/乙醇[140]	532/584
	罗丹明 590(Rh590)	水[76]	532/630
	Cy3	TAE 缓冲液[141]	518/560~720
		Tris-HCl 缓冲液[142]	
		TM-Mg[143]	
	SYTO 13	二甲基亚砜[144]	488/545~560
		TAE/MgCl$_2$ 缓冲液[42]	
	尼罗红	四氢呋喃[112]	532/600~615
	香豆素 540	喹啉[145]	450/480
	LDS722	三甘醇[105]	532/710~735
	FLTX1	丙酮[146]	470/540~570
	MEH-PPV	甲苯[147]	490/560~600
		四氢呋喃[147]	
	LDS751	甲醇[66]	532/725~785
		二甲基亚砜[66]	
	花红(BASF)	甲苯[64]	532/615~625
	PM597	二硫化碳[88]	532/590~640
	香豆素 500	乙醇[148]	355/501~518
纳米晶体	CdSe/CdZnS/ZnS 量子点	己烷[61]	532/642
	CdSe/ZnS 量子棒	己烷[149-150]	532/564
	CdZnS/ZnS 量子点	甲苯[151]	395/435~445
	碳点	聚乙二醇[98]	266/375~435
	CN-PPV	四氢呋喃[17]	475/580
生物增益材料	荧光素	GTA 缓冲液[128]	420/545~550
	核黄素	水[130]	485/530~555
	叶绿素	乙醇[129]	430/675~735
	绿色荧光蛋白	PBS[41,21]	488/510~520
	吲哚菁绿	全血[131]	600/885~930

7.4.1　有机染料

有机染料是液体激光器(包括传统染料激光和微流激光)中最常用的增益材料之一,具有高量子产率、高亮度、宽光谱覆盖、低阈值和低成本等特性。然而,有机染料的光漂白效应不利于实现相对稳定的激光输出。可采取一系列措施缓解光漂白效应,如连续流动染料溶液以更新染料分子,或降低泵浦激光的重频、采用单脉冲泵浦等。

激光染料通常是含有共轭双键长链的复杂有机化合物,能在单一电子状态下产生许多振转能级[102-103]。因此,有机染料在紫外和可见光区域具有强且宽的吸收带。如图 7.10(a)所示,染料分子被抽运到第二激发态 E_3 后,通过无辐射振动在皮秒内迅速弛豫到第一激发单态 E_2 的底部,并在纳秒内弛豫回基态 E_1 释放出一个光子发出荧光。当 E_2 上的粒子数大于 E_1 (粒子数反转)时,就会产生受激辐射,为激光发射提供光放大。激光染料的详细能级理论见参考文献[102]。

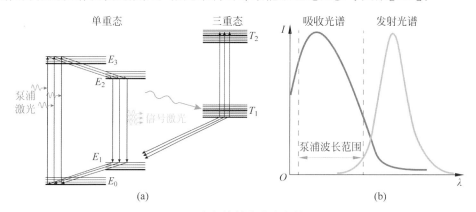

图 7.10　有机染料的激光发射原理
(a)染料分子的典型能级系统图；(b)相应的吸收和发射光谱

利用微流的可重构特性,基于有机染料的微流激光波长能在数百纳米内进行调节,有利于实现波分复用。具体地,光纤微流激光的波长可通过以下几种方式进行调节。首先,通过微流系统更换不同的有机染料[26],大范围调节激发波长,目前商用激光染料的发射波长范围可覆盖紫外波段到近红外波段。其次,可通过调节有机染料的浓度或溶剂类型来精确调节激光波长。例如,当使用 R6G 作为增益介质时,通过更换乙醇、三甘醇、甲醇和喹啉等不同的溶剂,可将激光发射峰从 560 nm 调节到 610 nm[36,49,104-105]。Moon 等通过改变乙醇和乙二醇混合溶剂中的 R6G 浓度实现了激光在 35 nm 带宽范围内的调节[36]。另外,激光波长还能通过有机染料的光学性质进行调节,如重吸收效应。Zhou 等通过将 FFP 腔的腔长从

3 mm 调整为 20 mm,激光波长可调节 18 nm[35]。同样,染料溶液的折射率也会影响光纤微腔的谐振特性,从而引起激光的光谱漂移[52-53]。配合荧光能量共振转移效应,激光发射波长的调节范围可进一步扩大,如龚朝阳等基于微流和 FRET 效应,实现了宽达 250 nm 的波长调节[24]。

固体形式的染料也可以实现激光发射。将染料分子富集在厚度为 $1\sim2$ μm 的薄膜中,能提高泵浦效率并降低荧光背景。在传感应用中,这种固体染料可在空间上与样品溶液分开,最大程度上避免发光材料对生物样品的影响。现已报道的固体染料主要包括染料掺杂的聚合物和导电聚合物等,将其在空芯光纤内部或通信光纤的外表面成膜以提供增益[19,106-109]。包埋染料的聚合物材料有很多,主要有聚苯乙烯、聚乙烯吡咯烷酮和聚甲基丙烯酸苄酯等[19,110-112]。

7.4.2　纳米晶体

纳米晶体是一种至少有一个维度小于 100 nm 的纳米材料,其光学和电学性质都具有很强的尺寸相关性[113]。纳米晶体利用量子陷阱提供增益。以半导体量子点为例,其吸收一个光子将产生一个电子空穴对。当电子空穴对再次复合时,产生一个光子。与有机染料相比,纳米晶体的光稳定性更好,斯托克斯位移更大,是一种很有应用前景的增益材料[114-115]。纳米晶体通常具有较大的吸收截面,有利于实现低阈值激光输出。纳米晶体的泵浦波长十分灵活,只要泵浦光子能量高于纳米晶体的禁带能量即可;而有机染料的泵浦波长必须位于染料的吸收带宽内。NCs 的发射波长可以通过晶体尺寸(称为量子尺寸效应)和材料组分进行调节(表 7.2)[116]。一般情况下,NCs 的激光发射光谱很窄,具有较大的波长复用潜力,可用于多色示踪和细胞标记等[117-118]。

在液体环境中,NCs 为激光系统提供增益的效率受到多种因素的影响,包括非辐射俄歇复合(AR)、溶液中 NCs 的负载比例以及与表面缺陷或界面缺陷有关的光致吸收[119]。研究人员克服上述困难,实现了许多基于 NCs 的光纤微流激光,如甘油/水溶液中的 CdSe/ZnS 量子点[120]、甲苯中的 CdZnS/ZnS 量子点[121]和碳点[98]。Kazes 等率先报道了基于 NCs 的光纤微流激光,即将 CdSe/ZnS 量子棒的己烷溶液吸入通信光纤-毛细管复合结构中充当增益介质,其中通信光纤微腔的高 Q 值是实现激光输出和克服非辐射损耗的必要条件[122]。由于 NCs 的光稳定性好,Wei Lei 课题组将半导体量子点作为增益介质,PBG 光纤作为谐振腔实现了径向的激光输出,为全向显示和微创光疗技术奠定了基础[61]。Kiraz 等实现了基于水溶液中 CdSe/ZnS 量子点的低阈值(0.1 mJ/mm^2)光纤微流激光[123]。非半导体材质的 NCs 易于化学修饰,有良好的生物相容性和光化学稳定性,在激光、成像和传感等领域有着广阔的应用前景。例如,碳点掺杂的聚合物涂覆在光纤上,实现了可见光区域的激光[98]，或在高 Q 值微腔中填充 π-共轭聚合物的四氢呋喃溶液实现激光输出，并通过拉伸微腔对其发射波长进行精细调节[17]。

7.4.3 生物增益材料

基于生物材料的增益介质可与生物分子、细胞或组织生物相容，实现精准的生物过程分析[100,124-127]。文献已报道了多种基于生物增益材料的光纤微流激光，如荧光素[128]、荧光蛋白[41,21]、叶绿素[129]、核黄素[130]和吲哚菁绿（ICG）[131]等。这些生物材料的发光机理与图 7.10 中描述的准四能级激光系统相似。一般来说，处于激发态的粒子寿命通常为几纳秒，因此采用纳秒或更短的脉冲泵浦可以更高效地实现粒子数反转。

生物增益材料具有天然的生物相容性，且易于生物降解。丰富的种类和较大的跃迁截面（核黄素和绿色荧光蛋白，大于 $2\times10^{-16}\,cm^2$），使其发射光谱几乎覆盖了整个可见光区域[132-133]。生物增益材料的来源主要包括两个途径：①由生物系统可再生地合成。例如，绿色荧光蛋白可以由转基因的大肠杆菌、哺乳动物细胞和维多利亚水母合成[100,134-135]。荧光蛋白可用作供体—受体对来研究蛋白质分子相互作用，例如 eGFP-eCherry、CFP-YFP、Clover-mRuby2 分子体系之间的相互作用[21,136]。②通过化学方法合成。例如，ICG 是唯一被美国食品和药物管理局（FDA）批准可临床使用的近红外激光染料，已实现了其在人血清和全血中的光微流激光[131]。

7.5 泵浦和探测

泵浦源在光微流激光系统中起到能量供应的作用。泵浦源将增益分子从低能级抽运至高能级，产生受激辐射实现激光输出。脉冲光泵浦是光微流激光器中最常用的泵浦方式，例如调 Q 纳秒激光器和光参量振荡器（OPO）。在光纤微流激光系统中，利用光纤的光传输特性可实现高耦合效率泵浦和远程泵浦，例如，FFP 腔[27,31]和 PBG 光纤[61,76,78]将泵浦激光通过光纤耦合到光学微腔中，与增益介质相互作用。为实现光纤微流激光输出，对泵浦源有以下几个方面的要求：①泵浦光波长应与有机染料的吸收光谱相匹配（图 7.10(b)）。②脉冲持续时间大约是增益介质激发态寿命的十分之一到几倍[16]。否则激子会进入染料三重态（图 7.10(a)）或在 NCs 中会产生非辐射重组中心/缺陷[102,121]，导致激光发射性能下降。③脉冲频率按需调整。单脉冲泵浦可以减少光漂白效应，多脉冲可以提高激光输出稳定性。④泵浦激光器的偏振态也会影响出射激光的偏振态[32,66]。⑤脉冲能量达到阈值条件。激光产生过程中需要足够高的泵浦能量使增益介质提供的增益足以克服腔内损耗。由于光纤微腔的高 Q 值和较强的光与物质相互作用,光微流激光器的阈值通常为几至几十微焦耳每平方毫米,甚至低至 15 nJ/mm^2 或 16 nJ/pulse[60-61,63,128]。⑥泵浦源的输出稳定性高。泵浦源的稳定性会影响激光输出的稳定性,目前商用的 Nd：YAG 脉冲激光器输出波动约为 3%,稳定性较高。此外,连续光泵浦、电泵浦和化学泵浦有利于开发低成本、紧凑型微激光器,这些都尚未在光纤微流激光中得以实现,存在较大的潜力有待挖掘。光纤内集成电极以及多功能微结构光纤的快速发展,使得这些泵浦方式具有切实可行的前景[152-153]。

　　光纤微流激光信号的探测对于激光输出特性的分析以及在传感、标记和成像等应用中有着重要意义。光纤可以将激光定向地耦合出微激光器并高效地传输至分析设备。不同的激光特性需要采集不同的信号进行分析,例如波长(光谱)[101]、偏振(光谱)[39,66]、激光模式(光谱和成像)[126-127,154]和强度(光谱、成像和光电)[20,155]。目前,常用的有三种激光探测方式：①光谱就是激光的指纹,用于揭示增益介质和光学微腔的固有属性,例如阈值、FSR、相位、激光模式。光谱反映的激光特性已被用于检测生物分子相互作用或浓度的微小变化[141,156-157]。②激光成像可以得到激光横模图样和激光强度的空间分布,激光模式对腔内的细微变化十分敏感,并有望与智能手机集成[158]。Yun 课题组利用激光成像的方法研究了不同活细胞激光中的激光横模空间分布[100,159-160]。③光电检测可以实现快速响应、高通量的检测分析,在光纤微流激光器中也具有广阔的应用前景。

7.6　光纤微流激光生化传感器

　　光纤微腔高 Q 值、高重复性和易于集成的特性,结合激光的高灵敏度、高信噪比和窄线宽的优势,使光纤微流激光在光子器件和微生化分析系统中有着广阔而独特的应用前景。本节将介绍光纤微流激光在生化传感中的三类典型应用。

7.6.1　高灵敏生化传感器

　　在癌症等重大疾病的早期诊断和新型微量生物标志物的发现等生物医学研究领域中,灵敏度是很重要的一个参数。高灵敏度的生化分析方法具有较低的检测下限,样本检测时可进行大量稀释,从而大大减少样本消耗量。现有的主流技术包括荧光、比色法、化学发光、电化学等。以荧光为例,其信号强度低、信噪比低,使得其具有较低的灵敏度。研究者们采用各种方法来放大信号提高灵敏度,例如利用金纳米颗粒的局部表面等离子体共振效应来调节荧光发射过程,实现等离子激元增强的荧光[161]。这些信号放大技术往往都需要复杂的结构设计或者大型专业设备投入,一定程度上限制了其广泛应用。

光微流激光采用激光作为传感信号,这与荧光检测有着本质的不同[162-163]。光微流激光中微腔和激光的放大作用,增强了光与物质的相互作用,有利于实现高灵敏的生化分析。酶联免疫吸附测定(ELISA)是免疫检测的金标准,将其与 FP 腔结合,形成光微流 ELISA 激光,用于炎症因子白介素 IL-6 的检测,其检测下限低至 1 pg/L,动态范围达 6 个数量级[20]。同样地,基于光微流激光的离子[156,164]、爆炸物[165]和尿酸[166]检测以及 DNA 高分辨率熔解曲线分析[167],都表明光微流激光比传统方法具有更高的灵敏度。就细胞层面的生化分析而言,包含外部腔(细胞位于微腔内)和内部腔(微腔内置于细胞内)两种结构。Schubert 等将聚苯乙烯微球引入跳动的心肌细胞中,利用激光波长记录了心脏细胞随时间的收缩和扩张,为心肌疾病机理的探索和治疗提供了一种新思路[168]。类似的方法还可以用来研究神经元细胞的细微变化[169]、细胞质内应力[126]和折射率的变化[170],这些细胞激光器具有细胞级甚至亚细胞级的分辨率。在组织激光器中,Xudong Fan 课题组利用抗体偶联的染料特异性识别肿瘤组织中的核酸生物标志物,并通过激光成像绘制了肿瘤组织的分布图[158]。

光纤作为光学微腔,具有较高的 Q 值、光传输特性,并易于与微流系统集成,这些性质使其能与光微流激光结合实现高性能的体外诊断[42-43,142,144,171-172]。图 7.11 列出了使用光纤微流激光进行高灵敏生化分析的代表性应用。如图 7.11(a)所示,光微流激光传感器中引入光纤构成 FFP 谐振腔,实现了微量、低浓度的生化检测。即将两根端面镀有金反射膜的光纤对准形成 FFP 腔,并且在腔内集成了两个微流通道,分别用作染料通道和样品通道。

为解决微腔稳定性问题并进一步提高微腔的 Q 值,光纤的横截面用作 WGM 微腔可增强光与物质相互作用,从而改善传感性能。Lee 等通过将 DNA 样品和染料通入微型毛细管中,实现了高特异性的腔内 DNA 熔解曲线分析(图 7.11(b))[144]。增强的光与物质相互作用提高了信噪比,可精确地确定 DNA 转变温度和区分单碱基失配。在体溶液中,只有与光场重叠的增益介质(0.1%~3%)才参与激光过程,而其他增益介质会产生不利的荧光背景,降低灵敏度和信噪比[41]。更充分的光与物质相互作用可以提高激光发射效率进而实现超灵敏的生化传感。最近,龚朝阳等通过将 Cy3 分子交联在通信光纤的外表面,开发了一种具有亚分子层厚度增益分子的光纤微流激光(图 7.11(c))[43],几乎所有的增益分子都参与激光过程,降低了荧光背景,且对增益分子的数量变化非常敏感。基于该方案,利用 Cy3 和蛋白质之间的竞争性结合实现了飞摩尔的超敏蛋白质检测,并进一步用于血清中帕金森生物标记物的高灵敏检测。

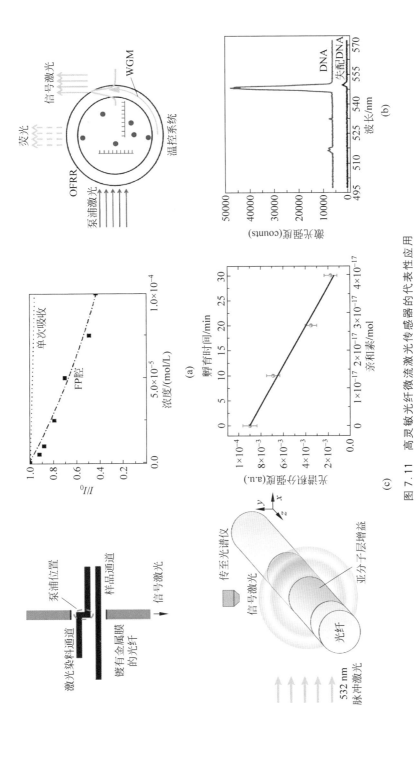

图 7.11 高灵敏光纤微流激光传感器的代表性应用

(a) 基于激光腔内的吸收测量[172]。低浓度物质可以在激光腔中得以分辨,而在传统方法中不能区分。(b) DNA 高分辨熔解曲线分析[144]。毛细管内的 DNA 样品通过修饰场的倏逝场与光场相互作用,目标 DNA 的激光强度高约 25 倍。(c) 具有亚分子层增益分子的光纤微流激光[143]。Cy3 分子 都位于光场中参与激光过程,可以分辨出亲和素分子的微量变化

7.6.2　快速、高通量生化传感器

生化传感平台的分析效率,包括检测通量、速度和样品/试剂的消耗,是评估其潜在生化应用价值的关键因素。通过缩短分析时间并提高检测通量,可以实现快速高效的生化分析,从而显著提高分析效率,这对于生物学诊断、DNA 测序和药物筛选领域具有重要意义。因此,快速检测、同时检测等高效的分析方法成为近年来的研究热点。在各项主流的检测技术中,光学传感器由于其波分复用潜力和光子的快速跃迁过程,在高效检测中显示出巨大的潜力。例如,荧光标记的微球是一种用于快速和高通量分析的成熟技术。Purohit 等开发了一种基于 Luminex 微球的多重聚糖珠阵列,研究了聚糖结合蛋白与聚糖之间的相互作用,可以一次性同时分析 384 个样品和 500 个聚糖[173]。

利用微流技术小样本量、易于集成和周转时间短的优势,光微流激光技术已与各种经典的生化分析技术集成,成为了极具发展潜力的生化传感技术。随着打印(3D 打印、喷墨打印)、激光微加工(飞秒、紫外激光)和聚焦离子束加工等领域的快速发展,若干光微流激光阵列方案得以实现,包括液滴、微盘和光子晶体等。中国科学院化学研究所赵永生课题组利用喷墨打印技术,构建了掺有染料的球形帽状微激光器阵列,实现了主动发光的全色激光显示[174]。另外,与线宽为几十纳米的荧光光谱相比,激光光谱的线宽更窄(几纳米以下),其波分复用能力更强。对于具有亚纳米线宽的单纵模可调激光,能够实现超大规模的光谱复用[101]。就检测速度而言,微型传感器具有较大的表面体积比,有利于减小分子扩散距离和孵育时间,实现生化分子的快速结合,因此适用于快速的生化分析[175-176]。此外,杨熙等将免疫比浊法与光微流激光相结合,在 20 min 内完成了蛋白质检测[177]。

由于光纤的横截面小且长径比大,可实现空间集成与复用。因此,光纤可进一步提高光微流激光的生化分析效率[48,78]。如图 7.12(a)所示,Yoel Fink 课题组通过精确控制 PBG 光纤中染料的长度、位置和种类,实现了激光显示[78]。龚朝阳等基于沿光纤轴向连续分布的光学微腔,提出并实现了分布式光纤微流激光器(图 7.12(b)),利用光纤在长度方向的优势,实现了沿光纤轴向排布的样品通道序列,用于酶浓度的比色检测。进一步地,结合波长和空间复用构建了二维微流阵列传感芯片,其传感单元可高达 2500 个[24]。

在微结构光纤中,丰富的微孔结构赋予光纤微流激光更大的空间复用潜力。例如,某种商用空气包层光纤的包层由 65 个空气孔组成,其光与物质相互作用的面积重合度高达 83%(图 7.12(c))[178]。在显微镜下,采用直接手动胶合法、微纳加工法、熔接机电弧放电塌缩空气孔法、流速差异法或中空毛细管辅助法等,选择性地填充多种增益介质和分析物于空气孔内。

基于固相表面的分析中,由于光纤微孔的直径小,生物分子扩散到光纤表面的距离大幅缩短,进而减少测试时间,实现快速检测以提高分析效率。图 7.12(d)是一种基于光纤微流激光的快速检测方法,其中生物分子被固定在空芯光纤的内表面上。考虑到微结构光纤中试剂难以清洗,杨熙等还提出利用毛细作用,以序列结合的方式,将生物分子交联在光纤内壁[179]。

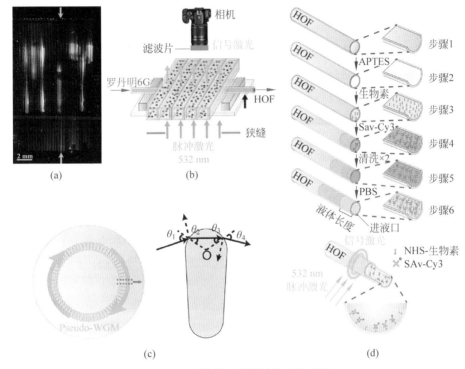

图 7.12　高效的光纤微流激光传感器

(a) 基于 PBG 光纤的激光显示[78];(b) 基于分布式光纤微流激光的高通量传感芯片[24];(c) 支持伪回音壁模式的空气包层光纤微流激光结构示意图[178];(d) 基于序列结合的快速生化分析[179]

7.6.3　一次性生化传感器

当前人们对健康的需求更加迫切和广泛,对生化传感器件提出了更高的要求。其中,一次性传感器具有高安全性(无样品交叉感染)、使用简便(用完即扔)、成本低等优势,在生化传感中有着重要的研究意义。一次性传感器通常要求可以低成本和高重复性地批量生产。典型的一次性传感器应用是商用试纸类诊断产品,主要应用在生殖健康(验孕棒、排卵试纸)、糖尿病监测(血糖试纸)和 pH 测试(pH 试纸)等领域。但是,这些都是定性评估,只能提供有限的分析物信息。研究人员通过结合层流分析、微流芯片和电化学等方法,研制可定量检测甚至具有高灵敏度的一次性传感器。

光微流激光作为一种高灵敏的定量检测技术,在一次性传感应用中也显示出巨大的潜力。实现一次性光微流激光的挑战之一是实现光学微腔的低成本、高重复性制备。材料和制备工艺的迅猛发展,使高重复性的微腔或微激光器制备成为可能。Fan 课题组通过软光刻技术,开发了可重复的 ELISA 激光平台,即在介质反射镜上加工四个 SU-8 反应孔,形成平凹 FP 腔[180]。但这种加工方法的成本相对较高,难以实现一次性使用。最近,哈尔滨工业大学宋清海研究组报道了一种各向异性的干法蚀刻技术,在芯片上批量生产高 Q 值的微腔和微激光器,获得了高重复性的微盘和激光光谱[181]。

光纤微腔可通过光纤拉丝塔低成本、高重复性的批量制备,为实现一次性光微流激光传感器提供了一种切实可行的解决方案。一方面,光纤拉制时,可对其尺寸进行实时监测,并通过各项参数精确调控来制备高重复性的微腔。以通信光纤为例,其尺寸在千米级的波动仅为 0.5%,是理想的高重复光学微腔。此外,光纤已有成熟的工业制造技术,可以进行低成本(0.01 USD/m)的批量生产(约 50 km)。龚朝阳等研制了基于双孔微结构光纤的高重复光纤微流激光器,其输出变异系数仅为 6.5%[65]。由于双孔微结构光纤的不对称结构,其激光输出具有方向性,因此不方便一次性使用。随后,该小组利用光纤拉丝塔实现了空芯薄壁光纤的批量制备,并进一步演示了一次性光纤微流激光免疫传感器(图 7.13(a))[139]。空芯薄壁光纤的几何尺寸在拉制过程中得到精确控制,可获得沿着光纤轴向准连续分布的相同尺寸的微环谐振腔。该一次性光纤微流激光传感器具有较高的重复性(输出强度波动约 3.3%)。一次性传感方便实现多次测量,因此可对激光输出进行统计分析并精确地反映蛋白质浓度。同样的研究也在商用通信光纤中予以开展,并用于亲和素分子的超灵敏检测[43]。

除了二氧化硅光纤,聚合物光纤也可实现批量制备,并探索其在一次性传感方面的应用。物理拉伸法和静电纺丝法是制备聚合物光纤常用的方法。物理拉伸法是将直径为几十至数百微米的金属探针垂直浸入聚合物液滴内,并以恒定的速度拉伸至基底的另一端得到中间悬空的聚合物光纤(图 7.13(b))。拉伸速度越快,聚合物光纤的直径越小。利用聚合物光纤的低成本和机械柔韧性,研究者们实现了可调激光和折射率传感[182]。静电纺丝法是采用高压静电的方法来控制纺丝溶液进行电纺。特别地,北京工业大学翟天瑞课题组利用静电纺丝技术批量制备了等离子体增强的聚合物光纤,并用于湿度和乙酸气体的高灵敏传感。该聚合物光纤具有优异地织物相容性,可编织在衣服上制备可穿戴的传感器(图 7.13(c))[183]。除此之外,聚合物光纤还可实现随机激光,有利于实现经济实用的一次性生化传感器[184-185]。

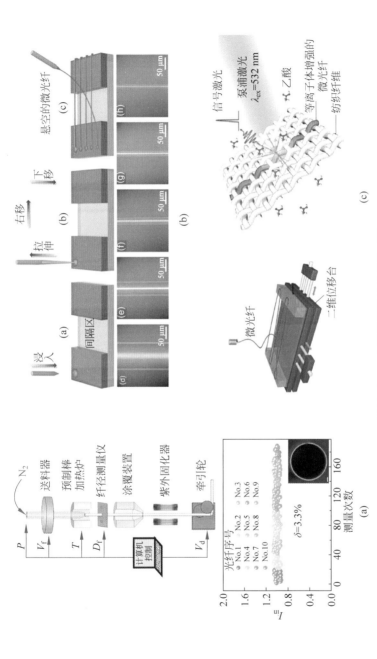

图 7.13　一次性光纤微流激光传感器

（a）光纤拉丝塔示意图（上）和基于空芯光纤的激光输出重复性（下）[139]；（b）物理拉伸法制备染料掺杂的聚合物光纤[182]；（c）静电纺丝法制备等离子体增

强的聚合物光纤（左），并编织成可穿戴传感器（右）[183]

7.7 结语

本章主要介绍了光纤微流激光实验室技术的传感机理、光纤微腔和增益材料类型,以及典型的生化传感应用。光纤微流激光具有灵敏度高、重复性好、集成度高、成本低等优点,可实现快速、高通量和一次性检测,为高性能的生化传感提供了一个独具特色的研究平台。通过引入光纤新结构和增益新材料,可打造丰富的光纤微流激光实验室技术,构建综合高性能的生化传感平台。光纤微流激光是光学、材料学、生物化学、电子与仪器等多学科交叉领域,新材料和新结构光纤的设计制备、新型增益材料的合成,以及新型生物试剂盒的研制,可为光纤微流激光的发展提供持续的发展动力,期待光纤微流激光实验室技术在医疗健康、环境监测、食品安全等诸多领域获得越来越广泛的应用。

参考文献

[1] DEL'HAYE P, SCHLIESSER A, ARCIZET O, et al. Optical frequency comb generation from a monolithic microresonator[J]. Nature, 2007, 450(7173): 1214-1217.

[2] SPILLANE S M, KIPPENBERG T J, VAHALA K J. Ultralow-threshold Raman laser using a spherical dielectric microcavity[J]. Nature, 2002, 415(6872): 621-623.

[3] VAHALA K J. Optical microcavities[J]. Nature, 2003, 424(6950): 839-846.

[4] VOLLMER F, ARNOLD S. Whispering-gallery-mode biosensing: Label-free detection down to single molecules[J]. Nature Methods, 2008, 5(7): 591-596.

[5] HE L, ÖZDEMIR S K, YANG L. Whispering gallery microcavity lasers[J]. Laser & Photonics Reviews, 2013, 7(1): 60-82.

[6] WARD J, BENSON O. WGM microresonators: Sensing, lasing and fundamental optics with microspheres[J]. Laser & Photonics Reviews, 2011, 5(4): 553-570.

[7] BAASKE M D, VOLLMER F. Optical observation of single atomic ions interacting with plasmonic nanorods in aqueous solution[J]. Nature Photonics, 2016, 10(11): 733-739.

[8] ARMANI A M, KULKARNI R P, FRASER S E, et al. Label-free, single-molecule detection with optical microcavities[J]. Science, 2007, 317(5839): 783-787.

[9] ZHU J, OZDEMIR S K, XIAO Y F, et al. On-chip single nanoparticle detection and sizing by mode splitting in an ultrahigh-Q microresonator[J]. Nature Photonics, 2010, 4(1): 46-49.

[10] VOLLMER F, ARNOLD S, KENG D. Single virus detection from the reactive shift of a whispering-gallery mode[J]. Proceedings of the National Academy of Sciences of the United States of America, 2008, 105(52): 20701-20704.

[11] XU X, CHEN W, ZHAO G, et al. Wireless whispering-gallery-mode sensor for thermal

sensing and aerial mapping[J]. Light：Science & Applications,2018,7：62.

[12]　唐水晶,李贝贝,肖云峰.回音壁模式光学微腔传感[J].物理,2019,48(3)：137-147.

[13]　SHAO L,JIANG X F,YU X C,et al. Detection of single nanoparticles and lentiviruses using microcavity resonance broadening［J］. Advanced Materials，2013，25（39）：5616-5620.

[14]　SHEN B Q,YU X C,ZHI Y,et al. Detection of single nanoparticles using the dissipative interaction in a high-Q microcavity[J]. Physical Review Applied,2016,5(2)：024011.

[15]　SIEGMAN A E. Lasers[M]. California：University Science Books,1986.

[16]　FAN X,YUN S H. The potential of optofluidic biolasers［J］. Nature Methods,2014,11(2)：141-147.

[17]　TANG S,LIU Z,QIAN Y,et al. A Tunable optofluidic microlaser in a photostable conjugated polymer[J]. Advanced Materials,2018,30(50)：1804556.

[18]　HE J,HU S,REN J,et al. Biofluidic random laser cytometer for biophysical phenotyping of cell suspensions[J]. ACS Sensors,2019,4(4)：832-840.

[19]　ZHAO X,WANG Y,LIAO C,et al. Polymer-coated hollow fiber optofluidic laser for refractive index sensing[J]. Journal of Lightwave Technology,2020,38(6)：1550-1556.

[20]　WU X,OO M K K,REDDY K,et al. Optofluidic laser for dual-mode sensitive biomolecular detection with a large dynamic range[J]. Nature Communications,2014,5：3779.

[21]　CHEN Q,ZHANG X,SUN Y,et al. Highly sensitive fluorescent protein FRET detection using optofluidic lasers[J]. Lab on a Chip,2013,13(14)：2679-2681.

[22]　YUAN Z,CHENG X,ZHOU Y,et al. Distinguishing small molecules in microcavity with molecular laser polarization[J]. ACS Photonics,2020,7(8)：1908-1914.

[23]　DONNER J S,THOMPSON S A,KREUZER M P,et al. Mapping intracellular temperature using green fluorescent protein[J]. Nano Letters,2012,12(4),2107-2111.

[24]　GONG C,GONG Y,ZHAO X,et al. Distributed fibre optofluidic laser for chip-scale arrayed biochemical sensing[J]. Lab on a Chip,2018,18(18)：2741-2748.

[25]　MILES R B,LEMPERT W R,FORKEY J N. Laser Rayleigh scattering[J]. Measurement Science and Technology,2001,12(5)：R33-R51.

[26]　CHEN Y,LEI L,ZHANG K,et al. Optofluidic microcavities：Dye-lasers and biosensors [J]. Biomicrofluidics,2010,4(4)：043002.

[27]　GEROSA R M,SUDIRMAN A,MENEZES L DE S,et al. All-fiber high repetition rate microfluidic dye laser[J]. Optica,2015,2(2)：186-193.

[28]　GONG C,GONG Y,ZHANG W L,et al. Fiber optofluidic microlaser with lateral single mode emission[J]. IEEE Journal of Selected Topics in Quantum Electronics,2018,24(3)：0900206.

[29]　AUBRY G,KOU Q,STO-VELASCO J,et al. A multicolor microfluidic droplet dye laser with single mode emission[J]. Applied Physics Letters,2011,98(11)：111111.

[30]　GALAS J C,TORRES J,BELOTTI M,et al. Microfluidic tunable dye laser with integrated mixer and ring resonator[J]. Applied Physics Letters,2005,86(26)：264101.

［31］ KOU Q,YESILYURT I,CHEN Y. Collinear dual-color laser emission from a microfluidic dye laser[J]. Applied Physics Letters,2006,88(9)：091101.

［32］ YANG Y,LIU A Q,LEI L,et al. A tunable 3D optofluidic waveguide dye laser via two centrifugal Dean flow streams[J]. Lab on a Chip,2011,11(18)：3182-3187.

［33］ LEI L,ZHOU Y L,CHEN Y. Hydrodynamic focusing controlled microfluidic laser emission[J]. Microelectronic Engineering,2009,86(4-6)：1358-1360.

［34］ CAI Z,SHEN Z,LIU H,et al. On-chip tunable optofluidic dye laser [J]. Optical Engineering,2016,55(11)：116117.

［35］ ZHOU H,FENG G,YAO K,et al. Fiber-based tunable microcavity fluidic dye laser[J]. Optics Letters,2013,38(18)：3604-3607.

［36］ MOON H J,CHOUGH Y T,AN K. Cylindrical microcavity laser based on the evanescent-wave-coupled gain[J]. Physical Review Letters,2000,85(15)：3161-3164.

［37］ WU X,SUN Y,SUTER J D,et al. Single mode coupled optofluidic ring resonator dye lasers[J]. Applied Physics Letters,2009,94(24)：241109.

［38］ SUN Y,SUTER J D,FAN X. Robust integrated optofluidic-ring-resonator dye lasers[J]. Optics Letters,2009,34(7)：1042-1044.

［39］ ZHANG Y,MENG W,YANG H,et al. Demonstration of polarization mode selection and coupling efficiency of optofluidic ring resonator lasers[J]. Optics Letters,2015,40(21)：5101-5104.

［40］ WANG Y,HU S,YANG X,et al. Evanescent-wave pumped single-mode microcavity laser from fiber of 125 μm diameter[J]. Photonics Research,2018,6(4)：332-338.

［41］ CHEN Q,RITT M,SIVARAMAKRISHNAN S,et al. Optofluidic lasers with a single molecular layer of gain[J]. Lab on a Chip,2014,14(24)：4590-4595.

［42］ LEE W,CHEN Q,FAN X,et al. Digital DNA detection based on a compact optofluidic laser with ultra-low sample consumption[J]. Lab on a Chip,2016,16(24)：4770-4776.

［43］ GONG C,GONG Y,YANG X,et al. Sub-molecular-layer level protein detection using disposable fiber optofluidic laser[C]. Lausanne：International Conference on Optical Fiber Sensors,2018：F124.

［44］ SHOPOVA S I,ZHOU H,FAN X,et al. Optofluidic ring resonator based dye laser[J]. Applied Physics Letters,2007,90(22)：221101.

［45］ MAO J,YANG X,LIU Y,et al. Nanonaterial-enhanced fiber optofluidic laser biosensor for sensitive enzyme detection [J]. Journal of Lightwave Technology,2020,38(18)：5205-5211.

［46］ MOON H J,AN K. Interferential coupling effect on the whispering-gallery mode lasing in a double-layered microcylinder[J]. Applied Physics Letters,2002,80(18)：3250-3252.

［47］ LEE W,YOON D K. Optofluidic ring resonator laser with biocompatible liquid gain medium[C]. Jeju,South Korea：23rd Opto-Electronics and Communications Conference (OECC),2018.

［48］ XU Y,GONG C Y,CHEN Q S,et al. Highly reproducible,isotropic optofluidic laser based on hollow optical fiber[J]. IEEE Journal of Selected Topics in Quantum Electronics,2019,

25(1): 0900206.

[49] LACEY S,WHITE I M,SUN Y,et al. Versatile opto-fluidic ring resonator lasers with ultra-low threshold[J]. Optics Express,2007,15(23): 15523-15530.

[50] KNIGHT J C,DRIVER H S T,ROBERTSON G N. Interference modulation of Q values in a cladded-fiber whispering-gallery-mode laser[J]. Optics Letters,1993,18(16): 1296-1298.

[51] KNIGHT J C,DRIVER H S T,HUTCHEON R J,et al. Core-resonance capillary-fiber whispering-gallery-mode laser[J]. Optics Letters,1992,17(18): 1280-1282.

[52] MOON H J,YI J,KIM J T,et al. Effect of refractive index change on the interference modulation of Q values in a layered cylindrical microlaser[J]. Japanese Journal of Applied Physics Part 2- Letters,1999,38(4): L377-L379.

[53] MOON H J,CHOUGH Y T,KIM J B,et al. Cavity-Q-driven spectral shift in a cylindrical whispering-gallery-mode microcavity laser[J]. Applied Physics Letters,2000,76(25): 3679-3681.

[54] WU X,LI H,LIU L,et al. Unidirectional single-frequency lasing from a ring-spiral coupled microcavity laser[J]. Applied Physics Letters,2008,93(8): 081105.

[55] TU X,WU X,LI M,et al. Ultraviolet single-frequency coupled optofluidic ring resonator dye laser[J]. Optics Express,2012,20(18): 19996-20001.

[56] SHANG L,LIU L,XU L. Single-frequency coupled asymmetric microcavity laser[J]. Optics Letters,2008,33(10): 1150-1152.

[57] TA V D,CHEN R,SUN H. Coupled polymer microfiber lasers for single mode operation and enhanced refractive index sensing[J]. Advanced Optical Materials,2014,2(3): 220-225.

[58] GU F,XIE F M,LIN X,et al. Single whispering-gallery mode lasing in polymer bottle microresonators via spatial pump engineering[J]. Light: Science & Applications,2017, 6: e17061.

[59] YU J,LIU Y G,LUO M M,et al. Single longitudinal mode optofluidic microring laser based on a hollow-core microstructured optical fiber[J]. IEEE Photonics Journal,2017, 9(5): 7105510.

[60] LI Z L,ZHOU W Y,LUO M M,et al. Tunable optofluidic microring laser based on a tapered hollow core microstructured optical fiber[J]. Optics Express,2015,23(8): 10413-10420.

[61] ZHANG N,LIU H,STOLYAROV A M,et al. Azimuthally polarized radial emission from a quantum dot fiber laser[J]. ACS Photonics,2016,3(12): 2275-2279.

[62] LI Z L,LIU Y G,YAN M,et al. A simplified hollow-core microstructured optical fibre laser with microring resonators and strong radial emission[J]. Applied Physics Letters, 2014,105(7): 071902.

[63] YU J,LIU Y G,WANG Y Y,et al. Optofluidic laser based on a hollow-core negative-curvature fiber[J]. Nanophotonics,2018,7(7): 1307-1315.

[64] VASDEKIS A E,TOWN G E,TURNBULL G A,et al. Fluidic fibre dye lasers[J]. Optics

Express,2007,15(7)：3962-3967.

[65] GONG C Y,GONG Y,CHEN Q S,et al. Reproducible fiber optofluidic laser for disposable and array applications[J]. Lab on a Chip,2017,17(20)：3431-3436.

[66] YAN D L,LIU B,ZHANG H,et al. Observation of lasing emission based on a hexagonal cavity embedded in a Kagome PCF[J]. IEEE Photonics Technology Letters,2018,30(13)：1202-1205.

[67] YAN D L,ZHANG H,LIU B,et al. Wang. Optofluidic microring resonator laser based on cavity-assisted energy transfer in dye-infiltrated side-hole microstructured optical fibers [J]. Journal of Lightwave Technology,2017,35(19)：4153-4158.

[68] XU F,BRAMBILLA G. Embedding optical microfiber coil resonators in Teflon[J]. Optics Letters,2007,32(15)：2164-2166.

[69] SUMETSKY M,DULASHKO Y,FINI J M,et al. The microfiber loop resonator：Theory,experiment,and application[J]. Journal of Lightwave Technology,2006,24(1)：242-250.

[70] GUO X,LI Y H,JIANG X S,et al. Demonstration of critical coupling in microfiber loops wrapped around a copper rod[J]. Applied Physics Letters,2007,91(7)：073512.

[71] JIANG X S,SONG QHI,XU L,et al. Microfiber knot dye laser based on the evanescent-wave-coupled gain[J]. Applied Physics Letters,2007,90(23)：233501.

[72] JIANG X S,YANG Q,VIENNE G,et al. Demonstration of microfiber knot laser[J]. Applied Physics Letters,2006,89(14)：143513.

[73] SUMETSKY M,DULASHKO Y,FINI J M,et al. Optical microfiber loop resonator[J]. Applied Physics Letters,2005,86(16)：161108.

[74] HART S D, MASKALY G R, TEMELKURAN B, et al. External reflection from omnidirectional dielectric mirror fibers[J]. Science,2002,296(5567)：510-513.

[75] ROWLAND K J,AFSHAR S,MONRO T M. Bandgaps and antiresonances in integrated-ARROWs and Bragg fibers：a simple model [J]. Optics Express, 2008, 16 (22)：17935-17951.

[76] STOLYAROV A M,WEI L,SHAPIRA O,et al. Microfluidic directional emission control of an azimuthally polarized radial fibre laser[J]. Nature Photonics,2012,6(4)：229-233.

[77] AO X Y,HER T H,CASPERSON L W. Gain guiding in large-core Bragg fibers[J]. Optics Express,2009,17(25)：22666-22672.

[78] SHAPIRA O,KURIKI K,ORF N D,et al. Surface-emitting fiber lasers [J]. Optics Express,2006,14(9)：3929-3935.

[79] TEMELKURAN B,HART S D,BENOIT G,et al. Wavelength-scalable hollow optical fibres with large photonic bandgaps for CO_2 laser transmission [J]. Nature, 2002, 420(6916)：650-653.

[80] POLSON R C,VARDENY Z V. Random lasing in human tissues[J]. Applied Physics Letters,2004,85(7)：1289-1291.

[81] HE J J,HU S H,REN J F,et al. Biofluidic random laser cytometer for biophysical phenotyping of cell suspensions[J]. ACS Sensors,2019,4(4)：832-840.

［82］ REDDING B,CHOMA M A,CAO H. Speckle-free laser imaging using random laser illumination[J]. Nature Photonics ,2012,6(6)：355-359.

［83］ WIERSMA D S. The physics and applications of random lasers[J]. Nature Physics,2008,4(5)：359-367.

［84］ LUAN F,GU B B,GOMES A S L,et al. Lasing in nanocomposite random media[J]. Nano Today,2015,10(2)：168-192.

［85］ CAO H,ZHAO Y G,HO S T,et al. Random laser action in semiconductor powder[J]. Physical Review Letters,1999,82(11)：2278-2281.

［86］ GOTTARDO S, CAVALIERI S, YAROSHCHUK O, et al. Quasi-two-dimensional diffusive random laser action[J]. Physical Review Letters,2004,93(26)：263901.

［87］ YANG Z J,ZHANG W L,MA R,et al. Nanoparticle mediated microcavity random laser [J]. Photonics Research,2017,5(6)：557-560.

［88］ HU Z J,ZHANG Q,MIAO B,et al. Coherent random fiber laser based on nanoparticles scattering in the extremely weakly scattering regime[J]. Physical Review Letters,2012,109(25)：253901.

［89］ SHI X Y,GE K,TONG J H,et al. Low-cost biosensors based on a plasmonic random laser on fiber facet[J]. Optics Express,2020,28(8)：12233-12242.

［90］ DE MATOS C J S,MENEZES L D S,BRITO-SILVA A M,et al. Random fiber laser[J]. Physical Review Letters,2007,99(15)：153903.

［91］ YONENAGA Y,FUJIMURA R,SHIMOJO M,et al. Random laser of dye-injected holey photonic-crystal fiber[J]. Physical Review A,2015,92(1)：013824.

［92］ PU,X Y,JIANG N,HAN D Y,et al. Linearly polarised three-colour lasing emission from an evanescent wave pumped and gain coupled fibre laser[J]. Chinese Physics B,2010,19(5)：054207.

［93］ XU Y,GONG C Y,CHEN Q S,et al. Highly reproducible ,isotropic optofluidic laser based on hollow optical fiber[J]. IEEE Journal of Selected Topics in Quantum Electronics,2018,25(1)：0900206.

［94］ MOON H J,PARK G W,LEE S B,et al. Waveguide mode lasing via evanescent-wave-coupled gain from a thin cylindrical shell resonator[J]. Applied Physics Letters,2004,84(22)：4547-4549.

［95］ SOFFER B H,MCFARLAND B B. Continuously tunable,narrow-band organic dye lasers [J]. Applied Physics Letters,1967,10(10)：266-267.

［96］ JHA A,RICHARDS B,JOSE G,et al. Rare-earth ion doped TeO_2 and GeO_2 glasses as laser materials[J]. Progress in Materials. Science,2012,57(8)：1426-1491.

［97］ KLIMOV V I,MIKHAILOVSKY A A,XU S,et al. Optical gain and stimulated emission in nanocrystal quantum dots[J]. Science,2000,290(5490)：314-317.

［98］ ZHANG W F,ZHU H,YU S F,et al. Observation of lasing emission from carbon nanodots in organic solvents[J]. Advanced Materials,2012,24(17)：2263-2267.

［99］ SMART R G,HANNA D C,TROPPER A C,et al. Cw room temperature upconversion lasing at blue,green and red wavelengths in infrared-pumped Pr^{3+}-doped fluoride fibre

[J]. Electronics Letters,1991,27(14):1307-1309.

[100] GATHER M C,YUN S H. Single-cell biological lasers[J]. Nature Photonics,2011, 5(7):406-410.

[101] MARTINO N,KWOK S J J,LIAPIS A C,et al. Wavelength-encoded laser particles for massively multiplexed cell tagging[J]. Natured Photonics,2019,13(10):720-727.

[102] LI Z,PSALTIS D. Optofluidic dye lasers[J]. Microfluidics and Nanofluidics,2008, 4(1-2):145-158.

[103] WU J,WANG W,GONG C Y,et al. Tuning the strength of intramolecular charge-transfer of triene-based nonlinear optical dyes for electro-optics and optofluidic lasers[J]. Journal of Materials Chemistry C,2017,5(30):7472-7478.

[104] LEE W,SUN Y,LI H,et al. A quasi-droplet optofluidic ring resonator laser using a micro-bubble[J]. Applied Physics Letters,2011,99(9):091102.

[105] SUTER J D,LEE W,HOWARD D J,et al. Demonstration of the coupling of optofluidic ring resonator lasers with liquid waveguides[J]. Optics Letters,2010,35(17): 2997-2999.

[106] FROLOV S V,SHKUNOV M,VARDENY Z V,et al. Ring microlasers from conducting polymers[J]. Physical Review B,1997,56(8):R4363-R4366.

[107] TANAKA H,YOSHIDA Y,NAKAO T,et al. Photopumped laser oscillation and charge carrier mobility of composite films based on poly(3-hexylthiophene)s with different stereoregularity[J]. Japanese Journal of Applied Physics Part 2-Letters & Express Letters,2006,45(37-41):L1077-L1079.

[108] YOSHIDA Y,NISHIHARA Y,FUJII A,et al. Optical properties and microring laser of conducting polymers with Snatoms in main chains[J]. Journal of Applied Physics,2004, 95(8):4193-4196.

[109] YOSHIDA Y,NISHIMURA T,FUJII A,et al. Dual ring laser emission of conducting polymers in microcapillary structures[J]. Applied Physics Letters,2005, 86(14):141903.

[110] YANAGI H,TAKEAKI R,TOMITA S,et al. Dye-doped polymer microring laser coupled with stimulated resonant Raman scattering[J]. Applied Physics Letters,2009, 95(3):033306.

[111] MOON H J,PARK G W,LEE S B,et al. Laser oscillations of resonance modes in a thin gain-doped ring-type cylindrical microcavity[J]. Optics Communications,2004,235(4-6): 401-407.

[112] FRANCOIS A,RIESEN N,GARDNER K,et al. Lasing of whispering gallery modes in optofluidic microcapillaries[J]. Optics Express,2016,24(12):12466-12477.

[113] ALIVISATOS A P. Semiconductor clusters,nanocrystals,and quantum dots[J]. Scienc, 1996,271(5251):933-937.

[114] BRUCHEZ M,MORONNE M,GIN P,et al. Semiconductor nanocrystals as fluorescent biological labels[J]. Science,1998,281(5385):2013-2016.

[115] RESCH-GENGER U,GRABOLLE M,CAVALIERE-JARICOT S,et al. Quantum dots

versus organic dyes as fluorescent labels[J]. Nature Methods,2008,5(9)：763-775.

[116] BRUS L E. Electron-electron and electron-hole interactions in small semiconductor crystallites：The size dependence of the lowest excited electronic state[J]. The Journal of Chemical Physics,1984,80(9)：4403-4409.

[117] HAN M,GAO X,SU J,et al. Quantum-dot-tagged microbeads for multiplexed optical coding of biomolecules[J]. Nature Biotechnology,2001,19(7)：631-635.

[118] ALIVISATOS P. The use of nanocrystals in biological detection[J]. Nature Biotechnology,2004,22(1)：47-52.

[119] KLIMOV V I, IVANOV S A, NANDA J, et al. Single-exciton optical gain in semiconductor nanocrystals[J]. Nature,2007,447(7143)：441-446.

[120] SCHAFER J,MONDIA J P,SHARMA R,et al. Quantum dot microdrop laser[J]. Nano Letters,2008,8(6)：1709-1712.

[121] WANG Y,LECK K S,TA V D,et al. Blue liquid lasers from solution of CdZnS / ZnS ternary alloy quantum dots with quasi-continuous pumping[J]. Advanced Materials, 2015,27(1)：169-175.

[122] KAZES M,LEWIS D Y,EBENSTEIN Y,et al. Lasing from semiconductor quantum rods in a cylindrical microcavity[J]. Advanced Materials,2002,14(4)：317-321.

[123] KIRAZ A,CHEN Q,FAN X. Optofluidic lasers with aqueous quantum dots[J]. ACS Photonics,2015,2(6)：707-713.

[124] NIZAMOGLU S,GATHER M C,YUN S H. All-biomaterial laser using vitamin and biopolymers[J]. Advanced Materials,2013,25(41)：5943-5947.

[125] JONAS A,AAS M,KARADAG Y,et al. In vitro and in vivo biolasing of fluorescent proteins suspended in liquid microdroplet cavities[J]. Lab on a Chip,2014,14(16)：3093-3100.

[126] HUMAR M,YUN S H. Intracellular microlasers[J]. Nature Photonics,2015,9(9)：572-577.

[127] HUMAR M,YUN S H. Whispering-gallery-mode emission from biological luminescent protein microcavity assemblies[J]. Optica,2017,4(2)：222-228.

[128] WU X,CHEN Q,SUN Y,et al. Bio-inspired optofluidic lasers with luciferin[J]. Applied Physics Letters. ,2013,102(20)：203706.

[129] CHEN Y,CHEN Q,FAN X. Optofluidic chlorophyll lasers[J]. Lab on a Chip,2016, 16(12)：2228-2235.

[130] LEE W,KIM D B,SONG M H,et al. Optofluidic ring resonator laser with an edible liquid gain medium[J]. Optics Express,2017,25(13)：14043-14048.

[131] CHEN Y C,CHEN Q,FAN X. Lasing in blood[J]. Optica,2016,3(8)：809-815.

[132] SHANER N C,CAMPBELL R E,STEINBACH P A,et al. Improved monomeric red, orange and yellow fluorescent proteins derived from Discosoma sp. red fluorescent protein [J]. Nature Biotechnology,2004,22(12)：1567-1572.

[133] MERZLYAK E M, GOEDHART J, SHCHERBO D, et al. Bright monomeric red fluorescent protein with an extended fluorescence lifetime[J]. Nature Methods,2007,

4(7)：555-557.

[134] GATHER M C,YUN S H. Lasing from Escherichia coli bacteria genetically programmed to express green fluorescent protein[J]. Optics. Letters,2011,36(16)：3299-3301.

[135] TSIEN R Y,MIYAWAKI A. Seeing the machinery of live cells[J]. Science,1998,280 (5371)：1954-1955.

[136] LAM A J,ST-PIERRE F,GONG Y,et al. Improving FRET dynamic range with bright green and red fluorescent proteins[J]. Nature Methods,2012,9(10)：1005-1012.

[137] LI P,XU C,JIANG M,et al. Lasing behavior modulation in a layered cylindrical microcavity[J]. Applied Physics B-Lasers and Optics,2015,118(1)：93-100.

[138] ZHANG Y,PU X,ZHU K,et al. Threshold property of whispering-gallery-mode fiber lasers pumped by evanescent waves[J]. Journal of Optical Society of America B-Optical Physics,2011,28(8)：2048-2056.

[139] YANG X,LUO Y,LIU Y L,et al. Mass production of thin-walled hollow optical fibers enables disposable optofluidic laser immunosensors[J]. Lab on a Chip,2020,20(5)：923- 930.

[140] REN L,WU X,LI M,et al. Ultrasensitive label-free coupled optofluidic ring laser sensor [J]. Optics Letters,2012,37(18)：3873-3875.

[141] SUN Y,SHOPOVA S I,WU C S,et al. Bioinspired optofluidic FRET lasers via DNA scaffolds[J]. Proceedings of the National Academy of Sciences of the United States of America,2010,107(37)：16039-16042.

[142] ZHANG X,LEE W,FAN X. Bio-switchable optofluidic lasers based on DNA Holliday junctions[J]. Lab on a Chip,2012,12(19)：3673-3675.

[143] CHEN Q,LIU H,LEE W,et al. Self-assembled DNA tetrahedral optofluidic lasers with precise and tunable gain control[J]. Lab on a Chip,2013,13(17)：3351-3354.

[144] LEE W,FAN X. Intracavity DNA melting analysis with optofluidic lasers[J]. Analytical Chemistry,2012,84(21)：9558-9563.

[145] SUTER J D,SUN Y,HOWARD D J,et al. PDMS embedded opto-fluidic microring resonator lasers[J]. Optics Express,2008,16(14)：10248-10253.

[146] LAHOZ F,OTON C J,LÓPEZ D,et al. Whispering gallery mode laser based on antitumor drug-dye complex gain medium[J]. Optics Letters,2012,37(22)：4756-4758.

[147] LAHOZ F,CÁCERES J M. Whispering gallery mode laser enhanced by amplified spontaneous emission coupling in semiconducting polymer solutions[J]. Laser Physics Letters,2014,11(4)：046001.

[148] ZHOU L,YOU H H,PU X Y. Broadening free spectral range of an evanescent-wave pumped Whispering-gallery-mode fibre laser by Vernier effect ［J］. Optics Communications,2011,284(13)：3387-3390.

[149] KAZES M,LEWIS D Y,EBENSTEIN Y,et al. Lasing from semiconductor quantum rods in a cylindrical microcavity[J]. Advanced Materials,2002,14(4)：317-321.

[150] KAZES M,LEWIS D Y,BANIN U. Method for preparation of semiconductor quantum-rod lasers in a cylindrical microcavity[J]. Advanced Functional Materials,2004,14(10)：

957-962.

[151] WANG Y,LECK K S,TA V D,et al. Blue liquid lasers from solution of CdZnS/ZnS ternary alloy quantum dots with quasi-continuous pumping[J]. Advanced Materials, 2015,27(1)：169-175.

[152] REIN M, FAVROD V D, HOU C, et al. Diode fibres for fabric-based optical communications[J]. Nature,2018,560(7717)：214-218.

[153] PARK S,GUO Y Y,JIA X T,et al. One-step optogenetics with multifunctional flexible polymer fibers[J]. Nature Neuroscience,2017,20(4)：612-619.

[154] FERNANDEZ-BRAVO A, YAO K Y, BARNARD E S, et al. Continuous-wave upconverting nanoparticle microlasers [J]. Nature Nanotechnology, 2018, 13 (7)： 572-577.

[155] SCHUBERT M,STEUDE A,LIEHM P,et al. Lasing within live cells containing intracellular optical microresonators for barcode-type cell tagging and tracking[J]. Nano Letters,2015,15(8)：5647-5652.

[156] GONG C,GONG Y,OO M K K,et al. Sensitive sulfide ion detection by optofluidic catalytic laser using horseradish peroxidase (HRP) enzyme [J]. Biosensors & Bioelectronics,2017,96：351-357.

[157] LI H,SHANG L, TU X,et al. Coupling variation induced ultrasensitive label-free biosensing by using single mode coupled microcavity laser[J]. Journal of The American Chemical Society,2009,131(46)：16612-16613.

[158] CHEN Y C,TAN X,SUN Q,et al. Laser-emission imaging of nuclear biomarkers for high-contrast cancer screening and immunodiagnosis[J]. Nature Biomedical Engineering, 2017,1(9)：724-735.

[159] NIZAMOGLU S,LEE K B,GATHER M C,et al. A simple approach to biological single-cell lasers via intracellular dyes[J]. Advanced Optical Materials,2015,3(9)：1197-1200.

[160] HUMAR M,GATHER M C, YUN S H. Cellular dye lasers：lasing thresholds and sensing in a planar resonator[J]. Optics Express,2015,23(21)：27865-27879.

[161] LUAN J,SETH A,GUPTA R,et al. Ultrabright fluorescent nanoscale labels for the femtomolar detection of analytes with standard bioassays [J]. Nature Biomedical Engineering,2020,4(5)：518-530.

[162] WANG Z,ZHANG Y, GONG X, et al. Bio-electrostatic sensitive droplet lasers for molecular detection[J]. Nanoscale Advances,2020,2：2713-2719.

[163] WANG Y,ZHAO L,XU A,et al. Detecting enzymatic reactions in penicillinase via liquid crystal microdroplet-based pH sensor[J]. Sensors and Actuators B-Chemical,2018,258： 1090-1098.

[164] SUN L P,SUN Z,LI Z,et al. Rh6G-HS-based optofluidic laser sensor for selective detection of Cu^{2+} ions[J]. IEEE Photonics Technology Letters,2020,32(12)：714-717.

[165] WU J,FAN M,DENG G,et al. Optofluidic laser explosive sensor with ultralow detection limit and large dynamic range using donor-acceptor-donor organic dye[J]. Sensors and Actuators B-Chemical,2019,298：126830.

[166] WANG Y,YANG X,GONG C,et al. DC-biased optofluidic biolaser for uric acid detection[J]. Journal of Lightwave Technology,2020,38(6): 1557-1563.

[167] HOU M,LIANG X,ZHANG T,et al. DNA Melting analysis with optofluidic lasers based on Fabry-Pérot microcavity[J]. ACS Sensors,2018,3(9): 1750-1755.

[168] SCHUBERT M,WOOLFSON L,BARNARD I R M,et al. Monitoring contractility in cardiac tissue with cellular resolution using biointegrated microlasers[J]. Nature Photonics,2020,14(7): 452-458.

[169] CHEN Y C,LI X,ZHU H,et al. Monitoring neuron activities and interactions with laser emissions[J]. ACS Photonics,2020,7(8): 2182-2189.

[170] WU X,CHEN Q,XU P,et al. Nanowire lasers as intracellular probes[J]. Nanoscale, 2018,10(20): 9729-9735.

[171] REN L,ZHANG X,GUO X,et al. High-sensitivity optofluidic sensor based on coupled liquid-core laser[J]. IEEE Photonics Technology Letters,2017,29(8): 639-642.

[172] GALAS J C,PEROZ C,KOU Q,et al. Microfluidic dye laser intracavity absorption[J]. Applied Physics Letters,2006,89(22): 224101.

[173] PUROHIT S,LI T,GUAN W,et al. Multiplex glycan bead array for high throughput and high content analyses of glycan binding proteins[J]. Nature Communications,2018, 9: 1-12.

[174] ZHAO J,YAN Y,GAO Z,et al. Full-color laser displays based on organic printed microlaser arrays[J]. Nature Communications,2019,10: 1-7.

[175] TAN X,DAVID A,DAY J,et al. Rapid mouse follicle stimulating hormone quantification and estrus cycle analysis using an automated microfluidic chemiluminescent ELISA system[J]. ACS Sensors,2018,3(11): 2327-2334.

[176] TAN X,BROSES L J,ZHOU M,et al. Multiparameter urine analysis for quantitative bladder cancer surveillance of orthotopic xenografted mice[J]. Lab on a Chip,2020, 20(3): 634-646.

[177] YANG X,SHU W,WANG Y,et al. Turbidimetric inhibition immunoassay revisited to enhance its sensitivity via an optofluidic laser[J]. Biosensors and Bioelectronics,2019, 131: 60-66.

[178] GONG C,GONG Y,YANG X,et al. Pseudo whispering gallery mode optofluidic lasing based on air-clad optical fiber[J]. Journal of Lightwave Technology,2019,37(11): 2623-2627.

[179] YANG X,GONG C,WANG Y,et al. A sequentially bioconjugated optofluidic laser for wash-out-free and rapid biomolecular detection[J]. Lab on a chip,2021,21(9): 1686-1693.

[180] TAN X,CHEN Q,ZHU H,et al. Fast and reproducible ELISA laser platform for ultrasensitive protein quantification[J]. ACS Sensors,2019,5(1): 110-117.

[181] ZHANG N,WANG Y,SUN W,et al. High-Q and highly reproducible microdisks and microlasers[J]. Nanoscale,2018,10(4): 2045-2051.

[182] DUONG T V,CHEN R,MA L,et al. Whispering gallery mode microlasers and refractive

index sensing based on single polymer fiber[J]. Laser & Photonics Reviews,2013,7(1)：133-139.

[183]　ZHANG S,SHI X,YAN S,et al. Single-mode lasing in plasmonic-enhanced woven microfibers for multifunctional sensing[J]. ACS Sensors,2021,6(9)：3416-3423.

[184]　DUONG T V,SAXENA D,CAIXEIRO S,et al. Flexible and tensile microporous polymer fibers for wavelength-tunable random lasing[J]. Nanoscale,2020,12（23）：12357-12363.

[185]　HUANG D,LI T,LIU S,et al. Random lasing action from electrospun nanofibers doped with laser dye[J]. Laser Physics,2017,27(3)：035802.

光纤表面等离激元共振传感实验室*

光纤表面等离激元共振(surface plasmon resonance，SPR)传感技术是一种将光纤传感技术与 SPR 检测机理进行创新融合而产生的新型传感器技术，具有 SPR 的高灵敏性、样品免标记和纯化、检测重复性高和可实时动态监测等优势，可广泛应用于工业、民用、医学、航空航天等诸多领域，成为当前最有发展潜力的传感器技术之一。本章论述了光纤 SPR 传感器的工作原理、调制方式及其多种结构的制备技术，结合材料科学、微纳加工制造等前沿科技和技术，围绕实现传感器小型化、集成化、低成本、高灵敏度和高可靠性检测等目标，介绍了近期光纤 SPR 传感器的结构优化和应用检测的研究工作。

8.1 光纤表面等离激元共振传感技术

作为光纤传感技术的一个重要分支，光纤表面等离激元共振传感技术的发展始于 20 世纪早期，并结合材料科学、微纳加工技术等前沿领域迅速发展，成为当前传感技术发展的重要方向之一。光纤 SPR 技术以光作为信息载体，利用光纤作为其传输及传感媒介，具有体积小、电绝缘性能好、抗电磁干扰能力强、高灵敏性、耐腐蚀性强及可遥感等光学测量优势，近年来广泛应用于石油勘探、生物医学以及光子设备等领域。

---

  * 陈诗蒙，大连理工大学，物理学院，大连 116024；刘云，大连理工大学，物理学院，大连 116024；彭伟，大连理工大学，物理学院，大连 116024，E-mail：wpeng@dlut.edu.cn。

8.1.1　表面等离激元传感技术

表面等离激元共振传感技术作为一种优良的光学传感技术[1-2],具有免标记、实时检测、非接触无损伤测量等优点,在生命科学、食品安全、环境检测和生物医学等领域得到了广泛应用[3-9]。目前,商业化 SPR 仪器多为基于光学棱镜结构的 SPR 系统[10-14],由于使用传统光学元件和机械部件,系统体积庞大,难以用于遥感测量,限制了该类仪器的集成化和小型化[15-22]。光纤 SPR 传感技术的发展始于 20 世纪早期,与光学棱镜 SPR 系统相比,除了 SPR 技术的本征特点,还具有体积小、价格低、灵敏度高、抗干扰性能好、尺寸加工灵活、小型化和能够进行远程实时监测等优点[23-28]。近年来,随着半导体技术、材料科学、光电子及传感器技术等发展,SPR 传感技术不断朝着高灵敏度、高选择性、小型化和智能化的方向发展,结合当前研究人员对于各类微纳结构、纳米材料和微加工等技术的研究探索,基于不同光纤材料或光纤微结构并具有优良传感性能的光纤 SPR 传感器不断出现。例如,作为新型光纤 SPR 的典型代表之一,光子晶体光纤 SPR 传感器具有普通光纤 SPR 传感器不具备的光学性质,其特殊的多孔结构增加了设计的灵活性和多样性[29-32];采用光纤光栅器件制备的 SPR 传感器,避免了传统加工工艺中对光纤结构的破坏以及机械强度的降低,在提升传感器的稳定性和可靠性方面展现出优势[33-35];与纳米金属粒子、磁性纳米粒子等纳米材料的结合,光纤 SPR 传感器实现了在生化传感中 SPR 效应的增强,显著提升了包括灵敏度、探测下限以及抗非特异性吸附等多方面传感性能[36-38];借助侧抛加工技术,单模光纤也实现了 SPR 传感应用,相比其他种类的光纤 SPR 传感器,该类传感器具有灵敏度高、信号噪声小的优点[39-41];另外,通过端面研磨技术制成的锥形光纤 SPR 传感器,具有诸多优良的传感性能,该传感器具有传感探头小、工作波长可调谐、可实现多通道传感和气液相测量,受到了广泛关注[42-44]。随着国内外学者对光纤 SPR 传感器的不断关注和研究,目前光纤 SPR 传感技术已成为当今 SPR 技术发展的重要方向之一。

8.1.2　SPR 基本原理

对于表面等离激元理论的研究起源于伍德(Wood)异常衍射现象的发现,此后研究人员利用奥托(Otto)和克雷奇曼(Kretschmann)等结构实现了表面等离波的激发,并根据麦克斯韦电磁理论逐步建立了可以解释这些光学现象的基本理论。作为 SPR 传感技术的理论基础,表面等离激元理论是了解 SPR 传感结构中物理光学实质的重要环节。随着微纳器件与技术的迅速发展,SPR 传感技术一直是光学、材料、机械及传感等领域的研究热点。因此,建立光纤 SPR 理论模型是设计和研制新型 SPR 传感器件的首要条件,对传感器的结构设计、材料选择和实验优化等具有重要的指导意义。

表面等离激元波是在金属介质交界面由自由电子气体中纵向电荷密度波动产生的一种电磁波[45]。表面等离激元波的激发需要同时满足能量守恒和动量守恒的条件,即频率匹配和波矢匹配条件。一般情况下,SPR 效应不会使电磁波的频率发生改变,表面等离激元波的激发通常只需要考虑动量匹配条件。当入射光沿着介质-金属界面的波矢分量大小与表面等离激元波的传播常数一致时,将激发 SPR 效应。由于介质的介电常数为正,而金属的介电常数为负,表面等离激元波的传播常数常常大于入射光的传播常数,必须采用相应的结构和方法实现波矢补偿,才能使入射光波矢和表面等离激元波矢相匹配。人们研究了多种波矢补偿的方法,典型方法之一是采用克雷奇曼结构实现 SPR 效应,该结构是对于奥托棱镜结构的重要改进[46-47],成为目前 SPR 仪器中使用最多的结构。如图 8.1 所示,利用衰减全内反射结构,采用入射角 θ 大于全反射角的光入射至棱镜表面,产生隧穿金属-介质交界面的倏逝波,倏逝波沿着棱镜-金属交界面传播并呈指数衰减,当其传播特性与表面等离激元波匹配时,两波之间产生强相互作用,在金属-介质交界面激发产生表面等离激元波,而特定角度的反射光光强会出现一个最小值。在该结构中,薄金属层覆盖在高折射率玻璃棱镜的上表面,金属层直接接触待测介质,其中 ε_g、ε_m 及 ε_s 分别是棱镜、金属薄膜及待测介质的介电常数。采用棱镜耦合的方法成功地激发了金属-介质交界面的表面等离激元波。

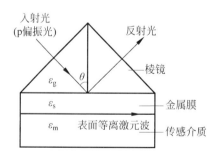

图 8.1　用于激发金属-介质交界面表面等离激元波的克雷奇曼棱镜结构

当 p 偏振光以大于临界角穿过棱镜入射至棱镜-金属交界面,在棱镜-金属交界面会产生沿着交界面传播的倏逝波。当倏逝波的波矢量与表面等离激元波的波矢量匹配时会激发 SPR 现象,使特定波长光的能量耦合到表面等离激元。该克雷奇曼结构中倏逝波和表面等离激元波的色散关系曲线,如图 8.2 所示。其中,$k_{inc} = \omega/c$ 为光在空气中的波矢量,倏逝波的波矢量 k_{ev} 等于在棱镜中传播的入射光波矢量(k_g)的横向分量[48]:

$$k_{ev} = k_g \sin\theta = \frac{\omega}{c}\sqrt{\varepsilon_g}\sin\theta \qquad (8.1)$$

需要指出的是,只有当倏逝波以相同的频率和偏振状态与表面等离激元波的波矢量准确匹配时,才会激发表面等离激元波。SPR 发生的条件可以表示为

$$\frac{\omega}{c}\sqrt{\varepsilon_g}\sin\theta_{res} = \frac{\omega}{c}\sqrt{\frac{\varepsilon_m\varepsilon_s}{\varepsilon_m + \varepsilon_s}} \qquad (8.2)$$

其中 ε_s 是传感介质的介电常数。

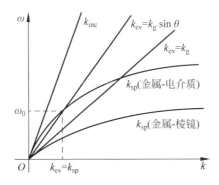

图 8.2　表面等离激元波在金属-介质交界面和金属-棱镜交界面的色散曲线

从图 8.2 可以看出,表面等离激元波和倏逝波的传播常数曲线在介于 k_{inc} 和 $k_{ev} = k_g$ 之间有很多相交点,这意味着在该交点对应的频率和入射角度的入射光条件下,倏逝波的传播常数和表面等离激元波的传播常数一致(在金属-介质交界面),可以激发表面等离激元波。值得注意的是,表面等离激元波在金属-棱镜交界面的传播常数曲线在 $k_{ev} = k_g$ 的右侧,二者从未相交,这意味着在金属-棱镜交界面表面没有等离激元波被激发。

由于 SPR 共振曲线对待测介质的折射率变化非常敏感,微小的折射率变化会使共振条件发生明显改变,通过测量共振曲线的变化可以确定待测介质的折射率变化,基于该检测原理,人们逐步建立了 SPR 传感理论,同时迅速发展了 SPR 测量及传感技术,并将该技术逐步应用于化工和生命科学等检测领域。

8.1.3　光纤 SPR 基本原理

光纤 SPR 传感器的工作原理与上述克雷奇曼棱镜型 SPR 结构相似,如图 8.3 所示,光在光纤中传播遵循全反射原理,当光线经过光纤镀有金属膜层的区域并满足 SPR 激发条件时将会产生 SPR 现象。在纤芯和金属层交界面处发生全反射的光线将会产生倏逝波,在适当的金属薄膜厚度范围内,倏逝波的横向分量与在金属薄膜和待测介质层交界面处的表面等离激元相互作用,在金属和样品的交界面处,

金属表面的自由电子将被激发,产生振荡电荷,形成表面等离激元。当金属表面的倏逝波波矢与表面等离激元波矢相等,二者将产生能量耦合,产生表面等离体共振即 SPR 吸收,导致该波长处的反射光强急剧下降[49]。

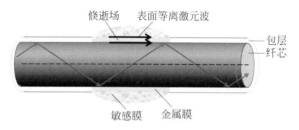

图 8.3   光纤 SPR 传感结构示意图

考虑到非子午面光线对结构激发 SPR 的影响较小,可采用简化模型分析光纤 SPR 传感机理,只针对光纤中子午光线激发 SPR 的情况进行讨论[50]。将光纤传输理论和 SPR 理论相结合,对光纤 SPR 传感器进行了建模分析。光纤 SPR 传感模型组成部分通常分为光纤纤芯-金属层-传感介质(待测样品)。

对于光纤纤芯为纯石英材料的情况,根据色散关系[51],纤芯折射率随波长的关系是

$$n_1(\lambda) = \sqrt{1 + \frac{a_1\lambda^2}{\lambda^2 - b_1^2} + \frac{a_2\lambda^2}{\lambda^2 - b_2^2} + \frac{a_3\lambda^2}{\lambda^2 - b_3^2}} \tag{8.3}$$

其中 λ 是入射光波长,a_1、a_2、a_3、b_1、b_2 和 b_3 是塞耳迈耶尔系数。金属镀膜通常采用金材料,根据特鲁德模型,金的介电常数可以写作[52]

$$\varepsilon(\lambda) = \varepsilon_{mr} + i\varepsilon_{mi} = 1 - \frac{\lambda^2\lambda_c}{\lambda_p^2(\lambda_c + i\lambda)} \tag{8.4}$$

其中,$\lambda_p = 1.682 \times 10^{-7}\,\mathrm{m}$,$\lambda_c = 8.934 \times 10^{-6}\,\mathrm{m}$。传感介质一般为待测样品,介电常数是 ε_s。定义 n_s 为传感介质的折射率,那么有 $\varepsilon_s = n_s^2$。光纤中光线的角能量分配是[53]

$$dP \propto \frac{n_1^2\sin\theta\cos\theta}{(1 - n_1^2\cos^2\theta)^2}d\theta \tag{8.5}$$

其中,θ 是与纤芯-包层交界面法线的角度。为了计算有效传播能量,对于 p 偏振光,光纤 SPR 传感器的归一化传输功率的表达式为

$$P_{trans} = \frac{\displaystyle\int_{\theta_{cr}}^{\pi/2} R_p^{N(\theta)} \frac{n_1^2\sin\theta\cos\theta}{(1 - n_1^2\cos^2\theta)^2}d\theta}{\displaystyle\int_{\theta_{cr}}^{\pi/2} \frac{n_1^2\sin\theta\cos\theta}{(1 - n_1^2\cos^2\theta)^2}d\theta} \tag{8.6}$$

其中，$N(\theta)$ 是反射次数的总数，L 和 D 分别是接触感应区域的长度和纤芯直径，θ_{cr} 是光纤的临界角，n_{cl} 是光纤包层的折射率。通过对光纤 SPR 传感模型的理论分析过程可知，与光纤棱镜 SPR 结构不同，光纤中传播模式较多，分别对应不同的入射波长和入射角度，纤芯中存在多个模式同时激发 SPR，传感器实际测得的透射光谱也是多个模式共振光谱的叠加结果，光纤中激发 SPR 效应的光线在传感区域发生了多次反射。

本节对表面等离激元的基本理论进行了分析，从经典麦克斯韦电磁理论入手，讨论了表面等离激元的色散方程、激发条件和相关特征参数；进而建立了光纤 SPR 传感的理论模型，以便更好地理解和评估各类光纤 SPR 传感器的原理和性能。

8.2　表面等离激元共振技术实现方法

SPR 传感器的调制方法主要包括角度调制、波长调制和强度调制等。其制备方法主要包括物理气相沉积镀膜法、化学合成法以及光刻模板法。其中，物理气相沉积镀膜法是最早也是最经典的传感器制备方法，可广泛应用于棱镜/光纤型杂化膜 SPR 传感器。而 SPR 传感器用于分析物特异性选择检测时，通常需要对传感器表面进行修饰，将识别分子（如抗体、适配体、酶等）固定于传感器金属介质层表面，识别分子与待测分析物在传感表面特异性结合会引起传感元件表面折射率的变化，通过实时监测光纤 SPR 共振峰的变化，实现对分析物的检测和分析。

8.2.1　调制方法

根据 SPR 基本原理，SPR 效应所对应的共振角度、共振波长、共振深度等参数都会受到待测介质的折射率变化影响，SPR 检测技术通常可以通过角度调制、波长调制、相位调制和强度调制等方式实现[54-55]。比较而言，相位调制 SPR 技术可以实现更高灵敏度检测[56]。

（1）角度调制方式

SPR 传感器采用固定波长的光源激发，通过调节光的入射角范围测量反射强度的变化。优点是测量精度好，大部分商用 SPR 系统都是角度调制，缺点是系统复杂，测量实时性相对差，扫描步长很难做得更小，分辨率受限于角度调制器件[57-59]。

（2）波长调制方式

以宽带光作为光源，固定光的入射角度，通过检测最小反射光强对应的波长，即共振波长，可获得待测介质的折射率。由于 SPR 波长调制结构较为简单，与角度调制方法相比，无需转动元件，并且可实现多共振波长的同时检测，检测波长范围宽,所以目前采用该调制机理的 SPR 系统较为普遍[60-62]。

（3）强度调制方式

SPR 系统中入射光具有单一的波长和固定的角度,通过监测反射光强度的变化测量待测物质折射率。该调制方式结构简单,但信噪比相对较低,易受光源波动和环境变化的干扰,为了提高传感器的灵敏度和分辨率,增强系统的稳定性和抗干扰能力,一般需要采用相应的光强调制方法[63-65]。

（4）相位调制方式

通过测量 SPR 效应引起的光波相位变化来实现检测,相对于传统 SPR 传感器(基于角度和波长调制方式)具有较好的信噪比和较高的检测灵敏度。缺点是动态范围小、检测装置复杂、数据采集处理难度较大,多用于实验室研究[66-68]。

8.2.2　光纤 SPR 传感器制备方法

光纤 SPR 传感器的制备方法主要包括物理气相沉积镀膜法、化学合成法以及光刻模板法。其中,物理气相沉积镀膜法是最早也是最经典的传感器制备方法,可广泛应用于棱镜/光纤型杂化膜 SPR 传感器。考虑实际应用的需要,实验中一般选择石英材料的光纤作为制作传感器的材料,金属介质层选择性质稳定的金膜。在制备过程中,将光纤去除一段包层使纤芯裸露,利用磁控溅射镀膜的方式,依次在光纤纤芯表面镀制铬层和金层。对于磁控溅射镀膜仪,由于金属颗粒是从上至下溅射,为了使金属薄膜均匀地沉积在光纤纤芯表面,需要设计使光纤沿轴向均匀转动的装置,如图 8.4(a)所示。将滚轮结构安装在镀膜仪的磁控溅射腔内,再将光纤固定在定制的夹持器中,保持光纤轴线与托盘平行。在溅射镀膜的过程中,托盘的水平自转带动滚轮结构转动,实现光纤的匀速转动,从而在圆柱形的金膜表面获得均匀的金属薄膜。图 8.4(b)～(c)为所制作的 SPR 传感器的实物图。

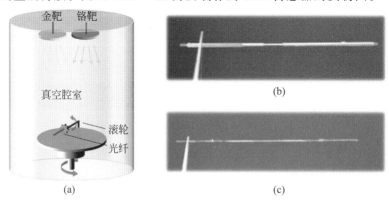

图 8.4　光纤 SPR 传感器传感区金属薄膜镀制过程示意图(a),光纤 SPR 传感单元(b)和毛细管 SPR 传感单元(c)

8.2.3　光纤 SPR 传感表面修饰方法

表面化学修饰是 SPR 传感器生化检测性能及应用的基础。为实现 SPR 传感器的生化检测功能,需要对传感区进行功能化处理,使生物探针固定于金膜表面。针对蛋白质类生物样品,通常采用自组装法对金膜表面进行抗原蛋白质分子探针的修饰,该方法具有制备条件简单、高度有序、稳定性好、缺陷少等优点。对 SPR 传感器的金膜表面进行化学修饰步骤如下:依次使用超纯水、乙醇、二氯甲烷、乙醇超声清洗金膜表面无机盐及有机污染物,紫外-臭氧清洗仪处理 30 min,将金膜表面结合较强不易洗去的含硫化合物氧化成磺酸,乙醇超声清洗,氮气吹干后备用。①硫醇自组装:将清洗过的 SPR 传感器浸入 1 mmol/L 的硫基十一烷酸($HS(CH_2)_{11}COOH$)乙醇溶液中,浸泡 12 h 实现自组装,硫基十一烷酸的硫基端与金膜相互作用发生键合并稳定地吸附在金膜上,羧基端作为活性基团,可与蛋白质连接;②EDC/NHS 活化:将乙醇超声清洗硫醇自组装过后的 SPR 传感器,氮气吹干后浸入 EDC(1-乙基-(3-二甲基氨基丙基)碳二亚胺盐酸盐)和 NHS(N-羟基琥珀酰亚胺)的混合液中(EDC 0.55mol/L,NHS 0.5mol/L),活化硫醇的羧基端;③蛋白质探针的固定:将 EDC/NHS 活化后的 SPR 传感器用超纯水冲洗干净后浸入 0.1 mg/mL 的蛋白质溶液中,在 SPR 传感器的金膜表面形成稳定的单分子层;④BSA 封闭:用磷酸盐缓冲液(PBS,pH 值为 7.4)冲洗后,将 SPR 传感器浸入牛血清白蛋白溶液(BSA)中,对未能成功连接的基团进行封闭。之后用 PBS 缓冲液冲洗干净,氮气吹干,完成 SPR 传感器表面蛋白质探针的修饰,如图 8.5 所示。

图 8.5　光纤 SPR 传感器表面抗体修饰结合过程示意图

光纤 SPR 传感器可以对传感器表面折射率的变化进行实时在线监测。将具有生物识别功能的分子固定在传感器表面,当与待分析物相互作用时会引起外界介质折射率变化,利用光纤 SPR 传感器对折射率进行检测,可实现生物分子的识别与浓度测量。光纤 SPR 生物传感器在免疫分析、医疗诊断、食品安全及环境监测等应用发展方面均有重要的意义。

8.3　微结构光纤表面等离激元共振传感器设计

SPR 传感设备的小型化是当前 SPR 生物化学检测技术的重要发展方向之一,小型化的光纤 SPR 传感设备将进一步实现光纤 SPR 传感器结构简单,使用灵活,维护方便,适用于野外现场的优势。目前国外已有商品化小型 SPR 传感设备的报道,国内对该类设备的研制仍然处于起步阶段,为了适应不同领域和环境下的现场检测需要,开发小型化光纤 SPR 传感设备对于发展 SPR 技术和推广其实用化具有重要意义。微结构光纤 SPR 传感器因其结构可调谐性和性能优越性被研究者们广泛研究和应用。本节将重点介绍本课题组在微结构光纤 SPR 传感器的研究工作。

8.3.1 光纤及毛细管 SPR 传感器设计

光纤 SPR 传感器主要利用光纤中传播的模式在金属介质交界面激发的 SPR 效应来实现传感,图 8.6 为本课题组设计的基于光纤和毛细管 SPR 传感器和所用的光纤/毛细管的折射率分布。由于光纤/毛细管的导光特性是基于光线在纤芯/石英层与包层界面上的全反射原理,光纤中传播的光线分为在子午面传播的子午线和不沿子午面传播的斜光线[69]。

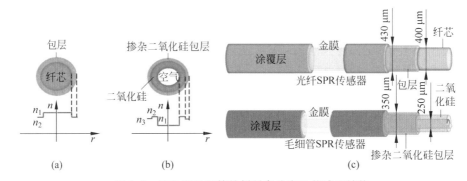

图 8.6 光纤和毛细管的折射率分布及传感器结构

(a) 光纤结构及折射率分布示意图;(b) 毛细管结构及折射率分布示意图;(c) SPR 传感器示意图

如图 8.7 所示,光纤轴面上的所有切向点形成一个圆面非平面,减弱了斜光线激发表面等离激元波的效应,对于光纤 SPR 传感器而言,主要是子午线在 SPR 效应中的作用。利用仿真软件模拟了一束光线在毛细管壁中的传播和分布,结果显示,与光纤类似,毛细管中传播的光线也存在子午线和斜光线。从不同位置的毛细管横截面图可以看出,子午线在内外管壁之间来回振荡(黄色虚线区域内),并沿着入射方向向前传播;其余的斜光线沿着管壁逐渐蔓延开来(黄色箭头指示),盘绕着管壁螺旋式前进。由于毛细管的中空薄壁结构不同于光纤的圆柱状结构,其中斜光线可以有效地激发表面等离激元波,毛细管 SPR 传感元件需同时考虑子午线和斜光线在 SPR 效应中的作用。

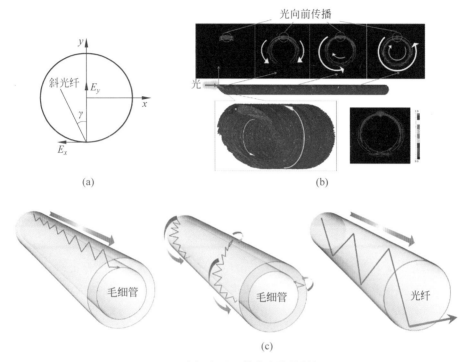

图 8.7　光纤和毛细管中光的传播机理

（a）斜光线在光纤端面上的投影图；（b）光在导光毛细管中的三维分布图；（c）光在毛细管壁中的传播路径和光在光纤中的传播路径

8.3.2　光纤图像 SPR 传感器

上述光纤 SPR 传感器以共振波长作为传感信号，采用波长调制方式，通过光谱仪对折射率和温度响应进行实时监测。由于光谱仪作为精密的光学仪器普遍价格昂贵，导致波长调制方式的光纤 SPR 传感系统无法显著降低成本。本课题组提出了图像检测方式的光纤 SPR 传感系统，如图 8.8 所示。该系统采用光纤 SPR 传感器作为传感元件，使用常见的 LED 为光源（中心波长处于 625 nm，3 dB 带宽为 26 nm）。采用通用的网络摄像头作为信号图像探测设备，其核心部件为 CMOS 图像传感器，具有 640 pixel×480 pixel，采用 USB2.0 接口与计算机相连。光由 LED 进入光纤 SPR 传感器，当待测介质与传感器接触时，光线经过传感区域满足 SPR 共振条件并导致特定波长光的能量被吸收，由于 SPR 共振吸收与传感区域外的待测介质性质有关，通过 CMOS 探测光纤端面的光信号强度变化可以检测传感区域折射率和生物环境的相应变化。

CMOS 获取的图像可以通过计算机进行探测、记录、存储、处理和分析。利用

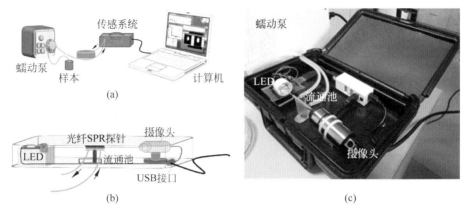

图 8.8　光纤 SPR 图像传感系统

(a) 测试实验装置；(b) 系统内部构造；(c) 系统实物

计算机 Windows 平台的 Microsoft Visual C++6.0 软件编写了图像处理程序提取图像中的光强信息。图 8.9(a) 为程序捕捉到的传感系统中光纤端面的彩色图像，随后将彩色图进行灰度处理，可以得到灰度图。程序采用的灰度算法为如下公式[70]：

$$Gray = 0.299R + 0.587G + 0.114B \tag{8.7}$$

其中，Gray 是灰度值，R、G、B 分别为红、绿、蓝三个颜色通道的数值。利用灰度图，对程序探测到的图像光强信息的分布进行了分析，通过数据处理提取图像中每个像素点的灰度值并利用 Matlab 软件将图像中所有像素点的灰度值进行了三维描绘，如图 8.9(b) 所示。可以发现，处于光斑区域的像素点灰度值明显比周围像素点的灰度值要大，意味着作为系统传感元件的光纤，其端面透射光形成的光斑信号强度能够明显区别于周围背景噪声，从而保证了传感系统采用光纤 SPR 传感器作为传感元件和 CMOS 作为探测装置，可得到较好的 SPR 信号和信噪比。传感系统采用一根与光纤 SPR 传感器同样材质的光纤作为参考通道，用于监测 LED 光源的光强波动。为避免光强饱和，将 LED 和滑动变阻器焊接在一个小型电路板上实现光强的调节，如图 8.9(c) 所示。通过程序的图像分割功能，对测试通道和参考通道的光斑光强分别进行计算和提取，二者的相对强度可以用来补偿 LED 光源的波动，该相对强度的算法可表示为 $I_R = I_m / I_r$，其中 I_m 和 I_r 是测试通道和参考通道的光强。

8.3.3　多通道光纤阵列 SPR 传感器

　　实际应用中的待测生化样品往往含有多种成分和生物分子，构建具备多分析物同时检测和分析能力的 SPR 传感器具有重要的意义。本课题组研究人员采用

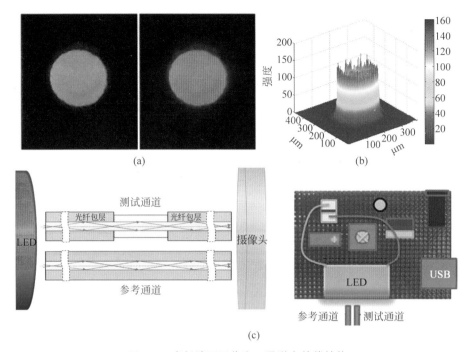

图 8.9　光纤端面图像和双通道自补偿结构

（a）彩色图像转化为灰度图像；（b）光斑三维强度分布图；（c）双通道传感器光学装置

包括测试通道、控制通道、参考通道的多光纤传感器的传感阵列作为系统的传感元件，研制了小型化的多通道 SPR 传感系统。该传感系统基于 SPR 强度调制原理，通过使用不同直径的光纤可以构建不同密度的传感阵列，可实现紧凑的多通道传感。

　　如图 8.10 所示，传感系统利用 LED 面光源照明光纤束传感阵列，LED 面光源的中心波长为 625 nm，与 SPR 共振光谱相匹配，且光强可调节。光纤束出射的光通过 CMOS 图像传感器收集，图像数据经过无线网传输至移动智能设备上进行实时处理。由于 SPR 效应导致的能量吸收依赖于传感区域外介质薄层的介电性质，监测各个光斑的光强可以实现折射率测量和生物分子相互作用的实时监测，进而通过校正该传感系统来实现生物样品的浓度分析。为了实现传感器信号数据的采集、存储和处理，图像处理程序基于 Android 平台开发，应用程序界面如图 8.10 所示，应用程序的核心功能包括数据采集、暂停采集、退出程序、目标图像的采集和显示、实时图像处理、灰度值的计算、数据结果的实时图表显示、检测数据存储到本地 SD 卡等功能。应用程序采用参考通道实现光强非稳定性补偿，并采用相对强度的算法来排除测试通道的误差，该计算方法可以表示为 $I_R = (I_m - I_c)/I_r$，其中 I_m、I_c 和 I_r 分别是测试通道、控制通道和参考通道的平均光强。所得到的检测数据通过 Android 图表引擎（AchartEngine）进行图表显示。

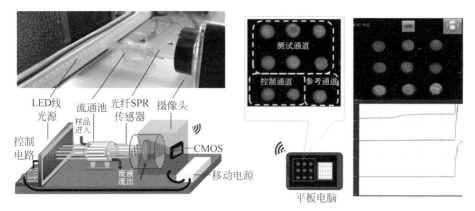

图 8.10 多通道 SPR 生物传感系统的设计和 Android 应用程序界面

8.3.4 毛细管自补偿 SPR 传感器

由于 SPR 传感器性能同时受到外界因素（体折射率、温度、光源强度波动）的影响,从而降低传感器的稳定性和精确度,SPR 传感器的自补偿功能的实现和优化一直是业界重点关注的研究方向。最近,本课题组研制了基于毛细管 SPR 传感单元的自补偿 SPR 生物图像传感系统。图 8.11(a)为毛细管 SPR 图像生物传感系统的结构示意图,毛细管 SPR 传感器封装在流通池中,流通池通过硅胶管与样品和废液池相连,采用蠕动泵进样。传感系统使用 LED 作为光源,CMOS 图像传感器作为探测器(分辨率为 640 pixel×480 pixel),探测到的毛细管端面图像传输至笔记本电脑并通过 Labview 程序进行图像处理和信息提取。图 8.11(b)为实验中 CMOS 记录的图像,可以看出毛细管端面在 LED 的照射下呈规则的亮环状,毛细管端面的上下半环分别被选作测试通道和参考通道(对应修饰了抗体与未修饰抗体的两个传感区)。图 8.11(c)和(d)分别为所用的毛细管 SPR 传感器结构示意图,及下半部分经过表面修饰后的传感元件示意图。Labview 程序首先将 CMOS 捕捉毛细管端面的彩色亮环图像转换为灰度图像,之后分别对亮环的上下半环区域进行灰度数据的提取和计算,实现检测结果的实时显示。

8.3.5 智能手机 SPR 传感器

大多数小型化 SPR 系统只是将器件尺寸小型化,仍存在价格高、操作复杂等问题,便携性和可靠性也有待进一步提升。近年来,智能手机因具有良好的光电检测设备和强大的运算处理能力,正在成为生化检测技术的检测平台之一,将 SPR 传感系统与智能手机进行结合有利于其向集成化和便携式方向的发展。

目前商业化智能手机普遍配备高清摄像头(CMOS 图像传感器)、高性能处理

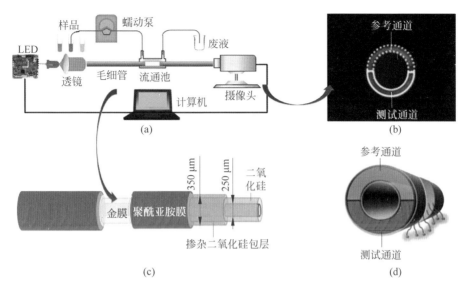

图 8.11　毛细管 SPR 图像生物传感系统

(a) 结构示意图；(b) 毛细管传感器端面图像；(c) 毛细管 SPR 传感器的结构示意图；(d) 测试通道和参考通道的结构示意图

器及支持应用程序开发的操作系统,以智能手机作为检测平台可以实现图像 SPR 传感方案,可方便地实现光纤图像 SPR 传感系统的集成化和小型化。智能手机 SPR 生物传感系统如图 8.12 所示。闪光灯发出的白光由一个窄带滤光片筛选为准单色光,之后从导入光纤耦合进毛细管 SPR 传感器并在传感区参与 SPR 效应的激发,最后从导出光纤出射的光由后置摄像头中的 CMOS 进行探测。与智能手机配套的保护外壳用作光学元件的载体,安装了包括滤波器、透镜、导入和导出光纤等部件。毛细管 SPR 传感单元封装在流通池中,两端与导入和导出光纤相连。为补偿闪光灯光强的不稳定性,采用一根连接闪光灯和摄像头的光纤用作参考通道,监视闪光灯的光强变化,并将该光纤末端与其他导入光纤的末端连接固定,保证闪光灯的任何波动对测量通道、控制通道和参考通道的影响一致。Android 应用程序的运行界面如图 8.12(d) 所示,由 CMOS 捕捉的测试通道、控制通道和参考通道的图像以三个互不重叠的光斑呈现在手机显示屏上,对每个光斑可以进行相应的数据提取和计算。

综上所述,利用 SPR 原理,采用毛细管及光纤材料,设计和搭建了基于波长调制式、图像探测式,以及具备多通道、自补偿和便携式功能的多种 SPR 传感器。下面将对其传感特性进行测试和分析,并根据测试结果进行传感器参数优化;对优化的传感器进行定标实验,验证其生化传感能力。

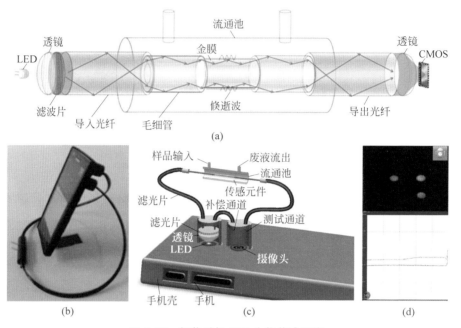

图 8.12　智能手机 SPR 生物传感系统

（a）传感结构示意图；（b）实物照片；（c）内部结构和部件的三维示意图；（d）测试、控制和参考三通道的测量结果

8.4　微结构光纤表面等离激元共振传感器应用

　　光纤 SPR 传感器作为一种典型的便携式光纤生化传感器，具有尺寸小、性价比高、易于携带等特点，可实现传感器系统的低成本、小型化和集成化，在环境监测、医疗诊断、免疫分析、基因测定等领域展示了巨大的潜力。本节主要对上述各微结构光纤 SPR 传感器进行系统测试，并将其用于生化传感检测。通过利用标准折射率溶液对各传感器进行标定，得到其对折射率变化的响应情况和灵敏度，可以评估其折射率分辨率，进而通过化学修饰等手段实现其对生化分子的响应和识别力。

8.4.1　毛细管传感器的性能优化

　　如图 8.13 所示，光纤和毛细管传感器在 1.328 到 1.349 的折射率范围内，共振波长均随折射率的增加发生红移。折射率灵敏度分别为 1850.62 nm/RIU 和 2097.82 nm/RIU。当温度在 20～60℃的范围内，光纤和毛细管 SPR 传感器的共振波长随着温度上升而向短波方向移动。光纤和毛细管 SPR 传感器的温度灵敏度分别为－0.32 nm/℃及－0.30 nm/℃。

　　然而对比不同传感长度的毛细管 SPR 传感器和光纤 SPR 传感器的共振光谱,可以发现:两种传感器的 SPR 共振深度均随着传感长度不断增加,且相同传感长度的毛细管 SPR 传感器共振深度比光纤 SPR 传感器的更深,这种差异在传感长度增加到 8 mm 时逐渐消失,如图 8.13(a)～(c)所示。造成这种现象的原因是,毛细管的薄壁结构比光纤的圆柱结构更有利于激发强倏逝场,毛细管中的子午光线和斜光线同时参与了 SPR 效应,毛细管石英层厚度比光纤直径更小。相同传感长度情况下,更有利于增加光线的全反射次数,当传感长度达到 8 mm 时,无论是对于毛细管 SPR 传感器还是光纤 SPR 传感器,传播的光已经充分参与了 SPR 效应,能量被充分吸收。相比于光纤 SPR 传感器,毛细管 SPR 传感器只需很短的传感区就能得到较好的 SPR 共振深度,该优势有利于缩短 SPR 传感器的尺寸,从而实现 SPR 传感器的小型化和对微量液体的探测。

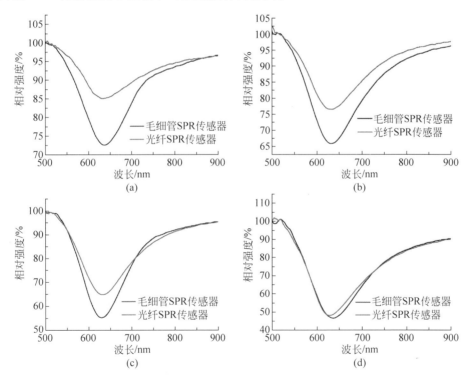

图 8.13　毛细管和光纤 SPR 传感器的透射光谱:传感区长度分别为 1 mm(a),2 mm(b),
　　4 mm(c)和 8 mm(d)

8.4.2 光纤图像生物传感器

光纤 SPR 图像传感系统对多种折射率溶液的响应结果如图 8.14 所示。从图中可知,在测量折射率范围为 1.333~1.364 的氯化钠溶液过程中,测试通道和参考通道的光强均不同程度地发生了波动。尽管光源在测试过程中并不稳定,利用相对强度的处理方法,可得到较好的折射率响应。经拟合后,相对强度和折射率有很好的线性关系,得到系统的折射率灵敏度为 400%/RIU,根据折射率灵敏度可以得出系统的折射率分辨率为 7.5×10^{-4} RIU。此后该系统经过化学修饰后被用于刀豆球蛋白 A 分子和核糖核酸酶 B 的特异性结合检测,实时测量数据由该传感系统以相对强度和时间的函数形式记录和绘制,由此得到结合曲线图如图 8.14(c)所示。利用该传感系统测试了三种不同浓度的刀豆球蛋白 A(0.05 mg/mL,0.10 mg/mL 和 0.20 mg/mL),随着刀豆球蛋白 A 溶液浓度的增加,传感器的响应明显加强。可以看到,由于刀豆球蛋白 A 的引入,相对强度显著增加,这种响应对应的正是刀豆球蛋白 A 在传感表面与核糖核酸酶 B 的特异性结合作用。借助化学修饰的方法,除了核糖核酸酶 B,该 SPR 传感器的传感表面还可以固定其他的

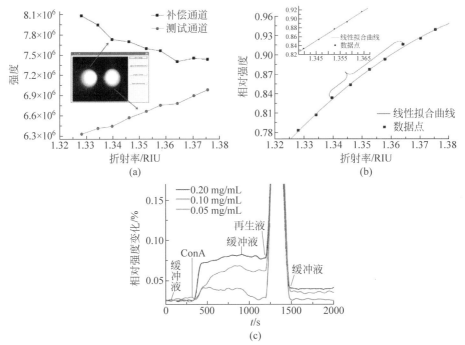

图 8.14 光纤 SPR 传感系统自补偿折射率测试和生化传感测试

(a)测试通道和参考通道在测试过程中的光强变化,插图为测量通道和参考通道的图像;(b)光纤 SPR 传感系统的折射率响应图;(c)光纤 SPR 图像传感系统用于不同浓度的刀豆球蛋白 A 分子特异性结合的探测

生物探针,探测多种蛋白质分子的相互作用,并利用得到的结合曲线进行生物分子的种类识别、浓度测定和反应动力学分析。

8.4.3　多通道光纤阵列生物传感系统

首先对多通道光纤阵列传感系统分别进行了不同蛋白质抗体的修饰,以实现传感阵列的多生物样品探测。经过生物分子修饰的两排测试通道用于探测特异性结合免疫球蛋白分子和刀豆球蛋白 A 分子,未经修饰的控制通道用于探测溶液本体折射率的变化和物理吸附导致的折射率变化,参考通道用于监视 LED 面光源光强的波动。多通道 SPR 生物传感系统对折射率响应测试结果如图 14.3(a)所示,随着通入溶液折射率的增加,相对强度信号也相应增强,且各通道响应同步。稳定后的传感器响应值与盐溶液折射率的关系如图 8.15(b)所示,在 1.328～1.364 的折射率范围内,该多通道传感系统具有良好的线性响应。考虑到信号噪声水平为 0.3%,传感系统的灵敏度为 486%/RIU,分辨率为 6.13×10^{-4} RIU。

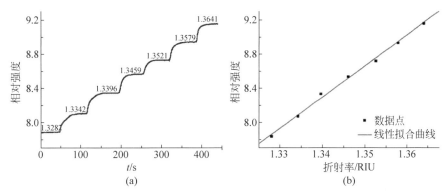

图 8.15　多通道 SPR 生物传感系统的折射率校正

(a) SPR 传感系统对不同折射率的实时响应;(b) 稳定状态下 SPR 传感器的折射率响应

该传感系统被用于免疫球蛋白、刀豆球蛋白 A 样品的探测,图 8.16(a)和(b)分别显示了经过抗原修饰后的生物传感器对免疫球蛋白(0.15 mg/mL)和刀豆球蛋白 A(0.15 mg/mL)实时的相对强度响应。随着免疫球蛋白/刀豆球蛋白 A 的通入,只有修饰了金黄色葡萄球菌蛋白 A/核糖核酸酶 B 的通道出现了明显的响应,其余通道响应不明显。可见,利用该传感系统可以监测不同蛋白质分子与其抗体的特异性结合过程。此后,进一步考察了传感器对不同浓度免疫球蛋白和刀豆球蛋白 A 样品溶液的响应,图 8.16(c)显示了传感系统的相对强度响应与样品浓度存在正相关的关系,对于免疫球蛋白和刀豆球蛋白 A 样品浓度的响应灵敏度分别为 1.28(mg/mL)$^{-1}$ 和 0.72(mg/mL)$^{-1}$。传感系统对免疫球蛋白样品溶液和刀豆球蛋白 A 混合样品的响应如图 8.16(d)所示,可以看出修饰了金黄色葡萄球菌蛋白 A 的通道和核糖核酸酶 B 的通道同时发生了相对强度变化,并且响应的强度类似于当免疫球蛋白样品溶液和刀豆球蛋白 A 样品分别泵入流通池时的相对强度变化,这表明该多通道传感系统能够通过不同通道对混合溶液中的多种分析物实现实时的探测,不同通道的传感信号彼此没有干扰。

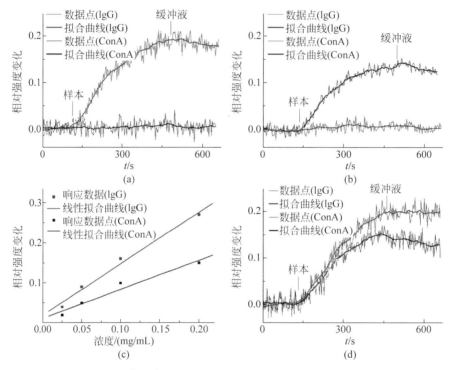

图 8.16　修饰免疫球蛋白抗体和刀豆球蛋白 A 抗体的传感系统

(a) 免疫球蛋白样品的相对强度响应;(b) 刀豆球蛋白 A 样品的相对强度响应;(c) 传感系统的相对强度响应与样品浓度的关系;(d) 传感系统相对强度对混合溶液的响应

该多通道传感系统可采用更多数量的光纤集束来实现更多通道的传感。同时,还可以通过二阶抗体和纳米颗粒对传感系统的灵敏度进行增强[71-72],实现多通道、低成本、高可靠性的生物传感系统。

8.4.4　自补偿毛细管生物图像传感系统

通过折射率、温度和光源不稳定性的测试,实时记录了自补偿毛细管 SPR 传感系统的响应,结果如图 8.17 所示。由于两个通道对应的传感区域处于同一个毛细管,采用相同工艺和加工材料制作而成,测试通道和参考通道的性能非常接近,对环境因素导致的响应也几乎一致,从而证明了参考通道能够同等程度感知外界因素对测试通道的影响,具备实现传感系统补偿的能力。

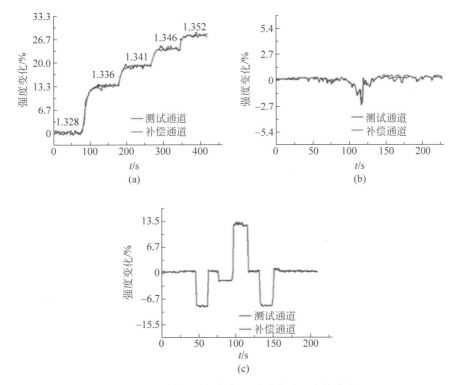

图 8.17　测试通道和参考通道对外界因素的响应

（a）对折射率的实时响应；（b）对温度的实时响应；（c）对光强波动的实时响应

经过化学修饰的毛细管自补偿 SPR 传感系统可以用于蛋白质溶液的检测。图 8.18（a）～（d）为传感系统对不同浓度的刀豆球蛋白 A 溶液（0.5 mg/mL、1.0 mg/mL、1.5 mg/mL 和 2.0 mg/mL）的响应曲线。随着蛋白质分子特异性结合的发生，测试通道和参考通道均有响应，但是测试通道的响应比参考通道更强，即亮环的光强分布呈现出不均匀性，此后这种差异随着刀豆球蛋白 A 浓度的增加而增加，即亮环的不均匀性逐渐增加，该实验结果验证了上述工作原理对实验的预期。选取响应曲线中时间范围在 1500～2225 s 的平均相对强度作为响应值。毛细管图像 SPR 传感系统的测试通道和参考通道对不同浓度刀豆球蛋白 A 样品的响应值如图 8.18（e）所示。通过对数据的线性拟合，可以发现测试通道和参考通道的响应值与样品浓度存在线性关系，同时两个通道响应值的差值与样品浓度也呈现近似的线性关系，如图 8.18（f）所示。利用拟合曲线的斜率，可以得到测试通道和参考通道响应值的差值对于样品浓度的灵敏度为 $0.4(\mathrm{mg/mL})^{-1}$。该传感系统的测试通道和参考通道的响应值包含了环境因素的变化，而它们的差值可以将外界因素的干扰剔除，进而反映出蛋白质分子结合导致的响应。通过直接比较测试通道和参考通道光强的方式实现自补偿功能。相比传统 SPR 传感器增加参考传感器件或参考传感区的自补偿方案,基于毛细管 SPR 传感单元的自补偿方案简化了传感系统的补偿机制,并且维持了紧凑的结构。

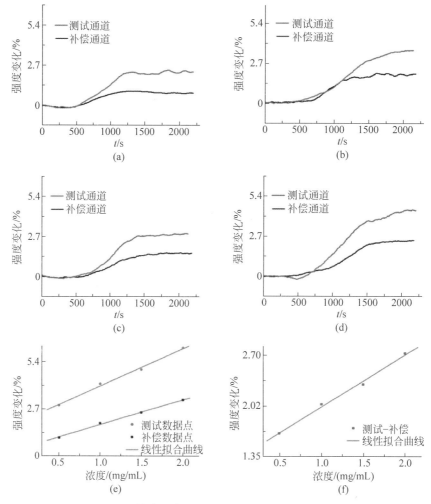

图 8.18　传感系统对刀豆球蛋白 A 样品的实时响应

(a) 0.5 mg/mL;(b) 1.0 mg/mL;(c) 1.5 mg/mL;(d) 2.0 mg/mL;(e) 测试通道和参考通道响应值和刀豆球蛋白 A 浓度的关系;(f) 两通道响应差值和刀豆球蛋白 A 浓度关系

8.4.5　集成化智能手机生物传感系统

　　智能手机 SPR 生物传感器对折射率溶液在 1.328~1.351 范围内有线性响应(图 8.19),考虑到相对强度信号的噪声水平为 0.08%,利用拟合曲线的斜率可以得到该传感器的灵敏度为 1136%/RIU,分辨率为 7.04×10^{-5} RIU。通过对毛细管传感单元进行化学修饰,该传感系统可用于免疫球蛋白的探测。利用表面再生方法,传感系统检测了不同浓度(67 nM 至 1000 nM)的免疫球蛋白样品溶液,图 8.19(a)显示了在检测过程中传感系统的相对强度变化,如其结合响应曲线所示,基线(A 阶段)在监测过程中非常稳定,在随后的分子结合阶段(阶段 B—C),传感系统的相对强度变化为 67 nM 至 1000 nM,正比于免疫球蛋白样品溶液浓度。这表明对于浓度越高的样品溶液,相同时间里有越多的免疫球蛋白在传感区域表面与金黄葡萄球菌蛋白 A 相互结合。选定结合曲线在特异性结合起始点的斜率和 C 阶段响应的平均相对强度作为测量值,通过对数据点进行拟合,如图 8.19(b)~(c)所示,得到结合曲线斜率和相对强度响应值与样品浓度的线性函数关系,表示为[斜率]$=1.855 \times 10^{-4} + 1.373 \times 10^{-6}$[浓度]和[相对强度]$=4.901+2.469 \times 10^{-4}$[浓度],结合曲线的斜率与相对强度响应值的变化可以反映出免疫球蛋白样品的浓度。考虑信号的噪声水平和相对强度与免疫球蛋白样品浓度的关系,可以得到智能手机 SPR 生物传感系统对免疫球蛋白的检测下限是 47.4 nM,通过二阶抗体或者纳米粒子对信号进行放大,该探测下限还可以进一步降低。

为了将智能手机 SPR 生物传感系统的性能与商业化小型 SPR 传感仪器进行对比,上述的折射率溶液和生物分子用商业化小型 SPR 传感仪器(Biosuplar 6,尺寸: 20 cm×9 cm×8 cm,质量 2.5 kg)进行了相同的测试。折射率响应如图 8.20(a)所示,经测算,其折射率分辨率是 2.7×10^{-5} RIU。结合曲线响应如图 8.20(b)所示,在样品浓度从 67 nM 至 1000 nM 的范围内,蛋白质特异性结合阶段的共振角响应和免疫球蛋白样品的浓度成正比。采用阶段 C 的平均角度变化衡量免疫球蛋白样品的浓度,由此可以得到共振角变化量和免疫球蛋白之间存在近似的线性关系,表达式为[角度变化]$=12.621+4.685 \times 10^{-2}$[浓度],利用信号噪声水平和共振角度与免疫球蛋白样品浓度的关系,可以得到该仪器对免疫球蛋白的探测下限为 15.7 nM。对比实验表明,商业化小型 SPR 传感仪器的折射率分辨率和免疫球蛋白探测下限水平要稍好于本节提出的智能手机 SPR 传感系统,但二者处于同一数量级。然而,智能手机 SPR 传感系统在成本、尺寸、质量和使用、携带等方面均具有优势,在 SPR 设备的推广和普及性方面显示出应用价值和推广潜力。

综上所述,在不破坏和改变分析物成分的基础上,光纤 SPR 传感器可对芯片表面的生物分子结合反应进行实时检测,具有灵敏度高、重复性好、免标记、抗电磁干扰等优点,可对特定分析物进行高分辨率和高选择性检测。本课题组针对目前生化检测领域超痕量、多样品、快速、实时响应的迫切需求,设计了多种应用不同场景的光纤 SPR 生化传感器,实现了对蛋白质等物质的特异性识别,极大推动了光纤 SPR 传感技术在生化检测、疾病诊断、环境卫生以及基因工程等方面的研究进展。

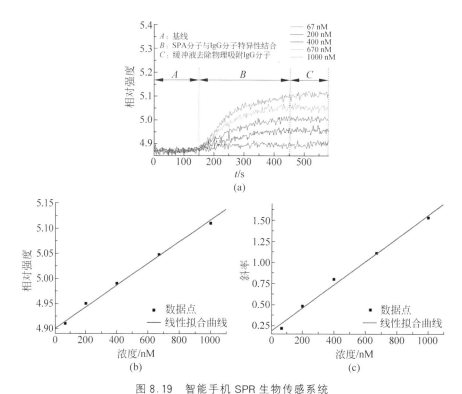

图 8.19　智能手机 SPR 生物传感系统

（a）不同浓度免疫球蛋白的分析探测图；（b）相对强度响应值和样品浓度的关系图；（c）结合曲线斜率和样品浓度的关系

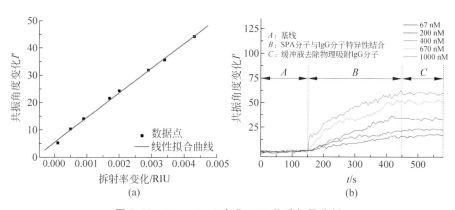

图 8.20　Biosuplar 6 商业 SPR 传感仪器分析

（a）商业 SPR 传感仪器折射率响应图；（b）浓度为 67 nM、200 nM、400 nM、670 nM 和 1000 nM 的免疫球蛋白检测

8.5　结语

　　本章系统介绍了光纤 SPR 传感技术的基本理论、制备方法以及其传感结构的多样化研究。通过研制多模光纤、毛细管等微结构光纤 SPR 传感单元,将其与图像处理、多通道检测和智能化仪器等技术进行创新融合,实现了多种微型光纤微结构 SPR 生化传感系统。目前,相比传统 SPR 检测系统,光纤 SRR 传感器正在加快仪器化、商品化、微型化进程,光纤 SPR 传感器的灵敏度、分辨率、探测限和动态范围等方面都有较好的提升空间,多通道、多参量及监测能力可拓展性强,系统的稳定性和重复性仍可以优化提高。随着新型结构光纤、材料和传感技术的不断发展,光纤 SPR 传感技术将得到不断完善,可实现快速高效传感检测的光纤 SPR 传感系统,将在医疗、环境、石化等众多领域发挥巨大作用。

参考文献

[1]　KATSAMBA P S, PARK S, LAIRDOFFRINGA I A. Kinetic studies of RNA-protein interactions using surface plasmon resonance[J]. Methods, 2002, 26(2): 95-104.

[2]　RUSNATI M, CHIODELLI P, BUGATTI A, et al. Bridging the past and the future of virology: Surface plasmon resonance as a powerful tool to investigate virus/host interactions[J]. Critical Reviews in Microbiology, 2013, 41(2): 1-23.

[3]　PATTNAIK P. Surface plasmon resonance[J]. Applied Biochemistry and Biotechnology, 2015, 126(2): 79-92.

[4]　HOMOLA J. Present and future of surface plasmon resonance biosensors[J]. Biosystems, 2003, 377(3): 528-539.

[5]　BO L, NYLANDER C, LUNDSTRÖM I. Biosensing with surface plasmon resonance-how it all started[J]. Plos One, 1995, 10(8): e4794-e4794.

[6]　PILIARIK M, VAISOCHEROVÁ H, HOMOLA J. Surface plasmon resonance biosensing [J]. Biosensors and Biodetection, 2009, 503: 65-88.

[7]　LIGLER F S, TAITT C R. Optical biosensors: today and tomorrow[M]. Amsterdam: Elsevier, 2008.

[8]　SHEPHARD M D S, MAZZACHI B C, SHEPHARD A K, et al. Point-of-care testing in Aboriginal hands-a model for chronic disease prevention and management in Indigenous Australia[J]. Point of Care, 2006, 5(4): 168-176.

[9]　WALDORFF F B, SIERSMA V, ERTMANN R, et al. The efficacy of computer reminders on external quality assessment for point-of-care testing in Danish general practice: Rationale and methodology for two randomised trials[J]. Implement Sci, 2011, 6: 79.

[10] WASWA J,IRUDAYARAJ J,DEBROY C. Direct detection of E. coli O157：H7 in selected food systems by a surface plasmon resonance biosensor[J]. LWT-Food Science and Technology,2007,40(2)：187-192.

[11] YUK J S,HA K S. Proteomic applications of surface plasmon resonance biosensors：analysis of protein arrays[J]. Exp Mol Med,2005,37(1)：1-10.

[12] Biacore^{TM} SPR-surface plasmon resonance interaction analysis[R/OL]. https://www.biacore. com/lifesciences/index. html. [2022/07/26].

[13] SPR：A powerful tool for real-time，label-free analysis of biomolecular interactions[R/OL]. https://www. xantec. com/products/spr_biosensors/index. php. [2022/07/26].

[14] SPR：A powerful tool for real-time，label-free analysis of biomolecular interactions[R/OL]. https://www. xantec. com/products/spr_biosensors/index. php. [2022/07/26].

[15] SINGH P. SPR biosensors：historical perspectives and current challenges[J]. Sensors and Actuators B：Chemical,2016,229：110-130.

[16] SATO Y,SATO K,HOSOKAWA K,et al. Surface plasmon resonance imaging on a microchip for detection of DNA-modified gold nanoparticles deposited onto the surface in a non-cross-linking configuration[J]. Analytical Biochemistry,2006,355(1)：125-131.

[17] CHINOWSKY T M,GROW M S,JOHNSTON K S,et al. Compact，high performance surface plasmon resonance imaging system[J]. Biosensors and Bioelectronics,2007,22(9)：2208-2215.

[18] TREVIÑO J,CALLE A,RODRÍGUEZ-FRADE J M,et al. Determination of human growth hormone in human serum samples by surface plasmon resonance immunoassay [J]. Talanta,2009,78(3)：1011-1016.

[19] LUO Y,YU F,ZARE R N. Microfluidic device for immunoassays based on surface plasmon resonance imaging[J]. Lab on a Chip,2008,8(5)：694-700.

[20] ULUDAG Y,TOTHILL I E. Cancer biomarker detection in serum samples using surface plasmon resonance and quartz crystal microbalance sensors with nanoparticle signal amplification[J]. Analytical Chemistry,2012,84(14)：5898-5904.

[21] STRAFACE A L,MYERS J H,KIRCHICK H J,et al. A rapid point-of-care cardiac marker testing strategy facilitates the rapid diagnosis and management of chest pain patients in the emergency department[J]. American Journal of Clinical Pathology,2008,129(5)：788-795.

[22] MORANO J P,ZELENEV A,LOMBARD A,et al. Strategies for hepatitis C testing and linkage to care for vulnerable populations：point-of-care and standard HCV testing in a mobile medical clinic[J]. Journal of Community Health,2014,39(5)：922-934.

[23] LEE B,ROH S,PARK J. Current status of micro-and nano-structured optical fiber sensors[J]. Optical Fiber Technology,2009,15(3)：209-221.

[24] GAUDRY M,LERMÉ J,COTTANCIN E,et al. Optical properties of ($Au_x Ag_{1-x}$)$_n$ clusters embedded in alumina：evolution with size and stoichiometry[J]. Physical Review

B,2001,64(8)：085407.

[25] SHARMA A K,GUPTA B D. Fibre-optic sensor based on surface plasmon resonance with Ag-Au alloy nanoparticle films[J]. Nanotechnology,2005,17(1)：124-131.

[26] ROY R K,MANDAL S K,PAL A K. Effect of interfacial alloying on the surface plasmon resonance of nanocrystalline Au-Ag multilayer thin films[J]. The European Physical Journal B-Condensed Matter and Complex Systems,2003,33(1)：109-114.

[27] JHA R,BADENES G. Effect of fiber core dopant concentration on the performance of surface plasmon resonance-based fiber optic sensor[J]. Sensors and Actuators A：Physical,2009,150(2)：212-217.

[28] FARAHANI M A,GOGOLLA T. Spontaneous Raman scattering in optical fibers with modulated probe light for distributed temperature Raman remote sensing[J]. Journal of Lightwave Technology,1999,17(8)：1379-1391.

[29] HAO C J,LU Y,WANG M T,et al. Surface plasmon resonance refractive index sensor based on activephotonic crystal fiber[J]. Photonics Journal，IEEE，2013，5（6）：4801108-4801108.

[30] LU Y,HAO C J,WU B Q,et al. Grapefruit fiber filled with silver nanowires surface Plasmonresonance sensor in aqueous environments[J]. Sensors，2012，12（9）：12016-12025.

[31] PENG Y,HOU J,HUANG Z,et al. Temperature sensor based on surface plasmon resonance withinselectively coated photonic crystal fiber[J]. Applied Optics,2012,51(26)：6361-6367.

[32] RIFAT A A,MAHDIRAJI G A,SUA Y M,et al. Surface plasmon resonance photonic crystal fiberbiosensor：a practical sensing approach[J]. Photonics Technology Letters，IEEE,2015,27(15)：1628-1631.

[33] HE Y J,LO Y L,HUANG J F. Optical-fiber surface-plasmon-resonance sensor employing long-periodfiber gratings in multiplexing[J]. JOSA B,2006,23(5)：801-811.

[34] SHEVCHENKO Y,FRANCIS T J,BLAIR D A D,et al. In situ biosensing with a surface plasmon resonancefiber grating aptasensor[J]. Analytical Chemistry，2011，83（18）：7027-7034.

[35] TANG J L,CHENG S F,HSU W T,et al. Fiber-optic biochemical sensing with a colloidal gold-modifiedlong period fiber grating[J]. Sensors and Actuators B：Chemical，2006，119(1)：105-109.

[36] LYON L A，MUSICK M D，NATAN M J. Colloidal Au-enhanced surface plasmon resonance immunosensing[J]. Analytical Chemistry,1998,70(70)：5177-5183.

[37] KWON M J,LEE J,WARK A W,et al. Nanoparticle-enhanced surface plasmon resonance detection of proteins at attomolar concentrations：comparing different nanoparticle shapes and sizes[J]. Analytical Chemistry,2012,84(3),1702-1707.

[38] WANG L,SUN Y,WANG J,et al. Water-soluble zno-au nanocomposite-based probe for

enhanced protein detection in a spr biosensor system[J]. Journal of Colloid & Interface Science,2010,351(2):392-397.

[39] AL-QAZWINI Y,NOOR A S M,ARASU P T,et al. Investigation of the performance of an SPR-basedoptical fiber sensor using finite-difference time domain[J]. Current Applied Physics,2013,13(7):1354-1358.

[40] ZHAO J,CAO S,LIAO C,et al. Surface plasmon resonance refractive sensor based on silver-coatedside-polished fiber[J]. Sensors and Actuators B:Chemical,2016,230:206-211.

[41] KULCHIN Y N,VITRIK O B,DYSHLYUK A V,et al. Conditions for surface plasmon resonance excitationby whispering gallery modes in a bent single mode optical fiber for the development of novelrefractometric sensors[J]. Laser Physics,2013,23(8):085105.

[42] KIM Y C,PENG W,BANERJI S,et al. Tapered fiber optic surface plasmon resonance sensor foranalyses of vapor and liquid phases[J]. Optics Letters,2005,30(17):2218-2220.

[43] KIM Y C,BANERJI S,MASSON J F,et al. Fiber-optic surface plasmon resonance for vapor phase analyses[J]. Analyst,2005,130(6):838-843.

[44] OBAND L A,BOOKSH K S. Tuning dynamic range and sensitivity of white-light,multimode,fiber-optic surface plasmon resonance sensors[J]. Analytical Chemistry,1999,71(22):5116-5122.

[45] RAETHER H. Surface plasmons on smooth surfaces[M]. Berlin:Springer Berlin Heidelberg,1988.

[46] OTTO A. Excitation of nonradiative surface plasma waves in silver by the method of frustrated total reflection[J]. Zeitschrift für Physik,1968,216(4):398-410.

[47] KRETSCHMANN E. Die bestimmung optischer konstanten von metallen durch anregung von oberflächenplasmaschwingungen[J]. Zeitschrift für Physik,1971,241(4):313-324.

[48] RAETHER H. Surface plasmons on smooth surfaces[M]. Berlin:Springer Berlin Heidelberg,1988.

[49] LIN W B,LACROIX M,CHOVELON J M,et al. Development of a fiber-optic sensor based on surface plasmon resonance on silver film for monitoring aqueous media[J]. Sensors and Actuators B:Chemical,2001,75(3):203-209.

[50] GUPTA B D,VERMA R K. Surface plasmon resonance-based fiber optic sensors:principle,probe designs,and some applications[J]. Journal of Sensors,2009,979761:1-12.

[51] 陈西园,单明.方解石晶体色散方程的研究[J].光电工程,2007,34(5):38-42.

[52] ORDAL M A,LONG L L,BELL R J,et al. Optical properties of the metals Al,Co,Cu,Au,Fe,Pb,Ni,Pd,Pt,Ag,Ti,and W in the infrared and far infrared[J]. Applied Optics,1983,22(7):1099-1120.

[53] GUPTA B D,SHARMA A,SINGH C D. Evanescent wave absorption sensors basedon uniform and tapered fibres. A comparative study of their sensitivities[J]. International

Journal of Optoelectronics,1993,8：409-409.

[54] 胡耀明,梁大开,张伟,等.基于强度调制的光纤 SPR 系统的研究[J].压电与声光,2009,
31(1)：44-46.

[55] 胡伟,邢砾云,孙玉锋,等.表面等离体共振传感检测方法研究[J].传感器与微系统,2014,
33(5)：45-47.

[56] 余兴龙,闫硕,定翔,等.基于 SPR 传感的空间相位调制蛋白质芯片检测方法[J].仪器仪
表学报,2009,30(6)：1134-1139.

[57] KAMBHAMPATI D K,KNOLL W. Surface-plasmon optical techniques[J]. Current
Opinion in Colloid & Interface Science,1999,4(4)：273-280.

[58] KURIHARA K,SUZUKI K. Theoretical understanding of an absorption-based surface
plasmon resonance sensor based on Kretchmann's theory[J]. Analytical Chemistry,2002,
74(3)：696-701.

[59] ESTEBAN Ó,NAVARRETE M C,GONZÁLEZ-CANO A,et al. Simple model of
compound waveguide structures used as fiber-optic sensors[J]. Optics and Lasers in
Engineering,2000,33(3)：219-230.

[60] BEVENOT X,TROUILLET A,VEILLAS C,et al. Surface plasmon resonance hydrogen
sensor using an optical fibre[J]. Measurement Science and Technology,2001,13(1)：
118-124.

[61] TOYAMA S,DOUMAE N,SHOJI A,et al. Design and fabrication of a waveguide-coupled
prism device for surface plasmon resonance sensor[J]. Sensors and Actuators B：
Chemical,2000,65(1)：32-34.

[62] ABDELMALEK F. Surface plasmon resonance based on Bragg gratings to test the
durability of Au-Al films[J]. Materials Letters,2002,57(1)：213-218.

[63] SUN B,WANG X,HUANG Z. Study on intensity-modulated surface plasmon resonance
array sensor based on polarization control[C]. Yantai：Biomedical Engineering and
Informatics(BMEI),2010 3rd International Conference on. IEEE,2010,4：1599-1602.

[64] O'BRIEN M J,PÉREZ-LUNA V H,BRUECK S R J,et al. A surface plasmon resonance
array biosensor based on spectroscopic imaging[J]. Biosensors and Bioelectronics,2001,
16(1)：97-108.

[65] HO H P,WU S Y,YANG M,et al. Application of white light-emitting diode to surface
plasmon resonance sensors[J]. Sensors & Actuators B Chemical,2001,80(2)：89-94.

[66] 王斌,荆振国,彭伟,等.相位表面等离体共振传感系统中的相差信号处理技术[J].中国
激光,2015(6)：273-278.

[67] 陈强华,罗会甫,王素梅,等.基于相位测量的角漂移自适应结构表面等离体共振气体折
射率测量系统[J].光学学报,2012(12)：165-171.

[68] NIKITIN P I,GRIGORENKO A N,BELOGLAZOV A A,et al. Surface plasmon
resonance interferometry for micro-array biosensing[J]. Sensors and Actuators A：
Physical,2000,85(1)：189-193.

［69］ JORGENSON R C. Surface plasmon resonance-based bulk optic and fiber optic sensors
［J］. Thesis Washington Univ,1993,8992：89920A-89920A-8.

［70］ HADDADI A,DELZERS J. Method for determining at least one geometric/physiognomic
parameter associated with the mounting of an ophthalmic lens in a spectacle frame worn
by a user［J］. International Journal for Numerical Methods in Engineering,2015,33(3)：
635-647.

［71］ CHUNG J W,KIM S D,BERNHARDT R,et al. Application of SPR biosensor for medical
diagnostics of human hepatitis B virus(hHBV)［J］. Sensors & Actuators B Chemical,
2005,s 111-112(2)：416-422.

［72］ YANG X,WANG Q,WANG K,et al. Enhanced surface plasmon resonance with the
modified catalytic growth of Au nanoparticles［J］. Biosensors & Bioelectronics,2007,
22(6)：1106-1110.

第 **9** 章

倾斜光纤光栅传感实验室*

倾斜光纤光栅(TFBG)是一种光栅条纹与光纤法线存在一定角度的特殊光纤光栅。由于光栅倾角的引入,前向传导的入射光被有效激发至后向传导的包层模,并保留满足布拉格条件的后向传导纤芯模。经过各种新颖的结构设计、物理组合以及微纳生物、化学功能材料修饰,倾斜光纤光栅可实现多种物理、机械、电磁、生物、医学、化学、能源参量的高精度检测,成为"光纤上的实验室"(Lab-on-fiber)的重要组成和关键器件。本章系统介绍了倾斜光纤光栅的制作方法、模式耦合理论、传感机理与特性(特别是表面等离子共振技术)以及近些年发展起来的各种传感应用实例。随着各种新功能材料和纳米加工技术的快速发展,基于倾斜光纤光栅的交叉学科研究快速发展,这为进一步提高光纤传感器测量精度、拓展测量对象提供了重要支撑和广阔的发展空间。

9.1 倾斜光纤光栅制作

9.1.1 光纤光敏预处理

光纤光栅的制备方式主要基于紫外曝光方式,在光纤纤芯内形成永久的周期性折射率调制。由于倾斜角度的引入,导致光纤纤芯折射率调制效率下降(特别是对于大倾斜角度的光栅刻写)[1-11]。因此在刻写 TFBG 前,需要对光纤进行预处理,提高其光敏性。如下两种方式被广泛选用。

───────────

* 刘甫,暨南大学,光子技术研究院,广州 510632;郭团,暨南大学,光子技术研究院,广州 510632,
E-mail: tuanguo@jnu.edu.cn。

（1）光纤掺锗

光纤掺锗是提高紫外光敏性的重要手段之一。由于纤芯内有+2价和+4价两种相对稳定的氧化形态,形成了很多点缺陷,其中 GeE′缺陷正好对应紫外光吸收带,吸收紫外光后会导致光纤 10^{-3} 以上的永久性折射率调制,远高于普通掺杂光纤的 10^{-5} 量级。

（2）光纤载氢

载氢是一种相对简单、容易操作的光敏提高手段。将光纤密封于具有较高压强和温度的氢气容器几天时间,即可将氢分子扩散到光纤纤芯中。这些纤芯内的氢分子受到强紫外光照射被分解,除了形成氧空位缺陷,还会导致 Si—OH 键和 Ge—OH 键的形成,进而在紫外光的照射下实现高效率的折射率永久性调制,可极大提高光敏性。

9.1.2　倾斜光纤光栅写制

目前,光纤光栅写制方法主要包括三种:干涉法、相位掩模法和逐点写入法。其中应用最为广泛的是相位掩模法[12-15]。这里主要介绍基于相位掩模法写制 TFBG,如图 9.1 所示。

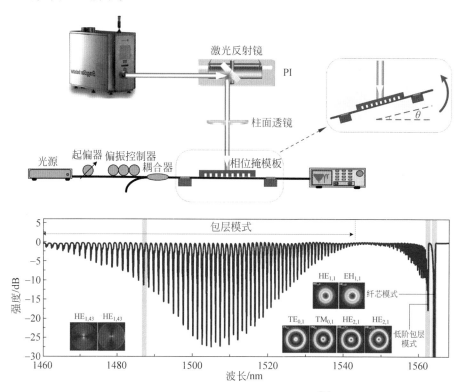

图 9.1　TFBG 写制装置及其光谱特性[9]

具体地,采用 193 nm 或 248 nm 准分子激光器产生高能量、高重复频率的紫外激光脉冲,通过一个与入射光方向呈 45°的反射镜,再经聚焦透镜聚焦到相位掩模版上。激光束经过相位掩模版后在光纤表面形成±1 级近场干涉条纹,从而在光纤纤芯形成同周期的永久性折射率调制。关键的倾斜角度引入,可通过将相位掩模版和光纤平行固定在角度调节架上,然后调节相位掩模版和紫外入射光之间的夹角(图 9.1 插图),获得具有倾斜角度的光纤光栅。值得注意的是,由于空气折射率与光纤折射率之间的差异,光纤纤芯内形成的光栅倾斜角度要小于前面所述的相位掩模版与紫外入射光之间的倾角。由于这一倾斜角度的引入,光纤光栅前向传输的纤芯模可高效率地耦合到后向传输的高阶包层模,形成数十甚至上百个模式分立、窄线宽包层模,如同"光纤光梳"一样分布在纤芯模的低波段。这些包层模具有不同的模场分布和对环境不同的响应特性,极大丰富了光纤光栅的传感特性。

9.2　倾斜光纤光栅的基本理论及其传感特性

9.2.1　倾斜光纤光栅耦合模理论

基于耦合模理论建立 TFBG 数学模型(图 9.2),其周期性折射率调制函数可表达为

$$\delta n_{\text{eff}}(z) = \overline{\delta n_{\text{eff}}}(z)\left\{1 + \nu\cos\left[\frac{2\pi}{\Lambda/\cos\theta} + \Phi(z)\right]\right\} \tag{9.1}$$

其中:$\overline{\delta n_{\text{eff}}}(z)$ 是有效折射率调制的平均值,也称为折射率调制的直流项;ν 是调制的幅度,$\overline{\delta n_{\text{eff}}}(z)$ 与 ν 之间的乘积可以看作折射率调制的交流项;Λ 是栅格周期;$\Phi(z)$ 是相位调制,表示光栅的啁啾度;θ 是光栅的倾斜角度,即栅格与光纤法线之间的夹角。

TFBG 的模式间耦合为后向耦合,即前向传输的纤芯模耦合到后向传输的包

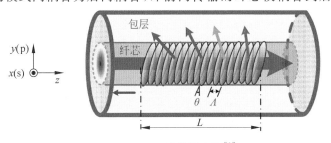

图 9.2　TFBG 结构示意图[9]

层模[16-30],其耦合模方程表达为

$$
\begin{cases}
\dfrac{\mathrm{d}}{\mathrm{d}_z}A = -\mathrm{i}\kappa B\,\mathrm{e}^{\mathrm{i}\Delta\beta z} \\[3mm]
\dfrac{\mathrm{d}}{\mathrm{d}_z}B = \mathrm{i}\kappa^{*}A\,\mathrm{e}^{-\mathrm{i}\Delta\beta z}
\end{cases}
\tag{9.2}
$$

其中:κ 为纤芯模和包层模之间的耦合系数;A 和 B 分别为两模式的复振幅;$\Delta\beta$ 为相位匹配条件,其中纤芯模和包层模的相位匹配条件分别为

$$
\begin{cases}
\Delta\beta_{\mathrm{Bragg}} = \dfrac{2n_{\mathrm{core}}\omega}{c} - \dfrac{2\pi}{\Lambda} \\[3mm]
\Delta\beta_{\mathrm{clad},i} = \dfrac{(n_{\mathrm{core}}+n_{\mathrm{clad},i})\omega}{c} - \dfrac{2\pi}{\Lambda/\cos\theta}
\end{cases}
\tag{9.3}
$$

由式(9.3)可得到纤芯模和包层模的中心波长分别为

$$
\begin{cases}
\lambda_{\mathrm{Bragg}} = 2n_{\mathrm{core}}\Lambda \\[3mm]
\lambda_{\mathrm{clad},i} = (n_{\mathrm{clad},i}+n_{\mathrm{core}})\Lambda/\cos\theta
\end{cases}
\tag{9.4}
$$

其中,n_{core} 为纤芯有效折射率,$n_{\mathrm{clad},i}$ 为第 i 阶包层模的有效折射率。

通过解上述耦合模方程,可得纤芯模和包层模之间的耦合效率,其中 L 为光栅长度,κ 为耦合系数:

$$
\eta = \tanh^{2}|\kappa|L
\tag{9.5}
$$

9.2.2 倾斜光纤光栅包层模的偏振特性

TFBG 高阶包层模的另一个重要特性是具有极强的偏振依赖性[11,31-34]。不同于传统直光纤光栅,在 TFBG 写制过程中,由于紫外光侧向写入,导致纤芯在平行于光栅平面和垂直于光栅平面的两个正交面上形成一定的折射率差,从而使 TFBG 具有偏振依赖性。更重要的是,由于 TFBG 倾斜角的引入,破坏了纤芯模的圆对称性分布,使纤芯模和包层模的耦合系数不为零,从而使两者的能量以正弦的形式传输并相互耦合。在这里我们考虑两种极端的情况(图 9.3):平行于光栅写入平面(x 轴,p 偏振态)和垂直于光栅写入平面(y 轴,s 偏振态)。由于 $\Delta n(x,y)$ 在石英介质中不是一个张量,因此 TFBG 中电场矢量之间的标量积可简化为

$$
\Delta n(x,y) = \Delta n\cos\left[\left(\dfrac{4\pi}{\Lambda}\right)(x\cos\theta + y\sin\theta)\right]
\tag{9.6}
$$

由式(9.6)可知,当入射光为 x 轴(或 y 轴)偏振方向时,耦合模积分只涉及包层模 x(或 y)分量电场;对于其他偏振态下的模式相当于沿 x 轴和 y 轴分量的矢量叠加。由于包层模的 E_x 和 E_y 强度不同,因此包层模具有极强的偏振依赖性。图 9.3 直观给出了基模(HE$_{11}$)和包层模(HE$_{mn}$)所对应的电场分布。很明显,基模沿 x 轴的电场只能耦合到电场沿 x 轴的包层模,同时高阶包层模具有很强的方

向选择性。上述模拟结果通过有限元差分圆柱波导获得,其中 κ 耦合系数表达为

$$\kappa = C \iint \overrightarrow{HE_{11}^*} \cdot \Delta n(x,y) \cdot \overrightarrow{HE_{mn}} \, dx \, dy \tag{9.7}$$

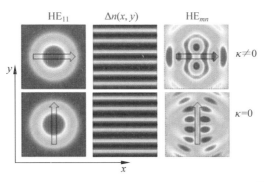

图 9.3　基模和高阶包层模的耦合及其偏振依赖特性[11]

如图 9.4 所示,我们考虑 TFBG 相互正交的两个偏振态情况,即平行于光栅平面的 p 偏振态和垂直于光栅平面的 s 偏振态。当入射光沿 p 偏振方向出入时,TFBG 激发的包层模电场(径向电场)将沿着"射线辐射方向"在光纤包层内传输,并垂直传输至光纤包层外表面,这是实现光纤表面 SPR 激发的重要条件;而当入射光沿 s 偏振方向出入,TFBG 激发的包层模电场(切向电场)将以"圆环辐射方向"在光纤包层内传输,由于传输至光纤包层表面没有垂直光场分量,因此无法实

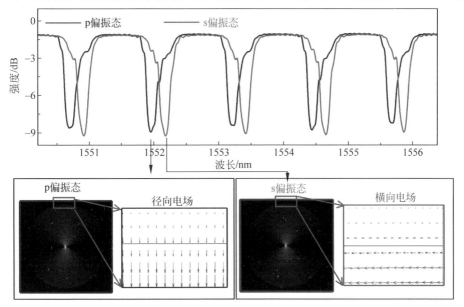

图 9.4　TFBG 包层模偏振响应特性[8-9]

现 SPR 激发。从光谱上看,TFBG 包层模在 p 偏振态和 s 偏振态入射光激励下,将分别得到两组具有一定波长间隔的系列包层模,其波长间隔取决于光栅写制过程中引入的双折射 $\Delta n(x,y)$。

下面再进一步分析 TFBG 包层模在不同偏振态下其透射谱光强的变化规律。如图 9.5 所示,当入射线偏振光(任意初始偏振角度)的偏振角从 0° 连续变化到 360° 的过程中,包层模幅度以 90° 旋转角为周期强弱交替变化。因此,对于相互正交的 p 偏振态与 s 偏振态入射光,由于存在 90° 的相位差,其包层模的强度此消彼长,变化规律正好相反。利用这一特性,通过 p 偏振态与 s 偏振态的光谱差分可获得增强的强度响应输出,极大提高 TFBG 的测量灵敏度。

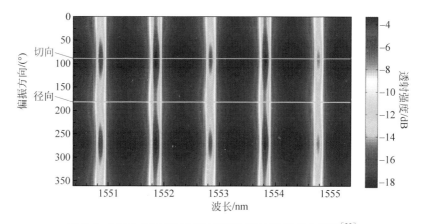

图 9.5　TFBG 包层模在不同偏振态下的光强变化规律[33]

9.3　倾斜光纤光栅传感机理

由于光栅倾角的引入,TFBG 前向传导的入射光被有效激发至后向传导的包层模,并保留满足布拉格条件的后向传导纤芯模。由于纤芯模和包层模具有不同的传感特性,因此 TFBG 可实现多参量(温度、应变、折射率等)同时区分测量。此外,TFBG 激发的光波模式具有极窄的光谱带宽,其 3 dB 带宽约为 0.2 nm,品质因子 Q 高达 10^5,这使 TFBG 传感器拥有了超高的探测灵敏度和分辨率。

从光波模式的传感特性角度上讲,TFBG 模式大体上可分为三大类(图 9.6):第一类为纤芯模(core mode),敏感于光纤温度和轴向应变,而对光纤周围折射率变化不敏感;第二类为低阶包层模(low order cladding modes 或 ghost modes),由一组低阶包层模构成,模场半径比纤芯模稍大,可覆盖到纤芯和包层界面,具有与纤芯模式相似的温度、应变以及折射率特性;第三类为高阶包层模(high order

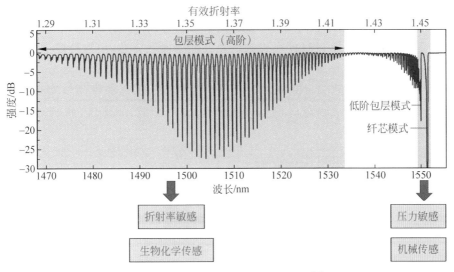

图 9.6　TFBG 透射光谱与特性分析[9]

cladding modes)，这些模式传输于光纤包层，对外界折射率变化非常敏感，可用于高灵敏度生物、化学量检测。

9.3.1　TFBG 纤芯模

TFBG 纤芯模是指在光纤纤芯内传输的最低阶波导模式。与普通 FBG 纤芯模一样，TFBG 纤芯模的温度响应灵敏度为 10 pm/℃，轴向应变响应灵敏度为 1 pm/$\mu\varepsilon$，对外界折射率不敏感[35]。由于 TFBG 的纤芯模与其包层模具有相同的温度响应灵敏度，因此在折射率测量过程中，纤芯模可作为温变校准参考，通过测量包层模和基模的相对波长变化来消除环境温变干扰，准确提取折射率变化信息。

9.3.2　TFBG 低阶包层模

TFBG 低阶包层模由一系列相互叠加（或部分叠加）的低阶包层模构成。从光谱上看，由于这些模式集中出现在纤芯模短波长方向 2 nm 的位置处，并且外形很像基模，因此这些低阶包层模又被取名为 ghost modes，即纤芯基模在光纤包层的"魂模"。低阶包层模的模场半径相比纤芯模稍大，其光场能量主要分布在纤芯和包层的界面[36]，因此低阶包层模同样对外界折射率变化不敏感，并且具有和纤芯模极其相似的温度和轴向应变响应特性。值得注意的是，由于低阶包层模很容易再次耦合进入光纤纤芯，其耦合模场能量分布极容易受光纤振动和弯曲影响，因此非常适合光纤弯曲、光纤侧压等横向应变测量。

为了更好地理解低阶包层模的模式构成与模场能量分布，可通过光学数值模拟软件 OptiGrating 来分析说明。以 4°TFBG 为例,纤芯模工作于 1550 nm,计算导模 LP 模式标量解,低阶包层模主要由一阶奇次包层模构成(奇模 LP_{1m},$m=1\sim4$)[37]。图 9.7 直观给出了低阶包层模模式构成及其模场能量分布,由于奇模 LP_{1m} 在纤芯和包层界面为非对称分布,因此微小的光纤弯曲都能改变其模场分布。通过光纤错位熔接、拉锥、芯径不匹配熔接等手段,可将低阶包层模高效率地耦合进光纤纤芯,实现基于低阶包层模的高灵敏度光纤振动、加速度、弯曲、扭转、侧压传感。

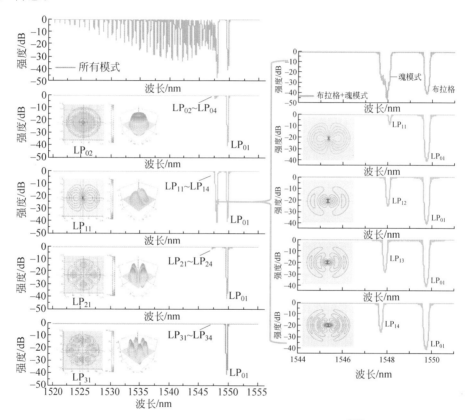

图 9.7 TFBG 低阶包层模模式构成与模场分布[37]

9.3.3 TFBG 高阶包层模

由于 TFBG 高阶包层模光场能量同时分布在光纤包层与环境介质界面,因此这些模式对外界的折射率变化非常敏感[38-40]。从传感机理上讲,当外界折射率大于某高阶包层模的有效折射率时,该包层模的波导结构边界条件将发生改变,这时包层模能量从光纤包层耦合到外界环境介质,形成辐射模(radiation modes)或泄漏模(leaky modes)，其模场垂直于光纤与外界的切平面以正弦形式传播。而对于有效折射率小于外界折射率的包层模，其光场能量仍主要束缚在光纤包层内，即传导模(guided modes)。而对于上述两种状态之间的边界条件，即当某一高阶包层模有效折射率和外界折射率相等时，其模场半径刚好等于光纤半径，这一包层模式被定义为截止模(cut-off mode)，可用于精确标定外界折射率大小。如图 9.8(a)所示，当外界折射率增加时，有更多的包层模耦合到外界环境中，截止模发生红移，实时反映外界折射率的变化信息。更为重要的是，TFBG 截止模的波长漂移与环境折射率变化呈线性响应关系，其折射率灵敏度约为 550 nm/RIU，如图 9.8(b)所示。然而在做生物量测量的相关实验时，由于外界折射率变化量非常小，往往不易分辨截止模的微小漂移。针对这一难点，可利用 TFBG 包层模的高品质因数特性(10^5)，通过监测截止模的光强幅度变化获得高分辨率传感[41-44]。

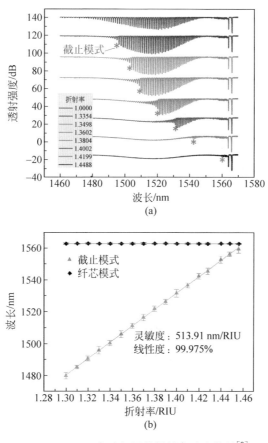

图 9.8　TFBG 高阶包层模折射率响应特性[9]

9.3.4 TFBG 表面等离子体共振

光纤表面等离子体共振传感器融合高灵敏度的表面等离子体传感技术与低损耗、大信息量的光纤传输技术,成为 SPR 传感技术热点。较传统棱镜耦合 SPR 传感器,光纤 SPR 传感器具有耦合方式简单、结构设计灵活、可实现微型化测量和远程遥感探测等优点,其便携、实时、快速的特点非常适合于活体生物探测以及野外环境检测等领域,具有巨大的研究价值和应用前景。

不同于传统结构改变型(光纤拉锥[45]、侧刨[46]、弯曲等[47-48])、填充型(光子晶体光纤)[49-51]以及端面型(纳米点阵)[52]的光纤 SPR 传感结构,TFBG 因其具有丰富的包层模和偏振调控特性,可在光纤表面高效率地激发 SPR 共振波。在不降低光纤机械强度的前提下,光纤纤芯内紫外刻写 TFBG,可在光纤包层内激发大量包层模(上百个模式);通过光纤表面纳米镀膜(金、银等),包层模高效率地转化为与之相位匹配的表面等离子体共振模式[53-59],在极大地提高光纤折射率响应灵敏度的同时,也保持了传感探针体积小、结构稳定且测量操作简单的优点。

镀膜厚度和入射光偏振控制是确定 TFBG 能否高效率地激发 SPR 的两个关键因素。对 TFBG 而言,p 偏振态可激发"射线方向"(电场方向垂直于光纤圆柱表面)的包层模,而 s 偏振态激发"圆环方向"(电场方向平行于光纤圆柱表面)的包层模。因此,仅有 p 偏振态可实现高效率的 SPR 的激发。具体地,如图 9.9(a)所示,p 偏振态包层模波矢有效折射率为 $N_{\text{eff,clad},i}$,表示第 i 阶高阶包层模,根据麦克斯韦方程理论,在两个电介质界面处的等离子体横向波矢为

$$K_{\text{eff}}^{\text{SP}} = \frac{\omega}{\varepsilon_0} \sqrt{\frac{\varepsilon_1 \varepsilon_d}{\varepsilon_1 + \varepsilon_d}} \qquad (9.8)$$

其中,ω 为角频率,ε_0 为真空中的介电常数,ε_1 和 ε_d 分别为金属和外界样品的介电常数,当 p 态包层模和等离子体波矢相位匹配的时候,两者能量相互耦合,使包层模透射谱相应波段能量衰减,形成表面等离子体共振。

如图 9.9(b)所示,通过在光纤表面均匀镀膜(约 50 nm 金膜或银膜),在透射谱中形成一个宽带衰减包络(覆盖数十个包层模范围),如图 9.9(c)所示。图 9.9(d)利用光学矢量模拟软件给出表面等离子共振的解释,即通过包层模式虚部反映 SPR 能否耦合。在水环境下,有效折射率在 1.33 附近的 p 态包层模(TM 模式和 EH 模式)相比于其他波层模的虚部大一个以上的数量级(约 10^{-3})。该模式的高损耗说明其高效率的耦合进入表面镀膜,形成 SPR。而所有 s 态包层模(TE 模式和 HE 模式)的虚部都很小(约 10^{-5}),说明 s 态不能激发 SPR(即使对于有效折射率接近 1.33 的波层模)。

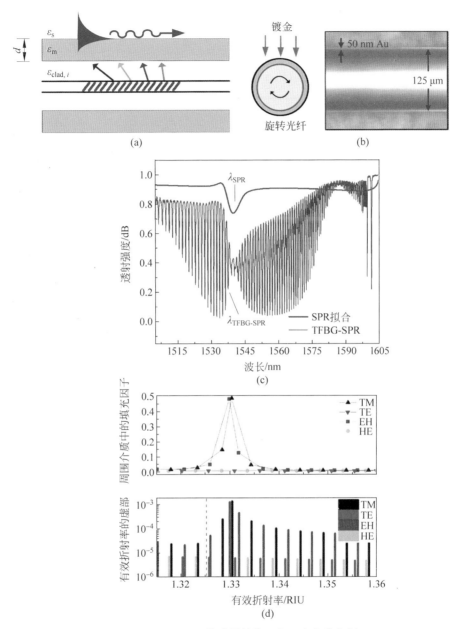

图 9.9 TFBG-SPR 传感器结构示意图和光谱分析

图 9.10 解释了光纤 SPR 传感器灵敏度增强的原因。不同于传统倏逝场型光纤检测方式,基于 SPR 的光纤传感方式将光纤表面能量"发散"的倏逝场转变为能量"会聚"的 SPR 共振场,因此极大提升了光纤表面能量场密度。理论计算表明,p

偏振态入射光可通过 TFBG 将超过 70% 的包层模能量耦合至光纤表面等离子体共振波,相对于未镀膜 TFBG 同波长包层模 2%～5% 倏逝场能量而言,光纤表面场能量提高了数十倍。需要指出的是,镀金表面激发的等离子体共振波并非均匀分布于圆柱体光纤表面,而是会聚于光纤表面的两个极端,这种非均匀模场分布是由 TFBG 自身的结构非对称性(写入方向)决定的。

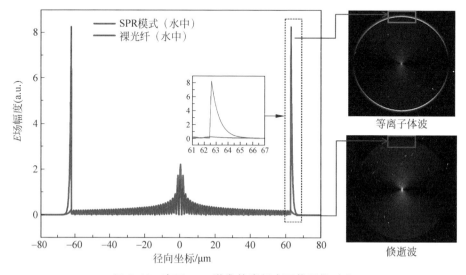

图 9.10　有无 SPR 激发的光纤表面能量场对比

　　基于 TFBG-SPR 传感器的另一个重要优点在于其极高的品质因数(figure of merit,FOM)。FOM 由传感器的灵敏度和光谱线宽共同决定。这也就意味着,在相同的灵敏度系数下,传感器输出光谱越窄,其 FOM 越高,传感器的探测精度越高。TFBG 巧妙地利用其窄线宽包层模精确解调宽带 SPR 衰减谱(图 9.9(c))。较其他光学方式,将解调信号的 FOM 提高两个数量级以上,见表 9.1。

表 9.1　各类光学传感器件折射率品质因数对比

光学器件	灵敏度/(nm/RIU)	FWHM/nm	FOM(灵敏度/FWHM)
棱镜型 SPR[60]	3000～8000	10	300～800
环形波导谐振腔[61]	100～200	0.4～2	100～500
LPG[62]	6000	10	600
TFBG[39]	10～20	0.1	100～200
TFBG-SPR[63]	500～1000	0.1	5000～10000

9.4　倾斜光纤光栅物理、机械类传感器

在不同的工程应用中,尤其是土木建设、能源开发、航空航天等领域,结构安全检测至关重要。各种物理、机械传感器对及时预测重要工程结构的安全状况起到关键作用。在过去的几十年中,基于 TFBG 的多功能物理、机械类传感器得到了快速发展,包括弯曲传感器[64-68]、倾斜传感器[69-70]、侧压传感器[71-72]、位移传感器[73]、扭转传感器[74-77]、振动传感器[36,78-80]、加速度传感器[37]等。上述 TFBG 传感器具有的共同优点体现在:①高线性响应输出(小于 1% 的线性偏离度);②解调成本低廉(基于光强探测而非波长解调);③自校准功能(可利用纤芯模校准光源输出抖动);④消除温度干扰影响(包层模与纤芯模具有相同的温度响应系数);⑤传感器小型化(长度为 10～20 mm,直径小于 2 mm)。

9.4.1　TFBG 温度和轴向应力响应特性

对于温度响应而言,TFBG 的各阶包层模与纤芯模的温度响应灵敏度几乎相等;而对轴向应力而言,随着包层模阶数的增加,其轴向应力灵敏度相对于纤芯模逐渐增加。具体地,对于纤芯模 λ_B 和第 i 阶包层模 $\lambda^{i,\mathrm{clad}}$,温度和轴向应力引起的波长漂移可表达为

$$\Delta\lambda_B = \left(2\,\frac{N_{\mathrm{eff}}^{\mathrm{core}}}{\cos\theta}\frac{\mathrm{d}\Lambda}{\mathrm{d}\varepsilon} + 2\,\frac{\Lambda}{\cos\theta}\frac{\mathrm{d}N_{\mathrm{eff}}^{\mathrm{core}}}{\mathrm{d}\varepsilon}\right)\Delta\varepsilon + \left(2\,\frac{N_{\mathrm{eff}}^{\mathrm{core}}}{\cos\theta}\frac{\mathrm{d}\Lambda}{\mathrm{d}T} + 2\,\frac{\Lambda}{\cos\theta}\frac{\mathrm{d}N_{\mathrm{eff}}^{\mathrm{core}}}{\mathrm{d}T}\right)\Delta T$$

$$(9.9)$$

$$\Delta\lambda_i^{\mathrm{clad}} = \left[\frac{(N_{\mathrm{eff}}^{\mathrm{core}} + N_{\mathrm{eff}}^{i,\mathrm{clad}})}{\cos\theta}\frac{\mathrm{d}\Lambda}{\mathrm{d}\varepsilon} + \frac{\Lambda}{\cos\theta}\frac{\mathrm{d}(N_{\mathrm{eff}}^{\mathrm{core}} + N_{\mathrm{eff}}^{i,\mathrm{clad}})}{\mathrm{d}\varepsilon}\right]\Delta\varepsilon +$$

$$\left[\frac{(N_{\mathrm{eff}}^{\mathrm{core}} + N_{\mathrm{eff}}^{i,\mathrm{clad}})}{\cos\theta}\frac{\mathrm{d}\Lambda}{\mathrm{d}T} + \frac{\Lambda}{\cos\theta}\frac{\mathrm{d}(N_{\mathrm{eff}}^{\mathrm{core}} + N_{\mathrm{eff}}^{i,\mathrm{clad}})}{\mathrm{d}T}\right]\Delta T \qquad (9.10)$$

图 9.11 给出了 4° TFBG 的温度和轴向应力响应,其中包层模和纤芯模的温度响应基本一致,均为 10 pm/℃(图 9.11(a));而对应力而言,随着包层模阶次的增加,其轴向应力的灵敏度也不断增加(图 9.11(b)),其中在 1540 nm 处的包层模轴向应力灵敏度为 0.05 pm/με。

利用 TFBG 各模式具有相同的温度响应系数和不同的轴向应力响应系数,可通过测量 TFBG 包层模和纤芯模之间的相对波长漂移差,有效消除环境温度变化对于 TFBG 轴向应力测量的影响,其公式如下:

$$\Delta\lambda_B - \Delta\lambda_i^{\mathrm{clad}} = \left[\frac{(N_{\mathrm{eff}}^{\mathrm{core}} - N_{\mathrm{eff}}^{i,\mathrm{clad}})}{\cos\theta}\frac{\mathrm{d}\Lambda}{\mathrm{d}\varepsilon}\right]\Delta\varepsilon \qquad (9.11)$$

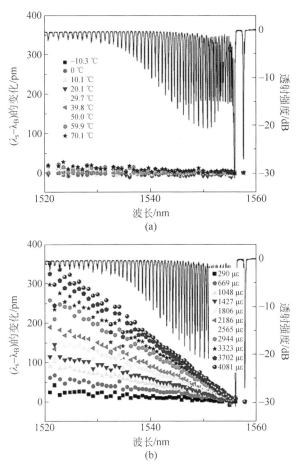

图 9.11 TFBG 包层模的温度和轴向应力响应(相对于纤芯基模)[35]

9.4.2 TFBG 微位移传感器

如前所述,TFBG 的魂模式对于光纤微弯曲非常敏感,特别对于光栅区域的非均匀应变有极强的敏感性(模式强度和波长改变)[73]。当在 TFBG 光栅区域加载高斯分布的应变后,TFBG 的栅格周期和倾斜方向都随之正相关调制,极大调制了魂模式的模场分布。由于魂模式的模场分布覆盖在纤芯和包层之间的界面区域,因此上述非均匀应变将极大调制魂模和纤芯模之间的耦合效率。如图 9.12 所示,将 4° TFBG 贴在 U 形曲臂梁的曲臂顶端外表面,利用微位移平台来改变曲臂梁两横梁之间的距离,通过有限元分析数值模拟 U 形梁光栅粘贴位置的应变情况,曲臂顶端中心向两边呈现清晰的高斯应变分布。当微位移正向施加时(0~4 mm),魂模式波长线性红移,透射能量指数增长;当微位移反向施加时(−4~0 mm),魂模

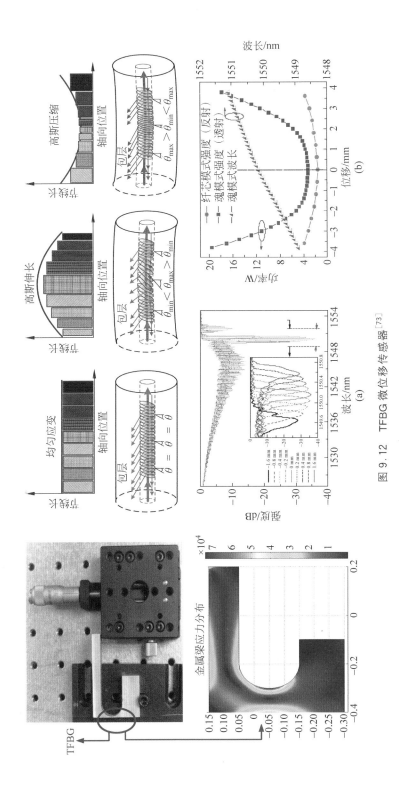

图 9.12　TFBG 微位移传感器[73]

式波长线性蓝移,透射能量对称指数增长。该实验证明了通过魂模式的幅度变化和波长漂移来检测微位移的大小和方向,并且其灵敏度为纤芯模的 12 倍。

9.4.3 TFBG 振动、加速度传感器

由于 TFBG 魂模式对光纤微弯极为敏感,利用这一特性可进一步开发振动、加速度传感器[37]。如图 9.13 所示,在 TFBG 前端通过电弧放电方式熔制一个陡变光纤锥,从而建立一个包层与纤芯模式耦合通道,将仅贴在包层内表面反向传输的魂模式高效率地耦合进光纤纤芯。这样在反射谱中就可以看到两个波长间隔约为 2 nm 的一对反射模式,分别对应原有的纤芯模和再次耦合进纤芯的魂模式(图 9.13(a))。然而,这两组能量对于光纤微弯曲有着截然不同的响应(图 9.13(b)):魂模式由于经过了光纤锥耦合进纤芯,因此非常敏感于微小光纤弯曲,其耦合能量一定范围内正比于光纤振动幅度,可提供高灵敏度的光纤振动和加速度检测;而纤芯模式始终在纤芯内传输,对光纤微弯不敏感,但可提供实时的光源抖动信息,进而实现实时校准功能。如图 9.13(c)所示,当加速度从 0.5 g 增加到 12.5 g,魂模式的能量显示出线性响应。此外,通过改变 TFBG 自由端长度,可灵活调节其共振频率范围(2~250 Hz)。

9.4.4 TFBG 弯曲传感器

对于大量程的弯曲而言,魂模式的响应将达到饱和,这时候需要考虑高阶包层模的响应。基于普通单模光纤刻写的 TFBG,强弯曲会引起大的损耗,进而影响传感器测量结果。一个改进的手段是,利用强曝光手段在细芯光纤上刻写的 Type 1A 型再生 TFBG,其包层模在光纤包层内的能量场分布较大,因此弯曲灵敏度较高[68]。如图 9.14 所示,在既定弯曲方向下,在 0~10.6 m^{-1} 的曲率变化范围内,细芯 TFBG 相邻两个对称和非对称包层模有着相反的幅度响应,因此通过监测相邻两个包层模可同时得到弯曲的强度和方向信息。

9.4.5 TFBG 矢量振动传感器

矢量传感,即"空间指向性传感",一直以来是科研领域的重要问题,其关键技术难点在于信号源方向的精确测量。"光纤内各偏振模式(特别是正交偏振模式)对振动响应的方向差异性"为实现光纤矢量测量提供了有效途径。

基于多模光纤刻写 TFBG,和单模光纤熔接后,由于纤芯直径不匹配,多模光纤 TFBG 的低阶包层模再次耦合进单模光纤纤芯中,这些低阶包层模的分布类似于单模光纤 TFBG 的魂模式,但是这些模式并没叠加在一起,而是在光谱上彼此间

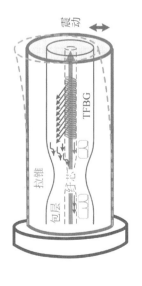

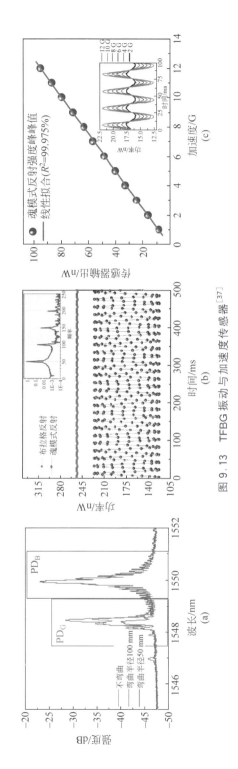

图 9.13　TFBG 振动与加速度传感器[37]

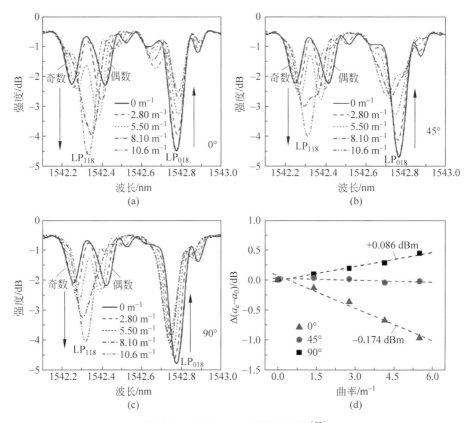

图 9.14　细芯 TFBG 弯曲传感器[68]

分立分布(这是由于多模光栅 $62.5~\mu m$ 大纤芯直径和纤芯渐变型的折射率分布,使原来叠加在一起的魂模式分立开,间隔纳米量级)。更为重要的是,这些不同模式的包层模具有不同的偏振依赖性,可利用此效应实现二维矢量振动[80]。如图 9.15 所示,2° 渐变型多模光纤 TFBG 熔接到普通单模光纤,通过分别提取两个偏振方向相互正交的低阶包层模式(LP_{11} 奇模和 LP_{12} 偶模),利用正交偏振模式分束与矢量合成解调方法,实现了基于单一 TFBG 的二维振动方向识别以及幅度、频率的准确测量。

9.4.6　TFBG 矢量扭转传感器

与二维振动原理相似,利用多模光纤 TFBG 低阶包层模的偏振依赖也可以实现矢量扭转测量[75]。如图 9.16 所示,通过提取并归一化两个正交包层模式的输出能量(LP_{11} 和 LP_{12}),扭转的大小和方向可以同时被精确识别,灵敏度为 $0.075~dB/deg$。

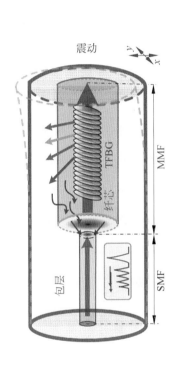

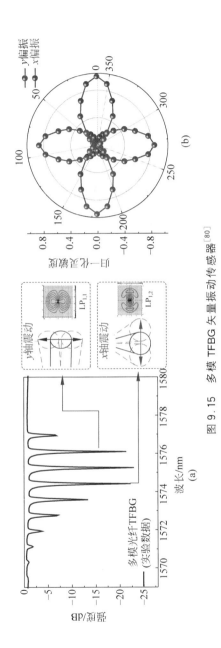

图 9.15　多模 TFBG 矢量振动传感器[80]

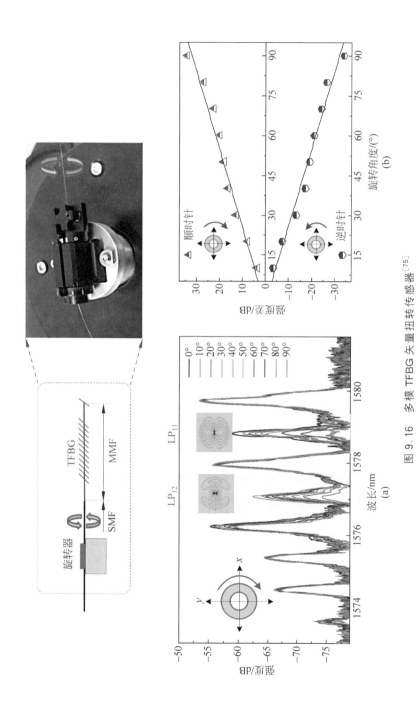

图 9.16 多模 TFBG 矢量扭转传感器[75]

9.4.7　TFBG 电场传感器

　　TFBG 包层模对外界折射率敏感,但是测量电场等物理量需要通过一些特殊材料让电场等物理量的变化转化为折射率的变化[81]。在这里,通过与液晶材料的结合,使其可应用于电场传感。其原理是,当待测电压施加在液晶盒上时,液晶分子取向在待测电压作用下被调节,进而改变液晶有效折射率,TFBG 的包层模光场强度随着液晶有效折射率的变化而变化,通过监测该包层模光场强度的变化感知液晶折射率及其分子取向变化,实现对待测电压的测量。如图 9.17 所示,当液晶周围的电场从 1.0 kV/cm 增加到 4.8 kV/cm 时,液晶折射率由 1.53 增加至 1.70,TFBG 传感器灵敏度约 0.3 dB/kV,并且通过检测基模可消除温度交叉影响。

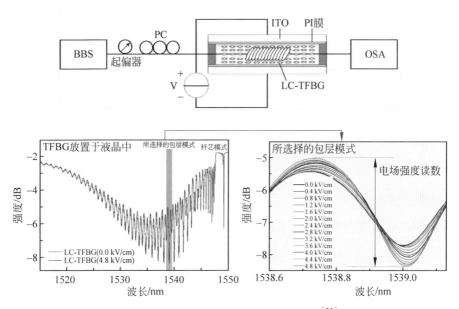

图 9.17　液晶封装型 TFBG 电场传感器[81]

9.4.8　TFBG 磁场传感器

　　同理,将 TFBG-SPR 和磁流体(Fe_3O_4)结合,也可实现矢量磁场的检测[82]。如图 9.18 所示,自由分布的磁流体在外界磁场作用下将发生磁汇聚现象,磁颗粒汇聚的强度与方向正比于外加磁场的大小与方向。磁颗粒汇聚引起光纤表面折射率的改变,可被 TFBG 激发的 SPR 高灵敏度探测。另外,利用 TFBG 特有的"两极汇聚"的 SPR 能量场分布特性可进一步实现磁场方向的精确测量,其原理在于精确测量光纤表面局域分布的 SPR 强共振场与在不同磁场大小和方向作用下的磁纳米粒子之间的纳米尺度不同程度的定向散射,获得了对磁场强度(灵敏度为 1.8 nm/mT)的强指向性测量(方位角灵敏度为 2 nm/(°))。

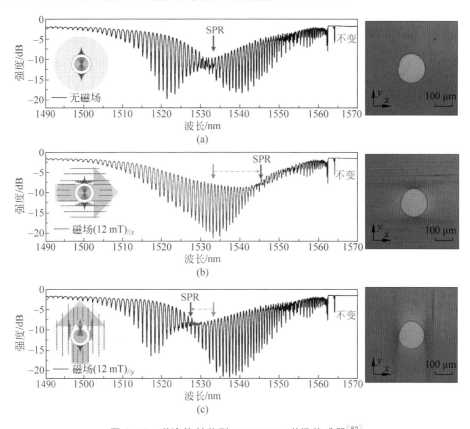

图 9.18　磁流体封装型 TFBG-SPR 磁场传感器[82]

9.5　倾斜光纤光栅生物、化学、能源类传感器

　　光纤传感器以其体积小、灵敏度高、生物兼容性强等优点在免标记生化传感领域得到广泛应用[83-84]。例如,细如发丝的光纤传感器以手持探针的方式方便地插入被测生物样品体内,实现活体原位检测,也可利用光纤低损耗信息传感实现远距离实时监控,非常适合环境监测。大多数光纤生物传感器是基于对待测物的折射率的测量,因此提高光纤探针对折射率的灵敏度至关重要。

　　如前所述,TFBG 的包层模对环境折射率极为敏感,通过标定包层模中的截止模式(cut-off mode)的波长位置,可以精确测量环境折射率的变化。为了进一步增强光纤表面的模场能量,可通过光纤金属镀膜和有效的偏振控制,将上述 TFBG 能量"发散"的倏逝场转变为能量"汇聚"的等离子体共振波,实现对光纤金膜表面生物分子附着、抗原抗体相互作用等微观生物反应的高精度检测[85-88]。此外,相对于石英光纤,金镀膜具有更强的物理化学稳定性,待测生物分子更容易通过化学键固定在光纤探针表面,提高传感器的稳定性和重复性。

近年来,由于 TFBG 避免了传统结构破坏型光纤折射率传感器(拉锥、腐蚀、侧面抛磨等)机械强度弱化、结构稳定性下降等问题,各种基于 TFBG 的多功能光纤生物、化学传感器得到了快速发展,这些技术包括反射式 TFBG 传感[42-43,89-92]、光强探测型 TFBG 传感[41-44,93-95]、TFBG 正交偏振差分检测[96]、光栅组合传感[97-100]、TFBG 多路复用检测[101-102],以及近些年被重点关注的 TFBG-SPR 传感[85-88]等。

9.5.1　探针式 TFBG 折射率传感器

传统 TFBG 传感器需通过其透射谱获得折射率信息,即光源注入端与光谱检测端需工作于 TFBG 两侧,这给生物样品检测带来一定的困难,不易实现极少生物样品量和狭小空间的生物检测。解决这一问题的有效方法是将传统"透射式"TFBG 优化为"反射式"检测,即使入射光与探测光工作于 TFBG 的同侧。这样,整个光纤探头尺寸被大大缩小(长度仅为 10～20 mm),可方便插入被测生物样品中,实现微升量级以下的微量生物样品检测。

实现反射式 TFBG 折射率计的关键难点在于将反传传输在光纤包层的 TFBG 高阶包层模高效率地耦合进光纤纤芯,进而低损耗地传输至远端光谱解调系统。归纳现有方式,主要可通过以下两类方式实现。

(1)"纤内"反射式 TFBG 折射率计

图 9.19 给出了利用单一光纤内"纤芯-包层大错位熔接"方法实现高阶包层模耦合回纤芯的折射率测量方法[43]。具体地,一个 6° TFBG 在上游段和另一单模光纤进行大错位熔接。由于上下游光纤纤芯之间的错位,TFBG 反向激发的包层模可以高效率地耦合进上游单模光纤纤芯。这一包层至纤芯的耦合效率受到环境折射率的调制。当环境折射率增加时,包层模逐渐倏逝到外界形成辐射模,因此耦合进上游单模光纤纤芯的能量降低。在折射率为 1.33 附近,其折射率灵敏度高达1100 nW/RIU。另外,由于纤芯模对折射率不敏感,可作为参考来消除光源抖动和环境温变的影响。

(2)"纤间"反射式 TFBG 折射率计

图 9.20 给出了利用 TFBG 与 D 形光纤平行耦合的双光纤模式耦合折射率测

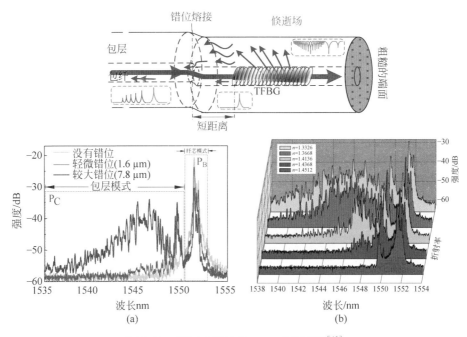

图 9.19 "纤内"反射式 TFBG 折射率计[43]

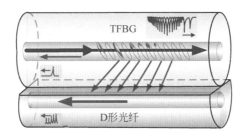

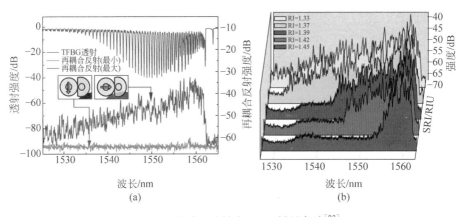

图 9.20 "纤间"反射式 TFBG 折射率计[92]

量方法[92]。具体地,一根刻有 10° TFBG 的光纤与一根 D 形光纤平行侧靠在一起。D 形光纤上下包层厚度分别为 5 μm 和 55 μm。TFBG 将入射光源能量耦合至光纤包层,这些包层模可高效率地耦合到 D 形光纤内部,其耦合效率取决于两根光纤所浸泡的待测液体折射率大小。通过检测 D 形光纤的包层模能量可精确标定外界折射率的变化。在折射率为 1.33 附近,其折射率灵敏度可达到 1300 nW/RIU。

9.5.2　TFBG 细胞密度传感器

在细胞的药理学研究中,"细胞非生理性密度"(DANCE)是一个重要的分析参量,其微观变化反映了细胞的健康状况,为细胞病理分析、细胞抗药性研究提供了重要依据。例如,受药物干预后的正常细胞代谢受阻、体积变小、细胞内部密度将变小。已有的显色成像方法过程复杂、周期长,并且需要标记,对细胞产生不可恢复的损伤。光纤免标记检测手段可在保证细胞活性的前提下,实时动态地分析细胞受药物干预的微观变化。此工作利用 TFBG 正交偏振差分检测手段,实现了对细胞 DANCE 的免标记、高精度检测。如图 9.21 所示,利用 TFBG 倾角写入引入的纤芯截面折射率非对称性,将平行于 TFBG 写入平面(p 偏振态)和垂直于 TFBG 写入平面(s 偏振态)的两束正交光分别注入,做光谱强度差分检测后得到包层模的正交偏振差分谱。利用 TFBG 包层模窄线宽、Q 值高的光谱特性,通过差分方式将 p 和 s 两个正交偏振模式间微小波长漂移,转化为极强的模式强度变化[96]。通过分析距离截止模最近的一个包层模光强差分谱来标定折射率变化,获得折射率灵敏度可达到 1.8×10^4 dB/RIU 的高精度检测,成功实现了折射率变化在 1.3342~1.3344 范围内不同生理密度人类急性白血病细胞株的区分检测。证明了同类细胞中密度较大的细胞"更年轻",药物作用于细胞后,正常细胞"衰老"加速,细胞密度减小,验证了"DANCE"这一重要科学命题。

9.5.3　TFBG 生物蛋白传感器

尿液中水通道蛋白(Aquaporins,AQPs)浓度变化与肾脏疾病的发生、发展密切相关,其异常表达是导致水液代谢失衡的重要因素。其中,AQP2 是生理条件下肾脏最主要的受抗利尿激素调控的水通道蛋白,是维持体内水平衡调节的必需物质。由于 AQP2 可从细胞膜脱落至尿液中,因此检测尿液中 AQP2 含量的变化,对于评估肾脏功能及机体水液平衡调节状态具有重要的临床实用价值。然而,由于人体尿液中 AQP2 的浓度极低,且其浓度随着患者早晚作息动态变化,传统的化验方法需经过样本采集、移送、预处理、标记、催化、比对等烦琐程序,不仅测量精度遇到瓶颈,而且容易错过检测的最佳"时间窗口",无法提供连续的 AQP2 实时动态变化数据,严重制约了肾病的早期发现。此工作提出了利用 TFBG 的截止模和SPR 模共同激发方法,实现了对 AQP2 的高精度检测。实现该方法的关键在于精

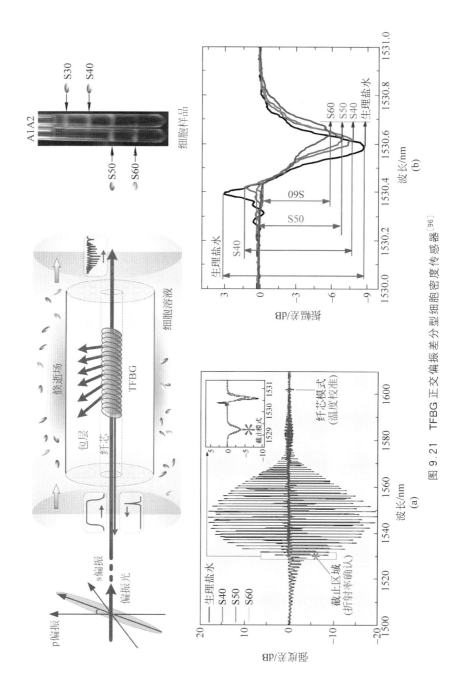

图 9.21 TFBG 正交偏振差分型细胞密度传感器[96]

确的镀膜厚度控。如图 9.22 所示,利用磁控溅射镀膜方法,精确控制银膜厚度为 30 nm。由于金属镀膜厚度低于 SPR 最优激发厚度(约 50 nm),此时包层模一部分能量以倏逝场形式透过金属层感知周围折射率变化,另一部分能量在金属表面激发 SPR。因此,可在透射光谱中同时观察到截止模和 SPR 共振峰。由于两者均对环境折射率敏感,且其幅度响应特性正好相反,所以通过两个模式的幅度差分可实现灵敏度的双重叠加,提高至 8000 dB/RIU[103]。此方法成功实现了健康组、患病组、治疗康复组不同小鼠尿液样品中 AQP2 含量的精确量化检测,蛋白质检测灵敏度为 5.5 dB/(mg/ml),检测极限为 1.5 μg/ml。

9.5.4 TFBG 血糖传感器

在诸多人体医学传感器中,血糖传感器的需求量最大。据世界卫生组织报告,全球有超过 2.85 亿糖尿病患者,而且患病人数在 2030 年将翻倍。由于传统的电化学传感器很难实时监测血糖变化,迫切需要快速、实时、微创(无创)式血糖检测方法。区别于传统的光纤 SPR 传感方式(金属薄膜固定不变),本工作通过调制 TFBG-SPR 金属膜的厚度以及形貌实现血糖含量的精确检测。如图 9.23 所示,人体血清中的葡萄糖和 GO$_x$ 酶(酶氧化作用)作用后会产生 H_2O_2,H_2O_2 可以腐蚀银层从而影响 SPR 的激发,腐蚀的速度正比于血清中葡萄糖的浓度,因此可根据腐蚀引起 SPR 的衰减速率定量标定葡萄糖的含量[104]。基于此原理,镀银 TFBG-SPR 还可以检测胆碱(利用胆碱氧化催化酶)、乳酸菌(利用乳酸菌催化酶)、谷氨酸(利用谷氨酸氧化催化酶)、甘油神经毒素等。

9.5.5 TFBG 气体传感器

传统等离子体共振光纤传感器无法克服波导介质(RI～1.45)与气体介质(RI～1.0)之间过大的介电常数差异问题。在近红外波段,已报道的等离体子共振光纤传感器通常仅能在液体介质中使用,无法在气体介质中使用,并且最高测量精度限制在 10^{-6} RIU 范围。针对此问题,作者团队在载氢高掺锗单模光纤上写入倾斜角度大于 35°的 TFBG,其后向耦合的包层模有效折射率范围为 0.9～1.45 RIU,可同时实现气体(折射率为 1.0～1.1 RIU)与液体(折射率为 1.33～1.45 RIU)介质的高精度测量。如图 9.24 所示,通过磁控溅射方法在 TFBG 表面均匀镀上纳米量级金属薄膜和精确的偏振控制,实现了在空气环境下的高效率 SPR 激发,将测量对象由传统液态样品拓展至低折射率气体,实现了气体静态折射率和动态折射率变化(声波调制)的高精度检测,折射率测量精度达 10^{-8} RIU,较已报道 SPR 检测方式的最高测量精度提升了两个数量级[105]。

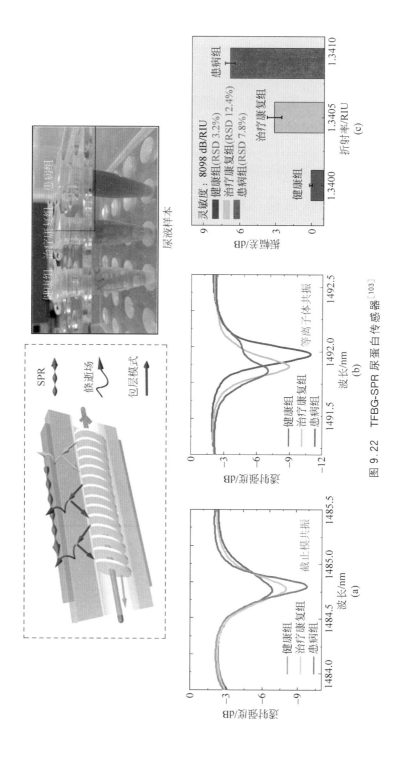

图 9.22 TFBG-SPR 尿蛋白传感器[103]

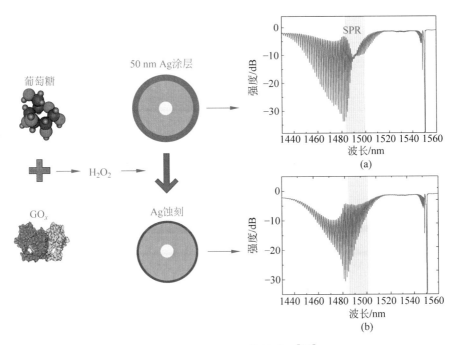

图 9.23　TFBG-SPR 血糖传感器[104]

9.5.6　TFBG 微生物燃料电池原位产电传感器

微生物燃料电池作为新型的生物产能技术,是以微生物为催化剂,将储存在有机物中的化学能直接转化为电能,具有发电与废水废物处理的双重功效,成为近年来国际环境能源领域新兴的研究热点。胞外电子传递是微生物燃料电池产电的关键,这一过程为细胞氧化有机物(电子供体)产生电子并将电子传递给细胞外的最终电子受体。这一过程的电化学特性检测尤为重要,即高精度检测生物电活性膜的电子产生与转移效率。已有的方法主要采用光电化学手段来检测细胞外围的电子转移(如拉曼、近红外吸收光谱),然而这些检测手段由于仪器设备的限制不易实现现场环境(废水、土壤、沉积物等)的实时监测。光纤 TFBG-SPR 传感器的远程检测能力较好地弥补了上述缺陷。如图 9.25 所示,在 20°TFBG 表面均匀镀 50 nm 金属层形成表面等离子体共振,然后将土壤杆菌抗氧化酶菌株附着在 TFBG-SPR 表面。当此生物细胞吸收周围环境养分后,向金属层释放电子,电子的注入导致 SPR 共振条件发生改变,因而 SPR 波长位置发生改变。由此原理,可以通过实时监测 SPR 模式来标定电活性生物膜的电子转移特性,实现微安量级的生物膜原位电荷检测[106]。

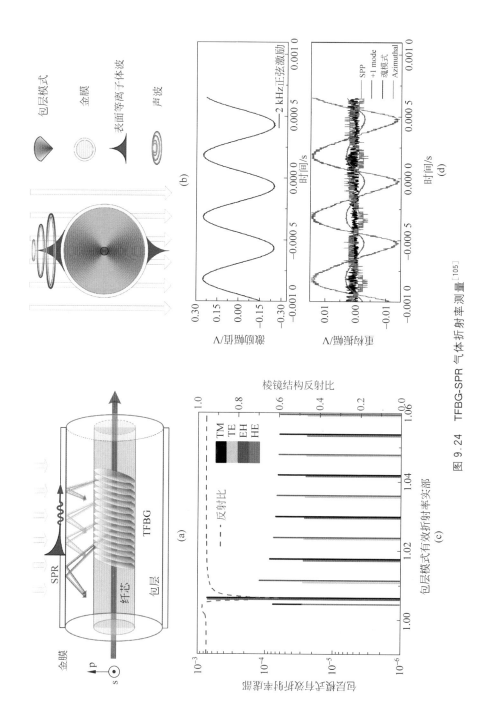

图 9.24 TFBG-SPR 气体折射率测量[105]

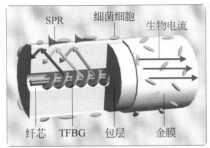
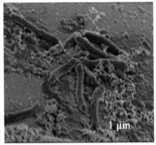
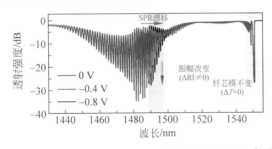

图 9.25　TFBG-SPR 生物电化学传感器[106]

9.5.7　TFBG 超级电容原位电量传感器

电化学储能设备(如锂离子电池、超级电容器)等被认为是目前储能效率最高、最具发展前景的新型能量存储设备,被广泛应用于清洁电力、电动汽车、移动医疗、便携式电子设备等领域。如何准确监控超级电容器工作状态下的实时储能及健康状态,对于深入理解其工作机制、分析并解决其衰减老化原因具有重要意义,可及时发现储能效率陡降的储能设备,避免续航能力中断带来的重大事故。

为了解决上述现有检测技术不具备实时在线监测能力的问题,我们发展了等离子共振增强型倾斜光纤光栅超高灵敏传感技术。该技术通过光纤内部光场激发光纤表面金膜的局域电子共振场(3.4 节),可实现对储能设备电极表面纳米尺度范围内的自由电子、离子局域密度场的超高精度检测,从而实时、原位检测储能设备的工作状态,实时读取储能设备工作状态下的电量、温度等重要工作参数信息,为使用者提供储能设备全面的健康状态信息,如图 9.26 所示[107]。由于光纤体积小,其可直接植入储能设备内部,实现终生检测。此外,利用光纤的超长距离传输能力,该技术也可用于大洋潮汐、海洋风电、沙漠太阳能等超远距离、超大范围的远程遥测领域,为全球新能源的开发利用提供重要手段。

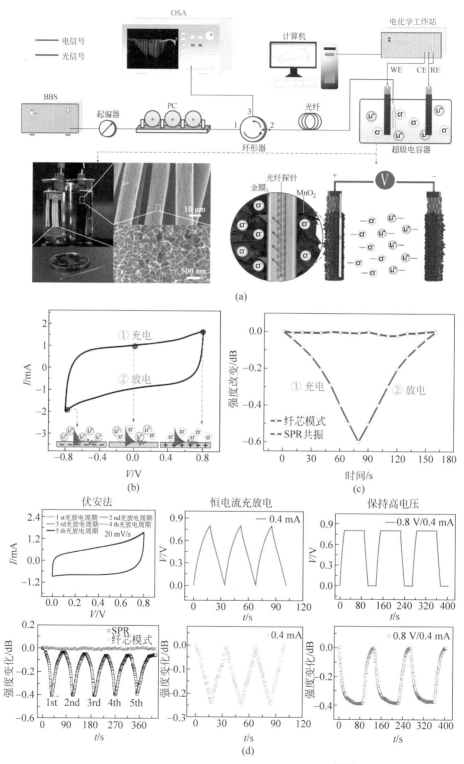

(a)

(b)

(c)

(d)

图 9.26　TFBG-SPR 超级电容原位电量传感器[107]

9.6　结语

本章系统地介绍了 TFBG 的基本理论、制作方法以及其在物理、机械、生物、医学、化学等诸多领域独具特色的传感应用。区别于传统布拉格光栅和长周期光栅，光栅倾斜角度的引入为其带来了数十甚至上百个模式分立的高品质因数的包层模，这些包层模具有丰富的模场分布和对环境不同的响应特性，极大提升了 TFBG 的传感性能。需要强调的是，上述研究成果的取得融合包括了工程领域、物理领域、化学领域以及生物医学领域等多个学科团队的紧密配合。跨学科合作是充分挖掘光纤传感潜力，拓展测量对象，提高测量精度的前提。此外，各种新结构光纤、新材料光纤（微结构光纤[108]、塑料光纤[109]等）的出现以及新功能材料和纳米加工技术（碳纳米管[110]、纳米线[111]、纳米球[112]、石墨烯[113]等）的快速发展，为 TFBG 传感器提供了更为广阔的发展空间和应用潜力，使其成为光纤上的实验室的重要组成和关键器件。

参考文献

[1]　LEE B. Review of the present status of optical fiber sensors[J]. Optical Fiber Technology, 2003,9(2)：57-79.

[2]　CULSHAW B. Optical fiber sensor technologies：opportunities and perhaps-pitfalls[J]. Journal of Lightwave Technology,2004,22(1)：39-50.

[3]　HILL K O,MELTZ G. Fiber Bragg grating technology fundamentals and overview[J]. Journal of Lightwave Technology,1997,15(8)：1263-1276.

[4]　OTHONOS A. Fiber Bragg gratings[J]. Review of Scientific Instruments,1997,68(12)：4309-4341.

[5]　RAO Y J. In-fibre Bragg grating sensors[J]. Measurement Science and Technology,1997, 8：355-375.

[6]　VENGSARKAR A M,LEMAIRE P J,JUDKINS J B,et al. Long-period fiber grating as band-rejection filters[J]. Journal of Lightwave Technology,1996,14(1)：58-65.

[7]　BHATIA V,VENGSARKAR A M. Optical fiber long-period grating sensors[J]. Optics Letters,1996,21(9)：692-694.

[8]　ALBERT J,SHAO L Y,CAUCHETEUR C. Tilted fiber Bragg grating sensors[J]. Laser Photonics Review,2012,7(1)：1-26.

[9]　GUO T,LIU F,GUAN B O,et al. Tilted fiber grating mechanical and biochemical sensors [J]. Optics ＆ Laser Technology,2016,78：19-33.

[10]　ZHAO Y,WANG Q,HUANG H. Characteristics and applications of tilted fiber Bragg gratings[J]. Journal of Optoelectronics and Advanced Materials, 2010, 12 (12)：

2343-2354.

[11] DONG X Y,ZHANG H,LIU B,et al. Tilted fiber Bragg gratings：principle and sensing applications[J]. Photonic Sensors,2011,1(1)：6-30.

[12] HILL K O,MALO B,BILODEAU F,et al. Bragg gratings fabricated in monomode photosensitive optical fiber by UV exposure through a phase mask[J]. Applied Physics Letters,1993,62(10)：1035-1037.

[13] MALO B,JOHNSON D C,BILODEAU F,et al. Single-excimer-pulse writing of fiber gratings by use of a zero-order nulled phase mask：grating spectral response and visualization of index perturbations[J]. Optics Letters,1993,18(15)：1277-1279.

[14] BERGHMANS F,GEERNAERT T,BAGHDASARYAN T,et al. Challenges in the fabrication of fibre Bragg gratings in silica and polymer microstructured optical fibres[J]. Laser Photonics Review,2014,8(1)：27-52.

[15] LIU F,GUO T,WU C,et al. Wideband-adjustable reflection-suppressed rejection filters using chirped and tilted fiber gratings[J]. Optics Express,2014,22(20)：24430-24438.

[16] ERDOGAN T,SIPE J E. Radiation-mode coupling loss in tilted fiber phase gratings[J]. Optics Letters,1995,20(18)：1838-1840.

[17] ERDOGAN T,SIPE J E. Tilted fiber phase gratings[J]. Journal of the Optical Society of America A,1996,13(2)：296-313.

[18] ERDOGAN T. Cladding-mode resonances in short-and long-period fiber grating filters[J]. Journal of the Optical Society of America A,1997,14(8)：1760-1773.

[19] DONG L,ORTEGA B,REEKIE L. Coupling characteristics of cladding modes in tilted optical fiber Bragg gratings[J]. Applied Optics,1998,37(22)：5099-5105.

[20] LEE K S,ERDOGAN T. Fiber mode coupling in transmissive and reflective tilted fiber gratings[J]. Applied Optics,2000,39(9)：1394-1404.

[21] KOYAMADA Y. Analysis of core-mode to radiation-mode coupling in fiber Bragg gratings with finite cladding radius[J]. Journal of Lightwave Technology,2000,18(9)：1220-1225.

[22] LI Y F,FROGGATT M,ERDOGAN T. Volume current method for analysis of tilted fiber gratings[J]. Journal of Lightwave Technology,2001,19(10)：1580-1591.

[23] LEE K S,ERDOGAN T. Fiber mode conversion with tilted gratings in an optical fiber [J]. Journal of the Optical Society of America A,2001,18(5)：1176-1185.

[24] LI Y F,WIELANDY S,CARVER G E,et al. Scattering from nonuniform tilted fiber gratings[J]. Optics Letters,2004,29(12)：1330-1332.

[25] LEE K S, ERDOGAN T. Transmissive tilted gratings for LP_{01}-to-LP_{11} mode coupling [J]. IEEE Photonics Technology Letters,2005,11(10)：1286-1288.

[26] LI Y F,BROWN T G. Radiation modes and tilted fiber gratings[J]. Journal of the Optical Society of America B,2006,23(8)：1544-1555.

[27] XU O,LU S H,LIU Y,et al. Analysis of spectral characteristics for reflective tilted fiber gratings of uniform periods[J]. Optics Communications,2008,281：3990-3995.

[28] LU S H,XU O,FENG S C,et al. Analysis of radiation-mode coupling in reflective and

transmissive tilted fiber Bragg gratings[J]. Journal of the Optical Society of America A, 2009,26(1): 91-98.

[29] LU Y C,HUANG W P,JIAN S S. Full vector complex coupled mode theory for tilted fiber gratings[J]. Optics Express,2010,18(2): 713-726.

[30] THOMAS J U,JOVANOVIC N,KRAMER R G,et al. Cladding mode coupling in highly localized fiber Bragg gratings Ⅱ: complete vectorial analysis[J]. Optics Express,2012, 20(19): 21434-21449.

[31] ALAM M Z,ALBERT J. Selective excitation of radially and azimuthally polarized optical fiber cladding modes[J]. Journal of Lightwave Technology,2013,31(19): 3167-3175.

[32] SHEN C Y,XIONG L Y,BIALIAYEU A,et al. Polarization-resolved near- and far-field radiation from near-infrared tilted fiber Bragg gratings [J]. Journal of Lightwave Technology,2014,32(11): 2157-2162.

[33] BIALIAYEU A,IANOUL A,ALBERT J. Polarization-resolved sensing with tilted fiber Bragg gratings: theory and limits of detection[J]. Physics Optics,2015,17: 085601.

[34] CAUCHETEUR C, GUO T, ALBERT J. Polarization-assisted fiber Bragg grating sensors: tutorial and review[J]. Journal of Lightwave Technology,2016,99: 1-12.

[35] CHEN C,ALBERT J. Strain-optic coefficients of individual cladding modes of single mode fibre: theory and experiment[J]. Electronics Letters,2006,42(18): 1-2.

[36] GUO T,IVANOV A,CHEN C K, et al. Temperature-independent tilted fiber grating vibration sensor based on cladding-core recoupling[J]. Optics Letters, 2008, 33 (9): 1004-1006.

[37] GUO T,SHAO L Y,TAM H Y,et al. Tilted fiber grating accelerometer incorporating an abrupt biconical taper for cladding to core recoupling[J]. Optics Express,2009,17(23): 20651-20660.

[38] LAFFONT G,FERDINAND P. Tilted short-period fibre-Bragg-grating induced coupling tocladding modes for accurate refractometry[J]. Measurement Science and Technology, 2001,12: 765-770.

[39] CHAN C F,CHEN C K,JAFARI A,et al. Optical fiber refractometer using narrowband cladding-mode resonance shifts[J]. Applied Optics,2007,46(7): 1142-1149.

[40] ZHOU W J,ZHOU Y,ALBERT J. A true fiber optic refractometer[J]. Laser Photonics Review,2017,11(1): 1600157.

[41] CAUCHETEUR C,BETTE S,CHEN C,et al. Tilted fiber Bragg grating refractometer using polarization-dependent loss measurement[J]. IEEE Photonics Technology Letters, 2008,20(24): 2153-2155.

[42] GUO T,CHEN C K,LARONCHE A,et al. Power-referenced and temperature-calibrated optical fiber refractometer[J]. IEEE Photonics Technology Letters,2008,20(8): 635-637.

[43] GUO T,TAM H Y,KRUG P A,et al. Reflective tilted fiber Bragg grating refractometer based on strong cladding to core recoupling[J]. Optics Express,2009,17(7): 5736-5742.

[44] LIU F,GUO T,LIU J G,et al. High-sensitive and temperature-self-calibrated tilted fiber grating biological sensing probe[J]. Chinese Science Bulletin,2013,58(21): 2611-2615.

[45] ESTEBAN Ó, NARANJO F B, DIAZ-HERRERA N, et al. High-sensitive SPR sensing with indium nitride as a dielectric overlay of optical fibers[J]. Sensors and Actuators B: Chemical, 2011, 158(1): 372-376.

[46] LIN H, TSAO Y, TSAI W, et al. Development and application of side-polished fiber immunosensor based on surface plasmon resonance for the detection of Legionella pneumophila with halogens light and 850 nm-LED[J]. Sensors and Actuators A: Physical, 2007, 138(2): 299-305.

[47] WU W T, JEN C P, TSAO T C, et al. U-shaped fiber optics fabricated with a femtosecond laser and integrated into a localized plasmon resonance biosensor[C]. Rome: Design, Test, Integration & Packaging of MEMS/MOEMS Conference(DTIP), 2009: 127-131.

[48] SAI V V R, KUNDU T, MUKHERJI S. Novel U-bent fiber optic probe for localized surface plasmon resonance based biosensor[J]. Biosensors and Bioelectronics, 2009, 24(9): 2804-2809.

[49] HAUTAKORPI M, MATTINEN M, LUDVIGSEN H. Surface-plasmon resonance sensor based on three-hole micro-structured optical fiber[J]. Optics Express, 2008, 16(12): 8427-8432.

[50] LU Y, HAO C, WU B, et al. Grapefruit fiber filled with silver nanowires surface plasmon resonance sensor in aqueous environments[J]. Sensors, 2012, 12(9): 12016-12025.

[51] CENNAMO N, AGOSTINO G D, DONA A, et al. Localized surface plasmon resonance with five-branched gold nanostars in a plastic optical fiber for biochemical sensorimplementation[J]. Sensors, 2013, 13(11): 14676-14686.

[52] LIN Y, ZOU Y, MO Y, et al. E-Beam patterned gold nanodot arrays on optical fiber tips for localized surface Plasmon resonance biochemical sensing[J]. Sensors, 2010, 10(10): 9397-9406.

[53] SHEVCHENKO Y Y, ALBERT J. Plasmon resonances in gold-coated tilted fiber Bragg gratings[J]. Optics Letters, 2007, 32(3): 211-213.

[54] ALLSOP T, NEAL R, REHMAN S, et al. Generation of infrared surface plasmon resonances with high refractive index sensitivity utilizing tilted fiber Bragg gratings[J]. Applied Optics, 2007, 46(22): 5456-5460.

[55] ALLSOP T, NEAL, REHMAN S, et al. Characterization of infrared surface plasmon resonances generated from a fiber-optical sensor utilizing tilted Bragg gratings[J]. Journal of the Optical Society of America B, 2008, 25(4): 481-490.

[56] SHAO L Y, SHEVCHENKO Y Y, ALBERT J. Intrinsic temperature sensitivity of tilted fiber Bragg grating based surface plasmon resonance sensors[J]. Optics Express, 2010, 18(11): 11464-11471.

[57] CAUCHETEUR C, CHEN C, VOISIN V, et al. A thin metal sheath lifts the EH to HE degeneracy in the cladding mode refractometric sensitivity of optical fiber sensors[J]. Applied Physics Letters, 2011, 99: 041118.

[58] CHEN C K, CAUCHETEUR C, VOISIN V, et al. Long-range surface plasmons on gold-coated single-mode fibers[J]. Journal of the Optical Society of America B, 2014, 31(10):

2354-2362.

[59]　CRUZ V M，ALBERT J. High resolution NIR TFBG-assisted biochemical sensors［J］. Journal of Lightwave Technology，2015，33(16)：3363-3373.

[60]　PFEIFER P，ALDINGER U，SCHWOTZER G，et al. Real time sensing of specific molecular binding using surface plasmon resonance spectroscopy［J］. Sensors and Actuators B：Chemical，1999，54：166-175.

[61]　BARRIOS C A，GYLFASON K B，SANCHEZ B，et al. Slot-waveguide biochemical sensor ［J］. Optics Letters，2007，32(21)：3080-3082.

[62]　RINDORF L，JENSEN J B，DUFVA M，et al. Photonic crystal fiber long period gratings for biochemical sensing［J］. Optics Express，2006，14(18)：8224-8231.

[63]　CAUCHETEUR C，VOISIN V，ALBERT J. Near-infrared grating-assisted SPR optical fiber sensors：Design rules for ultimate refractometric sensitivity［J］. Optics Express，2015，23(3)：2918-2932.

[64]　BAEK S，JEONG Y，LEE B. Characteristics of short-period blazed fiber Bragg gratings for use as macro-bending sensors［J］. Applied Optics，2002，41(4)：631-636.

[65]　LIU B，MIAO Y P，ZHOU H B，et al. Pure bending characteristic of tilted fiberBragg grating［J］. Journal of Electronic Science and Technology of China，2008，6(4)：470-473.

[66]　JIN Y X，CHAN C C，DONG X Y，et al. Temperature-independent bending sensor with tilted fiber Bragg grating interacting with multimode fiber［J］. Optics Communication，2009，282(19)：3905-3907.

[67]　SHAO L Y，LARONCHE A，SMIETANA M，et al. Highly sensitive bend sensor with hybrid long-period and tilted fiber Bragg grating［J］. Optics Communications，2010，283(13)：2690-2694.

[68]　SHAO L Y，XIONG L Y，CHEN C K，et al. Directional bend sensor based on re-grown tilted fiber Bragg grating［J］. Journal of Lightwave Technology，2010，28(18)：2681-2687.

[69]　SHAO L Y，ALBERT J. Compact fiber-optic vector inclinometer［J］. Optics Letters，2010，35(7)：1034-1036.

[70]　GUO C X，CHEN D B，SHEN C Y，et al. Optical inclinometer based on a tilted fiber Bragg grating with a fused Taper［J］. Optical Fiber Technology，2015，24：30-33.

[71]　SHAO L Y，JIANG Q，ALBERT J. Fiber optic pressure sensing with conforming elastomers［J］. Applied Optics，2010，49(35)：6784-6788.

[72]　SHAO L Y，ALBERT J. Lateral force sensor based on a core-offset tilted fiber Bragg grating［J］. Optics Communications，2011，284(7)：1855-1858.

[73]　GUO T，CHEN C K，ALBERT J. Non-uniform-tilt-modulated fiber Bragg grating for temperature-immune micro-displacement measurement［J］. Measurement Science and Technology，2009，20：034007.

[74]　IVANOFF P，REYES D C，WESTBROOK P S. Tunable PDL of twisted-tilted fiber Gratings［J］. IEEE Photonics Technology Letters，2003，15(6)：828-830.

[75]　GUO T，LIU F，GUAN B O，et al. Polarimetric multi-mode tilted fiber grating sensors ［J］. Optics Express，2014，22(6)：7330-7336.

［76］ SHEN C,ZHANG Y,ZHOU W J,et al. Au-coated tilted fiber Bragg grating twist sensor based on surface plasmon resonance［J］. Applied Physics Letters,2014,104: 071106.

［77］ LU Y F,SHEN C Y,CHEN D B,et al. Highly sensitive twist sensor based on tilted fiber Bragg grating of polarization-dependent properties［J］. Optical Fiber Technology,2014, 20(5): 491-494.

［78］ FU M Y,LIU W F,CHEN T C. Effect of acoustic flexural waves in a tilted superstructure fiber grating［J］. Optical Engineering,2005,44(2): 024401.

［79］ HUANG Y H,GUO T,LU C,et al. VCSEL-based tilted fiber grating vibration sensing system［J］. IEEE Photonics Technology Letters,2010,22(16): 1235-1357.

［80］ GUO T,SHANG L B,RAN Y,et al. Fiber-optic vector vibroscope［J］. Optics Letters, 2012,37(13): 2703-2705.

［81］ CHEN X Y,DU F,GUO T,et al. Liquid crystal-embedded tilted fiber grating electric field intensity sensor［J］. Journal of Lightwave Technology,2017,35(16): 3347-3353.

［82］ ZHANG Z C,GUO T,ZHANG X J,et al. Plasmonic fiber-optic vector magnetometer［J］. Applied Physics Letters,2016,108: 101105.

［83］ BALDINI F,BRENCI M,CHIAVAIOLI F, et al. Optical fibre gratings as tools for chemical and biochemical sensing［J］. Analytical and Bioanalytical Chemistry, 2012, 402(1): 109-116.

［84］ WANG X D,WOLFBEIS O S. Fiber-Optic chemical sensors and biosensors(2008-2012) ［J］. Analytical Chemistry,2013,85(2): 487-508.

［85］ SHARMA A K,JHA R, GUPTA B D. Fiber-optic sensors based on surface plasmon resonance: a comprehensive review［J］. IEEE Sensors Journal,2007,7(8): 1118-1129.

［86］ ALBERT J,LEPINAY S, CAUCHETEUR C, et al. High resolution grating-assisted surface plasmon resonance fiber optic aptasensor［J］. Methods,2013,63(3): 239-254.

［87］ CAUCHETEUR C,GUO T, ALBERT J. Review of plasmonic fiber optic biochemical sensors: improving the limit of detection［J］. Analytical and Bioanalytical Chemistry, 2015,407(14): 3883-3897.

［88］ GUO T. Fiber grating assisted surface plasmon resonance for biochemical and electrochemical sensing［J］. Journal of Lightwave Technology,2017,35(16): 3323-3333.

［89］ LIU Y Q,LIU Q K,CHIANG S. Optical coupling between a long-period fiber grating and a parallel tilted fiber Bragg grating［J］. Optics Letters,2009,34(11): 1726-1728.

［90］ GUO T,TAM H Y,KRUG P A,et al. Reflective tilted fiber Bragg grating refractometer based on strong cladding to core recoupling［J］. Optics Express,2009,17(7): 5736-5742.

［91］ GU B B,QI W L,ZHENG J,et al. Simple and compact reflective refractometer based on tilted fiber Bragg grating inscribed in thin-core fiber［J］. Optics Letters,2014,39(1): 22-25.

［92］ CAI Z Y,LIU F,GUO T,et al. Evanescently coupled optical fiber refractometer based a tilted fiber Bragg grating and a D-shaped fiber［J］. Optics Express, 2015, 23 (16): 20971-20976.

［93］ MIAO Y P, LIU B, ZHAO Q D. Refractive index sensor based on measuring the transmission power of tilted fiber Bragg grating[J]. Optical Fiber Technology, 2009, 15: 233-236.

[94]　LI T, DONG X Y, CHAN C C, et al. Power-referenced optical fiber refractometer based on a hybrid fiber grating[J]. IEEE Photonics Technology Letters, 2011, 23(22): 1706-1708.

[95]　ZHENG J, DONG X Y, JI J H, et al. Power-referenced refractometer withtilted fiber Bragg grating cascaded by chirped grating[J]. Optics Communications, 2014, 312: 106-109.

[96]　GUO T, LIU F, LIU Y, et al. In-situ detection of density alteration in non-physiological cells with polarimetric tilted fiber grating sensors[J]. Biosensors and Bioelectronics, 2014, 55(15): 452-458.

[97]　PALADINO D, QUERO G, CAUCHETEUR C, et al. Hybrid fiber grating cavity for multi-parametric sensing[J]. Optics Express, 2010, 18(10): 10473-10486.

[98]　WONG A C L, CHUANG W H, LU C, et al. Composite structure distributed Bragg reflector fiber laser for simultaneous two-parameter sensing [J]. IEEE Photonics Technology Letters, 2010, 22(19): 1464-1466.

[99]　WONG A C L, GIOVINAZZO M, TAM H Y, et al. Simultaneous two-parameter sensing using a single tilted moiré fiber Bragg grating with discrete wavelet transform technique [J]. IEEE Photonics Technology Letters, 2010, 22(21): 1574-1576.

[100]　WONG A C L, CHUANG W H, TAM H Y, et al. Single tilted Bragg reflector fiber laser for simultaneous sensing of refractive index and temperature[J]. Optics Express, 2011, 19(2): 409-414.

[101]　CAUCHETEUR C, WUILPART M, CHEN C K, et al. Quasi-distributed refractometer using tilted Bragg gratings and time domain reflectometry[J]. Optics Express, 2008, 16(22): 17882-17890.

[102]　CAUCHETEUR C, MEGRET P, CUSANO A. Tilted Bragg grating multipoint sensor based on wavelength-gated cladding-modes coupling[J]. Applied Optics, 2009, 48(20): 3915-3920.

[103]　GUO T, LIU F, LIANG X, et al. Highly sensitive detection of urinary protein variationsusing tilted fiber grating sensors with plasmonic nanocoatings[J]. Biosensors and Bioelectronics, 2016, 78(15): 221-228.

[104]　ZHANG X J, WU Z, XU J, et al. In-situ glucose detection in human serum using a plasmonic tilted fiber grating with etched silver coating[C]. HongKong: Workshop on Specialty Optical Fibers and Their Applications, 2015, WT4A. 32.

[105]　CAUCHETEUR C, GUO T, LIU F, et al. Ultrasensitive plasmonic sensing in air using fibre spectral combs[J]. Nature Communication, 2016, 7: 13371.

[106]　YUAN Y, GUO T, QIU X H, et al. Electrochemical surface plasmon resonance fiber-optic sensor: In situ detection of electroactive biofilms[J]. Analytical Chemistry, 2016, 88(15): 7609-7616.

[107]　LAO J J, SUN P, LIU F, et al. In situ plasmonic optical fiber detection of the state of charge of supercapacitors for renewable energy storage [J]. Light: Science & Applications, 2018, 7: 34.

［108］ HUY M C P，LAFFOUT G，DEWYNTER V，et al. Tilted fiber Bragg grating photowritten in microstructured optical fiber for improved refractive index measurement ［J］. Optics Express，2006，14(22)：10359-10370.

［109］ HU X H，PUN C F J，TAM H Y，et al. Tilted Bragg gratings in step-index polymer optical fiber［J］. Optics Letters，2014，39(24)：6835-6838.

［110］ VILLANUEVA G E，JAKUBINEK M B，SIMARD B，et al. Linear and nonlinear optical properties of carbon nanotube-coated single-mode optical fiber gratings［J］. Optics Letters，2011，36(11)：2104-2106.

［111］ RENOIRT J M，DEBLIQUY M，ALBERT J，et al. Surface plasmon resonances in oriented silver nanowire coatings on optical fibers［J］. The Journal of Physical Chemistry，2014，118(20)：11035-11042.

［112］ LANOUL A，ROBSON M，PRIPOTNEV V，et al. Polarization-selective excitation of plasmonic resonances in silver nanocube random arrays by optical fiber cladding mode evanescent fields［J］. RSC Advance，2014，4：19725-19730.

［113］ JIANG B Q，LU X，GAN X T，et al. Graphene-coated tilted fiber-Bragg grating for enhanced sensing in low-refractive-index region［J］. Optics Letters，2015，40(17)：3994-3996.

第 10 章

锥体光纤感测实验室*

锥体光纤是光纤微型化的一种经典方式,通过引入锥体结构,改变光纤中的光传输模式,引起不同模式之间的能量耦合和模式干涉。同时,光在锥体光纤中传输时会有一部分能量以倏逝场的形式在光纤表面传输。因此,锥体光纤对外界环境的变化十分敏感。经过不同的结构设计或功能型材料的修饰,目前在实验室内锥体光纤已经实现了对温度、湿度、气体、折射率等多个物理量的感测。本章针对不同的锥体光纤结构,包括半锥体光纤、双锥体光纤、锥体光纤耦合器、锥体光纤谐振器、锥体光纤 FP 腔以及 S 形锥体光纤,介绍了锥体光纤对 pH 值、温度、湿度、折射率、重金属离子等物理量的实验室感测技术,为光纤实验室的构建提供了可能。有潜力应用于工业、农业、海洋、医学等诸多领域。

10.1 引言

光纤感测技术是以光波为载体,光纤为媒介,通过检测传输光的强度、相位等参量的变化,感知和测量外界物理量的感测技术。与传统的感测技术相比,光纤感测技术利用光波作为传播信号,可以抗电磁干扰,因此能够用于强电磁干扰、高压、易燃易爆、强腐蚀环境中。光纤感测技术的测量对象广泛,灵敏度高,对被测介质影响也比较小。近年来,光纤感测技术引发了人们极大的研究兴趣。

微型化和集成化是目前科学研究和技术应用的趋势,而锥体光纤的出现为光

　　* 尹钰,哈尔滨工程大学,物理与光电工程学院,哈尔滨 150001;李施,哈尔滨工程大学,物理与光电工程学院,哈尔滨 150001;王鹏飞,哈尔滨工程大学,物理与光电工程学院,哈尔滨 150001,E-mail:pengfei.wang@tudublin.ie。

纤感测技术的微型化和集成化提供了可能。锥体光纤是在传统光纤的基础上再加工的一种具有特殊结构的光纤,其锥区直径通常在微米、亚微米和纳米量级。锥体光纤的制作方法主要分为两种:化学腐蚀法和熔融拉锥法。化学腐蚀法是利用光纤材料与腐蚀物质之间的化学反应,通过不断腐蚀使光纤直径不断减小,最终形成锥体光纤[1]。而熔融拉锥法是利用 CO_2 激光、火焰、电弧或者电极微加热头加热光纤,使光纤处于熔融状态并施加拉力,使光纤直径减小形成锥体光纤[2]。目前化学腐蚀法主要用于制备半锥体光纤,而熔融拉锥法主要用于制备双锥体光纤以及 S 形锥体光纤。

锥体光纤会使光纤中传输的光场模式发生显著变化,进而在光纤中发生能量耦合和模式干涉。而光纤直径变小,也会使一部分光泄漏到包层中,以倏逝场的形式在光纤表面传输。基于锥体光纤的上述特性,锥体光纤已经在实验室中实现了对温度[3-9]、湿度[10-17]、位移[18-23]、振动[24-26]、电流[27-32]、电场[33-36]、磁场[36-42]等物理量的感测。

锥体光纤可分为三种类型:半锥体光纤、双锥体光纤以及 S 形锥体光纤。半锥体光纤的一端保持原有光纤结构,另一端光纤的直径沿光纤轴向均匀逐渐变细,形成锥体结构[43-44]。双锥体光纤的两端均保持原有的光纤结构,光纤直径沿轴向均匀向光纤中心变细,形成双锥体结构[45-46]。S 形锥体光纤是在双锥体光纤的基础上,在锥腰部分形成弯曲的 S 形锥体结构[47-50]。基于这三种锥体光纤,通过在光纤上构造实验室,一方面对锥体光纤采取耦合、焊接等方式进行结构改造,可以使器件内传输的光场发生模式干涉和能量耦合,提高器件的感测性能;另一方面,通过利用不同的功能型材料对锥体光纤及器件进行修饰,可以实现对多种物理量的感测,同时提高器件的感测性能。锥体光纤作为一种优秀的光波导,不仅可以基于其倏逝场特性结合功能材料与材料科学、生物学等学科进行交叉研究,还可以经过结构设计扩展其应用领域,是实现光纤实验室构建的重要载体。

本章主要以锥体光纤为研究对象,详细介绍了半锥体光纤、双锥体光纤、锥体光纤耦合器、锥体光纤谐振器、基于锥体光纤的法布里-珀罗腔干涉仪以及 S 形锥体光纤在实验室中对温度、折射率等物理量方面的感测技术,为后续锥体光纤的实验室感测技术发展以及在光纤上构建实验室提供了依据。

10.2 半锥体光纤感测技术

10.2.1 基于半锥体光纤的 pH 感测技术

基于半锥体光纤的 pH 感测技术是基于化学腐蚀法将多模光纤制备半锥体光

纤,在半锥体光纤表面涂覆 pH 传感基质以达到感测溶液 pH 值的效果[44]。利用 pH 传感基质,基于半锥体光纤的倏势场特性,当外界 pH 值变化时光纤的输出光强度会随之改变。通过在光纤尖端涂覆 TiO_2 薄膜,可以加强 pH 值的感测性能。本节将对基于半锥体的 pH 感测技术进行具体介绍。

1. 器件制备

基于半锥体光纤的 pH 感测器件制备过程主要分为三个步骤。首先,利用溶胶-凝胶法制备 TiO_2 薄膜[51]。将 370 μL 异丙醇钛逐滴添加至 2.53 mL 乙醇中并匀速搅拌。搅拌过程中将 350 μL 稀盐酸(3∶1)与 2.53 mL 乙醇的混合溶液逐滴滴入,充分搅拌 30 min 最后获得均匀且透明的 TiO_2 溶液。

随后利用溶胶-凝胶法制备 pH 感测基质[52]。将 10 mL 正硅酸乙酯、10 mL 无水乙醇、0.5 mL 水、16 mg 甲酚红、28 mg 溴麝香草酚蓝和 16 mg 氯酚红混合,在 60℃温度下搅拌溶液使其完全溶解,最终形成 pH 感测基质。由于溴麝香草酚蓝、氯酚红和甲酚红的可测量的 pH 值范围不同,因此所制作的 pH 感测基质有较广的 pH 覆盖范围[53]。

最后利用化学腐蚀法制备半锥体光纤。如图 10.1 所示,选取一段纤芯直径为 50 μm、包层直径为 125 μm、折射率为 1.457 的多模光纤,垂直插入氢氟酸和硅油的混合溶液中[54-56]。在光纤蚀刻 40 min 后,将光纤取出,并对其多次清洗。随后将制备好的 pH 感测基质固定在半锥体光纤表面构成 pH 感测器件。

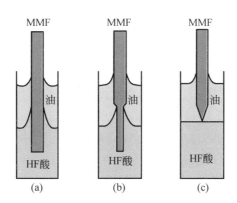

图 10.1   化学腐蚀法制备半锥体光纤示意图

2. pH 感测实验

pH 感测实验的测量装置如图 10.2 所示。该装置包括一个光源、一个 2×1 的光纤耦合器和一个光功率计。测试过程中,将制备好的 pH 感测器件浸入到不同 pH 值的测试溶液中,pH 测试溶液用去离子水作为液体基质,利用醋酸和氢氧化钠调节溶液的 pH 值。测试时利用光功率计检测半锥体光纤的反射信号,记录不同 pH 值时对应的光强度。

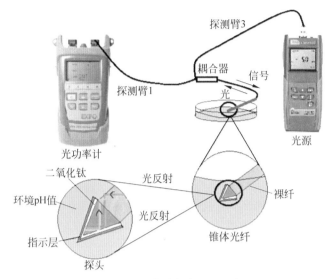

探测臂3

耦合器　信号

探测臂1　光

光功率计　光源

二氧化钛　光反射　裸纤

环境pH值

光反射

指示层　锥体光纤

探头

图 10.2　pH 感测实验装置示意图

首先,对未涂覆 TiO_2、仅涂覆 pH 感测基的器件进行感测性能测试,其结果如图 10.3 所示。在 pH 感测基质搅拌时间分别为 2 h、4 h 和 6 h 的情况下,未涂覆 TiO_2 的半锥体光纤对 pH 的灵敏度分别为 0.22 dBm/pH、0.53 dBm/pH 和 0.81 dBm/pH。可以看出,在相同条件下,更长时间的搅拌时间器件所获得的 pH 灵敏度更高。

随后,保持光纤结构不变,在涂覆 pH 感测基质后涂覆 TiO_2 薄膜后进行测量,其结果如图 10.4 所示。在 pH 感测基质搅拌时间分别为 2 h、4 h 和 6 h 的情况下,涂覆 TiO_2 的半锥体光纤对 pH 的灵敏度分别为 0.71 dBm/pH、1.10 dBm/pH 和 1.16 dBm/pH。可以看出,涂覆 TiO_2 后器件的 pH 感测性能有较大的提升。同样,搅拌基质时间越长灵敏度越高。

从以上结果可以看出,基质搅拌时间的增强以及涂覆 TiO_2 会提升 pH 灵敏度,这是因为搅拌时间的增多会增加传感基质的厚度,增强 pH 感测基质与外部溶液的相互作用,进而影响传感器的灵敏度。根据上述实验,可以得知 6 h 为最优的搅拌时间。另一方面,在锥体光纤尖端涂覆 TiO_2 会加强锥体光纤的倏逝场,进而增强锥体光纤与 pH 溶液的相互作用,从而使光纤的 pH 感测性能有所提升[57-58]。

3. 器件性能评测

为了评价器件的性能,分别对其响应时间、耐久性和稳定性进行表征。首先对

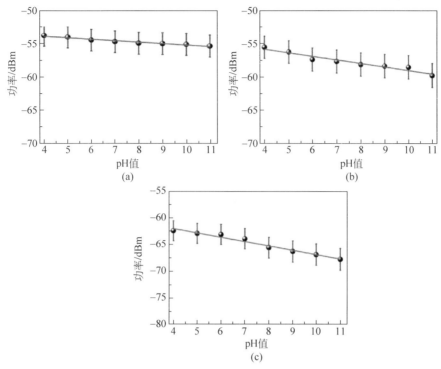

图 10.3 不同基质搅拌时间的未涂覆 TiO$_2$ 器件感测特性

(a) 2 h；(b) 4 h；(c) 6 h

器件的响应时间进行测量。将器件浸入 pH 值为 4 的溶液中，待输出功率稳定后浸入 pH 值为 11 的溶液，输出功率稳定后再重新浸入 pH 值为 4 的溶液中，记录此过程中器件的输出光强度变化，其结果如图 10.5(a)所示。可以看出在浸入不同 pH 值溶液的过程中，光纤的输出光强度在 25 s 左右趋于稳定，可知器件的响应时间接近 25 s。在测量响应时间后，利用相同的器件测量其耐久性和稳定性。对器件进行 4 d 的 pH 感测实验以表征其耐久性，结果如图 10.5(b)所示。可以看出，前三天的 pH 灵敏度没有太大的变化，维持在 1.1 dBm/pH 左右，第四天灵敏度降低至 0.86 dBm/pH。这表明器件可以保持 3 d 内 pH 感测性能的稳定，此后由于 pH 感测基质的固化，灵敏度迅速降低。最后，对器件的稳定性进行表征。将器件分别浸入 pH 值为 4 和 11 的溶液中，每 10 min 记录一次输出光强度，结果如图 10.5(c)所示。可以看出在 70 min 内输出光强度没有太大的变化，表明器件拥有良好的稳定性。

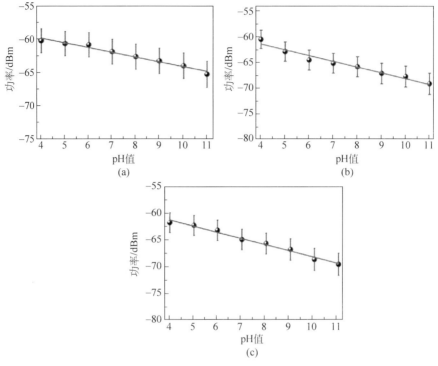

图 10.4　不同基质搅拌时间的涂覆 TiO_2 器件感测特性

(a) 2 h；(b) 4 h；(c) 6 h

10.2.2　基于半锥体光纤的微位移感测技术

基于半锥体光纤的微位移感测技术是通过利用激光直写技术在光纤表面建立折射率修饰(refractive index modification,RIM)窗口,使器件构成光纤迈克耳孙干涉仪(quasi-Michelson interferometer,QMI),基于 QMI 可以实现微位移感测[43]。光传输过程中基于 RIM 窗口,包层与纤芯模式会在光纤尖端处反射并耦合回光纤中,进而实现包层与纤芯模式之间的强耦合与再耦合。基于包层模式的再耦合强度对光纤弯曲程度的敏感性,可以实现对光纤微弯的感测。本节将对基于半锥体光纤的微位移感测技术进行具体介绍。

1. 器件的制备与表征

基于半锥体光纤的微位移感测器件的制备过程分为两步:首先利用熔融拉锥法将单模光纤拉细,制成直径为 1.5 μm、长度为 437.17 μm 的半锥体光纤。随后利用激光直写技术,在光纤的纤芯-包层界面执行预设的 RIM 窗口,如图 10.6(a)

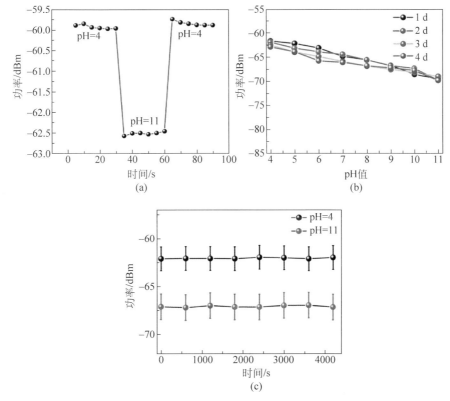

图 10.5　器件的响应时间(a)、耐久性(b)和稳定性(c)

所示。对于普通的半锥体光纤,在锥形区域包层与纤芯模式会在光纤尖端处反射,形成正向的弱耦合和反向的再耦合,从而产生干涉光谱。然而,大多数纤芯模式依然被限制在纤芯内传输,因此纤芯到包层模式的正向耦合效率很弱,干涉光谱的条纹对比度较小。而通过在锥区建立 RIM 窗口,可以显著提高纤芯与包层模式的耦合效率,进而提高干涉光谱的条纹对比度[59-60],如图 10.6(b)所示。

　　由于包层模式的有效折射率和空间场分布很大程度上取决于 RIM 的长度和位置,因此有必要对不同 RIM 窗口对干涉光谱的影响进行进一步的表征。不同长度的 RIM 窗口对应的器件干涉谱如图 10.7(a)所示。RIM 窗口主要充当包层纤芯模式耦合的桥梁,因此 RIM 窗口长度的增加会增强包层模式强度,达到改善干涉谱的条纹对比度的效果,如图 10.7(b)所示。

　　此外,还研究了半锥体光纤中 RIM 窗口的位置对干涉谱的影响,如图 10.8(a)所示。随着 RIM 与光纤尖端之间距离的增加,光程差随之变化,因此干涉谱的 FSR 显著降低,干涉条纹对比度增加,如图 10.8(b)所示。同时,由于传输损耗的

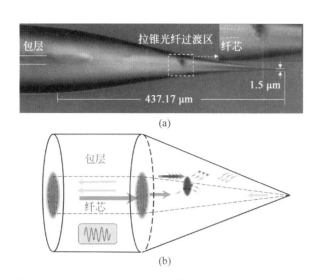

图 10.6　带有 RIM 窗口的半锥体光纤显微镜图片（a）和器件的光传输模型（b）

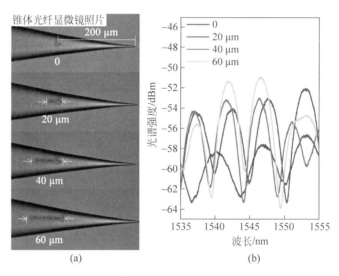

图 10.7　不同 RIM 窗口长度的半锥体光纤显微镜照片（a）和不同 RIM 窗口长度的干涉谱对比（b）

增加，反射光的光强也有所降低。因此，在后续感测实验中对半锥体光纤的表面进行镀金处理，以增加反射光光强，同时增强器件的机械强度。

2. 微位移感测实验

当光纤尖端弯曲时，光纤折射率会发生变化，从而在多个方面影响反射光谱，包括正向的纤芯到包层模式的耦合（正向耦合损耗）、光纤的传输损耗以及反向的

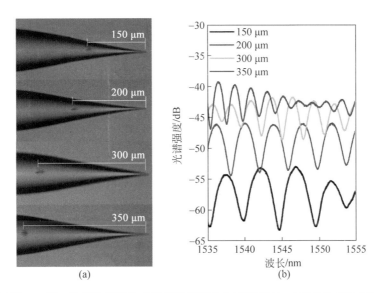

图 10.8　不同 RIM 窗口位置的半锥体光纤显微镜照片(a)和不同 RIM 窗口位置的干涉谱对比(b)

包层与纤芯模式的再耦合(反向耦合损耗)。因此,当半锥体光纤弯曲时,其再耦合的包层模式上会出现较强的强度调制,进而导致相关的干涉谱变化。为了表征器件的弯曲(即微位移)响应,感测实验过程中固定半锥体光纤的一侧,将光纤尖端放置在分辨率为 10 nm 的升降平台上[61]。当平台升高时,光纤尖端会随之移动,从而导致光纤锥区的弯曲,此时记录不同移动距离对应的干涉谱,如图 10.9(a)所示。可以看出,随着平台移动距离的增加,干涉谱的波长显示出较小的红移趋势,而强度有明显的增强。针对波长在 1524.34 nm 附近的光谱,其强度在移动距离增加和减小的情况下都表现出了良好的可重复性。基于线性拟合方程,得到器件的微位移感测灵敏度为 4.94 dB/μm,如图 10.9(b)所示。

为了表征器件的温度依赖性,将器件放置在一个加热箱中,调节加热箱使温度逐步升高,记录对应的器件干涉谱,其结果如图 10.10 所示。可以看出,随着温度的变化,干涉谱的波长发生移动而强度没有明显的波动,最后得到其温度依赖性为 0.0137 nm/℃。基于微位移及温度感测结果,可以得到干涉谱强度、波长、位移和温度之间的关系矩阵为

$$\begin{bmatrix} \Delta D \\ \Delta T \end{bmatrix} = \frac{1}{0.067678} \begin{bmatrix} 0.0137 & -0.0501 \\ 0 & 1.94 \end{bmatrix} \begin{bmatrix} \Delta I \\ \Delta \lambda \end{bmatrix} \tag{10.1}$$

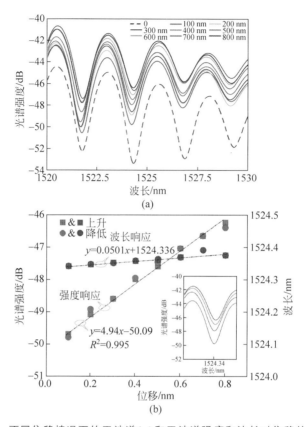

(a)

(b)

图 10.9 不同位移情况下的干涉谱(a)和干涉谱强度和波长对位移的响应(b)

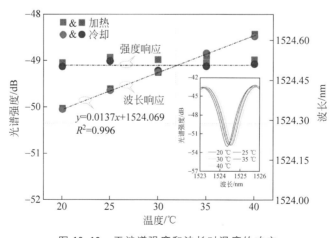

图 10.10 干涉谱强度和波长对温度的响应

10.3 双锥体光纤感测技术

10.3.1 双锥体光纤气体感测技术

基于双锥体光纤的气体感测技术是通过在石英锥体光纤表面涂覆钯(Pd)纳米颗粒——PMMA(Pd-PMMA)复合薄膜,从而实现对氢气的感测[46]。基于锥体光纤激发的倏势场和 PMMA 膜的无定形结构,Pd 纳米颗粒会吸收氢分子并改变复合薄膜的折射率,引起共振波长的偏移,进而实现对氢气的感测。本节将对基于双锥体光纤的气体感测技术进行具体介绍。

1. 器件的制备

基于双锥体光纤的气体感测器件制备分为以下三步:首先,利用石英标准单模光纤制备双锥体光纤。将光纤的包层剥去,加热光纤并拉伸,制成直径为 17.08 μm 的双锥体光纤,光纤形貌如图 10.11(a)所示。随后制备 Pd-PMMA 混合溶液。预先将 100 mg 纯固体 PMMA 颗粒和 1 mg Pd 纳米颗粒放入 5 mL 氯仿中并超声处理 1 h,以分散 Pd 纳米颗粒使其后续可以均匀地涂覆在光纤表面。最后,将 Pd-PMMA 混合溶液转移至双锥体光纤表面,随着溶液的分散氯仿逐渐挥发,在光纤表面形成固态的 Pd-PMMA 纳米颗粒薄膜,涂覆后的光纤形貌如图 10.11(b) 和(c)所示。

利用波长为 632.8 nm 的激光表征涂覆 Pd-PMMA 薄膜后的光纤传输特性,如图 10.11(d)所示,可以看出涂覆薄膜后光纤表面依然存在一定的倏逝场。实验选用的 Pd 纳米颗粒的平均粒径在 10 nm 左右,如图 10.11(f)。然而,从图 10.11(e) 和(g)可以看出,Pd 纳米颗粒的团聚较为严重,这可能源自氯仿的用量较低,因此在后续制备过程中可以对氯仿的用量进行优化。

2. 气体感测实验

使用涂覆 Pd-PMMA 薄膜的双锥体光纤作为感测器件进行氢气感测实验,其实验装置如图 10.12(a)所示。实验所用的双锥体光纤锥区长度为 600 μm,直径为 57.93 μm。将器件固定在 MgF$_2$ 衬底上,并放置在密闭气室中,实验过程中向密闭气室内通入混有氢气的混合气体,并记录不同氢气浓度下光纤的传输光谱,其结果如图 10.12(b)所示。当氢气浓度逐渐增加时,Pd 纳米颗粒会吸收氢气,导致 Pd-PMMA 薄膜体积膨胀,改变器件的有效折射率,使传输光谱红移。

对图 10.12(b)中的实验结果进行非线性指数拟合,其结果如图 10.13 所示。结果表明,共振波长随氢气浓度呈指数变化,其得到器件的最大线性灵敏度为 5.58 nm/%,相应的检测限为 35.8 ppm。图 10.13 的插图表明,器件的响应时间

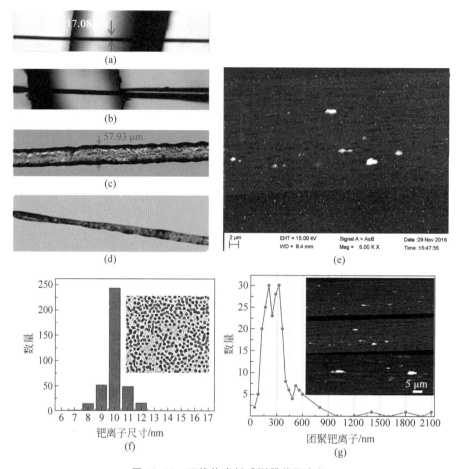

图 10.11　双锥体光纤感测器件及表征

(a) 锥体光纤显微镜图；(b)，(c) 涂覆 Pd 纳米颗粒-PMMA 薄膜的锥体光纤显微镜图；(d) 通光后的涂覆薄膜锥体光纤；(e) Pd 纳米颗粒-PMMA 薄膜的 SEM 图片；(f) 实验所用 Pd 纳米颗粒尺寸；(g) 薄膜内团聚的 Pd 纳米颗粒尺寸

小于 5 s。通过使用具有更高分辨率的波长解调器，可以进一步降低器件的检测极限。同时，通过优化制备工艺，也可以改善器件的感测性能。

10.3.2　双锥体光纤折射率感测技术

基于双锥体光纤的折射率感测技术是通过将银（Ag）微球掺杂进石英双锥体光纤中，以实现对溶液的折射率感测[62]。基于器件的表面等离子体共振效应，可以实现对周围液体折射率的感测。本节将对基于双锥体光纤的折射率感测技术进行具体介绍。

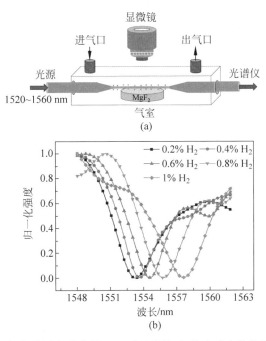

图 10.12　氢气感测实验装置图(a)和不同氢气浓度对应的传输光谱(b)

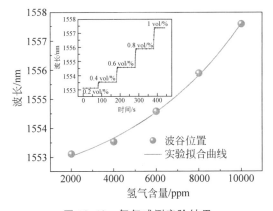

图 10.13　氢气感测实验结果

1. 器件制备

基于双锥体光纤的折射率感测器件的制备过程分为三个步骤,具体如图 10.14(b)所示。首先利用本生灯火焰预加热带有聚酰亚胺涂层的石英毛细管。随后将毛细管埋入质量为 0.02 mg、直径为 1.5~2 μm 的 Ag 微球中,通过超声振动使 Ag 微球填充至毛细管中。最后,加热填充后的毛细管并拉伸,拉细毛细管并挤出毛细管中的空气,获得掺杂 Ag 微球的石英双锥体光纤,作为感测器件进行后续的折射率感测实验。

折射率感测实验装置如图 10.14(a)所示。掺杂 Ag 微球的双锥体光纤长度为 10 mm,选用 NaCl 溶液作为折射率感测溶液。在折射率感测实验中,将器件放置在 MgF$_2$ 衬底上以减少光损失。图 10.14(a)的插图为掺杂 Ag 微球后的双锥体光纤显微镜照片,光纤直径为 2.3 μm,可以看到光纤内部存在 Ag 微球(黑点)。

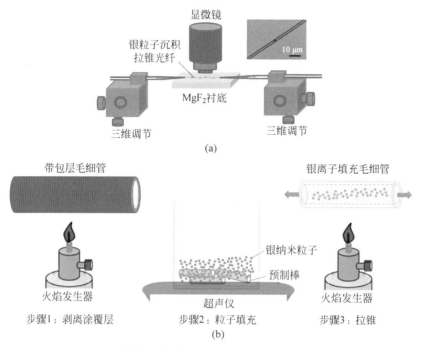

图 10.14　感测系统示意图(a)和器件制备过程示意图(b)

2. 实验结果

在制备掺杂 Ag 微球的双锥体光纤后,将不同浓度的 NaCl 溶液注射至器件的感应区域并记录相应的传输光谱,记录光谱后利用蒸馏水清洗感应区域后进行下一次测量。不同 NaCl 溶液对应的传输光谱如图 10.15(a)所示,可以看出特征峰的功率随 NaCl 溶液浓度的增加而降低。对光谱的结果进行线性拟合,结果如图 10.15(b)所示。利用阿贝折光仪测量 NaCl 溶液的折射率,计算得到器件的折射率灵敏度为 7246 dB/RIU。

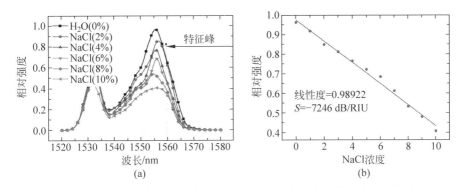

图 10.15　不同 NaCl 溶液浓度对应的传输光谱(a)和器件的折射率感测曲线(b)

10.4　锥体光纤耦合器感测技术

10.4.1　基于锥体光纤耦合器折射率感测技术

基于锥体光纤耦合器的折射率感测技术是利用两个锥体光纤耦合器并联,形成游标效应。当外界折射率变化时,耦合器的耦合系数也随之变化,引发游标光谱的包络曲线发生偏移,进而实现折射率的感测[63]。本节将对基于锥体光纤耦合器的折射率感测技术进行具体介绍。

1. 理论基础

微纳光纤耦合器的结构如图 10.16 所示,耦合器包含一段锥腰区域、两段锥形过渡区以及四个输入和输出端口。当光从端口 1 入射时,端口 3 和端口 4 的输出功率可以用以下公式表示[64]:

$$P_3 = P_x \cos^2\left(\frac{1}{2}\phi_x\right) + P_y \cos^2\left(\frac{1}{2}\phi_y\right) \tag{10.2}$$

$$P_4 = P_x \sin^2\left(\frac{1}{2}\phi_x\right) + P_x \sin^2\left(\frac{1}{2}\phi_y\right) \tag{10.3}$$

此时只考虑 x 偏振方向的光,式中 ϕ_x 表示两个模式的光沿耦合长度 L 传输后所累积相位差,由式(10.4)表示:

$$\phi_x = \frac{2\pi L\left(n_{\text{even}}^x - n_{\text{odd}}^x\right)}{\lambda} \tag{10.4}$$

本节中的折射率感测是利用两个耦合器并联形成游标效应实现的,定义两个耦合器 A 和 R 的输出功率分别表示为

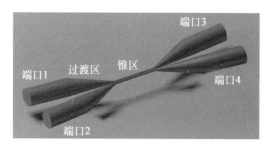

图 10.16　微纳光纤耦合器的结构示意图

$$P_A = \frac{P}{2}\cos^2\left(\frac{\pi L_A \Delta n_{\text{eff}}^A}{\lambda}\right) \tag{10.5}$$

$$P_R = \frac{P}{2}\cos^2\left(\frac{\pi L_R \Delta n_{\text{eff}}^R}{\lambda}\right) \tag{10.6}$$

当两个耦合器并联时,其输出光信号相遇时会发生干涉,耦合器共同构成马赫-曾德尔干涉仪。器件输出光信号的相位差 $\Delta\phi$ 可通过以下公式计算得出:

$$\Delta\phi = \frac{\pi L_A \Delta n_{\text{eff}}^A}{\lambda} - \frac{\pi L_R \Delta n_{\text{eff}}^R}{\lambda} \tag{10.7}$$

最终的输出光强度为

$$P_{\text{out}} = P_A + P_R + 2\sqrt{P_A \cdot P_R}\cos(\Delta\phi) \tag{10.8}$$

两个耦合器的谐振频率与耦合器的参数密切相关,当两个耦合器的尺寸稍有差别时,传输光谱的谐振频率也存在微小的差别,从而导致两个耦合器传输光谱的自由光谱范围(FSR)不相等,即可能出现耦合器 A 的第 N 个谐振峰与耦合器 R 的第 $N+1$ 个谐振峰相重叠的情况。当满足式(10.9)的条件时,两个耦合器传输光谱会有重合点,并以重合点为中心在两侧形成对等的包络曲线,因此该包络曲线的波峰或波谷可用作灵敏度测量的参考点。

$$\cos^2\left(\frac{\pi L_A \Delta n_{\text{eff}}^A}{\lambda}\right) = \cos^2\left(\frac{\pi L_R \Delta n_{\text{eff}}^R}{\lambda}\right) = 1 \tag{10.9}$$

游标光谱中第 N 个参考点的波长位置满足以下条件:

$$\frac{\pi(L_A \Delta n_{\text{eff}}^A - L_R \Delta n_{\text{eff}}^R)}{\lambda_N} = N\pi \tag{10.10}$$

而包络曲线的 FSR 可表示为

$$\text{FSR}_E = N \times \text{FSR}_A = (N+1)\text{FSR}_R \tag{10.11}$$

为了验证器件对外部折射率的感测特性,根据上述公式建立了相关的理论模型并模拟了不同折射率下器件的传输光谱。图 10.17(a)展示了两个耦合器和并联后的器件所拟合的传输光谱,可以看出耦合器的光谱依然保留了较高的消光比。

而随着两个耦合器谐振频率差的增大,并联后器件的传输光谱消光比越来越小,包络线的两侧也趋于平坦。当器件外部的折射率发生变化时,光纤耦合器的耦合系数也随之变化,导致光谱中谐振频率的匹配情况发生变化,使包络曲线的位置发生较大的偏移,如图 10.17(b)所示。

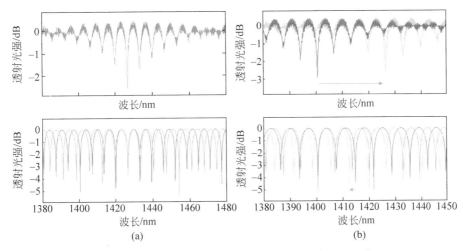

图 10.17　两个耦合器及并联后器件的折射率感测模拟

(a) 两个耦合器及并联后器件的拟合传输光谱;(b) 外部折射率增加 0.0002 时的光谱波长漂移情况

2. 折射率感测实验

首先制备耦合器并联的感测器件。如图 10.18(a)所示,将两个普通单模光纤缠绕在一起,用陶瓷微加热器(CMH-7019,NTT-AT)加热并拉细制成耦合器。制作完成后,将耦合器的两端固定在事先备好的基底上。其中耦合器 R 封装在低折射率紫外胶中,以防止其受到外部因素的干扰;耦合器 A 则放置在去离子水容器中,以备进行后续的折射率感测实验。图 10.18(b)展示了折射率感测实验的装置。光从端口 1 入射进感测区域,经过两组与偏振控制器(PC)相连的耦合器后,由端口 3 输出。实验过程中,通过向去离子水容器中注射饱和盐水以调节溶液的折射率,并记录对应光谱。当耦合器 A 浸没在去离子水(RI=1.33)时,耦合器 A、R 和并联器件的传输光谱如图 10.19(a)所示,其结果与模拟结果一致。

随着溶液折射率的逐渐增加,耦合器 A 的传输光谱发生了蓝移,而游标效应产生的包络曲线发生了红移。图 10.19(b)中的红线为绘制的包络轮廓曲线,曲线的中心位置作为感测实验的参考点,通过跟踪参考点的位置获得器件的折射率灵敏度,实验的结果如图 10.20 所示。对图 10.20 中不同折射率下的波长移动进行线性拟合,结果如图 10.21 所示。可以看出,耦合器 A 在折射率为 1.3350~1.3455 区间内的灵敏度为 5820 nm/RIU,而器件在 1.3350~1.3355 和 1.3450~

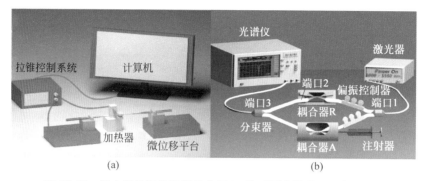

图 10.18　耦合器的制造装置示意图(a)和感测实验装置示意图(b)

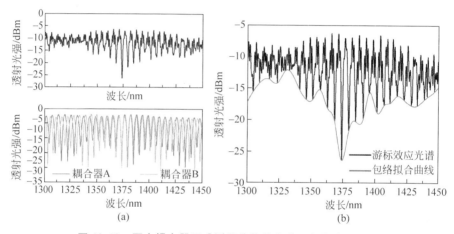

图 10.19　两个耦合器及感测器件传输光谱及包络轮廓曲线

(a) 两个耦合器(下图)和感测器件(上图)的传输光谱;(b) 基于游标效应的器件传输光谱拟合曲线

1.3455 的折射率区间的灵敏度分别高达 114620 nm/RIU 和 126540 nm/RIU,相较于单只光纤耦合器的灵敏度有较大的提升。结果表明,在游标效应的加持下,器件的灵敏度提高至约 22 倍。

10.4.2　基于锥体光纤耦合器的温度感测技术

基于锥体光纤耦合器的温度感测技术是通过将法拉第旋转镜连接到锥体光纤耦合器的两个端口,通过旋转镜反射使耦合器输出端口成为干涉仪的传感臂,进而构成温度感测器件,并应用于海水的温度感测中。器件包含两个传感单元,分别是耦合器的锥区区域以及干涉仪的传感臂[45]。耦合器的锥区在光谱传输特性以及温度感测方面起主导作用,而干涉仪的传感臂仅用作光反射和辅助确定温度感测结果。本节将对基于锥体光纤耦合器的温度感测技术进行具体介绍。

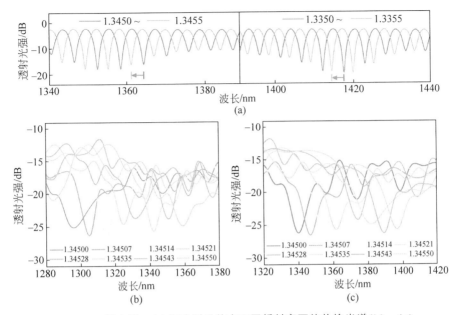

图 10.20　耦合器 A(a)和感测器件在不同折射率下的传输光谱(b)～(c)

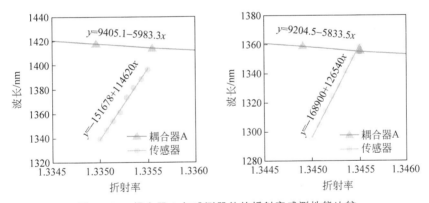

图 10.21　耦合器 A 与感测器件的折射率感测性能比较

1. 理论基础

　　基于锥体光纤耦合器的温度感测器件由锥体光纤和法拉第旋转镜构成,通过法拉第旋转镜反射使耦合器构成干涉仪,其具体结构如图 10.22 所示。器件包含两个传感单元,分别是耦合器的锥区区域以及干涉仪的传感臂[65]。当光从端口 1 进入时,经过锥区区域后从端口 3 和端口 4 输出。端口 3 和端口 4 的输出光将被法拉第旋转镜反射并重新进入耦合器锥区,然后发生耦合并干涉叠加,最后光从端口 2 中输出。基于 10.4.1 节的锥体光纤耦合器模型,假设法拉第旋转镜的反射效

率为 100%，则端口 2 的输出光强度可以表示为

$$P_2 = 2P_0 \cos^2\phi \sin^2\phi (1 + \cos\Delta\phi) \tag{10.12}$$

而耦合器锥区的耦合系数 c 可以定义为[66-67]

$$c(\lambda, n_2, n_3, z) = \frac{3\pi\lambda}{32 n_2 r^2} \times \frac{1}{(1 + 1/V)^2} \tag{10.13}$$

其中，$V = (2\pi r/\lambda)(n_2^2 - n_3^2)^{1/2}$ 为归一化频率，n_2 为光纤包层折射率，n_3 为外界环境变化所带来的折射率影响。

图 10.22 器件示意图

可以看出当环境温度变化（n_3）或耦合器结构参数（如 r、L 等）随温度变化时，器件的干涉谱会受到调制，受环境干扰的光将从端口 2 输出。因此可以通过检测器件传输光谱的变化来感测环境温度。

如果将耦合器的锥区放置在海水中，随着海水温度的变化，基于热光效应和热膨胀效应会影响 n_2、L、r 和 n_3，引起器件传输光谱的移动。器件温度感测的灵敏度响应可以表示为[67-68]

$$S = \frac{d\lambda}{dT} = \frac{\partial\lambda}{\partial\varphi} \cdot \left(\frac{\partial\varphi}{\partial n_3} \cdot \frac{dn_3}{dT} + \frac{\partial\varphi}{\partial n_2} \cdot \frac{dn_2}{dT} + \frac{\partial\varphi}{\partial L} \cdot \frac{dL}{dT} + \frac{\partial\varphi}{\partial r} \cdot \frac{dr}{dT} \right) \tag{10.14}$$

2. 温度感测实验

对器件的海水温度感测性能进行实验表征，如图 10.23(a) 所示，实验装置包括宽带光源、光谱仪、电导率仪、温度控制水箱等。将宽带光源连接至器件的端口 1，光谱仪连接至端口 2。选择的器件参数如下：锥区长度 7 mm，锥区直径 1.45 μm，干涉仪臂差 6 mm。

温度感测装置的实物图如图 10.23(b) 所示，在此实验中，海水样品是利用纯净水和氯化钠进行模拟，样品的初始盐度为 12.2%，水箱容量约为 2 L。为了避免实验过程中海水加热不均匀所引起的误差，采用冷却的方式进行温度感测实验。将海水样品加热到 35.3℃，再自然冷却到 22.3℃，在此期间记录光谱变化，并利用电导率仪实时监测海水样品的温度。不同温度下器件的传输光谱如图 10.24(a) 所示，可以看出随温度的升高，干涉峰向短波长移动。针对五个干涉峰特征波长进行线性拟合，其温度灵敏度分别为 −993.3 pm/℃、−100 7.4 pm/℃、

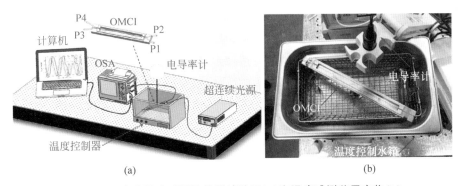

图 10.23　海水温度感测性能测试装置(a)和温度感测装置实物(b)

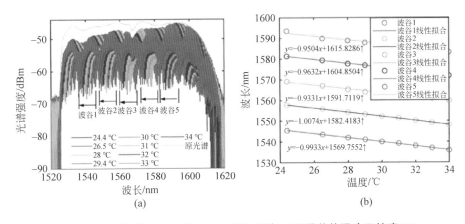

图 10.24　不同温度下感测器件的传输光谱(a)和器件的温度灵敏度(b)

−933.1pm/℃、−963.2 pm/℃、−950.4 pm/℃,如图 10.24(b)所示。干涉峰的最小动态范围为 17.7 nm,因此计算得到允许的温度变化范围为 17.6℃。根据光谱仪的最小分辨率为 0.01 nm,计算得到器件的最小分辨率在 0.01℃以下。

10.5　锥体光纤谐振器感测技术

10.5.1　基于锥体光纤结型谐振器的湿度感测技术

基于锥体光纤结型谐振器的湿度感测技术是通过在锥体光纤结型谐振器外添加一根锥体光纤,构成马赫-曾德尔(Mach-Zehnder,MZ)臂,通过在 MZ 臂涂覆明胶薄膜构成湿度感测器件[69]。当外界湿度变化时,会改变明胶的折射率,进而影响光在 MZ 臂内的传输。本节将对基于锥体光纤结型谐振器的湿度感测技术进行具体介绍。

1. 理论基础

图 10.25(a)展示了所提出的器件结构示意图,该结构包含了一个锥体光纤结型谐振器以及一个 MZ 臂。光输入后在经过第一个耦合区域时会沿两条路径(结型结构和 MZ 臂)传输,之后在第二个耦合区域重新相遇并干涉,从而在输出端口产生干涉光谱。采用传输矩阵法对器件进行分析:在相对较高的湿度条件下,光可以在整个器件内传输,输出端的传输函数定义为输出场强与输入场强之比:

$$T = E_{\mathrm{out}}/E_{\mathrm{in}} = A/B \tag{10.15}$$

其中,

$$A = \exp\left[b(L_1 + L_2 + \pi R_2) + 2b\pi R_1\right] - \exp(b\pi R_1)\sqrt{(1-\kappa_1)(1-\kappa_2)} + $$
$$\exp\left[b(L_1 + L_2 + \pi R_2)\right]\sqrt{\kappa_1\kappa_2} \tag{10.16}$$

$$B = -1 + \exp\left[b(L_1 + L_2 + \pi R_2) + b\pi R_1\right]\sqrt{(1-\kappa_1)(1-\kappa_2)} - $$
$$\exp(2b\pi R_1)\sqrt{\kappa_1\kappa_2} \tag{10.17}$$

其中:$b = -\alpha + \mathrm{j}\beta$,$\alpha$ 为传输损耗,β 为光纤的传输常数;R_1 和 R_2 为结型谐振器和 MZ 环的半径;L_1 和 L_2 表示 MZ 环弯曲部分与谐振器之间的直线段长度;κ_1、κ_2 分别为两个耦合区域的耦合系数。

在湿度相对较低的条件下,明胶涂层引入了额外的损耗,会阻止 MZ 臂中光信号的传输。因此,输出端的传输函数变为

$$T = \frac{\exp(b\pi R_1)\sqrt{(1-\kappa_1)(1-\kappa_2)}}{1 + \exp(2b\pi R_1)\sqrt{\kappa_1\kappa_2}} \tag{10.18}$$

在理论模拟和实验中,MZ 臂和微结的直径都保持相等,从而实现形状规则的光谱。仿真结果如图 10.25(b)所示,其中红色线为湿度相对较高情况下器的传输光谱,蓝色线为湿度相对较低情况下器件的传输光谱。

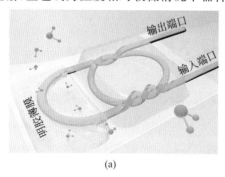

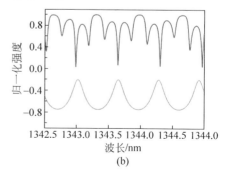

(a)

(b)

图 10.25 结构示意图(a)和器件的仿真传输光谱(b)

2. 湿度感测实验

基于微纳光纤结型谐振器的湿度感测器件制作过程如下：首先利用熔融拉锥法将标准单模光纤制备成锥区长度约 16 mm、最小直径约 2 μm 的锥体光纤。随后将锥体光纤的一端固定在精密三轴平台上，另一端弯曲 180°，使锥体光纤相交形成一个环。将光纤的另一端推入环中，构成微结-MZ 结构，其具体过程如图 10.26(a) 所示。为了提高谐振器的稳定性，将整个结构放置在 MgF$_2$ 基板上，并用低折射率紫外胶将除 MZ 臂外的所有结构固定。固定后将 MZ 臂浸入质量分数为 5% 的明胶溶液中，经过室温冷却 2 h 后，溶液中的水逐渐蒸发，在 MZ 臂表面形成均匀的明胶膜，形成器件以进行后续的湿度感测实验。

图 10.26(b) 展示了湿度感测的实验装置。将超连续谱光源连接到器件的输入端口，光谱仪(OSA)连接到输出端口测量光谱，其传输光谱如图 10.26(c) 所示。器件在室内湿度下的传输光谱(蓝线)的消光比超过了 10 dB，自由光谱范围大约为 640 pm。而当环境湿度达到器件阈值时，明胶薄膜的含水量会相应增加，使明胶薄膜的折射率减小，通过 MZ 臂的传输光强度增加，并在耦合区与谐振器中的传输光发生干涉，干涉后的传输光如图 10.26(c) 中的红线所示。从图 10.26(c) 可以看出，两种不同湿度情况下输出光光强的最小差值约为 5 dB，最大差值可以达到 25 dB。一旦水分子从明胶薄膜中蒸发，水分含量下降到阈值，会发生转置情况。传输光谱的变化主要源自明胶薄膜折射率和薄膜含水量的相关性，明胶是一种长纤维蛋白，其折射率高于水。随着相对湿度的增加，水分子会扩散到明胶中，导致明胶的折射率降低。当相对湿度较低时，明胶的折射率较大，对应所覆盖的 MZ 臂损耗较大，因此传输光会绕结型谐振器循环并输出。相反，当相对湿度较高时，在谐振器中传输光会在耦合区分成两部分，一部分沿着 MZ 臂传输，另一部分沿结型

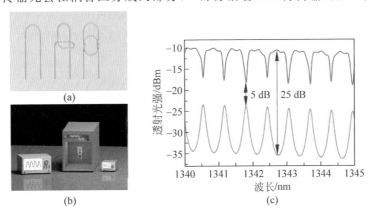

图 10.26 湿度感测器件及其传输光谱

(a) 器件制备图；(b) 湿度感测实验装置；(c) 湿度较低(蓝线)和湿度较高(红线)对应的器件传输光谱

谐振器传输,两束光在耦合区相遇并发生干涉。

为了研究在湿度变化过程中感测器件的阈值,将器件放置在可控温湿度箱中,箱内温度保持在37℃的恒定值,控制温湿度箱使器件在40%~90%湿度范围内循环测试。图10.27展示了传输光谱随湿度的变化情况。当湿度从40%增加到70%时,光谱比较稳定,且没有形状变化(图10.27(a))。当湿度升至72%~75%时,光谱形状随湿度的增加而显著变化,传输强度显著增加,如图10.27(b)所示。当湿度从75%增加到90%时,1308.7 nm波长附近的光谱有明显的红移。而当湿度达到器件阈值附近时,光谱在很短的时间内会发生变化,这表明它对阈值附近的

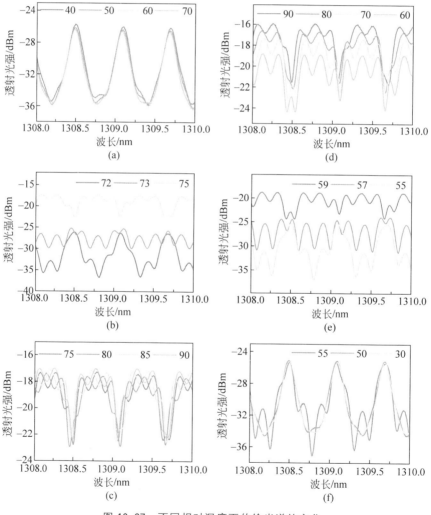

图10.27　不同相对湿度下传输光谱的变化

湿度变化非常敏感。因此,可以判断器件的上升阈值为 73%。而当湿度从 90% 下降到 60% 时,传输强度下降,并伴有轻微的光谱红移,如图 10.27(d)所示。当湿度下降到 59% 附近,可以看出光谱变化十分明显,如图 10.27(e)所示。因此可以判断器件的下降阈值为 59%。当湿度低于 55% 时,光谱几乎保持不变(图 10.27(f))。湿度在增加和降低过程中的阈值不同源自明胶薄膜中水分子由内到外的不同分布。

　　对器件的响应时间和温度依赖性进行表征,结果如图 10.28 所示。可以看出当相对湿度从 75%、85%、95% 下降至室内湿度时,响应时间分别为 0.63 s、1.23 s、1.74 s,如图 10.28(a)所示。图 10.28(b)表征了器件在不同温度下的传输光谱,可以看出温度对器件的影响很小。

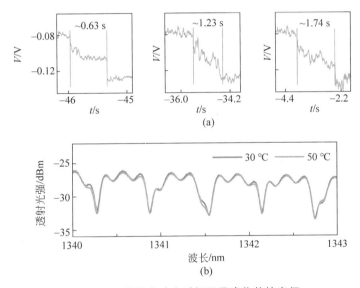

图 10.28　器件的响应时间及温度依赖性表征

(a) 湿度从 75%(左)、85%(中)、95%(右)降到室内湿度(40%)时,器件的响应特性;(b) 器件的温度依赖性

10.5.2　基于锥体光纤卷型谐振器的重金属离子感测技术

　　基于锥体光纤卷型谐振器的重金属感测技术主要基于卷型谐振器的折射率感测特性。利用化学方法将卷型谐振器的支撑棒溶解,使其形成一个微流腔。向微流腔内部沉积黑磷,利用黑磷吸附 Pb^{2+} 时产生的折射率变化,会引起传输光谱的变化[70]。本节将对基于锥体光纤卷型谐振器的重金属离子感测技术进行具体介绍。

1. 器件制备

用于感测重金属离子的器件制备过程可以分为两个阶段：第一阶段为利用空心棒形成流体通道，将锥体光纤绕至该流体通道上；第二阶段为将黑磷纳米片沉积至流体通道的内壁。

在制备的第一阶段，取直径为 1 mm、长度为 2 cm 的 PMMA 棒，在其表面包裹一层低折射率紫外胶并固化。将固化好的 PMMA 棒浸入丙酮中浸泡 6 h 以溶解 PMMA，从而得到低折射率紫外胶组成的圆柱形空心棒。之后，利用熔融拉锥法将标准单模光纤制备成双锥体光纤，并绕制在空心棒上，以构成一个带有空心流体通道的 4 圈卷型谐振器，如图 10.29(a) 所示。随后使用相同的低折射率紫外胶包裹谐振器部分并固化。为了方便测量并强化器件的机械稳定性，将谐振器固定在涂有相同低折射率紫外胶的载玻片上。

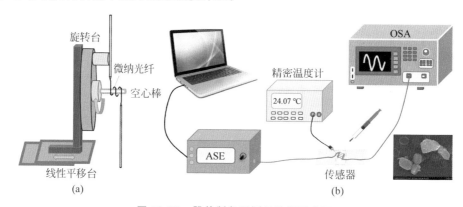

图 10.29　器件制备及测量装置示意图
(a) 带有流体通道的卷型谐振器制备过程示意图；(b) 黑磷纳米片沉积以及铅离子检测过程示意图

在制备的第二阶段，使用光沉积法将黑磷纳米片沉积在卷型谐振器的流体通道内壁上，沉积过程中利用光谱分析仪(OSA)实时监测器件的传输光谱以确定黑磷纳米片是否沉积在内壁上，同时监控环境温度以确保实验过程中环境温度的稳定。实验装置如图 10.29(b) 所示，器件的输入光纤连接宽带光源，输出光纤连接 OSA。用注射器将黑磷分散液注入流体通道，通光情况下使黑磷纳米片逐渐沉积至内壁，图 10.29(b) 的插图显示了黑磷纳米片的完整层状结构。待分散液内的水蒸发后，重复上述步骤进行沉积循环。五次循环后，完成感测器件的制备，并用于后续的铅离子感测中。

2. 实验结果

基于如图 10.29(b) 所示的光路，对水溶液中的 Pb^{2+} 进行感测实验。实验过程中向器件中注入不同浓度的 Pb^{2+} 水溶液，10 min 后待光谱稳定，记录光谱后利用去离子水充分冲洗器件,再次进行测量。针对不同浓度的铅离子溶液,器件的传输光谱如图 10.30(a)所示。随着铅离子浓度的增加,共振波长发生红移。图 10.30(b)对比了未涂覆黑磷与涂覆黑磷的器件之间 Pb^{2+} 的感测性能。可以看出,与未涂覆黑磷的器件相比,涂覆黑磷的器件具有更高的灵敏度。尤其是当 Pb^{2+} 浓度较低时,未涂覆黑磷的器件共振波长几乎未偏移,而涂覆黑磷的器件存在更大的波长偏移。因此证明了黑磷才是检测低浓度 Pb^{2+} 的原因。

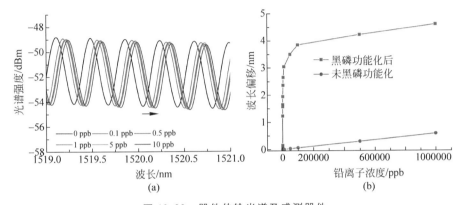

图 10.30　器件传输光谱及感测器件

（a）不同铅离子浓度下器件的传输光谱;（b）未涂覆黑磷与涂覆黑磷的器件感测性能对比

利用朗缪尔模型对实验结果进行拟合,其结果如图 10.31(a)所示。可以看出,实验结果与朗缪尔模型非常吻合[71]。根据计算,器件对 Pb^{2+} 的感测限为 0.0285 ppb (1×10^{-9})。

对器件的响应时间进行表征,其结果如图 10.31(b)所示。针对浓度为 0.1 ppb、10 ppb 和 100 ppb 的 Pb^{2+},器件的响应时间在 40~60 s,同时可以看出浓度越高响应时间越短(0.1 ppb 为 56 s,10 ppb 为 51 s,100 ppb 为 45 s)。

溶液的 pH 值也会影响感测器件的感测性能,因此对不同 pH 值的 Pb^{2+} 溶液进行表征[72]。如图 10.31(c)所示,共振波长的偏移在酸性条件下先缓慢增加,随后在碱性条件下急剧减小。其原因在于:在酸性环境下(pH<7),氢离子与铅离子相互竞争与黑磷结合,导致结合的 Pb^{2+} 较少。随着 pH 值进一步增加到高于 7 时(碱性环境),溶液中的氢氧根离子浓度增加,铅离子趋于形成沉淀,导致溶液中铅离子浓度降低,共振波长偏移减小。

最后,在 15 d 内反复对浓度为 10 ppb 的 Pb^{2+} 溶液进行测量,来评估器件的稳定性。实验结果如图 10.31(d)所示,可以看出在 15 d 内谐振波长的偏移量变化并不明显,表明该器件具有良好的稳定性。

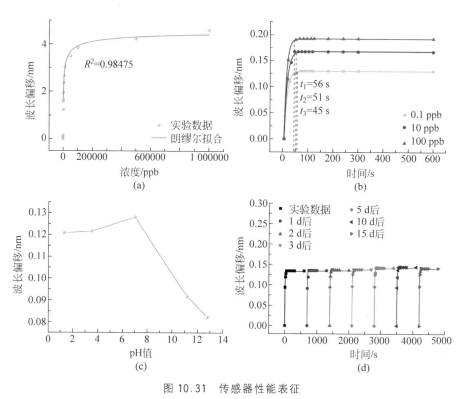

图 10.31　传感器性能表征

(a) 共振波长偏移与铅离子浓度之间的朗缪尔关系模型；(b) 0.1 ppb,10 ppb 以及 100 ppb 对应的器件响应时间；(c) 不同 pH 值下器件的共振波长移动；(d) 不同天数的器件共振波长偏移对比

10.6　基于锥体光纤的 FP 腔干涉仪感测技术

10.6.1　基于锥体光纤耦合的 FP 腔干涉仪的温度感测技术

基于锥体光纤 FP 腔干涉仪的温度感测技术是通过使用聚二甲基硅氧烷 (PDMS)将锥体光纤封装至空心光纤中,利用锥体光纤和单模光纤结合构成了一个微型法布里-珀罗温度感测器件。在感测器件中,锥体光纤的尖端和一段标准单模光纤端作为 FP 腔干涉仪的两个反射器,基于 PDMS 的高热膨胀特性,可以实现对温度的感测[25]。本节将对基于锥体光纤耦合的 FP 腔的温度感测技术进行具体介绍。

1. 器件制备

基于锥体光纤 FP 腔的温度感测器件的制备分为三步,具体流程如图 10.32 所示。首先将空心光纤的包层去除,以便在后续 FP 腔的制备过程中能够对光纤的位置和长度进行观察。随后使用熔融拉锥法将标准单模光纤拉制成锥体光纤。制备锥体光纤后,利用显微操作系统将锥体光纤和标准单模光纤插入空心光纤中并对准以形成 FP 腔干涉仪。插入时通过显微镜及时观察并调整 FP 结构,根据反射光谱的反馈来准确控制 FP 腔干涉仪的腔长。切割后的单模光纤和锥体光纤的尖端表面平坦,可以作为 FP 腔干涉仪的两个反射面。在完成 FP 腔制备后,向空心光纤中注射 PDMS 溶胶将整个结构固定。

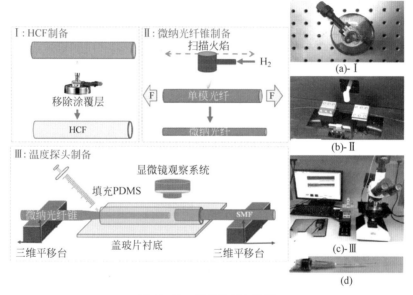

图 10.32　器件的制备流程

2. 温度感测测试

实验中,将基于锥体光纤的 FP 腔置于一个温度控制箱中。温度从室温逐渐升高至 $100\,℃$,温度上升间隔为 $1\,℃$,并利用光谱分析仪记录器件的干涉光谱。器件的温度感测实验结果如图 10.33(a)和(b)所示,在 $40\,℃$ 升至 $41\,℃$ 情况下,该器件的干涉光谱向长波长移动了 $10.5\ \text{nm}$,利用光谱仪的分辨率计算得到该感测器件的分辨率低于 $10^{-4}\,℃$。由于 FP 腔干涉仪反射光谱 FSR 的限制,该超灵敏温度感测器件的基础调控范围为 $0\sim2\,℃$。为了能够在更大温度范围内表征该器件的温度传感特性,利用光谱仪标记单个谐振波谷的位置并持续跟踪该谐振波谷随温度变化的位置。当温度从 $43\,℃$ 升到 $50\,℃$ 时(每间隔 $1\,℃$ 记录一次),光谱分析仪记录了 8 个温度下不同干涉光谱的位置变化。实验结果如图 10.33(c)所示,可以清晰地看到,谐振波谷呈现显著红移的现象。该谐振波谷的位置从 $1\ 534.8\ \text{nm}$($43\,℃$)

红移到 1607.3 nm(50℃)。经过计算,该温度感测器件的灵敏度约为 10.37 nm/℃,
线性回归系数为 0.99965。

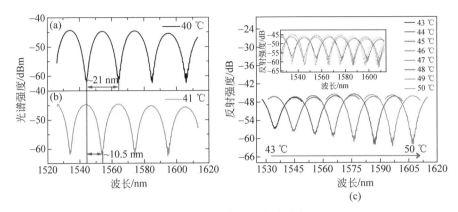

图 10.33　温度感测特性测试

10.6.2　基于锥体光纤焊接的 FP 腔干涉仪的温度感测技术

基于锥体光纤与微纳光纤的 FP 腔干涉仪是通过将单模光纤制成锥体光纤,
并与单模光纤焊接形成 FP 腔干涉仪。基于石英的热光系数和热膨胀系数会使该
干涉仪对环境温度变化十分敏感,因此可以实现对温度的感测[24]。本节将对基于
锥体光纤焊接的 FP 腔干涉仪的温度感测技术进行具体介绍。

1. 理论基础

实验所用的 FP 腔干涉仪是由锥体光纤和单模光纤焊接而成的,其结构如
图 10.34 所示。光从单模光纤输入,在单模光纤与锥体光纤的交界面,传输光一部
分被反射回单模光纤的纤芯中(I_{r1}),另一部分耦合进锥体光纤。光在锥体光纤中
传输并在锥体光纤的末端端面反射,反射光在交界面处被耦合回单模光纤的纤芯
中(I_{r2})。最后,两束光(I_{r1} 和 I_{r2})发生干涉。干涉光的强度能够由简单的双光
束干涉公式给出[15]

$$I_{re} = I_{r1} + I_{r2} + 2(I_{r1}I_{r2})^{1/2} \cos(4\pi n_{MF}L/\lambda + \varphi_0) \tag{10.19}$$

其中,I_{re} 是干涉光强度,I_{r1} 和 I_{r2} 是两束反射光的截面强度,n_{MF} 是锥体光纤的
折射率,L 是锥体光纤的长度,λ 是波长,当相位变化满足

$$\Delta\delta = 4\pi n_{MF}L/\lambda + \varphi_0 = (2m+1)\pi, \quad m = 0,1,2,\cdots \tag{10.20}$$

时,干涉峰的位置为

$$\lambda_m = \frac{4\pi n_{MF}L}{(2m+1)\pi - \varphi_0} \tag{10.21}$$

干涉谱的自由光谱范围可以表示为 $\mathrm{FSR} = \lambda_m^2/2n_{MF}L$。当 n_{MF} 和 L 根据环境的改

变而发生变化时,干涉光谱会发生变化,因此外界环境物理量的变化可以通过干涉峰位置的移动变化来表征。定义折射率系数和 FP 腔长的变化为 Δn 和 ΔL,那么干涉光谱的波长移动可以由如下公式表示:

$$\Delta\lambda_m = \lambda_m\left(\frac{\Delta n}{n_{\mathrm{MF}}} + \frac{\Delta L}{L}\right) \tag{10.22}$$

当外界温度变化时,根据热光效应和热膨胀效应会引起锥体光纤折射率的变化,因而当温度变化的时候,式(10.22)可以根据温度(T)改写为

$$\frac{\mathrm{d}\lambda_m}{\mathrm{d}T} = \lambda_m\left(\frac{1}{n_{\mathrm{MF}}}\frac{\mathrm{d}n_{\mathrm{MF}}}{\mathrm{d}T} + \frac{1}{L}\frac{\mathrm{d}L}{\mathrm{d}T}\right) = \lambda_m(\delta + \alpha) \tag{10.23}$$

其中锥体光纤的热光系数 $\delta = 8.3 \times 10^{-6}\,℃^{-1}$,热膨胀系数 $\alpha = 0.55 \times 10^{-6}\,℃^{-1}$[73]。

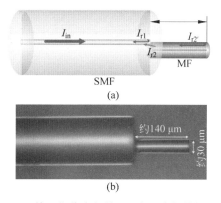

图 10.34　基于锥体光纤的 FP 腔干涉仪结构示意图

2. 器件制备及温度感测实验结果

基于锥体光纤 FP 腔的温度感测器件的制造过程包括四个步骤:首先利用火焰熔融拉锥法将标准单模光纤制备成双锥体光纤,其直径为 $30\ \mu m$,长度为 $15\ mm$;随后使用陶瓷刀将双锥体光纤切断,制备成半锥体光纤;接着利用熔接机将半锥体光纤焊接至具有最佳相对横截面位置的单模光纤上;最后将锥体光纤切割成预先设计好的长度。在制备过程中应该注意的是拼接位置对干涉条纹的对比度影响较大,但对传感特性的影响较小。另外,锥体光纤的直径过大会降低能量密度而造成反射光的严重损失,如果损耗太大,就很难观察到干涉光谱。然而锥体光纤的直径过小又会明显增加切割和拼接的复杂性和困难性。因此,该器件使用的锥体光纤直径为 $30\ \mu m$,锥体光纤与单模光纤纤芯的距离为 $4\ \mu m$。

在温度感测实验中,将器件置于一个温度控制箱中。当温度从 25℃ 逐渐升至 1000℃ 时,使用光谱分析仪来对器件的干涉光谱进行记录分析,实验结果如图 10.35 所示。实验结果表明随着温度的升高,该器件的干涉光谱向更长波长的

方向移动。通过制作不同锥体光纤长度（$60~\mu m$、$140~\mu m$、$360~\mu m$）的器件，对其温度和波长移动的关系进行了详细研究。从实验结果可以看出，锥体光纤长度为 $60~\mu m$、$140~\mu m$ 和 $360~\mu m$ 的器件具有不同的温度灵敏度，分别为 $9.77~\mathrm{pm/℃}$、$13.6~\mathrm{pm/℃}$ 和 $9.07~\mathrm{pm/℃}$。三个不同长度的锥体光纤 FP 腔干涉仪均表现出了十分出色的线性回归特性，R^2 分别为 0.983、0.979 和 0.995。

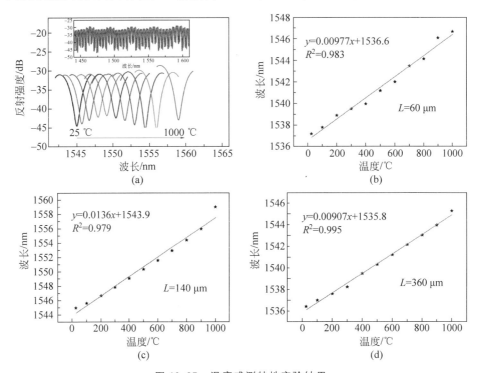

图 10.35　温度感测特性实验结果

10.7　基于 S 形锥体光纤的感测技术

10.7.1　基于 S 形锥体光纤的应变感测技术

基于 S 形锥体光纤的应变感测技术是通过将传统的单模-多模-单模（SMS）光纤结构非轴向渐缩成 S 形锥体结构，该 S 形结构会提供一个额外的 MZI 干涉结构，使 SMS 固有的多模干涉和引入的 MZI 构成复合干涉，并增强应变感测性能[74]。本节将对基于 S 形锥体光纤的应变感测技术进行具体介绍。

1. 理论基础

图 10.36 说明了感测器件内部的光传输原理。器件是在传统 SMS 结构的基础上,在多模光纤部分形成 S 形锥形区域。光从单模光纤的纤芯内输入,入射至多模光纤纤芯时,会激发一系列高级模式。由于多模光纤处 S 形的锥体结构,来自多模光纤纤芯的一部分光会耦合进包层并激发包层模式[75]。激发的包层模式会在 S 形多模光纤包层内传播,通过锥形区域后,一部分包层模会重新耦合回多模光纤纤芯中。由于纤芯和包层之间的有效折射率差异以及传输过程中产生的光程差,包层模和纤芯模之间会发生干涉并因此形成 MZI。第 m 阶纤芯模式和第 n 阶包层模式之间的相位差可以表示[76]为

$$\varphi^{mn} = \frac{2\pi(n_{co}^m - n_{cl}^n)L_{eff}}{\lambda} \tag{10.24}$$

其中,n_{co}^m 为第 m 阶纤芯模的有效折射率,n_{cl}^n 为第 n 阶包层模的有效折射率,λ 为自由空间波长,L_{eff} 为有效干涉长度。当相位差条件达到 $\varphi^{mn} = (2s+1)$,$s = 0, 1,$ 2,$\cdots$时,衰减倾角波长的位置可由如下公式确定[77]:

$$\lambda_s = \frac{2(n_{co}^m - n_{cl}^n)L_{eff}}{2s+1} \tag{10.25}$$

因此,当光通过 S 形锥形区域后光传输模式之间会产生复合干扰。最终当光传输至输出端单模光纤时,一部分光耦合进入输出端单模光纤的纤芯中,其余光耦合进包层中,并在短距离内逐渐消散。

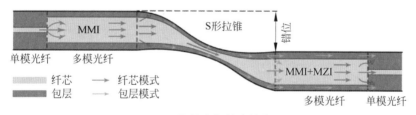

图 10.36　器件内部的光传输模型

在输入端单模光纤与输出端单模光纤的两端施加应变时,S 形锥体结构会发生轴向偏移,从而改变有效干涉长度 L_{eff} 以及纤芯和包层模式的有效折射率,从而导致传输光谱的变化。

2. 器件的制备以及应力感测结果

基于 SMS 结构的 S 形锥体结构是利用传统熔接机(Fujikura,FSM-100P+)进行制备。将 2 cm 的多模光纤(AFS105/125)夹在两个标准单模光纤中间,然后轴向手动调节熔接机的一侧光纤支架,并将 SMS 光纤结构放在熔接机的光纤支架之间并固定。利用熔接机进行放电使多模光纤形成 S 形锥体光纤结构。实验中选择

放电电流 10.8 mA,放电时间 4000 ms,最终 S 形锥体光纤的轴向偏移量为 60 μm。

对 S 形锥体光纤器件进行应力感测实验。将器件固定在两个微位移平台的中心,利用计算机控制两个位移平台,使两个位移平台可以沿器件的子午轴在两个方向移动,从而产生应变。将超连续谱光源的宽带光耦合进器件一侧单模光纤中,另一侧单模光纤连接 OSA 接收光谱。图 10.37(a) 展示了应变从 0 με 增加到 170 με 时传输光谱的变化:应变增加时,传输光谱的倾角 A 和倾角 B 均出现了明显的蓝移。为了验证器件检测的可重复性,将施加的应变从 170 με 降至 0 με,相应传输光谱变化如图 10.37(b) 所示。可以看出,当应变减小时,传输光谱的倾角向长波长方向移动(红移)。针对应变增加和减小的情况,对倾角 A 和倾角 B 的波长偏移进行线性拟合,其结果如图 10.38 所示,可以看出拟合的线性度较高。倾角 A 应变增加和减少过程所对应的灵敏度分别为 -103.8 pm/με 和 -104 pm/με,倾角 B 应变增加和减少过程所对应的灵敏度分别为 -96.5 pm/με 和 -97.3 pm/με,可以看出该感测器件具有良好的测量可重复性。OSA 的分辨率为 20 pm,可以计算得到该器件的应变测量分辨率为 0.2 με 左右。

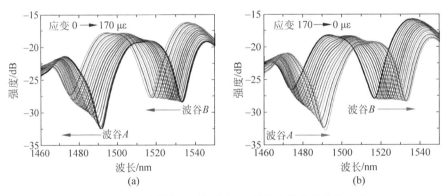

图 10.37 应变增加(a)和减小(b)时器件传输光谱的变化

为了验证器件的温度依赖性,将器件从 30℃ 加热至 100℃,记录相应传输光谱的变化,其结果如图 10.39(a) 所示。可以看出,传输光谱倾角 A 和倾角 B 的波长都出现了红移。图 10.39(b) 展示了倾角 A 和倾角 B 的温度依赖性拟合曲线,确定倾角 A 和倾角 B 对应别的温度灵敏度分别为 36.2 pm/℃ 和 25.2 pm/℃。

由于传输光谱的倾角 A 和倾角 B 对应变和温度具有不同的响应特性,因此利用基于 SMS 的 S 形锥体结构可以同时测量应变和温度,从而克服实际应变测量中温度引起的交叉敏感性。基于以上获得的灵敏度数值,建立解调矩阵,即

$$\begin{bmatrix} \Delta\varepsilon \\ \Delta T \end{bmatrix} = \begin{bmatrix} -103 \text{ pm/}\mu\varepsilon & 36.2 \text{ pm/℃} \\ -96.5 \text{ pm/}\mu\varepsilon & 25.2 \text{ pm/℃} \end{bmatrix} \begin{bmatrix} \Delta\lambda_A \\ \Delta\lambda_B \end{bmatrix} \tag{10.26}$$

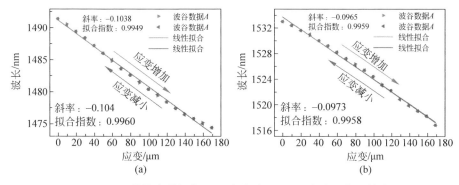

图 10.38　传输光谱倾角 A(a)与倾角 B(b)对应的应变灵敏度

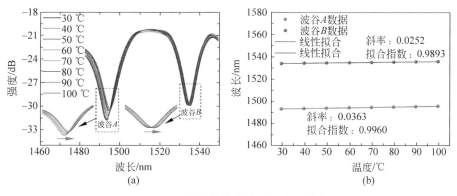

图 10.39　器件传输光谱及温度灵敏度

（a）温度不同时器件的传输光谱；（b）倾角 A 和倾角 B 对应的温度灵敏度

10.7.2　基于 S 形锥体光纤的湿度感测技术

基于 S 形锥体光纤的湿度感测技术是利用熔接机将单模光纤制成 S 形锥体光纤，并通过原位化学反应和层层自组装结合(i-LbL)技术将氧化石墨烯（GO）薄膜涂覆在锥体光纤表面构成感测器件。GO 膜随着湿度的增加会产生膨胀，并产生电荷转移进而引起传输光谱的变化[78]。本节将对基于 S 形锥体光纤的湿度感测技术进行具体介绍。

1. 器件制备

图 10.40(b)展示了 S 形锥体光纤的光传输模型，在光纤锥形区域，纤芯中的传输光会耦合进包层中激发包层模式。纤芯模和包层模在锥形区域中传播会产生一定的相位差，并在弯曲结构处发生干涉。而当外界湿度变化时，GO 膜会引起光纤表面折射率的变化，使光谱发生波长变化。同时随着湿度的增加，GO 膜吸收水分子，在 GO 膜与水分子之间发生电荷转移，因此折射率虚部变化，GO 对光的吸

收变化,导致传输光谱的强度随之改变。

　　基于 S 形锥体光纤的湿度感测器件的制备过程如下:首先利用熔接机放电,将单模光纤拉细形成双锥体光纤。利用单模光纤两侧不同的拉力,在光纤锥腰的两侧形成弯曲结构,得到 S 形锥体光纤,如图 10.40(a)所示。制备好光纤后利用 i-LbL 技术将 GO 均匀沉积在 S 形锥体光纤表面,其过程如图 10.40(c)所示。具体方法如下:首先,将光纤浸入丙酮中 30 min 以清除表面有机污染物,随后用去离子水和乙醇洗涤并干燥。然后,将光纤浸入 1 M 氢氧化钠溶液中 2 h 进行碱处理,使光纤表面覆盖—OH 基团。取出后用去离子水和乙醇清洗。接着,将光纤浸入5%的三乙氧基硅烷(APTES)中 4 h,使—OH 与 APTES 反应生成 Si—O—Si 键。随后将光纤取出,用乙醇洗涤后并在 95℃下加热 10 min。此时光纤完成硅烷化,其表面覆盖了带正电的—NH_2 基团。最后,将硅烷化后的光纤浸入 GO 溶液中,待 GO 溶液中的溶剂乙醇挥发后,由于 GO 纳米片带负电,因而会被吸附到光纤表面。重复 GO 溶液沉积过程 12 次,直到光纤表面覆盖透明的褐色涂层,完成感测器件的制备。如图 10.40(d)所示,在显微镜下可以看到处理后的 S 形锥体光纤表面有透明的棕黄色涂层。将制备好的器件一端连接宽带光源,另一端连接 OSA 测量传输光谱。

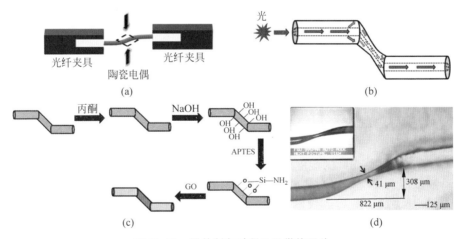

图 10.40　器件制备过程及显微镜图片

(a) S 形锥体光纤制备示意图;(b) S 形锥体光纤光传输模型;(c) GO 纳米片沉积过程示意图;(d) 涂覆 GO 纳米片后 S 形锥体光纤显微镜照片

2. 湿度感测实验

　　对锥腰直径分别为 41 μm、33 μm 和 27 μm 的感测器件进行湿度感测实验对比,选取的传输光谱的特征峰位置为 1220 nm 和 1240 nm 附近,其实验结果如图 10.41 所示。针对锥腰直径为 41 μm 的器件,其波长和强度变化灵敏度分别为

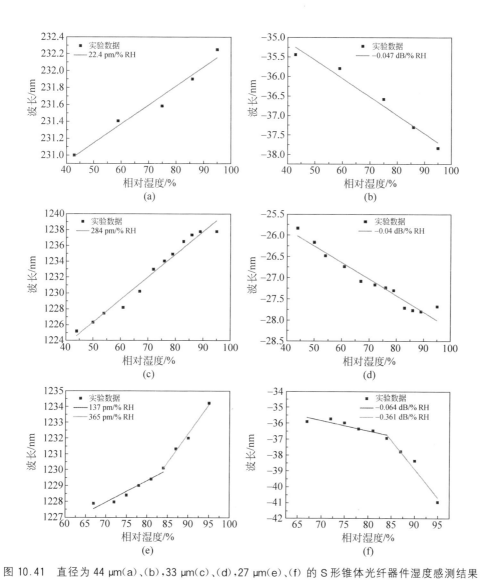

图 10.41　直径为 44 μm(a)、(b),33 μm(c)、(d),27 μm(e)、(f) 的 S 形锥体光纤器件湿度感测结果

22.4 pm/％RH 和 −0.047 dB/％RH,如图 10.41(a) 和 (b) 所示。可以看出,对锥腰直径为 41 μm 的器件,其湿度敏感性不太强,原因在于纤芯过粗导致只有少部分光能从纤芯耦合进包层部分。针对锥腰直径为 33 μm 的器件,其波长和强度变化灵敏度分别为 283 pm/％RH 和 −0.04 dB/％RH,如图 10.41(c) 和 (d) 所示。针对锥腰直径为 27 μm 的器件,在湿度变化范围为 67％～84％RH 时,波长和强度变化灵敏度为 137 pm/％RH 和 −0.064 dB/％RH;湿度变化范围为 84％～95％ RH 时,波长和强度变化灵敏度为 365 pm/％RH 和 −0.361 dB/％RH。此时器件

有两个灵敏度拟合区域的原因在于：随着湿度的增加，水分子会渗透至 GO 膜的内部。当湿度较低时，水分子不足以完全渗透至 GO 膜内部[79]，大部分被膜表面的亲水性基团吸附，只有一小部分可以进入 GO 薄膜的内部，因此光纤表面的折射率调制较少。而当湿度较高时，水分子可以连续渗透至 GO 膜内部，这使得光纤表面具有较大的折射率调制，因而高湿度环境下器件的灵敏度更高[80-81]。通过对不同锥腰直径的器件感测结果对比可以看出，当锥腰直径为 27 μm 时，其湿度感测灵敏度最大。器件的高灵敏度源自于 S 形的微弯曲结构，微弯曲结构所激发的高阶包层模式是高灵敏度的根本原因[82]。

对光纤直径为 27 μm 的器件进行折射率依赖性测试，其结果如图 10.42(a)所示，可以看出，随着折射率的增加，传输光谱的光强度减弱。因而可以判断，随着湿度的增加，光纤表面的折射率会随之降低。对不同折射率范围的结果进行线性拟合，得到了灵敏度分别为 128 dB/RIU、13 dB/RIU 以及 80 dB/RIU 的折射率感测结果。接下来对器件进行稳定性表征，每 5 min 记录一次光谱，实验结果如图 10.42(b)所示。可以看到光谱有较小的波长和强度变化，这源自一些实验过程中的随机干扰。进一步对器件进行温度敏感性实验，实验结果如图 10.42(c)所示，

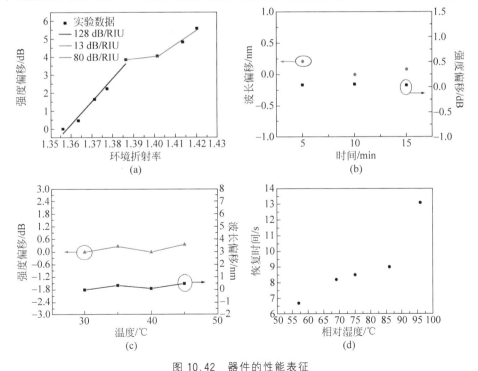

图 10.42　器件的性能表征

(a) 器件的折射率依赖性；(b) 器件的稳定性；(c) 器件的温度敏感性；(d) 器件的恢复时间

可以看出在室温情况下,小范围的温度波动对湿度敏感性几乎没有影响。这主要因为:S 形锥体光纤本身就具有对温度不敏感的特性[28],而 GO 的分解温度高于水蒸发的温度,并且 GO 的热稳定性极佳,因此 GO 的折射率对室温以下的温度变化不敏感[27]。最后对器件的恢复时间进行测试,分别记录从不同湿度变化到室内湿度的时间,其结果如图 10.42(d)所示。可以看到湿度为 57 ％RH 时传感器的恢复时间为 6.7 s,湿度为 95 ％RH 时恢复时间为 13.3 s,可以看出器件的恢复时间较快。

10.8　结语

本章系统地介绍了基于锥体光纤的实验室感测技术,包括基于半锥体光纤、双锥体光纤、锥体光纤耦合器、锥体光纤谐振器、锥体光纤 FP 腔以及 S 形锥体光纤的感测实验。锥体光纤实验室感测技术的研究不仅极大扩展了锥体光纤的应用领域,同时为后续在光纤上建造实验室奠定了良好的基础。锥体光纤未来不仅可以在结构上进行创新以满足实验室需求,更能够结合功能型材料扩展感测领域,提高感测精度。基于锥体光纤的实验室感测技术,锥体光纤有潜力应用于工业、农业、医疗、海洋等诸多领域。

参考文献

[1] GU N,LI C-A,SUN L,et al. Controllable fabrication of fiber nano-tips by dynamic chemical etching based on siphon principle[J]. Journal of Vacuum Science & Technology B: Microelectronics and Nanometer Structures Processing,Measurement,and Phenomena, 2004,22: 2283-2285.

[2] CHEN G Y,LEE T,ZHANG X,et al. Temperature compensation techniques for resonantly enhanced sensors and devices based on optical microcoil resonators[J]. Optics Communications, 2012,285: 4677-4683.

[3] MUHAMMAD M Z,JASIM A A,AHMAD H,et al. Non-adiabatic silica microfiber for strain and temperature sensors[J]. Sensors and Actuators A: Physical,2013,192: 130-132.

[4] WU Y,RAO Y-J,CHEN Y-H,et al. Miniature fiber-optic temperature sensors based on silica/polymer microfiber knot resonators[J]. Optics Express,2009,17: 18142-18147.

[5] SALCEDA-DELGADO G,MONZON-HERNANDEZ D,MARTINEZ-RIOS A,et al. Optical microfiber mode interferometer for temperature-independent refractometric sensing [J]. Optics Letters,2012,37: 1974-1976.

[6] SUN Q,SUN X,JIA W,et al. Graphene-assisted microfiber for optical-power-based temperature sensor[J]. IEEE Photonics Technology Letters,2016,28: 383-386.

[7] XUE Y,YU Y-S,YANG R,et al. Ultrasensitive temperature sensor based on an

isopropanol-sealed optical microfiber taper[J]. Optics Letters,2013,38: 1209-1211.

[8] YANG H,WANG S,WANG X,et al. Temperature sensing in seawater based on microfiber knot resonator[J]. Sensors,2014,14: 18515-18525.

[9] ZENG X,WU Y,HOU C,et al. A temperature sensor based on optical microfiber knot resonator[J]. Optics Communications,2009,282: 3817-3819.

[10] SUN L-P,LI J,JIN L,et al. High-birefringence microfiber Sagnac interferometer based humidity sensor[J]. Sensors and Actuators B: Chemical,2016,231: 696-700.

[11] WU Y,ZHANG T,RAO Y,et al. Miniature interferometric humidity sensors based on silica/polymer microfiber knot resonators[J]. Sensors and Actuators B: Chemical,2011, 155: 258-263.

[12] LOKMAN A,AROF H,HARUN S W. Tapered fiber coated with hydroxyethyl cellulose/ polyvinylidene fluoride composite for relative humidity sensor[J]. Sensors and Actuators A: Physical,2015,225: 128-132.

[13] SOLTANIAN M R K,SHARBIRIN A S,ARIANNEJAD M M,et al. Variable waist-diameter Mach-Zehnder tapered-fiber interferometer as humidity and temperature sensor [J]. IEEE Sensors Journal,2016,16: 5987-5992.

[14] ARIS A M,RAHMAN H A,IRAWATI N,et al. Enhanced relative humidity sensing based on a tapered fiber Bragg grating with zinc oxide nanostructure-embedded coatings [J]. Advanced Science Letters,2017,23: 5452-5456.

[15] PENG Y,ZHAO Y,CHEN M Q,et al. Research advances in microfiber humidity sensors [J]. Small,2018,14: 1800524.

[16] SUN L,SEMENOVA Y,WU Q,et al. Investigation of humidity and temperature response of a silica gel coated microfiber coupler[J]. IEEE Photonics Journal,2016,8: 1-7.

[17] HU S,WU S,LI C,et al. SNR-enhanced temperature-insensitive microfiber humidity sensor based on upconversion nanoparticles and cellulose liquid crystal coating[J]. Sensors and Actuators B: Chemical,2020,305: 127517.

[18] JASIM A A,ZULKIFLI A Z,MUHAMMAD M Z,et al. A new compact micro-balllens structure at the cleaved tip of microfiber coupler for displacement sensing[J]. Sensors and Actuators A: Physical,2013,189: 177-181.

[19] AB RAZAK M Z,REDUAN S A,SHARBIRIN A S,et al. Noncontact optical displacement sensor using an adiabatic U-shaped tapered fiber[J]. IEEE Sensors Journal, 2015,15: 5388-5392.

[20] LU Z,CAO Y,GUANGYING W,et al. High-resolution displacement sensor based on a chirped Fabry-Pérot interferometer inscribed on a tapered microfiber[J]. Applied Sciences, 2019,9: 403.

[21] MARTINCEK I,KACIK D. A PDMS microfiber Mach-Zehnder interferometer and determination of nanometer displacements[J]. Optical Fiber Technology,2018,40: 13-17.

[22] SHEN X,LI J,SUN L-P,et al. Temperature-independent displacement sensor based on the chirped grating in a microfiber taper[C]. Wuhan: Fourth Asia Pacific Optical Sensors Conference(International Society for Optics and Photonics 2013),2013.

［23］ KACIK D,MARTINCEK I. Optical structure with PDMS microfibre for displacement measurement［C］. Portugal：Proc. of 5th intern. Conference on Photonics,Optics and Laser Technology(PHOTOPTICS 2017),2017：365-368.

［24］ YANG Y,XUE-LIANG Z,ZHANG-QI S,et al. Investigation of fabrication and vibration sensing properties of optical microfiber coupler［J］. Chinese Journal of Lasers,2014,41：119-125.

［25］ SULAIMAN A,MUHAMMAD M,HARUN S W,et al. Demonstration of acoustic vibration sensor based on microfiber knot resonator［J］. Microwave and Optical Technology Letters,2013,55：1138-1141.

［26］ WANG L,LIANG P,LIU Z,et al. An optical trapping based microfiber vibration sensor［C］. Ottawa：21st International Conference on Optical Fiber Sensors(International Society for Optics and Photonics2011),2011,7753：95-99.

［27］ JASIM A A,HARUN S W,MUHAMMAD M Z,et al. Current sensor based on inline microfiber Mach-Zehnder interferometer［J］. Sensors and Actuators A：Physical,2013,192：9-12.

［28］ LIM K S,HARUN S W,DAMANHURI S S A,et al. Current sensor based on microfiber knot resonator［J］. Sensors and Actuators A：Physical,2011,167：60-62.

［29］ JASIM A A,FARUKI J,ISMAIL M F,et al. Fabrication and characterization of microbent inline microfiber interferometer for compact temperature and current sensing applications［J］. Journal of Lightwave Technology,2016,35：2150-2155.

［30］ YOON M-S,KIM S K,HAN Y-G. Highly sensitive current sensor based on an optical microfiber loop resonator incorporating low index polymer overlay［J］. Journal of Lightwave Technology,2014,33：2386-2391.

［31］ SULAIMAN A,HARUN S W,DESA J M,et al. Demonstration of DC current sensing through microfiber knot resonator［C］. Kuala Lump：10th IEEE International Conference on Semiconductor Electronics(ICSE),2012：378-380.

［32］ LI X,LV F,WU Z,et al. An all-fiber current sensor based on magnetic fluid clad microfiber knot resonator［C］. Liverpool：International Conference of Sensing Technology,2014：418-421.

［33］ HOU J,DING H,WEI B,et al. Microfiber knot resonator based electric field sensor［J］. Instrumentation Science & Technology,2017,45(3)：259-267.

［34］ LYU F,DING H,HAN C J. Electric-field sensor based on propylene carbonate cladding microfiber Sagnac loop interferometer［J］. Instrumentation Science & Technology,2017,45(3)：259-267.

［35］ LYU F,DING H,HAN C. Electric-field sensor based on propylene carbonate cladding microfiber Sagnac loop interferometer［J］. IEEE Photonics Technology Letters,2018,early access.

［36］ YAN S-C,CHEN Y,LI C,et al. Differential twin receiving fiber-optic magnetic field and electric current sensor utilizing a microfiber coupler［J］. Optics Express,2015,23：9407-9414.

[37] YAN S-C,CHEN Y,LI C,et al,Differential twin receiving fiber-optic magnetic field and electric current sensor utilizing a microfiber coupler[J]. Optics Express,2015,23: 9407-9414.

[38] LI X,DING H. All-fiber magnetic-field sensor based on microfiber knot resonator and magnetic fluid[J]. Optics Letters,2012,37: 5187-5189.

[39] LI X,DING H. All-fiber magnetic-field sensor based on microfiber knot resonator and magnetic fluid[J]. Optics Letters,2012,37: 5187-5189.

[40] DENG M,SUN X,HAN M,et al. Compact magnetic-field sensor based on optical microfiber Michelson interferometer and Fe_3O_4 nanofluid[J]. Applied Optics,2013,52: 734-741.

[41] ZHENG Y,DONG X,CHAN C C,et al. Optical fiber magnetic field sensor based on magnetic fluid and microfiber mode interferometer[J]. Optics Communications,2015,336: 5-8.

[42] MIAO Y,WU J,LIN W,et al. Magnetic field tunability of optical microfiber taper integrated with ferrofluid[J]. Optics Express,2013,21: 29914-29920.

[43] BAO W,QIAO X,YIN X,et al. Optical fiber micro-displacement sensor using a refractive index modulation window-assisted reflection fiber taper[J]. Optics Communications,2017, 405: 276-280.

[44] PATHAK A K,BHARDWAJ V,GANGWAR R K,et al. Fabrication and characterization of TiO_2 coated cone shaped nano-fiber pH sensor[J]. Optics Communications,2017,386: 43-48.

[45] ZHOU L,YU Y,CAO L,et al. Fabrication and characterization of seawater temperature sensor with self-calibration based on optical microfiber coupler interferometer[J]. Applied Sciences,2020,10: 6018.

[46] LI J,FAN R,HU H,et al. Hydrogen sensing performance of silica microfiber elaborated with Pd nanoparticles[J]. Materials Letters,2018,212: 211-213.

[47] LI J,ZHANG W,GAO S,et al. Long-period fiber grating cascaded to an S fiber taper for simultaneous measurement of temperature and refractive index[J]. IEEE Photonics Technology Letters,2013,25: 888-891.

[48] WANG B,ZHANG W,LI J,et al. Mach-Zehnder interferometer based on S-tapered all-solid photonic bandgap fiber[J]. IEEE Photonics Technology Letters, 2015, 27: 1849-1852.

[49] SHI F,WANG J,ZHANG Y,et al. Refractive index sensor based on S-tapered photonic crystal fiber[J]. IEEE Photonics Technology Letters,2013,25: 344-347.

[50] LI J,NIE Q,GAI L,et al. Highly sensitive temperature sensing probe based on deviation S-shaped microfiber[J]. Journal of Lightwave Technology,2017,35: 3699-3704.

[51] CHAUDHARY D,KUMAR P,KUMAR L. Evolution in surface coverage of CH_3NH_3 via heat assisted solvent vapour treatment and their effects on photovoltaic performance of devices[J]. RSC Advances,2016,6: 94731-94738.

[52] LI W,CHENG H,XIA M,et al. An experimental study of pH optical sensor using a

section of no-core fiber[J]. Sensors and Actuators A：Physical,2013,199：260-264.

[53] DONG S,LUO M,PENG G, et al. Broad range pH sensor based on sol-gel entrapped indicators on fibre optic[J]. Sensors and Actuators B：Chemical,2008,129：94-98.

[54] TAI Y,WEI P. Sensitive liquid refractive index sensors using tapered optical fiber tips[J]. Optics Letters,2010,35：944-946.

[55] NIKBAKHT H,LATIFI H,ORAIE M, et al. Fabrication of tapered tip fibers with a controllable cone angle using dynamical etching[J]. Journal of Lightwave Technology, 2015,33：4707-4711.

[56] KBASHI H J. Fabrication of submicron-diameter and taper fibers using chemical etching [J]. Journal of Materials Science & Technology,2012,28：308-312.

[57] SINGH S,MISHRA S K,GUPTA B D. Sensitivity enhancement of a surface plasmon resonance based fibre optic refractive index sensor utilizing an additional layer of oxides [J]. Sensors and Actuators A：Physical,2013;193：136-140.

[58] PALIWAL N,JOHN J. Theoretical modeling and investigations of AZO coated LMR based fiber optic tapered tip sensor utilizing an additional TiO_2 layer for sensitivity enhancement[J]. Sensors and Actuators B：Chemical,2017,238：1-8.

[59] BAO W,HU N,QIAO X,et al. High-temperature properties of a thin-core fiber MZI with an induced refractive index modification[J]. IEEE Photonics Technology Letters,2016,28：2245-2248.

[60] KRAMER R G,GELSZINNIS P,VOIGTLANDER C,et al. Femtosecond inscribed mode modulators in large mode area fibers：experimental and theoretical analysis [J]. Proceedings of SPIE,2015,9344：59-64.

[61] RONG Q,QIAO X,YANG H,et al. Fiber Bragg grating inscription in a thin-core fiber for displacement measurement[J]. IEEE Photonics Technology Letters,2015,27：1108-1111.

[62] LI J,LI H,HU H,et al. Refractive index sensor based on silica microfiber doped with Ag microparticles[J]. Optics and Laser Technology,2017,94：40-44.

[63] JIANG Y,YI Y,BRAMBILLA G,et al. Ultra-high-sensitivity refractive index sensor based on dual-microfiber coupler structure with the Vernier effect[J]. Optics Letters, 2020,45：1268-1271.

[64] YANG S,WU T,WU C W,et al. Numerical modeling of weakly fused fiber-optic polarization beamsplitters. Part Ⅱ：the three-dimensional electromagnetic model[J]. Journal of Lightwave Technology,1998,16：691-696.

[65] KERSEY A D, MARRONE M J, DAVIS M A. Polarisation-insensitive fibre optic Michelson interferometer[J]. Electronics Letters,1991,27：518-520.

[66] PU S,LUO L,TANG J,et al. Ultrasensitive refractive-index sensors based on tapered fiber coupler with Sagnac loop[J]. IEEE Photonics Technology Letters,2016,28：1073-1076.

[67] CAO L,YU Y,XIAO M,et al. High sensitivity conductivity-temperature-depth sensing based on an optical microfiber coupler combined fiber loop[J]. Chinese Optics Letters, 2020,18：011202.

[68] YU Y,BIAN Q,LU Y,et al. High sensitivity all optical fiber conductivity-temperature-depth(CTD) sensing based on an optical microfiber coupler(OMC)[J]. Journal of Lightwave Technology,2019,37: 2739-2747.

[69] YI Y,JIANG Y,ZHAO H,et al. High-performance ultrafast humidity sensor based on microknot resonator-assisted Mach-Zehnder for monitoring human breath[J]. ACS Sensors,2020,5(11): 3404-3410.

[70] YIN Y,LI S,WANG S,et al. Ultra-high-resolution detection of Pb^{2+} ions using a black phosphorus functionalized microfiber coil resonator[J]. Photonics Research, 2019, 7: 622-629.

[71] CHANG Y,CHEN D. Preparation and adsorption properties of monodisperse chitosan-bound Fe_3O_4 magnetic nanoparticles for removal of Cu(Ⅱ) ions[J]. Journal of Colloid and Interface Science,2005,283: 446-451.

[72] ZHANG Y,ZHANG L,HAN B,et al. Reflective mercury ion and temperature sensor based on a functionalized no-core fiber combined with a fiber Bragg grating[J]. Sensors and Actuators B: Chemical,2018,272: 331-339.

[73] HU X,SHEN X,WU J,et al. All fiber MZ interferometer for high temperature sensing based on a hetero-structured cladding solid-core photonic bandgap fiber[J]. Optics Express,2016,24: 21693-21699.

[74] TIAN K,ZHANG M,FARRELL G,et al. Highly sensitive strain sensor based on composite interference established within S-tapered multimode fiber structure[J]. Optics Express,2018,26: 33982-33992.

[75] YANG R,YU Y-S,XUE Y,et al. Single S-tapered fiber Mach-Zehnder interferometers [J]. Optics Letters,2011,36: 4482-4484.

[76] CHOI H Y,KIM M J,LEE B H. All-fiber Mach-Zehnder type interferometers formed in photonic crystal fiber[J]. Optics Express,2007,15: 5711-5720.

[77] TIAN K,FARRELL G,LEWIS E,et al. High sensitivity temperature sensor based on balloon-shaped bent SMF structure with its original polymer coating[J]. Measurement Science and Technology,2018,29(8): 085104.

[78] ZHAO Y,LI A-W,GUO Q,et al. Relative humidity sensor of S fiber taper based on graphene oxide film[J]. Optics Communications,2019,450: 147-154.

[79] WEI N,PENG X,XU Z. Understanding water permeation in graphene oxide membranes [J]. ACS Applied Materials & Interfaces,2014,6: 5877-5883.

[80] HERNAEZ M, ACEVEDO B, MAYES A G, et al. High-performance optical fiber humidity sensor based on lossy mode resonance using a nanostructured polyethylenimine and graphene oxide coating[J]. Sensors and Actuators B: Chemical,2019,286: 408-414.

[81] BI H,YIN K,XIE X,et al. Ultrahigh humidity sensitivity of graphene oxide[J]. Scientific Reports,2013,3: 1-7.

[82] YANG R, YU Y-S, CHEN C, et al. S-tapered fiber sensors for highly sensitive measurement of refractive index and axial strain[J]. Journal of Lightwave Technology, 2012,30: 3126-3132.

光纤气泡微腔传感实验室*

　　光纤气泡微腔是光纤内自成一个整体的封闭式微腔,即气泡腔内环境与外界环境完全隔离,具有纳米级壁厚和原子级光滑内壁,这也为形成高质量光纤法布里-珀罗干涉仪提供了天然条件。目前,基于气泡微腔的光纤法布里-珀罗干涉仪,已经被广泛地应用在折射率、温度、应变、压力等物理量传感。本章介绍了电弧放电法制备光纤气泡微腔的新技术,概述了不同光纤气泡微腔制备技术和热熔融整形技术;此外,根据光纤气泡微腔的结构特点,分别进行了压力和应变测量;提出了器件增敏技术且优化器件结构,使得光纤气泡微腔的传感灵敏度获得大幅度提高。系统研究了基于光纤气泡微腔的法布里-珀罗干涉仪的工作原理、制备方法及传感应用,在此基础上,利用微纳光纤与矩形气泡微腔耦合方式,实现了气泡微腔的光学回音壁模式测量,且进一步实现了气泡微腔谐振模式的应变调控。

11.1　光纤气泡微腔制备技术

　　近年来,光纤传感器以其独特的优势引起众多研究者的关注,突出优势体现在灵敏度高、动态范围大、响应速度快、微米尺寸、生物兼容性好、机械强度高、成本低廉[1-5]。随着光纤传感技术的发展,光纤传感器件已应用于物理、化学以及生物等领域,如在生物医疗方面,集成高新科技的光纤医用传感器在生命科学领域中备受关注[6-11]。

　　光纤传感器件类型较多,光纤布拉格光栅(FBG)和长周期光纤光栅(LPFG)是

---

　　* 王义平,深圳大学,物理与光电工程学院,深圳 518060,E-mail:ypwang@szu.edu.cn;刘申,深圳大学,物理与光电工程学院,深圳 518060。

两种主要研究的内容；该类器件制备工艺已经工程化和自动化，可应用于光纤通信以及光纤传感[3,12-14]。此外，光纤干涉仪因结构紧凑及微型化结构也得到了广泛研究。研究人员设计及制备的光纤干涉仪结构类型多种多样，包括光纤法布里-珀罗干涉仪(FPI)、光纤马赫-曾德尔干涉仪(MZI)、迈克耳孙(Michelson)干涉仪以及萨格纳克(Sagnac)干涉仪[15-38]。

在众多制备光纤干涉仪的技术方案中，基于光纤空气微腔的干涉仪是研究热点之一。光纤空气微腔可分为开放空气微腔和封闭空气微腔两种形式。其中，开放腔与外界连通，腔内环境即等同于腔外环境；而封闭腔自成一个整体，且腔内环境与外界隔离，也可称为光纤气泡微腔。根据两类空气微腔的各自结构特点，分别用于不同光纤传感领域。目前，在线制备光纤空气微腔的技术可分为：①飞秒激光微加工[15-19]，利用飞秒激光直接在光纤上进行开槽或打孔，由此直接形成光纤MZI或FPI，可用于外界环境传感，如折射率传感。尽管利用该技术能方便直接地制备光纤干涉仪，但其加工槽或孔结构较粗糙，由此形成的干涉仪质量不高。②激光微加工与电弧放电结合[20-24]，该技术分为光纤端面激光烧蚀点和放电熔接的两步法实现光纤气泡微腔制备，弥补了飞秒激光加工的不足，提高了光纤干涉仪的质量。③特种光纤熔接技术[25-29]，该方法将单模光纤与特殊光纤熔接，在熔接点处制备了光纤空气微腔；该类技术方法简单且避免使用昂贵的飞秒激光器，大大降低了制备成本；然而，利用该技术制备的光纤空气微腔一般为球形，其曲率会影响所形成的光纤FPI干涉对比度。④化学腐蚀[30-34]，该技术简单方便，包括切割、腐蚀、熔接3个基本步骤。该类技术对腐蚀控制技术要求更高，且使用氢氟酸时具有一定的危险性。⑤电弧放电熔接技术[35-38]，该技术结合电弧放电与液体汽化物理特点，实现了光纤气泡微腔的制备，通过控制优化电弧放电技术，实现多种类气泡微腔制备。

本章将围绕光纤气泡微腔展开，详细给出了电弧放电制备光纤气泡微腔的一系列技术方案，系统研究了光纤气泡微腔的干涉基本理论、气压传感机理和应用、应变传感机理和应用，以及基于光纤气泡微腔的回音壁谐振器和腔模式的应变调控技术。

11.1.1　光纤气泡微腔类型

1. 气泡微腔类型

本节主要介绍圆形气泡微腔、椭圆形气泡微腔、纺锤形气泡微腔、矩形气泡微腔以及端面气泡微腔等5类光纤气泡微腔及其制备方法，光学显微镜图像如图11.1所示。该命名方式依据二维图形结构而定，实物则呈沿光纤轴向空间对称圆球体、椭球体或类似圆柱体的形状。针对特定的气泡微腔，研究相关的力学

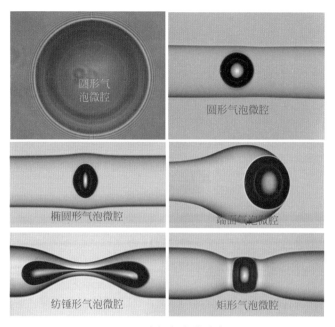

圆形气泡微腔

圆形气泡微腔

椭圆形气泡微腔

端面气泡微腔

纺锤形气泡微腔

矩形气泡微腔

图 11.1　光纤气泡微腔类型

特性。

　　采用热熔技术加工这几种光纤气泡微腔,虽然制备方法在细节上存在差异,但是整体过程充分展现了光纤热熔技术的灵活性及可控性。与传统的制备方式不同,本节提出的新型光纤气泡微腔热加工技术具有可控性强、操作灵活且成品率为100%,同时也将极大地降低制作成本。

2. 制备装置

　　光纤气泡微腔的新型电弧放电热加工技术,制备装置基本组成如图 11.2 所示。图 11.2(a)为超连续光源,波长范围为 400～2400 nm;图 11.2(b)光谱仪(YOKOGAWA AQ6370C),波长分辨率为 20 pm,扫面范围为 600～1700 nm;图 11.2(c)为光纤熔接机(型号藤仓 FSM-60S);图 11.2(d)为 3 dB 光纤耦合器,监测光纤气泡微腔的反射光谱变化。实验仅需基本仪器,无辅助设备,操作简单、重复性高且技术稳定。

　　实验中,实时监测光纤气泡微腔的反射光谱,其光路连接方式如图 11.2(e)所示。通过观测光纤 FPI 的反射光谱变化,实现控制气泡微腔的形状、腔长等结构参数的目的。利用超连续光源有两个原因:一是测试基于气泡微腔的光纤 FPI 干涉光谱;二是利用宽谱超连续光源及满量程光谱仪,实现石英薄膜厚度监测。厚度为 1 μm 的薄膜形成的干涉包络自由谱宽 FSR>480 nm,因此需用超连续光源配合合

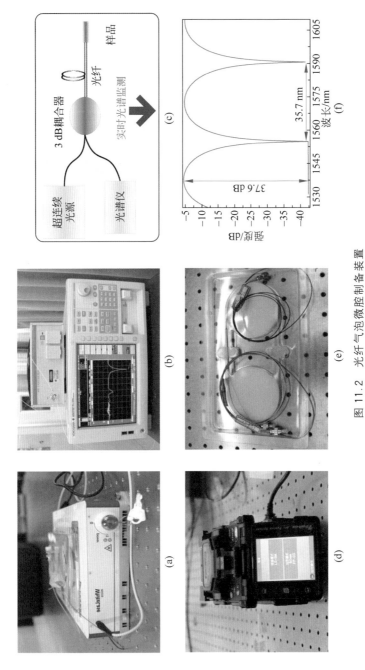

图 11.2 光纤气泡微腔制备装置

(a) 超连续光源；(b) 光谱仪；(c) 熔接机；(d) 3 dB 耦合器；(e) 反射光测试光路；(f) 基于气泡法布里-珀罗干涉法的干涉光谱

适的光谱仪,实现石英薄膜干涉的光谱测量。图 11.2(f) 给出了基于光纤气泡微腔 FPI 的典型干涉光谱。

11.1.2　圆形气泡微腔

1. 制备工艺

本节具体介绍圆形气泡微腔的制备方法。实验在普通单模光纤(Corning SMF-28)内部制备圆形气泡微腔,如图 11.3 所示,光纤圆形气泡微腔制备工艺主要分为 4 个步骤。

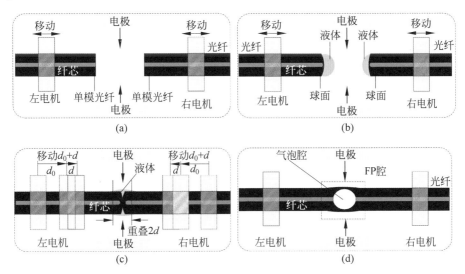

图 11.3　光纤圆形气泡微腔制备工艺

步骤 1　准备阶段。首先将普通单模光纤剥去涂覆层,并用酒精擦拭干净,用光纤切割刀将光纤末端切平。然后,将两末端切平的光纤分别放置在光纤熔接机中,处于待熔接状态。最后,将光纤熔接机设置到手动马达驱动状态,此时可分别通过熔接机上的驱动马达(ZL 和 ZR)移动两根光纤,也可在 x 和 y 平面进行移动,图 11.3(a)为待处理的状态。

步骤 2　预处理阶段。①通过步骤 1 将两端面光纤调整到合适位置,在光纤熔接机的平面能看到两个端面即可。②设置放电功率与放电时间,进行放电,两个端面受热软化,由于材料自身表面张力等,使熔融光纤端面在冷却过程中逐步趋于圆弧状。③将预处理的光纤端面浸蘸少量折射率匹配液体,该液体在预处理的光纤末端形成一层液体膜。④将带有液体膜的光纤端面放置于光纤熔接机中,放置位置如图 11.3(b)所示。

步骤 3　应力施加阶段。在该过程中,主要利用光纤熔接机的手动马达驱动功能。首先,驱动左右两边的马达,使浸蘸液体的弧形光纤端面相接触。然后,同时推进左右两边的驱动马达,继续在光纤接触点施加微小位移量;由于施加小位移量之前,两个光纤端面已经相互接触,此时小位移量转化为在接触点的预应力施加。在光纤弧形末端接触点处存在液体,接触点内部也存在少量液体,如图 11.3(c)所示。

步骤 4 精密放电阶段。该阶段主要是放电熔接阶段。首先,调节放电功率与放电时间,一般选用"标准"功率,放电时间选择 1200 ms,第一次放电即可获得光纤气泡微腔。然后重复放电且通过光纤熔接机界面可观测光纤气泡微腔尺寸,获得圆形气泡微腔,如图 11.3(d)所示。在该实验过程中,从光谱仪观测基于光纤气泡微的 FPI 的干涉光谱,通过其 FSR 大小,实时计算光纤气泡微腔的腔长。

上述步骤需特别注意的细节说明如下。

说明 1 光纤预处理目的。为了增加表面张力需将光纤末端熔融成光滑弧形,更易于浸蘸液体或更容易吸附液体;为了减小两个光纤之间的接触面积需将光纤熔融成弧形面,这样初始形成的气泡尺寸更小。

说明 2 液体选择。实验选用的折射率匹配液,普通液体均可用,主要考虑采用不易挥发的液体,便于长时间操作。

说明 3 熔接机设置。一般只需设定放电时间与放电功率,根据熔接状态调整放电参数。基本原则为放电功率要达到光纤熔融功率,放电时间确定熔接状态;随着重复放电次数增加,气泡微腔逐步变大。

利用上面 4 个步骤,就可以获得光纤圆形气泡微腔,通过本节搭建的测试系统,可以实时监控光纤圆形气泡的尺寸、干涉对比度及自由谱宽等相关参数。

2. 干涉光谱

图 11.4 为圆形气泡微腔及对应的干涉光谱。将光纤样品浸泡于水溶液中,可以保持微腔成像清晰。光纤包层折射率为 1.444,水折射率为 1.30,因此气泡微腔相差仍然存在,可以通过浸泡不同的液体改善拍摄的实物图像。通过测量系统可以获得圆形气泡微腔形成的干涉光谱,如图 11.4(b)所示,其自由谱宽 FSR＝15 nm,可计算出对应腔长 $L＝80.08\ \mu m$。通过显微镜拍摄软件测量长度 $L_1＝80\ \mu m$,可见相差误差非常小,仅为 0.1%。实际工程应用中,不仅要关注光纤 FPI 自由光谱范围,更要关注器件光谱的对比度和精细度。由于光纤气泡壁为石英材料,反射率仅为 4%,所以气泡微腔内壁反射形成的干涉可视为双光束干涉,这也决定了干涉光谱的精细度;然而该器件的干涉对比度取决于参与干涉的双光束光强的大小,其与气泡微腔内壁反射面所反射的能量直接相关。如图 11.4 测试中,光纤圆形气泡微腔作为 FP 腔的干涉对比度仅 5 dB 左右,且损耗也较大,限制了在实际工程中的应用。

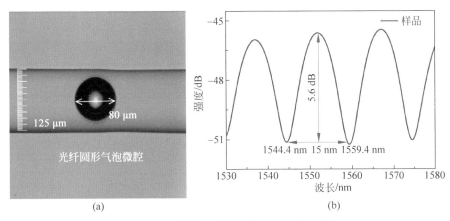

图 11.4　光纤圆形气泡微腔及干涉光谱

11.1.3　椭圆形气泡微腔

1. 制备工艺

为解决圆形气泡微腔存在的不足,制备椭圆形气泡微腔的工艺如图 11.5 所示。两类气泡微腔制备工艺的相同点为:①光纤端面预处理方式;②浸蘸液体物质;③加工设备和监测系统;④熔接机设置方式和操作。形成椭圆形气泡微腔的步骤如下。

步骤 1　准备阶段、预处理、液体涂覆。

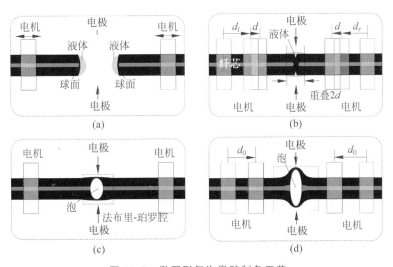

图 11.5　椭圆形气泡微腔制备工艺

步骤 2 应力施加。

这 2 个步骤与前文"圆形微腔制备工艺"相同。

步骤 3 预应力施加与初始放电。此时放电参数的放电功率需要调节更大，一般选择"标准＋20"，同样放电时间为 1200 ms，由此初始椭圆气泡为椭圆形。加大功率的目的为：①让液体在光纤内部充分膨胀；②让光纤充分熔融，充分释放施加的预应力。

步骤 4 轴向应力施加与重复放电。此时，放电功率降低且放电时间减小；一般选"标准－10"，放电时间修改为 900 ms，在更短的时间内轴向挤压应力被释放，圆形气泡微腔被整形成椭圆形气泡微腔。

注意说明：

说明 1 光纤预处理成小弧形面。这样可以使光纤两弧形端面相接触的区域更大，形成的初始气泡更加大，为进一步降低腔长且提高测量范围提供基础。

说明 2 预应力施加。增加预应力的目的在于形成初始气泡即椭圆形气泡。液体受热膨胀在光纤内部形成气泡，由于施加较大预应力，限制气泡在光纤轴向膨胀，而在径向膨胀更加轻松，由此实现初始椭圆形气泡微腔的制备。

说明 3 放电参数控制。此过程需要降低功率和减小放电时间。选择小功率使得光纤初始气泡区域石英材料软化而成完全熔融状态，同时设定一个材料可软化的短时间；这样，在较短的时间内材料仅仅软化，气泡完全膨胀力的作用小于其预应力施加作用，则放电过程中，预应力起到主要作用，结果是气泡微腔的腔长被进一步压缩。

在椭圆形光纤气泡微腔制备过程中，技术目的如下：①降低腔长，增加测量范围。在步骤 4 中不断重复施加预应力，同时重复放电来改变腔长；②提高器件干涉对比度。需要将放电时间与放电功率进行匹配，既要限制气泡微腔过渡膨胀，又要限制腔内壁未完全熔融出现褶皱。通过综合参数控制获得更宽测量范围，也能得到最佳的干涉对比度。

2. 干涉光谱

利用光纤椭圆气泡微腔制备工艺实现样品加工，如图 11.6(a)所示。对实物进行测量，椭圆气泡微腔的短轴为光纤 FPI 腔长 $L=35\ \mu m$，长轴为 $b=75\ \mu m$，纵横比 $h=2.14$。椭圆气泡微腔制备过程中，出现光纤石英材料被堆积的效果，沿着椭圆气泡微腔长轴方向的直径为 155 μm，相对普通单模光纤直径差增加了 30 μm；沿纤芯方向实现了类似平面的反射面。此外，通过图 11.6(b) FPI 干涉光谱可知，FSR＝35.7 nm，相对圆形腔的 FSR 提高了 2 倍；此时干涉对比度为 37.6 dB，相对提高了 6.7 倍。对比两样品发现，光纤椭圆气泡微腔提高了器件的测量范围，同时大幅提高了干涉对比度。

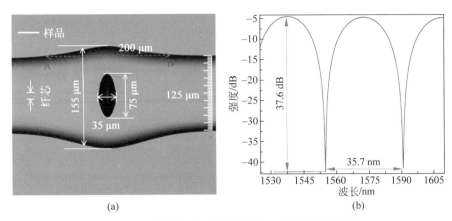

图 11.6　光纤椭圆气泡微腔样品(a)及干涉光谱(b)

11.1.4　端面气泡微腔

1. 制备工艺

光纤端面气泡微腔制备工艺包括 6 个步骤,如图 11.7 所示,其中步骤 1~3 与光纤圆形气泡微腔制备工艺相同;不同之处在于如何施加合适的拉伸预应力,以及如何控制和调整初始端面气泡在电极中的加热位置。详细制作工艺以及注意事项如下。

步骤 4　轴向拉伸及放电。利用熔接机自身驱动马达,在气泡两端的光纤上施加轴向拉伸应力。首先移动左右驱动马达,分别向左右移动距离 d_2,由于左右移动量相同,圆形气泡微腔位置仍位于放电中心;然后调整合适的放电参数和放电时间;最后,放电过程中光纤材料软化,拉伸应力释放,光纤圆形气泡微腔被分割为两部分,即两个初始端面气泡微腔。

步骤 5　重复放电加热。重复放电使端面气泡微腔不断膨胀,末端薄膜不断变薄。一般选择小功率使光纤材料软化即可,时间选择 900~1200 ms 范围。

步骤 6　端面气泡微腔优化。在步骤 5 中形成两个初始端面气泡微腔,需要继续放电且不断调整其相对电极中心区的位置,即可制备出具有超薄石英薄膜壁的光纤端面气泡微腔。

上述步骤需特别注意的细节说明如下:

说明 1　预应力施加。在制备过程中需要施加两类预应力:第一类为挤压预应力,为了形成初始的圆形气泡微腔;第二类为拉伸预应力,将圆形气泡微腔一分为二形成两个端面气泡微腔。然而,此时拉伸预应力不宜过大,可以拉断分离开即可。

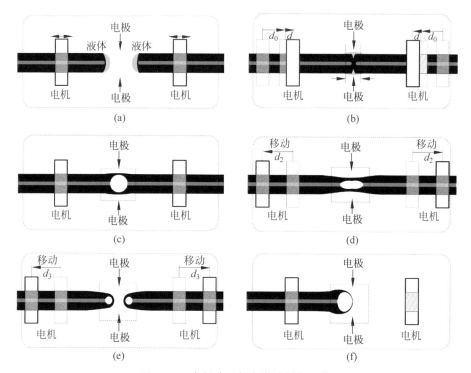

图 11.7　光纤端面气泡微腔制备工艺

说明 2　重复放电。端面气泡在优化过程中,需要不断调整距离放电中心区域的位置。原因在于,随着放电次数的增加,光纤端面气泡壁的厚度越来越薄,由此其耐受的气体膨胀能力减弱,所以控制到放电中心区的距离,进而控制端面气泡微腔的受热膨胀能力,逐步制备出超薄的石英薄膜。

利用图 11.7 中的 6 个步骤,就可以获得光纤端面气泡微腔,通过搭建测试系统,可以实时监控端面气泡微腔壁的厚度。

2. 干涉光谱

制备出的不同类型样品如图 11.8 所示。通过设置放电参数、重复放电次数、放电加热位置等,实现不同壁厚、不同尺寸端面气泡微腔的制备。

图 11.8(a)为利用小功率获得尺寸较小的光纤端面气泡微腔,厚壁引起三光束干涉的叠加,测量可知干涉光谱的 FSR = 17.5 nm,计算壁厚为 17.5 nm。如图 11.8(b)所示,采用大功率放电并延长放电时间,使初始较小的气泡充分受热膨胀,最终可以得到超大尺寸光纤端面微腔。通过测量显微镜图片,直径可达到 $300~\mu m$。通过干涉光谱包络实时监测端面气泡壁厚度。若光谱包络为 122 nm (1471~1593 nm),可计算壁厚 $t=6.6~\mu m$。图 11.8(c)为具有纳米厚度薄膜的光

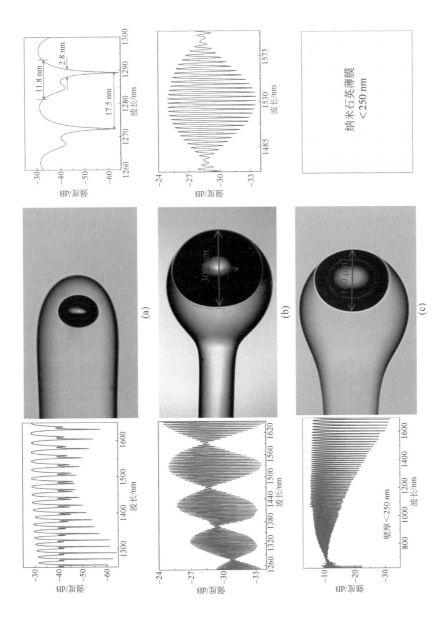

图 11.8　光纤端面气泡微腔及干涉光谱光谱特点

纤端面气泡微腔,所形成的光纤 FPI 可用于气压、水压、振动等方面压力传感。制备该类器件时,需要精确控制熔接机的放电功率与放电时间,同时也要精确控制光纤端面气泡与电极加热中心区之间的距离。通过计算仅能看到二分之一光谱包络,计算得 $t<250$ nm。

通过本节提供的光纤端面气泡微腔制备技术,根据实际需求可以灵活制备各自特点的结构。

11.1.5　矩形气泡微腔

1. 制备工艺

图 11.9 为矩形气泡微腔制备工艺,具体步骤如下。

步骤 1　准备阶段。与制备圆形气泡微腔技术一致,如图 11.9(a)所示。

步骤 2　光纤预处理阶段。与制备圆形气泡微腔技术存在差异,此处同样将光纤预处理成弧形端面,但该弧形的弧度更为陡峭,在此称之为大弧形面;在处理过程中,通过较大功率放电加热使光纤端面熔融之后冷却,功率等参数使用见说明 1,如图 11.9(b)所示。

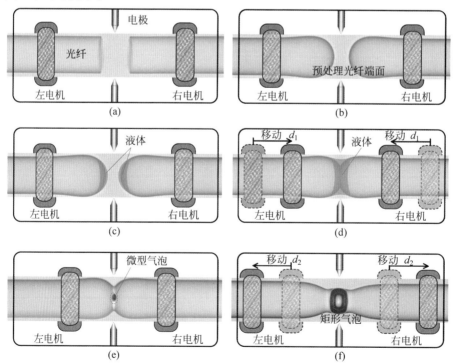

图 11.9　光纤矩形气泡微腔制备工艺

步骤 3　预应挤压应力施加。将光纤弧形端面浸蘸液体,并通过推进驱动马达实现光纤端面相互接触,继续推进微小位移量以达到预应力施加,如图 11.9(b)和(c)所示,具体参数见说明 2。

步骤 4　调节放电参数和放电时间进行放电。放电功率和放电时间是一组重要的参数,是为了在第一次放电之后形成一个"微小气泡腔且在陡峭锥形区域中间",其目的见说明 3。

步骤 5　预应拉伸应力施加。通过马达驱动精密设置一定移动距离,同时调节好放电功率计的放电时间;一次放电即可完成制备光纤矩形气泡微腔。该步骤中需要精密控制的参数见说明 4。

上述步骤需特别注意的细节说明如下。

说明 1　光纤预处理成陡峭光纤弧面。形成此弧面是为了更好浸蘸液体,减小接触面积形成初始微小气泡微腔。选择功率"标准＋20",时间 2000 ms。

说明 2　预挤压应力施加。在形成微小气泡且位于锥形结构中间,尽可能降低初始微小气泡在光纤径向的石英材料。

说明 3　放电参数设置。微小气泡需要小功率,减少径向石英材料,则要求放电时间短。可选择功率"标准—25",时间为 900 ms。

说明 4　预拉伸应力施加。本阶段的目的有两个:一是形成理想干涉内壁(椭圆形特点);二是形成侧边薄壁气泡微腔(端面气泡微腔特点)。拉伸预应力决定腔长大小;放电时间决定径向气泡膨胀量;放电功率决定气泡膨胀速度及最终气泡壁厚度。几种参数之间需要搭配使用,不局限于一种参数。

2. 干涉光谱

利用如图 11.9 所示加工技术流程制备出光纤矩形气泡。显微镜图片及对应干涉光谱如图 11.10 所示,该结构特点有:①集成了光纤椭圆形气泡微腔的特点,具有良好的腔壁反射面,对比度在实验中达到 25 dB 以上。②集成了光纤端面气

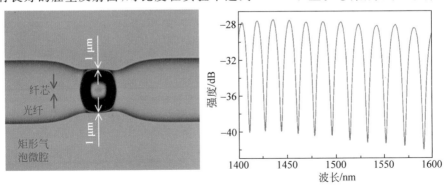

图 11.10　光纤矩形气泡微腔及对应干涉光谱

泡微腔的特点,具有超薄的壁厚,实际测量为 $1~\mu m$。该结构的特殊性在于矩形微腔径向壁厚非常薄,实验中可以制备出厚度为 600 nm 的薄膜,因此矩形气泡微腔壁厚材料相对光纤径向的体积占比非常微小,小于 0.01%;由此该器件可用于测试外界环境中的应变、振动、微位移等高精密要求物理量。

11.2 光纤气泡微腔气压传感技术

11.2.1 气压传感机理

基于光纤 FPI 气压传感器种类多样,基本原理有两种:①改变 FP 腔腔长,如光纤 FP 由薄膜组成,通过解调薄膜形变量实现外界环境气压量测量;②改变 FP 腔内物质折射率,如采用开放式 FP 腔,即腔内外大气压连通,外界气压变化造成 FP 腔内物质折射率的改变,从而通过 FPI 干涉光谱移动实现外界压力测量。

1. 薄膜干涉

如图 11.8 所示的端面气泡微腔的端面为全石英薄膜结构,具有薄膜结构的光纤 FPI 干涉类型为三光束干涉。本节分析具有全石英薄膜的光纤 FPI 结构,如图 11.11 所示,首先超连续光源耦合进入光纤纤芯中,遇到第一个反射面 I(光纤端面),经过 FP 腔之后遇到第二个反射面 II(薄膜内侧),再经过石英薄膜介质到达最末端面第三个反射面 III(薄膜外侧)。由于石英反射率仅为 4%,此处仅考率三个平面之间的干涉现象,详细分析光纤 FPI 的末端薄膜厚度对干涉光谱影响。

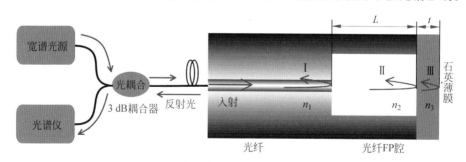

图 11.11 薄膜微腔 FPI 的光谱测量示意图

假设 FP 腔长为 L,石英薄膜厚度为 t,纤芯折射率为 $n_{core}=1.4492$,石英薄膜折射率为 $n_{silica}=1.444$,FP 腔内为空气,折射率为 $n_{air}=1$。三光束干涉光强表达为

$$I=|E|^2=\left|E_1-E_2\exp\left(\frac{4\pi}{\lambda}n_{air}L\right)+E_3\exp\left[\frac{4\pi}{\lambda}(n_{silica}t+n_{air}L)\right]\right|^2$$

$$(11.1)$$

将式(11.1)展开

$$I = \underbrace{E_1^2 + E_2^2 + E_3^2}_{A} - \underbrace{2E_1 E_2 \cos\left(\frac{4\pi}{\lambda} n_{\text{air}} L\right)}_{B} - \underbrace{2E_2 E_3 \cos\left(\frac{4\pi}{\lambda} n_{\text{silica}} t\right)}_{C} +$$

$$\underbrace{2E_1 E_3 \cos\left[\frac{4\pi}{\lambda}(n_{\text{silica}} t + n_{\text{air}} L)\right]}_{D} \tag{11.2}$$

式(11.2)给出了三光束干涉光谱与石英薄膜厚度 t 和腔长 L 之间的关系。该类三光束干涉光谱谐振峰位置取决于式(11.2)中的 B、C、D 三项,其中 B 项为 FP 腔干涉作用,腔长为 L;C 项为薄膜本身干涉影响,薄膜厚度为 t;D 项为 FP 腔与反射薄膜的共同作用下引起的干涉。

实际光纤 FPI 腔长是确定的,考虑薄膜 $t \to 0$($n_{\text{silica}} t \to 0$)的极限情况,此时 A、B、C 项不变,D 项中仅剩下 $n_{\text{air}} L$,则式(11.2)可以写为

$$I \approx E_1^2 + E_2^2 + E_3^2 - 2(E_1 E_2 - E_1 E_3)\cos\left(\frac{4\pi}{\lambda} n_{\text{air}} d\right) -$$

$$2E_2 E_3 \cos\left(\frac{4\pi}{\lambda} n_{\text{silica}} t\right), \quad t \to 0 \tag{11.3}$$

若单独考虑薄膜厚度为 t,引起干涉的自由谱宽 FSR 计算为

$$\text{FSR} = \frac{\lambda_{m+1} \lambda_m}{2 n_{\text{eff}} t} \Rightarrow t = \frac{\lambda_{m+1} \lambda_m}{2 n_{\text{eff}} \text{FSR}} \tag{11.4}$$

当 λ_{m+1} 与 λ_m 比较相近时,薄膜厚度可近似表达为

$$t \approx \frac{\lambda^2}{2 n_{\text{eff}} \text{FSR}} \tag{11.5}$$

最终当 $t \to 0$ 时,三光束干涉将逐渐演变为两光束干涉情况,干涉光谱如式(11.3)所示。根据式(11.2)给出了不同厚度薄膜对干涉光谱造成的影响,图 11.12 为不同薄膜厚度 t 对应的光谱变化情况。不同薄膜厚度所引起的干涉光谱包络变化,随着薄膜逐渐变薄所引起的干涉 FSR 逐渐展宽。该现象给出了一种检测薄膜厚度的方法,可以根据 FPI 的自由谱宽公式计算出不同包络下所对应的薄膜厚度,由此达到检测薄膜厚度的目的。如取石英折射率为 1.445,通过非近似 FSR 式(11.4)可计算薄膜厚度:①FPI 干涉光谱包络为 51 nm 时,计算石英薄膜厚度 $t_1 = 10.27~\mu m$,理论值 $t_1 = 10~\mu m$,计算引起的误差为 2.7%;②FPI 干涉光谱包络为 108 nm 时,计算石英薄膜厚度 $t_2 = 5.069~\mu m$,理论值 $t_2 = 5~\mu m$,计算引起的误差为 1.38%;③FPI 干涉光谱包络为 155 nm 时,计算石英薄膜厚度 $t_2 = 3.0035~\mu m$,理论值 $t_3 = 3~\mu m$,计算引起的误差为 0.117%;④FPI 干涉光谱包络为 480 nm 时,计算石英薄膜厚度 $t_2 = 1.0003~\mu m$,理论值 $t_3 = 1~\mu m$,计算引起的误差为 0.03%。从计算结果可知,薄膜厚度 t 越小,通过包络计算越精确。在利用光谱包络计算薄膜

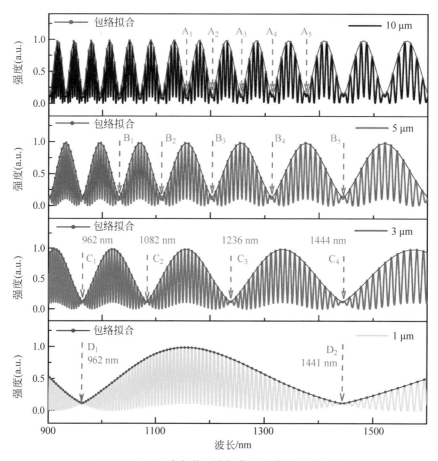

图 11.12　干涉光谱包络与薄膜厚度之间的关系

厚度过程中,不能采用式(11.5)近似 FSR 计算,否则将引入巨大的数据误差。

2. 基于光纤端面气泡的光纤 FPI

基于光纤端面气泡微腔的 FPI 端面具有的薄膜结构如图 11.13 所示。图 11.13(a)为气泡微腔充当光纤 FP 腔,沿纤芯方向气泡直径为光纤 FPI 的腔长 L。原理如下:传输光经过纤芯遇到第一个反射面为气泡内壁一侧,反射光为Ⅰ;传输光遇到气泡内壁的另外一侧,同样反射,其反射光为Ⅱ;传输光遇到气泡腔外壁进行反射,反射光为Ⅲ。由于光纤微石英材料,假设为理想反射,反射率均为 4%,可知光纤端面气泡微腔形成光纤 FPI 为典型的三光束干涉,参与干涉光分别为Ⅰ、Ⅱ、Ⅲ。

3. 气压敏感基本原理

光纤端面气泡微腔顶端为石英薄膜结构,其力学特性较为突出。如图 11.13(b)所示,当置于气压环境中,外界环境气压作用到光纤端面薄膜上,均匀载荷下,薄膜

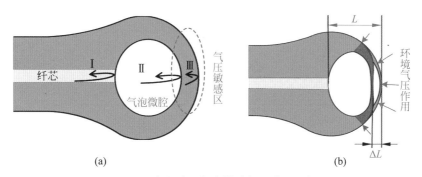

图 11.13　光纤端面气泡微腔气压响应示意图

（a）未施加气压下端面气泡微腔；（b）施加气压后端面气泡微腔顶部薄膜形变

发生形变,改变量为 ΔL,即 FPI 腔长压缩为($L-\Delta L$),由此引起 FPI 干涉光谱漂移量。后续信号解调中,通过对反射光谱漂移量测量可以获得外界气压变化量大小,实现外界气压测量。

　　可见,气压作用下的光纤端面气泡薄膜的形变量决定了该光纤 FPI 的气压响应灵敏度。将图 11.13(b)端面气泡微腔的顶端敏感薄膜区域等效为一个具有均匀薄膜厚度的球形微腔。若敏感区域薄膜半径为 R_1 的球形均匀厚度壳体,均匀载荷压力造成的薄膜形变量为

$$S_p = \frac{\Delta L}{\Delta p} = \frac{(1-\nu)R_1^2}{2Et} \tag{11.6}$$

其中,ΔL 为气泡微腔的腔长变化量,Δp 为外界气压变化量,ν 为泊松比,E 为杨氏模量,t 为气泡腔壁厚度,R_1 为敏感薄膜半径。从式(11.6)中可知,光纤端面气泡微腔气压响应灵敏度 S_p 与石英薄膜厚度 t 成反比,即端面气泡微腔壁厚越薄其气压响应灵敏度越高,对外界气压越敏感。

11.2.2　气压传感测试

1. 端面气泡微腔壁厚控制

　　为了获得高气压灵敏度器件,首先应解决如何制备出具有超薄壁厚的光纤端面气泡微腔。由于薄膜厚度范围从几十微米到亚微米甚至纳米量级,跨度非常大,所以此时的薄膜厚度 t 需通过非近似公式计算

$$t = \frac{\lambda_{m+1}\lambda_m}{2n_{\text{eff}}(\lambda_{m+1}-\lambda_m)} \tag{11.7}$$

其中,t 为端面气泡壁厚度,λ_{m+1} 和 λ_m 分别为第 $m+1$ 和第 m 阶谐振波长,n_{eff} 为石英材料折射率,取值为 1.444。结合式(11.7)与测试反射光谱相结合,可实时计算得出端面气泡的壁厚。

光纤端面气泡微腔制备过程中的实时干涉光谱如图 11.14 所示。本节制备出不同壁厚的光纤端面气泡微腔。图 11.14 为气泡壁薄膜干涉类型,整个系列(状态 1~状态 6)是同一个样品在经历不同放电次数下的实物状态。在反射光谱中,密集干涉条纹为气泡腔形成的干涉,外包络为气泡壁厚造成的光谱调制。状态 1 时,取其中一个干涉光谱包络,FSR=76 nm,此时 $\lambda_{m+1}=1404$ nm,$\lambda_m=1328$ nm,可计算此时壁厚为 $t_1=8.49$ μm;状态 2 时,FSR=97 nm,此时 $\lambda_{m+1}=1410$ nm,$\lambda_m=1313$ nm,可计算此时壁厚为 $t_2=6.61$ μm;同理,状态 3 时,壁厚为 $t_3=4.735$ μm;状态 4 时,壁厚为 $t_4=2.19$ μm;状态 5 时,壁厚为 $t_5=1.53$ μm。状态 6 时,可认为整体光谱中处于半个包络状态,即 FSR>1400 nm,此时可认为 $\lambda_{m+1}=2300$ nm,$\lambda_m=900$ nm,可计算此时壁厚为 $t_6=0.33$ μm。通过光谱包络可以实时计算光纤端面气泡微腔壁厚大小。特别需要指出,对于状态 6 来说,干涉光谱几乎看不出包络,主要是因为气泡末端薄膜太薄,在计算中 t_6 应该小于 330 nm。

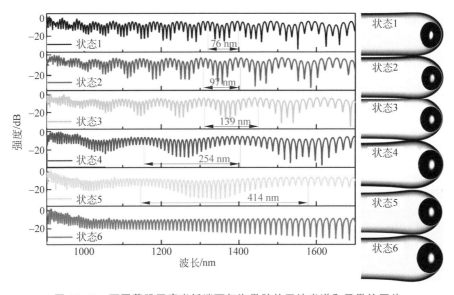

图 11.14 不同薄膜厚度光纤端面气泡微腔的干涉光谱和显微镜图片

为了更清晰地测量光纤端面气泡微腔的壁厚及内部结构,本节利用飞秒激光将端面气泡沿着顶端薄膜径向剖开。图 11.15 为状态 6 样品剖面结构,通过干涉光谱包络计算的壁厚 t 为 330 nm,实际测量值为 320 nm,实验计算数据与实际测量结果非常吻合,证明通过光谱包络实时衡量气泡壁厚方案是完全正确且可行的。

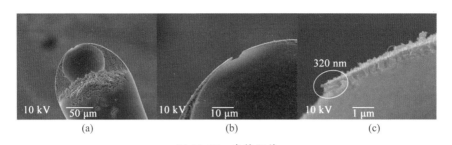

图 11.15　电镜图片

(a) 光纤端面微腔剖面图；(b)，(c) 气泡端面全硅薄膜的局部放电图

2. 端面气泡微腔气压测量

对制备出不同壁厚的光纤气泡微腔进行气压响应测试。气压测试系统如图 11.16 所示，BBS 为超连续白光光源，OSA 为光谱仪，ConST162 为气压产生器，用来提供测试用气压。此外，加工了 T 形不锈钢连通管道，端面通过密封胶密封。实验中，超连续白光通过 3 dB 耦合器传输到光纤端面气泡微腔，且形成光纤 FPI，反射光谱通过 OSA 解调。通过 ConST162 气压产生器手动设置不同的气压数值且测试气压保持稳定 10 min，保持 T 形连通管内气压静置稳定。光谱仪最大分辨率为 0.02 nm，根据器件的估算灵敏度及气压施加间隔量大小，选择合适光谱仪的分辨率。在实际操作中，一般初始施加微弱气压数值为 1 kPa，初步估算器件气压响应灵敏度后，结合器件的测量范围即 FSR 大小，合理设置光谱仪分辨率进行实验测试。

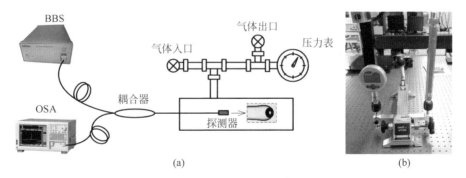

图 11.16　气压测量的实验装置图(a)和高精密的气压表和气室(b)

测试 3 个不同壁厚光纤端面气泡微腔的气压响应如图 11.17 所示。图 11.17(a) 为其中一个实物样品，通过干涉光谱包络计算出气壁厚约 500 nm。图 11.17(b) 为波长 1250~1650 nm 范围内的干涉光谱，在此范围内未看到一个完整光谱包络，该器件在 1550 nm 处的干涉对比度也可大于 20 dB。图 11.17(c) 为测试 3 个样品的波长

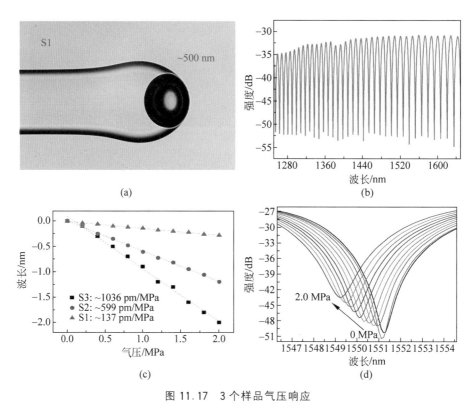

图 11.17　3 个样品气压响应

(a) 样品 3 的显微镜图片；(b) 样品 3 的干涉光谱；(c) 随着气压施加时的 3 个样品干涉光谱波长漂移量；
(d) 在气压从 0~2.0 MPa 逐渐增加时,样品 3 的干涉光谱演化过程移变化量

漂移量。实验在 1 个标准大气压基础上进行增加,增加量范围为 0~2 MPa,间隔为
0.2 MPa,每个气压间隔静置 10 min,然后记录光谱数据,整理 1550 nm 附近的谐
振点漂移数据。通过光谱变化可知,随着气压增加,光纤 FPI 光谱出现蓝移,即向
短波移动；$\Delta\lambda$ 为负值,代表光纤 FPI 的腔长 L 在不断变小。这种现象表明,外界
环境气压增加导致薄膜形变,引起端面气泡微腔轴向直径变小,即 FPI 腔长变小,
直观表现为 FPI 的光干涉光谱出现蓝移。

　　3 个样品的气泡腔壁厚分别为 6.7 μm、1.8 μm、0.5 μm,分别对应测试灵敏度
137 pm/MPa、599 pm/MPa、1036 pm/MPa。对比数据发现,灵敏度与薄膜厚度并
未呈现良好的线性关系,存在原因较多。结合光纤端面气泡微腔的特殊结构,其原
因可能有以下几个方面：①薄膜为等厚薄膜,增加非线性薄膜形变,引入了数据测
试误差；②加工误差,最薄处不在端面气泡微腔的最顶点位置,顶部中心位置在气
压作用下的形变并非最大,也由此引起灵敏度降低。此外,测试结果验证了随着端
面气泡微腔壁厚降低,气压响应灵敏度逐步提高。

11.2.3　薄膜增敏分析

1. 增敏分析

端面气泡微腔的气压敏感区有限,等效为半径为 R_1 的球形均匀厚度壳体,气压变化造成的光纤 FPI 波长漂移量可描述为

$$\frac{\Delta\lambda}{\Delta p} = \frac{(1-\nu)\lambda R^2}{2ELt} = \frac{(1-\nu)\lambda}{2ELt\gamma^2}, \quad \gamma = \frac{1}{R} \tag{11.8}$$

其中,ν 为泊松比,E 为杨氏模量,L 为气泡微腔的腔长,t 为气泡微腔壁厚度,R 为薄膜半径,γ 为薄膜曲率。可知波长相对气压变化,灵敏度与薄膜厚度、腔长及曲率平方均相关。由式(11.8)可推导气压腔长相应灵敏度为

$$\frac{\Delta L}{\Delta p} = \frac{(1-\nu)}{2E} \cdot \frac{1}{t\gamma^2} = C\frac{1}{t\gamma^2} \tag{11.9}$$

其中,C 为仅与材料属性相关的常数。通过简化公式可以看出,器件腔长随气压改变的变化量,即器件的响应灵敏度只与薄膜厚度 t 以及薄膜曲率 γ^2 相关。从式(11.9)中可以得出提高器件气压相应灵敏度方案如下。

方案 1　减小薄膜厚度。薄膜厚度与气压响应灵敏度成反比关系,且该方案在 11.2.2 节已经验证。

方案 2　减小曲率,如图 11.18 所示。式(11.9)所示腔长变化灵敏度的大小,相比薄膜厚度其灵敏度更依赖于曲率变化。由此可以改变其曲率数值来大幅提高器件的气压响应灵敏度。

实验实现的 320 nm 厚石英薄膜已达薄膜厚度 t 的极限,在式(11.9)中不能继续降低 t 来提高腔长灵敏度。此时考虑结合方案 1 和方案 2,当薄膜厚度为百纳米量级时,改为方案 2 继续提高器件灵敏度。

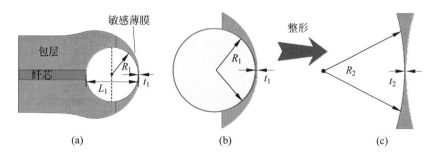

图 11.18　光纤端面气泡的顶部薄膜分析

(a) 光纤端面气泡示意图;(b) 弧形薄膜;(c) 整形薄膜

将图 11.18(b)的敏感薄膜整形成如图 11.18(c)所示的形状,薄膜曲率大幅降

低,从而利用方案 2 继续大幅提高器件对气压的响应灵敏度。

通过有限元仿真软件初步评估了方案 2 的改进结构。如图 11.19(a)所示,薄膜最薄处为 $0.5\ \mu m$,半开口直径为 $70\ \mu m$。取等均匀渐变厚度、相同厚度和浅变参数建立整形后薄膜数学模型(图 11.19(b))。通过计算可知,光纤端面气泡微腔在 1 MPa 气压作用下的腔长最大变化量为 $0.196\ \mu m$,而此时模型(图 11.19(b))的最大形变量为 $7.81\ \mu m$,彩色显示了薄膜不同位置处的形变量大小。可见采用方案 2 将图 11.19(a)整形成图 11.19(b),气压响应灵敏度提高到 39 倍。由理论计算可知,方案 1 和方案 2 均可提高器件的气压响应灵敏度,且方案 2 更有效。

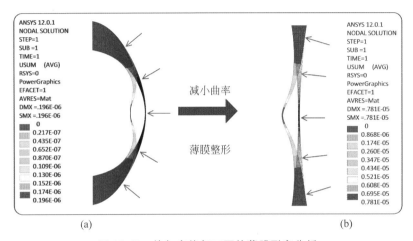

图 11.19　施加定值气压下的薄膜形变分析

2. 薄膜优化

计算分析弧形薄膜、整形薄膜、平面薄膜的气压响应灵敏度,如图 11.20 所示,在相同气压条件下,平面薄膜气压响应量最大,整形薄膜次之,弧形薄膜最小。

计算结果表明,整形后的弧形薄膜气压响应提高至近 40 倍,然而均匀的平面薄膜气压响应比整形薄膜又提高了近 73 倍。因此,弧形薄膜整形逐渐接近平面薄膜结构,气压灵敏度也逐步提高。

11.2.4　薄膜整形及气压增敏测试

1. 弧形薄膜整形技术

步骤 1　准备阶段。实验所需器材包括光谱仪、熔接机、光源、3 dB 耦合器、清洁工具、单模光纤、玻璃管及精密切割装置。制备光纤端面气泡微腔待用,切平光纤端面和石英玻璃管,将两者放进熔接机中进行熔接,如图 11.21(a)所示。

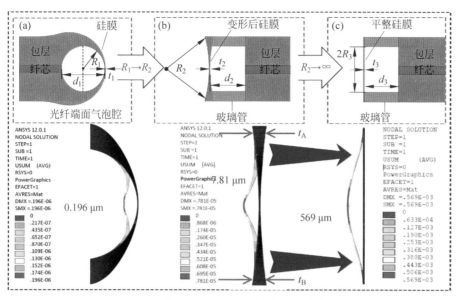

图 11.20　优化薄膜结构以提高气压响应灵敏度

（a）具有薄膜结构的端面气泡；（b）具有整形薄膜的空腔；（c）具有平面薄膜的空腔

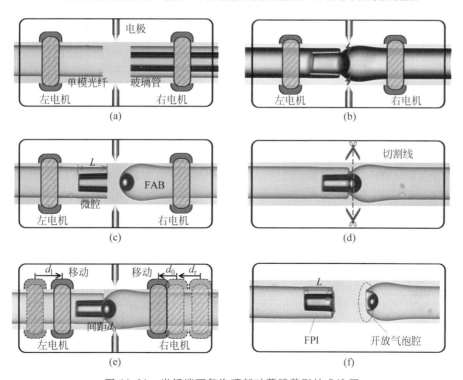

图 11.21　光纤端面气泡顶部硅薄膜整形技术流程

步骤 2 熔接设置。如图 11.21(b)所示,通过精密切割装置,以光纤和玻璃管熔接点为起点,预留长度 L 的玻璃管,将其切平待用;将连接玻璃管的光纤放进熔接机,同时另外一端放进待用的光纤端面气泡微腔。设置熔接功率和熔接时间。

步骤 3 纳米薄膜熔接。如图 11.21(c)所示,首先施加预应力,通过驱动马达移动玻璃管和光纤端面气泡微腔,移动量分别为 d_1 和 d_r,直到两端面相互接触;继续施加一个微小位移量,使光纤端面气泡顶端的纳米薄膜与玻璃管末端紧密贴合。然后设置放电参数,严格控制放电功率以及放电时间的大小。最后直接放电,通过一次放电即实现纳米薄膜与玻璃管之间的焊接工作。

上述步骤需特别注意的细节说明如下。

说明 1 熔接区域。如图 11.21(c)所示,该区域稍远离放电中心,光纤端面气泡几乎位于放电中心区域。由此端面气泡微腔充分受热膨胀可以更好地与玻璃管熔接。

说明 2 放电控制。选择合适的放电功率:放电功率过大,端面气泡微腔易胀裂;功率过小,则易使气泡微腔软化坍缩。此外,功率过小易导致气泡微腔与玻璃管之间脱焊或出现缝隙。

说明 3 切割线位置。切割是为了去掉端面气泡微腔,将末端纳米薄膜整形并转移到石英玻璃管末端。

如图 11.21(e)和(f)所示为玻璃管与光纤端面气泡微腔熔接在一起的样品,所用到的精密切割装置如图 11.22 所示。图 11.22(b)具体装置有:①CCD,用于实时观测熔接点位置、切割刀刃位置以及所要切割点位置,通过 PC 实时显示成像;②升降台等调节装置,用于对焦 CCD;③固定有光纤夹持器的精密位移平台。位移平台用于调整切割点与刀刃重合,实现定量精密切割。图 11.22(a)为待切割样品结构,图 11.22(c)为 PC 成像中的光纤及刀刃图像。通过控制精密位移平台,可以实现小于 $2\ \mu m$ 的定量切割。如此切割掉端面气泡,将端面气泡顶端的弧形薄膜焊接并转移到玻璃管微腔末端,完成弧形薄膜的整形。

综上所述,结合如图 11.21 所示的技术制作和说明,可制备出带有纳米厚度石英薄膜的光纤微腔,形成一个良好的光纤 FPI。

2. 整形薄膜气压测试

利用上述工艺整形光纤端面气泡微腔顶端的弧形薄膜,即将 FAB1 的弧形薄膜整形为 FDC1 末端的敏感薄膜,如图 11.23 所示。进行一组实验来对比弧形薄膜整形前后气压响应灵敏度的变化大小。

整形前:制备出壁厚小于 350 nm 的光纤端面气泡微腔 FAB1,如图 11.23(a1)所示,测量腔长为 73 μm。图 11.23(a2)中实时监测的干涉光谱存在一个较大的光谱

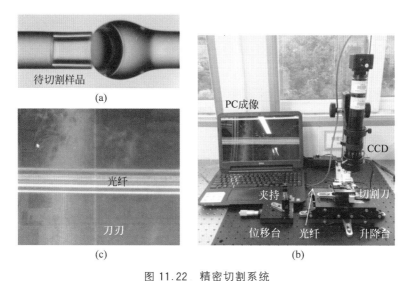

待切割样品
(a)

光纤

刀刃
(c)

PC成像
CCD
夹持　　　　　切割刀
位移台　光纤　升降台
(b)

图 11.22　精密切割系统

(a) 待切割样品；(b) CCD 成像系统和精密位移平台；(c) 光纤切割位置的局部放大

包络，且半个包络已超过 925 nm，计算其薄膜厚度接近 350 nm。图 11.23(a3) 为在室温下样品 FAB1 气压响应测试，相对 1 个标准大气压 0 MPa 升至 2 MPa，测试 10 个点且每个点停留超过 10 min，直到 FAB1 干涉光谱稳定后记录。测试 1550 nm 附近光谱变化，波长漂移灵敏度为 0.914 nm/MPa，换算成腔长变化灵敏度为 43.4 nm/MPa，插图为 0～2 MPa 气压变化下的光谱演化。实验中光谱出现蓝移，验证腔长随气压增加而减小。

整形后：利用如图 11.21 所示技术流程，将样品 FAB1 整形为 FDC1，如图 11.23(b1) 所示，测量腔长为 155 μm。如图 11.23(b2) 所示，干涉光谱的半个包络已超过 720 nm，计算薄膜厚度接近 400 nm，说明干涉并未发生在最薄薄膜处，这将降低该器件的气压响应灵敏度。同样测试了 FDC1 的气压响应情况，测试环境与 FAB1 相同，不存在测试环境引起的误差。通过小气压响应测试评估 FDC1 可能的灵敏度情况，设置气压初始值为 1 个标准大气压，相对气压测量变化范围为 0～0.2 MPa。同样测试 10 个点，且每个点停留超过 10 min，直到 FDC1 干涉光谱稳定后记录。测试 1550 nm 附近光谱变化，整理数据的波长漂移灵敏度为 12.6 nm/MPa，换算成腔长变化灵敏度为 1250 nm/MPa，插图为 0～0.2 MPa 气压变化下的光谱演化。

通过对比数据，计算腔长变化灵敏度 FDC1 为 1250 nm/MPa，而 FAB1 为 43.4 nm/MPa，改进前后灵敏度提高了 28.8 倍，实验数据呈现了薄膜整形之后的优势。

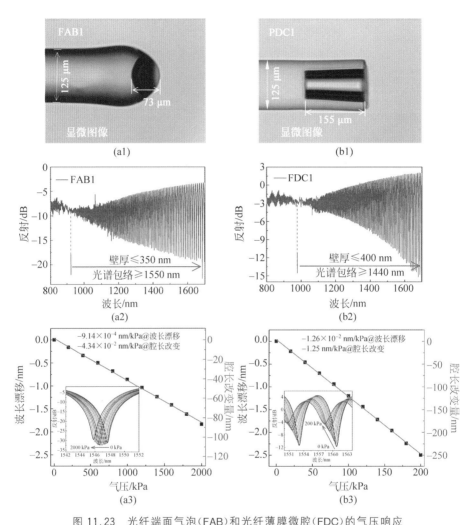

图 11.23 光纤端面气泡(FAB)和光纤薄膜微腔(FDC)的气压响应

(a1) FAB1 显微镜图片,对应的干涉光谱包络(a2)及随气压变化时的光谱漂移过程(a3);(b1) FDC1 显微镜图片,对应的干涉光谱包络(b2)及随气压变化时的光谱漂移过程(b3)

3. 薄膜优化后气压测试

从图 11.20 可知,尽可能降低 t_A 和 t_B 的厚度,可获得近似平面薄膜。整形之后薄膜的曲率取决于光纤端面气泡薄膜的厚度分布情况。相同情况下,光纤端面气泡微腔尺寸越大其端面薄膜厚度渐变厚度梯度越小,可认为端面气泡越大整形以后的薄膜曲率越小。由此分析给出一种可实现近似薄膜的技术手段:采用一种大尺寸的光纤端面气泡,通过如图 11.21 所示技术流程制备更均匀且薄的石英薄膜。

(1) 大尺寸端面气泡微腔:如图 11.24(a1)所示,制备大尺寸光纤端面气泡且壁厚小于 260 nm,称为 FAB2,测量腔长为 150 μm,相比 FAB1 体积增加至 8 倍。图 11.24(a2)对干涉光谱实时监测可知,光谱包络的一半已超过 900 nm。在室温下,对样品 FAB2 进行气压响应测试,如图 11.24(a3)所示。测试 1550 nm 附近光谱变化,其波长漂移灵敏度为 1.33 nm/MPa,换算成腔长变化灵敏度为 127 nm/MPa,插图为 0~1 MPa 气压变化下的光谱演化。

(2) 平面薄膜:利用图 11.21 技术流程将样品 FAB2 整形为 FDC2,如图 11.24(b1)所示,测量腔长为 55 μm。如图 11.24(b2)所示,干涉光谱的半个包

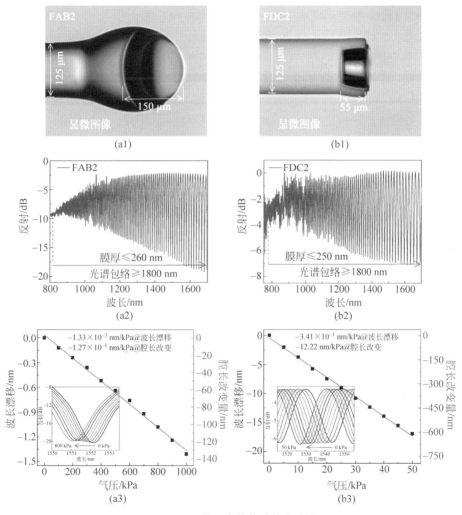

图 11.24　基于优化薄膜的传感器

(a1) FAB2 显微镜图片;(a2) FAB2 反射光谱以及对应气压响应灵敏度(a3);(b1) FDC2 显微镜图片;

(b2) FDC2 反射光谱以及对应气压响应灵敏度(b3)

络已超过 900 nm,薄膜厚度与 FAB2 相当。通过小气压响应测试评估 FDC2 灵敏度情况,设置测试气压范围从 1 个标准大气压相对增加了 50kPa。同样测试 10 个点,且每个点停留超过 10 min,直到 FDC1 干涉光谱稳定后记录。测试 1550 nm 附近光谱变化,整理数据波长漂移灵敏度为 341 nm/MPa,换算成腔长变化灵敏度为 12220 nm/MPa,插图为 0~50 kPa 气压变化下的光谱演化。

通过对比数据,计算腔长变化灵敏度 FDC2 为 12.22 nm/kPa,而 FAB2 为 0.127 nm/kPa,改进后灵敏度提高至 100 倍。

结合图 11.20 将弧形薄膜、整形薄膜、平面薄膜三类薄膜气压响应数据汇总。这里 FAB1 和 FAB2 是端面气泡微腔,且顶端具有弧形薄膜。FDC1 具有整形薄膜,FDC2 具有平面薄膜。图 11.23 和图 11.24 给出了 3 类薄膜微腔优化前后的气压响应数据,其灵敏度分别为 FDC1=1.25 nm/kPa,FAB1=0.043 nm/kPa;FDC2=12.22 nm/kPa,FA2=0.127 nm/kPa。对比这些测量的实验数据及如图 11.20 所示的理论模型,可以获得以下结论。

第一,端面气泡 FAB2 相对 FAB1 体积增加 8 倍,而气压响应灵敏度仅提高 2.95 倍,可见气压灵敏度随体积的增加而提高,但提高幅度有限。第二,FDC1 相对 FAB1,气压灵敏度提高了 28.8 倍;验证了弧形薄膜整形之后可以有效提高器件灵敏度。第三,FDC2 相对 FDC1 的薄膜厚度几乎不变,或者 FDC2 厚度略薄于 FDC1,而 FDC2 气压灵敏度却提高了 10 倍;验证了平面薄膜的气压响应灵敏度要高于单纯的整形薄膜,同样验证了图 11.20 理论分析。第四,FDC2 相对 FAB2 薄膜厚度相当,而 FDC2 气压灵敏度却提高了 100 倍。同样验证了图 11.20 的理论分析。第五,FDC2 相对 FAB1 的气压灵敏度提高至 285 倍。充分说明采用的改进技术是可行的。将弧形薄膜整形成平面薄膜之后的器件气压响应灵敏度提高 2 个数量级。

(3) 平面薄膜微腔样品:图 11.25 为获得近似平面薄膜微腔样品。干涉光谱包络从 650 ~1700 nm 可视为半个包络,一个完整包络 FSR=1050×2 nm=2100 nm,取石英折射率 1.445,可计算薄膜厚度约 182 nm。图 11.25(b) 为样品的电镜图片,可清晰地看出玻璃管的管径尺寸以及整形之后的近似平面薄膜。通过图 11.21 技术流程可实现将弧形薄膜转移到玻璃管末端,形成近似平面薄膜。此外,利用飞秒激光将该样品剖开,获得近似平面薄膜具体结构。如图 11.25(c) 所示,近似平面薄膜对玻璃管密封形成一个微腔结构;图 11.25(d) 为弧形薄膜整形之后的形状。图 11.25(e) 为薄膜最薄区域尺寸为 170 nm,进一步验证了利用干涉光谱包络计算薄膜厚度的正确性。

4. 温度响应特性

温度响应特性基本参数见表 11.1。

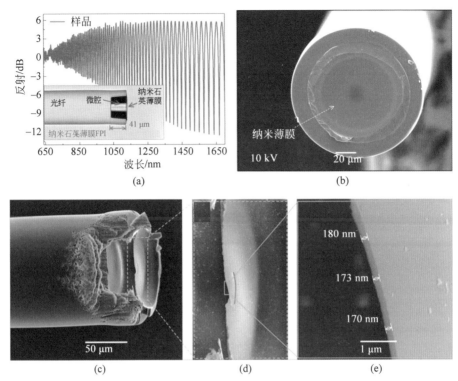

图 11.25　光纤薄膜微腔的干涉光谱(a)和对应的电镜图片(b)～(e)

(b) 玻璃管末端熔接的纳米厚度石英薄膜；(c) FDC 剖面电镜图片；(d),(e) 石英薄膜的局部放大图片,厚度约 170 nm

表 11.1　几种光纤 FPI 的温度与气压响应数值对比

样品	腔长/μm	气压灵敏度 /(nm/kPa)	温度灵敏度 /(pm/℃)	交叉干扰 /(Pa/℃)
FAB1	73	4.34×10^{-2}	38.60	889.40
FDC1	155	1.25	184	147.20
FAB2	150	1.27×10^{-1}	59	464.57
FDC2	55	12.22	1300	106.38

　　FDC1 和 FDC2 温度测试过程及数据处理结果如图 11.26 所示。高温炉温度可以升至 1200℃。首先将 FDC1 和 FDC2 放置在高温炉中,将炉温升至 1100℃,保持恒温 2 h,以便器件退火实验时材料内部应力充分释放,获得更好的温度线性度。图 11.26(a)和(b)分别为 FDC1 和 FDC2 升温和降温的过程。测试中分别将炉温从 200℃升至 1000℃,每 100℃停顿 30 min 并测试一组数据。同样以降温测试间隔 100℃降至 200℃,如此循环测试获得数据。图 11.26(a)插图为 200～

1000℃的光谱演化,图 11.26(b)插图为 600~1000℃的光谱演化。由此,通过数据处理获得了两种样品的温度响应灵敏度,FDC1 为 184 pm/℃,FDC2 为 1300 pm/℃。尽管气压响应灵敏度相差 10 倍,但温度灵敏度同样相差 7 倍。

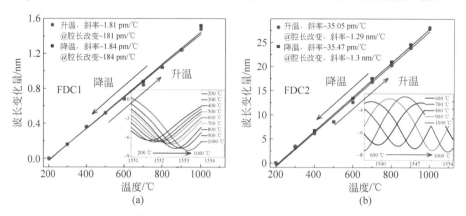

图 11.26　样品 FDC1 和 FDC2 从室温升至 1000℃的高温响应

利用理想气体状态方程分析 FDC 的温度响应。考虑三种温度状态:①熔接高温状态下,光纤气泡微腔末端并未与玻璃管末端熔接在一起,玻璃管与外界空气连通,假设 FDC 腔内参数体积为 V_1,气压为 $P_1 = 10^5$ Pa,温度 $T_1 = 2100$ K,略小于电极放电中心的温度。②在高温状态下,光纤端面气泡微腔末端与玻璃管末端熔接到一起,腔体体积 $V_2 = V_1$,温度 $T_2 = 2100$ K 不变,则此时腔内气体压强 $P_2 = P_1$。③电极放电结束,温度为常温状态,此时温度 $T_3 = 300$ K,体积 $V_3 = V_2 = V_1$。通过理想气体状态方程可计算此时腔内气体压强为 $P_3 = (T_3/T_1)P_1$,代入数据可计算 $P_3 = 0.143P_1$。利用理想气体状态方程,温度变化 1℃,将会引起气压变化 0.33 kPa,而单位温度变化引起的 FDC 腔内气压变化灵敏度为 0.0472 kPa/℃。表 11.1 中 FDC1 和 FDC2 的气压灵敏度分别为 1.25 nm/kPa 和 12.22 nm/kPa,则利用理想气体状态方程可得出器件温度响应理论值为 70.76 pm/℃和 696.54 pm/℃。然而,测试 FDC1 和 FDC2 气压灵敏度分别为 184 pm/℃ 和 1300 pm/℃,分别高出理论值的近 2.6 倍和 1.8 倍。分析此数值差原因可能在以下两个方面:①材料本身有热膨胀效应,随着温度升高,腔长的石英材料不断膨胀,由此也引起器件温度响应提高;②薄膜结构的非线性效应,FDC 末端薄膜为非平面薄膜,实则是渐变厚度,同时最薄处可能偏离薄膜中心的一种非规则薄膜,因此受热时可能产生非线性形变特性,增加了器件温度响应。

11.3　光纤气泡微腔应变传感技术

11.3.1　应变传感机理

为更直观地分析基于椭圆形气泡微腔的光纤 FPI 的应变传感原理,采用光纤空气微腔代替光纤椭圆形气泡微腔。

如图 11.27 所示,光谱漂移量与应变之间关系为 $\Delta\lambda=k_{\varepsilon\text{FP}}\varepsilon_{\text{FP}}$,其中 $k_{\varepsilon\text{FP}}$ 为 FP 腔的应变系数,ε_{FP} 为光纤 FP 腔上施加的应变量大小。腔长相对光纤长度可以忽略,于是通过光纤 FP 的体积变化量来衡量其腔长变化量,即

$$\Delta\varepsilon_{\text{FP}}EV_{\text{FP}}=\Delta\varepsilon_{\text{SMF}}EV_{\text{SMF}} \tag{11.10}$$

其中,E 为光纤材料的杨氏模量,V 为各段体积,下标为对应的结构命名。如图 11.27 所示,分别计算光纤段、光纤 FP 腔段、光纤段三个部分应变量的大小。结合光纤 FPI 干涉光谱的波长漂移与应变之间的关系,可以获得应变灵敏度为

$$K=\frac{L_{\text{FP}}+2L_{\text{SMF}}}{L_{\text{FP}}+2L_{\text{SMF}}\dfrac{A_{\text{FP}}}{A_{\text{SMF}}}} \tag{11.11}$$

其中,A_{FP} 和 A_{SMF} 分别为 FP 腔壁径向截面面积和光纤截面面积,图 11.27 中当 $A_{\text{FP}}=A_{\text{SMF}}$ 时 $K=1$,表示没有空腔存在。除此之外,$K=1$ 表示空腔截面壁厚面积与光纤截面面积相同,此时空腔径向壁厚较厚。设置一个参数 γ 来替代体积相关项,进一步变换得

$$K=\frac{k_{\varepsilon(\text{FP})}}{k_{\varepsilon 0}}=\frac{\overbrace{L_{\text{FP}}+2L_{\text{SMF}}}}{\underbrace{L_{\text{FP}}}_{A}+\underbrace{2L_{\text{SMF}}\gamma}_{B}} \tag{11.12}$$

其中,

$$\gamma=\frac{V_{\text{FP}}}{L_{\text{FP}}\cdot A_{\text{SMF}}} \tag{11.13}$$

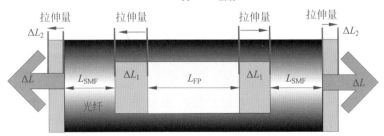

图 11.27　基于空腔的 FPI 应变分析

这里将 γ 定义为光纤 FP 腔壁厚材料体积占比。γ 的物理意义为：γ 越小，FP 径向腔壁材料越少，即径向壁越薄，则单位应变施加对 FP 腔拉伸量更大；γ 越大，FP 径向腔壁材料越多，即径向壁越厚，则单位应变施加对 FP 腔拉伸量更小。因此材料越少相对拉伸量越大，材料越多相对拉伸量越小。

式(11.12)分母中存在 A 和 B 两项给出了两种可提高应变灵敏度优化方案：

方案 1 降低 FP 腔的腔长，即减小 A 项数值；

方案 2 降低材料体积占比 γ 数值。

下面针对性开展器件增敏实验。

11.3.2 应变传感测试

1. 光纤气泡微腔挤压整形

为了获得高灵敏度应变传感器，通过实验验证增敏方案 1 的可行性。制备出不同腔长的光纤气泡微腔，并对其进行应变测试，进而验证理论分析。在椭圆形气泡微腔制备过程中，改变光纤 FPI 腔长，优化光纤 FPI 的干涉光谱，即可在圆形气泡微腔到椭圆形微腔过程提供一种改变腔长的方式，从而验证光纤 FPI 应变响应对 FP 腔长的依赖关系。

如图 11.28 所示，通过重复放电加热技术，对光纤圆形微腔进行整形，从圆形气泡整形成椭圆形气泡，优化光纤 FPI 的干涉对比度和测量范围。从图 11.28(a) 显微镜图片中可以看到，首次加工的光纤 FPI 的腔长为 $L_a = 79~\mu\mathrm{m}$，对应 $\mathrm{FSR_f} = 14.9~\mathrm{nm}$，干涉强度 $I_f = 4.9~\mathrm{dB}$；对该样品施加挤压应力且经过第一次放电，如图 11.28(b) 所示，样品参数改变为腔长 $L_b = 70~\mu\mathrm{m}$，对应 $\mathrm{FSR_g} = 16.8~\mathrm{nm}$，干涉强度 $I_g = 11.1~\mathrm{dB}$；对该样品施加挤压应力且经过第二次放电，如图 11.28(c) 所示，样品参数改变为腔长 $L_h = 58~\mu\mathrm{m}$，对应 $\mathrm{FSR_h} = 20.8~\mathrm{nm}$，干涉强度 $I_h = 19.2~\mathrm{dB}$；对该样品施加挤压应力且经过第三次放电，如图 11.28(d) 所示，此时样品参数改变为腔长为 $L_d = 54~\mu\mathrm{m}$，对应 $\mathrm{FSR_i} = 22.8~\mathrm{nm}$，干涉强度 $I_i = 20.3~\mathrm{dB}$；最终经过第四次放电之后，如图 11.28(e) 所示，此时样品参数为腔长为 $L_e = 46~\mu\mathrm{m}$，对应 $\mathrm{FSR_j} = 26.4~\mathrm{nm}$，干涉强度 $I_j = 13.6~\mathrm{dB}$。

从测试数据中可以看出，随着应力施加和进行重复放电，光纤气泡微腔腔长在不断变短，FSR 逐步展宽。与此同时，在如图 11.28(a)～(d) 所示过程中，光纤 FPI 的干涉光谱对比度在逐渐加强，原因是随着气泡整形，椭圆形气泡的两个内壁反射面逐渐趋向于平行，反射光能量在逐步增强，从而光谱干涉对比度增加。然而，如图 11.28(d)～(e) 所示过程中，尽管 FSR 呈现展宽，但此时光谱干涉对比度却在降低，几乎降低了 50%。其原因在于，如图 11.28(a)～(d) 所示过程光纤气泡微腔的径向直径在逐步增加，电极热流分布面积也逐步增加。而在如图 11.28(d)～(e) 所

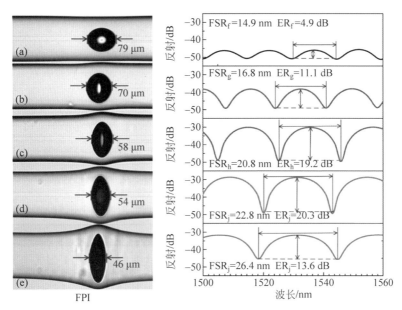

图 11.28　腔长分别为 79 μm(a)、70 μm(b)、58 μm(c)、54 μm(d)、46 μm(e)的气泡微腔显微镜图片，以及对应的基于空气微腔法布里-珀罗干涉仪的干涉光谱(f)～(j)

示过程中，在设定的放电时间内电弧热量未能使图 11.28(d)的光纤气泡完全软化；由此在挤压应力作用下，光纤气泡两个内壁反射面不能在保持平行平面形式被压缩，而是内壁反射面出现了畸变，结果引起发射面上的光强被散射掉而不能完全参与双光束干涉，从而降低光纤 FPI 的干涉对比度。从图 11.28(e)显微镜图片也可以清晰地看到光纤气泡内壁反射面的畸变，验证了分析的合理性与正确性。

2. 应变传感测试

对如图 11.28 所示的每个过程样品进行应变传感测试，取波长相对初始点的变化量，得出器件整形过程中的应变灵敏度分析图，如图 11.29(a)所示。图 11.29(b)为样品随应变施加的干涉光谱演化过程。由图 11.29(a)可以看出，光纤圆形气泡微腔被整形为椭圆形气泡微腔，腔长从 79 μm 逐渐变化至 46 μm，灵敏度从 2.9 pm/με 逐渐提高至 6.0 pm/με；实验结果和理论分析相对应。可见通过降低光纤 FPI 腔长提高器件应变灵敏度。

在实验上通过光纤气泡整形过程实现了光纤 FPI 腔长控制技术。不仅避免了圆形气泡微腔存在的缺陷，而且还验证了该器件应变灵敏度随腔长变短而逐步提升的理论，为改善气泡微腔应变传感器的灵敏度提供了思路。

如图 11.29(d)所示，取 λ＝1 540 nm，利用 FSR 计算公式可计算出理论腔长 L 在 30～100 μm 范围内变化所对应的自由谱宽变化。与图 11.28 中的实验数据进

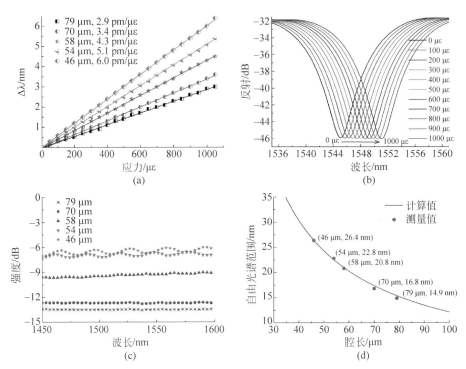

图 11.29　腔长与灵敏度关系

（a）对应腔长为 79 μm、70 μm、58 μm、54 μm、46 μm 的气泡微腔应变响应应灵敏度；（b）随着应变增加，腔长为 46 μm 的反射光谱演化过程；（c）不同腔长下的气泡微腔插入损耗；（d）理论计算与实际测量的自由光谱范围（FSR）数据拟合

行对比，实验数据与理论计算数值非常吻合。测试图 11.28(a)～(e)不同气泡微腔的传输损耗如图 11.29(d)所示。重复放电获得最终的传输损耗 $I_{t4} = -6$ dB。圆形气泡整形为椭圆形气泡的过程中，传输损耗逐渐降低，但并不能无限制降低。理论上，石英材料的反射率为 4%，两个面最多有 7.8% 能量被反射，剩下 92.2% 能量被传输；而在实验中，最优光纤气泡微腔传输损耗大于 3 dB，对应该类器件的传输光能量也小于 50%，可见有大于 42.2% 的能量被散射或耦合损耗掉。另外，光纤圆形气泡整形成椭圆形气泡，随腔长变短其传输损耗降低，这是因为气泡的曲率对传输损耗有影响。

11.3.3　气泡整形及应变增敏测试

1. 微腔制备与对比

利用 11.3.1 节所述的光纤矩形气泡微腔制备技术，实现基于矩形气泡微腔的光纤 FPI 制备。研究光纤 FPI 腔长对器件应变灵敏度的影响发现，腔长越小器件对应变响应越灵敏。在此情况下,为了研究 γ 改变对器件应变灵敏度的影响,制备两类腔长几乎相同的样品进行对比研究,如图 11.30 所示。

如图 11.30(a)和(b)所示,4 个样品分为两组,分别为第 1 组的 S1 和 S2,第 2 组 S3 和 S4。其中,S1 和 S3 为椭圆形气泡微腔,S2 和 S4 为矩形气泡微腔。两组样品分别对应干涉光谱如图 11.30(c)和(d)所示。图 11.30(c)对应 S1 样品干涉光谱为红色,在 1550 nm 附近的 FSR=13.9 nm,理论计算腔长为 $L_1=86.4~\mu m$,测量值为 88 μm;对应 S2 样品的干涉光谱为蓝色,在 1550 nm 附近的 FSR= 14.1 nm;计算腔长为 $L_2=85.1~\mu m$,测量值为 85 μm。同理,图 11.30(d)对应 S3 样品的干涉光谱为红色,在 1550 nm 附近的 FSR=19.36 nm,计算腔长为 $L_3=$ 62 μm,测量值为 62 μm;对应 S4 样品的干涉光谱为蓝色,在 1550 nm 附近的 FSR=19.94 nm;计算腔长为 $L_4=60.2~\mu m$,测量值为 61 μm。

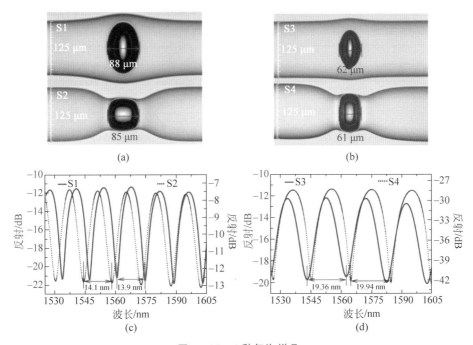

图 11.30　4 种气泡样品

(a),(b) 椭圆形气泡(S1 和 S3)和矩形气泡(S2 和 S4)的显微镜图片;(c),(d) 对应的基于气泡微腔 FPI 的干涉光谱

第 1 组的两个样品腔长几乎相同,第 2 组的两个样品腔长相同。这样两组样品中仅存在结构上椭圆形气泡与矩形微腔的差异。利用简单的分形,可以大概计算出每个样品中 FP 壁厚所占的体积比。S1 腔壁体积占比为 20%,S2 腔壁体积占比小于 1%;S3 腔壁体积占比为 17%,S4 腔壁体积占比小于 1%。这样就可对比

具有相同腔长下的 FP 腔壁体积占比对器件应变灵敏度的影响。

2. 应变响应测试

分别测试两组样品的应变响应特性,设置测试总长度为 20 cm,测试样品位于中间位置,以移动 10 μm 为一个单位,测试步进每次施加 50 $\mu\varepsilon$,测试环境为超净实验室,在室温下开展整体实验研究。

如图 11.31 所示,综合两组样品(S1,S2,S3,S4)的波长变化灵敏度,实验测试应变响应灵敏度 S1 为 3 pm/$\mu\varepsilon$,S2 为 29 pm/$\mu\varepsilon$,S3 为 3.5 pm/$\mu\varepsilon$,S4 为 43 pm/$\mu\varepsilon$。可以看出,相同腔长下 S2 比 S1 提高 10 倍,S4 比 S3 提高 12.3 倍。结合 4 个样品结构尺寸计算壁厚材料体积占比为 $\Delta_{S1}=20\%$,可得 $K_{S1}=4.95$;取 $\Delta_{S2}=1\%$,可得 $K_{S2}=80.2$;取 $\Delta_{S3}=17\%$,可得 $K_{S2}=5.86$;取 $\Delta_{S4}=1\%$,可得 $K_{S4}=80.2$。从理论数据计算可知,每一组的 K 值变化在 13~16 倍,理论计算结果与实验结果处于同一数量级。由此通过实验验证了降低 Δ 可以有效提高器件应变响应灵敏度。

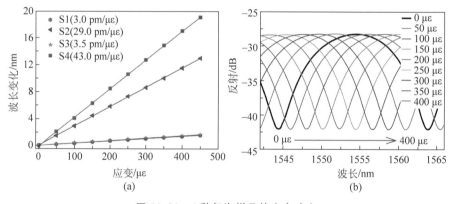

图 11.31　4 种气泡样品的应变响应

(a) 基于气泡微腔样品的应变响应灵敏度;(b)样品 S4 随着应变施加的反射光谱演化过程

3. 应变传感机理

为了分析气泡微腔应变传感机理,首先分析了样品结构应力,如图 11.32 所示。光纤 FPI 应变传感器为外界应变施加对光纤 FP 腔造成形变,引起腔长 L 变化,因此引起干涉光谱波长漂移,而造成 FP 腔形变的根本原因是力的作用。下面研究光纤受应变过程中,光纤气泡微腔内的应力分布情况。测量图 11.30 中 4 个样品显微镜图片,得到详细的结构参数信息,通过有限元分析软件建立的数学分析模型。图 11.32(a1)~(a4)分别为 S1、S2、S3、S4 四个样品对应 1 $\mu\varepsilon$ 下三维模型的应力分布云图。图 11.32(b1)~(b4)对应二维整体应力分布云图,设置考察点 A 和 A'。通过软件仿真计算应力分布云图可知,在应变作用下,气泡微腔径向壁上

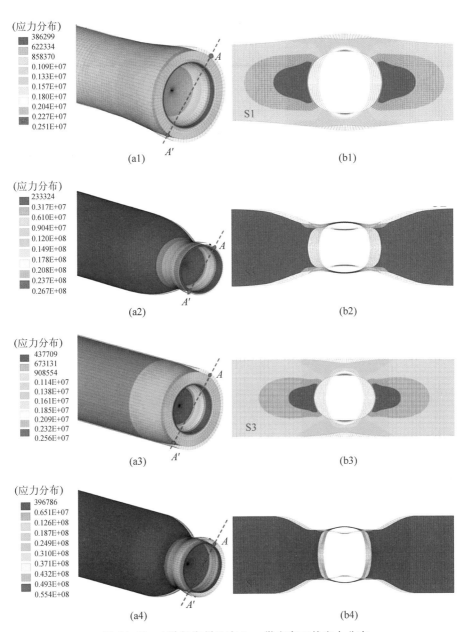

图 11.32　4 种气泡样品在 1 με 微应变下的应力分布

（a1）~（a4）三维结构的应力云图分布；（b1）~（b4）对应 A—A' 横向截面二维应力分布云图

产生应力集中,气泡微腔被拉伸形变,腔长变长。此外,还可以看到 S1 与 S3 具有厚壁的光纤椭圆形气泡微腔,应力最大处为气泡微腔内壁顶点处,向外部继续延伸,但呈现应力降低趋势。然而 S2 与 S4 气泡腔壁完全处于应力最大处,气泡顶点处在集中应力作用下产生巨大形变,拉伸明显。通过仿真分析可知,矩形气泡微腔应变灵敏度高的主要因素在于气泡腔壁的应力集中效应。

4. 应变增敏分析

为了分析矩形气泡微腔应变灵敏度提高的原因,如图 11.33(a)所示,建立 4 种对比模型,分别为:Ⅰ型,具有锥形区光纤矩形气泡微腔;Ⅱ型,无锥形区光纤矩形气泡微腔;Ⅲ型,具有锥形区光纤椭圆形气泡微腔;Ⅳ型,无锥形区光纤矩形气泡微腔。四种气泡微腔在最薄处具有相同的厚度,设置最薄厚度为 1 μm、5 μm、10 μm、15 μm、20 μm,且Ⅰ型和Ⅲ型中的弧形渐变区域相同。研究形状和壁厚两个影响因素如图 11.33(b)所示,仿真计算获得不同壁厚对应的应变响应灵敏度分别为 3.01 nm/$\mu\varepsilon$、0.91 nm/$\mu\varepsilon$、0.55 nm/$\mu\varepsilon$、0.38 nm/$\mu\varepsilon$、0.31 nm/$\mu\varepsilon$。同样获得Ⅱ型理论应变响应灵敏度分别为 1.24 nm/$\mu\varepsilon$、0.52 nm/$\mu\varepsilon$、0.35 nm/$\mu\varepsilon$、0.26 nm/$\mu\varepsilon$、0.22 nm/$\mu\varepsilon$。对应Ⅲ型的理论应变响应灵敏度分别为 2.64 nm/$\mu\varepsilon$、0.87 nm/$\mu\varepsilon$、0.52 nm/$\mu\varepsilon$、0.36 nm/$\mu\varepsilon$、0.29 nm/$\mu\varepsilon$。最后Ⅳ型样品可获得的应变响应灵敏度分别为 1.14 nm/$\mu\varepsilon$、0.48 nm/$\mu\varepsilon$、0.32 nm/$\mu\varepsilon$、0.24 nm/$\mu\varepsilon$、0.22 nm/$\mu\varepsilon$。从数据中可以发现,随着壁厚降低,应变灵敏度不断提高且不是等比例增加,壁厚越薄,相关应变灵敏度提升量越高。

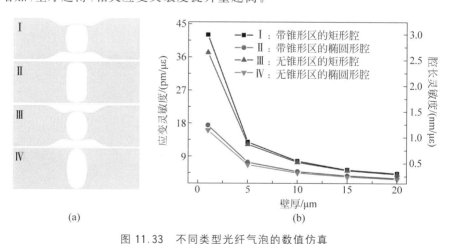

图 11.33　不同类型光纤气泡的数值仿真

(a) 腔长为 61 μm 的四类气泡微腔模型;(b) 不同壁厚气泡微腔的应变灵敏度

尽管四种类型样品结构不同,但随着壁厚降低其应变响应灵敏度不断增加,且壁厚越薄,应变响应灵敏度增加速度越快。对比Ⅰ型-Ⅱ型和Ⅲ型-Ⅳ型可知,锥形结构的存在提高了器件的应变灵敏度,且壁厚越薄其锥形影响效果越显著,说明锥形结构更易使器件形成应力集中。此外,Ⅰ型-Ⅲ型或Ⅱ型-Ⅳ型两种气泡类型,应变响应灵敏度非常接近且变化趋势一致。

通过数据分析得出影响器件应变灵敏度结论如下:①壁厚材料体积占比为主要因素,其壁越薄应变响应灵敏度越高;②锥形增加了器件中的应变集中,有效地提高了器件应变灵敏度;③随着腔长降低,器件灵敏度也有一定提高。可见影响器件应变灵敏度的主要因素为前两点,加工出壁厚较薄且具有锥形结构的样品,存在较高的应变灵敏度。

11.4　光纤气泡微腔回音壁模式及调控技术

11.4.1　回音壁模式及调控技术

1. WGM 微腔类型

回音壁模式(WGM)微腔体积非常微小,也因此在微小区域内为束缚光子提供了实现的可能。WGM 微腔的体积降低了腔内模式数,增加了腔模态密度,进而加强了光子与腔物质的相互作用。因此,高 Q 值 WGM 微腔的制备和应用获得了极大关注,如衍生出的新型学科——腔光机械(cavity optomechanics)。

回音壁模式微腔的种类繁多,截面为圆形的微腔居多,其中研究比较多的是环形微腔(microring)、球形微腔(microsphere)、碟形微腔(microdisk)、环芯型微腔(microtoroid)、柱管形微腔(microtube)、泡形微腔(microbubble)等,如图 11.34 所示。

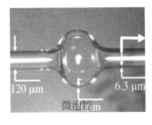
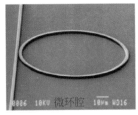

图 11.34　基于不同微腔的回音壁模式谐振器

2. 微腔耦合方式

回音壁模式微腔模式体积小,在空间操作上存在一定难度。同时高 Q 值谐振腔内的能量也不易自行辐射到微腔外部,因此需要特定的耦合器件与 WGM 微腔耦合,使光更易进出微腔。回音壁微腔的光学谐振模式一般在微腔表面存在较大倏逝场,为 WGM 微腔耦合提供了可行性方案。WGM 微腔耦合方案主要分为棱镜耦合、光纤端面耦合、D 形光纤耦合、微纳光纤耦合方式(图 11.35)。本文采用微纳光纤耦合光纤气泡微腔的方式。

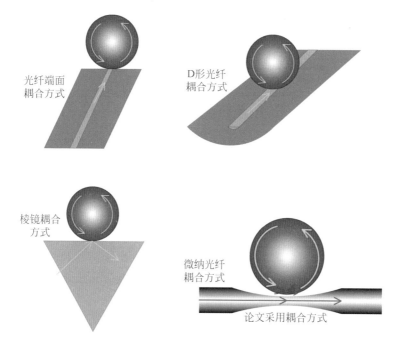

图 11.35　WGM 微腔耦合方式

3. 腔模调控方式

WGM 谐振模式同样存在一定的周期性,两个谐振峰之间的距离称为一个自由谱宽(free spectral range,FSR)。在实际应用中,对腔回音壁模式调控技术尤为重要,通常在一个自由谱宽的模式任意可调谐,称为全模式可调控(图 11.36)。

室温下,WGM 谐振可以直接进行调控。从 WGM 微腔角度出发,谐振调制存在腔折射率调制和腔形变调制两种基本方式,均可改变 FSR 及谐振波长位置。腔模式调控方式较多,主要有温度调控、腔周围折射率调控、腔自身折射率调控、腐蚀尺寸调控、外力调控等。此外,还存在其他调控方式,如低温环境中的调控技术等,本节主要涉及室温环境的调控技术。采用应变调控腔膜调谐技术,实现了对矩形气泡微腔的 WGM 谐振调控。

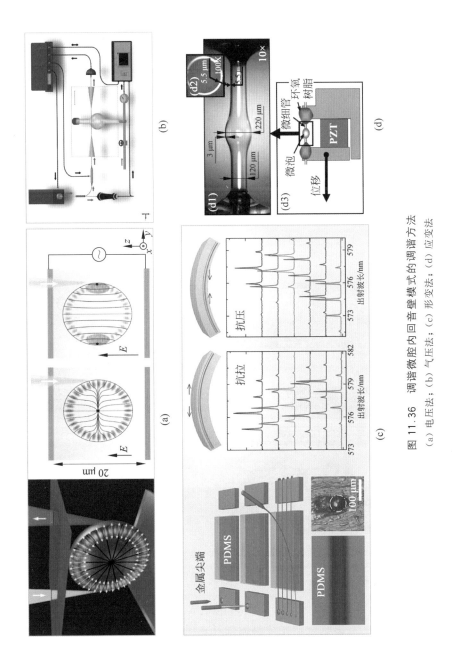

图 11.36　调谐微腔内回音壁模式的调谐方法
(a) 电压法；(b) 气压法；(c) 形变法；(d) 应变法

11.4.2　微纳光纤制备

1. 微纳光纤制备系统

微纳光纤是直径为数十纳米范围的传输光纤。微纳光纤中的光在表面传输，倏逝场的泄漏使该类光纤具备较好的光学效应。微纳光纤已广泛应用于光器件耦合、调制、传感等领域，同时在光纤非线性效应、量子效应等方面也存在巨大的研究潜力。制备微纳光纤的技术较多，如激光熔融拉制、酒精灯熔融拉制、氢氧焰熔融拉制及化学腐蚀制备等。综合来看，采用较多的是热熔法制备微纳光纤方式，搭建利用氢氧焰加热制备微纳光纤的系统。

搭建微纳光纤拉制系统如图 11.37 所示，系统整体分为运动控制、火头控制、光纤夹持、操作 4 部分。运动控制部分包括两个长行程高精度位移平台、运动控制卡及驱动器；火头控制部分包括定制火头及火头调整架、氢气传输管道、流量空气器、氢气发生器；光纤夹持及操作部分包括两个三维可移动夹持器、二维快速升高架、清洁防尘罩。

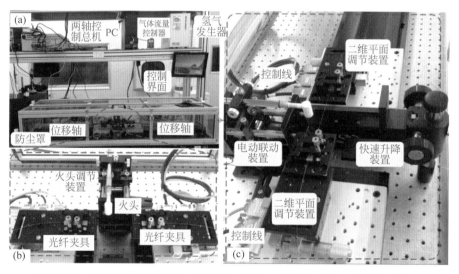

图 11.37　微纳光纤拉制系统(a)，氢氧焰火头(b)以及移动平台和控制系统(c)

2. 微纳光纤制备系统

微纳光纤由 2 个过渡区和 1 个均匀区组成，如图 11.38 所示。过渡区直径逐渐变化，平缓程度将影响微纳光纤整体损耗；均匀区为微纳光纤直径最均匀结构，保持数微米或数百纳米的尺寸。一般根据实际应用点不同，利用微纳光纤的位置也不同。均匀区为微纳光纤最细且最均匀的位置，所提到的微纳光纤尺寸一般指

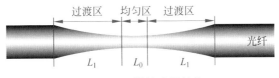

图 11.38　微纳光纤结构

均匀区直径。因此,均匀区通常用于实现器件光耦合或制备相关传感器件等。

设计组装及调试该微纳光纤制备系统,自行编写控制程序,主要控制 2 个高精度长行程位移平台、氢气流量及火头定位运动等,图 11.39 为拉制微纳光纤程序操作界面。

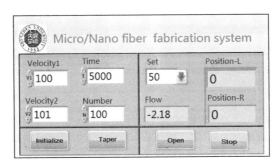

图 11.39　微纳光纤加工参数设置界面

利用该过程制备微纳光纤均匀区部分直径为 D,可得

$$
\begin{aligned}
L_1 &= v_1 T \\
L_2 &= N(v_2 - v_1)
\end{aligned}, \quad D^{(N)} = D \cdot \left(\frac{v_1}{v_2}\right)^N \tag{11.14}
$$

其中,$D^{(N)}$ 为微纳光纤均匀区直径,D 为普通单模光纤直径,v_1 和 v_2 分别为 2 个位移平台的初始移动速度,N 为循环次数。式(11.14)为微纳光纤全部结构参数表达式,控制式中参数即可达到理想的效果。

通过数值进行计算,假设理想微纳光纤尺寸为 1 μm,初始设置普通单模光纤 $D=125$ μm,$v_0=1.0$,$v_1=2.0$,可知循环次数 $N=5$ 时,微纳光纤直径 $D_0=3.9$ μm;循环次数 $N=10$ 时,微纳光纤直径 $D_0=0.12$ μm;循环次数 $N=15$ 时,微纳光纤直径 $D_0=0.038$ μm。由于加工精度限制,该尺寸微纳光纤在运动过程会产生断裂,而此时微纳光纤长度及均匀区长度大小仅与每一个周期内运行时间相关。若修改速度数值,设置普通单模光纤 $D=125$ μm,$v_0=1.0$,$v_1=1.1$,循环次数 $N=5$ 时,微纳光纤直径 $D_0=77.6$ μm;循环次数 $N=10$ 时,微纳光纤直径 $D_0=48.2$ μm;循环次数 $N=15$ 时,微纳光纤直径 $D_0=29.9$ μm;循环次数 $N=50$ 时,微纳光纤直径 $D_0=1.06$ μm。可以看出,速度差的大小决定了循环次数,速度差越大循环次数越少。然而速度差越小,循环次数越多,使微纳光纤过渡区更平缓且均匀渐变。

图 11.40 为本次实验中采用的微纳光纤的传输光谱。实时监测微纳光纤拉制过程中的光谱,利用 1500 ～1700 nm 波段范围进行,传输损耗如图 11.40(b)所示。当循环拉制 60 次且直径为 1.5 μm 时,传输光损耗为绿色线,初始传输为黑色线;对比发现微纳光纤中仍存在传输光损耗,约为 0.15 dB。另外,图 11.40(b)放大传输光谱细节,发现存在一定的毛刺。从原始光谱(黑色线)中可以看到毛刺出现且不规则,而循环次数增加,其毛刺没有特殊变化,这里出现的毛刺是超连续光源不稳定所造成的。可见,该系统可以制备高质量耦合光纤且几乎没有损耗。

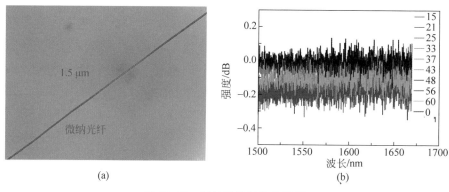

(a)   (b)

图 11.40　微纳光纤及传输光谱

11.4.3　微腔回音壁模式

1. 耦合方式

本节介绍光纤气泡微腔的光学回音壁模式产生及调控技术。研究直径为 125 μm 的普通康宁单模光纤和玻璃管(外径 125 μm,内径 75 μm)作为谐振腔的光学回音壁谐振模式,发现存在较多高阶谐振模式。主要是因为两类腔的径向谐振模式更多。为了降低或减少高阶谐振模式,采用光纤矩形气泡微腔作为谐振腔结构。矩形气泡微腔径向壁厚非常薄,在最薄处谐振时,径向模式数减少,高阶谐振模式降低,只保留了低阶谐振模式,更易于应用和操控。

利用微纳光纤进行耦合,在气泡微腔壁上激发光学回音壁模式且沿着腔壁产生谐振。图 11.41 为微纳光纤耦合光纤矩形气泡微腔的实现方案。图 11.41(a)为结构耦合原理图,利用微纳光纤均匀区耦合矩形气泡微腔中间最薄的区域,实现腔回音壁模式激发。薄壁限制了径向上的模式数,滤除高阶谐振模式,仅剩下低阶模式。图 11.41(d)为耦合的微纳光纤,均匀区直径约为 1.5 μm,加工所用参数为 $v_1=2.0$ mm/s,$v_2=2.2$ mm/s,$N=33$。理论上微纳光纤尺寸为 1.24 μm,与实际测量吻合。图 11.41(b)为制备的矩形气泡微腔,径向尺寸为 78 μm,壁厚为 1 μm。

图 11.41(c)为搭建的 WGM 谐振检测系统。图 11.41(e)为光纤矩形气泡微腔内部与外部表面质量表征,内外表面质量较高,不存在材料或结构上的微小突变等。

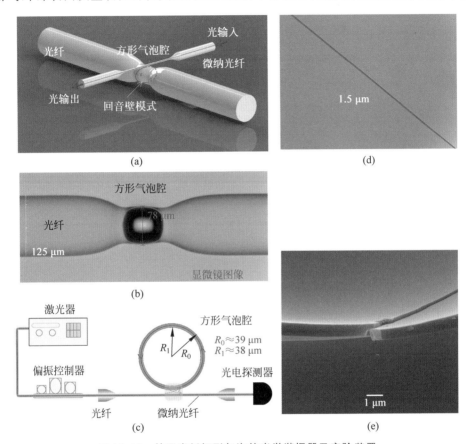

图 11.41　基于光纤矩形气泡的光学谐振器及实验装置

(a) 锥形光纤耦合微谐振器的原理;(b) 光纤矩形气泡;(c) 实验装置说明;(d) 1.5 μm 的微纳光纤;(e) 矩形气泡内部结构

2. 测试系统及光谱

激光器在 1550 ～1585 nm 范围进行扫描,设置分辨率为 0.6 pm。如图 11.42(a)所示,扫描范围内的谐振峰值均为低阶谐振模式,气泡超薄壁过滤掉高阶谐振模。选择谐振波长 $\lambda_1 = 1553.21900$ nm,$\lambda_2 = 1560.08480$ nm,$\lambda_3 = 1567.01180$ nm,$\lambda_4 = 1573.99760$ nm,$\lambda_5 = 1581.04280$ nm;自由光谱范围 $\mathrm{FSR}_1 = 6865.8$ pm,$\mathrm{FSR}_2 = 6927.0$ pm,$\mathrm{FSR}_3 = 6985.8$ pm,$\mathrm{FSR}_4 = 7045.2$ pm。由于 $\mathrm{FSR} = \lambda_{m+1}\lambda_m/(n_{\mathrm{eff}} 2\pi R)$,可得谐振腔的直径表达为 $L_0 = 2R = \lambda_{m+1}\lambda_m/(n_{\mathrm{eff}} \mathrm{FSR} \pi)$,利用已知数据可得 $L_{01} = 77.7988$ μm,$L_{02} = 77.7962$ μm,$L_{03} = 77.8293$ μm,$L_{01} = 77.8641$ μm。

图 11.42(b)测量矩形气泡微腔径向腔长为 78 μm,与实验数据计算数值非常接近,说明矩形气泡微腔回音壁模式为低阶谐振模式。

取其中一个谐振波长处的测量数据,将谐振光谱放大如图 11.42(b)所示,将数据进行洛伦兹拟合后得到蓝色拟合曲线。可得洛伦兹曲线 $y = y_0 + (2A/\pi)[w/(4(x-x_c)^2 + w^2)]$,通过数据拟合可知系数为 $y_0 = 0.009544$,$x_c = 1567.01165$,$w = 0.00127$,$A = -0.00942$,由此获得带宽为 $\Delta\lambda = 1.27$ pm,$\lambda = 1567.0118$ nm;计算光纤矩形气泡微腔的品质因数 Q 高达 10^6。高质量的谐振微腔,且仅具有低阶谐振模式,消除了高阶谐振模式的干扰,该器件可应于光纤通信和光纤传感领域。

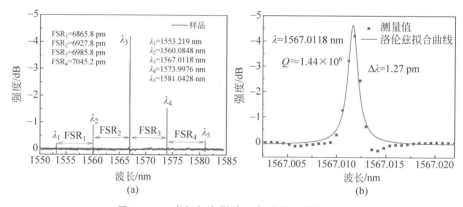

图 11.42 光纤气泡微腔回音壁模式谐振光谱

(a) 1550 nm 附近的传输光谱及测试腔品质因数 Q 约为 10^6;(b)谐振峰值附近测量数据(红色点)以及洛伦兹曲线拟合(蓝色线)

11.4.4 腔模式应变调谐

1. 应变测试

测试光纤气泡微腔的应变响应如图 11.43 所示。在图 11.43(a)中,矩形微腔轴向腔长的具体尺寸为 85 μm,径向腔长为 78 μm,径向壁厚为 1 μm。测试光纤长度为 20 cm,气泡微腔位于测试光纤中部,施加不同应变检测干涉光谱响应。通过数据拟合结果(图 11.43(b)),基于矩形气泡微腔的光纤 FPI 应变响应灵敏度为 28.56 pm/$\mu\varepsilon$,具有较好的线性度 $R_2 = 0.99982$。图 11.43(d)给出了施加 0~450 $\mu\varepsilon$ 应力时反射光谱演化过程,可见波长明显发生红移,随着应变量增加,腔长逐渐增加。分析矩形气泡微腔在施加应变过程,图 11.43(c)给出了每一个节点受力矢量流向,应变施加过程中矩形气泡微腔的中心区域受到分别指向中心的力作用,而非沿轴向拉伸方向。测量同时对光纤两端施加相同应变量,气泡微腔受力分布沿其中心区域对称分布,且在最中心的区域受力方向垂直矩形气泡腔壁指向中心,如图 11.43(c) A 与 A' 处的受力指向。蓝色箭头指向为气泡腔壁受力情况,均向内且存在一定夹角;沿光纤轴方向,腔内壁反射面相向移动造成腔长变长,在应变响应过程中也得到了验证。从受力矢量流向看,气泡微腔在应变施加作用下,腔壁受指向中心的力学作用,将产生向内的形变量,将造成光纤矩形气泡微腔径向腔长不断减小,结果将引起 WGM 谐振波长改变,从而实现对气泡微腔 WGM 谐振波长的位置调控。

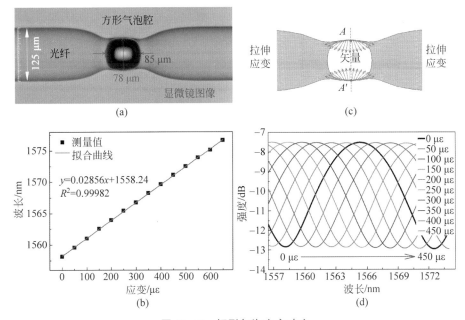

图 11.43　矩形气泡应变响应

(a) 矩形气泡显微镜图片;(b) 测试的应变灵敏度;(c) 在应变施加时的矩形气泡微腔的应变矢量云图;
(d) 一个自由谱宽内的光谱演化过程

2. 应变测试

考虑到高 Q 值 WGM 谐振峰值,为了稳定测试结果且控制施加微小量应变,利用压电陶瓷片(PZT)精密应变施加装置,通过控制电压大小来控制 PZT 伸长量,可达纳米量级。如图 11.44(a)所示,利用压电陶瓷片搭建应变调控平台。应变调控是在光纤矩形气泡上施加应变,使光纤气泡微腔产生形变,从而将改变气泡微腔径向腔长尺寸,进而改变谐振波长位置。如图 11.44(b)所示,外界电压控制 PZT 伸长的过程中,实时监测光纤微腔的反射光谱,通过光谱漂移量获得应变量大小。当光纤矩形气泡微腔与固连装置连接之后,测试初始状态下的矩形气泡微腔的干涉光谱,如图 11.44(c)所示。这样利用这套完整的系统不仅可以精确控制

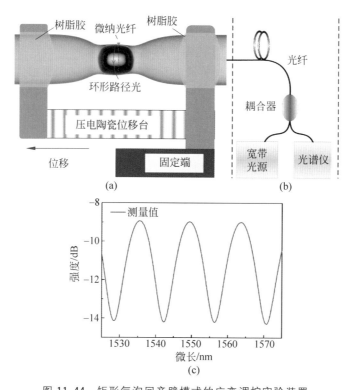

图 11.44　矩形气泡回音壁模式的应变调控实验装置
（a）矩形气泡拉伸装置；（b）反射光谱测量装置；（c）实时测量矩形气泡的干涉光谱

施加应变量的大小，还可以实时监测光纤矩形气泡微腔的反射光谱。

　　施加电压范围为 0～27.5 V，电压间隔 2.5 V，进行 11 点测量。为了消除粘贴误差，实时监测矩形气泡微腔的干涉光谱。结合图 11.43（b）应变灵敏度，得出图 11.45（b）施加电压与应变对应关系，图 11.45（b）给出了不同电压下的干涉光谱演化过程。此外，图 11.45（a）给出了波长变化量、施加应变量、施加电压量三者之间的换算关系，即施加 0～27.5 V 电压可以等效为施加 0～61 $\mu\varepsilon$ 应变过程。

　　图 11.46 为矩形微腔 WGM 谐振光谱应变调控结果。图 11.46（a）为腔谐振模式应变效果，其灵敏度为 -14.12 pm/$\mu\varepsilon$，这里"$-$"表示谐振光谱向短波方向移动，即发生蓝移；图 11.46（b）给出了应变调控过程中的 WGM 模式演化过程，通过光谱漂移方向可知：随着应变不断增加，WGM 矩形气泡谐振腔的腔长不断变小。

　　通过施加不同应变量来调控气泡微腔 WGM 谐振波长位置，即可实现 WGM 谐振模式的应变调控技术。基于光纤矩形气泡微腔的 FPI，测试应变强度已达 1000 $\mu\varepsilon$，可见对气泡微腔 WGM 谐振波长调控范围应为 $\Lambda = 1000$ $\mu\varepsilon \times 14.12$ pm/$\mu\varepsilon =$ 14.12 nm，这样 $\Lambda > 2FSR_{WGM}$，可见，利用应变调控方法可以实现气泡微腔

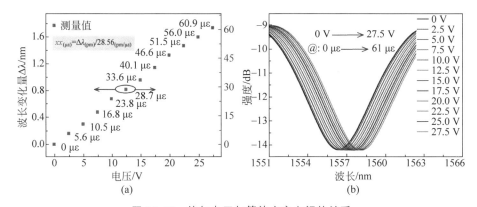

图 11.45　施加电压与等效应变之间的关系

（a）相对电压变化时的波长变化量；（b）反射光谱随电压增加的演化过程

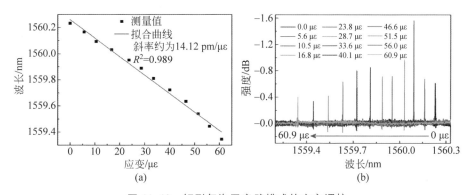

图 11.46　矩形气泡回音壁模式的应变调控

（a）相对轴向应变施加，回音壁模式谐振器的谐振波长变化量；（b）应变施加从 0～61 μɛ 过程中，矩形气泡回音壁谐振波长的演化过程

WGM 模式的全波段调控技术。

11.4.5　调谐机理分析

利用有限元分析软件建立矩形气泡微腔的数学分析模型，图 11.47(a)为施加 1 μɛ 应变下的光纤气泡微腔应力分布云图、节点形变云图及位移矢量流向图等综合分析结果。图 11.47(a)给出了施加 1 μɛ 下的光纤 FPI 的矩形气泡微腔应力分布云图，可知最中间位置为应力集中区域，在该应力作用下气泡发生形变。该形变主要包括两个方面，一是光纤矩形气泡微腔沿光纤轴向上的形变；二是光纤矩形气泡微腔沿径向方向上的形变。轴向形变主要引起光纤 FPI 腔长的变化，直观表现为 FPI 干涉光谱的漂移；径向形变量主要引起 WGM 谐振腔腔长变化，也会引起 WGM 谐振波长的漂移，这样就实现了利用应变调控 WGM 谐振模式。

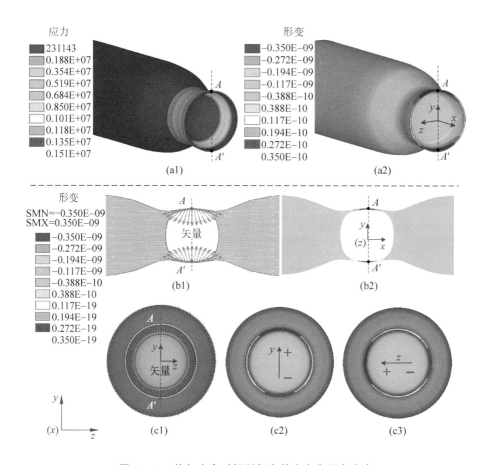

图 11.47　施加应变时矩形气泡的应力和形变分布

三维形变位移云图(a1)和 y 方向上的结构应力(a2)。横向(b1)和轴向截面(c1)的形变矢量云图,箭头表示矩形气泡在施加应变时节点位移变化方向。矩形气泡微腔在施加 1 με 时,x 横向截面形变(b2),y 纵向截面形变(c2)和 z 纵向截面形变(c3)

图 11.47(b)为在 y 方向上的形变量,可见在气泡微腔正中心部分发生形变最大;对比图 11.47(c2)和(c3),同样在 z 与 y 方向上形变量大小相同。从位移矢量图 11.47(c)可知在应变作用下各节点的形变矢量方向,发生在 A—A' 截面处的位移量最大。图 11.47(c1)为 A—A' 截面处的形变量,每一节点位移量相同且都指向中心位置,光纤气泡微腔径向直径明显变小,即周长缩小,最终改变了 WGM 谐振模式。

　　图 11.48 给出了理论仿真数据和施加 1 με 应变情况下,矩形气泡微腔的径向腔长变化大小。图 11.48(a)通过数据处理,获得了矩形气泡微腔径向周长变化量与调控应变量施加之间的理论变化关系,应变调控矩形气泡径向周长(最中间位

置)的灵敏度为 2.54 nm/με,测试波长应变调控灵敏度为 14.12 pm/με,同样可以利用波长变化量 Δλ 与周长变化量 ΔL 之间的关系,计算出测量 WGM 谐振腔周长变化量相对应变调控灵敏度为 2.23 nm/με,实验结果与理论数值较吻合。由图 11.48(b)可知,施加 1 με 应变情况下,矩形气泡微腔的径向腔长变化量为 2×0.405 nm=0.81 nm,可得周长变化为 2.23 nm。从位移云图中看出,最中间位置产生的形变量最大。调整微纳光纤耦合位置处于光纤矩形气泡微腔最中间位置,应变调控 WGM 谐振模式的能力达到最佳,且随着位置改变而逐渐降低。

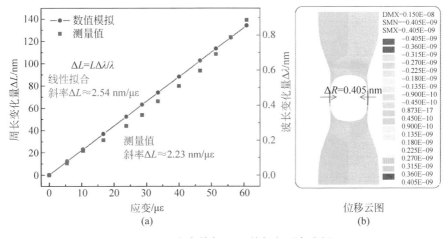

图 11.48　应变施加 RAB 的径向形变分析
(a) 应变施加与 RAB 径向截面周长变化之间关系;(b) 施加 1 με 下的 RAB 径向直径形变量

11.5　结论

本章针对光纤气泡微腔结构开展了系统研究,详细研究了不同类型光纤微腔制备技术、传感技术、WGM 谐振器、腔模式调控技术。具体研究内容如下。

(1) 气泡微腔制备技术。主要涉及 4 种气泡微腔制备技术,包括圆形气泡微腔、椭圆气泡微腔、矩形气泡微腔、端面气泡微腔。

(2) 气泡微腔气压传感及增敏技术。首先将光纤端面气泡微腔用于外界气压测量,分析了弧形薄膜气压敏感基本原理;进一步提出了薄膜整形增敏气压传感方案。结合整形薄膜气压响应测试结果,提出优化薄膜方案,实现了近似平面薄膜制备。测试平面薄膜的气压响应特性,结果显示其气压灵敏度相对弧形薄膜提高两个数量级。

(3) 气泡微腔应变传感及增敏技术。理论分析了光纤椭圆形微腔的应变传感机理,提出了通过降低腔长实现器件的应变增敏。实验中对光纤椭圆形气泡整形,随着气泡微腔腔长的减小,其应变传感灵敏度逐步获得提高。进一步提出了利用降低径向壁厚材料体积占比来提高器件应变灵敏度;实现了矩形气泡微腔的制备并测试了该腔的传感特性,结果证明其应变灵敏度相对椭圆气泡微腔提高了一个数量级。

(4) 基于气泡微腔的回音壁谐振器及腔模式调控。搭建了微纳光纤拉制系统,实现了高质量微纳光纤制备,通过耦合激发了光纤矩形气泡微腔的光学回音壁模式,测试数据显示气泡微腔的品质因数 Q 可高达 10^6。进一步搭建了腔模式的应变调控系统,实现了全波长可调控。

综上所述,基于光纤气泡微腔的法布里-珀罗干涉仪作为一种新颖的光纤器件,因其独特的气泡微腔结构,具有许多优越的力学传感性能,有望在实际中获得应用。

参考文献

[1] BHATIA V,VENGSARKAR A M. Optical fiber long-period grating sensors[J]. Optics Letters,1996,21(9):692-694.

[2] RAO Y J,WEBB D J,JACKSON D A,et al. High-resolution, wavelength-division-multiplexed in-fibre Bragg grating sensor system[J]. Electronics Letters,1996,32(10):924-926.

[3] WANG Y P. Review of long period fiber gratings written by CO_2 laser[J]. Journal of Applied Physics,2010,108(8):081101-081101-18.

[4] LEE B H,KIM Y H,PARK K S,et al. Interferometric Fiber Optic Sensors[J]. Sensors,2012,12(3):2467-2486.

[5] ZHU T,WU D,LIU M,et al. In-line fiber optic interferometric sensors in single-mode fibers[J]. Sensors,2012,12(8):10430-10449.

[6] REESINK K D,VAN DER NAGEL T,BOVELANDER J,et al. Feasibility study of a fiber-optic system for invasive blood pressure measurements [J]. Catheterization & Cardiovascular Interventions,2002,57(2):272-276.

[7] SONDERGAARD S, KARASON S, HANSON A, et al. Direct measurement of intratracheal pressure in pediatric respiratory monitoring[J]. Pediatric Research,2002,51(3):339-345.

[8] TAMBURRINI G,DI R C,VELARDI F,et al. Prolonged intracranial pressure(ICP) monitoring in non-traumatic pediatric neurosurgical diseases[J]. Medical Science Monitor International Medical Journal of Experimental & Clinical Research,2004,10(4):MT53-63.

[9] TAKEUCHI S,TOHARA H,KUDO H,et al. An optic pharyngeal manometric sensor for deglutition analysis[J]. Biomedical Microdevices,2007,9(6):893-899.

［10］　ROMNER B,GRÄNDE P O. Traumatic brain injury：Intracranial pressure monitoring in traumatic brain injury［J］. Nature Reviews Neurology,2013,9(4)：185-186.

［11］　RORIZ P,FRAZAO O,LOBO-RIBEIRO A B,et al. Review of fiber-optic pressure sensors for biomedical and biomechanical applications［J］. Journal of Biomedical Optics, 2013,18(5)：50903.

［12］　BESLEY J A,WANG T,REEKIE L. Fiber cladding mode sensitivity characterization for long-period gratings［J］. Journal of Lightwave Technology,2003,21(3)：848-853.

［13］　YARIV A. Optical electronics in modern communications［M］. 5ed. New York：Oxford University Press,1997.

［14］　FU C,ZHONG X Y,LIAO C R,et al. Thin-core-fiber-based long-period fiber grating for high-sensitivity refractive index measurement［J］. IEEE Photonics Journal,2015,7(6)： 1-8.

［15］　RAO Y J,DENG M,DUAN D W,et al. Micro Fabry-Perot interferometers in silica fibers machined by femtosecond laser［J］. Optics Express,2007,15(21)：14123-14128.

［16］　WEI T,HAN Y,TSAI H L,et al. Miniaturized fiber inline Fabry-Perot interferometer fabricated with a femtosecond laser［J］. Optics Letters,2008,33(6)：536-538.

［17］　LI Z Y,LIAO C R,WANG Y P,et al. Ultrasensitive refractive index sensor based on a Mach-Zehnder interferometer created in twin-core fiber［J］. Optics Letters,2014,39(17)： 4982-4985.

［18］　LI Z Y,LIAO C R,WANG Y P,et al. Highly-sensitive gas pressure sensor using twin-core fiber based in-line Mach-Zehnder interferometer［J］. Optics Express,2015,23(5)： 6673-6678.

［19］　LI Z Y,LIAO C R,SONG J,et al. Ultrasensitive magnetic field sensor based on an in-fiber Mach-Zehnder interferometer with a magnetic fluid component［J］. Photonics Research, 2016,4(5)：197-201.

［20］　PARK M,LEE S,HA W,et al. Ultracompact intrinsic micro air-cavity fiber Mach-Zehnder interferometer［J］. IEEE Photonics Technology Letters,2009,21(15)： 1027-1029.

［21］　JIANG L,YANG J,WANG S,et al. Fiber Mach-Zehnder interferometer based on microcavities for high-temperature sensing with high sensitivity［J］. Optics Letters,2011, 36(19)：3753-3755.

［22］　LIAO C R,HU T Y,WANG D N. Optical fiber Fabry-Perot interferometer cavity fabricated by femtosecond laser micromachining and fusion splicing for refractive index sensing［J］. Optics Express,2012,20(20)：22813-22818.

［23］　LIAO C,XU L,WANG C,et al. Tunable phase-shifted fiber Bragg grating based on femtosecond laser fabricated in-grating bubble［J］. Optics Letters,2013,38(21)： 4473-4476.

［24］　LIAO C R,WANG D N,WANG Y. Microfiber in-line Mach-Zehnder interferometer for strain sensing［J］. Optics Letters,2013,38(5)：757-759.

［25］　TANG J,YIN G L,LIAO C R,et al. High-sensitivity gas pressure sensor based on Fabry-

Pérot interferometer with a side-opened channel in hollow-core photonic bandgap fiber[J].
IEEE Photonics Journal,2015,7(6): 1-7.

[26] TANG J,YIN G,LIU S,et al. Gas pressure sensor based on CO_2-laser-induced long-period fiber grating in air-core photonic bandgap fiber[J]. IEEE Photonics Journal,2015,7(5): 1-7.

[27] ZHONG X Y,WANG Y P,LIAO C R,et al. Temperature-insensitivity gas pressure sensor based on inflated long period fiber grating inscribed in photonic crystal fiber[J]. Optics Letters,2015,40(8): 1791-1794.

[28] WANG Y,WANG D N,WANG C,et al. Compressible fiber optic micro-Fabry-Perot cavity with ultra-high pressure sensitivity [J]. Optics Express, 2013, 21 (12): 14084-14089.

[29] LEE C L,HO H Y,GU J H,et al. Dual hollow core fiber-based Fabry-Perot interferometer for measuring the thermo-optic coefficients of liquids[J]. Optics Letters, 2015,40(4): 459-462.

[30] CHEN X,SHEN F,WANG Z,et al. Micro-air-gap based intrinsic Fabry-Perot interferometric fiber-optic sensor[J]. Applied Optics,2006,45(30): 7760-7766.

[31] CIBULA E,DONLAGIC D. In-line short cavity Fabry-Perot strain sensor for quasi distributed measurement utilizing standard OTDR[J]. Optics Express,2007,15(14): 8719-8730.

[32] PEVEC S,DONLAGIC D. Miniature all-fiber Fabry-Perot sensor for simultaneous measurement of pressure and temperature[J]. Applied Optics,2012,51(19): 4536-4541.

[33] PEVEC S,DONLAGIC D. Miniature fiber-optic sensor for simultaneous measurement of pressure and refractive index[J]. Optics Letters,2014,39(21): 6221-6224.

[34] LIU Y,WANG D N,CHEN W P. Crescent shaped Fabry-Perot fiber cavity for ultra-sensitive strain measurement[J]. Scientific Reports,2016,6: 38390.

[35] LIAO C G,LIU S,XU L,et al. Sub-micron silica diaphragm-based fiber-tip Fabry-Perot interferometer for pressure measurement[J]. Optics Letters,2014,39(10): 2827-2830.

[36] LIU S,WANG Y P,LIAO C R,et al. High-sensitivity strain sensor based on in-fiber improved Fabry-Perot interferometer[J]. Optics Letters,2014,39(7): 2121-2124.

[37] LIU S,YANG K M,WANG Y P,et al. High-sensitivity strain sensor based on in-fiber rectangular air bubble[J]. Scientific Reports,2015,5: 7624.

[38] LIU S,WANG Y P,LIAO C R,et al. Nano silica diaphragm in-fiber cavity for gas pressure measurement[J]. Scientific Reports,2017,7: 787.

微型光纤线上/线内实验室*

光纤器件及光纤传感器由于其质量轻、体积小、不受电磁干扰以及遥感能力强的特性,得到了迅速发展。各种类型的光纤结构不断涌现,光纤传感器实用化的开发成为整个领域发展的热点和关键。本章主要针对光栅、微孔结构及微孔结构长周期光栅、单光纤 MZI、单光纤 FPI、选择性填充光子晶体光纤器件、微纳光纤器件、微结构集成几个方面的实验研究及应用进行了讨论和阐述,探讨了其作为光纤线上/线内实验室的潜力。

12.1 引言

光纤传感器随着光纤通信技术的实用化有了迅速发展,它相对于传统传感器来说具有极高的灵敏度和分辨率,频带范围宽,动态范围大,质量轻,体积小,不受电磁干扰以及遥感能力强等优点。近年来,各种类型的光纤传感器不断涌现,其发展趋势是灵敏、精确、适用性强、小巧和智能化。近年来在国防军事、科研部门以及制造工业、能源工业、医疗等科学研究领域中都得到实际应用。当前,世界上光纤传感领域的发展可分为两大方向:原理性研究与应用开发。随着光纤技术的日趋成熟,光纤传感器实用化的开发成为整个领域发展的热点和关键。目前,光纤传感器技术发展的主要方向是:①多用途化,即一种光纤传感器不仅只针对一种物理

---

* 王东宁,深圳技术大学,城市交通与物流学院,深圳 518118,E-mail: wangdongning@sztu.edu.cn; 陈未萍,中国计量大学,光学与电子科技学院,杭州 310018;刘烨,中国计量大学,光学与电子科技学院,杭州 310018;杨钰邦,中国计量大学,光学与电子科技学院,杭州 310018;李伟伟,中国计量大学,光学与电子科技学院,杭州 310018;刘静,中国计量大学,光学与电子科技学院,杭州 310018;杨帆,中国计量大学,光学与电子科技学院,杭州 310018;李柳江,中国计量大学,光学与电子科技学院,杭州 310018。

量,要能够对多种物理量进行同时测量;②大规模、分布式传感;③新型传感材料、传感技术等的开发;④在恶劣条件下(高温、高压、化学腐蚀)的低成本传感器;⑤微纳技术与光纤传感技术的结合。

近年来,微型光纤实验室技术的发展使得能执行多种传感功能的光纤材料、器件与结构集成于单根光纤上,在系统尺寸、造价、轻便灵活性和坚固性等方面具有独特优势,近年来成为众多研究的热点[1-5]。

本章将针对以上发展的主要方向和领域,介绍近年来在光纤布拉格光栅、微孔结构及微孔结构长周期光栅、单光纤干涉仪、选择性填充光子晶体光纤、单微纳光纤、微结构集成等方面,探讨其作为光纤线上/线内实验室的潜力。

12.2 光纤光栅

光纤布拉格光栅(FBG)在光纤通信系统和光纤传感器中有许多应用[6-11]。近年来,由于通过使用飞秒激光脉冲照射刻写的光学器件存在许多潜在应用,已经引起了人们相当的关注和科学兴趣。这种方法涉及多光子吸收过程,即使在非光敏透明材料中也可以诱导局部折射率变化,其变化范围为 $10^{-5} \sim 10^{-2}$。其结果就是,FBG 已经成功地在各种类型的光纤中被刻写出来,而且人们对它们的特性已经有所研究。改变用于刻录光栅的激光强度可以获得 I-IR 型和 II-IR 型 FBG(其中 IR 后缀表示在光栅形成中使用来自红外(IR)激光器的光),而进行的热稳定性实验表明,II-IR 型 FBG 在 1000℃ 以上有着优异的稳定性[12-14]。

12.2.1 基于刻蚀在无载氢和载氢的布拉格光纤光栅的退火性能

FBG 刻写时,使用飞秒脉冲通过相位掩模版照射光纤,在无载氢和载氢的 SMF-28 光纤中制造了 I-IR 和 II-IR 型 FBG,参数见表 12.1。

表 12.1 激光脉冲 120 fs,波长 800 nm 刻蚀几类光纤的实验结果

光纤	光栅	反射率/dB	阈值强度/(10^{12} W/cm^2)	照射剂量/(kJ/cm^2)
无载氢 SMF-28	I 型	10	8.4	756
	II 型	13.2	13.2	26.4
载氢 SMF-28	I 型	12.3	3.6	324
	II 型	13.5	12	24

实验发现 II-IR 型 FBG 的反射光谱的质量相对较差,用载氢的光纤写入的 II-IR 型 FBG 具有比不载氢的光纤得到的 II-IR 型 FBG 更好的光谱质量。但载氢可以

极大地改善纤芯区中激光能量的吸收,导致载氢光栅的写入阈值显著降低。

当与典型的紫外(UV)激光刻录的光栅相比时,发现飞秒激光制备的光栅得到的 I-IR 型和 II-IR 型 FBG 显示出更好的热稳定性。特别是,II-IR 型 FBG 可以在高达 1000℃ 的高温维持其工作特性,同时保持高反射率。

当温度升高时,观察到在不载氢和载氢的光纤中,II-IR 型 FBG 比 I-IR 型 FBG 更热稳定,用不载氢光纤刻写的 II-IR 型 FBG 具有最高的热稳定性。对于载氢和不载氢的 SMF-28 光纤,在 400℃ 和 800℃ 的温度下其归一化折射率调制减小 50%。特别观察到载氢的 FBG 的稳定性快速降低,当温度接近 900℃ 时,光栅完全消失。总之,I-IR 型 FBG 容易制造(特别是在载氢光纤中),具有高光谱质量,但是它们具有相对较低的热稳定性,而 II-IR 型 FBG 则显示出超高的热稳定性。

短期退火实验表明,在不载氢和载氢的光纤中写入的 II-IR 型光栅在 800℃ 以下是非常稳定的。将光栅加热至 1000℃(并在该温度下保持 12 h),同时记录光栅反射率和谐振波长的演变,如图 12.1(a)和(b)所示。

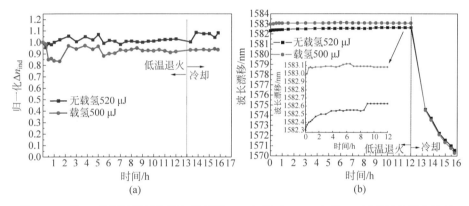

图 12.1　II-IR 类型无载氢和载氢光纤经 1000℃ 退火 12 h,冷却 4 h 后的反射谐振波长
(a)反射率响应;(b)波长漂移响应

12.2.2　利用通过释放残余应力制备具有增强热稳定性的光纤布拉格光栅

首先在管式炉中在 800℃ 和 1100℃ 的温度下,对光栅进行 5 h 退火,以消除光纤中的残余应力。使用飞秒激光进行光栅刻写。退火处理后,光纤基本上会变得很脆。不过,只要十分仔细,将光栅刻写在这样的光纤上不是特别困难。

将写有光栅的光纤插入管式炉中研究制造光栅的热稳定性,允许探测的温度范围为 150～1200℃。

图 12.2 给出当光纤分别在 100℃ 和 200℃,增量为 100℃,直至 1200℃ 环境下

(在每个温度下停留约 30 min)的反射率变化。当温度升高时,写在两种类型的光纤中的 FBG 在高达 1000℃ 的温度下是稳定的,若超出这个界限,当温度达到 1200℃ 时,对于在没有进行预退火处理的光纤光栅,反射率从 10.04 dB 降低到 8.05 dB。而进行过预退火处理的光纤 FBG 可以在高于 1000℃ 的温度仍然维持其特性,保留初始反射率的 95%,并且在 1200℃ 的温度曝光 30 min 后显示出几乎可忽略的衰减速率。这个实验展示了短期内的热稳定性提高。

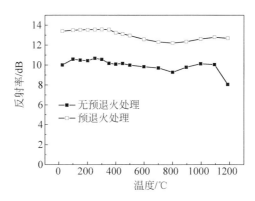

图 12.2　刻写光纤中的光栅在预退火和无预退火的短期退火特性比较

上述短期退火实验表明,低于 1200℃ 时,刻写在预退火的 SMF-28 光纤中的 Ⅱ-IR 型光栅是非常稳定的。

对这些 Ⅱ-IR 光栅的长期热稳定性实验是通过将光栅加热到 1200℃,然后将它们保持在该温度约 20 h,监测光栅反射率(图 12.3)的变化得到的。从图 12.4 可以看出,写在预退火光纤(在 800℃ 或 1100℃)的光栅表现出明显更强的热稳定性。虽然写在未退火的 Ⅱ-IR 型 FBG 在 1200℃ 的温度下暴露约 400 min 后几乎"被洗掉",但是写在经预退火处理后的光纤中的 Ⅱ-IR 型 FBG 却显示出了超高的热稳定性。写在经 800℃ 预退火光纤中的光栅具有缓慢的衰减速率,并且在进行退火处理的 700 min 持续时间(约 0.21 dB/h)之后,反射率仅降低约 2.44 dB。可以看到,在 1100℃ 下写在预退火处理后的光纤中的 Ⅱ-IR 光栅几乎不受曝光于高达 1200℃ 的温度的影响,并且在整个测试期间光栅强度只有轻微的降低。光栅结构的稳定还取决于光栅形成期间玻璃光纤的残余应力。因此,可以通过在开始光栅刻录之前消除光纤中的残余应力来改善 FBG 的热稳定性。

将飞秒激光制备的光纤光栅进一步退火约 10 h,再次将温度从室温升到 1200℃,考察两个这样的循环,观察到谐振波长的变化是可重复的。

12.2.3　具有高温稳定性的预应力光纤布拉格光栅

将光纤在 1000℃ 下退火处理 10 h 后,立即从管式炉中取出,并将温度几乎瞬

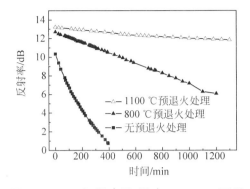
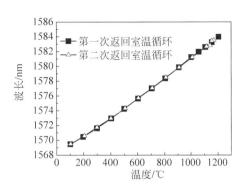

图 12.3　1200℃ 温度下,退火 1300 min,不同　图 12.4　重复 1100℃,在预退火的 SMF-28 光
　　　　处理的光纤中刻写的 Ⅱ-IR 型 FBG 对　　　　　　纤中刻写的 Ⅱ-IR 型 FBG
　　　　应的反射率变化

间从 1000℃降至室温。在高温退火和瞬时冷却过程中,预应力被成功地引入光栅中。图 12.5 示出了在 1000℃下和快速冷却过程后分别在 10 h 退火结束时的反射光谱以及在室温下的原始光谱。谐振波长朝着较长波长线性移动,并且谐振峰值强度随着温度的升高基本保持不变。在 1000℃退火 10 h 和快速冷却过程之后,与初始光谱相比,当返回到初始室温时,光栅的谐振波长向较短波长移动约 1.15 nm。因此认为,预应力被成功地施加到光纤光栅中。我们分别测试了在 500℃、700℃ 和 1000℃的退火温度,并且获得 0.47 nm、0.83 nm 和 1.15 nm 的谐振波长漂移。也就是说,退火温度越高,出现谐振波长漂移越大。因此,施加到光栅的预应力可以通过谐振波长偏移的相应值来估计。众所周知,Ⅱ-IR 型光栅可以承受高达 1000℃的高温。因此,可将光栅在 1000℃下退火,以便放松足够的残余应力,并将尽可能大的预应力引入光栅。此外,波长偏移的大小不仅是温度的函数,而且是冷却速率的函数,因为更高的冷却速率可在玻璃中引入更大的应力。在实验中液氮用作冷却液体,以便获得相对高的冷却速率,从而增强施加到光纤光栅的预应力。在 1000℃退火 10 h 后,立即将光纤从高温管式炉中取出并立即浸入液氮中一段时间。当返回到初始室温时,与初始光谱相比,获得约 3.03 nm 的波长漂移。波长漂移比预期相对较小可能是由于并不连续的冷却过程。

　　在下一阶段的探索中,进行了预应力光栅的长期热稳定性测试。将温度升至 1200℃,并保持约 26 h。为了比较,具有预退火(在 1000℃下 10 h)但没有快速冷却处理的光栅也在 1200℃下与两个预应力光栅一起退火。连续记录光栅反射率和共振波长变化的演变,结果示于图 12.6(a) 和 (b) 中,相应记录的温度在图 12.6(c)中示出。从图 12.6 可以看到,预应力光栅表现出明显增强的热稳定性,几乎不受高达 1200℃的温度影响,并且在 26 h 测试期间仅存在光栅强度的轻微波动。相对

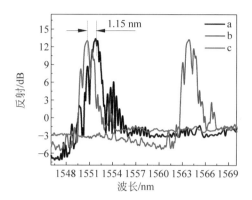

图 12.5　550 μJ 激光脉冲能量,在不同温度制作的 FBGs 反射光谱

a-室温的初始光谱;b-1000℃时的光谱;c-室温后,空气冷却淬火的光栅光谱

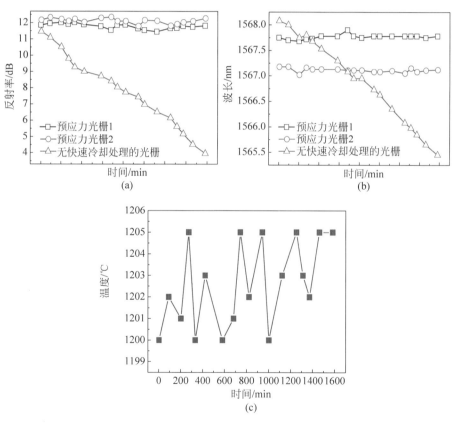

图 12.6　光谱演变

(a) 反射率;(b) 预应力光栅的谐振波长(50 μJ 激光脉冲能量制作的)经历 26 h 1200℃ 退火的预处理;

(c) 火炉温度记录

应的是,用相同条件但没有快速冷却处理制造的光栅,反射率在 500 min 后会严重衰减 50%,并且谐振波长向较短波长快速漂移。高温稳定性的提高表明预应力处理是用于超高温监测应用的有效方法。

12.3　微孔结构及含微孔结构的长周期光栅

12.3.1　基于微孔结构的长周期光纤光栅

1. 单模光纤中的周期性结构微孔形成的长周期光纤光栅[15]

在光纤中钻非对称微孔,图 12.7(a)和(b)表示 SMF-28 光纤中微孔的形貌示意图,图 12.7(c)显示具有不对称微孔结构及周期为 450 μm 的长周期光纤光栅(LPFG)的侧视图。

图 12.8(a)显示非对称微孔结构周期为 450 μm 的 LPFG 的透射光谱。当微孔数目从 1 增加到 7 时,传输损耗增加,谐振明显。具有 8 个微孔之后,谐振峰分别出现在约 1404 nm 和约 1517 nm 处。当具有 15 个光栅周期时,1517 nm 附近的谐振峰深度饱和达到 20 dB,插入损耗约为 15 dB。由于过耦合,随着光栅周期数目的进一步增加,谐振峰深度将急剧衰减。

如图 12.8(b)和(c)所示,通过使用可调谐激光器和红外 CCD 相机,分别观察到纤芯基模和高阶包层模式。包层区域中的条纹由微孔的散射引起,因为 LPFG 的插入损耗相对较大,约为 15 dB。

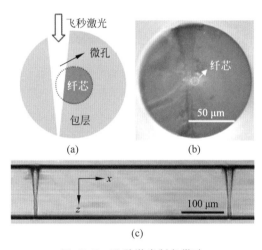

图 12.7　飞秒激光制备微孔

(a)SMF 中钻出的非对称微孔的示意图;(b) 微孔的横截面视图;(c) 侧视图

2. 光子晶体光纤中的周期性结构微孔形成的长周期光纤光栅

在光子晶体光栅(PCF)(LMA-10)中产生周期为 420 μm 的 LPFG,如图 12.9(a)所示。在产生第 18 个光栅周期后,在约 1527 nm 和 1408 nm 处分别出现明显的谐振。当产生 29 个光栅周期时,1527 nm 附近的谐振深度约为 20 dB,插入损耗约为 5 dB。位于 1527 nm 和 1408 nm 处的透射光谱中的两个共振倾角分别对应于 LP_{11} 和 LP_{12} 模式的共振。图 12.9(b)和(c)分别示出了基模和 LP_{11} 包层模的近场图像。

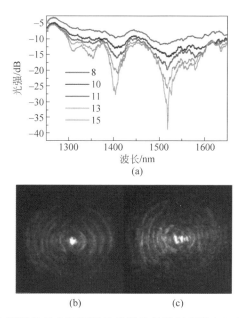

图 12.8 在 SMF-28 中测量的具有不同数目的微孔的透射光谱(a),以及在 1600 nm 处基模(b)和在 1517.4 nm(c)的高阶包层模式的近场测量,光栅周期为 450 μm

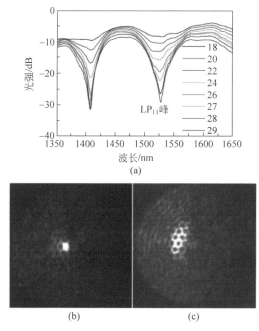

图 12.9 在 LMA-10 PCF 光纤中测量的具有不同数目的微孔的透射光谱(a),在 1607 nm 处的基模(b),以及在 1527 nm 的 LP$_{11}$ 包层模式(c)。光栅周期为 420 μm

12.3.2　全固态光子带隙光纤中的周期性结构微孔形成的长周期光纤光栅[16]

图 12.10 显示了原始全固态光子带隙光纤(PBGF),具有微孔的 PBGF 和微孔的侧视图(图 12.10(a)和(b)中的两条水平线是 CCD 的同步噪声)的横截面。

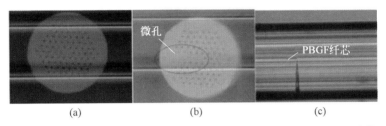

图 12.10　用于实验的无微孔(a)和微孔(b)及微孔侧视图(c)的 PBGF 的横截面图

一个周期为 610 μm 的 LPFG 样品透射光谱的变化如图 12.11(a)所示。器件的谐振波长位于 1390.9 nm,插入损耗为 14.40 dB,谐振深度为 25.96 dB。图 12.11(b)给出了在相同激光曝光条件下具有不同周期的 LPFG 的透射光谱。

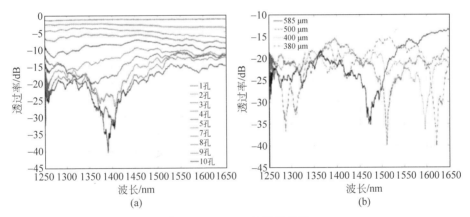

图 12.11　LPFG 的透射光谱

(a) LPFG 的透射光谱随微孔数的演变;(b)具有不同周期的 LPFG 样品的透射光谱。包层模是 LP_{11} 模式

12.4　单光纤干涉仪

在单根光纤上集成干涉仪进行传感应用具有结构简单、紧凑且信号检测方便等优势[17-33]。典型的单光纤干涉仪主要包括法布里-珀罗、迈克耳孙和马赫-曾德尔等类型。

另外,在飞秒激光微加工技术的推动下,超小型化的单光纤传感器的发展非常迅速。飞秒激光在超微细制备领域具有独特的优势,其超快速时间和超高峰值特性可将其能量全部、快速、准确地集中在限定的作用区域,实现对几乎所有材料的非热熔性冷处理,获得传统激光加工无法比拟的高精度、低损伤等独特优势[34-36]。紧聚焦的飞秒脉冲能在材料内部产生显著的非线性效应,从而能在亚波长尺度上改变材料的性质[37]。该效应可用于刻写波导、光栅、微纳米量级打孔以及在光纤表面(或内部)制作微腔[38-40],其直径能够小到 20 nm,因此特别适合应用于精密微加工和微制备领域。

12.4.1　基于开放型空腔的马赫-曾德尔干涉仪高温传感器

图 12.12 给出了飞秒激光制造的腔长约为 85 μm 的 MZI 的结构示意图和显微图像[41-42]。

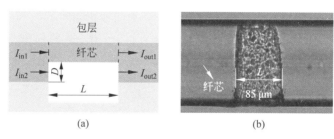

(a)　　　　　　　　　　(b)

图 12.12　飞秒激光制造的单光纤马赫-曾德尔干涉仪

(a) 结构示意图(俯视图)。D 代表纤芯的去除尺寸;L 是腔长;$I_{\mathrm{in}\,m}$ 和 $I_{\mathrm{out}\,m}$,$m=1,2$ 分别是在光纤纤芯和微腔中传播的输入和输出光强度。(b) 微腔的光学显微图像(侧视图)

将 $L=47$ μm 的 MZI 放入用于温度测量的高温炉中。首先将装置加热至 1000℃并保持 2 h 以除去光纤涂层的影响。与器件冷却至室温后的原始光谱相比,发现干涉峰移向较短波长约 3 nm。然后将温度逐渐升至 100℃,以 100℃的增幅从 100℃升至 1100℃,并在每个步骤保持 30 min。将样品在 1100℃保持 2 h,然后冷却至 100℃,以与加热过程相同的步骤和停留时间冷却到室温。在加热和冷却过程中记录波谷波长和透射光谱。与加热过程相比,冷却过程中的波谷波长只有轻微的偏差(小于 0.2 nm)。重复测试几次,结果可重复。

图 12.13(a)显示随温度增加,透射光谱增加。图 12.13(b)呈现了波谷、波长由于温度变化的漂移,结果显示器件的温度响应具有可重复性。

分别具有 12 μm、68 μm 和 88 μm 腔长的 MZI 的透射谱如图 12.14 所示,其插入值分别为 15 dB、17 dB 和 23 dB。

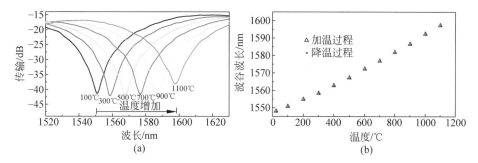

图 12.13　当腔长为 $L = 47$ μm 的 MZI 在不同温度下的干涉条纹

(a) 透射光谱；(b) 温度升高时波长的漂移情况

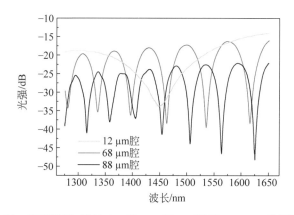

图 12.14　在室温下，腔长 $L = 12$ μm，68 μm 和 88 μm，MZI 的干涉条纹

12.4.2　基于内置型空腔的马赫-曾德尔高温传感器

毗邻纤芯的内置空气腔是利用飞秒激光微加工和光纤熔接技术制作而成的[43]。在光纤内置空腔的制造过程中，飞秒激光脉冲聚焦在光纤端面，在距离光纤轴中心 15 μm 处刻写边长约为 20 μm，最大深度约为 23 μm 的方形微结构，如图 12.15(a) 所示。光纤端面上的方形微结构的横截面显微图像如图 12.15(b) 所示。具端面微观结构的光纤和另一单模光纤熔接，形成一个毗邻纤芯的空心球体，如图 12.15(c) 所示。图 12.15(d) 是空心球体的显微图像。

上述内置空腔存在缺陷，气腔内表面实际上相当于一个内反射镜，纤芯中小部分光束被空腔内表面反射到光纤包层-空气的界面上，从而对干涉仪产生影响。这种影响可用飞秒激光器在内置空腔的内表面微加工出微结构，使得空腔内表面变得凹凸不平，如图 12.15(e) 所示。

内置空腔 MZI 光纤传感器可用于高温传感。温度变化通过使用管式炉来实

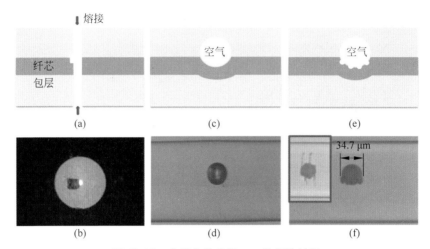

图 12.15　内置空腔光纤 MZI 的制造过程

（a）制备在光纤端面的方形微结构；（b）光纤端面方形微结构的显微图像；（c）单模光纤中毗邻纤芯空气腔的形成；（d）单模光纤中空气腔的显微图像；（e）含微结构的气腔；（f）含微结构的气腔的侧视图和俯视图（插图）

现。首先，传感器以平均 5℃/min 的速度从室温（27℃）加热到 1000℃，然后在 1000℃ 保持 3 h，再逐步冷却到室温。测量时，首先温度逐渐增加到 100℃，然后温度从 100℃ 增加到 1000℃，每次增加 100℃，每增加一次需停留在该温度 20 min。在 1000℃ 时温度保持 0.5 h，再遵循与加热过程同样的步骤，将传感器件冷却到 100℃。图 12.16（a）显示在若干温度点的光谱，以及波长随着温度增加而产生的红移。波长随温度变化的过程显示在图 12.16（b），由图可见，传感器在加热和冷却过程中均有良好的重复性，其温度灵敏度为 43.2pm/℃。

基于毗邻纤芯的内置空腔的 MZI，具有较高的温度灵敏度，故适于制作高温传感器，内置气腔结构稳固，并且对周围 RI 的变化不敏感。

12.4.3　飞秒激光器制造的单光纤迈克耳孙干涉仪传感器

在 SMF 中通过飞秒激光烧蚀产生矩形腔，通过去除纤芯和包层界面附近的纤芯的一部分，产生迈克耳孙干涉仪（MI）结构[44]，光纤 MI 的光学显微图像如图 12.17（a）所示。图 12.17 表示器件的制造过程。

如图 12.18 所示为所提出的 MI 的示意图。在 SMF 中，移除靠近光纤端面的纤芯的一部分。将 Ag 薄膜沉积在光纤纤芯切割后的端面和光纤表面上。输入光被分成由 E_1 和 E_2 分别表示的两部分，分光束比取决于空腔的厚度（W）。在被光纤端面反射回来之后，E_1 和 E_2 在光纤纤芯的切割端重新相遇并产生干涉。

浸在空气和在液体中的 MI 的输出光谱示于图 12.19（a）中。图 12.19 中绘制

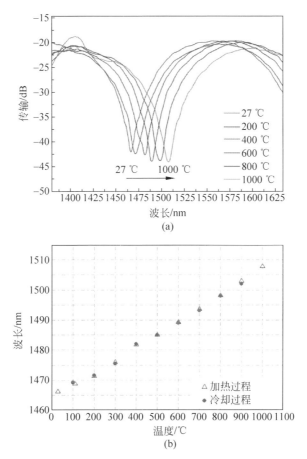

图 12.16　MZI 输出光谱随温度的变化

（a）波谷波长随温度的漂移；（b）波谷波长与温度变化的关系

了在 1525 nm 和 1630 nm 附近的两个波谷波长的演变。RI 从 1.460 变化到
1.488。具有不同 RI 的波谷 1 和波谷 2 的波长移位分别显示在图 12.19（b）和
（c）中。

在图 12.19（d）中，位于较长波长处的波谷 2 对环境 RI 的灵敏度比波谷 1 的灵
敏度大。

12.4.4　基于毗邻纤芯内置空腔对的马赫-曾德尔干涉仪

本节将展示一种基于毗邻纤芯内置空腔对的 MZI[45]。这种装置具有自由光
谱范围窄、体积小、光程差（OPD）大的特性。其干涉发生在空气-包层界面，故对周
围环境变化具有很强的敏感性。

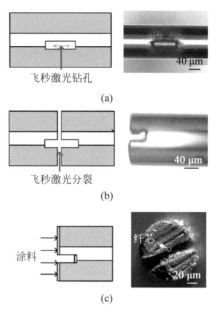

图 12.17　单光纤 MI 的制造过程

（a）在纤芯和包层之间的界面处的矩形腔的飞秒激光钻孔；（b）飞秒激光切割；（c）Ag 膜涂层

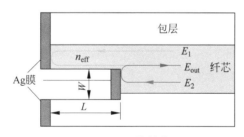

图 12.18　MI 的结构图

　　MZI 的工作原理如图 12.20 所示。部分输入光在纤芯的传播遵循路径 1，被第一个空气腔反射到光纤包层-空气界面，再反射到第二个空腔表面，最后被反射回纤芯继续传播。其余输入光在纤芯沿路径 2 传播，然后在第二个空气腔表面与路径 1 的光束相遇重合，从而形成 MZI。为了确保良好的干涉可见度和低损耗，上述每一个反射表面需要实现全反射。

　　空腔利用飞秒激光微加工和熔接技术制成。利用能量约为 3 μJ 的飞秒激光脉冲在距离光纤轴约 20 μm 的中心镌刻边长约 24 μm，最大深度约为 57 μm 的方形微结构。端面微结构的光纤和另一单模光纤熔接在一起，形成一个毗邻纤芯的空心腔。空气腔的两段光纤被熔接在一起形成 MZI。有趣的是，在器件的输出光谱中，一个较小的自由光谱范围，对应一个较小的空腔长度。

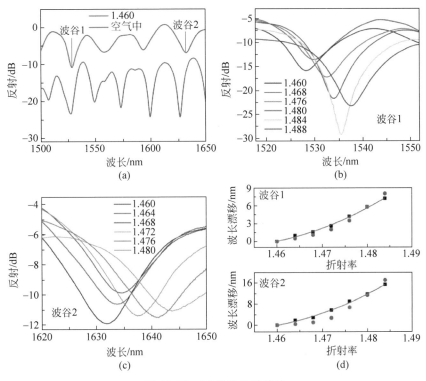

图 12.19　MI 输出光谱特性

(a) 光纤线内 MI 传感器在空气和液体中的反射光谱,RI 为 1.460;(b) 波谷 1 在不同 RI 液体中条纹的光谱演变;(c) 波谷 2 在不同 RI 液体中的光谱演变;(d) 折射率改变的波长漂移情况,红色为实验数据,黑色为拟合结果

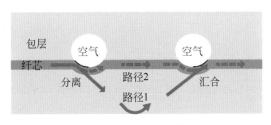

图 12.20　基于毗邻纤芯内置空腔对的 MZI 原理图

　　具有不同间隔的内置空腔对的显微图像、传输谱以及其自由光谱范围和间隔的关系如图 12.21 所示。

　　基于毗邻纤芯内置空腔对的 MZI,由于其一干涉臂经过空气-包层界面,故对周围环境变化具有很强的敏感性。

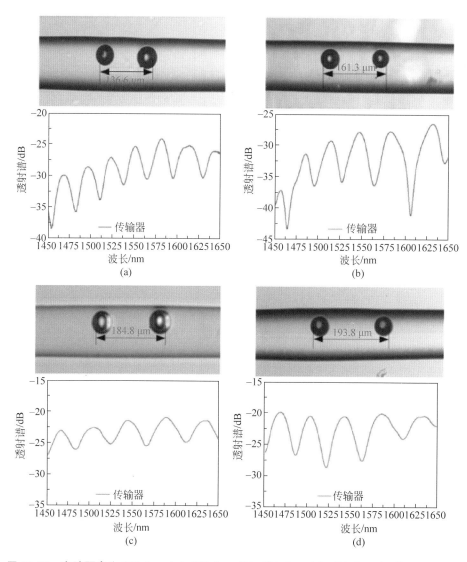

图 12.21 空腔距离为 136.6 μm(a)、161.1 μm(b)、184.8 μm(c)、193.8 μm(d)和 265 μm(e)时的光谱及其显微图像,以及空腔距离对应的 FSR(f)。插图显示空腔反射光路径

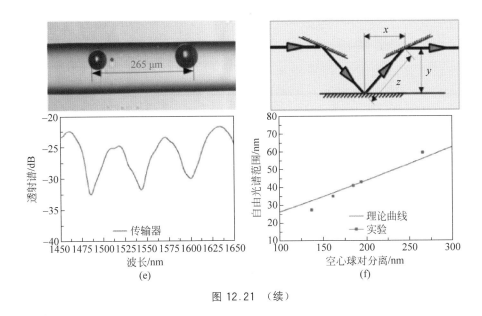

图 12.21　（续）

取空腔距离为 265 μm 的样品，测试其应对外部环境 RI 变化的灵敏度。样品沉浸在 RI 是 1.30～1.44 范围的液体中，以每次 0.02 的间隔增加。每次测量后，用甲醇仔细擦洗光纤，直到原始光谱（即参考光谱）恢复，光纤表面无残留液体。条纹可见度与 RI 的变化关系如图 12.22 所示，插图显示波长范围在 1575～1635 nm 的光谱。由图可知，输出条纹的可见度取决于 RI，当 RI 逐渐从 1.33 增加时，可见度减小。当 RI 达到 1.44 时，可见度趋于零。这是由于当周围的环境 RI 变得几乎与光纤包层一样时，光束会没有反射而直接从光纤进入周围介质。当 RI 为 1.30 时，测出的最高灵敏度约为 −75.6 dB/RIU。

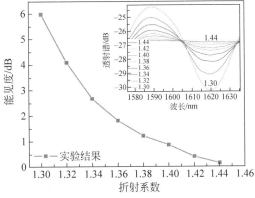

图 12.22　输出条纹可见度与外部 RI 的变化关系。插图显示了在不同的外部 RI 设备的光谱

12.4.5 基于椭圆形微空腔的单光纤马赫-曾德尔干涉仪传感器

所提出的 MZI 的工作原理如图 12.23 所示[46]。在光纤纤芯中传播的入射光的一部分在具有中空椭圆形微腔的左表面处被反射,并且沿着路径 1 传播。当到达光纤包层与空气之间的界面时,它被再次反射,在被反射回纤芯之前的中空椭圆体的右表面。其余的入射光穿过中空椭圆体并与光纤芯中的路径 1 的光相遇重合,形成 MZI。

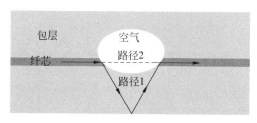

图 12.23 基于椭圆形微空腔单光纤 MZI 的示意图

具有不同 RI 的透射光谱示于图 12.24(a)。从图中可以看出,干涉条纹的可见度

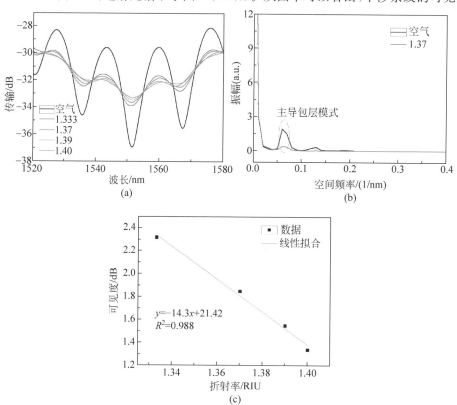

图 12.24 基于椭圆形微空腔单光纤 MZI 特性

(a) 对应不同 RI 的器件的透射光谱;(b) 所述装置的空间频谱;(c) RI 改变时条纹可见度的变化

随着 RI 的增加而减小。当器件在空气中时,在 1552 nm 获得的可见度约为 7.2 dB。当装置处于 RI 大于 1.333 的液体中时,能见度迅速降低并小于 2.4 dB。在空气和 RI 为 1.37 的透射光谱的傅里叶变换如图 12.24(b)所示,从中可以观察到当器件浸入 RI 液体中时包层模式非常弱。这是因为 RI 液体在空气-包层界面处引起弱反射,因此来自路径 1 的光的强度变得非常弱,这降低了干涉条纹图案的可见度。在图 12.24(c)中显示了对应于范围从 1.333 到 1.40 的不同 RI 的条纹可见度,其中所获得的灵敏度约为 −14.3 dB/RIU。

12.4.6　单光纤 FPI 折射率传感器

首先用飞秒激光器在光纤端面打出一个 1 μm 左右的微孔,再与另一个未打孔的 SMF 进行熔接,形成一个直径为 60 μm 左右的空心球。接下来先在空腔的上端打出通道,再将光纤旋转 180°在下端打出通道。这样就形成了一个中空的垂直开口球形 FP 气泡腔。入射光束被球的两个表面反射之后又在纤芯相遇重合产生干涉现象,制作方法如图 12.25 所示[47]。

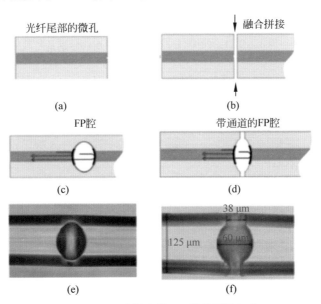

图 12.25　光纤在线 FPI 腔体制造工艺

(a)飞秒激光器在切割光纤端面的中心处产生直径为 1 μm 的微孔;(b)具有微孔的纤维末端与另一个切割的 SMF 尖端拼接在一起;(c)FP 腔形成;(d)制造微通道以垂直穿过微腔;(e)不带微通道的光纤在线 FPI 腔的显微镜图像;(f)具有微通道的光纤在线 FPI 腔的显微镜图像

在室温下将传感头浸入折射率分别为 1.315、1.320、1.325 的折射率液中进行实验。如图 12.26 所示,折射率灵敏度高达 994 nm/RIU,线性度为 99.9%。对温度响应同样进行了测试,结果如图 12.27 所示。达到最高折射率灵敏度时,温度交叉灵敏度为 4.8×10^{-6} RIU/℃。

通过改变最初微孔的大小和熔接参数能得到不同尺寸的球体。同时我们发现,随着腔长的增加,反射强度也会增加。这是由于半径较大的空心球两纤芯的反射面几乎平行,因此反射强度可以增加。然而,当腔长变化时,条纹可见度不会单调变化,因为它也取决于表面反射率和空腔传播损耗。

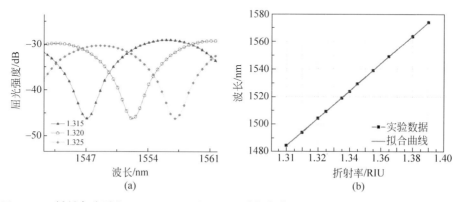

图 12.26 折射率分别为 1.315、1.320 和 1.325 时的光谱图(a),以及传感头的 RI 响应图(b)

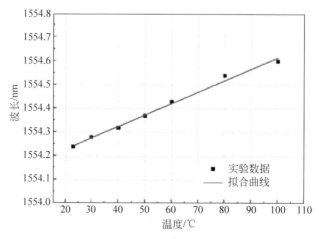

图 12.27 传感头的温度响应图

12.5 选择性填充光子晶体光纤

光子晶体光纤(PCF)是一种微结构光纤,它的固体纤芯由周期阵列的空气孔包围。与正常的单模光纤(SMF)相比,PCF 具有许多有趣的特性,纤芯周围的空气孔可使其成为折射率(RI)传感的平台。

这里提出一种在飞秒激光微加工的辅助下进行选择性填充 PCF 的新方法,并对填充后的 PCF 的温度和应力传感特性进行研究,发现通过选择性填充高折射率液到 PCF 的空气孔中,PCF 呈现出良好的温度和应力灵敏度[48]。通过选择性填充 PCF 最内层的两个相邻的空气孔,还可形成单光纤马赫-曾德尔干涉仪[49]。

12.5.1　飞秒激光辅助选择性填充光子晶体光纤

PCF 的所有气孔首先被长度约为 $10~\mu\mathrm{m}$ 的单模光纤封堵。然后通过飞秒激光直接钻穿所选择填充的气孔处的封堵,使液体可以通过毛细管作用从光纤端口渗入所选择的空气孔。

实验中使用 20 cm 长的 LMA-10 光子晶体光纤(NKT)和普通单模光纤。选择性填充过程的示意流程图如图 12.28 所示。包括三个步骤:①常规熔接和激光切割;②选择性激光钻孔和③填充。如图 12.29 所示的是通过显微物镜将脉冲聚焦到光纤样品上。

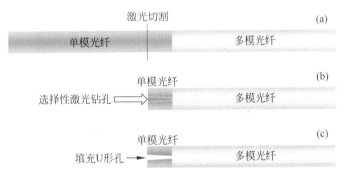

图 12.28　在飞秒激光微加工的帮助下选择性填充的流程图
(a) 熔接和激光切割;(b) 激光钻孔;(c) 填充

用折射率为 1.50 的标准折射率液体填充的两个选择性填充的 LMA-10 光纤样品的显微镜图像如图 12.30 所示,分别称为 A 孔和 B 孔样品。在 35℃和 45℃下分别对 A、B 样品进行实验,得到如图 12.31 所示的透射光谱。对应于 10℃的温度增量,A 孔样品谐振波长漂移约 100 nm。对应于 A 孔样品的不同谐振波长可能由两个样品的空气孔直径的差异导致,因为空气孔直径不是完全相同的,并且谐振波长除了对孔数,对孔径也非常敏感。

12.5.2　光子晶体光纤双孔填充构成的单光纤马赫-曾德尔干涉仪

由飞秒激光微加工辅助填充光子晶体光纤中最内层的两个相邻气孔,制成单

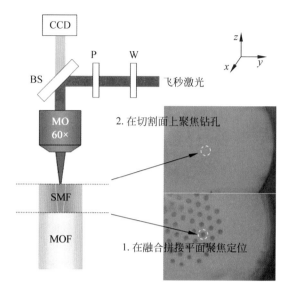

图 12.29　实验设置和激光聚焦过程图

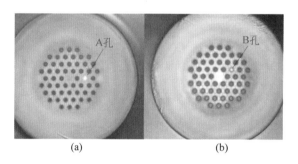

图 12.30　选择性填充样品的显微图像

(a) A 孔填充；(b) B 孔填充

光纤马赫-曾德干尔涉仪。由于渗入空气孔中的液体具有比二氧化硅更高的折射率,能通过 PCF 纤芯模式和由两个高 RI 棒的导模产生双模干涉。

在实验中,通过飞秒激光辅助微加工,用液体选择性填充一部分 PCF,其折射率高于背景二氧化硅的折射率。图 12.32 示出了具有两个相邻的最内层的气孔的 PCF 的横截面。

填充的 PCF 长度约为 8.2 cm。然后将样品与 SMF 融接,并测量其透射光谱。在每次测量之后,再次切割样品以允许测量具有不同长度的装置的透射光谱,如图 12.33 所示。从该图可以清楚地看出,干涉条纹图案存在于每个透射光谱中,并且条纹图案的 FSR 随着 PCF 长度的减小而增加。除了主要条纹结构,还可以找到缓慢变化的包络,这可能是由于偏振模之间的干涉。

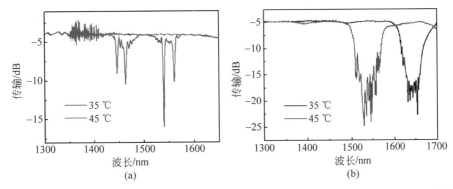

图 12.31　在不同温度下被 1.50 的折射率液填充的 A 样品透射光谱(a)和 B 样品的透射光谱(b)

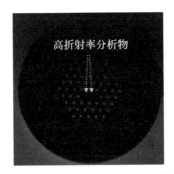

图 12.32　填充有两个孔的 PCF 的横截面

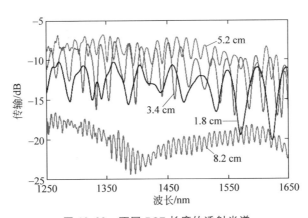

图 12.33　不同 PCF 长度的透射光谱

12.5.3　选择性填充光子晶体光纤耦合应力传感器

在实验中,使用飞秒激光辅助填充 PCF(LMA-10)。选择性填充后的 PCF 的两端被切割并用单模光纤(SMF)熔接。在实验中使用标准 1.46 RI 和 1.506 RI

液体,其中温度—RI 系数分别为 -3.89×10^{-4} unit/℃ 和 -4.02×10^{-4} unit/℃。

PCF 的横截面视图如图 12.34 所示。在 PCF 的包层中的气孔之一中填充有标准 RI 液体[50]。

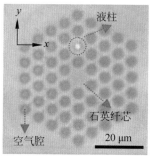

图 12.34　选择性地渗透 PCF 的横截面视图,红色的虚线圆标记填充 RI 液体

将样品I保持在 31.3℃ 的温箱中以观察光源波长区域中的透射谱。在 10 min 的温度稳定期后,将样品I沿着光纤轴拉伸以引入轴向应变。从图 12.35(a)可以看出,随着应力的增加,谐振波长经历蓝移,并且在谐振波长和施加的轴向应变之间存在线性关系,所获得的平均应变灵敏度为 -22 pm/$\mu\varepsilon$,而最大谐振波谷深度大于 20 dB,插入损耗为 11 dB,这主要是由于 PCF 和 SMF 的熔接所导致的。图 12.35(b)示出了样品Ⅱ的应变感测特性,其在温箱中保持在 25℃。所获得的平均应变灵敏度约为 3.8pm/$\mu\varepsilon$。

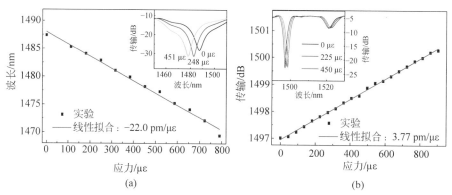

图 12.35　谐振波长漂移及轴向张力 31.3℃,1.46 折射率液(a)和 25℃,1.506 折射率液(b)分别填充长度为 26 cm 和 37 cm 的 PCF。插图显示了在不同应力下的透射光谱

这里获得的应变灵敏度比光纤干涉仪和 FBG 的高一个数量级,比 LPFG 的高两倍或三倍,如果可以使用合适的折射率材料,可以进一步增强,只要棒模式色散接近二氧化硅纤芯色散。

该器件对温度也非常敏感。样品I和样品Ⅱ的温度敏感性分别约为 58 nm/℃ 和

11 nm/℃。因此,应在恒温环境中进行应变测量。

12.6 微纳光纤器件

如今,在飞秒激光技术的推动下,超小型化的微纳光纤传感器的发展非常迅速[51-55]。微纳光纤传感器小巧灵活、灵敏度高,能够用于多种物理参数的测量,如应变、折射率和温度的测量。飞秒激光可在微纳光纤中写入布拉格光栅,它具有较高折射率灵敏度,具有多种潜在应用。

12.6.1 基于单个内空腔的微拉锥光纤马赫-曾德尔干涉仪

该器件使用飞秒激光微加工:熔接技术和拉锥技术来制造[56],制造过程如图 12.36 所示。

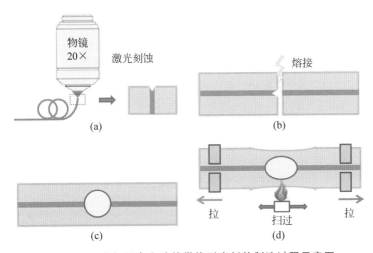

图 12.36 内部具有空腔的微锥形光纤的制造过程示意图

(a) 用飞秒激光器在 SMF 尖端上烧蚀的微孔;(b) 具有与另一切割的 SMF 一起拼接的微孔的光纤尖端;
(c) SMF 中产生的内部空气腔;(d) 用氢火焰使空气腔区域变窄

(1)将光纤垂直固定在平移台上。飞秒激光被聚焦到光纤端面的中心处,制备出具有几微米直径的微孔。

(2)然后将具有微孔的光纤端面与另一没有微孔的 SMF 熔接。由于瞬时高温,飞秒激光焦点附近的材料被蒸发,微孔中的空气迅速膨胀,在 SMF 的中间产生具有光滑内表面的空心球。

(3)使用火焰拉锥技术实现微拉锥。

如图 12.37 所示为光纤传感装置的示意图。当在纤芯中行进的入射光束到达内空腔时,部分光被转换成空气腔模式,其余的被激发成包层模,二者在空气腔末端处相遇重合,形成模式干涉仪。

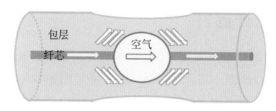

图 12.37　基于内部空腔的光纤模态干涉仪示意图

如图 12.38 所示为进行折射率、应变以及温度测试的实验系统。

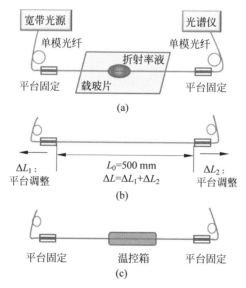

图 12.38　实验系统

(a) RI 感测试;(b) 应变检测实验;(c) 温度检测实验

在 RI 测试期间,将每个器件样品浸入一系列 RI 液体中,RI 范围为 $1.30 \sim 1.44$,间隔为 0.01。如图 12.39(a)所示,将载玻片放置在光纤的下方,以允许 RI 液体浸润光纤空腔区域。每次测量后,冲洗样品,直到可以恢复原始光谱(即参考光谱),并且没有残留液体留在光纤表面上。

图 12.39(a)显示了样品 S1 在不同温度下透射光谱在 1500 nm 附近的演变。其中可以观察到蓝移。具有 RI 变化的波谷波长漂移如图 12.39(b)所示。从图中可以看出,不同的样品可能在不同方向上具有频谱偏移。当使用样品 S3 时,在 1.43 和 1.44 之间的 RI 区域内实现的最高灵敏度约为 1060 nm/RIU。

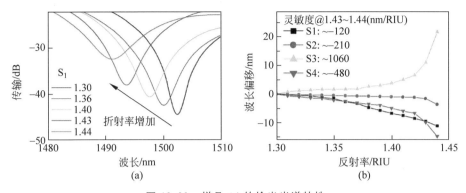

图 12.39 样品 S1 的输出光谱特性

(a) S1 在不同外部 RI 的透射光谱；(b) 对于不同器件样品的具有外部 RI 变化的波长偏移

12.6.2 用于应变检测的单微纳光纤马赫-曾德尔干涉仪

在光纤端面的中心处用飞秒激光制备具有几微米直径的微孔,如图 12.40(a)所示。将具有微孔结构的光纤端面与另一段 SMF 端面熔接。由于孔中的空气突然加热,孔迅速膨胀成具有相当光滑表面的椭圆形中空球。其横截面视图的显微侧视图和扫描电子显微镜图像分别显示在图 12.40(b)和(c)中。具有空心球的 SMF 安装在两个平移台之间,通过使用火焰刷技术拉制成微纳光纤。通过适当地控制火焰的移动速度,可以产生具有内部空气腔的不同直径的微纳光纤。

图 12.40(d)显示具有内部空气腔的微纳光纤的显微图像[57]。在锥形部分,输入光束被分成分别由 I_1 和 I_2 表示的两个部分。当 I_1 沿着二氧化硅腔壁传播时,I_2 经由内部空气腔传播,并且当两个输出光束在腔端部重新结合时发生干涉。

通过改变锥形拉拔中使用的参数,可以产生具有不同空气腔长度的超细纤维 MZI。图 12.41 示出了具有 270 μm、570 μm 和 860 μm 的不同空气腔长度的三个微纳光纤 MZI 的透射光谱和显微图像,分别对应于 40 μm、35 μm 和 23 μm 的不同腰部直径。从图中可以看出,随着谐振腔长度从 270 μm 增加到 860 μm,1550 nm 附近的 FSR 从 19.2 nm 减小到 5.8 nm。还可以发现,装置的插入损耗随着空腔长度的增加而上升。原因是光沿着空气腔作为损耗模式传播,并且损耗的值与传播距离成比例。此外,纤芯和锥形空气腔之间的界面也将引入大量的损耗。

如图 12.42 所示的三个样本为测试系统对应变变化的响应。所有样品在室温下进行应变测试,经受相同的测试条件。将纤维附着到具有 10 μm 分辨率的平移台上。在实验中使用的包括 SMF 和微纳光纤的总长度为 200 mm。当测试轴向应变时,样品 S3 在 1550 nm 附近的光谱显示在图 12.42(a),其中出现红色光谱移动。在 0~1000 $\mu\varepsilon$ 的轴向应变的不同样品的波谷波长的变化如图 12.42(b)所示,

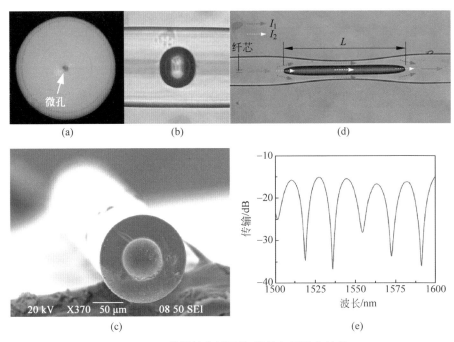

图 12.40　单微纳光纤马赫-曾德尔干涉仪特征

（a）通过飞秒激光烧蚀在切割的 SMF 端面的中心制造的微孔；（b）在与另一部分切割的 SMF 熔接后形成的中空球；（c）空心球的横截面视图的 SEM 图像；（d）具有长度为 L 的内部空气腔的超细纤维；（e）图（d）中的微纳光纤的透射光谱

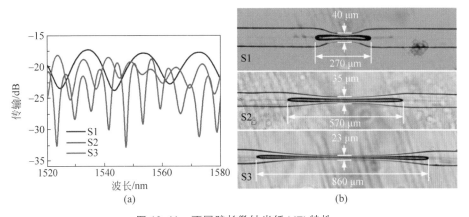

图 12.41　不同腔长微纳光纤 MZI 特性

（a）分别具有不同腔长 270 μm、570 μm 和 860 μm 的单微纳光纤 MZI 的透射光谱；（b）超细纤维 MZI 的相应光学显微图像

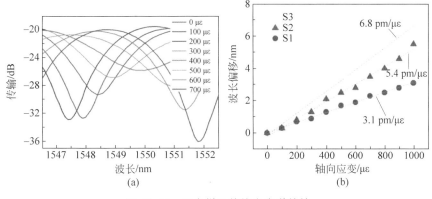

图 12.42　三个样品的输出光谱特性

(a) 样品 S3 的透射光谱的演变,轴向应变为 0~700 $\mu\varepsilon$；(b) 不同样品的波谷波长随轴向应变的变化。线性拟合分别给出样品 S1、S2、S3 的应变系数分别为 3.1±0.1 pm/$\mu\varepsilon$、5.4±0.1 pm/$\mu\varepsilon$ 和 6.8±0.2 pm/μm

所获得的结果清楚地表明应变敏感性在很大程度上取决于微纳光纤 MZI 的形状和尺寸。事实上,更长的干涉仪长度(更小的微纤维直径)对应于更高的灵敏度。所获得的最高灵敏度为 6.8 pm/$\mu\varepsilon$,长度为 860 μm(S3)。然而,这样的样品表现出约为 1800 $\mu\varepsilon$ 的最低断裂应变,远低于基于 SMF 的应变传感器的。因此,在基于微纳光纤的传感器设计中应当在应变灵敏度和稳定性之间做出良好的平衡。

12.6.3　飞秒激光制备的微纳光纤 FBG

在直径为 10 μm 的微纤维中制造的 FBG 的显微图像示于图 12.43 中[58]。

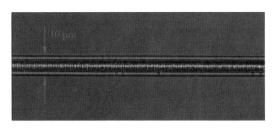

图 12.43　直径为 10 μm 超细纤维的显微镜图像

图 12.44 显示具有不同直径(2 μm、4 μm、6 μm、10 μm)的微纳光纤中的 FBG 的反射光谱。从图中可以看出,FBG 的中心波长随着光纤直径的减小而蓝移,随着更多的传播模式能量到达光纤外部,导致光纤有效 RI 的减小。由于制备环境条件的变化,例如光纤位置、激光曝光时间和所使用的啁啾相位掩模版位置的变化,FBG 的 3 dB 带宽从 0.67 nm 变化到 1.79 nm。

高阶模的能量更多地分布在光纤外部,从而对环境 RI 显示出更高的灵敏度。

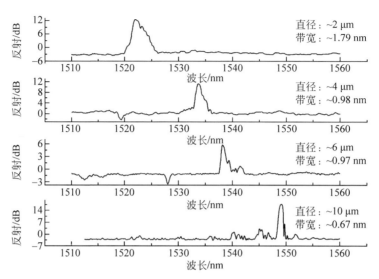

图 12.44　直径分别约为 2 μm、4 μm、6 μm 和 10 μm 的微纤维中的 FBG 的反射光谱

图 12.45 给出了当光纤直径约为 10 μm 时光纤模式的不同阶的 RI 灵敏度。对于相同的环境 RI，与较低阶模式相比，较高阶谐振模式具有较高的灵敏度。对于第五阶模式，获得的最大灵敏度约为 184.6 nm/RIU，RI 为 1.44。

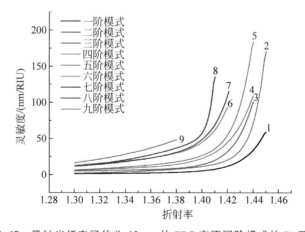

图 12.45　微纳光纤直径约为 10 μm 的 FBG 在不同阶模式的 RI 灵敏度

　　RI 灵敏度还取决于光纤的直径，使用较小直径的光纤时，RI 灵敏度增加。得到的最大灵敏度约为 231.4 nm/RIU，RI 为 1.44，对应于直径约为 2 μm 的光纤，如图 12.46 所示。

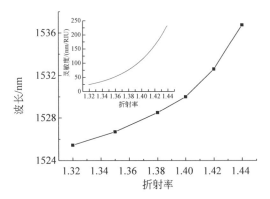

图 12.46　外部 RI 在不同谐振模式下的波长变化。插图为微纤维直径为 2 μm 的 FBG 在不同
　　　　　RI 时的传感灵敏度

12.7　微结构集成

　　使用飞秒激光微加工,可以用超高精度在光纤内制备各种微结构和器件。多种结构和器件集成在单根光纤中,可有效构成光纤线上/线内实验室。将单光纤马赫-曾德尔干涉仪与 FBG 结合,实现了折射率与温度的同时测量[59]。

　　飞秒激光通过相位掩模版照射在单模光纤中写入 FBG,随后通过激光微加工制造 MZI。图 12.47 为获得的结构示意图,器件的俯视图和横截面的显微图像。

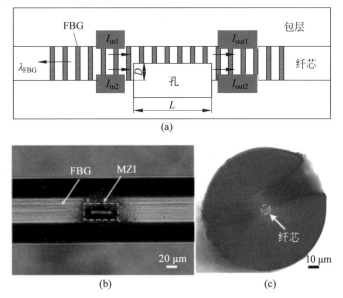

图 12.47　基于嵌入在 FBG 中的 MZI 的传感器示意图(a)、俯视图(b)和横截面的传感器的光
　　　　　学显微图像(c)

图 12.48(a)表示 FBG 的透射和反射光谱。图 12.48(b)表示与 FBG 集成的 MZI 器件的透射光谱。

原则上,可以通过使用标准矩阵求逆方法来同时恢复温度和 RI 信息。可以通过单独测量温度和 RI 响应来确定矩阵元素。

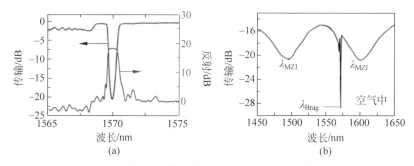

图 12.48　FBG 的透射和反射光谱(a)和器件的透射光谱(在空气中)(b)

图 12.49 示出了传感器随温度的光谱响应。从图中可以看出,两者随温度线性增加。对测量数据的线性拟合给出了温度敏感度约为 12 pm/℃,测量不确定度分别为 5×10^{-2} pm/℃ 和 15 pm/℃,$\lambda_{m(MZI)}$ 测量不确定度约为 1 pm /℃。

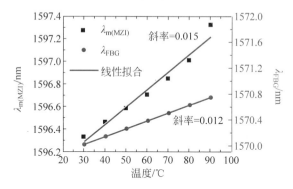

图 12.49　传感器的温度响应

为了研究 RI 性能,保持 22℃ 的室温,并且将传感器依次浸入一系列折射率匹配液。图 12.50(a)表示不同 RI 的传感器的透射光谱。可以清楚地观察到,RI 的增加导致 $\lambda_{m(MZI)}$ 的蓝移。图 12.50(b)表示 MZI 对 RI 变化非常敏感,而对 FBG 则不敏感。

评估用于同时测量温度和 RI 的能力。将传感器浸入加热的蒸馏水中。水的 RI 是温度的函数,温度 RI 系数的数量级为 10^{-4}/℃。水的 RI 在 30℃ 下校准为 1.33243。图 12.51 显示了通过使用矩阵法计算的水的温度和 RI 同时测量的结果。

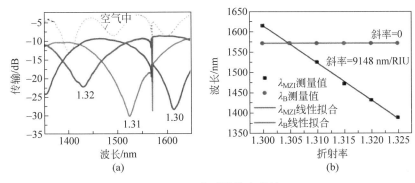

图 12.50　传感器输出特性

(a) 传感器在不同 RI(空气、1.30、1.31 和 1.32)中的透射光谱；(b) λ_{FBG}、$\lambda_{m(MZI)}$ 和 RI 之间的关系

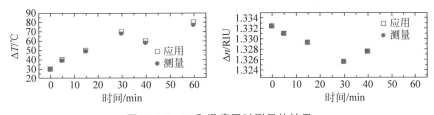

图 12.51　RI 和温度同时测量的结果

　　基于嵌入在 FBG 中的 MZI 的新型光纤传感器已经被开发用于 RI 和温度同时测量,而没有交叉敏感性。在 1.30 和 1.325 之间的范围内获得 9148 nm/RIU 的 RI 灵敏度,并且实现的温度灵敏度为 12 μm/℃,范围为 30～90℃。所开发的传感器系统适合于极敏感、精确定位和高可靠的 RI 测量。

12.8　结语

　　用飞秒激光在载氢的光纤写出的 II-IR 型 FBG 显示出更好的光谱质量。在载氢或不载氢的 SMF-28 光纤中写入的 II-IR 型 FBG 的稳定性显著增加。实验表明,II-IR 型 FBG 用作光纤器件,非常适合于高温(高达 1100℃)传感应用。使用在高温下的预退火处理方法来制造 FBG,以便释放光纤的残余应力,刻写的 FBG 表现出非常高的热稳定性。在高达 1200℃ 的温度下,光栅反射率和谐振波长的测量值可保持 20 h。通过高温退火和快速冷却处理,使用飞秒激光脉冲在 SMF-28 光纤中制备预应力 FBG。测量结果表明,预应力 FBG 表现出比常规飞秒激光脉冲刻写的光栅具有更高的热稳定性。在高达 1200℃ 的温度下,光栅的反射率和谐振波长可以保持多于 26 h,并且没有观察到显著的光栅衰减。

使用飞秒激光可在 SMF、PCF 和全固态光子带隙光纤 PBGF 中制造基于微孔结构的 LPFG。这种周期性微孔的引入可以有效减少光栅周期数量和光栅长度。

基于开放型空腔和基于与纤芯相邻的内空腔的单光纤马赫-曾德尔干涉仪传感器都可有效用于高温传感,传感器尺寸紧凑,结构坚固。基于开放型空腔还可构建单光纤迈克耳孙干涉仪传感器并用于 RI 感测。这种单光纤干涉仪具有尺寸紧凑、机械可靠性高、工作范围宽、灵敏度高的优点。基于毗邻纤芯内置空腔对和基于内置椭圆体微空腔的单光纤马赫-曾德尔干涉仪,可将纤芯中的光反射到光纤包层-空气界面,并且将来自包层-空气界面的光反射回到光纤芯中,干涉仪对外部 RI 敏感。利用飞秒激光器在光纤端面上钻孔,再与另一未打孔的 SMF 进行熔接形成空腔,再在空腔内用飞秒激光打出液体流动通道,可构成单光纤 FP 干涉仪传感器。其折射率灵敏度高达 994 nm/RIU,温度交叉灵敏度为 4.8×10^{-6} RIU/℃。这种装置结构简单,制造容易,运行可靠。

飞秒激光微加工辅助选择填充光子晶体光纤是一种高效、精确且灵活可靠的方法。使用该方法,可以精确填充 PCF 横截面中的任何空气孔。通过选择性填充 PCF 的最内层的两个相邻的空气孔,可以构成单光纤马赫-曾德尔干涉仪,具有极高的温度灵敏度。

通过使用飞秒激光辅助的选择性填充技术,构建基于具有嵌入式耦合器的 PCF 应变传感器,可获得约 -22 pm/$\mu \varepsilon$ 的高应变灵敏度。

微纳光纤传感器的传感头具有仅仅几十微米的长度。这样小的尺寸使得其可以在精确的空间位置测量微小的样本,使其在生物感测(例如单分子检测)中具有"点传感"的潜在能力。由于模态干涉仪装置的透射光谱有多个波谷波长,可以实现同时多参数测量。基于内部空气腔的单微纳光纤 MZI 可用于应变传感,应变灵敏度为 6.8 pm/$\mu \varepsilon$。这种装置高灵敏、超紧凑、成本和制造简单。使用飞秒激光脉冲可在微纳光纤中制造新型 FBG。这种 FBG 可以直接暴露于周围介质而无需蚀刻或减薄光纤处理,具有高 RI 灵敏度,特别是当使用高阶的光纤模式时。当光纤直径约为 2 μm 时,对于一阶模式获得的最大灵敏度约为 231.4 nm/RIU,RI 约为 1.44。微纳光纤 FBG 在 RI 测量和其他光纤传感器应用中具有很高潜力。

飞秒激光微加工可有效在光纤中制备各种微结构,使各种微结构集成在单根光纤中,是制备光纤线上/线内实验室的强有力工具。目前,光纤线上/线内实验室的发展才刚刚起步,能集成的器件与结构还不够丰富,性能有待提高,许多新型结构和应用尚有待挖掘,但其前景十分广阔,值得进一步努力。

参考文献

[1]　HAQUE M,LEE K K C,HO S,et al. Chemical-assistedfemtosecond laser writing of lab-in-fibers[J]. Lab on a Chip,2014,14：3817-3829.

[2]　CONSALES M,PISCO M,CUSANO A. Lab-on-fiber technology：a new avenue for optical nanosensors[J]. Photonic Sensors,2012,2(4)：289-314.

[3]　RICCIARDI,CONSALES M,QUERO G,et al. Lab-on fiber devices as an all around platform for sensing[J]. Optical Fiber Technology,2013,19：772-784.

[4]　GUMENNIK A,STOLYAROV A M,SCHELL B R,et al. All-in-fiber chemical sensing [J]. Advanced Materials,2012,24：6005-6009.

[5]　SUGIOKA K,CHENG Y. Femtosecond laser processing for optofluidic fabrication[J]. Lab on a Chip,2012,12：3576-3589.

[6]　HILL K O,FUJII Y,JOHNSON D C,et al. Photosensitivity in optical fiber waveguides：application to reflection filter fabrication[J]. Appl. Phys. ,1978,32：647-649.

[7]　MELTZ G,MOREY W W,GLENN W H. Formation of Bragg gratings in optical fibers by a transverse holographic method[J]. Opt. ,1989,14：823-825.

[8]　OTHONOS,KALLI K. Fiber Bragg gratings-fundamentals and applications in telecommunications and sensing[M]. Boston：Artech House,1999.

[9]　HILL K O,MELTZ G. Fiber Bragg grating technology fundamentals and overview[J]. IEEE/OSA J. Lightwave Technol. ,1997,15：1263-1276.

[10]　VENGSARKAR A M,LEMAIRE P J,JUDKINS J B,et al. Long-period fiber gratings as band-rejection filters[J]. IEEE/OSA J. Lightwave Technol. ,1996,14：58-65.

[11]　JAMES S W,TATAM R P. Optical fibre long-period grating sensors：characteristics and application[J]. Meas. Sci. Technol. ,2003,14：R49-R61.

[12]　LI Y H,LIAO C R,WANG D N,et al. Study of spectral and annealing properties of fiber Bragg gratings written in H_2-free and H_2-loaded fibers by use of femtosecond laser pulses [J]. Optics Express,2008,16(26)：21239-21247.

[13]　LI Y H,YANG M W,WANG D N,et al. Fiber Bragg gratings with enhanced thermal stability by residual stress relaxation[J]. Optics Express,2009,17(22)：19785-19790.

[14]　LI Y H,YANG M W,LIAO C R,et al. Prestressed fiber Bragg grating with high temperature stability [J]. IEEE Journal of Lightwave Technology, 2011, 29 (19)：1555-1559.

[15]　WANG Y,WANG D N,YANG M W,et al. Asymmetric microhole-structured long-period fiber gratings[J]. Sensors & Actuators：Chemical B,2011,160(1)：822-825.

[16]　YANG M W,WANG D N,WANG Y,et al. Long period fiber grating formed by periodically structured microholes in all-solid photonic bandgap fiber[J]. Optics Express,2010,18(3)：2183-2188.

[17]　RAO Y J,DENG M,DUAN D W,et al. Micro Fabry-Perot interferometers in silica fibers

machined by femtosecond laser[J]. Optics Express,2007,15: 14123-14128.

[18]　WEI T,HAN Y,TSAI H L,et al. Miniaturized fiber inline Fabry-Perot interferometer fabricated with a femtosecond laser[J]. Opt. Lett. ,2008,33: 536-538.

[19]　WAN X,TAYLOR H F. Intrinsic fiber Fabry-Perot temperature sensor with fiber Bragg grating mirrors[J]. Opt. Lett. ,2002,27: 1388-1390.

[20]　MORRRIS P,HURRELL A,SHAW A,et al. A Fabry-Perot fiber-optic ultrasonic hydrophone for the simultaneous measurement of temperature and acoustic pressure[J]. Acoust. Soc. Am. ,2009,125: 3611-3622.

[21]　KIM D W,ZHANG Y,COOPER K L,et al. In-fiber reflection mode interferometer based on a long-period grating for external refractive-index measurement[J]. Appl. Opt. ,2008, 16: 1387-1389.

[22]　TIAN Z B,YAM S S H,LOOCK H-P. Single-mode fiber refractive index sensor based on core-offset attenuators[J]. IEEE Photon. Technol. Lett. ,2008,16: 1387-1389.

[23]　YUAN L,YANG J,LIU Z. A compact fiber-optic flow velocity sensor based on a twin-core fiber Michelson interferometer[J]. IEEE Sens. J. ,2008,8: 1114-1117.

[24]　PARK K S,CHOI H Y,PARK S J,et al. Temperature robust refractive index sensor based on a photonic crystal fiber interferometer[J]. IEEE Sens. J. ,2010,10: 1147-1148.

[25]　LIM J H,JANG H S,LEE K S,et al. Mach-Zehnder interferometer formed in a photonic crystal fiber based on a pair of long-period fiber gratings [J]. Opt. Lett. , 2004, 29: 346-348.

[26]　DING J F,ZHANG A P,SHAO L Y,et al. Fiber-taper seeded long period grating pair as a highly sensitive refractive-index sensor [J]. IEEE Photon. Technol. Lett. , 2005, 17: 1247-1249.

[27]　VILLATORO J, MINKOVICH V P, MONZÓN-HERNÁNDEZ D. Compact modal interferometer built with tapered microstructured optical fiber[J]. IEEE Photon. Technol. Lett. ,2006,18: 1258-1260.

[28]　LU P, MEN L, SOOLEY K, et al. Tapered fiber Mach-Zehnder interferometer for simultaneous measurement of refractive index and temperature[J]. Appl. Phys. Lett. , 2009,94: 131110.

[29]　NGYUEN L V,HWANG D MOON S,et al. High temperature fiber sensor with high sensitivity based on core diameter mismath[J]. Opt. Express,2008,16: 11369-11375.

[30]　ZHU J J,ZHANG A P,XIA T H,et al. Fiber-optic high-temperature sensor based on thin-core fiber modal interferometer[J]. IEEE Sens. J. ,2010,10: 1415-1418.

[31]　CHOI H Y,KIM M J,LEE B H. All-fiber Mach-Zehnder type interferometers formed in photonic crystal fiber[J]. Opt. Express,2007,15: 5711-5720.

[32]　JUNG Y, LEE S, LEE B H, et al. Ultracompact in-line broadband Mach-Zehnder interferometer using a composite leaky hollow-optical-fiber waveguide[J]. Opt. Lett. , 2008,33: 2934-2936.

[33]　ZHANG S,ZHANG W,GAO S,et al. Fiber-optic bending vector sensor based on Mach-Zhhnder interferometer exploiting lateral-offset and up-taper[J]. Opt. Lett. ,2012,37:

4480-4482.

[34] JEON S, MALYARCHUK V, ROGERS J A, et al. Fabricating three dimensional nanostructures using two photon lithography in a single exposure step[J]. Opt. Express, 2006,14: 2300-2308.

[35] CHICHKOV B N, MOMMA C, NOLTE S, et al. Femtosecond, picosecond and nanosecond laser ablation of solids[J]. Appl. Phys. ,1996,A 63: 109-115.

[36] MARUO S,IKUTA K, KOROGI H. Submicron manipulation tools driven by light in a liquid[J]. Appl. Phys. Lett. ,2003,82: 133-135.

[37] PERRY M D,STRART B C, BANKS P S, et al. Ultrafast-pulse laser machining of dielectric materials[J]. J. Appl. Phys. ,1999,85: 6803-6810.

[38] PARK M,LEE S, HA W, et al. Ultracompact intrinsic air-cavity fiber Mach-Zehnder interferometer[J]. IEEE Photon. Technol. Lett. ,2009,21: 1027-1029.

[39] LU P,CHEN Q. Femtosecond laser microfabricated fiber Mach-Zehnder interferometer for sensing applications[J]. Opt. Lett. ,2011,36: 268-270.

[40] JIANG L, YANG J, WANG S, et al. Fiber Mach-Zahnder interferometer based on microcavities for high-temperature sensing with high sensitivity[J]. Opt. Lett. ,2011,36: 3753-3755.

[41] WANG Y,LI Y H,LIAO C R,et al. High-temperature sensing using miniaturized fiber in-line Mach-Zehnder interferometer[J]. IEEE Photonics Technology Letters,2010,22(1): 39-41.

[42] WANG Y,YANG M W, WANG D N, et al. Fiber in-line Mach-Zehnder interferometer fabricated by femtosecond laser micromachining for refractive index measurement with high sensitivity[J]. Journal of Optical Society of America B,2010,27(3): 370-374.

[43] HU T Y, WANG Y, LIAO C R, et al. Miniaturized fiber in-line Mach-Zehnder interferometer based on inner air-cavity for high-temperature sensing[J]. Optics Letters, 2012,37(24): 5082-5084.

[44] LIAO C R,WANG D N, WANG M, et al. Fiber in-line Michelson interferometer tip sensor fabricated by femtosecond laser[J]. IEEE Photonics Technology Letters,2012, 24(22): 2060-2063.

[45] HU T Y,WANG D N. Optical fiber in-line Mach-Zehnder interferometer based on dual internal mirrors formed by a hollow sphere pair[J]. Optics Letters, 2013, 38 (16): 3036-3039.

[46] GONG H,WANG D N, XU B, et al. Miniature and robust optical fiber in-line Mach-Zehnder interferometer based on a hollow ellipsoid[J]. Optics Letters, 2015, 40 (15): 3516-3519.

[47] LIAO C R,HU T Y, WANG D N. Optical fiber Fabry-Perot interferometer cavity fabricated by femtosecond laser micromachining and fusion splicing for refractive index sensing[J]. Optics Express,2012,20(20): 22813-22818.

[48] WANG Y,LIAO C R, WANG D N. Femtosecond laser-assisted selective infiltration of microstructured optical fibers[J]. Optics Express,2010,18(17): 18056-18060.

[49] YANG M W,WANG D N,WANG Y,et al. A fiber in-line Mach-Zehnderinterferometer constructed by selective Infiltration of two air holes in photonic crystal fiber[J]. Optics Letters,2011,36(5):636-638.

[50] WANG Y,LIAO C R,WANG D N. Embedded coupler based on selectively infiltrated photonic crystal fiber for strain measurement [J]. Optics Letters, 2012, 37 (22): 4747-4749.

[51] TONG L,GRATTASS R R,ASHCOM J B,et al. Subwavelength-diameter sclica wires for low-loss optical wave guiding[J]. Nature,2003,426:816-819.

[52] BRAMBILLA G,FINAZZI V,RICHARDSON D J. Ultra-low-loss optical fiber nanotapers [J]. Opt. Express,2004,12:2258-2263.

[53] SUMETSKY M,DULASHKO Y,HALE A. Fabrication and study of bent and coiled free silica nanowires:Self-coupling microloop optical interferometer[J]. Opt. Express,2004, 12:3521-3531.

[54] BRAMBILLA G. Optical fibre nanotaper sensors[J]. Opt. Fiber Technol. ,2010,16: 331-342.

[55] TONG L,ZI F,GUO X,et al. Optical microfibers and nanofibers:a tutorial[J]. Opt. Comm. ,2012,285:4641-4647.

[56] CHEN H F,WANG D N,HONG W. Slightly tapered optical fiber with inner air-cavity as a miniature and versatile sensing device[J]. IEEE Journal of Lightwave Technology,2015, 33(1):62-68.

[57] LIAO C R,WANG D N,WANG Y. Microfiber in-line Mach-Zehnder interferometer for strain sensing[J]. Optics Letters,2013,38(5):757-759.

[58] FANG X,LIAO C R,WANG D N. Femtosecond laser fabricated fiber Bragg grating in microfiber for refractive index sensing[J]. Optics Letters,2010,35(7):1007-1009.

[59] LIAO C R,WANG Y,WANG D N,et al. Fiber in-line Mach-Zehnder interferometer embedded in FBG for simultaneous refractive index and temperature measurement[J]. IEEE Photonics Technology Letters,2010,22(22):1686-1688.

索　引